生物质颗粒燃料手册

——颗粒燃料的生产和热利用

The Pellet Handbook
The Production and Thermal Utilisation of Pellets

Ingwald Obernberger，Gerold Thek　著

陶光灿　余　萍　陶　玮　译

中国农业大学出版社

·北京·

内 容 简 介

这本手册描述了颗粒燃料市场的所有参与者，从原料的生产商或供应商，燃料的生产商和贸易商，燃料炉和燃料生产制造系统的生产商，安装人员，工程公司，能源顾问，直至燃料终端用户。本书试图就颗粒燃料生产、能量利用、生态学和经济学方面的影响以及市场发展前景和当前研发状况等做一个全面的综述。

图书在版编目(CIP)数据

生物质颗粒燃料手册：颗粒燃料的生产和热利用 /（奥）英瓦尔德·奥伯恩贝耶(Ingwald Obernberger)，(奥)耶罗尔德·特克(Gerold Thek)著；陶光灿，余萍，陶玮译. —北京：中国农业大学出版社，2019.11

书名原文：The Pellet Handbook— The Production and Thermal Utilisation of Pellets

ISBN 978-7-5655-1968-0

Ⅰ.①生… Ⅱ.①英…②耶…③陶…④余…⑤陶… Ⅲ.①生物燃料-手册 Ⅳ.①TK63-62

中国版本图书馆 CIP 数据核字(2018)第 001508 号

书　　名　生物质颗粒燃料手册——颗粒燃料的生产和热利用

作　　者　Ingwald Obernberger，Gerold Thek 著　　陶光灿　余　萍　陶　玮　主译

策划编辑　田树君　　责任编辑　田树君

封面设计　郑　川

出版发行　中国农业大学出版社

社　　址　北京市海淀区学清路甲 38 号　　邮政编码　100193

电　　话　发行部 010-62818525,8625　　读者服务部 010-62732336

　　　　　编辑部 010-62732617,2618　　出　版　部 010-62733440

网　　址　http://www.caupress.cn　　E-mail　cbsszs@cau.edu.cn

经　　销　新华书店

印　　刷　涿州市星河印刷有限公司

版　　次　2019 年 11 月第 1 版　2019 年 11 月第 1 次印刷

规　　格　787×1 092　16 开本　31.25 印张　780 千字

定　　价　100.00 元

本书简体中文版本翻译自 Ingwald Obernberger，Gerold Thek 所著"The Pellet Handbook：The Production and Thermal Utilisation of Pellets"。

Translation from the English language edition：

The Pellet Handbook：The Production and Thermal Utilisation of Pellets ，By Ingwald Obernberger，Gerold Theks.

ISBN：978-1-84407-631-4

著作权合同登记图字：01-2011-3013

前　言

颗粒燃料是一种均质性的固体生物质燃料，其含水量低，能量密度高，形状和尺寸均匀。传统生物质燃料用于替代煤炭、石油和天然气，由于含水量高、能量密度低和不均匀性造成的各种问题，通过使用颗粒燃料都能得到缓解甚至彻底的解决。均质性使得颗粒燃料可适用于包括家庭炉灶、集中供暖和大型工厂等所有应用规模，并可以全部实现高度自动化控制。直到这种形状和大小均匀的生物质燃料被推向市场，舒适度类似现代石油或天然气供热系统的小规模全自动生物质炉的发展才成为可能。这也是颗粒燃料在过去的 20 年表现出巨大发展势头，从 20 世纪 90 年代初期的几乎不为人所知到现在成为国际和跨洲际交易的商品的原因。

尽管颗粒燃料的市场发展很快，但公众对其认识还是比较缺乏。在一些国家，如奥地利、德国、瑞典、丹麦，颗粒燃料的使用已经相当普遍，公众认知没有问题。而在颗粒燃料市场刚刚开始发展的国家里，如加拿大或者英国，信息的缺失相当严重，很多颗粒燃料的潜在用户可能不知道这种燃料的存在以及它的优点。因此，颗粒燃料相关知识的国际交流是非常重要的。

这本手册描述了颗粒燃料市场的所有参与者，从原料的生产商或供应商，燃料的生产商和贸易商，燃料炉和燃料生产制造系统的生产商，安装人员，工程公司，能源顾问，直至燃料终端用户。本书试图就颗粒燃料生产、能量利用、生态学和经济学方面的影响以及市场发展前景和当前研发状况等做一个全面的综述。

国际能源信息署生物质能源项目第 32 课题组，BIOS BIOENERGIESYSTEME GmbH 和施泰尔马克州的 Landesenergieverein (LEV)资助了本手册的编撰和发行。该手册是国际能源信息署生物质能源项目第 32 课题组成员共同努力的结果，另外第 29、31 和 40 课题组的专家和项目之外的其他颗粒燃料专家们也提供了帮助(见下)。在此向所有对本手册做出贡献的人表示最深切的感谢。我们相信这本手册将大大有助于国际信息交流，在信息的适当传播下，进一步增加颗粒燃料在能源领域的运用。

Gerold Thek
BIOS BIOENERGIESYSTEME GmbH
Graz, Austria

Ingwald Obernberger
Institute for Process and Particle Engineering,
Graz University of Technology
and
IEA Bioenergy Task 32
"Biomass Combustion and Cofiring"
(Austrian representative)

贡献人员名单

本手册贡献人员名单如下：

国际能源署(IEA)生物能任务 32 成员：

□ Anders Evald，Force Technology，Denmark

□ Hans Hartmann，Technology and Support Centre of Renewable Raw Materials (TFZ)，Germany

□ Jaap Koppejan，Procede Biomass BV，Netherlands

□ William Livingston，Doosan Babcock Energy Limited，UK

□ Sjaak van Loo，Procede Biomass BV，Netherlands

□ Sebnem Madrali，Department of Natural Resources，Canada

□ Thomas Nussbaumer，Verenum，Switzerland

□ Ingwald Obernberger，Graz University of Technology，Institute for Process and Particle Engineering

□ Øyvind Skreiberg，SINTEF Energy Research，Norway

□ Michaël Temmerman，Walloon Agricultural Research Centre，Belgium

□ Claes Tullin，SP Swedish National Testing and Research，Sweden

国际能源署(IEA)生物能任务 29 成员（提供 10.12 章节）：

□ Gillian Alker，TV Energy，UK

□ Julije Domac，North-West Croatia Regional Energy Agency，Croatia

□ Clifford Guest，Tipperary Institute，Ireland

□ Kevin Healion，Tipperary Institute，Ireland

□ Seamus Hoyne，Tipperary Institute，Ireland

□ Reinhard Madlener，E. ON Energy Research Center，RWTH Aachen University，Germany

□ Keith Richards，TV Energy，UK

□ Velimir Segon，North-West Croatia Regional Energy Agency，Croatia

□ Bill White，Natural Resources Canada，Canadian Forest Service，Canada

国际能源署(IEA)生物能任务 31 成员(提供 10.10.1 和 10.10.2 章节)：

□ Blas Mola-Yudego，University of Joensuu，Faculty of Forest Sciences；Finnish Forest Research Institute，Finland

□ Robert Prinz, Finnish Forest Research Institute, Finland

□ Dominik Röser, Finnish Forest Research Institute, Finland

□ Mari Selkimäki, University of Joensuu, Faculty of Forest Sciences, Finland

国际能源署(IEA)生物能任务 40 成员(提供 10.10.3 和 10.11 章节):

□ Doug Bradley, Climate Change Solutions, Canada

□ Fritz Diesenreiter, Institute of Power Systems and Energy Economics, Vienna University of Technology, Austria

□ André Faaij, Copernicus Institute for Sustainable Development, Utrecht University, Netherlands

□ Jussi Heinimö, Lappeenranta University of Technology, Finland

□ Martin Junginger, Copernicus Institute for Sustainable Development, Utrecht University, Netherlands

□ Didier Marchal, Walloon Agricultural Research Centre, Belgium

□ Erik Tromborg, Department of Ecology and Natural Resource Management (INA), Norwegian University of Life Sciences, Norway

□ Michael Wild, European Bioenergy Services - EBES AG, Austria

外部合作伙伴:

□ Eija Alakangas, Technical Research Centre of Finland (VTT), Finland

□ Mehrdad Arshadi, Swedish University of Agricultural Sciences (SLU), Sweden

□ Göran Blommé, Fortum Hässelby Plant, Sweden

□ Per Blomqvist, SP Technical Research Institute of Sweden, Sweden

□ Christoffer Boman, Umeå University, Sweden

□ Dan Boström, Umeå University, Sweden

□ Jan Burvall, Skellefteå Kraft, Sweden

□ Marcel Cremers, KEMA Nederland BV, Netherlands

□ Jan-Olof Dalenbäck, Chalmers University of Technology, Sweden

□ Waltraud Emhofer, BIOENERGY 2020+ GmbH, Austria

□ Michael Finell, Swedish University of Agricultural Sciences (SLU), Sweden

□ Lennart Gustavsson, SP Technical Research Institute of Sweden, Sweden

□ Walter Haslinger, BIOENERGY 2020+ GmbH, Austria

□ Bo Hektor, Svebio, Sweden

□ Jonas Höglund, Swedish Association of Pellet Producers (PiR), Sweden

□ Tomas Isaksson, Swedish Association of Pellet Producers (PiR), Sweden

□ Torbjörn A. Lestander, Swedish University of Agricultural Sciences (SLU), Sweden

□ Bengt-Erik Löfgren, Pellsam, Sweden

□ Staffan Melin, Wood Pellets Association of Canada, Canada

□ Anders Nordin, Umeå University, Sweden

□ Marcus Öhman, Luleå University of Technology, Sweden

□ Heikki Oravainen, VTT Expert Services Ltd. (VTT Group), Finland

□ Susanne Paulrud, SP Technical Research Institute of Sweden, Sweden

□ Henry Persson, SP Technical Research Institute of Sweden, Sweden

□ Klaus Reisinger, Technology and Support Centre of Renewable Raw Materials (TFZ), Germany

□ Marie Rönnbäck, SP Technical Research Institute of Sweden, Sweden

□ Peter-Paul Schouwenberg, Nidera Handelscompagnie BV, Netherlands

□ Gerold Thek, BIOS BIOENERGIESYSTEME GmbH, Austria

□ Bas Verkerk, Control Union Canada Inc. , Canada

□ Emiel van Dorp, Essent, Netherlands

□ Wim Willeboer, Essent, Netherlands

感谢 Sonja Lukas 女士对翻译和校对工作的支持

[illegible], Canada

[illegible], Essent, Netherlands

[illegible]

目　录

1　引言 ………………………………………………………………………… 1

2　定义和标准 ………………………………………………………………… 4

2.1　定义 ………………………………………………………………………… 4

2.1.1　总定义 ………………………………………………………………… 5

2.1.2　欧洲标准化委员会固体生物质燃料术语 …………………………… 6

2.1.3　CEN 燃料规格和分类 ……………………………………………… 11

2.1.4　关于统一商品说明和编码系统的国际公约(HS 公约) …………… 18

2.1.5　颗粒燃料的国际海事组织(IMO)法 ……………………………… 19

2.2　欧洲颗粒燃料产品标准……………………………………………………… 19

2.3　欧洲颗粒燃料分析标准……………………………………………………… 23

2.4　欧洲颗粒燃料质量保证标准………………………………………………… 26

2.5　用于民用供暖系统的颗粒燃料运输和储藏的标准………………………… 28

2.6　ENplus 认证系统 …………………………………………………………… 31

2.7　ISO 固体生物质燃料标准化………………………………………………… 32

2.8　用于民用供暖领域的颗粒燃料炉的标准…………………………………… 32

2.9　生态设计指令………………………………………………………………… 40

2.10　总结/结论…………………………………………………………………… 41

3　生物质颗粒燃料及其原材料的理化特性 ……………………………… 43

3.1　燃料颗粒及其原材料的相关物理特性……………………………………… 43

3.1.1　原材料的尺寸大小分布……………………………………………… 43

3.1.2　颗粒燃料的尺寸……………………………………………………… 44

3.1.3　颗粒燃料的堆积密度………………………………………………… 44

3.1.4　积载系数……………………………………………………………… 45

3.1.5　颗粒燃料颗粒密度…………………………………………………… 46

3.1.6　颗粒燃料的堆角和倾泻角…………………………………………… 46

3.1.7　颗粒燃料持久度……………………………………………………… 47

3.1.8　颗粒燃料内部的粒度分布…………………………………………… 47

3.2　颗粒燃料和原材料的相关化学特性………………………………………… 48

3.2.1 颗粒燃料中碳、氢、氧和挥发物的含量 …… 48
3.2.2 颗粒燃料中氮、硫及氯的含量 …… 48
3.2.3 颗粒燃料的总热值、净热值和能量密度 …… 49
3.2.4 原材料和颗粒燃料的含水量 …… 52
3.2.5 原材料和颗粒燃料的灰分 …… 52
3.2.6 燃烧时主要灰分形成元素 …… 54
3.2.7 原材料和颗粒燃料的天然黏合剂含量 …… 55
3.2.8 原材料可能的污染物 …… 55
3.3 不同参数间的相关性评价 …… 59
3.3.1 颗粒燃料的颗粒密度和磨损度的相关性 …… 59
3.3.2 颗粒燃料的含水量和磨损度的相关性 …… 60
3.3.3 颗粒燃料的淀粉含量和磨损度的相关性 …… 61
3.3.4 原材料储存时间在颗粒燃料堆积密度、持久度和碎末以及燃料成粒过程中能量消耗的影响 …… 61
3.3.5 硫、氯、钾和钠含量对颗粒燃料腐蚀可能性的影响 …… 62
3.3.6 测量和计算总热值之间的相关性 …… 63
3.4 颗粒燃料原材料的木质纤维素 …… 65
3.4.1 软木和硬木 …… 65
3.4.2 树皮 …… 67
3.4.3 能源作物 …… 68
3.5 颗粒燃料的禾本原料(秸秆和整个植株) …… 69
3.6 添加剂 …… 70
3.6.1 有机添加剂 …… 70
3.6.2 无机添加剂 …… 71
3.7 总结/结论 …… 73
4 颗粒燃料的生产和物流管理 …… 76
4.1 颗粒燃料的生产 …… 76
4.1.1 原材料的前处理 …… 78
4.1.2 压缩成粒 …… 88
4.1.3 后处理 …… 90
4.1.4 原材料的特殊调节技术 …… 91
4.2 物流 …… 95
4.2.1 原材料的装卸和储存 …… 95
4.2.2 颗粒燃料的运输和配给 …… 96
4.2.3 颗粒燃料的储存 …… 102
4.2.4 供应安全 …… 108

4.3 总结/结论 …… 109

5 颗粒燃料储藏、交付、运输过程中的安全和健康问题 …… 112

5.1 安全和健康方面相关的定义 …… 112

5.1.1 安全相关术语 …… 112

5.1.2 健康相关术语 …… 113

5.2 颗粒燃料的安全注意事项 …… 114

5.2.1 颗粒燃料的安全操作 …… 114

5.2.2 颗粒燃料吸湿膨胀 …… 120

5.2.3 自热和自燃 …… 121

5.2.4 气体挥发 …… 124

5.2.5 火灾隐患和安全策略 …… 128

5.3 颗粒燃料装卸中的健康问题 …… 138

5.3.1 与颗粒燃料装卸过程中产生的粉尘接触 …… 138

5.3.2 与排放废气的接触和控制措施 …… 142

5.3.3 与缺氧环境接触以及控制措施 …… 143

5.4 颗粒燃料的 MSDS——散装和袋装 …… 143

5.4.1 MSDS 的推荐使用格式 …… 144

5.4.2 推荐为颗粒燃料 MSDS 使用的数据组 …… 145

5.4.3 MSDS 范例——散装颗粒燃料 …… 146

5.4.4 MSDS 范例——袋装颗粒燃料 …… 146

5.5 总结/结论 …… 146

6 木质颗粒燃料的燃烧技术 …… 149

6.1 小型系统(锅炉额定功率小于 100 kW_{th}) …… 149

6.1.1 颗粒燃料燃烧系统的分类 …… 149

6.1.2 颗粒燃料燃烧系统的要素 …… 156

6.2 中型系统(锅炉额定功率在 100～1000 kW_{th}) …… 175

6.2.1 所应用的燃烧技术 …… 175

6.2.2 创新理念 …… 176

6.3 大型系统(锅炉额定功率大于 1000 kW_{th}) …… 177

6.3.1 所应用的燃烧技术 …… 177

6.3.2 创新理念 …… 178

6.4 热、能联合运用 …… 178

6.4.1 小规模系统(锅炉额定功率小于 100 kW_{th}) …… 179

6.4.2 中等规模系统(锅炉额定功率为 100～1000 kW_{th}) …… 181

6.4.3 大型系统(锅炉额定功率大于 1000 kW_{th}) …… 184

6.5 大型煤粉锅炉中生物质颗粒燃料的燃烧与共燃 …… 184
6.5.1 技术背景 …… 184
6.5.2 改进磨煤机用于颗粒燃料粉碎 …… 186
6.5.3 生物质与煤炭预混合、共同粉碎后混烧 …… 188
6.5.4 直接注入式生物质共燃系统 …… 189
6.5.5 生物质燃烧和共燃对锅炉性能的影响 …… 192
6.6 总结/结论 …… 193
7 颗粒燃料生产的成本分析 …… 195
7.1 成本核算方法(VDI 2067) …… 195
7.2 对最先进的颗粒燃料生产工厂的经济评估 …… 195
7.2.1 总体框架条件 …… 195
7.2.2 总投资 …… 196
7.2.3 烘干 …… 197
7.2.4 研磨 …… 199
7.2.5 粒化 …… 200
7.2.6 冷却 …… 201
7.2.7 储藏和外围设备 …… 202
7.2.8 全体员工 …… 204
7.2.9 原材料 …… 204
7.2.10 颗粒燃料生产总成本 …… 206
7.2.11 颗粒燃料分销成本 …… 208
7.2.12 灵敏度分析 …… 211
7.3 不同框架条件下颗粒燃料生产厂家的经济对比 …… 220
7.4 总结/结论 …… 224
8 住宅供热部门颗粒燃料利用成本分析 …… 226
8.1 住宅供热部门不同燃料的零售价格 …… 226
8.2 不同住宅供暖系统的经济对比 …… 229
8.2.1 一般框架条件 …… 230
8.2.2 颗粒燃料集中供暖系统 …… 230
8.2.3 烟气冷凝颗粒燃料集中供暖系统 …… 232
8.2.4 石油集中供暖系统 …… 234
8.2.5 烟气冷凝石油集中供暖系统 …… 236
8.2.6 烟气冷凝天然气供暖系统 …… 237
8.2.7 木屑集中供暖系统 …… 239
8.2.8 生物质区域供热 …… 240

8.2.9 不同系统的比较 …… 241
8.2.10 敏感性分析 …… 245
8.3 不同供暖系统住宅供暖的外部成本 …… 250
8.4 总结/结论 …… 253
9 住宅供暖中使用颗粒燃料和其他能源的环境评价对比 …… 255
9.1 简介 …… 255
9.2 污染物测评 …… 255
9.3 燃料/供暖 …… 256
9.4 中央供暖系统操作过程中对辅助能源的需求 …… 258
9.5 在住宅供暖部分的供暖系统中使用不同的能源载体 …… 258
9.5.1 实地测量的排放因子 …… 258
9.5.2 实验测定的排放因子 …… 260
9.6 室内供暖最终能源供应的总排放因子 …… 262
9.7 转换效率 …… 266
9.8 室内供暖有用能源供应的总排放因子 …… 268
9.9 生物质燃烧系统灰分形成和灰分比重 …… 269
9.10 细微颗粒的排放 …… 270
9.10.1 细微颗粒的定义 …… 271
9.10.2 细微颗粒对健康的影响 …… 271
9.10.3 生物质燃炉的细微颗粒的排放 …… 272
9.10.4 奥地利颗粒炉细微颗粒的排放和总细微颗粒排放的比较 …… 273
9.11 固体剩余物(灰分) …… 275
9.12 总结/结论 …… 276
10 当今国际市场概述与预测 …… 278
10.1 奥地利 …… 278
10.1.1 颗粒燃料协会 …… 278
10.1.2 颗粒燃料生产、生产能力、进出口 …… 279
10.1.3 颗粒燃料生产潜力 …… 281
10.1.4 颗粒燃料利用 …… 283
10.2 德国 …… 290
10.2.1 颗粒燃料协会 …… 290
10.2.2 颗粒燃料生产、生产能力、进出口 …… 291
10.2.3 颗粒燃料生产潜力 …… 291
10.2.4 颗粒燃料利用 …… 292
10.3 意大利 …… 295

10.4 瑞士 …… 296
10.5 瑞典 …… 297
10.5.1 颗粒燃料生产、生产能力、进出口 …… 297
10.5.2 颗粒燃料利用 …… 299
10.6 丹麦 …… 301
10.7 其他欧洲国家 …… 304
10.8 北美 …… 308
10.9 其他国际市场 …… 309
10.10 颗粒燃料生产潜力国际概述 …… 311
10.10.1 欧洲的颗粒燃料生产厂 …… 311
10.10.2 欧洲可替代原材料的潜力评估 …… 315
10.10.3 全球可用于颗粒燃料生产的锯末的潜力评估 …… 318
10.11 颗粒燃料国际贸易 …… 326
10.11.1 全球主要贸易流向 …… 326
10.11.2 木质颗粒燃料洲际贸易的历史——加拿大案例 …… 328
10.11.3 木质颗粒燃料的海运价格、海运要求和标准 …… 329
10.11.4 卡车运输的价格和物流需求 …… 332
10.11.5 未来的贸易路线 …… 333
10.11.6 颗粒燃料国际贸易的机遇和壁垒 …… 336
10.11.7 加拿大西部(不列颠哥伦比亚省)颗粒燃料到西欧电厂供应链的案例研究 …… 341
10.12 颗粒燃料生产和利用的社会经济影响 …… 347
10.13 总结/结论 …… 350
11 利用颗粒燃料生成能量的案例研究 …… 354
11.1 案例1——小规模应用:颗粒燃料炉(德国) …… 354
11.1.1 设备概述 …… 354
11.1.2 技术数据 …… 355
11.1.3 经济效益 …… 355
11.2 案例2——小规模应用:颗粒燃料集中供暖(奥地利) …… 356
11.2.1 设备概述 …… 356
11.2.2 技术数据 …… 358
11.2.3 经济效益 …… 359
11.3 案例3——小规模应用:用颗粒燃料炉改造现有锅炉(瑞典) …… 359
11.3.1 设备概述 …… 359
11.3.2 技术数据 …… 360
11.3.3 经济效益 …… 361

11.4 案例4——中等规模应用:Jämsänkoski 学校 200 kW 供暖设备(芬兰) …… 361
11.4.1 设备概述 …… 361
11.4.2 技术数据 …… 363
11.4.3 经济效益 …… 363
11.5 案例5——中等规模的应用:施特劳宾 500 kW 加热装置(德国) …… 363
11.5.1 设备概述 …… 363
11.5.2 技术数据 …… 364
11.5.3 经济效益 …… 365
11.6 案例6——中等规模的应用:Vinninga 600 kW 的区域供暖厂(瑞典) …… 366
11.6.1 工厂概述 …… 366
11.6.2 技术数据 …… 367
11.6.3 经济效益 …… 367
11.7 案例7——大规模应用:Kåge 2.1 MW 的区域供暖厂(瑞典) …… 368
11.7.1 工厂概述 …… 368
11.7.2 技术数据 …… 368
11.7.3 经济效益 …… 369
11.8 案例8——大型应用:Hillerød 4.5 MW 区域供暖厂(丹麦) …… 369
11.8.1 工厂描述 …… 369
11.8.2 技术数据 …… 371
11.8.3 经济效益 …… 371
11.9 案例9——热电联合应用:Hässelby 热电联合企业(瑞典) …… 372
11.9.1 工厂描述 …… 372
11.9.2 技术数据 …… 373
11.9.3 经济效益 …… 373
11.10 案例10——大规模发电应用:Les Awirs 发电厂(比利时) …… 374
11.10.1 工厂概述 …… 374
11.10.2 技术数据 …… 376
11.10.3 经济效益 …… 376
11.11 案例11——共燃应用:Geertruidenberg 阿米尔电站机组第8号和第9号(荷兰) …… 376
11.11.1 工厂概述 …… 376
11.11.2 技术数据 …… 378
11.11.3 经济效益 …… 379

11.12 总结/结论……379

12 研究与开发 ……380

12.1 颗粒燃料生产……380

12.1.1 低品质原材料的利用……380

12.1.2 颗粒燃料质量和生产工艺优化……382

12.1.3 烘焙……384

12.1.4 分散的颗粒燃料生产……384

12.2 颗粒燃料利用……385

12.2.1 减排……385

12.2.2 新颗粒燃炉的开发……388

12.2.3 年效率的增加……389

12.2.4 基于颗粒燃料的微型和小型热电联产系统……389

12.2.5 低品质颗粒燃料的利用……390

12.2.6 基于CFD模拟的燃炉优化和开发……390

12.2.7 颗粒燃料气化利用……392

12.3 市场开发的支持……393

12.4 总结/结论……394

附录A MSDS实例——散装颗粒 ……396

附录B MSDS实例——袋装颗粒 ……409

参考文献 ……415

索 引 ……459

图目录

图 2-1　生物质-生物质燃料-生物能领域的 CEN/TC 335 ………………………… 10
图 2-2　木质生物质的分类 ……………………………………………………………… 13
图 2-3　根据 prEN 14961 第二部分对木质颗粒燃料分类 ……………………………… 13
图 2-4　根据 EN 14961-1 对燃料进行说明的范例 …………………………………… 14
图 2-5　EN 15210-1 中颗粒燃料机械持久度测试器的示意图和图片 ………………… 24
图 2-6　Ligno-Tester LT II ……………………………………………………………… 24
图 2-7　瑞典标准中磨损度测试器示意图 ……………………………………………… 25
图 2-8　根据 EN 15210-1 和 ÖNORM M 7135 测定的机械持久度测量值的相关性 ……… 25
图 2-9　prEN 1523401 所涵盖的供应链 ……………………………………………… 26
图 2-10　以 ÖNORM EN 303-5 为基准，由额定锅炉功率决定对锅炉效率的要求 ……… 33
图 3-1　冲击相比于非冲击设施对体积影响在堆积密度测定上的相对效应 …………… 45
图 3-2　堆角和倾泻角图示 ……………………………………………………………… 46
图 3-3　净热值不同计算方法的比较 …………………………………………………… 50
图 3-4　致密生物质燃料的总热值和净热值 …………………………………………… 51
图 3-5　颗粒燃料的能量密度 …………………………………………………………… 52
图 3-6　生物质燃料中^{137}Cs 的放射性比度 ……………………………………… 57
图 3-7　底灰，粗飞灰和气溶胶中^{137}Cs 的放射性比活度 ………………………… 58
图 3-8　颗粒密度和持久度的相关 ……………………………………………………… 60
图 3-9　含水量的变化对于木质颗粒燃料磨损度的效应 ……………………………… 61
图 3-10　燃料中硫与有效碱性化合物和氯化物的摩尔比（$M_{S/AC+Cl}$）是燃烧时高温氯潜在腐蚀性的指标 ……………………………………………………………… 63
图 3-11　持续腐蚀图解 ………………………………………………………………… 64
图 3-12　致密生物质燃料总热值计算值和实测值之间的相关性 ……………………… 64
图 4-1　粒化生产线 …………………………………………………………………… 77
图 4-2　锤片式粉碎机 ………………………………………………………………… 78
图 4-3　锤式粉碎机的工作原理 ……………………………………………………… 79
图 4-4　管束烘干机 …………………………………………………………………… 81

图 4-5 管束 …… 81
图 4-6 滚筒烘干机 …… 82
图 4-7 三管道滚筒烘干机的横截面 …… 82
图 4-8 带式烘干机 …… 83
图 4-9 带式烘干机的工作原理 …… 83
图 4-10 低温烘干机组装前的干燥室 …… 84
图 4-11 低温干燥机的工作原理 …… 85
图 4-12 超热烘干机(火用烘干机)的工作原理 …… 86
图 4-13 有超热蒸汽环路的液化床烘干机 …… 87
图 4-14 用蒸汽或水回湿的搅拌器 …… 88
图 4-15 制粒设备的设计 …… 89
图 4-16 制粒设备实图 …… 89
图 4-17 逆流冷却器 …… 90
图 4-18 逆流冷却器的工作原理 …… 90
图 4-19 烘焙生物质、未经处理的生物质和烟煤粉碎的能量需求比较 …… 92
图 4-20 烘焙生物质粉碎所需能量与烘焙温度的相关性 …… 93
图 4-21 BO_2技术的流程图 …… 94
图 4-22 北美和欧洲使用的标准小包装 …… 96
图 4-23 填满的大包装袋 …… 97
图 4-24 标准特大或大包装 …… 97
图 4-25 典型风动投料的欧洲槽卡车 …… 99
图 4-26 典型北美“双刺”卡车(B-列车) …… 99
图 4-27 倾卸卡车 …… 99
图 4-28 标准卡车 …… 100
图 4-29 液压卸载半拖卡车 …… 100
图 4-30 称重设备上的散装集装箱正在装载货物 …… 100
图 4-31 典型北美斗式轨道车 …… 100
图 4-32 典型的跨大西洋散装货船 …… 101
图 4-33 有阻塞喷口的装料船 …… 101
图 4-34 装货时的抓斗 …… 102
图 4-35 有除尘风扇的进料斗 …… 102
图 4-36 颗粒燃料储藏间的截面图 …… 103
图 4-37 颗粒燃料地下球形储藏空间 …… 104
图 4-38 从顶部卸载的颗粒燃料地下储藏 …… 104
图 4-39 用于颗粒燃料储藏的合成纤维储槽 …… 105
图 4-40 有锥形(漏斗状)底部的垂直筒仓实例 …… 105

图 4-41　平底垂直筒仓的实例 …… 106
图 4-42　A 字形平地储藏设施实例 …… 106
图 4-43　通用型平地储藏示例 …… 107
图 4-44　赫尔辛堡(瑞典)浮动码头的平面储藏建筑 …… 107
图 5-1　空气浮尘的粒度分布 …… 115
图 5-2　静止空气中粒子沉降时间 …… 115
图 5-3　有陡峭斜坡的燃料库中可能的碰撞点的示意图 …… 116
图 5-4　火三角和爆炸五角图示说明火灾和爆炸发生所需因素 …… 116
图 5-5　颗粒燃料加水后的效果和木质颗粒燃料的平衡水分含量 …… 120
图 5-6　颗粒燃料长期不同温度下储藏,由于废气排放,储藏空间顶部区域一氧化碳浓度 …… 125
图 5-7　颗粒燃料长期不同温度下储藏,由于废气排放,储藏空间顶部区域二氧化碳浓度 …… 125
图 5-8　颗粒燃料长期不同温度下储藏,由于废气排放,储藏空间顶部区域甲烷浓度 …… 126
图 5-9　嵌入式温度监测系统示例以及单电缆和多电缆的比较 …… 130
图 5-10　不同长宽比颗粒燃料的渗透率 …… 131
图 5-11　筒仓消防中的移动救火设备 …… 134
图 5-12　筒仓内注入气体分布的原理示意图 …… 134
图 5-13　筒仓内用来注气用的钢喷枪 …… 135
图 5-14　筒仓墙壁打开造成的外部火焰 …… 135
图 5-15　火球在颗粒燃料圆柱内的移动 …… 137
图 5-16　测试筒仓底部看到的火球 …… 137
图 5-17　在测试筒仓中在火球上面的颗粒燃料凝结成块 …… 137
图 5-18　微粒在人体呼吸系统沉积区域 …… 139
图 6-1　以颗粒燃料为燃料的炉子 …… 150
图 6-2　燃烧器外置的颗粒燃料炉 …… 150
图 6-3　改装后使用颗粒燃料的锅炉 …… 151
图 6-4　卧式自动添煤燃烧器的原理 …… 151
图 6-5　木质颗粒燃料燃烧系统的基本原理 …… 152
图 6-6　底部进料燃炉 …… 153
图 6-7　水平进料颗粒燃料炉 …… 153
图 6-8　上方进料颗粒燃料炉 …… 154
图 6-9　不同类型的颗粒燃料燃烧器 …… 155
图 6-10　旋转炉排颗粒燃料燃烧器 …… 155
图 6-11　使用常规螺旋的输送系统 …… 156
图 6-12　使用弹性螺旋的输送系统 …… 156

图 6-13　颗粒燃料气动进料系统 …… 157
图 6-14　螺旋进料器和气动进料系统的复合系统 …… 158
图 6-15　螺旋进料器和搅动器的组合 …… 158
图 6-16　旋转阀 …… 158
图 6-17　防火阀 …… 159
图 6-18　自动启动灭火系统 …… 159
图 6-19　上方进料颗粒燃料炉分期空气供给和烟气与二次空气混合优化的原理 …… 160
图 6-20　CFD 模拟优化二次空气喷嘴设计的实例 …… 160
图 6-21　小型生物质燃炉中一氧化碳排放量和过剩空气系数 λ 的相关方案图表 …… 161
图 6-22　现代颗粒燃料炉负载改变中颗粒物、一氧化碳和 TOC 的排放 …… 163
图 6-23　全自动换热器清洁系统 …… 163
图 6-24　灰烬压实系统 …… 164
图 6-25　外置灰盒 …… 164
图 6-26　效率由冷凝器出口温度和不同烟气含水量决定 …… 165
图 6-27　效率依赖于冷凝器最终温度和烟气中不同氧气浓度 …… 166
图 6-28　有/无烟气冷凝的颗粒燃料炉效率对比 …… 166
图 6-29　有/无烟气冷凝的颗粒燃料炉细微颗粒物排放量的对比 …… 167
图 6-30　具有烟气冷凝系统的颗粒燃料锅炉示意图 …… 169
图 6-31　具烟气冷凝系统的颗粒燃料锅炉 …… 169
图 6-32　Racoon …… 170
图 6-33　Öko-Carbonizer …… 170
图 6-34　BOMAT Profitherm …… 171
图 6-35　Schräder Hydrocube …… 171
图 6-36　使用颗粒燃料和柴火组合的锅炉 …… 172
图 6-37　颗粒燃料和使用屋顶集成太阳能收集器的太阳能系统 …… 174
图 6-38　有颗粒燃料锅炉的太阳能和颗粒燃料供暖系统 …… 174
图 6-39　有颗粒燃料炉灶和小型缓存的太阳能和颗粒燃料供暖系统 …… 175
图 6-40　TDS Powerfire 150 …… 176
图 6-41　PYROT 旋转炉 …… 177
图 6-42　Bioswirl® 燃烧器 …… 178
图 6-43　SPM Stirlingpowermodule …… 179
图 6-44　热电发电原理 …… 180
图 6-45　为颗粒燃料炉设计的热电发电机原型 …… 180
图 6-46　斯特林引擎流程——整合入生物质 CHP 装置的方案 …… 181
图 6-47　试验工厂和 35 kW_{el} 斯特林发动机的图片 …… 182
图 6-48　整合在利恩茨生物质 CHP 工厂中的 ORC 流程概略 …… 183

图 6-49 大型煤粉发电厂中生物质共燃方案 …… 185
图 7-1 从 2003 年 12 月到 2009 年 8 月间锯末的价格发展 …… 206
图 7-2 根据不同成本因素,以锯末为原材料时,颗粒燃料生产成本和它们的组成 …… 207
图 7-3 根据 VDI 2067,以锯末为原材料时的颗粒燃料生产成本和它们的组成 …… 208
图 7-4 以锯末为原材料时,颗粒燃料生产的能量消耗 …… 208
图 7-5 总/单位颗粒燃料运输成本除以运输距离 …… 209
图 7-6 投资成本对不同工厂组件的基础方案的单位颗粒燃料生产成本的影响 …… 211
图 7-7 不同工厂组件使用周期对单位颗粒燃料生产成本的影响 …… 212
图 7-8 维护成本对不同工厂组件单位颗粒燃料生产成本的影响 …… 213
图 7-9 设备利用率和电力装置的同时系数对单位颗粒燃料生产成本的影响 …… 213
图 7-10 电力价格对单位颗粒燃料生产成本的影响 …… 214
图 7-11 单位热能成本对单位颗粒燃料生产成本的影响 …… 215
图 7-12 年度满负荷操作时间对单位颗粒燃料生产成本的影响 …… 215
图 7-13 人员和回湿所需热水对单位颗粒燃料生产成本的影响 …… 216
图 7-14 原材料成本对单位颗粒燃料生产成本的影响 …… 217
图 7-15 利率对单位颗粒燃料生产成本的影响 …… 217
图 7-16 总产量对单位颗粒燃料生产成本的影响 …… 218
图 7-17 市场和营销所需人员对单位颗粒燃料生产成本的影响 …… 219
图 7-18 参数变化对单位颗粒燃料生产成本产生效果概览 …… 219
图 7-19 锯末和木刨花作为原材料时,根据不同成本因素所做的单位颗粒燃料生产成本的组成图 …… 222
图 8-1 2006—2008 年基于净热值的不同燃料的平均价格 …… 226
图 8-2 1999 年 6 月至 2009 年 9 月奥地利颗粒、取暖油和天然气的价格动态 …… 227
图 8-3 德国颗粒燃料的价格动态 …… 228
图 8-4 不同供暖系统投资成本的比较 …… 242
图 8-5 每年燃料和热能成本的比较 …… 243
图 8-6 不同供暖系统单位热能生成成本的比较 …… 243
图 8-7 年热能生成成本分解为资本成本、消耗成本、运营成本和其他成本的比较 …… 244
图 8-8 燃料或热力价格对单位热能生成成本的影响 …… 245
图 8-9 单位热能生成成本受投资成本的影响 …… 246
图 8-10 年效率对单位热生成成本年的影响 …… 247
图 8-11 中央供暖系统的单位热能生成成本和"排放贸易"方案的外部成本 …… 251
图 8-12 在当地排放预测的基础上的中央供暖系统的单位热能生成成本与外部成本 … 252
图 8-13 基于全球排放预测的中央供暖系统的单位热能生成成本和外部成本 …… 252
图 9-1 实际测量的不同集中供暖系统的排放因子 …… 259
图 9-2 比较奥地利颗粒炉实验室和实地测量的值 …… 261

图 9-3　1996—2008 年的奥地利颗粒炉的 CO 排放量的发展 …… 261
图 9-4　1996—2008 年奥地利固体颗粒燃炉的颗粒排放发展趋势 …… 262
图 9-5　不同加热系统的最终能源供应的排放因子 …… 264
图 9-6　不同加热系统最终能源供应排放和其组成 …… 265
图 9-7　锅炉的比较和系统年效率的比较 …… 267
图 9-8　试剂测量的颗粒炉的年效率和有用热需求 …… 267
图 9-9　不同供热系统的有用能源的排放因子 …… 268
图 9-10　生物质燃烧中颗粒灰分形成 …… 269
图 9-11　2005—2008 年奥地利的细微颗粒排放限度值 …… 271
图 9-12　与燃料中气溶胶组成元素比较中大型生物质炉的气溶胶的排放 …… 273
图 9-13　在额定负荷下从旧到现代小型生物质燃炉可吸入颗粒物排放的组成 …… 274
图 9-14　奥地利细微颗粒排放数据 …… 275
图 10-1　奥地利颗粒燃料生产厂位置和生产能力 …… 279
图 10-2　1996—2009 年奥地利颗粒燃料生产能力的发展 …… 280
图 10-3　1995—2009 年奥地利颗粒燃料生产、消耗和出口的发展 …… 281
图 10-4　奥地利 2001—2008 年颗粒燃料炉的发展 …… 284
图 10-5　1997—2009 年奥地利颗粒燃料集中供暖系统的发展 …… 284
图 10-6　1997—2008 年奥地利每年安装的颗粒燃料集中供热系统锅炉额定功率的发展 …… 285
图 10-7　1997—2008 年奥地利中、大型木屑炉的发展 …… 286
图 10-8　奥地利 1997—2008 年颗粒燃料消耗量的发展变化 …… 286
图 10-9　奥地利的可再生燃料(不含水力发电)国内消费总量(2007 年) …… 287
图 10-10　1980—2006 年奥地利的家庭供暖系统 …… 289
图 10-11　1997—2008 年奥地利锅炉年安装量 …… 290
图 10-12　1999—2008 年德国颗粒燃料生产及其生产能力 …… 291
图 10-13　1999—2010 年德国颗粒燃料集中供暖系统的发展 …… 292
图 10-14　1999—2008 年德国颗粒燃料消耗量 …… 293
图 10-15　1998—2008 年德国锅炉年安装量 …… 294
图 10-16　2002—2008 年意大利颗粒燃料炉的发展 …… 295
图 10-17　2001—2009 年意大利颗粒燃料生产和利用 …… 296
图 10-18　瑞士颗粒燃料炉的安装量 …… 297
图 10-19　2000—2007 年瑞士颗粒燃料生产和使用 …… 298
图 10-20　瑞典 1997—2012 年的颗粒燃料生产和进出口 …… 298
图 10-21　1998—2009 年瑞典颗粒燃料集中供暖和颗粒燃料炉的安装累积量 …… 300
图 10-22　1995—2012 年瑞典颗粒燃料消费量的发展 …… 301
图 10-23　1999—2007 年瑞典独立和半独立房屋使用木质颗粒燃料的量 …… 301

图 10-24 住宅颗粒燃料炉的累积安装量 …… 302
图 10-25 2001—2008 年丹麦颗粒燃料消费量、生产能力、产量和进口量的发展 …… 303
图 10-26 几个欧洲国家颗粒燃料的生产和利用 …… 304
图 10-27 1995—2010 年北美颗粒燃料消费量的发展情况 …… 309
图 10-28 1995—2010 年北美颗粒燃料生产量的发展情况 …… 310
图 10-29 欧洲颗粒燃料生产厂的位置图(左)和市场分析百分比图(右) …… 312
图 10-30 奥地利 1994—2006 年的颗粒燃料生产量和生产能力，以及到 2016 年前生产量的预测 …… 313
图 10-31 瑞典和芬兰颗粒燃料生产厂和锯木厂的位置 …… 314
图 10-32 瑞典和芬兰 80 km 半径内锯木厂和颗粒燃料生产厂的相关性 …… 315
图 10-33 几个欧洲国家锯材原木生产与颗粒燃料生产能力评估比较 …… 316
图 10-34 欧盟 27 国森林能源理论潜力和潜在的商业蓄积量(年变化率) …… 317
图 10-35 1985—2004 年原木、锯材和胶合板的消费量 …… 320
图 10-36 2007 年芬兰森林业中木材的应用流向 …… 322
图 10-37 木材流向模型图及其主要参数 …… 323
图 10-38 锯木厂和胶合板厂最大的副产品生产商 …… 324
图 10-39 锯木和胶合板业固体副产品产量与碎料板和胶合板行业的原材料需求对比 …… 324
图 10-40 木材机械加工行业固体副产物的理论超额量 …… 325
图 10-41 2007 年重要颗粒燃料市场的颗粒燃料生产、消费和贸易流向的总览图 …… 327
图 10-42 颗粒燃料贸易在欧洲的主要流向概览图 …… 327
图 10-43 CIF ARA 木质颗粒燃料现货价格 …… 330
图 10-44 合装在托盘上的颗粒燃料 …… 333
图 10-45 专家估计的未来五年木质颗粒燃料产量增长的情况 …… 334
图 10-46 木质颗粒燃料专家预测未来五年木质颗粒燃料的主要需求 …… 335
图 10-47 木质颗粒燃料专家指出的未来五年木质颗粒燃料国际贸易主要的壁垒 …… 336
图 10-48 木质颗粒燃料专家指出的未来五年木质颗粒燃料国际贸易主要驱动因素 …… 337
图 10-49 木质颗粒燃料专家估计预期的物流挑战才是更有效的颗粒燃料供应链 …… 341
图 10-50 加拿大西部到西欧的颗粒燃料物流链 …… 342
图 10-51 加拿大不列颠哥伦比亚省的林业面积 …… 342
图 10-52 卸货轨道车 …… 344
图 10-53 船舱的级联喷口 …… 345
图 10-54 用于颗粒燃料运输的标准驳船 …… 346
图 10-55 不同国家的单位颗粒燃料消费 …… 351
图 11-1 客厅中的颗粒燃料炉(8 kW) …… 355
图 11-2 奥地利 St. Lorenzen/Mürztal 的颗粒燃料集中供暖系统 …… 357

图 11-3　旧的复式锅炉与新的颗粒燃料炉的结合 …… 360
图 11-4　一周的储存量通过螺旋输送机与颗粒燃料炉相连 …… 360
图 11-5　Jämsänkoski 镇的 Koskenpää 小学 …… 362
图 11-6　Koskenpää 小学改造后的供暖中心 …… 362
图 11-7　Koskenpää 小学的新颗粒燃炉锅炉 …… 362
图 11-8　地下颗粒燃料筒仓 …… 362
图 11-9　施特劳宾 IFH 的颗粒燃料锅炉 …… 364
图 11-10　Vinninga 区域供暖设备在颗粒筒仓后面 …… 366
图 11-11　Kåge 的区域供暖工厂 …… 368
图 11-12　Hillerød 的区域供暖工厂 …… 370
图 11-13　Hässelby 的热电联合企业 …… 372
图 11-14　Liège 附近的 Les Awirs 发电厂 …… 374
图 11-15　Geertruidenberg 阿米尔共燃发电站 …… 377
图 11-16　Geertruidenberg 阿米尔发电站的生物质卸载站 …… 377
图 12-1　在燃炉水平截面下烟气温度(℃)的截面 …… 391
图 12-2　在炉子的横截面上烟气中 CO 浓度(ppmv)的等值曲面 …… 392

表目录

表 2-1　EN 已经发布的和以 CEN/TC 335 为准则正在准备的固体生物质燃料标准 ……… 6
表 2-2　根据 EN 14961-1 的木质生物质的分类 …………………………………………… 11
表 2-3　非工业用途的木质颗粒燃料详述 ……………………………………………… 15
表 2-4　根据 EN 14961-1 对颗粒燃料规范性特性的说明 ……………………………… 17
表 2-5　根据 EN 14961-1 制定的颗粒燃料的规范/定制属性的规格 ………………… 18
表 2-6　颗粒燃料标准的比较 ……………………………………………………………… 21
表 2-7　以 ÖNORM EN 303-5 为基准，由额定锅炉功率决定对锅炉效率的要求 ……… 33
表 2-8　ÖNORM EN 303-5 规定的排放限值 …………………………………………… 34
表 2-9　EN 303-5 和不同国家规定的 CO 排放限值 …………………………………… 35
表 2-10　根据 EN 303-5 制定的以及不同国家制定的 NO_x 排放限值 …………… 36
表 2-11　根据 EN 303-5 制定的以及不同国家制定的 OGC 排放限值 ……………… 37
表 2-12　根据 EN 303-5 制定的以及不同国家制定的烟尘排放限值 ………………… 38
表 3-1　不同生物质材料中碳、氢、氧和挥发物的含量 ………………………………… 48
表 3-2　不同生物质燃料的氮、硫和氯参考值 …………………………………………… 49
表 3-3　不同类型生物质的灰分标准值 ………………………………………………… 54
表 3-4　生物质灰烬中主要灰分形成元素的浓度 ……………………………………… 54
表 3-5　各种类型生物质燃料中重金属浓度的标准值 ………………………………… 56
表 3-6　对于不同木质生物质在造粒中应用的概述 …………………………………… 66
表 3-7　压缩树皮产品的参数 ……………………………………………………………… 68
表 3-8　白杨和柳树的灰分、氮、硫和氯含量标准值 …………………………………… 69
表 3-9　秸秆和作物全株的参考值与 prEN 14961-2 规定的值做比较以及 A1,A2 等级颗粒燃料产品的通用参考值 …………………………………………………………… 69
表 3-10　可能的粒化原材料和颗粒燃料特性的评估标准概览 ………………………… 74
表 4-1　生产 1 t 颗粒燃料需要的原材料量 ……………………………………………… 77
表 4-2　一些木材品种的纤维饱和范围 ………………………………………………… 80
表 5-1　白软木和树皮颗粒燃料粉尘(＜63 μm)测试结果 ……………………………… 117
表 5-2　有金属粉尘存在时的推荐预防措施和相关最小点火能量需求 ……………… 119

表 5-3　小于 63 μm 颗粒燃料粉尘的燃烧速度 …… 120
表 5-4　民用终端用户处小型颗粒燃料储藏单元中的一氧化碳浓度 …… 127
表 5-5　事故或事件的原因和不同类型的粉尘引起火灾和爆炸比例 …… 128
表 5-6　毒性数据相关的各种监管结构推荐的接触极限值 …… 139
表 5-7　加拿大和瑞典的 CO、CO_2 和 CH_4 的 TWA 以及 STEL 示例 …… 142
表 6-1　颗粒燃料炉烟气冷凝系统凝结水的重金属含量与奥地利废水排放法案的限制值的对比 …… 168
表 7-1　基础案例中颗粒燃料生产成本计算的通用框架条件 …… 196
表 7-2　颗粒燃料生产工厂总投资的全成本核算 …… 197
表 7-3　不同粒化原材料干燥前后的含水量 …… 197
表 7-4　带式干燥机进行干燥的全成本核算的框架条件 …… 198
表 7-5　带式干燥机的全成本核算 …… 198
表 7-6　锤式粉碎机研磨原材料的全成本核算的框架条件 …… 199
表 7-7　锤式粉碎机工作的全成本核算 …… 200
表 7-8　制粒设备全成本核算的框架条件 …… 200
表 7-9　制粒设备的全成本核算 …… 201
表 7-10　逆流冷却器全成本核算的框架条件 …… 201
表 7-11　逆流冷却器的全成本核算 …… 202
表 7-12　原材料和颗粒燃料在生产商处储藏的全成本核算的框架条件 …… 202
表 7-13　在生产商处储藏原材料和颗粒燃料的全成本核算 …… 203
表 7-14　外围设备全成本核算的框架条件 …… 204
表 7-15　外围设备的全成本核算 …… 204
表 7-16　颗粒燃料可能原材料的价格范围 …… 205
表 7-17　颗粒燃料生产总成本构成一览表 …… 207
表 7-18　每辆筒仓卡车运输成本计算的基本数据 …… 209
表 7-19　颗粒燃料配送总成本 …… 210
表 7-20　颗粒燃料供给的总成本 …… 210
表 7-21　所考虑的情景中的重要参数和基础方案中参数的比较 …… 220
表 8-1　不同供暖系统全成本核算的一般框架条件 …… 230
表 8-2　颗粒燃料集中供暖系统全成本核算的基本数据 …… 231
表 8-3　颗粒集中供暖系统的全成本核算 …… 232
表 8-4　烟气冷凝颗粒燃料集中供暖系统全成本核算的基本数据 …… 233
表 8-5　烟气冷凝颗粒燃料集中供暖系统全成本核算 …… 234
表 8-6　石油集中供暖系统全成本核算的基本数据 …… 235
表 8-7　石油集中供暖系统的全成本核算 …… 235
表 8-8　烟气冷凝石油集中供暖系统全成本核算的基本数据 …… 236

表 8-9　烟气冷凝石油集中供暖系统的全成本核算 …… 237
表 8-10　烟气冷凝天然气供暖系统全成本核算的基本数据 …… 238
表 8-11　烟气冷凝天然气集中供暖系统全成本核算 …… 238
表 8-12　木屑集中供暖系统全成本核算的基本数据 …… 239
表 8-13　木屑集中供暖系统的全成本核算 …… 240
表 8-14　生物质能区域供热全成本核算的基本数据 …… 241
表 8-15　生物质区域供暖的全成本核算 …… 241
表 8-16　不同方案和它们对单位热能生成成本的影响 …… 247
表 9-1　根据颗粒在供应链的排放因子计算出的基本数据 …… 256
表 9-2　木屑和锯末生产固体颗粒燃料过程中能源的消耗 …… 256
表 9-3　固体颗粒供应链的排放因子 …… 257
表 9-4　使用燃油、天然气、木屑和区域供暖的排放因子 …… 257
表 9-5　中央供暖系统操作中辅助能源的排放因子 …… 258
表 9-6　根据实地测量的几种不同供暖系统的排放因子 …… 259
表 9-7　不同供暖系统的最终能源供应的排放因子 …… 263
表 9-8　不同生物质灰烬中钙和营养成分含量 …… 276
表 10-1　住宅供暖单元供暖设备的累计数量 …… 299
表 10-2　2003—2007 年一些供暖设备的平均销量 …… 299
表 10-3　估计森林燃料和短期轮伐人工林的理论潜力 …… 317
表 10-4　工业原木木材、原木、锯材和胶合板的世界产量 …… 319
表 10-5　2004 年世界原木、锯材和胶合板产量前 15 的国家 …… 319
表 10-6　2004 年世界碎料板和纤维板产量最高的 15 个国家和地区 …… 321
表 10-7　船舶规格一览 …… 330
表 10-8　最大和最小租船费率 …… 331
表 10-9　示例计算 22000 t 散装颗粒燃料由印尼通过苏伊士运河运输到意大利的运价估算 …… 331
表 10-10　大型发电厂使用的颗粒燃料质量标准范例 …… 340
表 10-11　来自不同国家和地区颗粒燃料供应的 CO_2 余额 …… 341
表 10-12　与当地颗粒燃料生产和使用相关的一般社会经济因素 …… 348
表 11-1　施特劳宾颗粒燃料炉的技术数据 …… 355
表 11-2　施特劳宾颗粒燃料炉的经济数据 …… 356
表 11-3　颗粒燃料集中供暖系统的排放量和排放限值 …… 357
表 11-4　颗粒燃料集中供暖系统的技术数据 …… 358
表 11-5　颗粒燃料集中供暖系统的经济数据 …… 359
表 11-6　瑞典改造燃炉的技术数据 …… 361
表 11-7　施特劳宾 IFH 颗粒供暖设备的技术数据 …… 364

表 11-8　施特劳宾 IFH 颗粒供暖设备的经济数据 …………………………………… 365
表 11-9　Vinninga 区域供暖厂的技术数据 ……………………………………………… 367
表 11-10　Kåge 区域供暖工厂的技术数据 …………………………………………… 369
表 11-11　Hillerød 区域供暖厂的技术数据 …………………………………………… 371
表 11-12　Hässelby 热电联合企业的技术数据 ………………………………………… 373
表 11-13　Les Awirs 发电厂木质颗粒燃烧的排放物 ………………………………… 375
表 11-14　Les Awirs 发电厂的技术数据 ……………………………………………… 376
表 11-15　阿米尔电机组第 8 号机组和第 9 号机组不同工艺步骤下相关的技术问题 …… 378
表 11-16　阿米尔第 8 号机组、9 号机组的技术数据 ………………………………… 378

缩写、公式符号、化学公式、单位、前缀和指标

缩写

A 灰分含量

ACGIH 美国政府工业卫生会议

AED 辅助能源需求

Ae.d. 气体动力学直径

AEV 奥地利废水排放法案

AIEL 意大利能源农业协会

ALARP 尽可能低

ARA 阿姆斯特丹、鹿特丹、安特卫普

BDI 波罗的海干散货指数

BFI 波罗的海运价指数

BM-DH 生物质集中供热

BP 树皮颗粒燃料

CCP 关键控制点

CEN 欧洲标准化委员会

CEV 接触上限值

cf. 商议(比较或咨询)

CFD 计算流体动力学

CGE 可计算的一般均衡

CHP 热电联产

CIF 到岸价格

CN 结合命名法

CRF 资本回收系数

CTI 意大利热力委员会

D 直径

d.b. 干基

DeNO$_x$脱除 NO$_x$

DEPI 德国颗粒研究所

DEPV 德国颗粒协会

DH 区域供热

DIN 德国标准化协会

DKK 丹麦克朗

DT 变形温度

DU 机械耐久性

e.g. 例如

ed. 编辑

EMC 平衡水分浓度

ESCO 能源服务公司

etc. 等等

excl. 除外

F 细粉

FAAS 火焰原子吸收光谱法

FAO 联合国粮食及农业组织,联合国粮农组织

FE 最终能量

FGC 烟气冷凝

FOB 装货港离岸价格

FSC 森林管理委员会

FT 流动温度

FWC 森林木屑

GCV 总热值
GDP 国内生产总值
GHG 温室气体
GmbH 有限责任公司
HDPE 高密度聚乙烯
HHV 高热值
HPLC 高压液相层析
HS 协调系统
HT 半球温度
IARC 国际癌症研究机构
ICP-MS 电感藕合等离子体质谱
IEA 国际能源署
IFH 听觉残障人士学会
IFO 中间燃料油
IMO 国际海事组织
incl. 包括
ISO 国际标准化组织
IT 初始温度
ITEBE 国际生物能源专业人员协会
L 长度
lcm 松立方米
LEL 爆炸下限
LHV 低热值
max 最大值
MCA 多标准分析
MDO 船用柴油
MEC 易爆炸的最低浓度
MHB 散装危险品
MIE 最低着火温度
min 最小值
MSDS 材料安全数据表
NAICS 北美工业分类系统
NCV 净热值
NIOSH 美国国家职业安全与健康研究所
NMVOC 非甲烷挥发性有机化合物
no. 号码
OGC 有机气体碳
ÖKL 奥地利农业技术和土地开发管理局
ORC 有机朗肯循环
OSHA 美国职业安全与健康管理局
PAH 多环芳烃
PC 粉煤
PCDD/F 多氯二苯二氮和呋喃
PCJ 日本颗粒燃料俱乐部
PEFC 森林核证计划核可方案
PEL 允许的暴露水平
PM10 可吸入颗粒物(<10 μm)
PPE 个人防护装备
PV 光伏
PVA 奥地利颗粒协会(原奥地利颗粒协会)
PVC 体积等高线百分比
R&D 研发
REL 建议接触限值
RH 相对湿度
SCBA 自给式呼吸器
SHGC 比热产热成本
SIC 标准产业分类
SITC 国际贸易标准分类
SNCR 选择性非催化还原
SP 瑞典技术研究所
SRC 短轮伐灌木林
SST 收缩起始温度
STEL 短时间接触容许浓度
TLV (有害物)容许最高浓度
TOC 总有机碳
TRVB 防火技术导则(奥地利关于防火要求的指导方针)
TSP 总悬浮颗粒物

TWA 时间加权平均值
UE 有效能
USC 超临界
VAT 增值税
w.b. 湿基
$(w.b.)_p$湿基颗粒(除非另有说明,相关的含水率为10% (湿基))
WC 木屑
WCO 世界海关组织
WG 工作组
WHO 世界卫生组织
WP 木质颗粒
WPAC 加拿大颗粒燃料协会
WTO 世界贸易组织

国家代码

AL 阿尔巴尼亚
AT 奥地利
BA 波斯尼亚和黑塞哥维那
BE 比利时
BG 保加利亚
BY 白俄罗斯
CAN 加拿大
CH 瑞士
CS 塞尔维亚和黑山
CZ 捷克共和国
DE 德国
DK 丹麦
EE 爱沙尼亚
ES 西班牙
EU 欧盟
FI 芬兰
FR 法国
GR 希腊
HR 克罗地亚
HU 匈牙利
IE 爱尔兰
IT 意大利
LT 立陶宛
LU 卢森堡公国
LV 拉脱维亚
MD 摩尔多瓦
MK 马其顿
MT 马耳他
NL 荷兰
NO 挪威
PL 波兰
PT 葡萄牙
RO 罗马尼亚
RU 俄罗斯联邦
SE 瑞典
SI 斯洛文尼亚
SK 斯洛伐克
TR 土耳其
UA 乌克兰
UK 联合王国(英国)
USA 美利坚合众国(美国)
WB 西巴尔干

公式符号

AB 磨损
c 浓度
C_F燃料成本
$C_{F,a}$年度燃料成本
d 运输距离
i 利率

m 质量

M 含水率 wt.%（湿基）

m_{in}初重

m_{out}输出的重量

$M_{S/AC+Cl}$硫与碱和氯化物的摩尔比

n 利用时间，使用年限

$O_{2,ref.}$参考氧含量

P_N名义上的锅炉容量

r^2相关系数

t_f满载工作时间，满负荷工作时间

V 体积

v 空白，无效

$\bar{v}$ 平均速度

$V_{RG,spez}$烟道气的比体积

X_i组分 i 含量

ΔGCV 总热值的相对差

η_a年效率

λ 拉姆达（过剩空气比）

ρ_e能量密度

ρ_p颗粒密度

ρ_b堆积密度，容积密度

化学符号和公式

As 砷

C 碳

Ca 钙

Cd 镉

Cl 氯

CO 一氧化碳

CO_2二氧化碳

Cr 铬

Cu 铜

C_xH_y碳氢化合物

H 氢

H_2O 水，水蒸气

H_3BO_4硼酸

HF 氢氟酸

Hg 汞

HNO_3硝酸

K 钾

Mg 镁

N 氮（元素）

N_2氮（分子）

Na 钠

NaOH 氢氧化钠

NO_x氧化氮，氮氧化合物

O 氧（元素）

O_2氧（分子）

Pb 铅

S 硫

SiC 碳化硅

SO_2二氧化硫

Zn 锌

单位

℃ 摄氏度

a 年度（年）

Bq 贝可（放射性活度单位）

dB(A) 分贝（加权）

g 克

h 小时

J 焦耳

K 开尔文，绝对温标

lcm 松立方米

m 米

m^3立方米

min 分钟

Nm^3标准立方米

p.a. 每年(年度)

Pa 帕(斯卡)

ppmv 百万分率

rpm 每分钟转动次数

s 秒

scm 固体立方米

t 吨(1 000 千克)

vol.% 体积百分比

Wh 瓦时(3 600 焦耳)

W 瓦特(焦耳/秒)

wt.% 重量百分数

前缀

μ 微(米)(10^{-6})

m 毫(米)(10^{-3})

c 厘(米)(10^{-2})

d 分(米)(10^{-1})

k 千(克)(10^3)

M 兆(10^6)

G 吉(咖)(10^9)

T 太(拉)(10^{12})

P 拍(它)(10^{15})

E 艾(可萨)(10^{18})

指标

ar 验收态,到货时

calc. 计算的

dr 干的

el 电的

ev.w. 蒸发水

meas. 测量的

i 成分

n 数量,编号

th 热量的

1 引　　言

用于替代煤、石油或天然气等燃料的生物质有能量密度低、含水量高和异质性等主要缺点。传统生物质燃料的缺点造成的各种问题，可通过使用含水量低、能量密度高、形状和尺寸均匀的颗粒燃料得到缓解甚至彻底地解决。均质性使得颗粒燃料可适用于包括家庭炉灶、集中供暖和大型工厂等所有应用规模，并可以全部实现高度自动化控制。直到这种形状和大小均匀的生物质燃料被推向市场，舒适度类似现代石油或天然气供热系统的小规模全自动生物质炉的发展才成为可能。木质颗粒燃料的燃烧技术，从家庭炉灶到大型工厂，都已经有了详细的讲解，所有可能应用的颗粒发电案例都已存在。颗粒燃料的标准化为它们的成功做出了重大的贡献。国际环境责任感促使大型区域供暖和电力公司将他们巨大的燃煤工厂转换成利用包括废木料、木片、树皮、农业废弃物、压块以及颗粒燃料在内的固体生物质燃料。很多类似工厂最初建立时就是要使用粉碎的燃料的，当前最容易获得的适用于大型基础设施的替代燃料就是颗粒化的燃料，因为这种燃料能够像煤炭一样被磨成粉再投入锅炉。

本书集中论述了木质颗粒燃料的生产和利用，从原材料到生产流程、燃料特性以及燃烧技术，再到生态学和经济学上的考量。当涉及草本生物质为原材料的颗粒燃料（如秸秆颗粒燃料）时，对其也做了明确的说明。如果仅提到颗粒燃料，就是指作为能源用的木质颗粒燃料。当前对其生产技术优化和创新、完善的物流配送系统和燃烧技术等方面的知识需求非常强烈。这本手册描述了颗粒燃料市场的所有参与者，从原料的生产商或供应商，燃料的生产商和贸易商，燃料炉和燃料生产制造系统的生产商，安装人员，工程公司，能源顾问，直至燃料终端用户。通过信息适当地传播，它应该有助于增加颗粒燃料在能源领域的利用。

生产颗粒燃料是劳动密集型产业，在商业上具挑战性。不过在近几年用于将低等级的生物质转换为高品质固体生物质燃料的机械和工艺都有了进步。颗粒燃料能够以各种形式包装和运输，如家用装、大包装、特大包、集装箱、火车皮、包裹运货板、平底卡车、罐车或筒仓卡车、远洋散货船。它们也可以储存在现成的储藏室和垂直筒仓里。这样颗粒燃料的全年供给也能经由合理有效的燃料物流得以实现。

颗粒燃料的匀质性使得其运输更加容易而且可以运输至更远的距离。越来越大量的散装颗粒燃料在全球范围内运输。在这种情况下，颗粒燃料需要一套综合的测试标准。本书对原材料和颗粒燃料的理化特性都给予了评价，这一方面是便于判断某种原材料是否适合做成颗粒燃料（基于相关标准和颗粒化技术的要求）；另一方面是为了预测其燃烧性能。

安全和健康是颗粒燃料生产、处理和储存中主要优先考虑的问题。所有的生物质同任何生物材料一样，因为微生物的活动同时结合化学氧化产生自热而被分解。在分解过程中，生物质释放出 CO、CO_2、CH_4等非冷凝性气体和烃类等冷凝性气体。这些排气现象在运输、装卸和储存过程中是一个值得关注的问题。此外，大多数固体的生物质燃料都比较易碎解，在受到摩擦和撞击的时候容易变成碎末。非常细小的碎末经风力作用会形成浮尘，这些浮尘具有高度爆炸风险。生物质成型燃料产业中，木质浮尘造成的火灾和爆炸比其他任何材料都多。

比石油或天然气供暖系统要高的投资成本，对颗粒燃料供暖系统的用户接受度很不利。然而，一个有效的经济评估必要做全面的成本计算，本书在七个不同住宅供暖系统中开展了这项全成本计算的工作。供热系统可获得的投资补贴与成本相关，因此也应将其考虑入全成本计算。结果显示颗粒燃料系统成本优于石油供暖系统，然而，天然气供暖系统在当前的工作条件下还是更经济一些。如果考虑到由于环境影响造成的外部成本，如对人类健康的损害、对动植物区系的损害、对建筑物的损害和气候变化、安全风险等，颗粒燃料的效益就很明显。

各个国家的颗粒燃料市场状况有很大的不同。例如在瑞典，大部分的颗粒燃料用于中型和大型锅炉系统中，然而在奥地利颗粒燃料主要用于小型炉具。我们对颗粒燃料利用的国际构架状况进行了比较和陈述。

由于颗粒燃料已经成为国际和洲际贸易货品，除了国际贸易，颗粒燃料生产和利用的社会经济影响也需要陈述。颗粒燃料市场的强势增长需要检验原材料可获得的潜力，另外还要考虑原材料的可替代性。有时候，按规定的质量标准生产的高品质木片可能要比成本和能量密集的颗粒更合理些。干刨花到现在都一直是造粒的首选，而锯木厂里产生的湿锯末虽然需要多加几个处理步骤，也是适合造粒的，而且锯末的量也很大，这也是一个优势。其他可能的造粒原材料包括从各个木材加工步骤中得到的木片、短轮伐植物、原木木材或者树皮。然而，这些原材料的使用甚至需要比湿锯末更多的前处理步骤（破碎、粗磨、分离异物、树皮剥离）。对含有树皮的颗粒燃料或含有树皮的原材料，由于其较高的灰分含量在小型燃炉中使用时需要特别注意。以禾本科生物质为原料的颗粒燃料因为其较高的灰分含量和高氮、硫、氯和钾的含量，利用时也要仔细考量。这些元素会导致腐蚀、形成沉积物和有毒气体排放等问题。

书中对国家能源政策框架是否对颗粒燃料利用有影响以及影响到何种程度都进行了详细的分析。瑞典就是一个例子，其高 CO_2 和能源税刺激了生物质燃料的消费。在奥地利，旧建筑改用现代生物质供暖系统或在新建筑物上安装生物质供暖系统都受到政府投资补贴的支持。特别是在颗粒燃料供暖系统的投资成本仍然远高于具同等可比性的石油供暖系统的现实情况下，这些补贴在提高颗粒燃料供暖系统应用上到底有多大的作用还需要细致的调查。

尽管颗粒燃料的市场发展很快，但公众对其认识还是比较缺乏。在一些国家，如奥地利、德国、瑞典、丹麦，颗粒燃料的使用已经相当普遍，公众认知没有问题。而在颗粒燃料市场刚刚开始发展的国家里，如加拿大或者英国，信息的缺失相当严重。很多颗粒燃料的潜在用户可能不知道这种燃料的存在以及它的优点。在新市场建立时，通过适当的营销活动来提供信息是其要执行的主要任务之一，以期新市场能够受益于现有市场的经验。因此，颗粒燃料相关知识的国际交流是非常重要的，应予以支持。

反对颗粒燃料利用的生态学观点往往是石油部门提出的。颗粒燃料生产过程中的能量消耗和一些空气污染物的排放经常被提作证据来反对其应用。特别是引发很多争议和争论的是和木料焚烧炉相关联的细微烟尘的排放，其排放量要高于石油或天然气供暖系统。对一些前景有希望的方法进行详细的调查为这个问题带来了一些光明，致力于减小生物质燃烧炉细微烟尘排放量的研究和开发也取得了很好的进展。

总的说来，当前研发的走向与以下方面有关：颗粒燃料生产、进一步的标准化行动、以禾本生物质和短轮伐木本作物为原料生产颗粒燃料，改善颗粒燃料的质量，发展和推广小型成粒系统，原材料和颗粒燃料储藏过程中的自热和自燃现象。在颗粒燃料利用方面则是进一步减小细微烟尘的排放量和禾本生物质颗粒燃料的利用。颗粒燃料燃烧炉的革新正在进行中，如微型燃烧炉的利用，这种炉子具有微量供热能力，适用于能需低的家里，极好地结合了太阳能和颗粒燃料供暖系统，烟气冷凝，多燃料锅炉和微型热电联产系统。在颗粒燃料燃烧炉新技术的开发过程中，越来越多地采用计算流体动力学(CFD)模拟，使得研发的风险、原型需求量以及运行测试都能够大幅度减缩。

2 定义和标准

颗粒燃料是一种均质性的固体生物质燃料，含水量低，能量密度高，形状和尺寸均匀。尤其是在民用颗粒燃料市场要求更高质量的燃料，因为在这个领域颗粒燃料主要用于小型的炉灶。从细节上看，控制颗粒品质的各种国家标准和质量指标差别极大。在各国标准之上的欧盟固体生物质燃料标准制定工作近几年一直在进行。从 2010 年开始，这些工作的成果将以一系列欧盟标准的形式出版发行，提高国际范围内颗粒燃料的协调性和可比性。总之，国际标准化组织（ISO）关于固体生物质燃料标准化的工作已于 2007 年开始，并将在几年内主导国际化标准。ISO 标准最终会被欧盟的 EN 标准所取代。

在接下来的章节中所展示的标准针对的是小于 100 kW_{th} 小型炉灶，为保障完全自动化和无障碍的操作，其标准要求更高。除此之外，有些国家还有被叫作工业颗粒燃料的颗粒质量等级，这类颗粒通常被用于大于 100 kW_{th} 锅炉燃烧，因而品质要求较低。在新的欧盟标准中，除了最高质量等级 A1，另外还有两个标准化质量等级 A2 级和 B 级。当市场相配套的供暖体系成熟时，A2 级也可能成为居民区供暖用颗粒燃料的参考标准（采用多灰性原料时，适配器是必需的）。B 级的颗粒燃料代表了用于大于 100 kW_{th} 锅炉的工业颗粒燃料。等级 B 的出现意味着这类颗粒燃料首次实现了质量的标准化。直径更大，灰分、氮、硫及氯含量更高和 NCV 低的特点使得 B 级颗粒燃料不同于其他更高质量颗粒燃料。工业颗粒燃料适应了大型用户的需求并且与小型用户的高质量颗粒燃料比较成本相对低廉。有一点必须说清楚的是工业颗粒燃料不能用于小型炉灶，否则会导致整个系统的严重故障和毁坏。

除了颗粒燃料的产品标准和质量保证与相关分析标准，在民用供暖领域还有颗粒燃料运输和储藏的标准和认证系统，国家等级和欧盟等级的都有。此外，不仅仅是燃料要执行相关标准，使用颗粒燃料的炉灶也要执行相关标准和管理规定，比如，基于欧盟生态设计管理办法的小型供暖系统条例自 2011 年始强制执行。

以上所有这些问题将在接下来的章节中进行讨论和详述。

2.1 定义

在这一节将描述本书中所用的颗粒燃料的术语。这些术语部分源自各种标准。

2.1.1 总定义

颗粒燃料的定义是“一种小的、圆的物体”[1]。因此生物质颗粒燃料正常情况下是小的、圆的物质，主要由压缩材料制成，呈球体或圆柱体。这个词语常用作复数，因为颗粒燃料一般情况下不是单独一个使用而是成一定数量地使用。

各种产品和材料可以造粒，进而用于产热，或继续用作其他生产的原材料，如下所列：

- 铁矿砂制作的颗粒是钢铁生产的初级产品。
- 以更容易投喂为目的生产的动物颗粒饲料（如鱼颗粒饲料、马颗粒饲料等）。
- 在啤酒生产中使用的啤酒花颗粒。
- 铀颗粒是由浓缩铀制成的颗粒，用于燃料元件的生产。
- 催化剂颗粒在非均相催化化学反应中作为实际催化剂的载体。
- 在制药工业中颗粒作为初级产品压制成片或者填充到胶囊中。
- 聚苯乙烯颗粒作为填充材料被用于玩具娃娃、玩具动物、沙包、矫形缓冲物、护理靠垫等，还用于包装中的填塞。
- 以废纸或旧钞制成的隔热颗粒，应用实例是作为墙体的保温层。
- 颗粒也可用于厌氧消化。在这种情况下，颗粒是直径 2～3 mm 的厌氧污泥聚合体。
- 以锯末、刨花、秸秆、干草或麻制成的颗粒也可在畜栏、笼中用作动物的寝具。
- 产能的颗粒可由木料、泥炭、草本生物质或废弃物制成。

以上所列并不完全，颗粒燃料也许在很多其他领域还有不同种类和不同的利用方式。本书只涉及了最后提到的颗粒形式，也就是产能的颗粒燃料，而重点又在木质颗粒燃料。在某些情况下，必须要分清楚白色、棕色和黑色颗粒燃料。白色颗粒燃料由没有树皮的锯末或刨花制成；棕色颗粒燃料是由含树皮的原材料（不要和树皮颗粒燃料相混，那个只用树皮一种原料生产）制成；黑色颗粒燃料是由分解的木浆或烘干的木材制成。每个案例对此都有明确陈述。只要是相关联，禾本生物质颗粒燃料（如秸秆颗粒燃料）也会被提及，因此对其也有明确的描述。本书中没有提到由泥炭或废弃物制成的产能颗粒燃料。所有即将出现的定义都是以此为前提。

本书中致密生物质燃料这个术语是指由固体生物质燃料制成的颗粒燃料和块状燃料。

根据文献[59]，颗粒化是由粉状、颗粒状或部分不同颗粒大小的粗料制成规格一致的产品的过程。产品即为颗粒燃料。

压缩木材是一种由木质碎料压缩而成的燃料[2]。根据尺寸大小分别称为木质颗粒或木质块。压缩树皮是树皮碎料压缩而成。也是根据尺寸大小分为树皮颗粒或树皮块。

生物添加剂是未经化学改造过的初级林业产品和农业生物质，如切碎的玉米、玉米淀粉或黑麦粉。它们能减小生产过程中的能量消耗并增加颗粒燃料的机械持久度。根据文献[2]，生物添加剂的这个定义适用于全书，除非另有说明。

本书中所用的含水量 M 总是基于湿料（湿基），由公式 2.1 定义

$$M[wt.\%(\text{湿基})]=\frac{m_{H_2O}}{m_{H_2O}+m_{ds}}\times 100 \qquad (\text{公式 } 2.1)$$

临时储藏器包括所有从颗粒燃料生产到终端用户储藏过程中用到的储存空间[3]。储存容器是各个面都封闭的储存设备,能够建立独立的结构条件,如金属、塑料、木材或合成纤维制成的容器[4]。

2.1.2 欧洲标准化委员会固体生物质燃料术语

欧洲标准化委员会(CEN)根据委员会 TC 335 已经发布了一系列固体生物质燃料的标准和预标准,这些标准已部分升级到全欧洲标准(EN,参见表 2-1)。当 EN 标准生效,国家标准在 6 个月的期限内必须撤回或修改至适应于这些 EN 标准。prEN 14588 就是这些标准之一:"固体生物质燃料-术语、定义和说明"。

这个欧洲标准包含了 CEN/TC 335 范围内用于标准化工作的所有术语。根据 CEN/TC 335 的规定,以下来源的适用生物固体燃料概念:

- 农业和林业的产品。
- 从农业和林业中获得的植物废弃物。
- 从食品工业获得的植物废弃物。
- 木质废弃物,除了因为木材防腐剂或涂层处理含有卤化有机物或重金属的废木材外,还特别包括建筑及拆卸废弃物中的废木料。
- 软木废料。
- 从原木浆生产和由原浆生产纸张产生的植物纤维废弃物,如果在生产地焚烧,可回收利用热能。

表 2-1 EN 已经发布的和以 CEN/TC 335 为准则正在准备的固体生物质燃料标准

标准号	标题
prEN 14588	固体生物质燃料-术语、定义和描述
EN 14774-1	固体生物质燃料-含水量的确定-烘箱干燥法-第一部分:总含水量-标准方法
EN 14774-2	固体生物质燃料-含水量的确定-烘箱干燥法-第二部分:总含水量-简化方法
EN 14774-3	固体生物质燃料-含水量的确定-烘箱干燥法-第三部分:一般分析样品的水分含量
EN 14775	固体生物质燃料-灰分的确定
prEN 14778	固体生物质燃料-取样
prEN 14780	固体生物质燃料-样品准备
EN 14918	固体生物质燃料-卡路里值的确定
prEN 14961	固体生物质燃料-燃料规格和分级,多部分标准
	第一部分:总要求(发布于 EN 14961-1)
	第二部分:非工业用木质颗粒
	第三部分:非工业用木质压块
	第四部分:非工业用木片
	第五部分:非工业用木柴
	第六部分:非工业用非木质颗粒燃料

续表 2-1

标准号	标题
EN 15103	固体生物质燃料-堆积密度的确定
prEN 15104	固体生物质燃料-碳、氢和氮的确定-仪器分析法
prEN 15105	固体生物质燃料-氯、钠和钾等水溶性成分的确定
EN 15148	固体生物质燃料-挥发分含量的确定
EN 15149-1	固体生物质燃料-微粒分布的确定-第一部分:1 mm 及以上筛孔的振荡筛法
prEN 15149-2	固体生物质燃料-微粒分布的确定-第二部分:3.15 mm 及以下筛孔的平面筛法
prEN 15150	固体生物质燃料-颗粒密度的确定
EN 15150-1	固体生物质燃料-颗粒和压块的机械持久度确定-第一部分:颗粒
prEN 15150-2	固体生物质燃料-颗粒和压块的机械持久度确定-第二部分:压块
prEN 15234	固体生物质燃料-燃料品质保证,多部分标准
	第一部分:总要求
	第二部分:非工业用木质颗粒燃料
	第三部分:非工业用木质压块
	第四部分:非工业用木片
	第五部分:非工业用木柴
	第六部分:非工业用非木质颗粒燃料
prEN 15289	固体生物质燃料-硫和氯总含量的确定
prEN 15290	主成分的确定
prEN 15296	使用不同方法获得分析结果的转换
prEN 15297	微量元素的确定
prEN 15370	灰熔点的确定

注:在标准之前的“pr”表明该标准还没有发布(2010 年 2 月以前的数据);数据来源[7]

CEN/TC 335 包括废木料。由建筑和建筑拆除产生的废材,除去用木材防腐剂处理过或因涂层而含有有机卤化物或重金属,都是包含在 CEN/TC 335 和 M/298“固体生物质燃料”范畴内的。为避免产生疑问,在本欧洲标准的范围内不包括建筑拆除产生的木料。

本节是介绍 CEN 固体生物质燃料专用名词,包括颗粒燃料原材(木质生物质、草本和果质生物质),颗粒燃料生产,燃料分类和分级以及质量控制(主要性能分析)各方面。因此,本节只是关注新的欧洲标准的说明。本书中所用的专用名词在章节 2.1.1 做了定义,必须指出的是,这些定义与 EN 的略有些不同。每当出现这种情况,在列表下会有明确的说明。所有术语按字母顺序列出。

添加剂是提高燃料品质(也就是燃烧性能),减少废气排放或提高燃料生产效率的材料。这是要比本书中关于生物添加剂的那个更广义的定义(见章节 2.1.1)。

收到基或应用基是原料交货时的计算基础。

灰分是燃料燃烧后的残留物(参见总灰分和灰熔融度)。根据燃烧效率,灰分中可能含有可燃烧物。这个定义改编自 ISO 1213—2:1992。

灰分收缩起始温度(SST)是测试灰样最初发生收缩迹象时的温度。灰分变形温度(DT)是测试灰样的顶点或边缘因为熔化而变圆现象最初开始时的温度。灰分半球温度(HT)是测试灰样大致上形成了一个半球时的温度,也就是说,当灰分高度变得和底部半径相同时的温度。灰流温度(FT)是灰分平铺在瓷砖上成为一层时的温度,此时灰分的高度是测试灰样在半球温度时候的 1/2。

灰熔度或灰熔点是在一定加热条件下灰分特有的物理状态。氧化或还原状况均可决定灰熔度(参见灰分收缩初始温度,灰分变形温度,灰分半球温度和灰流温度)。这个定义改编自 ISO 540:1995。

生物质能是产自生物质的能量。

生物质燃料是一种直接或间接由生物质生产得来的燃料。

生物质燃料掺混是特意将不同生物质燃料混合而形成的生物质燃料。

杂混生物质燃料是自然的或人工非特意将生物质或生物质燃料混合在一起而形成的生物质燃料。

生物质颗粒燃料是一种致密的生物质燃料,通常是圆筒形,长度通常随机为 5～40 mm,断头,带或者不带添加剂。生物质颗粒燃料的原材料可以是木质生物质,禾本生物质,果质生物质或生物质杂混和掺混物。生物质颗粒燃料通常使用模具生产。总含水量通常低于总重的 10%。在本书中,颗粒这个名词是颗粒燃料的同义词(见 2.1.1 节)。

生物质是指以生物为源头的,不包括埋入地质构造和转变为化石的材料,这是从科学和技术的角度给予的定义。而在法律文件中,根据各个文件的范围和目标也给予生物质许多不同的定义(如欧洲议会和理事会的指令 2001/77/EC;2007 年 7 月 18 日的委员会决议 2007/589/EC)。但这个定义和法律上的定义并不矛盾(亦可见禾本生物质,果质生物质和木质生物质)。

堆积密度是在规定条件下,固体燃料填满容器时的质量除以体积。这个定义改编自 ISO 1213—2:1992。

卡路里值或热值(q)是每单位质量或体积完全燃烧释放的能量总量。

化学处理是以化学方法而非空气、水或热做的任何处理(如胶和涂料)。

建筑拆除木料是建筑或土木工程装置拆除所得的废木料。这个定义改编自 prEN 13965—1:2000。

致密生物质燃料或压缩生物质燃料是由机械压缩生物质增加其密度并形成特定尺寸和性状而成的固体生物质燃料,如立方体,压缩棒状,颗粒生物质燃料或压块生物质燃料(参见颗粒燃料和压块)。

干燥或干基是无水固体燃料的计算基。这个定义改编自 ISO 1213—2:1992。

能量密度是净能量与堆积体积的比率。能量密度用净热值和堆积密度来计算。

细颗粒定义为所有直径小于 3.15 mm 物质的总称。

森林木和人工林木是来自森林和树木种植园、能源林木、能源种植树木、采伐剩余物、抚育剩余物、树节和整株树的木质生物质。

果实生物质是植物中容纳种子的那部分生物质(如坚果、橄榄)。

燃料分级是将燃料归类到界定的分类目录中。分级的目的是为了对燃料进行描述，得到不同燃料的分布和对各个燃料组分别进行分析。

产品声明是由生产商/供应商签名并注明日期，标明原产地和来源，交易形式和众多确定属性，最后发放给零售商或终端用户的文件。

燃料说明书是对燃料要求进行说明的一种文件。

总热值(q_{gr})是在弹筒量热计中在特定条件下一个单位总量的燃料进行氧燃烧释放能量的测量值。在标准温度和固定容积内，弹筒燃烧反应产生固体灰烬，气体包括气态氧、氮、二氧化碳和二氧化硫、二氧化碳饱和的液态水(与其水蒸气平衡)。这个名词旧有的表达方式是高位热值(HHV)。这个定义改编自 ISO 1928:1995。本书中所用的名词缩写是 GCV。

草本生物质是指从非木质茎秆，生长期结束即死亡的植物(见“能源草”)获得的生物质。这个定义改编自生物科技的《生命科学大辞典》[5]。

杂质是燃料本身以外的东西，如石头、泥土、金属片、塑料、绳子、冰和雪。

货次是指那些质量待定的一定数量的燃料(参见分货次)。这个定义改编自 ISO 13909:2002。

主要元素是燃料中的将在灰分中占主要成分的元素，包括铝(Al)、钙(Ca)、铁(Fe)、镁(Mg)、磷(P)、钾(K)、硅(Si)、钠(Na)和钛(Ti)。

机械持久度是致密燃料单元(如块状，颗粒状)保持原状的能力，例如，在装卸和运输过程中抗磨损和冲击的能力。

微量元素是在燃料中仅以小浓度存在的元素。痕量元素经常被用作微量元素的同义词。如果该微量元素是金属元素，痕量金属这个术语也被采用。固体生物质燃料中，微量元素通常包括金属砷(As)、镉(Cd)、钴(Co)、铬(Cr)、铜(Cu)、汞(Hg)、锰(Mn)、镍(Ni)、铅(Pb)、锑(Sb)、锡(Sn)、钒(V)和锌(Zn)。

水分是燃料中含的水。

净热值(q_{net})是在弹筒量热计中在特定条件下单位数量的燃料进行氧燃烧释放能量的测量值，该条件要求反应产物的所有水分保持 0.1 MPa 的水压。净热值可在恒压或恒容下测定。EN 14961-1 要求恒压下的净热值。该名词旧有的术语是低位热值(LHV)。收到基的净热值($q_{net,ar}$)是由干物质的净热值($q_{net,d}$)和收到基的总水分来计算的。这个定义改编自 ISO 1928:1995。经常代替净热值使用的缩写是 NCV，在本书中也是如此。它可根据 3.2.3 节中的方程式 3.4 和 3.5 来计算，此章节中还展示了来自这些方程式的结果之间的比较。

粒度是测定的燃料粒子的尺寸。不同的测量方法可能会导致不同的粒度。

粒度分布是关于固体燃料不同粒度的比率的描述。这个定义改编自 ISO 1213—2:1992。

压缩助剂是一种添加剂，用于提高致密燃料的产量。

交付地点是交付协议中指定的位置，在这里，某个货次燃料相关的所有权和责任从一个组织或单位转交给另一个。

质量是一组固有品质特性满足要求的程度。这个定义改编自 ISO 9000:2005。

质量保证是质量管理的一部分，致力于提供对质量的要求能得到满足的信心。这个定义改编自 ISO 9000:2005。

质量控制是质量管理的一部分，致力于满足质量需求。这个定义改编自 ISO 9000：2005。

样品是一定量的材料，是质量待定大批量燃料的代表物。这个定义改编自 ISO 13909：2002。

样品制备包括采取行动，以获得有代表性的实验室样品或从原始样品中取出测试部分。

取样是抽取或组成一个样本的过程(根据 ISO 3534—1：1993)。

锯末是锯木头时产生的细小粒子。大多数的材料具有典型的 1～5 mm 的粒子长度。

固体生物质燃料是直接或间接生产自生物质的固体燃料。

干材是树木去除分支后的树干部分。

供应商是提供产品的组织或人。这个定义改编自 ISO 9000：2005。供应商可能只是直接向终端用户提供燃料或是负责从几个生产商那里运送燃料同时也向终端用户提供燃料。

供应链包括处理和加工原材料到将产品交付给终端用户的整个过程(图 2-1)。

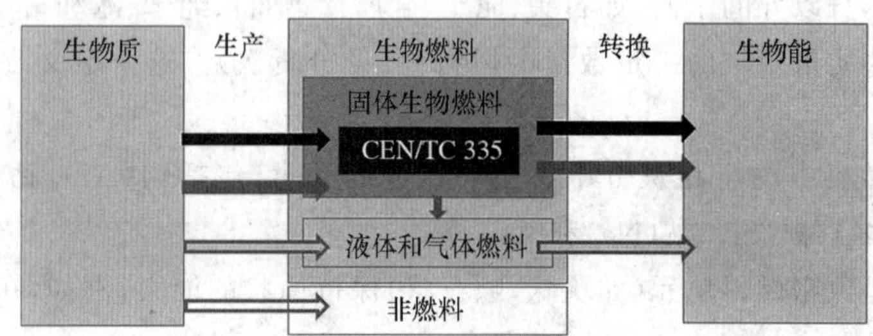

图 2-1　生物质-生物质燃料-生物能领域的 CEN/TC 335

注：根据 EN 14961-1 绘制

总灰量或灰分含量是燃料在特定条件下燃烧后剩下的无机残留物总量，通常以燃料中干物质的质量分数来表示(见外部灰和自然灰)。这个名词旧的术语是灰分含量。

总碳量(C)是无水燃料的碳含量。这个定义改编自 ISO 1213—2：1992。

总氯量(Cl)是无水燃料中的氯含量。

总氢量(H)是无水燃料(干基)中的氢含量。这个定义改编自 ISO 1213—2：1992。

总水分 M_T或水分含量是燃料中在一定条件下可以去除的水分。参照物(干物质/干基，或总质量/湿基)必须明示以免引起误解。作为燃料规格和分级标准“M”被用于表示收到基的水分含量。这个名词旧的术语是水分含量。这个定义改编自 ISO 1928：1995。

总氮(N)量是无水燃料中的氮含量。这个定义改编自 ISO 1213—2：1992。

总硫(S)量是无水燃料中硫的含量。这个定义改编自 ISO 1213—2：1992。

湿基是固体燃料含水的状态。

木柴，木质燃料或木材衍生的生物质燃料是直接或间接源自木质生物质的所有的生物质燃料类型。这个定义改编粮农组织(FAO)的统一生物质能源术语(UBET)[6](见薪柴，森林燃料和黑液)。

木材加工厂副产品和剩余物是木材加工以及纸浆和造纸工业中的木质生物质废弃物。如树皮、软木残基、交叉切割端部、边材、纤维板残基、纤维残渣、粉碎粉尘、刨花板剩余、胶合板剩余物、锯末、板坯和刨花。

木屑是从木材原料中获得规划木材时刨下或切下来的剩余物。

木质生物质是来自乔木，矮生灌木和灌木的生物质。这个定义包含了森林和人工林木材，木材加工厂的副产品和剩余物以及用过的废木料。

2.1.3 CEN 燃料规格和分类

燃料规格和分类标准(EN 14961)由以下几个部分组成，在总标题“固体生物质燃料-燃料规格和分类”之下：

第一部分：总要求(2010 年 1 月出版)。

第二部分：非工业用途的木质颗粒燃料(开发中)。

第三部分：非工业用途的木质块燃料(开发中)。

第四部分：非工业用途的木片燃料(开发中)。

第五部分：非工业用途的木材(开发中)。

第六部分：非工业用途的非木质颗粒燃料(开发中)。

第一部分“prEN 14961 的总要求”包括所有固体生物质燃料，目标面向所有的用户群体。第二到第六部分作非工业用途的产品标准各自单独产生、发展和制定。然而，为了产品标准的适用性，这些标准必须以 EN 14961-1 为基准，支持并与之相符合(表 2-2)。

在这些产品标准中，非工业用途是指燃料应用于小型炉灶如家庭和小型商户以及公共机构的建筑。

表 2-3 显示的是非工业用途的木质颗粒燃料，表 2-4 和表 2-5 是不同生物质原材料生产的颗粒燃料分类图表。

2.1.3.1 原始分类

固体生物质燃料的分类(EN 14961 第一部分)是基于它们的产地和来源。应该明确燃料的整个生产链的可追溯性。在 EN 14961 中固体生物质燃料可分为 4 个亚类，即木质生物质(表 2-2 和图 2-2)、禾本生物质、果质生物质、杂混燃料和生物质掺混物。

表 2-2 根据 EN 14961-1 的木质生物质的分类

1.1 森林，人工种植林和其他原木	1.1.1 整株树，不含树根	1.1.1.1 阔叶树
		1.1.1.2 针叶树
		1.1.1.3 短轮伐灌木
		1.1.1.4 灌木
		1.1.1.5 杂混物和掺混物
	1.1.2 整株树，含树根	1.1.2.1 阔叶树
		1.1.2.2 针叶树
		1.1.2.3 短轮伐灌木
		1.1.2.4 灌木
		1.1.2.5 杂混物和掺混物

续表 2-2

1.1 森林,人工种植林和其他原木	1.1.3 干材	1.1.3.1 阔叶树
		1.1.3.2 针叶树
		1.1.3.3 杂混物和掺混物
	1.1.4 采伐剩余物	1.1.4.1 新鲜/绿,阔叶树(包括树叶)
		1.1.4.2 新鲜/绿,针叶树(包括针叶)
		1.1.4.3 储存的,阔叶树
		1.1.4.4 储存的,针叶树
		1.1.4.5 杂混物和掺混物
	1.1.5 树桩/树根	1.1.5.1 阔叶树
		1.1.5.2 针叶树
		1.1.5.3 短轮伐灌木
		1.1.5.4 灌木
		1.1.5.5 杂混物和掺混物
	1.1.6 树皮(来自林业营运)[a]	
	1.1.7 从花园、公园、人行道边维护,葡萄园和果园修剪下来的木材	
	1.1.8 杂混物和掺混物	
1.2 来自木材加工工厂的副产品和剩余物	1.2.1 非化学处理的木材残渣	1.2.1.1 阔叶树,无树皮
		1.2.1.2 针叶树,无树皮
		1.2.1.3 阔叶树,有树皮
		1.2.1.4 针叶树,有树皮
		1.2.1.5 树皮(来自工业营运)
	1.2.2 化学处理后的木材残渣,纤维和木质成分	1.2.2.1 无树皮
		1.2.2.2 有树皮
		1.2.2.3 树皮(来自工业营运)
		1.2.2.4 纤维和木质成分
	1.2.3 杂混物和掺混物	
1.3 二手木材	1.3.1 非化学处理的木材	1.3.1.1 无树皮
		1.3.1.2 有树皮
		1.3.1.3 树皮[a]
	1.3.2 化学处理后的木材	1.3.2.1 无树皮
		1.3.2.2 有树皮
		1.3.2.3 树皮[a]
	1.3.3 杂混物和掺混物	
1.4 杂混物和掺混物		

注:[a]树皮亚组中包含软木废料

如果合适的话，生物质的实际物种(如云杉，小麦)也可以加以说明。例如根据 EN 13556，木材种类可以被表述为“圆木和型材命名法”。

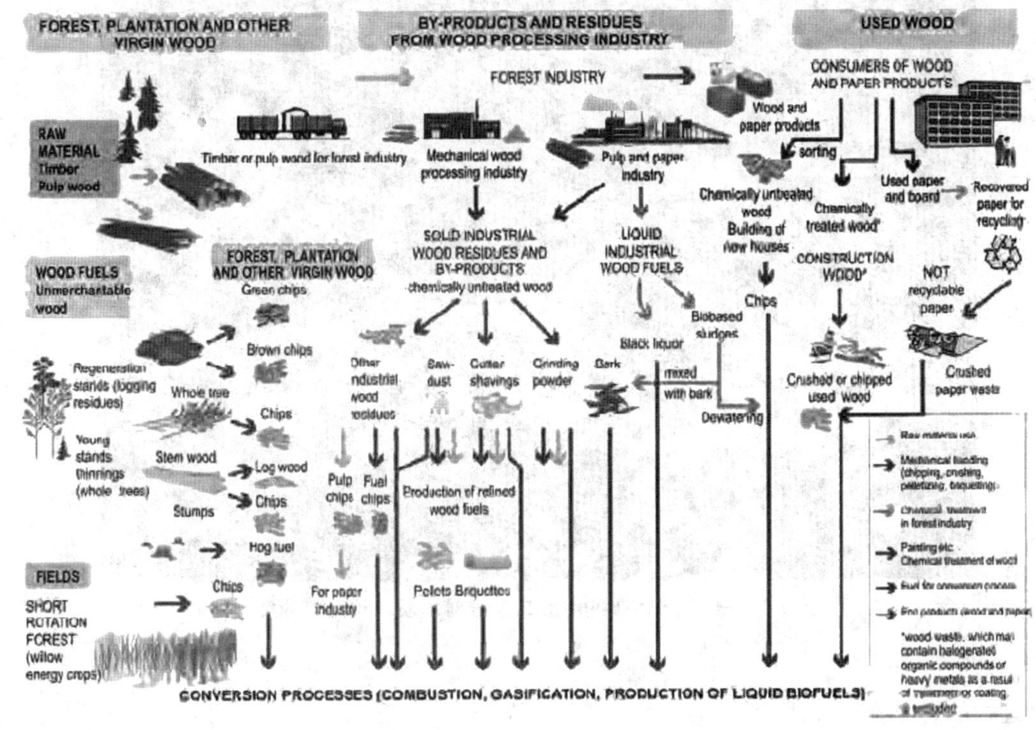

图 2-2　木质生物质的分类

注：数据来源[7]

燃料分类的目的在于创造区分的可能性，基于对原产地尽可能多的细节的了解来明确说明原材料。表格形式的质量分类只是为大宗固体生物质燃料贸易准备的。

2.1.3.2　燃料规格

EN 14961-1 的表 3～14 为下述各个形式的固体生物质燃料列举了具体指定的属性：压块、颗粒、木片、薪柴、原木木材/木柴、锯末、刨花、树皮、成捆稻草、打包的草芦和芒草、能源作物、橄榄油残渣和水果的种子。表 3～14 不包含用于固体生物质燃料的总主表。本节的主要内容是颗粒燃料的规格说明。

在 EN 14961-1 中燃料的分类是很灵活的，因此，生产商或消费者可以从各个合适的类别(所谓的“自由分类法”)中根据各自所生产的和所需要的燃料质量来选择分类。这个分类法的一个优点是生产商和用户可以一事一议地选择特性指标达成协议。在图 2-3 中显示了根据 prEN 14961 第二部分对木质颗粒燃料进行分类的例子。

根据 EN 14961-1，燃料的规范特性应该列入燃料说明书。生物质燃料的特性变异很大。所有固体生物质燃料最重要的特性是含水量(M)，颗粒大小/尺寸(P 或 D/L)和灰分含量(A)。比如说，给定的燃料的平均含水量是 M10，这个的意思是燃料平均含水量应该小于等于10%的总重量(湿基)。而有一些特性，如硫、氮和氯的含量，属于可选择标注特性，所有未经化

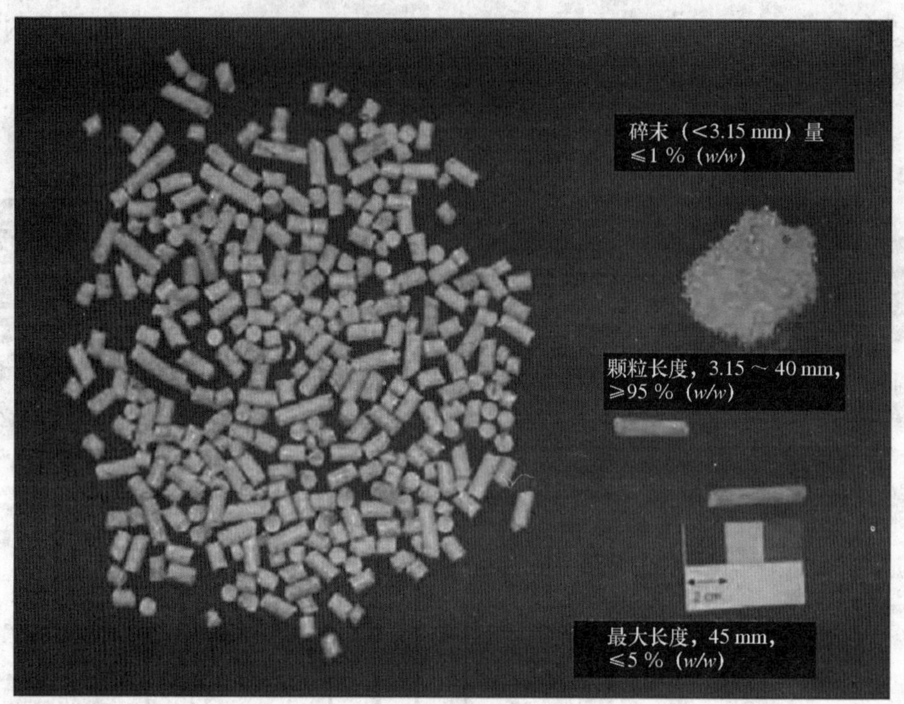

图 2-3　根据 prEN 14961 第二部分对木质颗粒燃料分类

注：数据来源[7]

学处理过的燃料都可标注（表 2-5）。

在产品标准（第二部分的木质颗粒燃料和第六部分的非木质颗粒燃料）中，所有的特性都是标准化的，它们组合在一起就形成了一个级别，如木质颗粒燃料的 A1、A2 和 B 类。为了保护小型用户的权益，木质颗粒燃料的重金属含量是有标准的。木质颗粒燃料的 A1 级属性代表低灰分和氯含量的原木和未经化学处理过的木材剩余物。具稍高一些的灰分和/或氯含量的燃料就跌到 A2 等级了。B 类燃料中，化学处理过的工业木料副产品，残渣和二手木料在其允许的范围内（表 2-3）。名称符号再加数字用于标定属性水平，如 M10 表明含水量小于或等于总质量的 10%（湿基）。而对于化学属性的名称，化学符号比如 S（硫）、Cl（氯）、N（氮）被使用而且其后添加数值，如 S0.20 表示硫含量小于或等于总质量的 0.20%（干基）。

供应商必须发布固体生物质燃料的产品声明并交付给终端用户或零售商（参见 2.4 节）。每个规定的货次都必须做一个燃料质量声明。货次的数量必须在交付协议上做限定。供应商必须在声明上注明日期而且至少在交付后一年内产品的质量要保持纪录。燃料质量声明上的陈述必须与 prEN 14961 的对应部分相一致。图 2-4 就是根据 EN 14961-1 对木质颗粒燃料进行说明的范例。

Wood pellet

生产商	EAA Biofuels Box 1603 FI-40101 Jyvaskyla 电话：+358 20 722 2550 邮箱：
起源和来源	1212 不含树皮的木材（锯末）
交易形式	颗粒燃料
国家和地点	芬兰 于伟斯屈莱
标准（EN 14961-1）	
规格（mm） 直径（D）和长度（L）	D08(8 mm±1 mm, 15≤L≤40) (85%) 全部（≤45 mm）
含水量 接收时的质量	M10[≤10% (w/w)]
灰分 （干基质量分数）	A0.7[≤0.7(w/w)]
机械耐久性 （测试后颗粒燃料百分比）	DU97.5
碎末	F1.0(在工厂门前装载时占总重量的 1%)
添加剂 （占总压缩材料的百分比）	<1%(w/w)（淀粉）
信息提供（EN 14961-1）	
堆积密度（kg/m³）	DB600（≥600 kg/m³）
接收时的净能量值	Q4.7 (kWh/kg)

图 2-4 根据 EN 14961-1 对燃料进行说明的范例

注：数据来源[7]

表 2-3 非工业用途的木质颗粒燃料详述

等级属性(分析方法)	单位	A1 级	A2 级	B 级
原产地和原料		1.1.3 干材 1.2.1 未经化学处理过的木材残留物	1.1.1 不包含树根的整株树 1.1.3 干材 1.1.4 采伐剩余物 1.1.6 树皮 1.2.1 未经化学处理过的木材残留物	1.1 森林，人工种植林木和其他原木 1.2 木材加工工业的副产品和剩余物 1.3 二手木料
直径 D^a 和长度 L^b 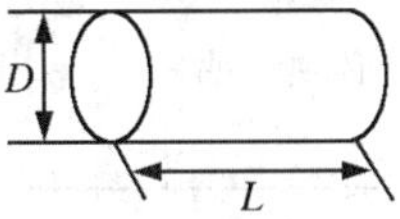	mm	$D06\pm1.0$ $3.15\leq L\leq40$ $D08\pm1.0$ $3.15\leq L\leq40$	$D06\pm1.0$ $3.15\leq L\leq40$ $D08\pm1.0$ $3.15\leq L\leq40$	$D06\pm1.0$ $3.15\leq L\leq40$ $D08\pm1.0$ $3.15\leq L\leq40$

续表 2-3

等级属性(分析方法)	单位	A1 级	A2 级	B 级
含水量,M(EN 14774-1 和-2)	质量分数($\%_{ar}$)	M10≤10	M10≤10	M10≤10
灰分,A(EN 14775)	质量分数(% 干基)	A0.7≤0.7	A1.5≤1.5	A3.5≤3.5
机械寿命,DU(EN 15210-1)	质量分数($\%_{ar}$)	DU97.5≥97.5	DU97.5≥97.5	DU96.5≥96.5
在工厂门口集装运输时(装货时)和在小麻袋(最多 20 kg)以及大麻袋(用在包装或交付给终端用户时)中的碎末,F(EN 15149-1)	质量分数($\%_{ar}$)	F1.0≤1.0	F1.0≤1.0	F1.0≤1.0
添加剂	质量分数(% 干基)	≤2 需说明类型[c]和数量	≤2 需说明类型[c]和数量	≤2 需说明类型[c]和数量
净热值,Q(EN 14918)	MJ/kg_{ar}或kWh/kg_{ar}	16.5≤Q≤19.0 或 4.6≤Q≤5.3	16.3≤Q≤19.0 或 4.5≤Q≤5.3	16.0≤Q≤19.0 或 4.4≤Q≤5.3
堆积密度,BD(EN 15103)	kg/m^3	BD600≥600	BD600≥600	BD600≥600
氮,N(prEN 15104)	质量分数(% 干基)	N0.3≤0.3	N0.5≤0.5	N1.0≤1.0
硫,S(prEN 15289)	质量分数(% 干基)	S0.03≤0.03	S0.03≤0.03	S0.04≤0.04
氯,Cl(prEN 15289)	质量分数(% 干基)	Cl0.02≤0.02	Cl0.02≤0.02	Cl0.03≤0.03
砷,As(prEN 15297)	mg/kg(干基)	≤1	≤1	≤1
镉,Cd(prEN 15297)	mg/kg(干基)	≤0.5	≤0.5	≤0.5
铬,Cr(prEN 15297)	mg/kg(干基)	≤10	≤10	≤10
铜,Cu(prEN 15297)	mg/kg(干基)	≤10	≤10	≤10
铅,Pb(prEN 15297)	mg/kg(干基)	≤10	≤10	≤10
汞,Hg(prEN 15297)	mg/kg(干基)	≤0.1	≤0.1	≤0.1
镍,Ni(prEN 15297)	mg/kg(干基)	≤10	≤10	≤10
锌,Zn(prEN 15297)	mg/kg(干基)	≤100	≤100	≤100
灰分熔融习性,DT[d](prEN 15370)	℃	必须说明	必须说明	必须说明

注:以 prEN 14961-2(2010 年 3 月定稿)为基准;[a]规定被选择的颗粒燃料大小;[b]长于 40 mm 的颗粒燃料量达总重的 1%,最大长度 45 mm;[c]如淀粉,玉米粉,土豆粉,植物油;[d]所有氧化条件下的特征温度必须标明,即 SST、DT、HT 和 FT。

表 2-4 根据 EN 14961-1 对颗粒燃料规范性特性的说明

	主表(master table)	
	来源： 根据 EN 14961-1 的表 1， 表 2 或表 3 交易表	木质生物质(1)，草本生物质(2)，果质生物质(3)，共混物和混合物(4) 颗粒燃料
标准	尺寸(mm)	
	直径(*D*)和长度(*L*)[a]	
	D06 D08 D10 D12 D25	(6±1.0) mm 和 3.15≤*L*≤40 mm (8±1.0) mm 和 3.15≤*L*≤40 mm (10±1.0) mm 和 3.15≤*L*≤40 mm (12±1.0) mm 和 3.15≤*L*≤50 mm (25±1.0) mm 和 10≤*L*≤50 mm
	含水量，*M*(质量分数$\%_{ar}$)	
	M10 M15	≤10% ≤15%
	灰分，*A*(质量分数% 干基)	
	A0.5 A0.7 A1.0 A1.5 A2.0 A3.0 A5.0 A7.0 A10.0 A10.0+	≤0.5% ≤0.7% ≤1.0% ≤1.5% ≤2.0% ≤3.0% ≤5.0% ≤7.0% ≤10.0% >10.0%
	机械寿命，DU(测试后颗粒燃料的质量分数，%)	
	DU97.5 DU96.5 DU95.0 DU95.0−	≥97.5% ≥96.5% ≥95.0% <95.0%(要说明最小值)
	碎末量，*F*(长度小于 3.15 mm 的质量分数，%)，生产后装货时或包装时[b]	
	F1.0 F2.0 F3.0 F5.0 F5.0+	≤1.0% ≤2.0% ≤3.0% ≤5.0% >5.0%(最大值需要说明)
	添加剂(压块的质量分数，%)[c]	
	压缩辅助物的种类和含量，结焦抑制剂或任何其他的添加剂都必须说明	
	堆积密度(BD)按接收时计(kg/m^3)	

续表 2-4

	BD550 BD600 BD650 BD700 BD700＋	≥550 kg/m³ ≥600 kg/m³ ≥650 kg/m³ ≥700 kg/m³ >700 kg/m³(需要说明最小值)
	净热值,所得到的,NCV(MJ/kg 或 kWh/kg)	
	需要说明最小值	

注:[a]长度长于 40(或 50 mm)的颗粒燃料量可以到达总重的 5%,D06,D08 和 D10 等级的最大长度不能大于 45 mm;[b]粉末要以 prEN 15149-1 的方法来测定;[c]添加剂的最大量为压缩原料总量的 20%(湿基),要说明种类(如淀粉),如果超过 20%,则颗粒燃料的原材料为杂混物。

表 2-5　根据 EN 14961-1 制定的颗粒燃料的规范/定制属性的规格

规范/信息	硫,S(质量分数,% 干基)		
	S0.02 S0.05 S0.08 S0.10 S0.20 S0.20＋	≤0.02% ≤0.05% ≤0.08% ≤0.10% ≤0.20% >0.20%(需说明最大值)	标准:化学处理过的生物质(1.2.2;1.3.2;2.2.2;3.2.2)或使用的添加剂含硫 信息:所有燃料都没有经化学处理(上述情况除外)
	氮,N(质量分数,% 干基)		
	N0.3 N0.5 N1.0 N2.0 N3.0 N3.0＋	≤0.3% ≤0.5% ≤1.0% ≤2.0% ≤3.0% >3.0%(需要说明最大值)	规范:化学处理过的生物质(1.2.2;1.3.2;2.2.2;3.2.2) 信息:所有的燃料都没有经化学处理(上述情况除外)
	氯,Cl(质量分数,% 干基)		
	Cl0.02 Cl0.03 Cl0.07 Cl0.10 Cl0.10＋	≤0.02% ≤0.03% ≤0.07% ≤0.10% >0.10%(需说明最大值)	规范:化学处理过的生物质(1.2.2;1.3.2;2.2.2;3.2.2) 信息:所有的燃料都没有经化学处理(上述情况除外)
信息:灰分熔融特性(℃)			变形温度,需要说明

注:需要特别注意有些生物质燃料的灰熔点,如桉树、杨树、短轮伐灌木、稻草、芒属和橄榄核。

2.1.4　关于统一商品说明和编码系统的国际公约(HS 公约)

HS 代码是现如今覆盖全球几乎 98%的商品贸易的商品分类法。世界海关组织(WCO)维护国际协调制度(HS)的商品命名法,并在技术方面执行国际贸易组织(WTO)关于海关估价和原产地规则的协议。当前使用的代码是 1988 年正式启用并因新商品在市场上出现而不断升级形成的。这个代码是贸易规范和管理的重要工具,同时也是世界重要统计数据的基础。

代码由十个数字组成，包含了组织在章节、标题、副标题和商品。其结构如下：

- 前两个数字代表章节。
- 前四个数字代表章节和标题。
- 前六个数字代表章节、标题和副标题。
- 全部十个数字代表章节、标题、副标题和商品。最后四个数字代表商品，而且在各个国家之间稍有些区别。很明显，在这个阶段，代码还不是完全统一的。在有些国家，同样的商品可能会有不同的后四位数字，这取决于该商品是进口来的或是用于出口的。

木质颗粒和压块燃料具有相同的 HS 代码的前六个数字(4401-30-xx-xx)，后面的四个数字由生产国来定。前两个数字代表章，44 即“木材及木制品；木炭”。前四个数字代表章节和标题，4401 即“木柴、原木、木坯、树枝、成捆或类似形状；木柴，呈片状或颗粒状；锯末或木料废弃物及剩余物，无论是否聚结成木材、压块、木质颗粒或类似形状”。前六个数字代表章节、标题和副标题，4401-30 即“锯末和木柴废弃物及剩余物，无论是否聚结成木材、压块、木质颗粒或类似形状”。

我们鼓励读者通过联系海关主管部门或商务部查询 HS 代码以维护其司法权益。代码是所有进出口贸易商品(如颗粒和压块燃料)所必须有的。颗粒燃料的材料安全数据表(MSDS)上也必须有代码(参见 5.4.2 节)。

还有些其他的代码如：

工业标准分类(SIC)。

北美工业分类系统(NAICS)，它取代了 SIC。

国际贸易标准分类(SITC)，联合国于 1950 年开发，在国际贸易统计报告中使用。

2.1.5 颗粒燃料的国际海事组织(IMO)法

航运也许是世界上最国际化的行业，服务于全球 90%以上的贸易，提供了高效、清洁和安全的运输。任何船舶的所有权和管理链都可能涉及很多国家，船舶在完成其经济活动时往往远离其登记国，在不同的司法管辖区之间移动。国际海事组织(IMO)于 1948 年成立，主要任务是发展和维护一个全面的航运管理制度，其职责范围包括安全、环境问题、法律问题、技术合作、海事安全和航运的效率。

与木质颗粒燃料直接相关的代码是固体散装货物安全操作代码(散装货物代码，BC 代码)。在 BC 代码中加拿大要求了木质颗粒燃料的内涵和分区，这是源自 2002 年的木质颗粒燃料运输的远洋船舶事故。在 2004 年 BC 代码做了修改，将木质颗粒燃料并入分级货物。当前的代码包括了材料在海运过程中有可能产生危险状况的特性的描述，比如氧气消耗和气体挥发。代码还对正常营运的要求做了规定，如入境许可证、瓦斯监测和灭火措施。

BC 代码已经做过更新并于 2009 年出版[8]。修改后的代码已经于 2011 年 1 月 1 日起生效，但秉着自愿的原则执行。

2.2 欧洲颗粒燃料产品标准

近年来，一些国家如奥地利、德国、意大利或瑞典已经发布了一些标准和质量法规以管理控制致密生物质燃料的质量。但在某种程度上，各个国家的标准和法规却有很大的不同。

正如已经提到的，CEN 已经发表了很多关于固体生物质燃料的标准和预标准(参见 2.1.2 节)。这其中，颗粒燃料的生产标准，即 EN 14961-2，即将发表。一旦这个标准开始生效，所有国家在 6 个月之内必须撤销其原标准或根据该 EN 标准进行修改。这就是说，所有国家的相关标准都会很快废弃。然而，近年来这些标准应用广泛，甚至在非标准制定国使用(如 ÖNORM M 7135 或 DIN_{plus})。所以，表 2-6 做了一个总结，比较了即将使用的欧洲颗粒燃料生产标准和奥地利、瑞典、德国和意大利使用的国家标准的异同。

根据 prEN 14961-2，颗粒燃料必须是由干材或未经化学处理的木料废料(A1 等级)制成；或由不包括树根的整棵树、干材、伐木剩余物、树皮、未经化学处理的木料剩余物(A2 等级)制成；或由自然林木，人工林木和其他来源的木料，木材工业生产过程中的副产品和剩余物或二手木料(B 等级)制成。而根据 ÖNORM M 7135 或 DIN_{plus} 颗粒燃料必须完全由天然木材或树皮制成。根据瑞典的标准 SS 187120 颗粒燃料通常是由原木和切割剩余物、森林和木材工业的副产品、秸秆或纸张制成。而根据 DIN 51731，颗粒燃料由还处于自然状态，没有经机械处理的木材制成。意大利标准 CTI 中要求对颗粒燃料原材料的产地和来源必须根据 EN 14961-1 来分类描述。

国家标准根据颗粒的直径和长度来对燃料分类或分组。表 2-6 仅展示了各个标准的最小尺寸类型的最低值，因为这些是与民用供热最相关的尺寸类型。而 prEN 14961-2，对所有类型的颗粒燃料都有说明。至于直径，在小型民用系统占主导地位的市场上(如奥地利、德国、意大利)，直径 6 mm 的颗粒燃料或多或少已经成为惯例。事实上很多颗粒燃料锅炉制造商要求使用 6 mm 的颗粒燃料，即使标准中也允许别的尺寸存在。在大型系统(如发电厂)中使用的颗粒燃料直径通常有 8 mm 或更大。这和荷兰或比利时的大型发电厂有关，它们焚烧颗粒燃料或用颗粒燃料共焚。在瑞典，直径 8 mm 的颗粒燃料在小型供热系统市场上也占主导地位。

可以看出，标准之间有很显著的差异。比如关于密度的规定，有时是用堆积密度，有时是用颗粒密度。其他的参数如氮含量、机械持久度、碎末、添加剂、灰熔点或重金属并不是所有标准都做了规定的，有些参数的极限值如 NCV 也是在不同的基数上给出的(如干基和湿基)，这些都使得数值之间的直接比较变得相当困难。在这里，新的欧洲标准将有助于颗粒燃料质量参数的统一，欧洲颗粒燃料品质有望与国际水平相媲美。

必须指明的是，欧洲地区奥地利和瑞典标准中的磨损值的极限值(各自的机械持久度)，该参数的测量方法是不同的，所以没有可比性。ÖNORM M 7135 标准规定了木质测定仪(Ligno-Tester LT Ⅱ)系统的应用(图 2-6)。而根据瑞典的 SS 187120 标准，磨损值要依照 SS 187180 来测定[11]。这个标准使用了如图 2-7 所示的六边形的转筒，而欧洲标准要求使用 ASAE 转筒(图 2-5)。Ligno-Tester 和 ASAE 的比较显示后者更加可靠而且结果具可重复性，这也是此方法列入欧洲标准的原因(详见 2.3 节)。

意大利的 CTI(Comitato Termotecnico Italiano)以 CEN/TS 14961:2005 为基准制定了自己的颗粒燃料标准。其分析方法沿袭 CEN/TC 335，属性表将颗粒燃料分为四类(A 级无添加剂，A 级有添加剂，B 级和 C 级)。意大利的标准是唯一一个根据 CEN/TS 14961 中表 1 划分原产地的标准。法国和日本也开展了颗粒燃料的标准化活动。法国的国际生物质能源专家协会(ITEBE)最近制定了一个质量标准，旨在维护法国颗粒燃料的高品质[12,13]。在日本，日本的颗粒燃料俱乐部(PCJ)也在寻求颗粒燃料的标准化[14]。

表 2-6 颗粒燃料标准的比较

参数	单位	prEN 14961-2 终稿			ÖNORM M 7135	SS 187120	DIN 51731	DIN_{plus}	CTI
		A1 级	A2 级	B 级					
直径 D	mm	6 或 8[13]	6 或 8[13]	6 或 8[13]	4～10	[18]	4～10	4～10[14]	6[15]
长度	mm	3.15～40	3.15～40	3.15～40	≤5×D[1]	≤4×D[2]	≤50	≤5×D[1]	D～4×D
堆积密度	kg/m^3	≥600	≥600	≥600		≥600[2]			620～720
颗粒密度	kg/m^3				≥1.12		1～1.4	≥1.12	
含水量	%（湿基）	≤10	≤10	≤10	≤10	≤10	≤12	≤10	≤10
灰分含量	%（干基）	≤0.7[6]	≤1.5[6]	≤3.5[6]	≤0.5[7]	≤0.7[6]	≤1.5[7]	≤0.5[7]	≤0.7[6]
NCV	MJ/kg（湿基）	16.5～19.0	16.3～19.0	16.0～19.0	≥18.0[3]	≥16.9	17.5～19.5[4]	≥18.0[3]	≥16.9
硫含量	%（干基）	≤0.03	≤0.03	≤0.04	≤0.04	≤0.08	≤0.08	≤0.04	≤0.05
氮含量	%（干基）	≤0.30	≤0.50	≤1.0	≤0.30		≤0.30	≤0.30	≤0.30
氯含量	%（干基）	≤0.02	≤0.02	≤0.03	≤0.02	≤0.03	≤0.03	≤0.02	≤0.03
机械持久度	%（湿基）	≥97.5	≥97.5	≥96.5	≥97.7[9]	≥99.2[2,9]		≥97.7[9]	≥97.5
碎末	%（湿基）	≤1.0[10]	≤1.0[10]	≤1.0[10]	≤1[8]				≤1.0
添加剂	%	≤2.0[11]	≤2.0[11]	≤2.0[11]	≤2[5]	[11]		≤2.0[5]	[11][16]
灰熔点	℃	[12]	[12]	[12]		IT[18]			
砷	mg/kg(干基)	≤1	≤1	≤1			≤0.8		
镉	mg/kg(干基)	≤0.5	≤0.5	≤0.5			≤0.5		[17]
铬	mg/kg(干基)	≤10	≤10	≤10			≤8		[17]
铜	mg/kg(干基)	≤10	≤10	≤10			≤5		
水银	mg/kg(干基)	≤0.1	≤0.1	≤0.1			≤0.05		[17]
镍	mg/kg(干基)	≤10	≤10	≤10					
铅	mg/kg(干基)	≤10	≤10	≤10			≤10		[17]
锌	mg/kg(干基)	≤100	≤100	≤100			≤100		
EOX	mg/kg(干基)						≤3		

注：1) 长度达到 7.5×D 的颗粒燃料不超过总质量的 20%；2) 在生产商的储藏空间储存；3) 干物质相关；4) 水和无灰；5) 完全没有经化学改性的初级林业和农业生物质产品；6) 在 550℃下测量；7) 在 815℃下测量；8) 在装货时，根据文献[3]；9) 定义为磨损（=100－机械持久度）；10) 当离开最终的装货地点交付给终端用户，即离开最终的储存地或工厂（如果直接交付终端用户的话），极限值应该保持不变（除非生产商和他们的客户之间有不同的协议），即使不直接面向终端用户；11) 类型和数量需要说明；12) 所有的特征温度都需要说明（SST，DT，HT，FT）；13) ±1 mm；14) 实际的直径必须在声明的直径±10%以内；15) ±0.5 mm；16) 因为“A 等级不含添加剂”，不允许有添加剂；17) 由未经化学处理的原材生产的颗粒燃料中 Pb、Hg、Cd、Cr 的总浓度低于 20 mg/kg；18) 未说明，数据来源[2,3,9,10]

瑞士于 2001 年推出了自己的颗粒燃料标准，该标准基于德国的 DIN 51731 而制定。然而，在 ÖNORM M 7135 和 DIN 51731 被公认为合适的标准后，瑞士标准被废除了。

在斯堪的纳维亚使用的是所谓的天鹅标签属于北欧生态标签系统。这个系统非常广泛地应用于各种产品，对生产过程中环境特征，每一种类型产品的使用和最终处理的具体标准都做了阐述。对于颗粒燃料，除了燃料特性，天鹅标签还对生产方法、运输和储存提出了要求。其目的是从环境的视角来定义一流的品质。这也使得颗粒燃料容易使用并确保燃烧不会造成对环境或健康的不良影响。在2.8节中有关于颗粒燃料供暖系统的要求的描述。颗粒燃料的众多标准对原材料，以及生产过程中的能量消耗和燃料特性有强制要求，除此之外，还要求生产商对这些信息进行持续评估。天鹅标签对燃料特性的要求类似于prEN 14961-2标准中的A1等级，只对直径、堆积密度和硫含量设置了严格的极限值。另外，对灰熔点中的IT和HT也都有规定。

颗粒燃料的原材料必须属于EN 14961-1标准中的“未经化学处理的木材剩余物，无树皮木材”类别或“森林和人工种植林木材，干材”种类。含有黏合剂或其他污染物的木材加工剩余物不得做主要材料使用。城市垃圾碎片同样也不得使用。如果以原木为原材料，每年至少70％作为原材料的原木必须来自认证过的森林。

每生产1 t颗粒燃料所使用的能量不得超过1200 kWh的一次能源。这个要求涉及以下过程：剥皮、削片、干燥、粉碎、回湿、粒化、冷却和筛选，以及任何中间阶段如传送带的电力消耗。如果是使用电力，消耗的千瓦时应乘以2.5才能达到等量的一次能源的量。这个最大一次能量需求的限额设定是非常严格的，因为仅每生产1 t由含水量55％的新鲜木质原材料制成的颗粒燃料，加热烘干就需要1000～1200 kWh（以使用的干燥技术为准）的能量，如果转换成一次能源会更多。全工厂的电力需求包含在内乘以2.5，无论如何都会超过限定值（表9-2）。因此，由新鲜木质生物质生产的颗粒燃料不可能满足天鹅标签的要求。这个限度只可能通过整体流程解决方案（type biorefinery）来保持。

颗粒燃料生产过程中燃料的使用会产生温室气体（GHG），每生产1 t颗粒燃料的最大排放量是100 kg二氧化碳。只要是燃烧生物质燃料来做原材料的干燥就能达到这个值。例如，以每兆焦耳净能量产生大约4.5 g二氧化碳来计算，湿锯末做原材料，每生产1 t颗粒燃料排放80 kg的二氧化碳。

在比利时的法律中，暂时还没有实施颗粒燃料质量或利用率相关的标准。然而，一个法令的项目正在准备中，即“固体生物质燃料供暖设备最低要求和污染物排放水平管理国王法令”，该法令计划于2010年底执行。本法令中致力于颗粒燃料质量的那部分会以CEN/TC 335编写的文件为基准。供暖装置部分则以EN 303-5为基准，这个已经作为条例NBN EN 303-5[16]包含在了比利时法律中。

在丹麦木质颗粒燃料市场上颗粒燃料的质量标准并不是一个很大的问题。在小型和中型市场，人们可根据个人标准或品牌如“HP质量”“Celsico”等或以往的经验，广泛购买颗粒燃料。上述品牌很受欢迎，不过像CEN、DIN_{plus}、ÖNORM或北欧生态标签等合适的标准也有使用。然而，市场越成熟，越是有更多真正的标准来取代品牌。在大型市场，适当的标准如CEN或DIN在颗粒燃料贸易和供给控制中应用普遍。最大的市场参与颗粒燃料质量、产地等的规范化，这些都是供应商们必须遵从的。丹麦参与了固体生物质的国际标准化过程，成为使用或即将使用CEN文件作为国家生物质燃料标准主要参照的国家。

关于国际标准的分布，必须指出的是ÖNORM M 7135、DIN 51731和DIN_{plus}证书已经很完善并广泛应用了。在它们各自的国家里颗粒燃料生产商或多或少都会根据 ÖNORM M 7135,DIN 51731 和 DIN_{plus}证书来认证产品。此外,这些标准已经国际化,因此它们在颗粒燃料领域基本上是众所周知的[17]。如很多欧洲国家,阿根廷、巴西和亚洲的生产商都极力呼吁 DIN_{plus}标准要国际化[18]。不过这个国际角色很快就会被新的欧洲标准,特别是 prEN 14961-2 所取代。

2.3 欧洲颗粒燃料分析标准

各种标准除了对燃料的技术要求,还涵盖了不同参数的测试规格以描述颗粒燃料和其他生物质燃料的特性。本节对依据 EN 14961-1 而设的测量不同参数的方法进行了讨论。有关颗粒燃料物理和化学分析的标准,尽管有很多欧洲国家使用,但因为它们会被即将出台的欧洲标准取代,所以在这里并没有做描述。读者想了解细节可以参考各个标准和参考文献[60],其中会有对依据奥地利、德国和瑞典标准所定分析方法的描述。

欧洲关于颗粒燃料长度和直径的测量标准尚在开发之中。在实际操作中,长度尺寸的测试主要是用卡尺手动测量检测样品的每一个颗粒燃料。测试样品至少要包含 40 mm 以下颗粒燃料的比例(以质量计)和长度在 40～45 mm 之间的比例(D06、D08 和 D10 等级)。最后,要有过长颗粒燃料(长于 45 mm)的记录。此外,破碎或长度小于其直径颗粒燃料的比例(以质量计)也是有用的信息。

EN 14961-1 规定堆积密度必须依据 EN 15103 来测量。在有着特定容积(如能装 5 L 的颗粒燃料)的标准容器中装满颗粒燃料,紧压 3 次后测量堆积密度(将容器从 15 cm 高度自由落体 3 次)。

EN 14961-1 规定含水量的测量要以 EN 14774-1 为准。样品必须至少要有 300 g,在 (105±2)℃范围内进行干燥。

依照 EN 14775,灰分要在 550℃下测定。关于这点,必须指出的是,在 ÖNORM M 7135 和 DIN 51731 中灰分的测定是在 850℃,不得不说这个温度太高,挥发性物质如碱金属在这个温度已经进入气相,因此分析结果会受影响。3.2.3 节中的调查报告综述可能在这点上有所考虑。

EN 14961-1 规定总热值中恒压下的净热值(参见 2.1.2 节)要根据 EN 14918 来测定。要用公式 3.5 来进行计算。

测硫、氮和氯含量依据的欧洲标准是 prEN 15289(硫和氯)和 prEN 15104(氮)。

依照 EN 14961-1 的规定,测定机械持久度,必须要采用 EN 15210-1。

在这点上必须指出的是,近年来,计算机械持久度,各自的磨损度(这是 100 和机械持久度百分比的区别)时,Ligno-Tester(Borregaard Lignotech 公司的 Ligno-Tester LT Ⅱ,见图 2-6)被广泛应用。这个方法是由 ÖNORM M 7135 和 DIN_{plus}规定的。此外,瑞典标准 SS 187120 规定了另外一个测定磨损度的装置(依据 SS 187180 测定[11])。这个标准制定了如图 2-7 所示的六边形转筒的使用。

在 EN 15210-1 的术语中,机械持久度的测量就是用一个颗粒燃料的测试器,在其中样品经受来自颗粒间的彼此碰撞和同固定的旋转测试箱壁的碰撞等产生的有控制的冲击。图 2-5

为这种测试器的示意图和照片。持久度是以分离磨损和破碎粒子后剩下的样品重量来计算的。对入选欧洲标准的方法和 Lingo-Tester 方法做了比较，发现后者具较少的可重复性和可复制性[19]。试着寻找到两种设备相关性，但没有发现明显的相关(尤其是与 97.5%这个依照 prEN 14961-2 而定的阈值保持一致的测量值，如图 2-8 所示)。入选 EN 标准的测量方法更可靠所以现在成为欧洲标准的一部分。在测试器测量时，需要(500±10) g 的样品量，在滚筒中以(50±2)r/min 的转速转 10 min。之后用 3.15 mm 筛孔的筛子筛选。

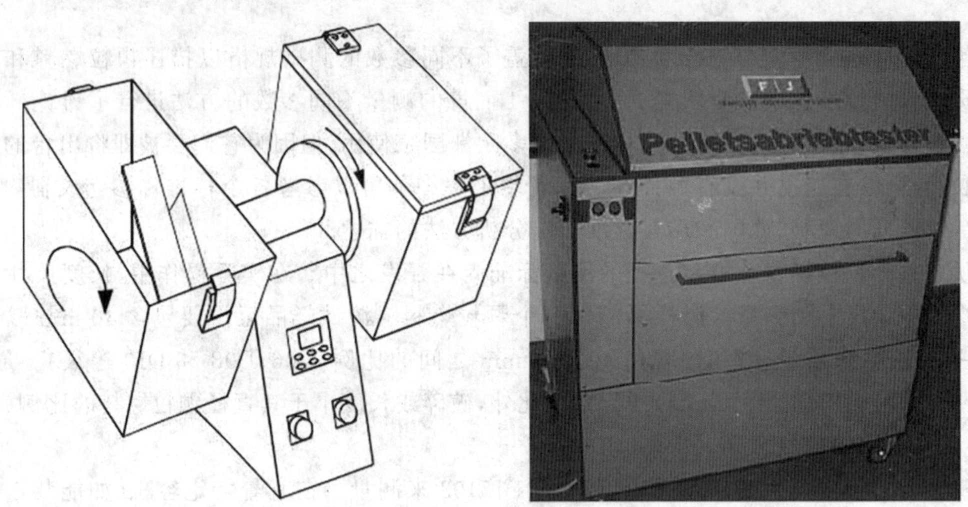

图 2-5　EN 15210-1 中颗粒燃料机械持久度测试器的示意图和图片

注：数据来源左边来自[20]，右边来自[21]

图 2-6　Ligno-Tester LT II

注：数据来源[22]

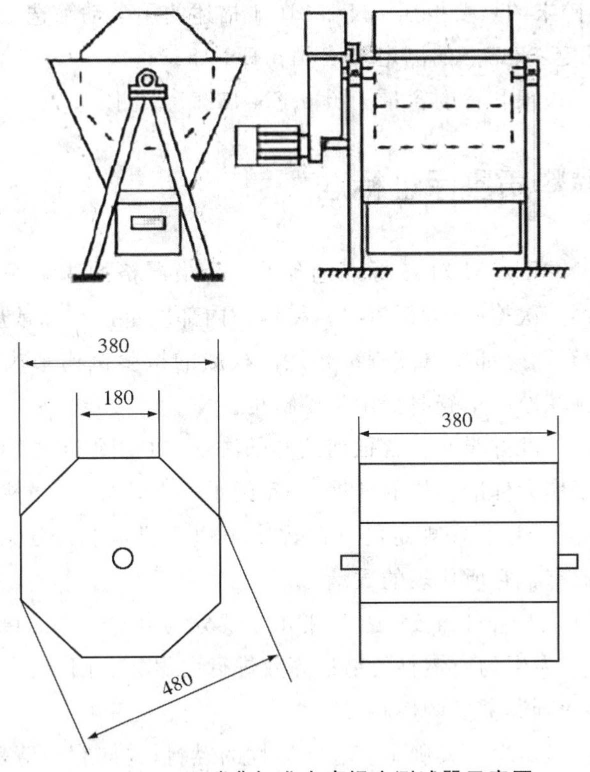

图 2-7 瑞典标准中磨损度测试器示意图

注：单位是 mm；数据来源[11]

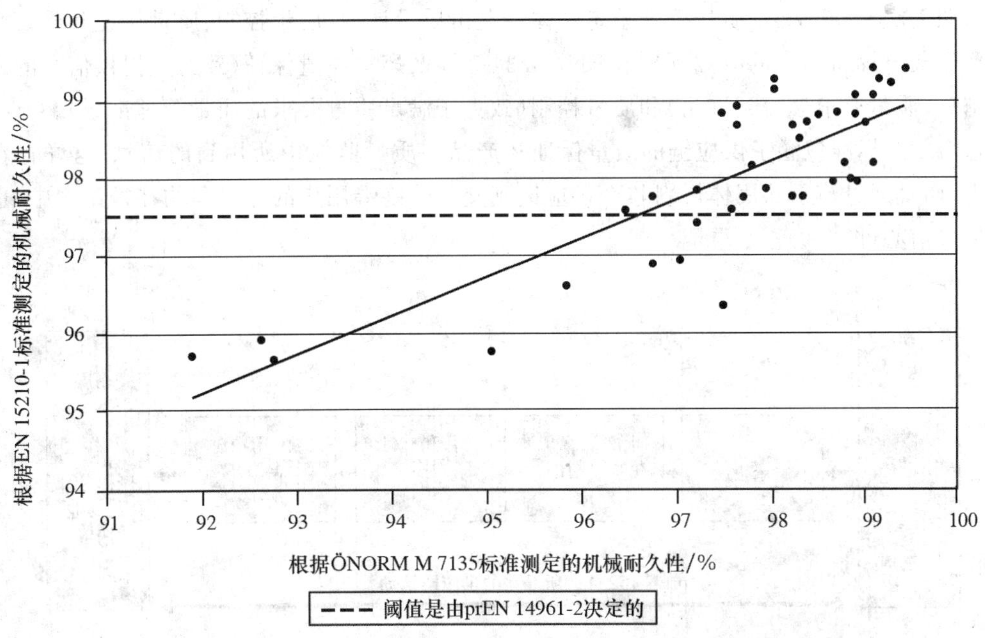

图 2-8 根据 EN 15210-1 和 ÖNORM M 7135 测定的机械持久度测量值的相关性

注：相关系数 $r^2=0.69$（所有值）和 $r^2=0.27$（大于 97.5 的值，该阈值根据 EN 15210-1 而定）；数据来源[19]（已修订）

EN 14961-1 规定碎末的量要按照 EN 15210-1 描述的用手动筛选操作来测量。

据 EN 14961-1 规定，灰熔点的测定要依据 prEN 15234。

砷、镉、铬、铜、铅、汞、镍和锌的含量依照 prEN 15297 来测定。

2.4 欧洲颗粒燃料质量保证标准

过去，奥地利的 ÖNORM M 7135 标准包含了一个最严格的质量保证法规。遵照这个标准必须保证要有一个第一次检查(确保资格)，持续的内部质量控制和常规的外部质量控制(每年的抽查)。第一次检查和外部质量控制都必须由权威的检验机构来执行。内部质量控制的结果必须做成文档而且在外部审查时交由检验机构。

瑞典的 SS 187120 标准并没有包含任何这样的法规，而德国 DIN 51731 标准规定了一个权威检验机构的年检以作为标准合格的证据(一年给予一次评分)。虽然不需要像在奥地利那样的抽查，但德国 DIN_{plus} 认证程序规定的外部评审类似于奥地利的法规，以确保有该标签下的颗粒燃料分类确实拥有了它所代表的质量。

欧洲质量保证标准也同 prEN 14961 一样，可以分为几个不同的部分。质量保证标准 prEN 15234 的宗旨在于为生物质燃料贸易的高效进行而服务。因此：

(1)终端用户能够找到其需要的燃料。

(2)生产商/供应商能够生产具确定和稳定属性的燃料，并向客户清楚地说明他们的燃料。

质量保证系统可以整合到质量管理系统(如 ISO 9000 系列)中或单独使用以帮助供应商将燃料质量文件化，建立供应商和终端用户间充分的信任。

依照 ISO 9000 来看，质量管理系统总体上是由质量计划、质量控制、质量保证和质量改进几方面组成。即将出台的欧洲标准 prEN 15234-1 涉及燃料质量保证(致力于提供信心的质量管理部分，质量要求会得到满足)和质量控制(致力于满足质量要求的质量管理部分)。

这个 EN 标准包涵了供应链的质量保证和产品在质量监控中所用到的信息，这样存在可追溯性，而且通过演示从固体燃料整个供应链到交付给终端用户的全过程均在控制之中，也给予了用户信心(图 2-9)。

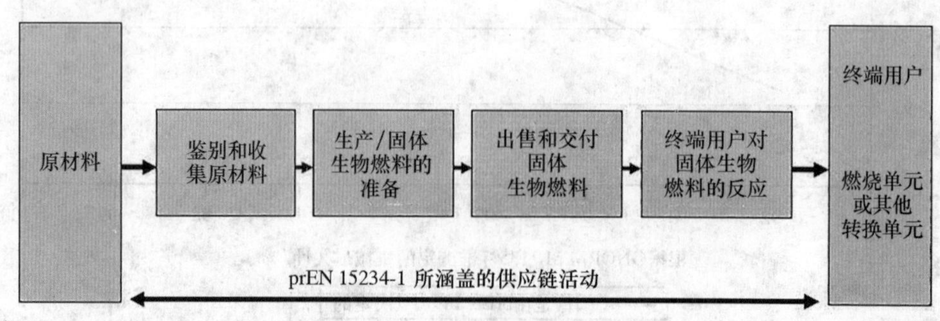

图 2-9 prEN 1523401 所涵盖的供应链

质量保证旨在提供这样一种信心：(生产商)按照用户的要求提供保持稳定质量(的商品)。

这个方法允许固体生物质燃料的生产商和供应商设计一个燃料质量保证系统以确保：

• 可追溯性的存在。

• 影响产品质量的必须因素在控制中。

• 终端用户对产品质量有信心。

有一些文件材料是强制要求的而有一些则是自愿提供的。质量保证措施的强制性文件包括如下：

• 关于原产地的文件材料(原材料的可追溯性)。

• 工艺流程链的各步骤，关键控制点(CCPs)，确保在 CCPs 上有适当控制的标准和方法，不合格产品(生产要求)。

• 运输、交付和储存的说明书。

• 产品说明/标签(最终产品技术参数)。

关键控制点是在流程之内或各流程之间最容易对相关属性进行评估的点，而且这些控制点为质量改进提供了最大的可能。

产品质量保证的方法——逐步地：

第一步：记录在生产链中的各个步骤。

第二步：明确产品的规格。

第三步：分析影响产品质量和公司绩效的因子(包括运输、处理和储存)。

第四步：识别和记录关键控制点以符合产品规格。

第五步：选择恰当的措施，给予用户信心，让他们认为所列规格是已经实现了的，这通过：

• 确认和记录标准和方法以确保对关键控制点的适当控制。

• 监测和控制生产流程，做必要的调整以遵守质量要求。

第六步：建立和记录非合格材料和产品单独处理的程序。如果发现产品有任何偏离规定的规格，在条件允许时这些偏离部分应该从该生产链中移除。如果不能去掉，生产商应该立即通知客户并采取必要的修正措施。

在生产、储存和运输过程中要采用适当的方法，要注意避免杂质和燃料货次的降级。杂质可能产生自石头、金属片和塑料。降级则可能是吸湿导致的。

需要特别注意的要素包括：

• 在储存过程中的天气和气候条件(如雨和雪的风险)，以及对覆盖物的需求。

• 储藏状况(如通风、吸湿)和预计的储藏时间。

• 仓库的建设。

• 所有设备的适合性和清洁度。

• 燃料运输的影响，如尘埃的形成。

• 所有过程中操作人员的专业技能。

产品声明要依照 prEN 14961 中的对应部分对质量做陈述。产品声明至少应该包括：

• 供应商(机构或企业)，及其联系方式。

• 引用 prEN 15234-燃料质量保证(相应部分)。

• 原产地和来源(依照 EN 14961-1)。

• 原产国/县乡(地点)，收获生物质或首次作为生物质燃料进行交易的地方。

- 交易形式(如颗粒燃料)。
- 特性规格。
- 规范特性。
- 信息特性。
- 是否经过化学处理。
- 操作者或责任人签字、姓名、日期和地点。

产品声明能够经计算机核对。签名和日期能够通过按照 prEN 14961 相关部分规定运作的签署运单或冲压包来核对。燃料质量声明给出的质量信息标签需要贴在固体燃料包装上。

对于颗粒燃料生产,影响公司绩效的重要因素是原材料、原材料的储存、设备、粒化工艺和员工的熟练程度。如关键控制点可以是如下步骤:

- 原材料的选择(原产地和来源)。
- 接收/储存/原材料的取样(储存的条件、避免杂质、抽样方法)。
- 不同原材料的混配(工艺控制)。
- 运输(适当的传输设备)。
- 筛选(要求的粒度)。
- 干燥(空气流通、温度控制)。
- 粉碎(原材料混匀)。
- 造粒(前处理/添加剂、设备)。
- 颗粒燃料储存(不同质量类别、储存条件、避免杂质)。
- 颗粒燃料包装(避免颗粒破碎)。
- 将颗粒燃料交付零售商和/或终端用户(无杂质,符合承保的质量规格)。

要给顾客对产品的信心,比如认为颗粒燃料规格都是真实的,需要以下的措施:

- 整个生产链上的外观检查(颗粒的颜色、气味、大小、持久度)。
- 造粒和交付给终端用户之前的含水量(分析和作业指导)。
- 生产后的特性测定(粉尘量、尺寸、含水量、机械持久度、灰分)。
- 生产监控、状况控制和设备的调整。
- 在使用的原材料以适合生产过程要求的频率发生改变时,对有些属性的测量。
- 必要时设备的修理或更换;有些部件需要根据生产控制系统的属性定期更换。

燃料规格和分级以及燃料质量保证标准已经通过了欧盟项目 BioNorm 和 BioNormⅡ(固体生物质燃料的抽样和测试的预规范工作,旨在完善质量保证系统)下的几个公司的初步测试。

2.5 用于民用供暖系统的颗粒燃料运输和储藏的标准

到目前为止,只有奥地利有针对民用供暖系统颗粒燃料运输和储存的标准和参考条例。即 ÖNORM M 7136“在自然状态下的压缩木材和压缩树皮-颗粒燃料-在物流运送领域和储存上的质量保证”, ÖNORM M 7137“自然状态下的压缩木材-木质颗粒燃料-终端用户处的颗粒燃料储存要求”和 ÖKL 参考条例第 66 号。在不久的将来,ENplus 也会在颗粒燃料的质量要求之外涵盖颗粒燃料的运输和储存的内容(参见 2.6 节)。

ÖNORM M 7136 是根据 ÖNORM 7135 从生产商到终端用户的方式来实施颗粒燃料质量的保障措施。因此,此标准只应用于颗粒燃料且已经根据 ÖNORM 7135 流程核查过。

这个标准总的要求涉及证明文件,特殊原材料的单独使用和防潮。依照这个标准,交货文件必须证明只交付了按照 ÖNORM 7135 的要求检查过的颗粒燃料。这些颗粒燃料必须同未经过验证的燃料和直径大小不同的燃料以及其他材料分开储存。如果先前运输过其他的东西,运输车辆在认证颗粒燃料装车前必须腾空、清洁才行。

处理颗粒燃料的操作区域必须配备有屋顶,保持干净。

颗粒燃料必须储存在封闭的、有合适地板的仓库中或封闭筒仓中。如果之前有储存过其他材料,则该储存区域必须完全清空才能用于颗粒燃料的储藏。

颗粒燃料防潮是非常重要的,储存和运输都必须保持干燥。必须避免和雪、雨或潮湿的墙壁以及冷凝水直接接触。

在颗粒燃料装入运输车辆运给终端用户之前,燃料中的碎末必须分离出来,分开后其质量必须小于总质量的 1%。运输过程中还有装货卸货时,颗粒燃料必须用合适的方式防潮。卡车上料系统给予颗粒燃料的机械张力可能会增加不到 1%的碎末量。

在三年漫长标准转型期结束后,自 2005 年 6 月以来,所有的有效负载能力在 8 t 及以上的颗粒燃料运输车辆都必须配备一个车载称重系统。

筒仓卡车必须配备一个吸力装置,以便在颗粒燃料进入到储存空间时吸走空气,这个装置必须要有比鼓风进入筒仓的压缩机更高的吸气能力才能避免储存空间的压力过大。另外对于筒仓卡车还规定了要有至少 30 m 长的填充管。

该标准还包含了与送货人员的资质相关的指标。零售商或承运人需要根据送货人员需要培训的方面设计一个作业指导。标准中已经列出了关于这个作业指导内容的最低要求。

送货人员必须在每个终端用户处填写一个清单,该清单必须是交付文件的一部分。检查列表至少要考虑到供暖系统是否被关闭,储藏空间是否被封闭,还储存有多少吨颗粒燃料(粗略估计)以及使用的管道长度。其他的评价如没有塑料隔板或在储存空间已积有灰尘,也应记录到检查列表中。

标准中还制定了不同参数的检查方法。这些包括了涉及的所有领域的,从证明文件和临时存储以及运输到送货人员的资格要求。

该标准旨在保证储存和运输过程中对颗粒燃料适当的处理,同时避免错误,确保用户的满意度。

ÖNORM M 7137"自然状态的压缩木材-木质颗粒燃料-终端用户处的颗粒燃料储存要求"制定了终端用户储存空间的要求。这个标准的议题就是可靠性、防火、静态需求和保持颗粒燃料品质。根据 ÖNORM M 7135,该标准只适用于 HP1 颗粒燃料。

在标准中记有与所有类型的储存空间相关的几个常规要求。因此,储藏空间必须保证输送管道不得超过 30 m,这样,在填充时才能保持施于颗粒燃料上的机械力是最小值。墙壁和支撑部分必须设计成能够承受加载到它们上面的静态负荷。每千瓦的供热负荷的燃料需求是 0.6~0.7 m^3 的颗粒燃料,这是一个供暖季的参考指导值,储藏空间必须满足至少一个供暖季的燃料需求。往储存空间填充燃料的时候水和水汽不得进入，还必须谨防冷凝水的形成。为避免颗粒燃料摄取空气中的水蒸气，储藏空间不应该通风。此外，设施必须防尘。所有储存空间的设施（电、水、废水和其他装置）必须依据 TRVB H 118（消防指导-自动木材锅炉系统）来安装，要隐蔽，有适当的隔热和防机械应力措施。出于安全考虑，开放性的电子设备如灯、插头或电灯开关都是不允许有的。防火措施也必须依照 TRVB H 118 来执行。储存空间必须容易进行维修、维护和清洁。

燃料填入管道和回流管道必须由金属材料制成，安装时不得扭曲。如果条件允许，它们应被接到屋外，而且填充连接不应该超过 10 m，必须通过拱形接头完成方向的改变。如果填充管不是接在室外而是从其他房间通过，则管道线要依照 TRVB H 118 来建。填入和回流管道的尺寸在标准中有严格的规定。填充燃料之后要用盲板法兰将管道紧紧密封起来。

设施传导的噪声通过轴承、固定装置或排放系统的穿壁套管传递到建筑上。这个是必须要通过适当的结构措施来避免的。至于说到碎末的累积程度和储存空间的腾空幅度，锅炉制造商或排放系统必须要提供恰当的信息。

矩形储存空间最为理想，填入和回流管道都装在矩形较窄一面，如果可以的话，最好是外墙上。砌砖的时候一定要避免湿度增加。至于灰尘，门的密封是要高度重视的。门必须是向外开，一些压力释放结构必须到位，比如像向下按就插入到安装在门侧面固定栓的木板。天花板必须防磨损以防污染燃料。

储存空间必须配备适合的填入和回流管道（在相同的墙中天花板之下至少 20 cm，回流管安装在内墙，填入管道进入存储空间达 30 cm），一个耐磨和抗撕裂材料制作的折流板[如1 mm 高密度聚乙烯（HDPE）箔]、一个适用于存储空间外抽风机使用的 230 V 的插板，以及一个角度为 40°±5°倾斜的底部和光滑耐磨的表面。

如果颗粒燃料存储于地下储藏罐，那就需要防水、防潮同时还有与这两者极有关联的防静电。为了保障防潮和水，储藏罐修建时必须没有接缝，罐体和罐盖都是由特殊材料制成，防腐、坚固能防恶劣天气，燃料填入和使用过程中能对抗静电释放。任何时间水都得拒于储藏罐和检验室之外。因此，为了防水罐盖必须密封储存罐。在盖子顶部的配件也必须能够经受防水密闭。此外，与地窖的连接也必须以防水方式来修建。制造商有责任对储藏罐的防静电保护采取适当的措施。

储藏罐的排放系统必须确保残留在罐中的燃料量不要高出其理论储藏容量的 5%。填充储藏罐的家用接头必须随时可用而且结合紧密以防止水或水蒸气通过这个途径进入到罐中。TRVB H 118 中的防火基本要求对地下储藏罐也同样适用。

金属制造的储藏罐必须埋于地下并做防腐处理。如果储藏罐是由非导电材料制成，所有导电部分、所有连接部分和排放系统都必须以土掩埋。出于储藏罐静电释放的可能，必须选择抑制火花形成的设计，这是制造商的责任。填入和回流管道可以经由储藏室的外墙或直接安装在储藏罐上。再提一次，TRVB H 118 中的防火基本要求必须坚持。

无论散装或包装，如果只有少量颗粒燃料被储藏，要求的标准也会相应地做一些变化。至于防火，联邦州立法律可能对法规有所放松（关于这点本书没有详细解释）。

ÖKL 指南第 66 号[23]是居民住宅中木质颗粒燃料供暖系统安装的规章制度。几乎木质颗粒燃料供暖系统和颗粒燃料简短定义的通用参数，包含了颗粒燃料使用者可获得的燃烧炉技术的工商目录，对燃料的要求是如何被确定的，以及燃料运送的方式和采用的储藏方法。作为储藏室外形规格的通用尺寸参考，每千瓦的供热负荷需要 1 m^3 的可用储藏空间。指南列出了多种燃料运送方式，从 15 kg 的小包装到 1000 kg 大包装的递送，再到几吨重的散装颗粒使用筒仓卡车运送。最后，给出一些实际装置的例子。

2.6 ENplus 认证系统

德国颗粒燃料研究所（DEPI）将会启动 ENplus 认证系统[24,25]，该系统基于欧洲预标准 prEN 14961-2（见 2.2 节）。这个认证系统的主要目标是确保将高品质的颗粒燃料交付给终端用户。因此，ENplus 涵盖的不只是颗粒燃料的质量参数，还包括了生产过程、储藏和交付给终端用户的全过程。颗粒燃料的全部供应链直到终端用户那里的储藏室都是这个认证系统的一部分。就燃料质量保证而言，ENplus 则是基于 prEN 15234 标准的多个部分。首先，ENplus 会在奥地利和德国实施，以各自颗粒燃料协会，也就是 DEPV 和 proPellets 之间的合作为基础。接着，即将成立一个欧洲颗粒燃料协会，并在欧洲执行 ENplus 标准。

一个颗粒燃料工厂要进行认证，必须先经权威检查机构检查。这第一次检查的报告是向认证机构申请证书不可或缺的一部分。如果所有要求都得到满足，ENplus 发布证书。证书有效期一年。

所有的检查包括以下几点：

- 技术设施的观察。
- 内部文档的管理。
- 通过颗粒燃料库存和交付文件确定使用添加剂的类型和数量。
- 检查质量保证管理人员的能力。
- 在颗粒燃料离开工厂前的最后可能点取样并进行分析。

颗粒燃料零售商和运营商必须到认证机构为其使用的中间储藏设备申请认证。然而，只要没有异常，权威检查机构的检查并不是必需的。为防止质量问题，认证机构可以要求外部机构进行检查。

ENplus 还包括一个完整的可追溯的颗粒燃料供应链系统，这使得确定质量问题责任人成为可能。这个系统基于各个 ENplus 证书持有人的识别号。识别号形成一个编码，显示在交付文档或包装袋上。

持有 ENplus 证书的人就有义务参与到颗粒燃料库存的监测系统。因此，ENplus 有助于增加供应的安全性。

ENplus 认证系统包括 prEN 14961-2 中的所有属性等级，它们将分别被标志为 ENplus A1，ENplus A2 和 ENplus B 级。表 2-3 中展示了它们各自的质量参数。A1 等级代表了最高的质量水平，特别适用于个人终端用户。在 A2 级别中提供给灰分含量、NCV、氮和氯的含量和灰熔点的限制值则没有那么严格。这个等级的燃料主要是用于商业用途中，提供给较大额定功率的颗粒燃料锅炉用的。B 等级的颗粒燃料是工业用的。同 prEN 14961-2 一样，B 等级的燃料也不允许包括使用化学处理过的木材。

2.7 ISO固体生物质燃料标准化

自从2007年12月ISO 238技术委员会(ISO 238/TC)确立了“固体生物质燃料”一词后，就一直致力于升级所有CEN/EN标准中关于固体生物质燃料部分以达到ISO标准。在ISO 238/TC中已建立有5个工作组(WGs)：

- 工作组1:专有名词。
- 工作组2:燃料技术指标和分级。
- 工作组3:质量保障。
- 工作组4:物理和机械的测试方法。
- 工作组5:化学测试方法。
- 工作组6:取样和样品准备。

新的ISO 238标准将会最终取代EN标准中关于固体生物质燃料的部分(表2-1)。当前(2010年3月)ISO 238/TC没有发表任何标准[26]。据时间表乐观地估计,ISO 238固体生物质燃料标准或许能够于2012年出现。

2.8 用于民用供暖领域的颗粒燃料炉的标准

实际输出功率300 kW的固体燃料专用锅炉采用的是EN 303-5:1999[28]标准,该标准是源自CEN的正式欧洲标准(EN),因此也是30个成员国各自的国家标准。除了一些更加严格的国内要求,各国家的标准同欧洲标准一致,这些在标准中已经指出。为了能在各自国家合法地安装,所有颗粒燃料锅炉都需要达到EN 303-5的最低标准。必须由公认可信的国家实验室来进行类型测试。这个EN 303-5:1999标准包括了燃烧致密生物质燃料如颗粒燃料或/和煤块的燃炉。这些可以人工或自动投料的燃炉在限制排放量和锅炉的热效率方面的要求有很大差异,结果取决于锅炉的投料方式。标准是由专有名词、技术要求、测试和标记规则组成。

施工要求包括关于防火的法规、可靠性、文件的范围和内容、质量管理和保证、焊接技术、使用材料以及综合的安全和建筑要求。

供暖系统的技术要求包括关于锅炉效率的法规、暖气管温度、投料压力、燃烧时间、最小热能输出、排放量和表面温度。

表2-7和图2-10展示了在奥地利对使用固体燃料的锅炉的效率要求。由此可见,对自动投料系统的要求要高于人工投料的燃炉。无论哪种投料系统,锅炉的最低热效率都随着锅炉额定功率的增加而提升。最小功率(最小持续负担)可能不会高于额定功率的30%,因此表2-7和表2-8中的要求也必须遵循最小功率时的状况。与此同时,这些要求已经不能满足当前的现实情况。新式的颗粒燃料燃炉有90%和更高的热效率(参见9.5.2节)。在新的生态设计准则下(参见2.9节),对这些要求的升级正在准备之中,不久的将来必然会有更严格的参考值。

额定负荷下烟气温度与室温之差低于160 K(K为热力学单位,下同)的锅炉,为了避免可能出现的黑烟,投料压力不足和冷凝等情况,排气系统设计的相关信息必须给出。

锅炉的额定功率决定了投料压力的最大值,同时也是烟囱尺寸大小的参考值。

表 2-7 以 ÖNORM EN 303-5 为基准，由额定锅炉功率决定对锅炉效率的要求

锅炉额定功率	锅炉效率
人工进料	
10 kW 以下	73%
10～200 kW	65.3+7.7 log P_N %
200～300 kW	83%
自动化进料	
10 kW 以下	76%
10～200 kW	68.3+7.7 log P_N %
200～300 kW	86%

注：数据来源[29]

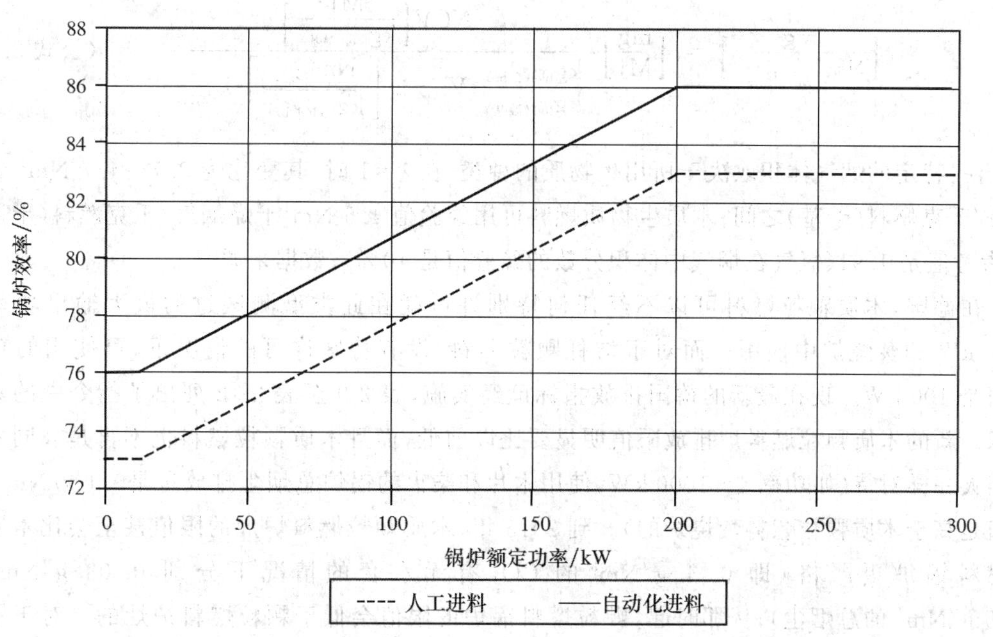

图 2-10 以 ÖNORM EN 303-5 为基准，由额定锅炉功率决定对锅炉效率的要求

注：数据来源[29]

表 2-9 至表 2-12 列出了基于 EN 303-5 标准制定的和在不同国家（即奥地利、德国、丹麦、瑞士、挪威、荷兰和瑞典）中 CO，NO_x，OGC 和总烟尘的排放限制值。排放限值制定的基础是 EN 303-5 标准。不过很多国家设置了更严格的排放量。

例如，表 2-8 列出了根据 ÖNORM EN 303-5 标准制定的奥地利的排放限制量，是针对自动和人工投料的固体生物质燃料焚烧炉的。其中 mg/MJ 到 mg/Nm^3 的转化是根据公式 2.2 来完成的。计算过程中 mg/MJ 为单位的排放限制值乘以 NCV 然后除以特殊烟道气体体积。这个特殊烟道气体体积取决于所用燃料的化学成分，因此和特定的燃料相对应。它和干燥的烟气和给出的化学计量条件相关。对于木质生物质而言，通常是每千克燃料（干基）产生

4.6 Nm^3的干燥特殊烟气。燃料的水分含量和烟气中所涉及的氧气含量也必须要考虑到，以便于以消耗氧气的量为参考，以 mg/Nm^3 为单位计算特定化合物的浓度。

表 2-8 ÖNORM EN 303-5 规定的排放限值

进料系统	单位	一氧化碳	氮氧化物[2]	有机气体碳	粉尘
人工	mg/MJ[1]	1100	150	80	60
自动	mg/MJ[1]	500[3]	150	40	60
人工[4]	mg/Nm^3	2460	330	180	135
自动[4]	mg/Nm^3	1120[3]	330	90	130

注：[1] 与燃料的 NCV 有关；[2] 仅只适用于木材焚烧炉；[3] 30%额定负载的部分负载，限值可能超过 50%；[4] 根据公式2.2做的 mg/MJ 到 mg/Nm^3 的转化，适用于干燥烟气和体积分数为 10%的氧气。

$$c\left[\frac{mg}{Nm^3_{FG_{dry}},O_{2,ref}}\right]i=c\left[\frac{mg}{MJ}\right]\cdot\frac{NCV\left[\frac{MJ}{kg_{fuel(湿基)}}\right]}{\frac{kg_{fuel(d.b.)}}{kg_{fuel(湿基)}}\cdot V_{FG,spec.}\left[\frac{Nm^3_{FG_{dry}}}{kg_{fuel(d.b.)}}\right]\cdot\lambda_{O_{2,ref.}}} \quad (公式\ 2.2)$$

注：特定的烟气体积取决于所用生物质的种类，在 $\lambda=1$ 时，其变化为 3.7～4.7 Nm^3 干燥烟气/千克燃料(干基)之间；木质生物质燃料可用经验值 4.6 Nm^3 干燥烟气/千克燃料(干基)；λ_{O_2} 参考值是 1.91(氧气在烟气中体积分数的经验值是 10%)；数据来源[54]。

在德国，木质颗粒燃料可以不经任何特别许可就在此类型测试过的最大输出功率在 1000 kW 的焚烧炉中使用。而对于秸秆颗粒燃料，没有特殊许可的情况下，可使用的功率阈值是 100 kW。现在最新的德国排放指标已经实施，表 2-9 至表 2-12 列出了指令中的具体要求。新的木质颗粒燃料炉排放限值明显要比以前低，而且木质颗粒燃料也不再是被同木片或柴火一样对待(如功率 4～1000 kW，使用木片和柴火的锅炉总烟尘排放量是0.1 g/Nm^3，这个值是高于木质颗粒燃料焚烧炉的)。到 2015 年，木质颗粒燃料炉灶的限值甚至会比木质颗粒燃料锅炉更严格(即 0.4 g/Nm^3 的 CO，有无水套的情况下分别 0.03 g/Nm^3 和 0.05 g/Nm^3 的总烟尘)；从那时起，颗粒燃料锅炉的限值会低于颗粒燃料炉灶的。对于别的室内供暖系统，则设定了更加严格的排放限值(如平铺的炉灶，CO 排放限值为 2.0 和烟尘限制值为 0.1 g/Nm^3)。现在所有锅炉的排放限值都必须由烟囱清洁监察来控制(对于已经安装符合要求的自动排放装置的锅炉，检查频率已经由每年一次降为两年一次)。以秸秆颗粒燃料或由一年生作物(如芒草或禾本剩余物)制成的颗粒燃料为燃料的焚烧炉需要进行特殊的类型测试，包括 NO_x 和 PCDD/F 排放量的测定，自 2010 年起，它们各自的排放限值为 0.6 g/Nm^3 和 0.1 ng/Nm^3。

表 2-9 EN 303-5 和不同国家规定的 CO 排放限值

额定热功率/kW	EN[a)]	AT[e)h)]	DE	DK	CH	NL	SE
<4	5000[b)f)]	1100[f)]	[r)]	2000[b)f)m)]	4000[d)]	I[t)]	0.04[d)u)]
	3000[b)g)]	500[g)]		400[b)g)m)]			
4～15	5000[b)f)]	1100[f)]	800[d)i)]	2000[b)f)m)]	4000[d)]	[t)]	[r)]
	3000[b)g)]	500[g)]	1000[d)l)]	400[b)g)m)]			
			400[d)i)l)j)]				
15～50	5000[b)f)]	1100[f)]	800[d)i)]	2000[b)f)m)]	4000[d)]	[t)]	[r)]
	3000[b)g)]	500[g)]	1000[d)l)]	400[b)g)m)]			
			400[d)i)l)j)]				
50～70	2500[b)]	1100[f)]	800[d)i)]	2000[b)f)m)]	4000[d)]	[t)]	[r)]
		500[g)]	1000[d)l)]	400[b)g)m)]			
			400[d)i)l)j)]				
70～100	2500[b)]	1100[f)]	800[d)i)]	2000[b)f)m)]	1000[d)]	[t)]	[r)]
		500[g)]	1000[d)l)]	400[b)g)m)]	500[d)k)]		
			400[d)i)l)j)]				
100～120	2500[b)]	1100[f)]	800[d)i)]	2000[b)f)m)]	1000[d)]	[t)]	[r)]
		500[g)]	400[d)i)j)]	400[b)g)m)]	500[d)k)]		
			250[c)l)]				
120～150	2500[b)]	1100[f)]	800[d)i)]	1000[b)f)m)]	1000[d)]	[t)]	[r)]
		500[g)]	400[d)i)j)]	400[b)g)m)]	500[d)k)]		
			250[c)l)]	2500[b)n)]			
150～300	1200[b)]	1100[f)]	800[d)i)]	1000[b)f)m)]	1000[d)]	[t)]	[r)]
		500[g)]	400[d)i)j)]	400[b)g)m)]	500[d)k)]		
			250[c)l)]	1200[b)n)]			
300～500	n. v.	[p)]	800[d)i)]	500[b)n)]	1000[d)]	[r)]	[r)]
			400[d)i)j)]		500[d)k)]		
			250[c)l)]				
500～1000	n. v.	[p)]	500[d)i)]	500[b)n)]	500[d)]	[r)]	[r)]
			400[d)i)j)]				
			250[c)l)]				
1000～5000	n. v.	[p)]	150[c)o)]	625[b)n)]	250[c)]	[r)]	[r)]
			250[c)l)]				
5000～10000	n. v.	[p)]	150[c)o)]	625[b)n)]	250[c)]	[r)]	[r)]
			250[c)l)]				

续表 2-9

额定热功率/kW	EN[a]	AT [e)h)]	DE	DK	CH	NL	SE
10000～20000	n. v.	[p]	150[c)o)] 250[c)l)]	625[b)n)]	150[c]	[r]	[r]
20000～50000	n. v.	[p]	150[c)o)] 250[c)l)]	625[b)n)]	150[c]	[r]	[r]
＞50000	n. v.	[p]	[r]	[r]	150[c]	[r]	[r]

注：所有值都是以 mg/Nm³ 为单位；n. v 非有效标准；[a] 只考虑等级 3，这个等级要求最高的效率和最低的排放量；[b] 与体积分数为 10％的氧气有关，干燥烟气；[c] 与体积分数为 11％的氧气有关，干燥烟气；[d] 与体积分数为 13％的氧气有关，干燥烟气；[e] mg/MJ_{NCV}；[f] 人工投料；[g] 自动投料；[h] 根据公式 2.2 转化为以 mg/Nm³ 为单位；[i] 针对木质颗粒燃料锅炉；[j] 从 2015 年开始；[k] 从 2012 年开始；[l] 秸秆和类似作物材料的燃烧；[m] 依照北欧生态标签；[n] 对生物质燃料总体而言；[o] 对自然木料的燃烧有效；[p] 不同用途和燃料的不同排放限值量，参见[53]；[r] 无或无总体限值/个别限值；[t] 依照 EN 303-5 制定；[u] 体积分数（对频繁使用的颗粒燃料炉灶有效）；数据来源[28,29,30,31,32,33,34,53]

丹麦在木质颗粒燃料上使用的排放限制量同其他生物质燃料一样，都是在环境保护署指导下，由部长级的命令确定下来的。下述表格 2-10 涵括了针对各种规模工厂的所有限制值，且木质颗粒燃料的 CO、NO_x、OGC 和总烟尘的限制值也已经编入其中。

表 2-10　根据 EN 303-5 制定的以及不同国家制定的 NO_x 排放限值

额定热功率/kW	EN	AT[e)h)]	DE	DK	CH	NL	SE
＜4	[r]	150	[i)j)]	340[b)m)]	250[d)v)]	[r]	[r]
4～15	[r]	150	[i)j)]	340[b)m)]	250[d)v)]	[r]	[r]
15～50	[r]	150	[i)j)]	340[b)m)]	250[d)v)]	[r]	[r]
50～70	[r]	150	[i)j)]	340[b)m)]	250[d)v)]	[r]	[r]
70～100	[r]	150	[i)j)]	340[b)m)]	250[d)v)]	[r]	[r]
100～120	[r]	150	[i)p)]	340[b)m)]	250[d)v)]	[r]	[r]
120～150	[r]	150	[i)p)]	340[b)m)]	250[d)v)]	[r]	[r]
150～300	[r]	150	[i)p)]	340[b)m)]	250[d)v)]	[r]	[r]
300～500	n. v.	[p]	[i)p)]	[r]	250[d)v)]	[r]	[r]
500～1000	n. v.	[p]	[i)p)]	[r]	250[d)v)]	[r]	[r]
1000～5000	n. v.	[p]	[p]	[r]	250[c)v)]	200[f]	[r]
5000～10000	n. v.	[p]	[p]	300[b)n)]	250[c)v)]	145[f]	[r]
10000～20000	n. v.	[p]	[p]	300[b)n)]	150[c]	145[f]	[r]
20000～50000	n. v.	[p]	[p]	300[b)n)]	150[c]	145[f]	[r]
50000～100000	n. v.	[p]	[s]	200～650	150[c]	145[f]	600[a)w)] 400[a)x)]
100000～300000	n. v.	[p]	[s]	200～650	150[c]	145[f]	600[a)w)] 300[a)x)]

续表 2-10

额定热功率/kW	EN	AT[e)h)]	DE	DK	CH	NL	SE
300000～500000	n. v.	[p)]	[s)]	200～650	150[c)]	145[f)]	600[a)w)] 200[a)x)]
>500000	n. v.	[p)]	[s)]	200～650	150[c)]	145[f)]	200[a)x)]

注：所有值都是以 mg/Nm^3 为单位；n. v. 非有效标准；a) 与体积分数为 6%的氧气有关，干燥烟气；b) 与体积分数为 10%的氧气有关，干燥烟气；c) 与体积分数为 11%的氧气有关，干燥烟气；d) 与体积分数为 13%的氧气有关，干燥烟气；e) mg/MJ_{NCV}；f) 与体积分数为 6%的氧气有关，干燥烟气；h) 根据公式 2.2 转化为以 mg/Nm^3 为单位；i) 对木质颗粒燃料锅炉无限制值；j) 对秸秆和类似作物材料的燃烧无限制值；m) 依照北欧生态标签；n) 对生物质燃料总体而言；p) 不同用途和燃料的不同排放限值量，参见[53]；r) 无限制值；s) 无总体限值/个体限值；v) for mass flows≥ 2500 g/h；w) 针对现有的植物；x) 针对新植物；数据来源[28～34,53]

此外，作为与北欧合作的产品生态标签部分的丹麦生态标签，已经发布了生物质燃料专用小型燃炉的标签标准，其中就包括使用颗粒燃料的燃炉。这个标准设定了严格的排放量标准，表 2-11 中也有列出。不过该标签在丹麦实际应用有限，至今还没有得到制造商的普遍认可。

表 2-11 根据 EN 303-5 制定的以及不同国家制定的 OGC 排放限值

额定热功率/kW	EN[a)]	AT[e)h)]	DE	DK	CH	NL	SE
<4	150[b)f)] 100[b)g)]	80[f)] 40[g)]	[i)j)]	70[b)f)m)] 25[b)g)m)]	[r)]	[t)]	150[b)f)] 100[b)g)]
4～15	150[b)f)] 100[b)g)]	80[f)] 40[g)]	[i)j)]	70[b)f)m)] 25[b)g)m)]	[r)]	[t)]	150[b)f)] 100[b)g)]
15～50	150[b)f)] 100[b)g)]	80[f)] 40[g)]	[i)j)]	70[b)f)m)] 25[b)g)m)]	[r)]	[t)]	150[b)f)] 100[b)g)]
50～70	100[b)f)] 80[b)g)]	80[f)] 40[g)]	[i)j)]	70[b)f)m)] 25[b)g)m)]	[r)]	[t)]	100[b)f)] 80[b)g)]
70～100	100[b)f)] 80[b)g)]	80[f)] 40[g)]	[i)j)]	70[b)f)m)] 25[b)g)m)]	[r)]	[t)]	100[b)f)] 80[b)g)]
100～120	100[b)f)] 80[b)g)]	80[f)] 40[g)]	[i)p)]	50[b)f)m)] 25[b)g)m)]	[r)]	[t)]	100[b)f)] 80[b)g)]
120～150	100[b)f)] 80[b)g)]	80[f)] 40[g)]	[i)p)]	50[b)f)m)] 25[b)g)m)] 100[x)]	[r)]	[t)]	100[b)f)] 80[b)g)]
150～300	100[b)f)] 80[b)g)]	80[f)] 40[g)]	[i)p)]	50[b)f)m)] 25[b)g)m)] 100[x)]	[r)]	[t)]	100[b)f)] 80[b)g)]
300～500	n. v.	[p)]	[i)p)]	[r)]	[r)]	[r)]	[r)]

续表 2-11

额定热功率/kW	EN[a]	AT[e)h)]	DE	DK	CH	NL	SE
500～1000	n. v.	[p)]	[i)p)]	[r)]	[r)]	[r)]	[r)]
1000～5000	n. v.	[p)]	[p)]	[r)]	[r)]	[r)]	[r)]
5000～10000	n. v.	[p)]	[p)]	[r)]	[r)]	[r)]	[r)]
10000～20000	n. v.	[p)]	[p)]	[r)]	50[c)y)]	[r)]	[r)]
20000～50000	n. v.	[p)]	[p)]	[r)]	50[c)y)]	[r)]	[r)]
>50000	n. v.	[p)]	[s)]	[r)]	50[c)y)]	[r)]	[r)]

注：所有值都是以 mg/Nm^3 为单位；n. v. 非有效标准；[a)] 只考虑等级 3，这个等级要求最高的效率和最低的排放量；[b)] 与体积分数为 10% 的氧气有关，干燥烟气；[c)] 与体积分数为 11% 的氧气有关，干燥烟气；[e)] mg/MJ_{NCV}；[f)] 人工投料；[g)] 自动投料；[h)] 根据公式 2.2 转化为以 mg/Nm^3 为单位；[i)] 对木质颗粒燃料锅炉无限制值；[j)] 对秸秆和类似作物材料的燃烧无限制值；[m)] 依照北欧生态标签；[p)] 不同用途和燃料的不同排放限值量，参见[53]；[r)] 无限制值；[s)] 无总体限值/个体限值；[t)] 依照 EN 303-5 制定；[x)] UHC(未燃烧的碳氢化合物)；[y)] C_{ges}；数据来源[28～34,53]

荷兰规定的生物质颗粒燃料同其他种类生物质燃料燃烧的排放限值是相同的。表 2-12 中列出了当前使用的排放限值。国家住房、建设和规划委员会对功率在 300 kW 的供暖设施排放到空气中的污染物做了强制规定。颗粒燃料锅炉被归入自动投料锅炉一类。排放限值和欧洲标准 EN 303-5 中相对应的部分是相同的。如果供暖设施功率单位超过 300 kW 到达 20 MW 需要从当地政府获得许可，而如果超过20 MW达到 50 MW 则需要获得国家行政委员会的许可。

表 2-12　根据 EN 303-5 制定的以及不同国家制定的烟尘排放限值

额定热功率/kW	EN[a)]	AT[e)h)]	DE	DK	CH	NL	SE
<4	150[b)]	60	[r)]	70[b)f)m)] 40[b)g)m)]	[r)]	100[c)]	[r)]
4～15	150[b)]	60	60[d)i)] 100[d)l)] 20[d)i)l)j)]	70[b)f)m)] 40[b)g)m)]	[r)]	100[c)]	[r)]
15～50	150[b)]	60	60[d)i)] 100[d)l)] 20[d)i)l)j)]	70[b)f)m)] 40[b)g)m)]	[r)]	100[c)]	[r)]
50～70	150[b)]	60	60[d)i)] 100[d)l)] 20[d)i)l)j)]	70[b)f)m)] 40[b)g)m)]	[r)]	100[c)]	[r)]
70～100	150[b)]	60	60[d)i)] 100[d)l)] 20[d)i)l)j)]	70[b)f)m)] 40[b)g)m)]	150[d)] 100[d)k)f)] 50[d)k)g)]	100[c)]	[r)]

续表 2-12

额定热功率/kW	EN[a)]	AT[e)h)]	DE	DK	CH	NL	SE
100～120	150[b)]	60	60[d)i)] 20[d)i)j)] 50[c)l)]	70[b)f)m)] 40[b)g)m)]	150[d)] 100[d)k)f)] 50[d)k)g)]	100[c)]	[r)]
120～150	150[b)]	60	60[d)i)] 20[d)i)j)] 50[c)l)]	70[b)f)m)] 40[b)g)m)] 150[b)n)]	150[d)] 50[d)k)]	100[c)]	[r)]
150～300	150[b)]	60	60[d)i)] 20[d)i)j)] 50[c)l)]	70[b)f)m)] 40[b)g)m)] 150[b)n)]	150[d)] 50[d)k)]	100[c)]	[r)]
300～500	n. v.	[p)]	60[d)i)] 20[d)i)j)] 50[c)l)]	300[b)n)]	150[d)] 50[d)k)]	100[c)]	[r)]
500～1000	n. v.	[p)]	60[d)i)] 20[d)i)j)] 50[c)l)]	300[b)n)]	20[d)]	50[c)]	100[d)y)]
1000～2500	n. v.	[p)]	100[c)o)] 20[c)l)]	40[b)n)]	20[c)]	25[x)]	100[d)y)]
2500～5000	n. v.	[p)]	50[c)o)] 20[c)l)]	40[b)n)]	20[c)]	25[x)]	100[d)y)]
5000～10000	n. v.	[p)]	20[c)l)o)]	40[b)n)]	20[c)]	5[x)]	100[d)y)]
10000～20000	n. v.	[p)]	20[c)l)o)]	40[b)n)]	10[c)]	5[x)]	[z)]
20000～50000	n. v.	[p)]	20[c)l)o)]	40[b)n)]	10[c)]	5[x)]	[z)]
50000～100000	n. v.	[p)]	[r)]	30～50[b)n)]	10[c)]	5[x)]	100[v)x)] 50[w)x)]
100000～500000	n. v.	[p)]	[r)]	30～50[b)n)]	10[c)]	5[x)]	100[v)x)] 30[w)x)]
＞500000	n. v.	[p)]	[r)]	30～50[b)n)]	10[c)]	5[x)]	50[v)x)] 30[w)x)]

注：所有值都是以 mg/Nm^3 为单位；n. v. 非有效标准；[a)] 只考虑等级 3，这个等级要求最高的效率和最低的排放量；[b)] 与体积分数为 10%的氧气有关，干燥烟气；[c)] 与体积分数为 11%的氧气有关，干燥烟气；[d)] 与体积分数为 13%的氧气有关，干燥烟气；[e)] mg/MJ_{NCV}；[f)] 人工投料；[g)] 自动投料；[h)] 根据公式 2.2 转化为以 mg/Nm^3 为单位；[i)] 针对木质颗粒燃料锅炉；[j)] 从 2015 年开始；[k)] 从 2012 年开始；[l)] 秸秆和类似作物材料的燃烧；[m)] 依照北欧生态标签；[n)] 对生物质燃料总体而言；[o)] 对自然木料的燃烧有效；[p)] 不同用途和燃料的不同排放限值量，参见[53]；[r)] 无限制值；[s)] 无总体限值/个体限值；[v)] 针对现有的植物；[w)] 针对新植物；[x)] 与体积分数为 6%的氧气有关，干燥烟气；[y)] 综合建议；[z)] 没有通用绑定的排放限值，不过实际操作中在氧气占干燥烟气体积分数为 6%时是 20～50 mg/Nm^3；数据来源[28,29,30,31,32,33,34,53]

锅炉运行期间以手触摸部分的最高表面温度根据材质不同，可能超过室内温度甚至最高达到以下温度。

- 金属和等效材料可达 35 K。
- 陶瓷和其等效材料可达 45 K。
- 塑料和其等效材料可达 60 K。

此外，关于测试本身的规则是指定的(基础测试条件、仪器和分析方法、待测燃料、压力测试、泄漏测试)。为了保证标准的一致性，测试的执行规程也是确定的。有关试验台的设置，被测参数和测试持续时间的要求都包括在内。锅炉额定输出，锅炉效率和排放量的确定方法也被制定出来。标准还包括测试报告和技术文件的撰写方式的详细说明，以及产品标签、报送范围和指导手册。

除了 EN 303-5 要求的锅炉类型测试之外，还有不同的标签或证书对燃炉设置了更加严格的要求。比如在丹麦有一个颗粒燃料锅炉制造商和进口商可选择的许可方案，包括文件证明要求，一个官方认可锅炉的清单，对所有签订该方案生产商车间的监督。测试过的锅炉要贴有排放量和效率指标。这些指标并不反映任何质量评判，只是表明排放和能效相关的事实。

在瑞典，经过瑞典 SP 技术研究所认证后的产品将被许可用 P 标志。这种认证包括了产品的质量控制和产品符合标准要求的确认，部门相关的行业法规和其他法规，以及依照这些法规开展的持续的检查。认证规则包括认证条件，技术要求和持续检查的要求以及颗粒燃料用具的质量控制。技术要求包括安全，效率和可靠性以及排放水平相关法规。持续的质量控制主要依靠供应商来执行，包含了多方面的元素，还包括产品的最终检查。外部控制则由 SP 执行，目的是为了确保供应商的检查和质量控制程序正常进行。在这一系列控制管理中，产品样本可以用来做随后的性能测试。

除了法律法规，德国还有一个所谓的蓝色天使(“Blauer Engel”)标签，是针对颗粒燃料锅炉的自愿认证。这个标签由联邦环境机构签发。额定功率达到 50 kW 的颗粒燃料锅炉就可以申请该标签，锅炉只以颗粒燃料为燃料(非复合燃料锅炉)，完全自动点火和控制(不允许人工调节，除必要的空气供给)，必须是一个完整的系统(不允许有改造过的颗粒燃料燃烧器)。这个标签规定了比当前有效的排放量法规 (1. BImSchV) 更加严格的排放限值，比 EN 303-5 更高的效率要求。蓝色天使标签对辅助电力消耗也同样做了限制。对燃炉的标准设置，操作手册，甚至锅炉生产商必须提供给安装人员和终端用户的服务都做了广泛的要求。

奥地利有一个被称为“Umweltzeichen”的环保标签。这是一个自愿认证系统，认证范围是人工和自动投料的室内供暖系统，锅炉以柴火、木片、煤球或颗粒燃料为燃料，额定功率达到 400 kW。该标签规定了比各法律法规更严格的效率和排放限值。而且，它规定了最大的辐射衰减和辅助电力消耗值。燃炉生产商需要提供给安装人员和终端用户的服务和信息也做了详细的界定，对操作手册的内容也做了要求。

2.9 生态设计指令

欧洲议会的 2005/32/EC 生态设计指令是一些所谓的能量相关产品设计措施实施的基础。对于这些产品，前期的研究已经开始，欧盟委员会能够根据这些研究的结果对欧洲市场上的产品提出产品性能、能量效率和产品污染物排放量相关的法规。根据能量标签指令签发的产品能量效率的强制标签也是需要的。关于已经发布的法规的产品，著名的例子有冰箱、洗衣机和电灯泡等。基于前期小型燃烧装置的研究，各项的实施措施自 2007 年来一直在开发中，到 2010 年底应该能够强制执行。这个法规所涵盖的小型燃烧系统是以石油、天然气和固体燃料为基础的供暖系统、水暖设施、室内空调装置、室内加热器和热空气中央供暖系统[36,37]。因此，颗粒燃料炉灶和颗粒燃料中央供暖系统也受此法规制约。

生态设计指令的目的在于提高能源相关产品的能源利用效率和考虑它们在整个生命周期中与环境的兼容性。生态设计指令对市场上产品只能调控其售出而不能调控它们的使用。因此，只能限定出在试验台条件下的效率和排放限量最小值。在终端用户处的操作要求如排放量的测量或要求使用哪种燃料是生态设计指令管不着的。此外，与现存工厂有关的义务或现存工厂的交易都不在指令的管理范围之内。

正在讨论的实施措施，对小型供暖系统的预期必须是：

- 能源使用效率的实验室要求。
- 重要污染物排放的实验室要求(特别是在前期进行了研究的烟尘排放量)。
- 能源效率相关的标签。
- 控制系统和特殊组件，如热缓冲存储。

尽管实施措施的细节尚未最后确定，但有关能源效率和小型供暖系统在欧洲范围内的排放量的第一个法规很快就要出台了。该法规将会影响到国家法规，给予现代颗粒燃料炉灶和颗粒燃料中央供暖系统一个好机会，因为在大多数情况下它们已经显示了高效能和低污染物排放水平。

2.10 总结/结论

颗粒燃料的使用带来了对燃料本身的高质量要求，同时也对燃炉有了无故障操作和小微环境影响的使用要求，尤其是小型民用供暖系统。至于颗粒燃料，通常是用各种标准来保证质量的。众标准对确保颗粒燃料的质量非常重要，对同质燃料产品的高质量输出是必不可少的。

国家标准和质量法规都试图控制管理颗粒燃料的质量，在某种程度上，这些标准和法规彼此差别很大。除了国家标准，近年来，已经完成固体生物质燃料在欧洲标准的修订工作，从 2010 年开始会有一系列的欧洲标准发表，那么，就有了国际基础上表现一致、更有可比性的颗粒燃料。一旦欧洲标准发布，现存的国家标准就会撤销或根据这些欧洲标准做修改。最重要的是自 2007 年来在固体生物质燃料 ISO 标准上的工作一直都在进步，在几年内都将引领国际标准。ISO 标准将最终取代欧洲标准。

随着所有这些标准和法规各安其位，终端用户可能会发现他们自己面临的问题是不知道哪种颗粒燃料可实际地保证他们系统的无故障操作。这种不确定在锅炉制造商规定了使用特殊高品质颗粒燃料(如具有某一个颗粒燃料协会标签的)时部分消除，或者加上其他的保证一起可以减少或彻底排除。这些措施应该是被夸大了，因为在德语国家出现了有两个重要的标准，ÖNORM M 7135 和 DIN 51731，它们已经开始保护高品质颗粒燃料的生产了。此外，随着所谓的 DIN_{plus} 认证的引进，一个新的标准被创造出来确保适用于无障碍操作系统的颗粒燃料的生产。在不久的将来，德国和奥地利标准的主角地位会被 prEN 14961-2 取代。prEN 14961-2 标准中的 A1 等级的颗粒燃料将特别应用于民用供暖行业中。建议消费者在颗粒燃料购买中注意各自的标准或系统缺陷的危险性或可能出现的故障。

根据 prEN 14961-2 标准，A2 类颗粒燃料也可能成为可用于民用供暖行业的等级，只要适应了这个等级颗粒燃料的供暖系统在市场上可以获得(因为 A2 等级更高的灰分含量，系统改造是必须的)。B 等级代表了第一个工业应用颗粒燃料的标准(应避免将 B 等级颗粒燃料用于民用供暖行业中，因为小型颗粒燃料燃炉不能适应这个等级的很多属性，如低灰熔点或高灰分含量)。无论 B 等级是否变成一个工业颗粒燃料相关的标准，当前此类颗粒燃料仍是许多大型工业的消费品，而且它们有自己的性能规范。

因为颗粒燃料已经实际上成为国际和洲际交易商品，此时统一的商品说明书和编码系统(HS 公约)就必须应用到国际贸易中的颗粒燃料上。HS 代码是 6 个数字命名法。出于海关或出口的目的，个别国家可能会延长 HS 代码到 8 位或 10 位。这个数字是所有出口或进口商品贸易强制要求的，对颗粒燃料的贸易亦如是。为了提供海运的规章制度，国际海事组织于 1948 年成立。它的活动涉及安全和环境问题、法律事务、技术合作、海上安全和海运的效率。2004 年颗粒燃料被纳入固体散装货物安全操作代码(BC 代码)系统中，目前它包含一个材料特性的描述，该特性可能在海洋航行中导致危险状况如氧气枯竭和废气释放；还规定了工作要求如入境许可证、气体监测和灭火实践。BC 代码正在更新中。

除了颗粒燃料自身的标准和法规，它们的运输、储存和贸易还有对燃烧颗粒燃料的炉具的技术要求也在不同的国家里由不同的标准来管理控制。这里也一样，新的 ENplus 认证系统至少是在欧洲层面将有助于协调颗粒燃料相关的标准。因为 ENplus 不仅包含依照 prEN 14961-2 而定的颗粒燃料质量标准，还有运输和储存的法规，甚至包括终端用户处的储存。

与不同国家的颗粒燃料产品标准类似，有关颗粒燃料燃炉的法规在各个国家也大不相同，尤其是有关排放限量的。颗粒燃料相关的排放限值的国际比较表明，要对不同国家的不同排放限值进行直接比较几乎是不可能的，因为单位不同，参考的氧气浓度不一样以及分配在不同的功率范围。因此，至少是在欧洲范围内，必须强烈推荐统一的测量方式方法的。基于欧洲生态设计指令(欧洲议会 2005/32/EC 号指令)的条例目前正在讨论中，这个条例有可能在不远的将来理清这条路。2011 年开始可能会有一个小型供暖系统的法令生效，这将对相关国家法规产生影响。

3 生物质颗粒燃料及其原材料的理化特性

3.1 燃料颗粒及其原材料的相关物理特性

为了确定生物原材料是否适用于颗粒燃料的生产,第一个要明确的就是对潜在原材料的评定标准。

出于这个目的,prEN 14961-2 标准中颗粒燃料的技术参数被用作参考,这些参数对颗粒燃料的某些成分有限制,以此为标准,原材料必须先达到相应要求。原材料也可以用作生物添加剂,但添加量不能超过标准规定的总质量的 2%。因为那些添加剂虽然量很少,但仅它们自身就能使某些参数表现出更高水平。在任何情况下,添加剂都必须是来自农业和林业的初级生产,未经处理的生物质产品。

作为颗粒燃料原材料的生物材料参数的评估都由粒化技术预先确定一次,另外影响燃烧特性的参数则由燃烧技术来预先确定。

这些特定参数将在接下来的章节得到检验,还有它们对原材料适应性的影响和对已有的颗粒燃料的影响也有论述。

在 EU-ALTENER 计划"欧洲致密生物质燃料集成市场(INDEBIF)"[38]框架内,一个国际分析项目在被选定的欧洲国家(即奥地利、瑞典、西班牙、意大利、挪威和捷克共和国)内展开,对来自不同生产商的颗粒燃料和压块燃料都进行了分析。这个分析项目的目的是在欧洲不同国家内创建致密生物质燃料理化特性的概览,从而显示现有燃料品质以及各国不同标准和法规的差异[39,40]。BioNorm 的项目"为发展质量保证系统,固体生物质燃料取样和测试的预规范工作"也发起了无数关于颗粒燃料(和压块燃料)物理和机械性能的测试。这个项目的主要目的是比较这些特性的测量方法。在该项目框架下超过 25 种类型的颗粒燃料得到测试,选择它们是因为它们具有 6 个欧洲国家(奥地利、比利时、丹麦、芬兰、德国和西班牙)商业市场的代表性产品。为了能提供颗粒燃料品质在欧洲的概况,奥地利生物质能源管理中心 BIOENERGY 2020+对来自 20 个欧洲国家的 82 份颗粒燃料进行了分析。在下面的章节中,如果和书中内容相关,这些项目和活动的研究结果将会被选择列出。

3.1.1 原材料的尺寸大小分布

对原材料粒度大小的要求取决于颗粒燃料的直径,原材料自身和最终的颗粒燃料压制技术。在任何情况下,材料都要尽可能地均匀一致。按规定锯末最大粒度是 4 mm。如果原材料还需要粉碎,那么就出现了经济效率问题。在 7.2.4 节会涉及这一点。粉碎的技术可能性会在 4.1.1.1 节中进行描述。所以,关于粒度,必须牢记预处理步骤的重要性。不过粒度大未必是淘汰准则。

3.1.2 颗粒燃料的尺寸

燃料的粒度和形状通常决定投料和燃炉技术的适当选择,因为它们影响了燃料的运输和燃烧特性。燃料粒度越大,就越需要坚固耐用的投料设备,完全燃烧所需时间也越长。

至于颗粒燃料,因为其直径和长度的标准化,投料设备的选择和尺寸以及燃炉设施要更容易做出决定。颗粒燃料的直径由被选择的冲模上孔洞的直径来决定的。长度则自木质颗粒生产的一开始随机决定。在颗粒燃料工厂,原材料被压缩通过冲模,出来的产品呈无限长的线状,然后因其刚度随机断裂成或长或短的片段。在努力做到颗粒燃料磨损减小,持久性增加的同时,颗粒燃料变得越来越长,这导致了运送系统的堵塞,尤其是气动力输送设备(这种设备中只要有一个过长的颗粒燃料就能造成堵塞,整个系统运行也会随之中断)。因为这个原因,现在颗粒燃料制造商用位于冲模边缘的刀片切割燃料使其长度不会超过规定的最大值。

直到颗粒燃料这种形状和大小均匀的生物质燃料被引入市场,自动小型生物质燃炉的发展才成为可能,它提供了同现代石油和天然气供暖系统一样的舒适度。

在众多分析项目中检查的大多数颗粒燃料为 6 mm 的直径。居第二位的是 8 mm 直径,被检查到有 10 mm 直径的只有少数。

prEN 14961-2 标准中设定的颗粒燃料长度是不超过 40 mm。燃料长度在气动投料系统中尤为重要,因为一个超长的颗粒燃料就可以造成投料系统的堵塞,从而导致整个系统的停滞不前。在众分析项目中检验的所有颗粒燃料都满足这个限值。

3.1.3 颗粒燃料的堆积密度

公式 3.1 定义了堆积密度。它是由颗粒密度和孔隙体积(堆积的孔隙度)来决定的。堆积密度可以用颗粒密度除以 2 来进行粗略的估算。堆积密度越高,颗粒燃料的能量密度就越高,而运输和储藏的成本则越低。因此,从经济的角度,从颗粒燃料生产商、零售商、中介分销商的角度,以及从用户的角度,都希望颗粒燃料能有高的堆积密度。

欧洲标准 prEN 14961-2 设定 600 kg (湿基)$_p$/m^3 为堆积密度最小值。文献中的颗粒燃料堆积密度值为 550～700 kg (湿基)$_p$/m^3[43～46,59,60],大多数情况下是 650 kg (湿基)$_p$/m^3,很多颗粒燃料生产商声明的也是这个数值。

$$\rho_b = \frac{m_{\text{bulk good}}}{V_{\text{bulk good}}} \qquad \text{(公式 3.1)}$$

注:m 的单位是 kg(湿基),V 的单位是 m^3。

3.1.4　积载系数

以立方英尺每吨为单位的积载系数主要是用于在海洋船舶上堆积密度的测量。以公式3.2转化堆积密度为积载系数。后者是前者的倒数值。举个例子，700 kg/m^3 的堆积密度转化为积载系数的数值是 1.43 m^3/kg。

$$积载系数=\frac{35.31\ ft^3/m^3}{700\ kg/m^3}\times 1000\ kg/t=50.4\ ft^3/t \qquad (公式\ 3.2)$$

值得一提的是，在海洋船舶或长途有轨车的大型整批运输中，因为冲击发生了颗粒燃料沉降（压缩），体积相比于标准堆积密度减少了 3%～5%（参见 3.1.3 节）。

如欧洲技术规范“固体生物质燃料-堆积密度测定”（EN 15103）所述，散装样品经受可控冲击处理，这种沉降或压缩效应通过测定经受和未经冲击样品的差异来获得[47]。在所有的固体生物质燃料中，木质颗粒燃料的这种压缩效应是特别小的。图 3-1 说明了这一点。

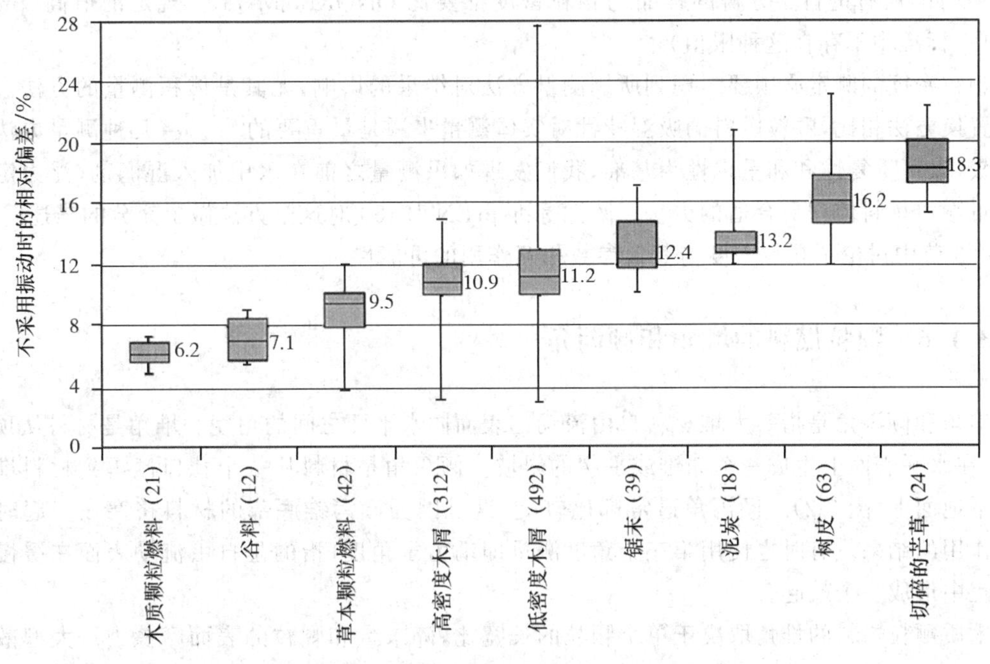

图 3-1　冲击相比于非冲击设施对体积影响在堆积密度测定上的相对效应

注：括号里的数字表示重复的次数；假定是 50 L 的容器，自由落体 3 次之后再次填充，平整表面，称重；燃料密度的数据评估由 180 kg/m^3 这个边界值来区分高低。

受控的冲击压紧导致了一定体积的缩小，这解释了生产链中的压缩效应（如在筒仓中的高压负载或运输过程中的冲击和振动）。因此，在实际操作中高的惯性负荷增加了负载压力和燃料沉降，这个沉降还会由于运输中的振动而额外增加。此外，现实中罐装或卸载操作通常的下降深度要比用在这里执行测试的装置高。因为颗粒燃料下落时动能的增加，这也是导致现实中罐装或卸载各自具有更高压缩状态的原因。因此，一个应用可控冲击处理样本的程序被认为相比较无冲击的方法，以一个更好的方式反映了现实中普适的堆积密度。这在交付燃料的总量必须以运输车辆的负载容积来估算时才更正确，也是许多国家里常见的做法。图 3-1 给出了一些研究数据，可用于不同固体生物质燃料对冲击敏感度的粗略估算。这些数据显示了生物质燃料 6%～18%以及木质颗粒燃料 5%～7%的压缩效应。

3.1.5 颗粒燃料颗粒密度

颗粒密度定义为颗粒燃料质量和体积的商数(参见公式 3.3)。颗粒燃料的颗粒密度通常影响其燃烧特性。颗粒密度越高的燃料能燃烧越长的时间。此外，堆积密度也会随着颗粒密度的增加而提升。

$$\rho_p = \frac{m_{\text{pellet}}}{V_{\text{pellet}}} \qquad \text{(公式 3.3)}$$

注：m 的单位是 kg(湿基)；V 的单位是 m^3。

靠分析项目和在德国的木质颗粒燃料颗粒密度的测量[48]显示其数值为 1.12～1.30 kg/dm^3。因此，所有进行了分析的样品的颗粒密度都要比 ÖNORM M 7135 规定的值高(prEN 14961-2 标准中不存在这种限值)。

颗粒密度的测定必须要考虑到所用测量方法对结果的影响，尤其是体积测量的方法。与液体置换方法相比，颗粒燃料的吸湿特性对实体测量来说是最重要的[49]。将几种测量方法做了比较，以可重复性和和重现性为基准，我们发现如果测量之前在水中加入湿润剂，浮力定律是测量颗粒燃料体积更合适的方法。欧洲标准 prEN 15150 对这个方法做了充分的描述。

3.3 节中讨论了颗粒密度与其他参数相互作用的可能性。

3.1.6 颗粒燃料的堆角和倾泻角

堆角和倾泻角是指一大堆材料自由流动的表面同水平面之间的角度。堆角是材料从顶端泼泻，在水平表面上生成一个立锥或平缓的斜坡。倾泻角是材料从一个孔口倾泻到材料堆放的水平地面上(图 3-2)。倾泻角通常都比较陡，这是因为倾泻锥底部的材料挤塞在一起时切线力作用的结果。有时也使用第三个角度测量即动力学角度，指的是自由流动表面在缓慢转动过程中形成一个鼓起。

木质颗粒燃料的堆角取决于单个颗粒的长宽比，碎末量和颗粒的表面摩擦力。大型散装贸易中的颗粒燃料有 28°～32°的堆角。这个角度于颗粒燃料储藏设施的设计很重要。倾泻角是 33°～37°，这个角度在颗粒燃料储藏设计有漏斗状底部时很重要。

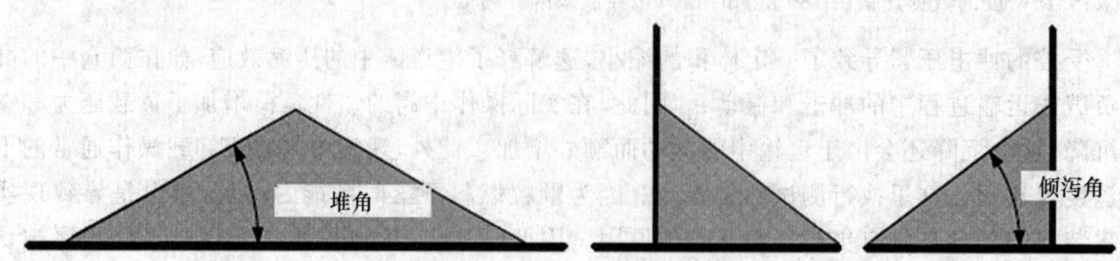

图 3-2 堆角和倾泻角图示

3.1.7 颗粒燃料持久度

颗粒燃料的生产中，机械持久度是最重要的参数之一。这是因为大量的碎末会在用户的储藏设施内形成桥接，堵塞出口，导致燃料供应的终止。此外，大量的碎末会造成螺旋进料器的阻塞。这也是为什么终端用户储藏室里的少量碎末是设备利用率的最重要的考查项，也是客户满意度的重要指标。还有，如果碎末量高则燃烧导致的烟尘的排放量也会增加，从生态的角度来看这点应该避免。

此外，大量的碎末改变了堆积密度，增加了运输过程中的损耗和处理燃料过程中的灰尘量。而且，我们知道尘埃是有可能在储藏和处理过程中引起爆炸的。

prEN 14588 标准定义机械持久度(DU)为“致密生物质燃料单元(如块状、颗粒状)在装卸，投料和运输过程中保持原状的能力”。在分析项目中燃料的磨损度是根据 ÖNORM M 7135 标准来进行然后转化成机械持久度的(取值在 100 和磨损度之间，以百分比表示)。在 prEN 14961-2 标准中，A1 和 A2 等级的颗粒燃料，其机械持久度的最小值是 97.5%（湿基)。值得注意的是，以上所有经标准认证了的颗粒燃料，绝大多数检验过的都超过了这个数值，只有几个样品没有达到。那些低于限值的颗粒燃料用于中型和大型工业。目前机械持久度最高的颗粒燃料是在挪威的产品中发现的，来自 4.1.4.1 节中描述的小规模试验厂，在那里原材料粒化之前经过了蒸汽爆破处理。两份秸秆颗粒燃料样品中有一份机械持久度是 97.6%（湿基)，略高于木质颗粒燃料的要求值，明显优于一些木质颗粒燃料。另一份样品的机械持久度极差，只有 80%（湿基)。

样品分析结果显示大多数颗粒燃料生产商能够生产具高机械持久度的产品。然而，从有些生产商那里取得的样品在这方面有很大的缺陷。只要这种颗粒燃料不是进入小型燃炉系统市场而是做工业用途就不会造成重大问题。但是，在颗粒燃料集中供暖系统要采取一切手段来避免使用高磨损度的颗粒燃料，以免降低了终端用户对产品和市场整体的信心。

3.3 节中讨论了机械持久度/磨损与其他参数可能的相互作用。

3.1.8 颗粒燃料内部的粒度分布

组成颗粒燃料的粒子的大小分布是用户在使用需要粉碎的颗粒燃料之前要用到的一个技术参数[50]。这种粉碎处理通常是发生在发电厂在燃烧或混燃烧颗粒燃料时。

测量该属性的方法包括在特定条件下在水中分解颗粒燃料，在干燥箱中将混合物烘干，之后置于室温至水汽平衡。最后，样品使用 prEN 15149-2 标准描述的设备进行筛滤。

以重复性和重现性为基准比较了针对这个属性的不同测量程序[51,52]。研究得出的结论是使用热水以及烘干前搅拌浆体是最可靠的程序。

该属性的已发表数据很少，数值的分布范围是 0.45～1.25 mm，平均值为 0.7 mm。如比利时公共设施 Electrabel 需要的粒子 100%小于 4 mm，99%小于 3 mm，95%小于 2 mm，75%小于 1.5 mm 以及 50%小于 1 mm(参见 10.11.6.5 节中的表 10-10)。这个参数的指导方针在 WG4 CEN TC335 中做了讨论但还没有定论。

3.2 颗粒燃料和原材料的相关化学特性

3.2.1 颗粒燃料中碳、氢、氧和挥发物的含量

表 3-1 列出了不同生物质材料中的碳、氢、氧和挥发物的平均含量。这些元素并不影响材料对粒化的适用性，然而，这些元素的含量对总热值有影响，因此影响了净热值。挥发物则影响了燃烧特性。碳、氢和氧是生物质燃料的主要成分（因为纤维素、半纤维素和木质素就由这些元素组成），因为燃烧产生的放热反应分别释放出二氧化碳和水，碳和氢是能量的主要元素。有机物中所含有的氧满足了部分的燃烧需氧量；剩余部分则来自空气。木质生物质的碳、氢含量要高于那些禾本物质，这就是木质生物质有更高的总热值的原因。

挥发物是燃料有机质含量的一部分，就是在隔绝空气，900℃下 7 min 内释放的那部分（依据 EN 15148 标准）。

生物质燃料中的挥发物要高于煤炭中的。在木质生物质中它的波动值在 70%～86%（干基）；在禾本生物质中则是 70%～84%（干基）。这个高含量的挥发物导致了大部分生物质的快速气化，气体形成同质气相燃烧反应，剩下的碳则以非匀相反应相对缓慢地燃烧。这是为什么挥发物对生物质热降解和燃烧特性有强烈影响的原因[53]。

prEN 15104 规定了碳、氢含量的测定。氧含量可近似看作 100 减去碳、氢、硫、氮和灰分总量[以质量分数%（干基）为单位]后的差值。挥发物含量根据 EN 15148 标准来确定。

表 3-1　不同生物质材料中碳、氢、氧和挥发物的含量

燃料种类	C/%（质量分数，干基）	H/%（质量分数，干基）	O/%（质量分数，干基）	挥发物/%（质量分数，干基）
木屑（云杉、山毛榉、杨树、柳树）	47.1～51.6	6.1～6.3	38.0～45.2	76.0～86.0
树皮（针叶树林）	48.8～52.5	4.6～6.1	38.7～42.4	69.6～77.2
秸秆（黑麦、小麦、黑小麦）	43.2～48.1	5.0～6.0	36.0～48.2	70.0～81.0
芒草	46.7～50.7	4.4～6.2	41.7～43.5	77.6～84.0

注：数据来源[53]

3.2.2 颗粒燃料中氮、硫及氯的含量

prEN 14961-2 标准允许颗粒燃料含有氮、硫和氯的量是有限制的。标准的限制值是以造粒输入木材为参考，该材料与禾本生物质相比，表现出了明显的低氮、硫和氯含量。这些元素对粒化过程本身并没有影响，但是在寻找潜在原材料时不得不考虑其浓度因为木材的天然浓度将决定颗粒中这些元素的浓度。这样做能够避免使用受污染的材料或非生物材料来生产颗粒燃料。

这些元素浓度的增加可能是化学污染的结果，如杀虫剂、黏合剂、胶水、漆、染料、木材防腐剂或者农业生物质的混杂。

氮是挥发分，在燃烧时几乎完全释放到烟气中（形成氮气和 NO_x）。NO_x 的形成是一个问题，它取决于生物质燃料的氮含量。硫和氯也是极易挥发的，燃烧时大部分都释放到气相。在气相反应中同钾和钠（硫酸盐，氯化物）以及 SO_x 和 HCl 一起形成气溶胶。

因为技术和环境的问题，这些元素都是有限值的。氮、硫和氯的浓度对燃烧有不同的影响。高含量的氮、硫和氯增加了 NO_x、SO_x 和 HCl 的排放量。氯还增加了多氯二氧化二苯（二噁英）和呋喃（PCDD/F）的形成。更重要的是，氯和硫的燃烧产物具有腐蚀性，和沉积物形成有很大的关系。表 3-2 列出了各种生物质燃料中这些元素的参考值。

表 3-2 不同生物质燃料的氮、硫和氯参考值

元素	单位	木材（云杉）	树皮（云杉）	秸秆（冬小麦）	整株作物（黑小麦）
N	mg/kg（干基）	900～1700	1000～5000	3000～5000	6000～14000
S	mg/kg（干基）	70～1000	100～2000	500～1100	1000～1200
Cl	mg/kg（干基）	50～60	100～370	1000～7000	1000～3000

注：数据来源[53]

3.2.3 颗粒燃料的总热值、净热值和能量密度

在 2.1.2 节中有总/净热值的定义。就颗粒燃料的能量密度而言，原材料的总热值应该尽可能高。它完全取决于使用的材料，即原材料的化学组成，因此能够不受其他因素影响。总的来说，木质生物质（包括树皮）的总热值在 20.0 MJ/kg（干基）左右，禾本生物质的值在 18.8 MJ/kg（干基）左右[54]。总热值可以根据 EN 14918 标准，用弹筒量热器来测定。此外，如果手头上有燃料的元素分析，总热值的近似值也可以用公式 3.10 来计算。

净热值主要取决于总热值，燃料中的水分和氢含量。其他参数如氮、氧或灰分含量也有对其有轻微影响。NCV 可以用 GCV 来计算，在文献中可以找到不同燃料的不同公式[55,56,57,58]。对固体生物质燃料，有两个重要的公式。

公式 3.4 应用广泛，还曾由 IEA 生物质能源项目，任务 32“生物质燃烧和混烧”[53,59,60]推荐使用。该公式只需要总热值，燃料的水分和氢含量作为输入参数。木质生物质，如颗粒燃料，氢含量总共达到 6.0%（干基）左右；禾本生物质的值则在 5.5%（干基）左右。基于燃料的含水量，再与上面提到的木质生物质的总热值近似值一起，可以计算出一个很好的净热值近似值，一个参数很容易就确定了。

$$NCV = GCV \times \left(1-\frac{M}{100}\right) - 2.447 \times \frac{M}{100} - \frac{X_H}{200} \times 18.08 \times 2.447 \times \left(1-\frac{M}{100}\right)$$

（公式 3.4）

注：NCV 的单位是 MJ/kg（湿基）；GCV 的单位是 MJ/kg（干基）；M 的单位是%（质量分数，湿基）；X_H 的单位是%（质量分数，干基）；数据来源[53]。

标准 EN 14961-1 要求使用公式 3.5 来计算净热值(参见 2.1.2 节)。除了公式 3.4,它还需要氧和氮含量作为输入参数。这必须被视为这个公式的一个重大缺陷,因为这些参数通常是无法使用的,尤其是氧含量很难测定。对比两个公式的计算,可以发现结果几乎相同。用两个公式分别计算含水量在 0~65%(湿基)标准组成的颗粒燃料的净热值,两个结果和相对区别列于图 3-3。可以看出,含水量的提升加大了相对差异。然而,即使是在含水量在 65%(湿基)的时候,相对差异也只有 0.13%,而这可以忽略不计。

$$NCV=[GCV-0.2122\times X_H-0.0008\times(X_O+X_N)]\times\left(1-\frac{M}{100}\right)-2.443\times\frac{M}{100}$$

(公式 3.5)

注:NCV 的单位是 MJ/kg(湿基);GCV 的单位是 MJ/kg(干基);M 的单位是%(湿基);X_H,X_O 和 X_N 的单位是%(质量分数,干基)。

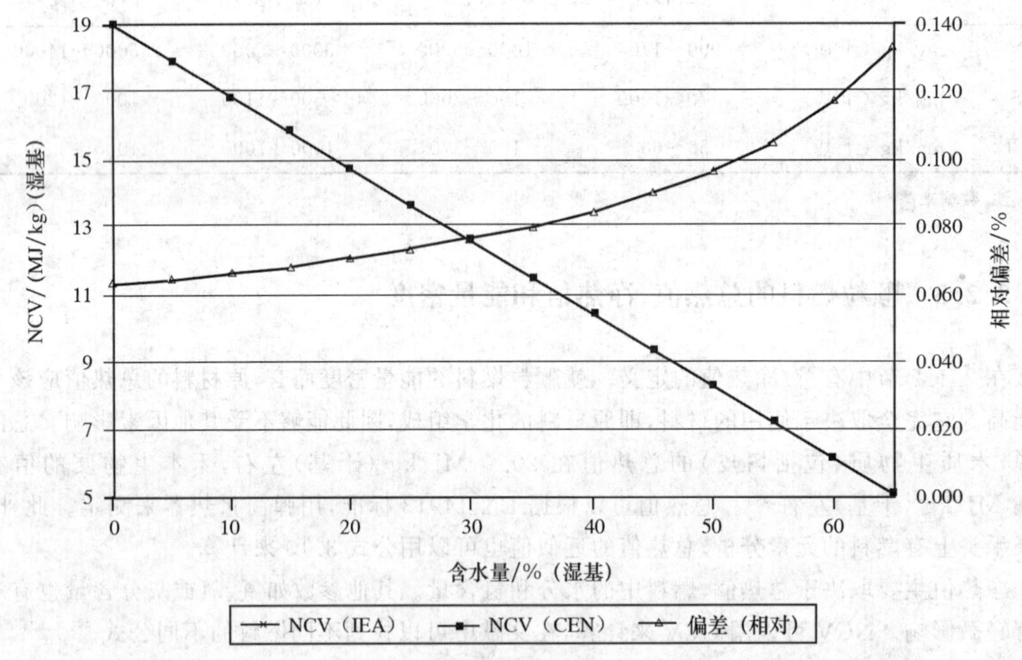

图 3-3 净热值不同计算方法的比较

注:NCV(IEA)是根据公式 3.4 计算的结果;NCV(CEN)是根据公式 3.5 计算的结果

能量密度是净热值和堆积密度的乘积,根据公式 3.6 来计算。能量密度越高则所需要的运输和储藏容积就会减少,这也是高能量密度相当重要的原因,尤其是对经济效益而言。

$$\rho_e = NCV\cdot\rho_b$$

(公式 3.6)

注:ρ_e 的单位是 MJ/m^3;NCV 的单位是 MJ/kg(湿基);ρ_b 的单位是 kg(湿基)/m^3。

总热值、净热值(加上含水量)和能量密度对燃炉的尺寸,燃炉储藏以及控制系统都有影响。由于有标准 prEN 14961-2 做保证,高品质颗粒燃料产品的这些参数具有高度的同质性,这也使得燃炉及其燃料控制系统的协调一致成为可能。

测试的木质生物质燃料的总热值为 19.8~20.7 MJ/kg(干基),秸秆生物质燃料的总热值在 18.6～19.0 MJ/kg（干基）（图 3-4），和文献中的数据相吻合（见上图）。热带木材和桉树样本的总热值值域近似。

取决于燃料含水量和含氢量的净热值根据公式 3.4 用总热值进行计算，图 3-4 中也有显示。

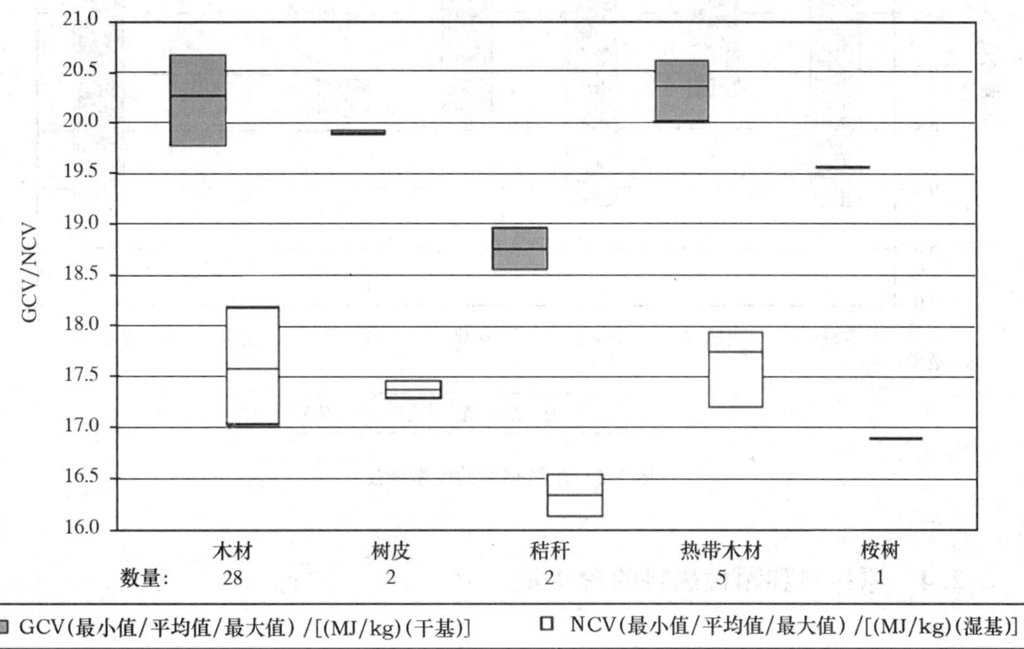

图 3-4　致密生物质燃料的总热值和净热值

已检查过的木质颗粒燃料的能量密度是根据公式 3.6 用净热值和堆积密度来计算的，图 3-5 展示了各个国家颗粒燃料产品的能量密度分布状况。结果显示了存在 8.9～11.5 GJ/m^3 的重大差异。意大利和西班牙颗粒燃料产品的能量密度通常要低于瑞典和奥地利的产品。挪威的产品具最高的能量密度，这些颗粒燃料是按照 4.1.4.1 节所表述的技术来生产的。秸秆的低总热值解释了秸秆颗粒燃料的低能量密度，即使是有一个秸秆颗粒燃料样本表现出了相对较高的能量密度，那也只是因为其堆积密度高的缘故。

对颗粒燃料和燃油（大约是 10 kWh/L 或 36 GJ/m^3）的能量密度进行比较的结果表明平均 3.5 m^3 的颗粒燃料与 1000 L 燃油相当。木质颗粒燃料表现出来的这个波动范围也显示了最高和最低值之间差将近 30％，这么大的差别强烈地影响了运输和储藏容量，因此也影响了运输与储藏的经济性。木质颗粒燃料的堆积密度对生产商、运输商、中间商和终端用户都非常重要。

锯末在许多情况下都是木质颗粒燃料生产的原材料，将它和木质颗粒燃料的能量密度做了一下比较，发现对木材这个能量载体进行升级，粒化的效果也是非常显著的。锯末通常的含水量大约是 50％（湿基），这使得净热值在 2.2 kWh/kg（湿基）或 8.1 MJ/kg（湿基）左右。在此含水量时锯末的堆积密度大约是 240 kg（湿基）/m^3[59]，这样算来锯末的能量密度大约是 540 kWh/m^3 或 1.9 GJ/m^3。木质颗粒燃料的能量密度高于原材料 5～6 倍。因此颗粒燃料的储藏和燃料运输效率也是锯末的 5～6 倍，经济性更佳。

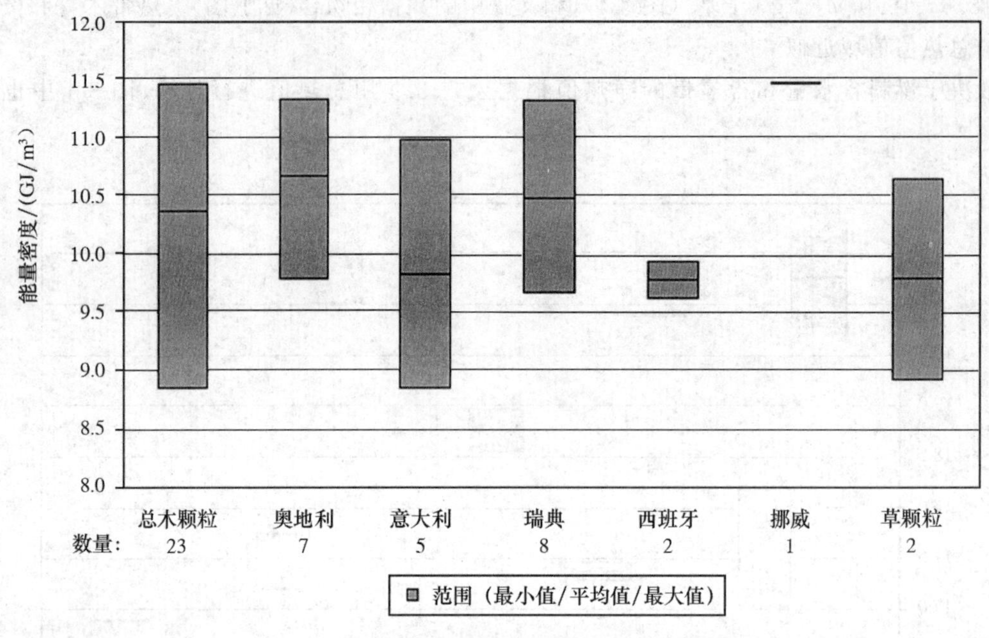

图 3-5　颗粒燃料的能量密度

3.2.4　原材料和颗粒燃料的含水量

粒化需要的水分含量(参见 2.1.1 节含水量定义,公式 2.1)基本上取决于粒化技术还有所使用的原材料。如果原材料的含水量太高就需要进行干燥,这极大地引发了生产过程中的经济性问题(该问题在 7.2.3 节中会涉及)。4.1.1.2 节检测了干燥的技术可能性。因此高含水量不是造粒用原材料被淘汰的标准,但从经济和技术的角度这是不得不考虑的因素。

木质原材料被送入颗粒燃料工厂用作造粒前的含水量参考值通常是在 8%～12%(湿基)。如果水分含量低于这个范围,则材料在压缩通道的摩擦力过大不能成粒;高于这个范围则生产出来的颗粒燃料尺寸不稳定。以水蒸气或水分将原材料回湿(为了获得更均匀的含水量和提高在制粒设备中的黏合特性;参见 4.1.1.3 节)时必须要考虑到因为这个含水量会提高 2%(湿基)。含水量的精确控制意义非凡,这是经很多颗粒燃料生产商证实过了的。

提到燃烧技术,颗粒燃料含水量与净热值、燃炉的效率和燃烧温度相关。含水量升高则净热值、效率和燃烧温度下降。

标准 prEN 14961-2 设置的所有等级的木质颗粒燃料的含水量都不超过 10%(湿基)$_{p}$。在众分析项目中检测的木质颗粒燃料样品都符合这个要求。

3.3 节中讨论了含水量与其他参数可能的互作。

3.2.5　原材料和颗粒燃料的灰分

原材料的灰分含量(燃料矿物质部分的氧化形式)不影响粒化本身(只要灰分含量不是太

高,灰分会增加磨损,随之降低轧辊和冲模的使用寿命),但是 prEN 14961-2 规定 A1 等级的颗粒燃料最大灰分含量是 0.7%(干基)。因此,根据 prEN 14961-2,灰分含量超过 0.7%(干基)原材料的是被排除在 A1 级木质颗粒燃料生产之外的。

处于用户舒适度的考虑,用于住宅供暖的颗粒燃料,其灰分含量越低越好,因为低灰分含量意味着清理灰箱的时间间隔长。假设一个颗粒燃料中央供暖系统,用的锅炉额定输出是 15 kW,每年 1500 h 全负荷运转,使用的颗粒燃料灰分含量是 0.7%(干基),产生的灰烬量是 35 kg。必须标示灰箱的尺寸以延长倒空的时间间隔,以便于使用。一些颗粒燃炉的制造商使用了灰烬压实系统以及自动除灰系统,将灰烬运送到外置盛灰容器内,进一步延长清理燃炉内部的时间间隔。另一个倾向使用低灰分含量燃料的重要原因是灰分增加会加大炉膛中结渣和沉积物形成的危险,一旦这两者形成,燃炉就会运转失灵。更重要的是,燃料的高灰分导致了燃烧时更大的烟尘排放量。

如果颗粒燃料在中型或大型燃炉中使用,这样的低灰分就不是绝对必要的,因为大一些的设备建造的更耐用,通常配备更加复杂、精细的燃烧控制系统。

在分析项目中有用两种不同的方法来测定灰分。第一种基于瑞典 SS 187171 标准,测定在 550℃下的灼烧失重;第二种基于德国 DIN 51719 标准,测定在 815℃下的灼烧失重。在 550℃下测量结果的相对偏差用公式 3.7 进行计算。

在 815℃下测定的灰分通常会低于在 550℃时测的值。木质颗粒燃料灰分值相对偏差为 15%~32%,中值为 23%。

815℃下测定的灰分偏低是因为碳酸盐的分解以及氯和部分碱金属的蒸发。还没有发现钾含量与灰分值的直接关系。

$$\Delta_{ash} = 100\% - \frac{X_{ash,815}}{X_{ash,550}} \times 100\% \qquad \text{(公式 3.7)}$$

注:Δ_{ash} 灰分相对差异,%;$X_{ash,550}$ 根据标准 SS 187171,在 550℃下测定灰分;$X_{ash,815}$ 根据标准 DIN 51719,在 815℃下测定灰分。

基于这些结果和该领域其他研究[61],我们可以得出结论,固体生物质燃料的灰分一般来说都应该在 550℃下测定,欧洲标准 EN 14775 已经开始重视这一点。只有根据 SS 187171 标准在 550℃测定的灰分才会被用于后面的调查研究和分析解释。

表 3-3 列出了各种类型生物质的灰分标准值。分析项目中树皮和秸秆制成燃料的灰分值与文献值非常符合,树皮的灰分是 2.0%~5.0%(干基),而秸秆的则为 4.9%~6.0%(干基)[59,62,63]。

已测定的木质样本的灰分含量为 0.17%~1.88%(干基),一定程度上高于木材的标准值(表 3-3)。灰分含量高表明原材料储藏和/或处理过程中有矿物质污染。硬木的灰分高于上限值则有可能是因为原材料中掺和了其他种类的木材(如短轮伐灌木)或一定量的树皮。

有趣的是,依据 prEN 14961-2 标准,完全由硬木制成的颗粒燃料不能归入到 A1 等级,因为它灰分含量高。

表 3-3 不同类型生物质的灰分标准值

燃料类型	标准灰分/%（质量分数，干基）
软质木材[1)]	0.4～0.8
硬质木材[1)]	1.0～1.3
树皮	2.0～5.0
秸秆	4.9～6.0

注：1)无树皮；数据来源[59,62～64]

可以肯定的是，只要精心挑选原材料(使用软质木料)，生产适用于小型燃炉的低灰分颗粒燃料的是不成问题的。

3.2.6 燃烧时主要灰分形成元素

钙、镁、硅和钾是木材中主要的灰分形成元素。起主要作用的是钙、镁、钾的浓度，但灰分中的钠也影响灰烬熔融特性，这个特性可是同工厂的信用度直接相关的。通常钙和镁提高灰分熔融温度而钠和钾则是降低该温度的[59]。低的灰熔点会导致燃炉和锅炉内结渣和沉积物形成。硅也会影响灰熔点因为它有可能形成低熔点的硅钾盐。磷也与灰熔点相关尤其是燃烧这种元素含量丰富的禾本燃料时。磷是半挥发性的，可形成磷酸盐，有导致灰烬熔融问题的可能。

在木材作为燃料充分燃烧的前提下，钾是气溶胶形成的主要元素(参见 9.9 节)。因此，高浓度的钾促进了燃烧时气溶胶的形成，这不仅加大了细微颗粒物的排放量，还增加了锅炉的积垢[65]。钠的作用方式和钾类似。

表 3-4 列出了不同生物质灰分中硅、磷、钾、钙、镁和钠浓度的标准值。

表 3-4 生物质灰烬中主要灰分形成元素的浓度

元素	单位	木材（云杉）	树皮（云杉）	秸秆（小麦、黑麦）	整株作物（小麦、黑小麦）
Ca	%（干基）	26～38	24～36	4.5～8.0	3.0～7.0
K	%（干基）	4.9～6.3	3.5～5.0	10.0～16.0	11.0～18.0
Mg	%（干基）	2.2～3.6	2.4～5.6	1.1～2.7	1.2～2.6
Na	%（干基）	0.3～0.5	0.5～0.7	0.2～1.0	0.2～0.5
P	%（干基）	0.8～1.9	1.0～1.9	0.2～6.7	4.5～6.8
Si	%（干基）	4.0～11.0	7.0～17.0	16.0～30.0	16.0～26.0

注：数据来源[59,66]

秸秆和整个作物植株中高浓度的钾可能会加重灰熔点问题。

镁、钾和磷还是生态学关注的问题，它们是植物营养素，所以灰分可以作为肥料和浸灰(钙)剂施入土壤。此外，钙也可以用作土壤的浸灰剂。

3.2.7　原材料和颗粒燃料的天然黏合剂含量

生产颗粒燃料的原材料中黏合剂含量，如淀粉或脂肪，对成粒工艺自身和产品质量是至关重要的。如高含量的脂肪能降低造粒的能量消耗和提高机器的生产能力。这些结果都能节省运营成本。淀粉量的增加提高了黏合性，因此提升了颗粒燃料的机械持久度。含有淀粉的生物添加剂(参见 3.6 节)也可以做这个用途。这些生物添加剂的使用是要受到 prEN 14961-2 标准的管制的(参见 2.2 节)。加入其他的添加物，如纤维素生产中使用的木质素硫黄盐，也可以达到类似的效果。这些添加物改变了生物质燃料的理化特性，不再呈自然和未经化学处理时的状态。因此 prEN 14961-2 标准规定不允许使用这类添加剂(只允许使用淀粉，玉米淀粉，马铃薯粉或植物油这些添加剂)。

木质素是看一个原材料有没有可能成粒的至关重要的组分。它是芳香族聚合物，决定木材的硬度。在造粒过程中软化木质素，生产出来的颗粒燃料就会有更高的耐磨性。然而在普通的工厂通常是达不到木质素软化点的。一些特殊工艺，如蒸汽爆破预处理原材料(正如 4.1.4节中描述的)，就是利用了这个特性。干燥木材木质素的软化点是 190～200℃，随着含水量的增加而降低，到含水量为 30％ (湿基)的时候，软化点为 90～100℃。含水量 10％ (湿基)时软化温度约为 130℃[67]。在普通的颗粒燃料工厂，含水量 12％ (湿基)的原材料能达到的最高温度是 80～90℃(取决于技术实力)，这是到不了木质素软化温度的原因。不过还是有些生产商声称他们通过特殊的模具配置(主要是通过改变压缩通道的长度)获得了 130℃ 的高温，生产的颗粒燃料更具耐久性。

因此，从这方面讲，原材料的木质素含量是很重要的；而随着木质素的增加，颗粒燃料的碎末量减少，持久度增加的现象也确证了这个结论。3.4.1 节介绍各种木材品种的木质素含量。

3.2.8　原材料可能的污染物

3.2.8.1　矿物质污染

原材料中鹅卵石，土壤等污染必须尽可能地少，因为这些污染物对净热值有负面影响，会增加原材料和颗粒燃料的灰分。矿物质污染物除了给粒化过程本身带来问题，还磨损冲模和轧辊。

3.2.8.2　重金属

表 3-5 列出了各种生物质燃料中重金属污染的标准值。如镉和锌等重金属在灰分中的浓度也有限制，尤其是从环保的角度来考虑。

禾本生物质的重金属含量通常要低于木本生物质的，这可能是由于禾本植物生长时间短以及农业土壤 pH 高于森林土壤(可提供给植物的重金属量更少)。

重金属对灰分质量和燃烧时烟尘排放有很大影响。因此从生态的角度，颗粒燃料重金属含量必须受到限制。这对小型燃炉尤其重要因为它们一般都没有配备颗粒物过滤器，而且燃烧的灰分通常作为肥料施在私家花园里。重金属量的提高可能源于使用了化学处理过的原材料，如废木料，或在粒化时使用了其他不被允许的杂质，但产地的地质特性和生物质品种(重金属摄入)也有可能导致生物质燃料中重金属浓度相当大的变化。此外，原材料直接在加热烘干机中进行干燥的过程中，飞灰会聚集到干燥的原材料中，提高颗粒燃料产品的灰分和重金属含量(参见 4.1.1.2.3.2 节)[154]。在一些欧洲国家已经有了关于施于土壤的生物质灰分的法规，明确规定了重金属的限定值(参见 9.11 节)[69~72]。

表 3-5　各种类型生物质燃料中重金属浓度的标准值

元素	单位	限制值1)	木材（云杉）	树皮（云杉）	秸秆（小麦、黑麦）	整株作物（小麦）
As	mg/kg（干基）	≤1	0.0～1.5	0.2～5	1.6	0.6
Cd	mg/kg（干基）	≤0.5	0.06～0.4	0.2～0.9	0.03～0.22	0.04～0.1
Cr	mg/kg（干基）	≤10	1.6～17	1.6～14	1.1～4.1	0.4～2.5
Cu	mg/kg（干基）	≤10	0.3～4.1	1.5～8.0	1.1～4.2	2.6～3.9
Pb	mg/kg（干基）	≤10	0.3～2.7	0.9～4.4	0.1～3.0	0.2～0.7
Hg	mg/kg（干基）	≤0.1	0.01～0.17	0.01～0.17	0.01	0～0.02
Ni	mg/kg（干基）	≤10	1.7～11	1.6～13	0.7～2.1	0.7～1.5
Zn	mg/kg（干基）	≤100	7～90	90～200	11～57	10～25

注：1) 以 prEN 14961-2 标准为依据；数据来源[53]

3.2.8.3　放射性物质

3.2.8.3.1　环境中或生物质燃料中的放射源

放射性物质遍布大自然。自然背景辐射有两个主要来源，即宇宙辐射和地球辐射。

宇宙辐射主要包括质子(接近 90%)，氦原子核(α 粒子，接近 10%)和略低于 1%的来自太阳系以外的重元素和电子。

地球辐射天然地包含在土壤、岩石、水、空气和植被中。在地球辐射中具重要意义的大多数放射性元素都是普通元素的低丰度放射性同位素，如钾和碳，或稀有但具强烈放射性的元素，如铀、钍、镭、氡。自地球形成以来，没有大量运送补充，这些放射源中的大部分由于放射性衰变已经减少了。

土壤的放射性估计是每千克 520 贝克(Bq/kg)[73]。土壤中的天然放射性元素通过水、植物和动物进入到人类食物里。在这个过程中最重要的放射性元素是^{40}K。因此人体包含一定量的天然放射性元素。一个成人的辐射量大约是 7000 贝克(相当于 100 Bq/kg)[74]，其中 4000 贝克来自放射性元素^{40}K 的天然辐射。

由于原子弹试验和核事故，对生物圈被放射性元素(放射性同位素)的污染的担心已经成了一个问题。尤其重要的是铯 137(^{137}Cs)同位素，因为有高浓度的^{137}Cs 存在就意味着有来自人为活动的污染，如原子弹爆炸，核反应堆失败和其他工业生产过程中的污染物排放。1986 年切尔诺贝利事故中，大量的^{137}Cs 排放入大气，污染了欧洲大部分地区。它的放射性半衰期是 30.2 年。^{137}Cs 积聚在土壤的表层，因此很容易被植物吸收。20 世纪 60 年代原子弹试验中释放了大量的^{134}Cs，它的半衰期是 2.1 年，所以现在影响甚微了。

3.2.8.3.2　生物质燃料的放射性

正如前面提到的，和重金属一样，放射性元素如^{137}Cs 累积在土壤表层，在植物生长时被吸收。科学家对奥地利各个供暖或 CHP 工厂中用作燃料的木片和树皮做了分析，测量它们的^{137}Cs 的放射性比度。结果汇总如图 3-6 所示。此外，奥地利颗粒燃料样本的测量结果也标示在图 3-6 中。可以看出奥地利的木片，其放射性测量值为 6～83 Bq/kg，中值为22 Bq/kg。两份树皮样品的测量值分别是 7 和 21 Bq/kg。在奥地利分析的颗粒燃料，其测量值范围是 1.2～7.1 Bq/kg，中值是 3.25 Bq/kg。值得一提的是，食用牛奶、奶制品和婴儿食品的放射性限制值是 370 Bq/kg，所有其他食品的限制值是 600 Bq/kg（累积的^{134}Cs 和^{137}Cs的放射性）[75]。这个比较很清楚地显示了接触固体生物质燃料如木片，树皮或颗粒燃料对人不存在任何危险。但是必须考虑到生物质燃料燃烧时，^{137}Cs 浓缩在灰分中。与挥发性重金属类似，^{137}Cs 在飞灰颗粒中含量丰富，对底灰部分只有很小程度的影响[76,77]。接下来的章节会详细讨论这一点。

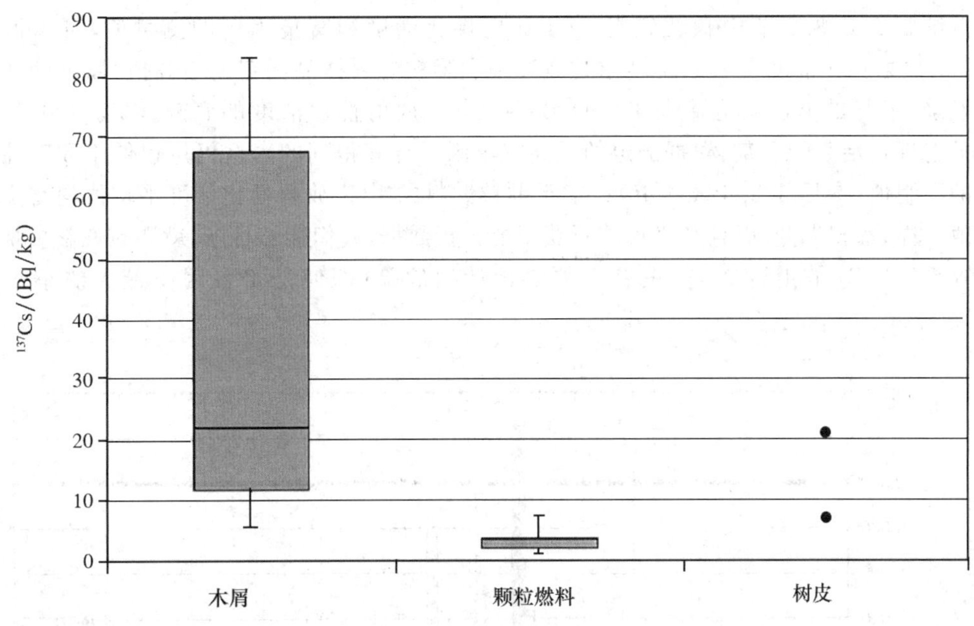

图 3-6　生物质燃料中^{137}Cs 的放射性比度

注：木片：10 份样品；颗粒燃料：10 份样品；数据来源[76,78]

3.2.8.3.3　生物质燃烧后灰分的放射性活度

生物质燃料含有一定量的灰分形成元素。燃烧时形成了 3 种不同的灰烬成分，即底灰、粗飞灰和气溶胶（细飞灰）。底灰是燃烧后留在燃炉中的灰烬部分。有一部分粗飞灰在通过燃炉和锅炉的过程中沉积下来，形成所谓的锅底灰或炉灰。从锅炉排放口排出的烟尘最终形成粗飞灰和悬浮颗粒。灰分形成元素因其不同的挥发性而分级形成不同的灰烬成分。挥发性重金属如镉或锌在细飞灰中含量丰富。9.9 节中有讨论关于生物质燃料燃烧系统中灰分形成，灰烬成分和灰烬形成元素分级以及它们在不同设备中的沉淀等方面的内容，还构建了^{137}Cs 这一生物质燃料燃烧时最重要的放射性元素（参见 3.2.8.3.1 节）特性的理解基础。

从蒸汽压力上看，^{137}Cs 甚至比镉和锌更加不稳定。因此，我们预计燃烧时其分级特性在众灰分成分中要比铅、镉或锌更加突出。那么^{137}Cs 应该是积聚在飞灰，特别是气溶胶部分里。

目前世界上已经有一些区域在定期做生物质燃料灰分的放射性检测。图 3-7 显示了在奥地利生物质燃烧工厂各自测定的灰分中^{137}Cs 的放射性比活度。结果再次确证了^{137}Cs 在飞灰部分富集的趋势。07 号工厂的结果显示了一个非常清晰的趋势,从底灰到粗飞灰再到细飞灰(气溶胶),^{137}Cs 的放射性比活度逐步增加。

另外,还分析了^{137}Cs 在相对应的生物质燃料中的放射性(图 3-6)。基于这些测量值,计算了^{137}Cs 从生物质燃料到不同灰烬成分的富集因子(根据公式 3-8)。底灰的富集因子为 11～72(平均值 42),粗飞灰的是 57～682(平均值 264),细飞灰的是 523(只有一个测量值)。文献[79]中底灰部分的富集因子高达 85,飞灰部分有 113(木质生物质燃料的测量值)。

$$EF=\frac{^{137}Cs\left[\frac{Bq}{kg_{ash}}\right]}{^{137}Cs\left[\frac{Bq}{kg_{fuel}}\right]} \qquad (公式 3.8)$$

总结 3.2.8.3.2 节中颗粒燃料^{137}Cs 放射性比活度和富集因子的测量值,可以得出结论,^{137}Cs 放射性比活度在 7.1 Bq/kg(这是奥地利颗粒燃料样品测定的最高值)以下的颗粒燃料的燃烧,最坏的情况会导致具有 500 Bq/kg ^{137}Cs 放射性比活度的底灰,具有 4900 Bq/kg ^{137}Cs放射性比活度的飞灰(根据测定的最高富集因子计算得到的),这仍然远低于放射性物质定义的限制值(参见 3.2.8.3.4 节)。鉴于颗粒燃料的^{137}Cs 放射性比活度平均值同富集因子平均值一样,都相当低,而且基于目前所获得的分析数据,我们能够推断,就颗粒燃料燃烧后灰分中提高的^{137}Cs 放射性而言,没有必须要预计的危险(即使是富集因子最大的小量排放微粒)。

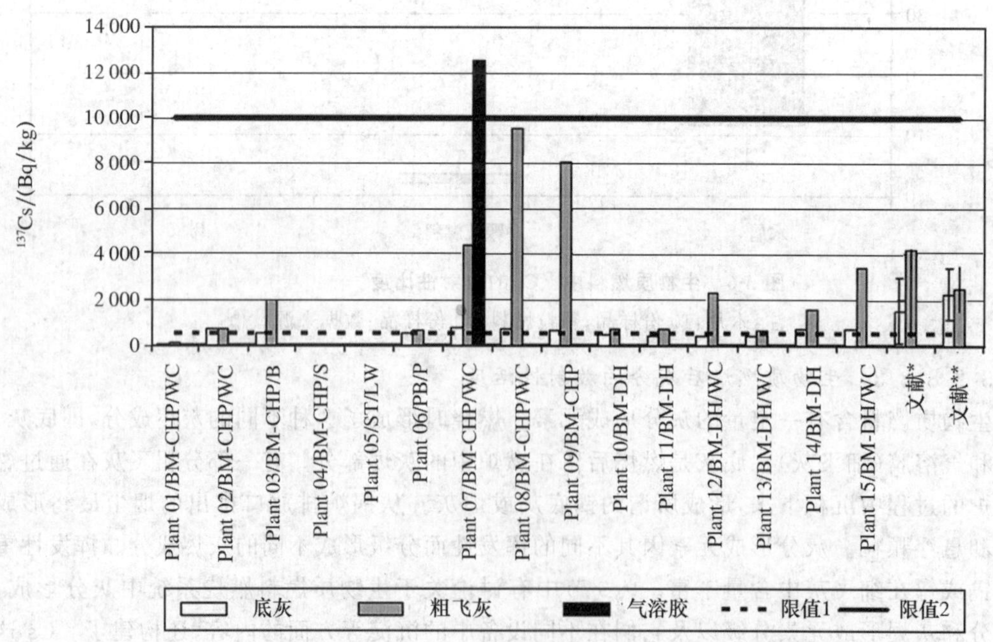

图 3-7 底灰,粗飞灰和气溶胶中^{137}Cs 的放射性比活度

注:ST 火炉;PB 颗粒燃料锅炉;LW 原木;P 颗粒燃料;WC 木片;B 树皮;S 秸秆;限值 1 在此值之下无使用灰分的限制条件;限值 2 在此值之下的灰分可以在标准垃圾填埋场处理;数据来源[76,84]

一般来说,为了避免出任何问题,在建立新的颗粒燃料工厂之前或一个现存工厂寻求原材料新源头的时候,建议测试原材料和灰分样品的^{137}Cs 浓度。然而,必须要考虑到,如果没有新的和未预见的放射性元素释放事故发生，^{137}Cs 浓度增加的问题会随着时间消退(例如，新的核反应堆事故或核炸弹爆炸；大约 10 年后就要到切尔诺贝利事故导致的 ^{137}Cs 放射性半衰期了)。

与上述的在奥地利的测量结果进行对比，在加拿大西部也测定了木质颗粒燃料产生的灰分样品的 ^{137}Cs 放射性比活度，总计为 50～100 Bq/kg[80]。据文献[81]记载，当地受到切尔诺贝利事故的辐射影响，生物质灰中 ^{137}Cs 的浓度高达 1500 Bq/kg，极端情况下能有 4090 Bq/kg。相比之下，据报道美国和加拿大的煤灰中的放射性元素辐射量是 50～2000 Bq/kg(平均是 1050 Bq/kg)[82]，这些辐射来自铀(^{238}U)、钍(^{232}Th)和它们的子代放射性元素[83]。褐煤灰具有最高的放射性，只略低于亚烟煤和烟煤的记录。

3.2.8.3.4　*法律体制状况*(legal framework conditions)

关于含放射性元素灰分处置方式的法规在各行政辖区不尽相同。例如，瑞典法规[85]规定每年产生超过 30 t 灰分的燃烧设施需要测定 ^{137}Cs 辐射。放射量超过 0.5 kBq/kg 的灰分视为被污染，要受到管制。瑞典使用的灰分处置条例如下。

- 允许 ^{137}Cs 放射性比活度在 0.5～10 kBq/kg 的灰分撒散到森林但不许进入农业土地。这些灰还能做土工技术的用途(填充物)。
- ^{137}Cs 放射性比活度高于 10 kBq/kg 的灰分必须在指定地点做处理。
- 不允许 ^{137}Cs 放射性比活度高于 0.5 kBq/kg 的灰分弃置在附近有放射性超过 1.0 Bq/L 水井的位置。将被 ^{137}Cs 污染的水过滤，倒入一个地表水容器，法规规定地表水容器中的 ^{137}Cs 浓度不得超过 0.1 Bq/L。

在瑞典，除了法规外还有来自瑞典辐射保护研究所的建议。按照这个规定，^{137}Cs 放射性比活度高于 5000 Bq/kg 的灰分不应该撒入森林回收[86]。

另外，奥地利法规(辐射保护条例)[87]定义 ^{137}Cs 放射性比活度超过 10000 Bq/kg 的物质为放射性物质。低于 500 Bq/kg 的就没有灰分使用有关的限制。500～10000 Bq/kg 的灰分可以在标准的垃圾填埋场进行处理。如图 3-7 所示，所有的底灰和粗飞灰都低于放射性材料的限值。很多底灰甚至低于 500 Bq/kg 这个限值。只有细飞灰样品表现出超过 10000 Bq/kg 的放射性比活度。

建议进行国家或地方法规的审查，因为它们可能同上面提到的那些标准不一样。

将颗粒燃料燃烧后的灰分用作花园、农田和森林的肥料和浸灰剂必须考虑到 ^{137}Cs 浓度超过 10000 Bq/kg 的灰被定义为放射性物质(如在奥地利和瑞典)，不能用于土壤施肥和浸灰。底灰的 ^{137}Cs 放射性比活度标准值低于 1000 Bq/kg，它们通常是以 1 t/hm^2 的量施入土地做肥料和浸灰剂。这样造成的结果是附加于土壤 100 Bq/m^2 的 ^{137}Cs 放射性比活度。与萨尔斯堡(奥地利联邦州之一)土壤 20000 Bq/m^2 的 ^{137}Cs 放射性平均值相比，可以认为底灰的应用会增加不超过 0.5%的 ^{137}Cs 放射性，影响甚微。

3.3　不同参数间的相关性评价

3.3.1　颗粒燃料的颗粒密度和磨损度的相关性

在颗粒燃料生产商的多次呼吁下，颗粒密度和磨损度的相关性有望开始使用。调查显示[88]，颗粒燃料生产使用同样的原材料但细度不同，颗粒燃料加工机器的压缩行程不同，没有表现出磨损度和颗粒密度的任何相关。这些结果导致一些猜想，其他参数如含水量(参见3.3.2节)或使用含淀粉的生物添加剂(参见 3.3.3 节)，可能会更强烈地影响颗粒燃料的磨损度。因此，需要做进一步的研究以弄清是否存在这些相关性。

文献[89]完成的调查显示了相似的相关性结果，不过颗粒燃料持久度同颗粒密度的相关系数更高些(即 $r^2=0.33$，统计学上相关性显著；参见图 3-8)。因此，颗粒燃料的颗粒密度和机械持久度确实有相关。

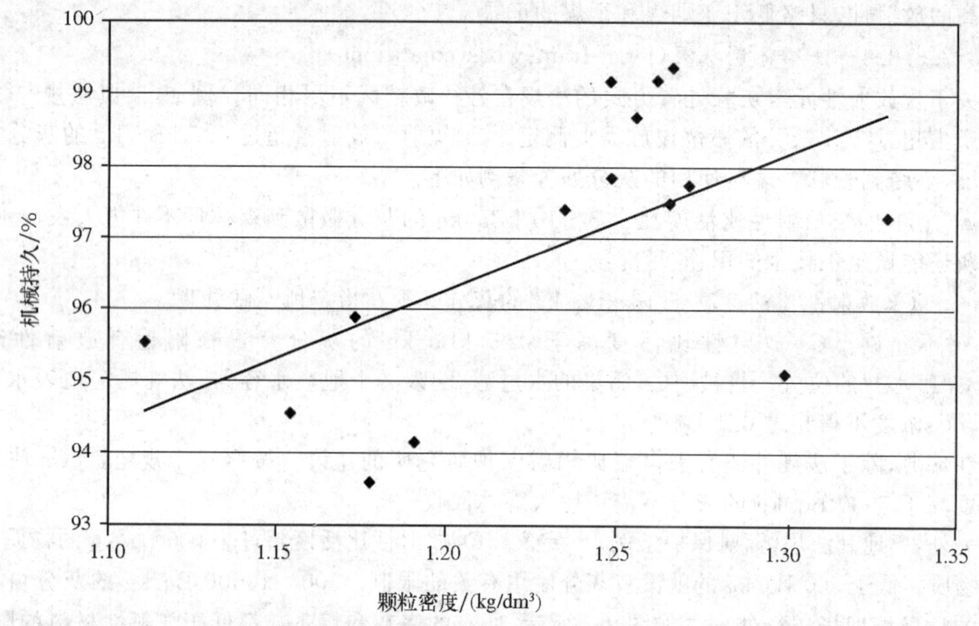

图 3-8　颗粒密度和持久度的相关

注：相关系数 $r^2=0.33$(统计上显著的相关性)；数据来源[89]

3.3.2　颗粒燃料的含水量和磨损度的相关性

如 3.2.3 节提及的调查[68]所示，造粒时水的黏合性，颗粒燃料含水量和磨损度的一些相关都是已经确定的。用作研究的颗粒燃料产自具恒定生产条件的工厂，这样其他可能影响磨损度的参数就能保持不变。文献[90]开展这个研究是为了相关性验证。用云杉锯末进行的粒化试验表明最佳含水量是在12％～13％(湿基)，这时候磨损值最小。更高或更低的含水量都会导致更多的磨损。

文献[68,90]的结果被颗粒燃料生产商部分证实了，他们承认生产高品质颗粒燃料时，含水量的变化范围非常狭窄，他们声称的含水量是 8％～12％(湿基)。含水量的改变导致品质变差，磨损增加。

颗粒燃料含水量不仅在生产过程中受到影响，储藏过程中也会有所改变(这个改变对颗粒燃料质量有诸多影响)。生物质燃料总是对空气湿度很敏感，因为它们容易吸收或失去水分。

颗粒燃料也是如此。不适合的储藏条件会导致燃料吸湿，重量增加。不只是净热值受到影响，机械应力的耐受性也会降低。图 3-9 显示了这些结果。储藏在受控环境中的颗粒吸水能力因空气含水量增加得到激发。持久度测试中，如果给出的是非正常、低于 8%（湿基）含水量的燃料，随着含水量增加，颗粒燃料的磨损度增加缓慢。然而，当含水量增加到 10%（湿基）或更高，机械持久度迅速下降。因此应该避免储藏环境不当。

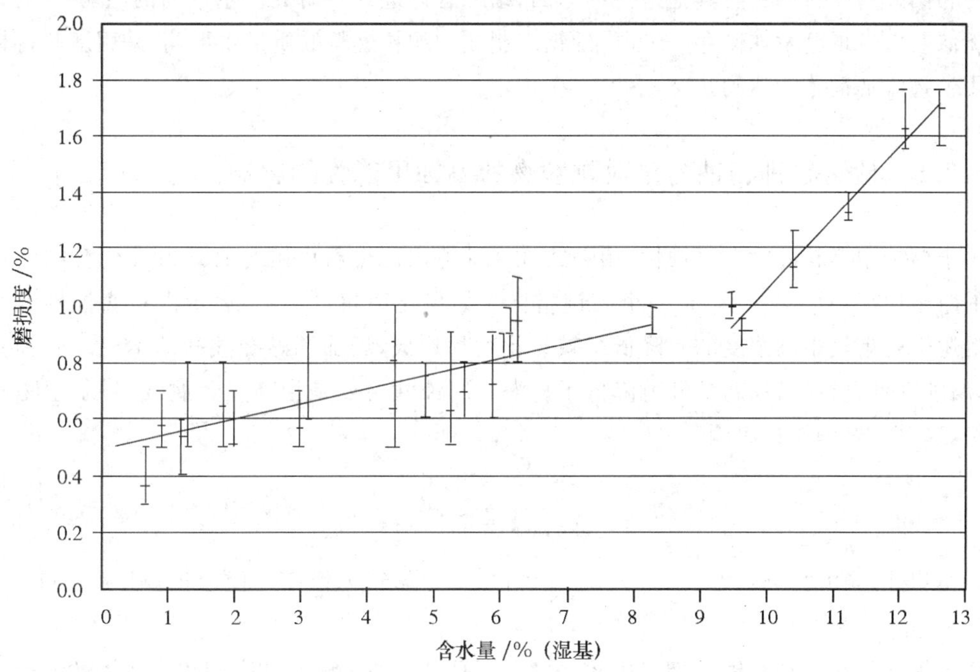

图 3-9　含水量的变化对于木质颗粒燃料磨损度的效应

注：颗粒燃料处理：干燥炉（105℃），人工气候箱中可变储藏时长；磨损测试方法，根据 ÖNORM M 7135；每一个水分测试步骤重复 4 次；数据来源[91]

文献[92]还发现一个类似结果：含水量高于 10%（湿基）时，磨损度不成比例地上升。

3.3.3　颗粒燃料的淀粉含量和磨损度的相关性

以玉米淀粉做添加剂的云杉锯末的粒化试验表现出了淀粉含量和磨损度的线性相关[90]。磨损随着淀粉含量增加而下降。在分析项目中不能确证这个相关性，但分析的样品来自不同的生产商，这可能要占很大一部分原因。这标志着其他参数也是构成高机械持久度重要关联因素。

3.3.4　原材料储存时间在颗粒燃料堆积密度、持久度和碎末以及燃料成粒过程中能量消耗的影响

云杉和松树的粒化试验表明延长原材料的储藏期对颗粒燃料的堆积密度、持久度和碎末

量有正面效应,但是成粒过程中能量消耗会增加[93]。据推测,在储藏过程中脂肪酸和树脂因氧化过程而降解,这个降解增加了压缩通道内部的摩擦力,转而导致更高的堆积密度、持久度和能量消耗以及更少的碎末量。检验这个假设的试验正在进行,另外还有类似的测试在进行[95]。长期储存的原材料制成的颗粒燃料更具持久性和高堆积密度。尽管已经发现树脂和脂肪酸浓度变化,还是无法建立这些浓度和颗粒燃料质量的直接相关性。这是为什么要推断新鲜的和储存的原材料还有其他差异的原因,结果有待进一步研究。生产商的经验[96]也表明存在类似效应。现已发现储存4～6周的锯末制成的颗粒燃料的质量水平,若采用新鲜材料必须使用生物添加剂才能达到。

3.3.5 硫、氯、钾和钠含量对颗粒燃料腐蚀可能性的影响

关于燃炉中燃料的潜在腐蚀性,由公式3.9计算出的燃料中硫与有效碱性化合物以及氯化物的摩尔比率($M_{S/AC+Cl}$)[53]是一个关键指标。如果比率超过10则表示潜在腐蚀性低。这其中的逻辑是烟气中高浓度的硫降低了碱氯化物的形成,增加了碱硫酸盐的生成。后者要更稳定,腐蚀性低,所以潜在腐蚀性就降低了。潜在腐蚀性主要是指高温氯腐蚀,对于生物质燃烧设施,这最主要的腐蚀原因。

$$M_{S/AC+Cl}=\frac{2\times X_S}{X_{Cl,avail.}+X_{K,avail.}+X_{Na,avail}} \quad \text{(公式 3.9)}$$

注:X_S燃料中硫浓度,mol/kg(干基);$X_{i,avail.}$燃料中有效氯(Cl)、钾(K)和钠(Na)的浓度,mol/kg(干基)。

要计算比例,氯、钾和钠在烟气中的浓度必须是已知的。已经结合到粗飞灰中的那部分在烟气中缺失不可计入。研究[97]表明这些元素在烟气中的量因使用的燃料而异。烟气中氯含量相比于燃料中的氯含量,树皮是94.0%,木材是97.0%,秸秆是99.0%。同一研究还发现,钾的烟气份额,树皮是20%,相对于燃料中的钾总量木材和秸秆分别是40%;钠的份额树皮是20%,木材是40%,秸秆大约在50%。一众分析项目都没有分析钠,所以从别的科研项目[98]做了借鉴,该研究确定钠的平均含量是生物质燃料中钾含量的7%。通常钠的含量太少,就算有计算误差也微不足道。由于这个假设,计算硫和有效碱性化合物和氯的摩尔比率时,钠可以忽略不计。

依据和考虑到这些致密生物质燃料分析的结果,燃料中硫与有效碱性化合物和氯化物的摩尔比率根据公式3.9来计算。结果见图3-10。

秸秆颗粒燃料显著的0.35～0.42的低摩尔比值以及很高的潜在腐蚀性都在预料之中,因为秸秆天然氯含量高,并且还有事实上秸秆在生物质燃炉中做燃料时通常会导致腐蚀相关问题。两个树皮压块的比率分别是1.3和2.4,木质颗粒燃料的比率为0.59～2.1,木质压块的比率为0.54～1.7,这样看来,木质压块的比率中值要明显低于木质颗粒燃料的。这可能是因为测试的木质压块含有一些树皮。图3-10中明确标示了木质颗粒燃料样本之外的3份样品,它们表现出非常高的比率,为7.0～27.8。这些样品显示的高浓度硫源自添加了作为黏合剂的木质素磺酸盐(据生产商处得到的信息)。

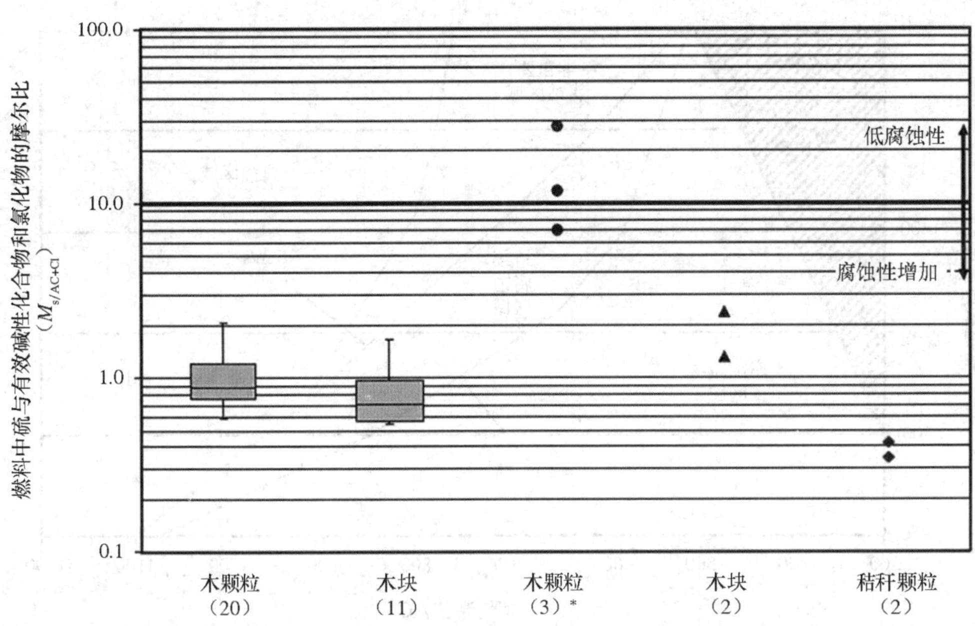

图 3-10 燃料中硫与有效碱性化合物和氯化物的摩尔比（$M_{S/AC+Cl}$）是燃烧时高温氯潜在腐蚀性的指标

注：根据公式 3.9 计算 $M_{S/AC+Cl}$；* 调查的木质颗粒燃料包含作为黏合剂的木质素磺酸盐；括号里的数字代表分析的样品数量

从图 3-10 中可以看出，木质生物质（木材和树皮）制造的燃料具有相对较低的硫与有效碱性化合物和氯化物的摩尔比（除了图 3-10 单独列出的 3 份木质颗粒燃料样品以外），这说明这些燃料有一定的潜在腐蚀性。像两份秸秆颗粒燃料样品那样更低的比率代表了更高的腐蚀风险，这与秸秆燃烧利用工厂处的经验相一致[99,100,101]。所以，木质颗粒燃料的潜在腐蚀性要比秸秆颗粒燃料的小。

要从图 3-10 中所示的潜在腐蚀性推断出实际造成的腐蚀，不仅需要了解燃料中相关元素各自的含量以及它们在烟气中的份额，还要掌握燃炉/锅炉内部的温度状况。图 3-11 显示了烟气温度和管道表面温度各自同腐蚀度的相关。烟气温度和管道表面温度高，则腐蚀风险也大。那些用在颗粒燃料燃炉里的热水炉就因为表面低温（通常是 100℃左右）而几乎没有腐蚀的危险。不过在未冷却的颗粒燃料炉膛中，高温烟气也会腐蚀钢制部件。

3.3.6 测量和计算总热值之间的相关性

公式 3.10 是根据文献[103]而定的经验公式，用于计算生物质燃料的总热值[53]。使用这个公式必须要知道碳、氢、硫、氮、氧浓度和灰分。除了氧以外，其他所有参数都在分析项目中做了分析。氧含量可以用 100 减去碳、氢、硫、氮含量和灰分[以质量分数％（干基）为单位]来获得近似值。

通过公式 3.10 计算得到的值与实测值以散点图的方式做了比较（图 3-12）。图 3-12 清楚地显示了计算值和实测值之间的相关性，相关系数 $r^2=0.73$ 也确认了这一点。这意味着测量值和计算值之间的高度显著相关性（误差概率$<1\%$），那么基于元素分析的计算值就能相当接近总热值实际值。不过必须注意的是，测量值通常要比计算值低 1.8％（根据公式 3.11 计算）。

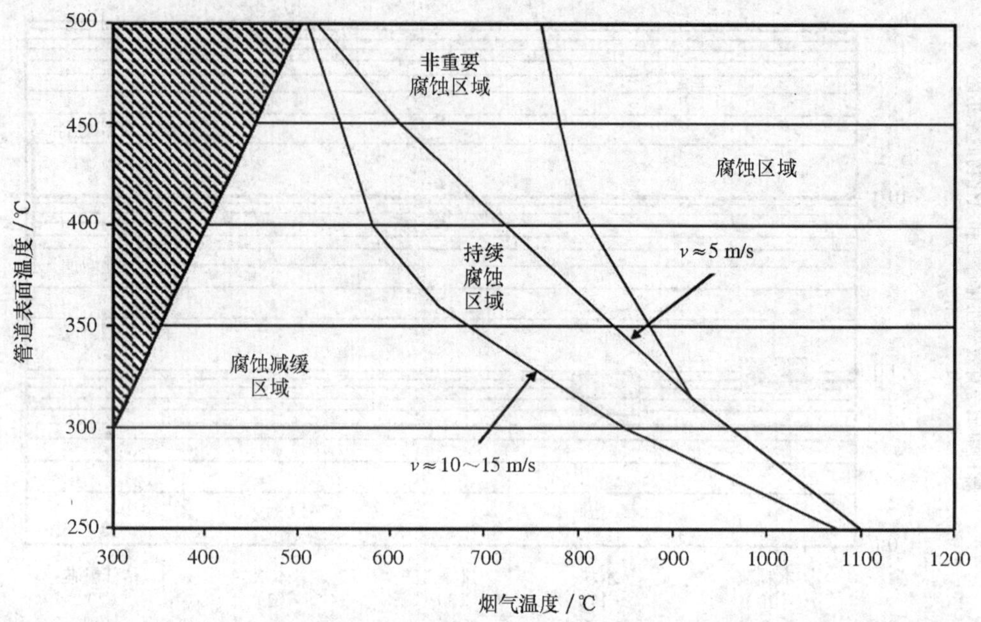

图 3-11 持续腐蚀图解

注：数据来源[102]

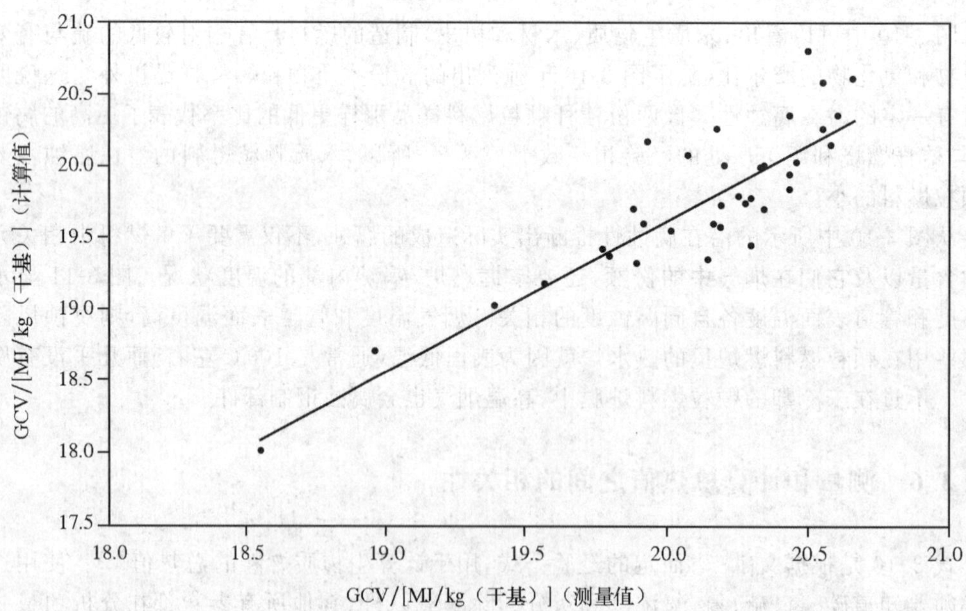

图 3-12 致密生物质燃料总热值计算值和实测值之间的相关性

注：总热值根据公式 3.10 计算；$r^2=0.73$

$$GCV=0.3491\times X_C+1.1783\times X_H+0.1005\times X_S-0.0151\times X_N-0.1034\times X_O-0.0211\times X_{ash} \quad \text{（公式 3.10）}$$

注:GCV 的单位是 MJ/kg (干基);X 代表碳(C)、氢(H)、硫(S)、氮(N)、氧(O)和灰分的浓度;数据来源[103]。

$$\Delta GCV = \frac{\sum_{i=1}^{n}\left(\frac{GCV_{meas.,i} - GCV_{calc.,i}}{GCV_{meas.,i}}\right)\times 100}{n} \quad \text{(公式 3.11)}$$

注:ΔGCV 的单位是%;$GCV_{meas.,i}$和 $GCV_{calc.,i}$的单位是 MJ/kg (干基)。

3.4 颗粒燃料原材料的木质纤维素

3.4.1 软木和硬木

从理论上讲,任何类型的木质生物质都是造粒的潜在原材料。评定的差异源自材料不同的特性以及不同供应途径。这些都在表 3-6 中做了概述。

工业木屑是机器生产的废料和以锯木厂为主要经营对象的木材初加工、木材深加工行业的副产品。森林木片直接来自森林,准备做燃料用的。木刨花和锯末都是切削加工的产物。细木屑源自木材的机械表面处理。

不同种类木材的净热值不是选择原材料的标准。软木通常在灰分含量限值以内而硬木则通常超过限值。因此,用硬木生产的颗粒燃料不符合 prEN 14961-2 标准的要求;但适当混合硬木和软木就可以克服这个问题。不过必须注意的是软木一般比硬木更适合造粒[104]。原因之一是硬木的木质素含量低于软木,因此产生的颗粒燃料持久性差。此外,硬木密度大,制造过程更困难些,增加了机器的能量消耗。

大多数情况下,软木都能符合标准中对氮、硫和氯含量的限制值。可能只有硫含量会在某些情况下过高。至于硬木、山毛榉通常都会超过允许的氮含量值。

锯木厂里出来的工业锯末是否受到矿物污染可能是因为储藏设计(铺或者没铺柏油)的原因。预计来自木材加工行业的工业木屑受矿物污染的程度要低一些,因为工业上普遍使用型材。锯末和木刨花通常没有或只有很小程度被异物污染。森林木屑的污染可能发生在收获或运输过程中。

由于尺寸过大,在任何情况下,工业和森林木屑的碎料造粒前都必须要粉碎。锯末和细木屑的尺寸已经适合造粒,但为了材料均匀一致,粒化前通常还要用锤式粉碎机再粉碎一次。木刨花有些适合直接粒化,有些则需要粉碎,这取决于其尺寸大小。如从高速运行的机器上产生的小木屑可以不用再磨碎,直接造粒。

造粒之前的干燥对工业木屑,锯末以及森林木屑来说非常有必要。木材加工行业的副产品刨花做粒化原材料时可能不需要干燥,这取决于残留水分和原材料种类。

木材本身不包含强力黏合剂,如像有些动物的食物中含有的淀粉。在压缩通道中的滑移特性也不明显,这使得通道内部很快出现阻力。但是因为木材的自我黏合性低,这些阻力也正是造粒所需要的。

木材的天然黏合剂是木质素。木材中存在越多的木质素,生产出的颗粒燃料机械持久度就越高。因此用软木如云杉或冷杉能制造出更耐磨损的颗粒燃料,而用如山毛榉或橡树那样的硬木就不行。尽管橡树如表 3-6 所示，可能包含更多的木质素。

关于碳、氢、氧、挥发分和其他燃烧相关成分以及重金属，见表 3-1 和表 3-4。碳、氢、氧、和挥发性成分只取决于原材料，因此可以不会受影响。灰分形成元素的浓度和重金属通常在表 3-4 和表 3-5 给出的限制值范围内。浓度高出限值可能是因为造粒过程中使用了未经允许杂质。

表 3-6　对于不同木质生物质在造粒中应用的概述

参数	单位	限定/指导值	原材料的平均值	注释
净热值	kWh/kg（湿基）	h	约 4.9	硬木（山毛榉）
			约 5.2	软木（云杉）
灰分	%（干基）	0.7	1.0～1.3	硬木（山毛榉、橡树）
			0.37～0.77	软木（云杉、冷杉）
氮含量	%（干基）	0.3[1)]	0.21～0.41	硬木（山毛榉、橡树）
			0.07～0.11	软木（云杉、冷杉）
硫含量	%（干基）	0.03[1)]	0.02～0.05	硬木（山毛榉、橡树）
			0.01～0.05	软木（云杉、冷杉）
氯含量	%（干基）	0.02[1)]	约 0.01	硬木和软木
矿物污染	%（干基）	l	可能	来自 BPS 的 IWC，取决于储藏区域的设计，森林木屑在收获和伐木时
			低	来自 WWI 的 IWC
			非常低	锯末和木刨花
粒度	mm	<4	2.8～63[2)]	IWC，森林木屑
			5～12	木刨花
			<5	锯末
			<0.315	锯木屑
含水量	%（干基）	8～12	40～55	IWC 和来自 BPS 的锯末
			<20	IWC 和来自 WWI 的锯末
			40～60	收获时的森林木屑
			25～35	常规制备后的森林木屑
			<10	锯木屑
木质素含量	%（干基）	h	21.9～24.0	山毛榉
			20.8～30.0	云杉
			约 27.0	冷杉
			26.0～28.6	落叶松
			27.5～28.6	橡树

注：1) prEN 14961-2 规定的颗粒燃料 A1 等级的限定值；2) ÖNORM 7133 规定的最主要粒子尺寸范围，高低两向可能的极值；h 尽可能高；l 尽可能低；数据来源[59,64,105,106]，我们自己的研究结果

作为干型材加工副产品的刨花和细木屑是制造颗粒燃料的首选原材料，因为它们具有水分含量低和颗粒尺寸小的优点，减小了在粉碎和干燥步骤上的能量消耗。然而，几乎所有可用的干刨花和细木屑都已经用到颗粒燃料的生产中了(但数量明显不够)。因此，锯木厂的副产品锯末是目前最重要的造粒原材料。与此同时，近年来颗粒燃料市场的增长势头强劲，已经出现了“传统”原材料短缺的问题。基于这种现状，一些颗粒燃料生产商已经开始使用其他原材料作为补充[107,108,109,110,111,112,116]。这些原材料都是保育森林时产生的木片以及工业木屑，不过有时候也包含原木。使用这些原材料会增加粉碎过程的难度，也就提高了生产成本。用森林和工业木屑或原木来生产颗粒燃料是否合算？7.3 节会就这个问题进行讨论。

3.4.2 树皮

树皮是树干的最外层，它在树皮与木材分离处累积。首先将树皮和木材分离开来的地方是锯木厂和造纸工厂，这就是这两处树皮产量最高的原因。

根据 prEN 14961-2 的定义，含有树皮或完全由树皮来生产的颗粒燃料归入 A2 等级。与其他木质颗粒燃料(A1 等级)的限值不同。表 3-7 给出了天然树皮中各分析成分浓度的概览。

树皮的净热值与木材的很接近。灰分含量却明显高于木材，如果被矿物污染就会更高，这有很大可能是在木材加工之前(收获、转场、运输和储藏)造成的。

由于树皮天然灰分含量高，生产的颗粒燃料的 A2 等级灰分限定值，即 1.5% (干基)，也要高于纯木质颗粒燃料的。然而，prEN 14961-1 规定的灰分限定值和树皮平均灰分含量的比较结果表明，纯树皮制造的颗粒燃料不可能归入 A2 等级。只有如森林木屑，工业木屑(带树皮)和短轮伐小灌木林(SRC)这些树皮混合着木材的原材料制成的颗粒燃料才符合 A2 等级的标准。高灰分含量阻碍了树皮颗粒燃料在小型设施中的应用，如住宅中央集中供暖系统和炉灶，因为如果灰烬盒必须频繁清理那么易用性就会大大降低。树皮颗粒燃烧产生的灰分要比木质颗粒的高 4～10 倍。树皮颗粒燃料适用于中型和大型工厂，在那里灰分和易用性都不是最重要的，因为在这些工厂，灰分可以自动排出。在小型工厂，混合进木质颗粒燃料的树皮提高了颗粒的机械持久度。有些制粒设备的制造商声称加入适当量的树皮就没有必要加入额外的黏合剂。文献[112]和树皮木质素含量高(表 3-7)也证实了这一点，木质素含量增加能够提高颗粒燃料的机械持久度(参见 3.2.6 节)。

树皮的氮、硫和氯含量也高于木材，现在在考虑提高 A2 等级的限定值。

树皮在粒化前必须经过粉碎，因为它们在离开锯木厂和造纸工厂时呈长条状，再加上因加工工艺不同大小也各异。由于在锯木厂的含水量可能达到 45%～65% (湿基)，树皮还需要进行干燥。干燥步骤出口时的水分含量没有必须和木材的一样低，因为压缩树皮的水分参考值是 18% (湿基)。这个含水量也给树皮的粉碎带来了很多困难，因为它不像木材那样容易粉碎，因此通常使用切碎机。因为这个粉碎的问题以及高灰分含量，制造商更倾向于将树皮制成压块而不是颗粒。

表 3-7　压缩树皮产品的参数

参数	单位	限定/指导值	树皮的平均值	注释
净热值	kWh/kg (湿基)	4.5	4.9～5.6	树皮，混合的
灰分	%（干基）	1.5	2～5	没有污染的树皮最高达到 5%（干基），如有更高的值则是因为矿物质污染
氮含量	%（干基）	0.5[1)]	0.3～0.45	
硫含量	%（干基）	0.03[1)]	0.035～0.055	
氯含量	%（干基）	0.02[1)]	0.015～0.02	
矿物污染	%（干基）	l	相对较高	因为刚开始的加工步骤
粒度	mm	<4	>4	非常不一致，长的能达到 0.5 m
含水量	%（干基）	<18	45～65	通常是从锯木厂出来时树皮的含水量
木质素含量	%（干基）	h	16.2～50.0	树皮，混合的

注：[1)] prEN 14961-2 规定的颗粒燃料 A2 等级的限定值；l 尽可能低；h 尽可能高；数据来源[59;63;64;66]

3.4.3　能源作物

能源作物是专为能源利用而栽培的木材。在奥地利这种能源作物还没有起到重大作用。可被用于能量生产的速生木种类有白杨、赤杨和柳树等。这些木材种类通常都易于造粒所以它们的适用性是毋庸置疑的。柳树和白杨已经被证明非常适用于颗粒燃料的生产，而且产品的品质很好[113,114,115]。

直到现在，从经济学角度上仍在质疑为生产颗粒燃料而种植能源作物的做法，因为为了转化成颗粒（特殊造粒过程的经济效率的问题在 7.2 节中会谈到），收获的木材需要粉碎和干燥（参见第 4 章）。不管是从经济学观点还是从排放角度上看，将木屑直接用于中型和大型工厂似乎更加合理。因为灰分和钾浓度更高，烟尘排放也有所增加，推荐使用除尘器。此外，当以短轮伐小灌木林木材（表 3-8）为原材料生产 prEN 14961-2 定义的 A1 和 A2 等级颗粒燃料时，灰分、氮和硫的含量在某些情况下也会制造麻烦。

与此同时，在某种意义上基本状况已经发生了改变，一方面化石燃料的价格大幅度上涨（参见 8.1 节），这使得用能源作物造粒更经济；另一方面，颗粒燃料市场增长导致易获得原材料如锯末和刨花等短缺，市场参与者在寻找颗粒燃料生产的替代原材料。目前已经在这方面开展了很多研究，这其中包括一些造粒用能源作物栽培试验区域（参见 12.1.1.2 节）[114,115,116,117,118,119]。

表 3-8 白杨和柳树的灰分、氮、硫和氯含量标准值

参数	单位	限定值 1[1)]	限定值 2[2)]	数值
灰分	%（干基）	0.7	1.5	0.6～2.3
氮含量	mg/kg（干基）	3000	5000	1000～9600
硫含量	mg/kg（干基）	300	300	300～1200
氯含量	mg/kg（干基）	200	200	100

注：[1)] prEN 14961-2 规定的 A1 等级颗粒燃料限值标准；[2)] prEN 14961-2 规定的 A2 等级颗粒燃料限值标准；数据来源[53;64;66]

3.5 颗粒燃料的禾本原料(秸秆和整个植株)

相比于秸秆，一年生能源作物的整个植株，茎秆和籽粒都用于能量生成。秸秆是谷物收获的副产品，现在已经从动物饲料工业积累了一些秸秆粒化经验。秸秆和作物全株可以统称为草本生物质。如表 3-9 所示，秸秆和作物全株的灰分含量要远高于木材。

表 3-9 秸秆和作物全株的参考值与 prEN 14961-2 规定的值做比较以及 A1，A2 等级颗粒燃料产品的通用参考值

参数	单位	等级 A1 的限定/指导值	等级 A2 的限定/指导值	秸秆	整株作物
净热值	kWh/kg（湿基）	4.6～5.3	4.5～5.3	约是 4.8	约是 4.8
灰分	%（干基）	0.7	1.5	4～6	4～6
氮含量	%（干基）	0.3	0.5	0.3～0.5	0.6～0.9
硫含量	%（干基）	0.03	0.03	0.05～0.11	0.1～0.12
氯含量	%（干基）	0.02	0.02	0.25～0.4	0.1～0.3
粒度	mm	4	4	茎秆	茎秆
含水量	%（干基）	8～12	8～12	10～20	10～20

注：依照[59]而定的草本生物质的最佳含水量；数据来源[59,62]

草本生物质因其氮、硫和氯的浓度势必会给燃烧技术带来比木材更多的问题。草本生物质其他受到挑剔的方面有灰熔点低[117]、飞灰和气溶胶的排放量高[65]等。基于这些情况，目前不建议粒化的草本生物质用于小型工厂中。

因为秸秆与能源作物全株的形状(茎秆)，它们在粒化前必须粉碎。生长期的水分含量能达到 50%（湿基)以上，但是随着植物成熟，含水量会下降到 20%（湿基)以下。收获的秸秆和整株在地里风干 2～3 d 后，含水量为 10%～20%（湿基)，可以直接用于造粒，不需要进一步干燥。

有一个很有吸引力的选择就是将木本和草本原材料混合来生产颗粒燃料。草本原料往往可以用很低的价格就可以拿到(如过剩秸秆)。特别是基于已经提到过的那些原因(相比于其

他材料，灰熔点低，污染排放相关元素如硫和氯等含量高)，只用草本材料生产颗粒燃料并用于供热是不可取的。两种原材料适当的混合可能减少甚至避免这些问题。在实验室，柳树和小麦秸秆或切碎的小麦混合生产的颗粒燃料，在 prEN 14961-2 定义的主要质量标准之一的机械持久度上获得了成功[115]。这个结果还有待工业规模的验证，因为实验室结果不可能直接转化为工业规模生产。现在还没有对这些颗粒燃料进行过燃烧测试。文献[120,121]也有近似方向的研究报道，他们用锯末、秸秆、向日葵壳、谷粒和坚果壳等不同材料以及这些材料不同的混合物来制造颗粒。此外，氢氧化铝、高岭土、钙氧化物和石灰石等添加剂的加入不仅在某种程度上减少了炉渣的形成，还提高了颗粒燃料的品质。这些颗粒燃料的燃烧试验中，有不同等级的木质颗粒燃料作为参照物，以便查看各所属等级的燃烧特性、炉渣和沉积物形成状况。然而结果显示所有其他颗粒燃料都在一定程度上有炉渣和沉积物产生。文献[122,123]中阐明了更多制造复合颗粒燃料的发展潜力。

我们应该意识到一点，这些混合原材料的方法并不符合 prEN 14961-2 标准的定义。事实上在 prEN 14961 的第六部分有这方面的计划，但各自的标准还没有制定出来。无论如何，既然是因为颗粒燃料的国际贸易量增长，导致现在所用的主要原材料(即木材加工业的木质生物质剩余物)供应短缺，企业都需要另寻他法来解决问题。

复合颗粒燃料似乎仍然只适用于大型设施。以正确的方式混合原材料，可以平衡各个材料的优缺点。

3.6 添加剂

3.6.1 有机添加剂

根据 2.1.1 节的定义，只有来自初级农业和林业的未经化学变性的生物质产品可用作生物添加剂。添加剂用来改善致密化过程，进而带来更好的能量平衡和生产量，或提高颗粒燃料的机械持久度以及抗湿性。

比如说，加入可可豆壳，尤其是在硬木粒化时，能明显降低加工过程的能量需求[43]。如果要求更高的机械持久度，原材料可以包含淀粉，如碎玉米，玉米淀粉或黑麦粉[2]等。将各种不同的天然生物质材料作为生物添加剂来进行粒化试验，结果显示添加剂的应用使能量消耗降低、产量潜力增加、颗粒燃料质量提高[90,115]，前景很被看好。

限定只能用天然生物添加剂的原因，从生态角度来说，使用来自农业和林业初级生产，未经化学变性和改变的产品很重要，但最重要的是和提高用户对产品的信心有很大关系。这些添加剂的使用受到 prEN 14961-2 标准的管制(参见 2.2 节)。众所周知在斯堪的纳维亚使用木质素磺化盐作为添加剂。试验表明木质素磺化盐比淀粉更能提高颗粒燃料的持久度[124]。问题在于木质素磺化盐是生物质经理化处理后的产物，就是这一点使得生产的颗粒燃料没有可信度。因此，prEN 14961-2 规定不允许使用木质素磺化盐做添加剂。

生物添加剂的使用对 6 mm 直径颗粒燃料的生产至关重要。很多燃炉制造商规定在住宅供暖炉里使用这种颗粒燃料，以确保无故障投料和燃烧特性表现一致。较大的燃烧装置比起小些的来，处理质量更低(低机械持久度，高灰分)和直径更大的颗粒燃料要容易些，因为它们通常修建得更加结实。它们通常都配备自动清理系统,传送带系统更坚实耐用,粉尘爆炸的危险可以通过一个结合喷水机制的传感系统来控制。适用于大燃炉的颗粒燃料通常是 8 mm 甚至 10 mm 直径,所以事实上生物添加剂并不是必需的。

试验表明,锯末经 4~6 周的储藏再用于粒化,生产的颗粒燃料品质更好,如果没有长时间储藏则只有加入生物添加剂才能达到这个效果(参见 3.3.4 节)。如果原材料混合适当,生物添加剂也是可以不用的。例如,云杉和一种针叶树 Douglasie 混合生产的颗粒燃料的质量很好,在只用云杉一种原材料的情况下,必须加入生物添加剂才能达到这种品质。

在丹麦,粒化时添加剂的使用是非常受限的,因为早期使用的法律对添加剂中的硫加了税收。而且,法律禁止在颗粒燃料生产中使用任何非天然生物质。含有任何类型垃圾的颗粒燃料都会被归类为垃圾产品;这将会产生垃圾类税收,而且只能在已经获得欧盟垃圾焚烧指令批准的工厂里焚烧。

在德国,只允许使用淀粉、植物蜡油或糖蜜制成的添加剂(根据当前有效排放规定(1. BimSchV))。1. BimSchV 的修正案(根据 2009 年 5 月的草案[31])将修改这个规定,淀粉、植物硬脂、糖蜜和纤维素纤维将被允许作为添加剂用于颗粒燃料的生产。

3.6.2　无机添加剂

关于无机添加剂,必须注意到这些添加剂增加了生物质燃料的灰分含量,它们通常会增加颗粒燃料生产的运营成本,还有可能增加粗飞灰的排放量。使用无机添加剂时必须考虑这些事实。

3.6.2.1　低磷燃料

低磷含量的燃料通常是木本生物质燃料,磷含量标准值大约是 0.005% (干基)。

小型和中型燃烧设备中偶尔会出现由结渣导致的问题。结渣与颗粒燃料的高灰分含量或原木颗粒燃料在储藏和运输中被污染有关。当灰分组分直接熔解在格栅上或接近格栅的地方,问题就出现了。因此,灰分形成区域的温度和灰分组分是结渣形成的重要参数。一项包括三种不同燃烧器技术和七种颗粒燃料品质的研究结果表明,现如今的小型燃炉设施对灰分含量和组成的变化要相对敏感[125]。燃烧器中结渣的量取决于燃料和燃烧器技术,而结渣的程度(结渣的硬度)取决于燃料的成分。研究结果显示,硅(Si)含量影响了灰分熔解的初始温度。在另一项研究中,干材颗粒燃料中有问题的灰分组分关系到结渣的临界值,由统计学和燃料数据库的化学评估来确定。结果显示有问题的木质颗粒燃料的灰分中,硅含量明显高于其他颗粒燃料。硅(以二氧化硅的形式给出)的临界值是在燃料灰分中占 20%~25%。就是说,含硅水平在或超过这个范围的颗粒燃料就会在户用燃烧器中造成结渣问题[154]。

有两种方法来避免结渣形成,一是降低温度,二是改变灰分的组成。后者可以通过在粒化过程中或燃料燃烧时使用一些添加剂来实现。

在早期传统生物质燃料的研究中,用黏土矿物[126,127,128,129]和石灰或白云石质作为添加剂[129,130]去增加已形成底灰的灰熔点。已经证明用高岭土(瓷土)能成功做到这一点[129]。在小麦颗粒燃料添加相当于 20%燃料灰分成分量的高岭土,燃烧时灰熔点提高了 250℃[128]。研究表明,将高岭土和方解石掺和进原木颗粒燃料产品,降低了结渣趋势[131]。将添加剂直接注入燃烧器或在造粒过程中加入，在混合度相当于颗粒燃料干重的 0.5%的时候，不再有结渣形成倾向。加入添加剂没有任何技术问题。添加剂的额外成本估计大约为 0.3 öre/kWh (0.000 3 €/kWh)。添加剂在造粒过程中加入能取得最好的效果，直接注入燃烧器中能降低结渣量，但是技术还必须进行优化。

干材、树皮和不同森林燃料组分的灰分主要元素含量的临界值各不相同，因此这些材料使用添加剂的效果以及恰当的添加剂掺和方式也不一样。无机添加剂的掺入对某些树皮和森林燃料组分应该更有益一些，因为早期研究显示这些原料中有一些容易形成结渣[125,131,132]。在那些有问题的树皮和森林燃料燃烧时，通过喷嘴注入干基燃料 1%的碳酸钙悬浮液，会消除或减少 20 kW 的燃烧器中的结渣形成[133]。同样的燃烧条件下，用喷嘴注入更少量的高岭土也能减少结渣形成，但有一个负面影响，结渣的混合度更高了。喷嘴注入添加剂已经证明是一个成熟的技术，可以在实际生产中应用。添加剂的成本要小于 0.6 öre/kWh (0.0006 €/kWh)。

用喷嘴在颗粒料仓和燃烧器之间注入钙悬浮液的技术是现实可行的。该技术的设备廉价而且结实耐用，还很容易根据颗粒燃料、木屑等的燃烧设施进行改装，虽然结果显示只有在造粒过程中将添加剂掺混入原材料才能取得最佳效果，但这种注射的方法也是很实用、有效的。

结渣形成倾向的减少可以解释为更高的熔融特性，当钙或铝含量增加时，更多的灰分在燃烧温度下以固相存在，而不是液相。

树皮和森林燃料被沙子污染后结渣形成倾向会严重增加。高岭土加入原材料后，颗粒燃料燃烧时烟尘排放显著下降，总烟尘(mg/Nm^3)和微粒物($< 1\ \mu m$)数量都是如此。如果加入的添加剂是钙则没有这种效果。

用 65 kW 的燃烧器测试高岭土对颗粒物形成的影响。使用的是两种富灰分含量的农业燃料：小麦秸秆颗粒燃料和芦苇颗粒燃料。高岭土以 3%和 6%的量掺和入燃料。以总烟尘的质量和数量浓度来测定颗粒物形成量。结果显示颗粒物形成和结渣倾向都减少了[134]。

3.6.2.2 混合有泥炭的颗粒燃料

泥炭可能会被视为一种无机添加剂，因为泥炭中的灰是活性物质。泥炭混入富碱性燃料如秸秆、柳树和森林剩余物，对燃料燃烧时结渣的形成可能既有正面效应，又有负面效应，对烟尘排放也是如此。具体效果取决于泥炭的灰分组成。研究表明起决定作用的一方面是硅，另一方面是钙和镁，这两方面的关系至关重要[133,135,145]。这些研究还在进行中，将来会有更多的细节发表。

3.6.2.3 高磷燃料

高磷含量的燃料通常是草本生物质燃料，磷含量的标准值大约是 0.1% (干基)。

产自森林的燃料主要含硅酸盐，而许多农业燃料或副产品(谷物、油料种子、污水、肉、骨头、橄榄等)主要含有磷酸盐。这些燃料涉及凝固、结渣和颗粒物形成，还有腐蚀性等特性基本上都不相同。目前对这些燃料自身以及燃料混合使用的方法或加入添加剂提高燃烧特性等方面的知识和了解都有欠缺。逐步积累起来的富磷燃料中加入添加剂的相关知识在不久的将来也能用于颗粒燃料的生产中。谷类籽粒中添加剂方面的研究表明方解石[136,137]和高岭土[138]能够有效降低结渣形成。不过方解石也能够加大结渣形成倾向，这取决于燃料中是否存在硅。方解石和高岭土这两种添加剂都在某种程度上降低了烟气中颗粒物的形成。

3.7 总结/结论

作为原材料和颗粒燃料理化特性评价的第一步，原材料及颗粒燃料的评估标准现在已经制定出来了，以 prEN 14961-2 为基准。prEN 14961-2 规定了颗粒燃料中某些物质的限定值；因此原材料也必须符合这些要求。燃料燃烧的基本要求和粒化技术也包含在标准之中。

表 3-10 中对可用造粒原材料的评价标准以及颗粒燃料特性做了总结，并对各参数对颗粒燃料的影响做了说明。矿物质污染和粒度大小被认定和确立为原材料的相关参数。生物添加剂、水分、灰分含量、总热值、净热值、碳、氢、氧、氮、硫、氯和挥发分含量，相关灰分形成元素含量如钙、镁、钾、硅、磷以及重金属的含量同时为颗粒燃料和原材料的相关参数。尺寸大小、堆积密度和颗粒密度、持久度和能量密度，这些参数明显是针对颗粒燃料的。上面所有提及的参数都定义有适当的限制值和参考值，用作不同的原材料以及用该原材料生产的颗粒燃料的评价标准。

那些与中/大型燃烧和储藏设备相关的参数有积载系数、堆角和倾泻角、内部粒度分布，这些参数与小型颗粒燃料设施无关。积载系数用于衡量远洋船舶运输能力，是堆积密度的倒数值。堆角是设计颗粒燃料储藏设备时重要的参考值；倾泻角则对具有漏斗形底部排空通道的储藏间的设计很重要。颗粒燃料的内部粒度分布是一个技术参数，如果用户在使用颗粒燃料之前要充分粉碎，就会用到这个参数。

理论上，任何种类的木质生物质都有可能作为造粒的原材料，然而随着软木颗粒燃料确立为标准，实际上到目前为止造粒原料还只局限于软木的使用。首先，用硬木来生产颗粒燃料是有可能的，但有一个规律，硬木颗粒燃料的质量不如软木的好(尤其是持久度)，而且更难用于生产，因为模子的压缩通道内的摩擦力要高于软木的粒化过程。也因此，使用硬木时，颗粒机更容易堵塞[104]。既然木质素含量增加提高了持久度，那么我们就知道硬木颗粒燃料降低的机械持久度主要是由于硬木木质素含量低造成的。依照 prEN 14961-2 对 A1 等级颗粒燃料灰分含量的严格限制，硬木颗粒燃料几乎不可能符合标准的要求。然而通过适当地混合原材料，硬木可以用于粒化生产。在木材加工厂和锯木厂中产生的木刨花和锯末是全世界都最常用的原料。其他从木材加工厂出来的原材料如工业木屑，或从林业获得的从森林木屑到短轮伐作物和原木都适合做粒化的原材料，但必须要经过前处理(如粗磨、干燥、细磨、树皮分离、异物质分离，取决于材料的状况)[111]。既然颗粒燃料生产的成本增加了，那么经济问题就出现了。7.3 节中进行了不同原材料的经济调查。那些为小型炉灶生产的颗粒燃料不包含树皮，原因在于其高灰分含量。树皮制造的颗粒燃料适用于中型和大型燃炉。但是目前，在生物质集中供暖工厂和电厂，树皮是直接作为燃料使用的，因此不能用于颗粒燃料工厂。

农作物秸秆和全株完全可用，但它们的特性(高灰分、氮、硫和氯含量、低灰熔点)使得它们不能，或仅在某些程度上，适用于当前在市场上能买到的颗粒燃料燃炉。要获得环保和无故障运行的秸秆颗粒燃料燃炉，还需要更多的研究和开发。一个解决草本生物质问题的方法可能是将草本和木本生物质混合使用。此外，无机添加剂如氢氧化铝、高岭土、钙氧化物或石灰石的使用也会对灰熔融特性有正面影响。

来源于农业和林业初级生产的天然生物添加剂的加入为提高颗粒燃料质量和优化颗粒燃料生产能力，降低特定能耗提供了极大的可能性。一些来自农业和林业初级生产的物质已经被成功用作粒化过程中的黏合剂(如碎玉米,玉米淀粉和黑麦粉)。此外,农业和林业初级生产的材料还隐藏着巨大的潜力,它们作为生物添加剂的效应还没有被充分发掘出来。

表 3-10　可能的粒化原材料和颗粒燃料特性的评估标准概览

参数	单位	限定/指导值	相关	影响/注释
长度	mm	<40	P	运输和燃烧技术的选择;过长导致的堵塞风险;燃尽时间
堆积密度	kg/m^3	>600	P	能量密度;运输和储藏成本
粒子密度	kg/dm^3	>1.12	P	燃尽时间;堆积密度
机械耐久性	%(干基)	>97.5	P	运输行为;烟尘排放;交通损耗
自然绑定因子含量	%(干基)	h	R/P	特别是淀粉、脂肪和木质素的相关性;颗粒燃料的耐久性;粒化的产量和经济性;根据 prEN 14961-2 的规定,含淀粉添加剂的质量分数最高能有 2%(干基)
含水量	%(干基)	8～12 <10	R P	适合造粒;颗粒燃料耐久性;取决于原材料;原材料含水量过高必须烘干
灰分	%(干基)	0.7	R/P	操作舒适度;增加表面结渣的风险
GCV	MJ/kg(干基)	h	R/P	设备尺寸和控制;只取决于使用的原材料;不会受到影响
NCV	MJ/kg(湿基)	h	R/P	设备尺寸和控制;能量密度
能量密度	MJ/m^3	h	P	设备尺寸和控制;运输和储藏量
碳、氢和氧含量	%(干基)		R/P	GCV 和 NCV;只取决于所使用的原材料;不会被影响
挥发成分	%(干基)		R/P	热分解;燃烧习性;只取决于所使用的原材料;不会被影响
氮含量	%(干基)	0.3[1)]	R/P	被禁止物质;增加氮氧化物的排放
硫含量	%(干基)	0.03[1)]	R/P	被禁止物质;增加腐蚀风险和硫氧化物排放
氯含量	%(干基)	0.02[1)]	R/P	被禁止物质;增加腐蚀风险和氯化氢、氯气和 PCDD/F 的排放
灰烬形成元素含量	%(干基)		R/P	与钙、镁、硅、钾和磷相关;影响灰烬熔化特性并因此影响设备的可靠性;钙和镁提升,钾降低灰熔点;钾影响气溶胶形成;浓度上升的硅、磷和钾一起可能会形成熔渣
重金属含量	%(干基)	l	R/P	灰烬质量;灰烬的利用;微粒排放;被禁止的物质;锌和镉尤其与木质燃料相关
矿物污染	%(干基)	l	R	降低 NCV,增加灰分和颗粒燃料机器的磨损
粒度	mm	<4	R	对造粒非常重要;指导值大约相当于锯末的粒度;粒度较大的原材料必须粉碎

注:1)根据 prEN 14961-2 做的限定值;P 颗粒燃料相关的参数;R 原材料相关的参数;h 越高越好;l 越低越好

在小型燃炉中使用秸秆颗粒燃料不被当前主流观点提倡。即使是在这个领域内使用的最先进的燃炉也没有处理这种燃料的专门设计，因此不适合使用秸秆颗粒燃料。高灰分含量的秸秆会需要更频繁地清空灰盒，因此对用户的舒适度有负面影响。此外，秸秆中高含量的氮、氯和钾会导致污染物排放问题以及增加沉积物形成和腐蚀。因为经检验的秸秆颗粒燃料表现出的持久度低，在通常使用的系统中使用这种燃料会在燃料传送机系统部分出现问题。秸秆颗粒燃料可用于中型或大型燃炉中，因为更大的系统通常建得更坚固耐用，它们通常配备有更复杂的燃烧、控制和烟气处理系统。

因为原子弹试验和 1986 年发生的切尔诺贝利事故，人们对放射性元素污染生物圈的担心已经变成了一个问题。植物可以吸收放射性元素，在植物(如木材)燃烧后滞留在灰烬中，它们的浓度随着灰烬粒度的减小而增加。因此，底灰含有的放射性元素浓度最小，细飞灰中最高。奥地利不同生物质燃料如木屑、树皮和颗粒燃料中^{137}Cs比活度的测定表明，这个值通常很低，甚至远低于各种食品的限制值。生物质燃烧车间所做的不同灰烬成分的分析显示所有底灰和粗飞灰的^{137}Cs比活度都低于可以将某种物质视为放射性材料的定义值(即$<$ 10000 Bq/kg)。很多底灰甚至低于 500 Bq/kg 这个界限值，这意味着对这些底灰的利用不会有任何限制。只有细飞灰的^{137}Cs比活度可能超过 10000 Bq/kg。

4 颗粒燃料的生产和物流管理

4.1 颗粒燃料的生产

本节对生物质木质颗粒燃料的生产做了一个技术评估。应该注意的是，在这方面原材料的种类决定了生产必需的流程步骤。

如果是将短轮伐作物用于颗粒燃料生产，在原材料运送到颗粒燃料生产地之前，必须要考虑栽培土壤的准备、施肥、种植、收获和粉碎以及物流流程等。因为原材料是以木屑状态交付的，在实际加工前还必须要经过粗磨。如果颗粒燃料生产用的是原木，对材料的考察必须从收获时开始。在交货的木屑粗磨之前，原木的运输物流和木屑生产的问题是必须要考虑的。根据 prEN 14961-2，如果生产的颗粒燃料是 A1 等级，就必须要把树皮分离出去，否则达不到标准的严格要求。树皮可以收集起来用作燃料投入到生物质燃炉中，为原材料干燥流程提供热能。至于因打薄木材而产生的森林木屑和工业木屑的利用，它们的加工链始于木屑的粗磨。木材依照 prEN 14961-2 标准，必须要记住还有树皮，森林木屑是不能用于 A1 等级颗粒燃料生产的，只能生产工业用颗粒燃料。上述情况也同样适用于含树皮的工业木屑。金属或异物的分离对所有这些原材料来说可能都是必要的，当然这取决于收获的方式和供应链的专业水准。

上述原材料在粒化生产中还是次要角色。虽然短轮伐作物在瑞典和意大利已经种植多年，但用短轮伐作物生产的颗粒燃料还没有达到工业规模。原木已经开始用作颗粒燃料的生产了，只是并不常见。木屑的情况也是如此。已知有少量颗粒燃料生产商使用原木或木屑为原材料，但是他们是大规模地利用。比如在美国的佛罗里达州，2008 年 5 月投入运行的一个颗粒燃料制造厂的生产能力是 550000 t (湿基)$_p$/a，该厂几乎完全使用原木为原材料[139,140]。一个奥地利颗粒燃料生产商建立了工厂，2007 年的年产量是 120000 t，使用的是他自己拥有的锯木厂里积攒的木屑[141]。市场的发展使得颗粒燃料的需求量增加，对这些原材料需求的增加也越来越明显。本书没有对这些原材料需要哪些加工步骤做说明。对这个领域物流供应链的详细调研可以参考文献[59]。

颗粒燃料生产最常用的原材料是木刨花、锯末和木粉。木刨花和木粉都是干燥的，因此第一步就可以做细磨。锯末通常潮湿，粉碎之前要先干燥。颗粒燃料的生产包括四个或五个流程，取决于使用的原材料是刨花还是锯末(图 4-1)。通常会建立临时储藏点放置干燥后的原材料，这样做是为了将干燥步骤同颗粒燃料生产分开来。颗粒燃料生产出来后需要存储空间。

木刨花和锯末的粒化工序，从经由临时储藏间干燥原材料开始到颗粒燃料存储，将在接下来的章节中进行详述。表 4-1 列出了生产 1 t 颗粒燃料需要上述原材料的数量。

表 4-1 生产 1 t 颗粒燃料需要的原材料量

原材料	1 t 颗粒燃料所需	单位
木刨花，锯末	7.5	lcm
工业木屑	5.3	lcm
森林木屑	5.1	lcm
干材(云杉)	2.2	scm

注：颗粒燃料的含水量是 10%（湿基），原材料的堆积密度和含水量与表 7-16 相同

除了前文讨论过的原材料以外，木屑的使用量也显著增加[141,142]，因为锯末的量无法满足颗粒燃料生产量的进一步扩大。也因此，有、无树皮的工业木屑和通常都带树皮的森林木屑，必须区分开来。prEN 14961-2 规定，带有树皮的木屑不允许用于生产 A1 等级颗粒燃料(因为树皮的灰分含量高)，不过，原材料可以用作工业颗粒燃料的替代品。如果是用木屑来造粒，原材料在干燥之前有一个额外的步骤，这就是粗磨(用锤片式粉碎机)。

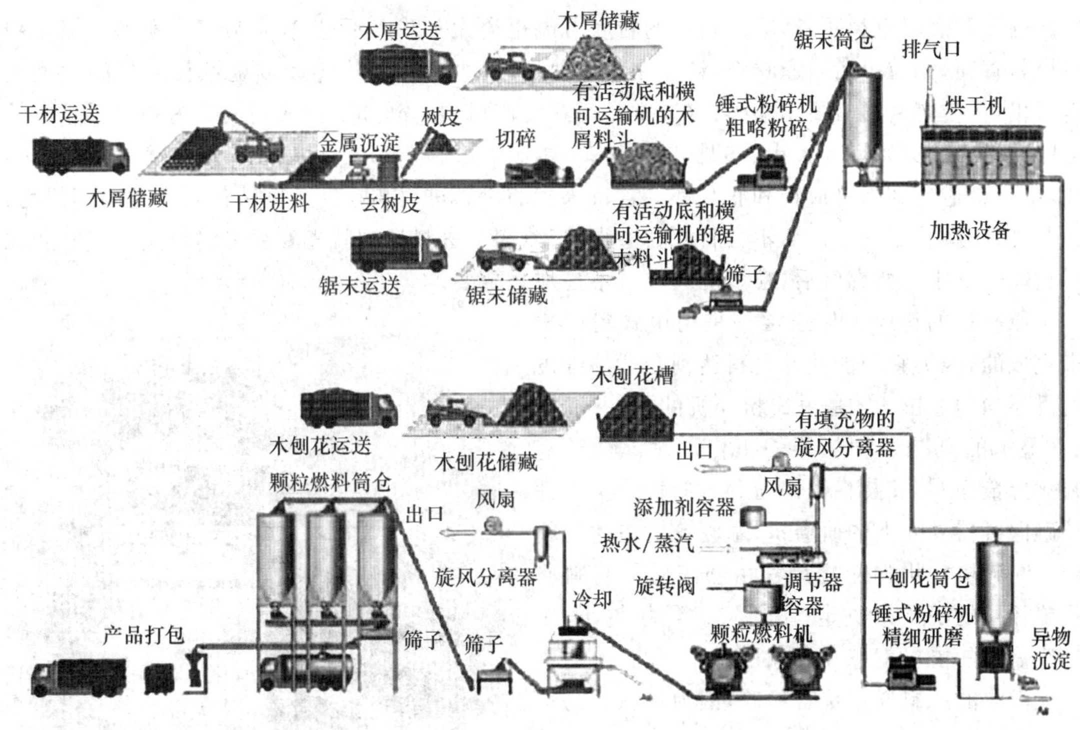

图 4-1 粒化生产线

注：数据来源：BIOS BIOENERGIESYSTEME GmbH

由于锯末供给不足，近年来，已经有许多颗粒燃料生产商在考虑用原木来生产颗粒燃料，有的已经开始这样做了[111,112,139,143,144]。根据 prEN 14961-2，如果是生产 A1 等级的颗粒燃

料，第一个步骤就必须分离树皮。明智的做法是将树皮作为干燥原材料的燃料。没有树皮的茎干或用于工业颗粒燃料生产的带树皮的原木，都必须用固定的削片机削成木屑。这之后原材料要经过锤式粉碎机粗磨，然后才能进入锯末粒化的生产线。

为了扩大颗粒燃料原材料的范围，斯堪的纳维亚的几个国家采取了进一步的措施，他们在粒化时往木质原材料中加入了泥炭[145]。混合物导致灰分增加，熔渣形成的可能性大大增加，带来了更多的问题需要维修。排放气体中 NO 和 SO_2 的量倍增，只有可吸入颗粒物（$< 1\ \mu m$）的量有所减少。总而言之，我们不提倡这种混合方式，尤其是不能在小型燃炉中使用，所以本文没有做详细论述。

因为在颗粒燃料生产中，锯末和木刨花仍然是最重要的原材料，现在还没有对木屑和原木的利用做详尽的技术评价。7.3 节将从经济角度探讨这些原材料的运用。

4.1.1　原材料的前处理

4.1.1.1　粉碎

干燥之后，或者作为材料已经干燥后的第一步，原材料自然要粉碎到必需的粒度尺寸。

要生产 6 mm 直径的颗粒燃料（6 mm 是用于小型燃炉中颗粒燃料的通用直径），原材料粒度的标准目标值是 4 mm，不过根据制粒设备或原材料自身的要求，这个值会有所浮动。如果生产的颗粒燃料直径更长，输入材料的粒度可能也会大一些。不过，决定粒度大小的不只是颗粒燃料直径，制粒设备或原材料，还有用户的要求。比如说，从烧煤改成烧颗粒燃料的大型发电站里，颗粒燃料通常要用粉碎机（通常是锤式粉碎机）粉碎，那么投入到锅炉内的燃料其实是造粒原材料的原始尺寸大小（参见 3.1.8 节和 10.11.6.5 节）。颗粒如果太大就不能完全燃烧，结果会造成烟囱排放物和底灰都会含有未燃的炭。进料颗粒越小则转化效率越高。但是，如非必要，颗粒燃料生产商不会将原料磨得更碎，因为进料越细就需要越多的能量。其实颗粒燃料在燃炉中开始燃烧后，粒度的大小就不是那么重要。

原材料的粉碎工作通常都是用锤式粉碎机来完成的，因为它们能使原材料达到合适的细度而且还均匀。图 4-2 是锤式粉碎机的图片，而图 4-3 显示的则是这种机器的工作原理。锤子有碳化合金涂层，安装在锤式粉碎机的转子上。锤子砸向机器外壳上的研磨桥，木刨花就在此处粉碎。粉碎机输出的粒度尺寸由磨碎后的材料必须要经过的筛子来决定（图 4-3）。颗粒越小，则粉碎需要的能量就越高[88]。

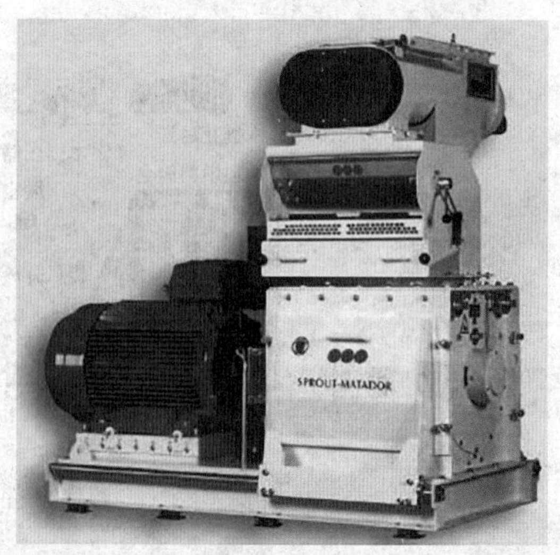

图 4-2　锤片式粉碎机

注：数据来源[146]

潮湿的原料通常更难粉碎，因为材料容易堵塞筛孔，不过加工湿材料时着火和爆炸的危险会降低。另外，如果颗粒小，干燥起来就更快。原料在锤式机之前和之后干燥都是很常见的。

如果是用能源作物或原木来造粒，就必须先生产出木屑。在收获的时候用移动切削机或在生产地用固定的切削机都可以达到想要的效果。根据 prEN 14961-2 的规定,如果是生产 A1 等级的颗粒燃料,在切削之前一定要将树皮分离掉。

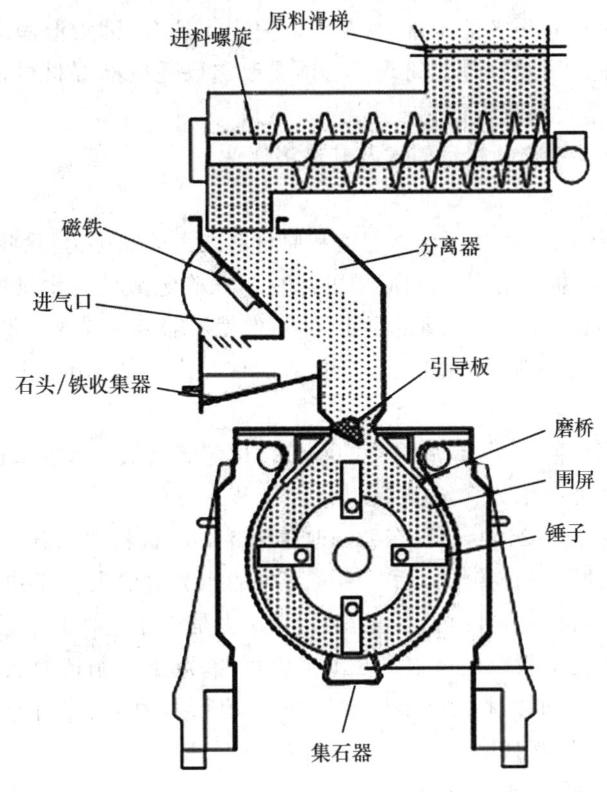

图 4-3　锤式粉碎机的工作原理

注:数据来源[53]

切削机有鼓式、转盘式、螺旋式和轮式[59]。鼓式切削机有一个水平旋转的鼓,其上以不同方式排列着刀片。切削好的材料由风扇或传送带运出。材料在运出去之前要经过可更换的标准化筛选器,以确保输出的一致性。在转盘式切削机中,材料从不同角度传送到盘上,由呈放射状安装的刀片进行切割。盘子后面有铲子将材料输送出去。出口处的钢梳通常用作二级磨头。螺旋切削机有一个细长的,大多数情况下圆锥形的螺旋,边缘焊接有刀片。它将原木拖进机器,粉碎后排出。机器的结构确保力闭合的持久性,但困难在于切割刀片边缘的重磨和输入原料体积的有限性。轮式切削机的刀片同鼓式切削机的相类似,不同的是安装在轮上而不是鼓上。机器的构造造成了冲压,而正是这个冲压驱动机器的。

螺旋式和轮式切削机的缺点使它们在市场上几乎绝迹。大型的鼓式切削机能够处理直径 1 m 的原木;转盘式切削机能加工的材料尺寸要稍小些。

对原木木屑(包括森林和工业木屑)的进一步处理有两个选择项:立即干燥或先粗磨再干燥。由于各个原料块的含水量并不一致,直接干燥原料会引发问题(参见 4.1.1.2 节)。如果先粗磨再干燥,那么为了使材料更均匀以及处理干燥过程中可能形成的团块,干燥后还要再粉碎一遍。精细粉碎过程就和锯末以及木刨花一样了。

相比于干燥木屑,粉碎潮湿木屑需要更多的能量。此外,用潮湿或干燥木屑(通常用锤式粉碎机)代替锯末做原材料时,产量大大减少。因此,要用一系列的锤式粉碎机或更大的粉碎机来粉碎木屑,这自然就提高了投资的成本。尽管有这些缺点,我们还是推荐在干燥前进行粗磨,因为这个方法更容易控制一些。

锤式粉碎机粉碎树皮有更多的困难,甚至可能完全不适合,因为湿润的材料会导致堵塞,而树皮通常都比较潮湿。所以锤片式粉碎机必须要改造以适应潮湿材料,而此时切割机则是首选,因为它们能更好地处理潮湿的树皮[147,148]。

7.2.4 节有涉及原料粉碎的能量需求及其经济评估。

4.1.1.2 干燥

制粒设备中的致密化过程取决于压缩通道和原材料之间的摩擦力,除此之外就是原材料的含水量。这就是必须要根据粒化技术和应用的原材料来确定最佳含水量的原因(参见 3.2.3 节)。如果使用的原材料已经有了合适的含水量,当然就不需要干燥了。例如在干燥成型木材加工过程中累积的锯末或木刨花,以及用砂纸打磨实木时产生的木粉。因此在造粒时这些原材料颇受青睐。

如果在粒化前用蒸汽回湿,干燥后材料的水分含量应该略低于造粒最佳含水量,因为蒸汽回湿只能在一定程度上提高水分含量(参见 4.1.1.3 节)。

在临时储藏间滞留 10～24 h[112,149]有助于改善干燥后原材料中水分的不均匀。这对木屑至关重要,因为尺寸大的颗粒直接干燥后其中间部分的水分含量要高于边缘部分的。在临时储藏设施停留一段时间后这种情况可以得到缓和。这也是为什么烘干机制造商建议先粗磨木屑后干燥的原因。尽管这个效果在锯末上并不突出,一些烘干机制造商还是建议锯末干燥后临时储藏一段时间。此外,通常临时储藏是在筒仓里完成的,为了不把干燥和粒化流程偶联在一起,这样整个过程就更加有弹性。

4.1.1.2.1 木材干燥的基础

水以各种不同的方式储藏在木材里。第一种,游离水,也称自由水或毛细水。第二种,结合在细胞膜上的水。游离水通常是最多的,也很容易除去。除掉结合水就困难很多了。这就是为什么随着含水量的降低干燥速度变慢的原因[150]。

木材不含任何或几乎不含任何自由水的状态称为纤维饱和范围,质量分数数值为18%～26%(湿基,由木材品种[150]决定。表 4-2 给出了不同品种纤维饱和范围的概览。

表 4-2 一些木材品种的纤维饱和范围

木材种类	纤维饱和范围/%(湿基)
山毛榉、赤杨、桦木、白杨木	24～26
云杉、冷杉、松树、落叶松	23～25
橡树、樱桃树、白蜡木、坚果、甜栗	18～19

说明:数据来源[150]

4.1.1.2.2 自然风干

最简单的方式当然是自然风干。材料松散堆积放置,定期翻动,以此帮助水分的蒸发。颗粒燃料生产中这种干燥方式在只适用于秸秆和作物全株。储藏试验明确显示只靠自然风干无法达到造粒所需要的最佳含水量[59]。因此它只能作为强制烘干之前一个可能的预处理步骤。

4.1.1.2.3 人工烘干

在欧洲，颗粒燃料的生产对锯末[有质量分数为40%～50%(湿基)的含水量]的使用量正在增加。将材料含水量降低到10%(湿基)是非常关键的，在接下来的章节中会介绍很多现有的技术。

4.1.1.2.3.1 管束烘干机

造粒原材料的烘干经常是用鼓式和管束烘干机完成的。图4-4显示的就是管束烘干机。管束烘干机是间接加热烘干机，意思就是加热介质和需要烘干的材料没有直接接触。在这种情况下，材料是以一种温和的方式，在大约90℃下被烘干的。而且低温烘干将有机物和有气味物质的排放量减到最小。蒸汽、热油或热水都可以用作加热介质。进气温度由使用的烘干机和加热介质来决定，通常是在150～210℃。

图4-4 管束烘干机

注：数据来源[151]

管束烘干机通常的工作原理是逆流原理，那就是说，加热介质的入口在所需烘干材料入口的正对面。每蒸发1 t水总计热量需求大约是1000 kWh。

烘干机的核心是被加热的管束，绕着水平轴旋转。加热表面由大量环绕着中心轴焊接成星射线的管子组成，加热介质从管中流过，需要烘干的材料就在管子之间。管束外端有一个中心轴和输送刮片，沿着水平轴移动材料，让材料持续接触加热表面。通过这种循环往复的慢慢移动，也就是接触换热表面，很好地完成了热交换。图4-5中可以看到带有运输刮片的管束。

注入热空气或烟气能进一步提高热交换效率，减少烘干时间。为了遵循污染物排放限制，管束烘干机通常配备有抽排水蒸气和除尘的系统。

图4-5 管束

注：数据来源[152]

将烘干机设置在户外是可行的，不过应该完全隔离开来。配备有测量和控制系统的管束烘干机可以完全自动化运行。

管束烘干机适合烘干木屑、锯末、木刨花以及更多其他材料。在粒化生产领域它们是最先进的。

水分蒸发率为2.5～3.5 t/h的管束烘干机的投资成本是420000～550000欧元(以2009年的价格为基准)，是由烘干机的制造商和设计决定的。机器的维护成本相对较低，因为只有少数部件容易被磨损。

4.1.1.2.3.2　滚筒烘干机(drum dryer)

正如前面提到的,滚筒烘干机也是用于粒化原材料的烘干,它们在这个领域也是顶尖的。图 4-6 展示的就是滚筒烘干机。图 4-7 中呈现的则是三管道滚筒烘干机的横截面图。

图 4-6　滚筒烘干机

注:数据来源[155]

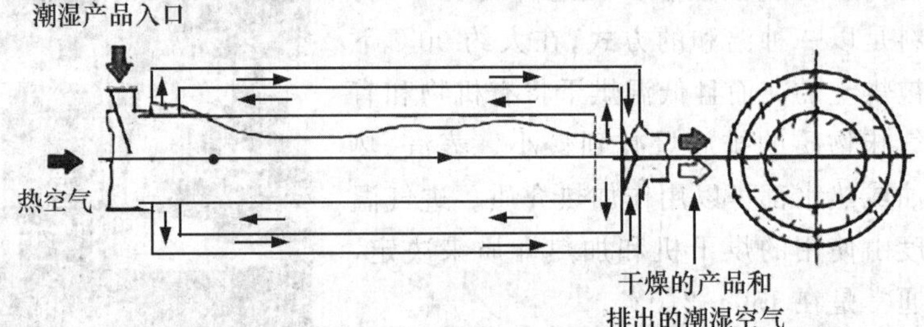

图 4-7　三管道滚筒烘干机的横截面

注:数据来源[156]

在滚筒烘干机中直接或间接的加热方式都可以采用。直接加热的烘干机中加热介质(烟气或有着合适温度的工艺空气)直接从内部通过。间接加热烘干机的干燥介质(本例中是热空气)由热交换器产生,热交换器中运行的可以是烟气、工艺空气、蒸汽、热油或热水。这两种类型的烘干机中,实际的加热介质(烟气、工艺空气或热空气)都与材料有接触。

需要干燥的材料通过旋转阀传动到滚筒内。当热气体冲击原材料时,滚筒每分钟只转几转。干燥过程由安装在圆筒内壁上的刀片来协助。材料被它们掀起然后又落下,得到充分混合。在圆筒的末端干燥好的材料气动排出,经旋风分离器后与热空气流分开。

滚筒烘干机的进气温度范围为 300～600℃,具体由构造来定。也因此,预计会有有机排放物,因为在那么高的温度下生物质会释放出挥发性有机物来,同蒸汽一起排出。氮氧化物与光结合,就形成了地面臭氧和有害的光氧化剂[153]。因为这样,废气需要进行复合处理(除尘和二次燃烧)。此外,直接加热烘干机中,干燥材料中可能会积聚粉煤灰,导致颗粒燃料产品灰分含量的升高[154]。

滚筒烘干机蒸发 1 t 水的热量需求大约是 1000 kWh。

滚筒烘干机内的原材料混合效率同管束烘干机的一样,不过,因为温度梯度更大,前者的热交换更加完善。

滚筒烘干机设置在户外,也不会有任何问题。投资成本略低于管束烘干机。

4.1.1.2.3.3　带式干燥机(belt dryer)

带式干燥机也是用于锯末干燥的其他所有设备中的一种。图 4-8 显示的就是带式烘干机,而图 4-9 显示的则是它的工作原理。各种类型带式烘干机的加热介质进气的温度变换范围是 90～110℃,出口处的温度在 60～70℃。相对较低的温度意味着干燥过程很温和,能防止异味物质的排放。此外，如果框架条件合理，可以不用考虑除尘装置，因为传送带上的产品层就像是一个过滤器[112]。不过个别的还是必须要经过检查才行。

图 4-8　带式烘干机

注：数据来源[157]

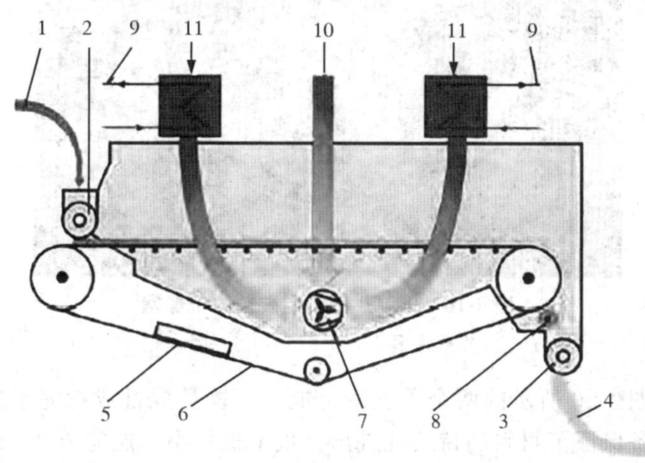

图 4-9　带式烘干机的工作原理

注：1. 原材料；2. 螺旋进料器；3. 螺旋出料器；4. 干燥的原材料；5. 传送带清洁系统；6. 传送带；7. 排气通风机；8. 旋转电刷；蒸汽、热油、热水供给能量(9)或产热(10)；11. 空气；数据来源[149]

带式烘干机可以通过工艺空气直接加热，也可以间接加热原材料，热交换器利用的蒸汽、热油或热水。目前的加热介质总是与材料有接触的。螺旋进料器持续平稳地将原材料进到传送带上。排气扇带动用于干燥的空气通过传动带和材料以达到烘干的效果。一个旋转电刷持续清理着传送带，此外，有时还会激活一个高压的传送带清洁系统。

带式烘干机蒸发 1 t 水的热能需求大约是 1200 kWh，这比管束、滚筒或超热蒸汽烘干机都要高一些。

只要有合适的测量和控制系统，带式烘干机可以完全自动化运行。输出原材料的含水量被测出，并以此数据来控制传送带的速度。

带式烘干机是最好的干燥锯末的机器。不过必须注意的是，因为整个过程中没有经过任何搅拌，原材料有可能会结块。团块的存在会导致输出材料含水量不一致，接下来粒化过程也会出现问题，因为原材料的含水量必须落在某一非常狭窄的范围内，如 3.2.3 节中概述的那样。带式烘干机比具同样功率的管束和滚筒烘干机要大(尤其是长度)的多而且更贵。在基础条件合适的情况下，带式烘干机能在低温下工作的特点能弥补的这些缺点，低温下作业不仅降低了加热的开支，还带来了更大的余热利用的潜力。比如说，带式烘干机和生物质燃烧或 CHP 工厂烟气冷凝装置的结合就是一个有利的选择，因为这种设施提供了相当低温度水平的加热介质。如果工厂不和低温干燥机结合，低温热源常常是累赘，因为不能进一步利用。

4.1.1.2.3.4 低温干燥机

近来有一种新开发的低温烘干机用来干燥粒化用锯末[158,159,160,161]。除了锯末，这个机器还用于木屑、树皮或类似生物质燃料的干燥。图 4-10 显示的是这种低温烘干机组装前的烘干小室，图 4-11 是机器的工作原理。

图 4-10 低温烘干机组装前的干燥室

注：数据来源[159]

低温烘干机由图 4-10 所示的两个干燥室组成。干燥是成批成批完成的。原材料输入和输出的缓冲储存设备保证了材料的持续性进出。烘干机每小时能完成 2～6 批次材料的干燥，具体由干燥介质的温度决定。烘干机的工作基础是逆流原理。上层干燥室里填充的湿润锯末经由温热空气干燥到一定含水量。这个含水量是由干燥室里的在线湿度测定仪监测的，只要含水量达到了要求，干燥室下面的挡板就会打开，锯末落入下层干燥室。材料再一次经由温热空气干燥，只要达到要求的含水量，干燥室下面的挡板就会打开，排出已干燥材料。烘干机的干燥介质是环境空气，进入下层干燥室之前已经由换热器加热到一定温度。干燥温热的空气吸收了湿锯末中的水分，同时降低了自身的温度。锯末的含水量是以这种方式减少的。湿润(相对湿度 98%)和冷却的空气被排出干燥室，经过过滤器，到第二个换热器处再次加热，然后进入上层干燥室。又一次，空气带走了锯末中的水分，降低了自身温度。它从干燥室中排出后经过一道金属纤维过滤器。这个过滤器上的滤芯确保了除尘的高效性，就没有必要做进一步除尘了。不过可能会有过滤器堵塞的问题，因为空气潮湿，尤其是在干燥材料中有非常小的颗粒物的时候。这些问题制造商们都有过记录。现在的这个过滤系统很快就会被新开发的系统所取代,那就是以旋风分离器和袋式除尘器的组合为基础的系统。

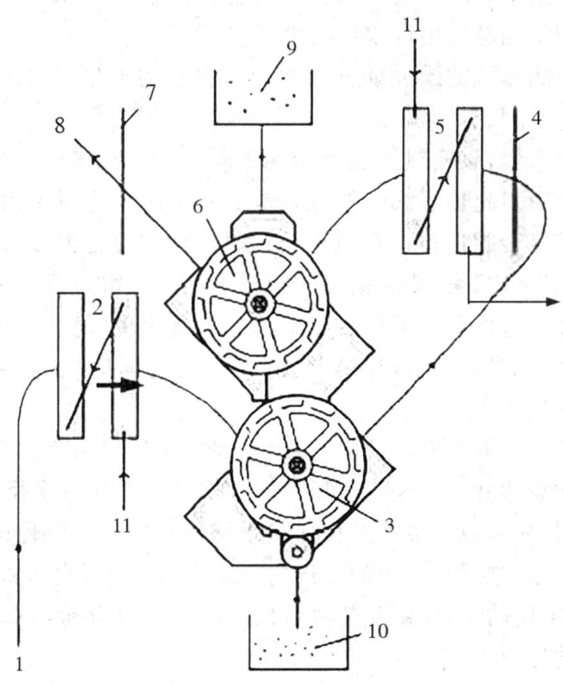

图 4-11　低温干燥机的工作原理

注:1. 环境空气;2. 第一热交换器;3. 下层干燥室;4. 中间过滤器;5. 第二热交换器;6. 上层干燥室;7. 过滤器;8. 排出蒸汽;9. 输入缓冲储存(湿润原料);10. 输出缓冲储存(干燥原料);11. 加热介质;数据来源[161]

抽风机前面保持着的恒定负压控制着空气流穿过干燥室的速度。投料入室和将材料倾倒出干燥室需要大约 45 s。在这段时间,抽风机停止工作,干燥室不需要加热。所以需要有热或冷的缓冲储存器来消除因热消耗中断而多出来的热量。这是低温烘干机的一个明显的缺点。

干燥室内旋转着装有铲子的轮子,这样锯末就能以最理想的方式接触干燥介质,确保锯末干燥的高效性。

干燥介质的进气温度可能低至 50℃,也可能高到 100℃。这么低的温度确保了干燥过程的温和性,防止了异味物质的排放。低温干燥机采用的是间接干燥系统,实际的加热介质常常是空气。空气由换热器加热,而换热器的加热方式各有不同。

烘干机应该建在室内。室外设置是可以的,但是需要隔离开,这可能有些困难,因为设备很复杂。

低温干燥机每蒸发 1 t 水的热需求量大约是 1000 kWh(根据干燥空气温度的高低而略有浮动),低于带式烘干机的热能需求(参见 4.1.1.2.3.3 节)。

低温干燥机可以完全自动化运行。输出原料的含水量由干燥室的在线水分测定装置来控制。因为锯末充分暴露在干燥空气下,干燥效率很高,而且输出原料的水分含量非常均匀一致,这对随后的粒化很重要。这种烘干机需要的面积略小于带式烘干机,但是它们的机身高度更高,价格也要更贵一些。不过,在合适的基础条件下,烘干热能成本的降低可以弥补这个缺点,因为加热介质温度再低些都是可以的。

4.1.1.2.3.5　超热蒸汽干燥机

超热蒸汽烘干机用来干燥纤维素、矿棉、木屑、刨花、锯末、树皮、污水污泥、鱼骨粉和烟草等的。这是久经考验的干燥粒化用锯末的技术[162,163,164,165]。

这个过程是利用超热蒸汽的干燥能力去除掉材料中的水分。图 4-12 中的范例阐明了所谓"火用烘干机"的工作原理。

超热蒸汽由换热器产生,该换热器通常使用的是压力 8～15 bar 的饱和蒸汽。热油或热水也可替代饱和蒸汽使用。超热蒸汽工作压力是 2～5 bar,在干燥室内循环,充当了干燥材料的载体介质。烘干机用旋转阀进料。在烘干机内材料的温度达到 115～140℃。干燥后的材料在旋风分离器内和蒸汽分开来,然后由旋转阀排出。蒸汽留在系统中。烘干材料中产生的过量蒸汽不断分离出去。这些蒸汽可以在工厂其他区域使用(仍然是超热蒸汽),它的压强同系统中蒸汽的压强一样。需烘干材料在烘干机中停留的时间是 5～10 s,具体要看输入的是何种材料。烘干锯末通常是用 10～20 s[164]。

过量蒸汽的持续排出能够很轻易地实现热量回收,这是超热蒸汽烘干机一个非常显著的优点。热能回收总量能高达 95%,不过这取决于回收之后的利用途径[164,165]。这些排出的蒸汽可以有多种途径利用,如区域供暖或过程加热系统以及发电。而且这个系统既没有灰尘也没有异味物质排出。不过,被反复利用的蒸汽的冷凝物必须以某种方式处理(通常是排放到当地的下水道系统)。最重要的是,使用超热蒸汽烘干机完全没有粉尘爆炸的危险,因为材料的干燥发生在一个潮湿的环境中。

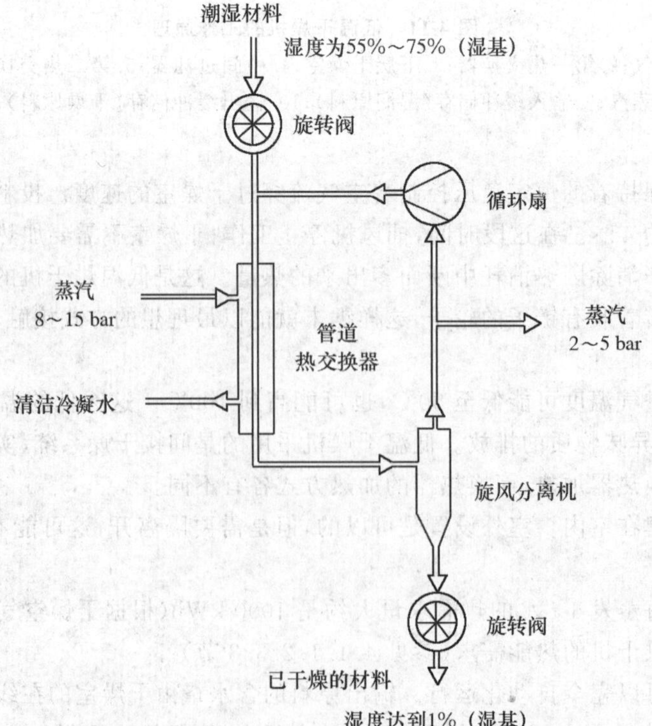

图 4-12　超热烘干机(火用烘干机)的工作原理

注:数据来源[162]

这种干燥方式非常温和,材料也混合良好。

现在能见到的超热蒸汽烘干机有各种型号。从小到水分蒸发率只有 50 kg/h 的小型到蒸发率为 30000 kg/h 的大型烘干机。这种大型烘干机每蒸发 1 t 水的热量需求大约是 750 kWh。如上所述,它有可能回收利用高达 95%的热能[164,165]。同时,每蒸发 1 t 水传送系统、旋转阀和风扇另外需要电能 40~60 kWh[166]。

水分蒸发率在 3000 kg/h 的烘干机的投资成本大约是 1700000 欧元(取决于加热介质和需要干燥的材料)。机器的成本高主要是因为它是一个高压系统,这也是超热蒸汽干燥机的主要缺点。尤其是材料投入和排出带来的技术难题导致了成本的增加。因此,超热蒸汽烘干机只能与那些能够利用回收热能的大型系统兼容使用。

另一种类型的超热蒸汽烘干机是有超热蒸汽环路的流化床(图 4-13)[167]。到目前为止,还没有任何已知的用于干燥粒化用锯末的实例。主要应用范围是各种污泥的干燥。这种类型烘干机的工作原理以及优缺点,同火用烘干机类似,所以在这里没有详细介绍这项技术。

图 4-13 有超热蒸汽环路的液化床烘干机

注:数据来源[167]

4.1.1.3 回湿

回湿是指准备好的材料在粒化之前用额外的蒸汽或水处理。蒸汽或水处理后,粒子表面形成一层水膜。结果是平衡了颗粒间的不均匀性,并在接下来的致密化过程中产生黏合机制。根据生产者的经验,为了能让蒸汽或水渗透入产品,被弄湿的木头要保持这个阶段 10~20 min。这个加工步骤还可以起到进一步调整水分含量的作用。

必须考虑到的是,如果要进行回湿,干燥时材料的水分含量应略低于粒化需要的最佳值,因为回湿会提升含水量[根据颗粒燃料生产商提供的数据,大约提高 2%(湿基)]。精确地回湿是以控制系统为基础的,因此该系统对高质量颗粒燃料的生产非常重要。

蒸汽处理也可以用作控制合适粒化温度的手段,这个温度随着颗粒机使用的技术不同而改变。

另一种回湿方法是使用生物添加剂。为了能将生物添加剂和原材料完全混匀,就添加到粒化步骤之前的预混器中,这样能确保添加剂起到该起的作用。

图 4-14 显示了一个这样的集成体。在某种程度上这个设计下所获得的时间就是需要停留的时间。如果情况不是这样的,那么在搅拌和粒化之间应该有一个单独的临时储存设施来保证合适的滞留时间。

图 4-14 用蒸汽或水回湿的搅拌器

注:数据来源[168]

4.1.2 压缩成粒

干燥之后的下一步,粉碎和回湿就已经是在制粒设备中的实实在在的粒化加工了。粒化技术实际上是源自动物饲料工业。这个技术根据木料特性做了调整,使得形状、粒度和含水量均匀一致的生物质燃料产品的出现成为可能。一些小型颗粒燃料生产商还在使用来自动物饲料工厂的二手机器。不过这些机器是为加工动物饲料而设计的,所以在木料粒化上的适用性有限。

大型生产商通常使用环形或平板模具的制粒设备,这是为木料粒化而特别设计的;通过和颗粒燃料生产商的交流,我们确定环形模机器是最普遍使用的[169]。图 4-15 展示了各种制粒设备的设计,而图 4-16 显示的是一台制粒设备。

环模制粒设备由一个模套构成,模套环绕固定轴运行。原材料投入到滚轴的一侧,然后从内到外的方向挤压通过模子的孔洞。

平板模制粒设备的轧辊在水平模子之上旋转。原材料从上面运送进来掉落到平台上,被向下压通过模子的孔洞。

因此,粒化主要的工具是模子和轧辊。原材料投入制粒设备并均匀分布,在模子的运行表面之上形成一个原料层。这个原料层超过了一定的界限所以被轧辊压实,变得致密。致密材料一直超限,压力就持续增加,直到通道里的材料被推动穿过通道。从模子里出来的产品呈超长的线状,随后随机断裂成小段或用刀片切割成需要的长度。

粒化重要的参数是压缩比率、孔洞数量和由此产生的开孔面积(不考虑进口椎体)。

压缩比率是孔径和通道长度的比值。同原材料类型一起,压缩比率决定了通道内的压力大小,所以为了获得高品质颗粒燃料和提高生产率,必须根据确切的原材料来调节压缩比率[44]。木质生物质(刨花和锯末)粒化的压缩比率通常是 1∶3和 1∶5[115]。压缩比率的改变只能靠变化通道长度来实现,因为孔径正是颗粒燃料直径的期望值。所以,自身没有很大黏结强度的原料需要更长的压缩通道。通道内的温度随着通道长度增加而上升,因此颗粒燃料的硬度也随着长度增加而提高。

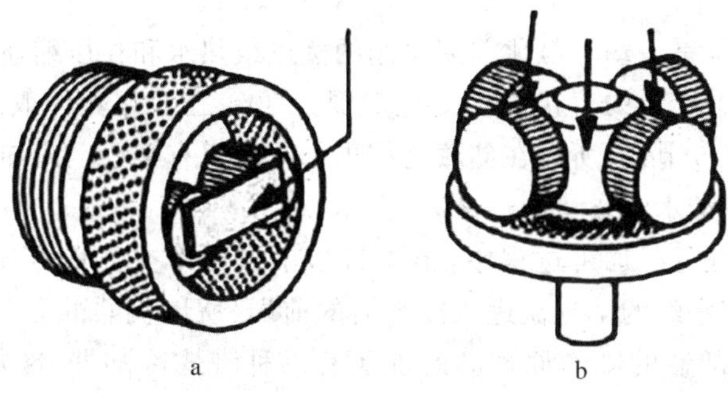

图 4-15　制粒设备的设计

注:数据来源[59]

图 4-16　制粒设备实图

注:数据来源[168]

所以为某一种原材料专门设计的制粒设备不能很轻易地用于另一种原料。相关参数应该,或者说必须随着粒化用原材料做调整:

- 模子的厚度。
- 通道长度(没有埋头钻)。
- 钻孔的数量,形状和直径。
- 轧辊的数量,直径和宽度。

• 平板模制粒设备轧辊的形状(圆柱形或锥形)。

孔洞的数量和由此导致的开孔面积对生产能力和有效驱动功率有直接影响。

无故障粒化生产的先决条件就是持续进料,材料碎度均匀一致,水分含量保持在 8%~13% (湿基)[112,170,171]。

4.1.3 后处理

4.1.3.1 冷却

粒化最后一个步骤是冷却。粒化前回湿用的蒸汽或热水和在压缩通道的摩擦力使原材料升温。加工之后的颗粒燃料的直接温度变化范围为 80~130℃,具体取决于制粒设备的类型和操作参数(参见 3.2.6 节)。所以在储藏之前进行冷却很有必要。冷却能提高颗粒燃料的机械耐久性,产品能减少的水分含量高达 2% (湿基)。

逆流冷却器常常是置于加工过程中(图 4-17),干燥的冷空气从冷却器的后部进入,经过颗粒燃料后,变暖带着水汽的空气流进入冷却器的前端(所以机器的名称为逆流冷却器)。图 4-18 显示的是逆流冷却器的工作原理。此外还有一种带式冷却器,冷却气流向下穿过颗粒燃料。

图 4-17 逆流冷却器

注:数据来源[172]

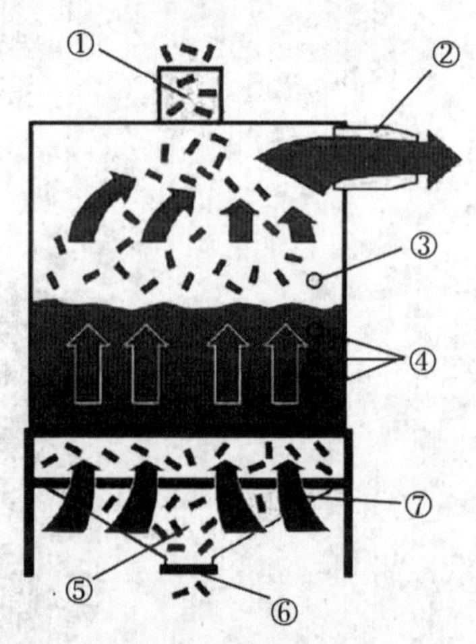

图 4-18 逆流冷却器的工作原理

注:1. 旋转阀输入颗粒燃料;2. 排气口;3. 过量填充保护传感器;4. 填充水平传感器;5. 颗粒燃料出口;6. 卸料斗;7. 冷却空气;改编自[173]

4.1.3.2 筛选

有可能出现尘埃的加工区域,都要将空气排出并过滤(旋风分离器或袋式除尘过滤器)。通常这些区域是:

• 粉碎。
• 干燥。
• 冷却后。

• 包装前或装货时。

滤出的粉尘回到生产流程中。运输和包装之前进行筛选以保证最终产品中只有少量碎末存在。

颗粒燃料要么自动填装到小包装袋里，如 25 kg 的包装袋（大约 40 L），要么装入是大约 650 kg（大约是 1 m^3）的大包装，或者储藏在筒仓或大屋里。颗粒燃料通常是用特殊的运送系统（如斗式输送机、链槽输送机）直接从冷却器运送到储藏设备中。必须确保储藏期间颗粒燃料不与水接触。如果接触到水会造成很严重的后果，包括自动化燃烧车间无法使用这些颗粒燃料。颗粒燃料水稳定性低，所以会碎裂，因此受潮的颗粒燃料不能用自动传送系统来转运。

4.1.4 原材料的特殊调节技术

4.1.4.1 原材料的蒸汽爆炸前处理

用高压蒸汽或蒸汽爆炸反应器处理后的锯末能够生产出尺寸稳定、坚固耐用的颗粒燃料[170]。锯末在高压和高温下保持一定时间，然后突然降压，木细胞崩裂，软化的木质素均匀分布到原材料中。

潮湿的原料从蒸汽爆炸反应器中出来后直接运送到制粒设备中。这个前处理使得制粒设备的产量提高 1 倍，而因为软化的木质素，机械耐久性也得到提高。颗粒燃料产品呈深褐色，远比普通颗粒燃料坚硬，从而磨损减少（$< 0.6\%$），水稳定性更高。此外，堆积密度大约是 630 kg/m^3，要高于用普通方法生产的颗粒燃料（参见 3.1.3 节，挪威的样品）。

这是因为木质素回湿后软化而且被释放，它处在颗粒表面，实现了颗粒燃料更高的硬度和水稳定性。

这项新的生产技术最初是挪威颗粒燃料生产商 Cambi 在一个试验工厂里使用的，利用这个技术可以分批进行回湿。现在试验设施已经被关闭，不过挪威颗粒燃料生产商 Norsk Pellets Vestmarka AS（属 Arbaflame AS 公司所有）已经在一个新的工厂使用了这项技术，这个工厂的生产能力有 6 t（湿基）$_p$/h[174]。

4.1.4.2 烘焙

烘焙是一个提升生物质品质的热化学过程，运行条件为无氧，环绕压力，温度范围从 200℃到超过 300℃。在这些温度下生物质几乎完全干燥。更重要的是，降解过程发生会使生物质失去强度（通过半纤维素的断裂）和纤维结构（通过纤维素的部分解聚）。然而，木质素在很大程度上保持原态，因此相对而言，烘焙后它在生物质中的比例有所增长。烘焙后生物质的粉碎变得容易，净热值增加，亲水性变成疏水性。而且，它的生物活性剧减。烘焙后的生物质颜色是褐色到黑褐色，有一种烟熏味，属性与煤炭类似[175,191]。

在这个过程中，生物质部分降解，多种挥发性物质转变为气相（torgas），最终导致质量和能量的流失。质量和能量产量强烈取决于烘焙的温度，反应时间和生物质的类型。标准质量产出是 70%；标准能量产出是 90%（两个数值都适用于无灰干物质）[176]。因此，减轻的重量要远高于流失的能量，这样看来，烘焙后的生物质具有比原初生物质更大的总热值。

理论上烘焙后的生物质可以用于所有的气化和燃烧工厂来生成能量。不过应用到煤电厂和气流床工厂里特别合算。在这些工厂里生物质进料之前必须要粉碎。如果是用常规颗粒燃料做燃料或混烧，那么煤电厂就必须进行大量的改造，比如建储藏设施和单独的运输、粉碎和进料线(参见 6.5 节)，这样算来成本就很高了。如果使用烘焙后的生物质就不需要这种改造，燃料可以储藏在煤场，然后和煤一起粉碎和进料。

因为其脆性，粉碎烘焙后生物质所需要的能量相比于传统生物质明显下降(图 4-19)，烘焙的温度越高，所需能量越少(图 4-20)。烘焙后生物质在粉碎时表现出来的特性还是与煤炭的非常类似。

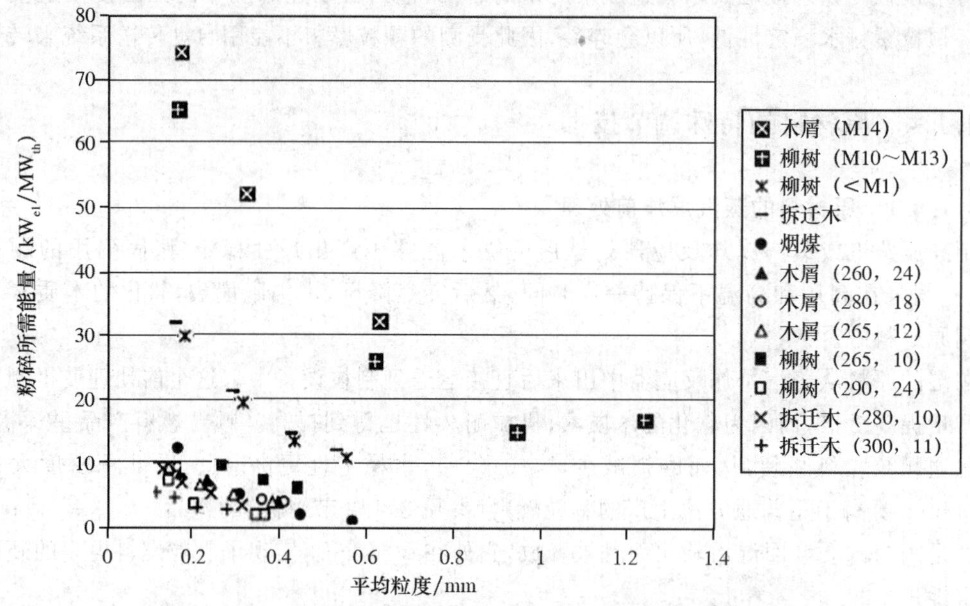

图 4-19　烘焙生物质、未经处理的生物质和烟煤粉碎的能量需求比较

注：括号里的数字是指烘焙温度和处理时间，温度单位是℃，时间单位是 min；数据来源[175]

相对于大多数的应用方法，最可取的还是将烘焙和致密化步骤结合，比如说，粒化。这样做的好处很多：粉尘剧减，能量密度大幅度提高，运输、处理和储藏更加容易，还有现存的颗粒燃料市场可以利用。不过烘焙颗粒燃料在小型设施中的应用还需要验证。如上所述，粉碎烘焙生物质的能量需求大大降低是因为其更容易被破碎(能量需求减少 50%～85%，产量提高 2.0～6.5 倍，由生物质的类型来取决)。而且，用烘焙生物质生产的颗粒燃料能量密度(4200～5100 kWh/lcm)比传统颗粒燃料(大约 3200 kWh/lcm)的更高，这在运输和储藏效率上都有正效应。更重要的是，烘焙生物质制造的颗粒燃料明显比传统木质颗粒燃料更结实，这可能要归因于木质素含量的升高[175]。但是，烘焙生物质粒化并不容易。烘焙条件对随后的粒化过程有很大的影响。一般来说，越是极端烘焙条件(如更高的温度)在粒化时就需要添加越多的黏结剂。采用的黏结剂和传统木质颗粒燃料生产中的类似。一般认为，烘焙温度更高的，木质素受到影响导致烘培材料自身的黏结能力下降。尽管如此，在合适的烘焙条件下，烘焙过的生物质还是可以不用任何额外的黏结剂就生产出坚固的颗粒燃料。不过这需要在烘焙过程中精确的温度控制。

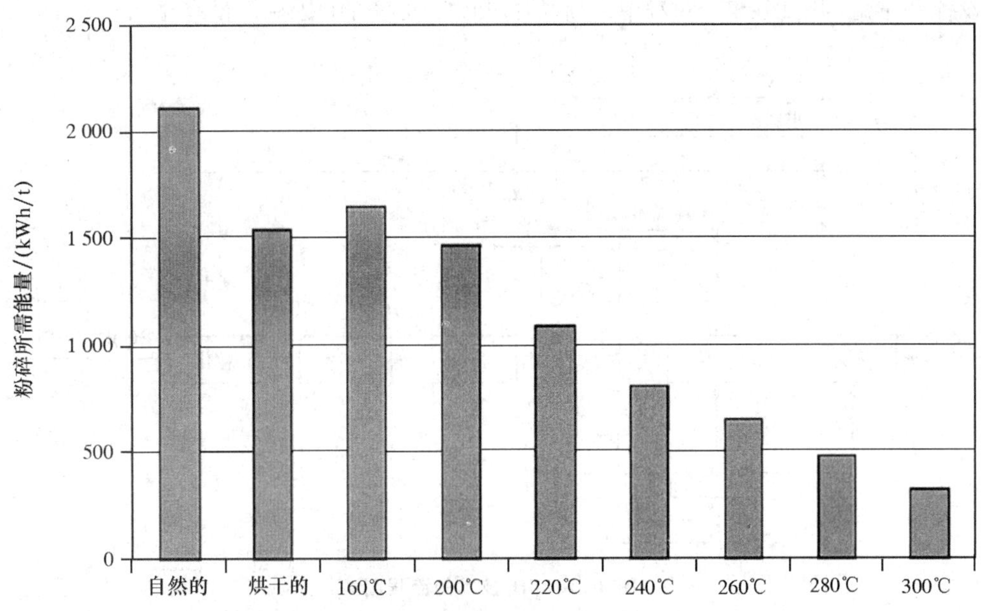

图 4-20 烘焙生物质粉碎所需能量与烘焙温度的相关性

注:数据来源[177]

已经有好几个科研小组出于各种不同的目的,都加入烘焙生物质的研究中来[176,177,178,179,180,181,182,183,184,185,186,187,188]。近来,全世界的大工业都对烘焙产生了兴趣。很多介入到干燥技术中的公司,尤其是在欧洲和美国的,现在也参与到烘焙技术的研究中,在烘焙时的高温水平下使用他们的干燥设备。现在可被视为烘焙设备的包括滚筒干燥机(如德国的Elino),带式干燥机,多段炉(美国的 Wyssmont;法国的 CMI NESA)和所谓的 Torbed 反应器(荷兰的 Topell)。丹麦的 DONG 能源、DTU/Risoe 和哥本哈根大学也正在研发[189]。烘焙设备同时采用了直接和间接加热的概念。直接加热主要使用的是烟气,由气化和/或辅助燃料产生。

荷兰的 ECN 是烘焙粒化结合研发的先驱之一[175,176,187,188,190]。他们计划最迟于 2010 年或 2011 年启动一个生产能力 70000 t/a 的烘焙生物质颗粒燃料示范工厂[188]。工厂使用的技术命名为 BO_2 技术,旨在用广泛的生物质原料(木质生物质和农业剩余物)高能效地生产高品质烘焙颗粒燃料。图 4-21 显示了 BO_2 技术车间的流程图。该流程图由三个主要部分构成:干燥、烘焙和粒化。干燥和粒化是传统工艺,可以采用最先进设备。烘焙流程则是重大革新。在烘焙反应器,也就是一个专用移动床反应器里,生物质通过直接接触热的、循环的气化气体上升到合适的温度。水分含量超过 15%~20% (湿基)的生物质有必要使用逆流干燥器。使用这个干燥器后之后减少了整个过程的热量需求,还保证了 Torgas 的可燃性,否则就太潮湿了。Torgas 燃烧产生的热量除了烘焙步骤自用,另外还供干燥步骤使用。为了加工过程的稳定和提供更多的能量,如果有必要,还会有额外的燃料和 Torgas 一起燃烧。反应器排出物的形状和大小同投入的木屑相似,没有多少改变,进入制粒设备之前还需要冷却和研磨。制粒设备的进料温度是有限定的,既受机器自身的温度限制又取决于制粒设备内部的升温。进料温度通常是低于 50℃。至于说粉碎,只要一个非常温和的挤压就足够了。与传统粒化过程相同的是,粒化材料在制粒设备中升温。因此在整个过程中，随后的冷却也是必需的(图 4-21 没有显示)。

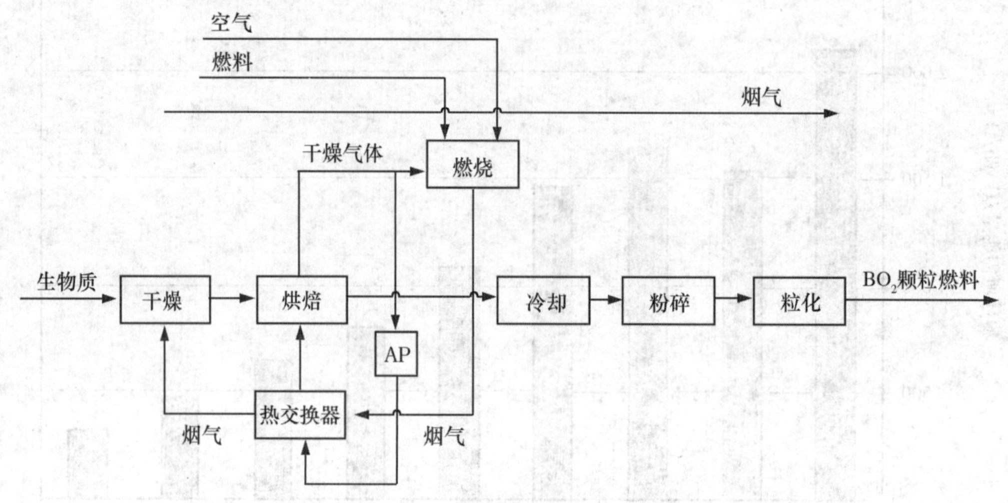

图 4-21　BO_2技术的流程图

注：数据来源[176](改编过的)

整个过程的效率介于 92%～96%[颗粒燃料的能量含量与净热值相关，与原材料能量含量相关，与净热值加上生产车间的能量需求相关，分别以原材料的水分含量在 30%～45%（湿基)间为基准]，只比传统木质颗粒燃料生产的效率(在同样的框架条件下，介于 91%～95%）高一点点。如果原材料的水分含量是 55%（湿基)，这两种加工过程的效率都降低到 88%左右。有两个不同的原因造成这个结果。第一，一部分用于干燥的热量是 Torgas 燃烧产生的，它替代了外部燃料。第二，生物质烘焙后，粉碎和造粒需要的电能减少[176]。荷兰的 Topell 公司计划启动第二个烘焙生物质颗粒燃料生产试验工厂。整个加工过程基于所谓的 Torbed 反应堆，这个反应堆可以修建得很紧凑，因为热和质量的传递非常紧密。这项技术目前在食品加工、碳再生、污泥烘干和煤炭气化等方面应用。因此烘焙是这个反应器应用上的一个拓展。投入的原材料必须是粉碎过和干燥好的[水分含量达到约 20%（湿基)]。反应器能够使用有如沙粒这样杂质的原材料，因为这些杂质在反应器中能够很大程度上分离出来。生物质从上面加入反应器，用作加热介质的空气从下面进入。反应器内部高度震荡，因此热传递相当高效，这就使得快速反应动力学成为可能。所以，这个反应时间 1～3 min(平均 90 s)的过程，明显要快于其他基于流化床和转动螺杆的技术。通过调整温度和反应时间，净热值和燃料中剩余的挥发物量能够适应于不同的煤炭类型(烟煤、无烟煤等)。烘焙生物质从反应器出来的时候温度为 320～330℃，这个温度已经失控。为了防止焦油形成和多孔烘焙生物质的恶性反应，生物质从反应器出来后直接进行冷却。冷却之后，材料才被输入制粒设备中。颗粒燃料从制粒设备输出时是 90～100℃，随后冷却到大约 70℃。它们的标准净热值是 6.1 kWh/kg（干基)。这个过程的效率在前面提到的 ECN 程序的效率范围之内。已经计划于 2010 年在荷兰Duiven(靠近阿纳姆市)建造第一个有 60000 t 产量的全面示范工厂。烘焙颗粒燃料的价格与其净热值相关，厂商声称与传统颗粒燃料相比，已颇具竞争力。烘焙颗粒燃料可以完全替代煤炭在发电厂的使用。针对这一点的相关测试，已经与 RWE 合作开展。此外，小型颗粒燃料锅炉的烘焙颗粒燃料使用测试已经完成了[191,192,193]。

在奥地利还有一个烘焙生物质粒化试验工厂的计划。该计划会在 2010 年底实施[194,195,627]。

4.2 物流

4.2.1 原材料的装卸和储存

当前,世界范围内很多国家造粒用的原材料主要是来自木材加工工业的木刨花和锯末。如果颗粒燃料生产实际上属于木材加工工业,原材料的供应就是公司物流的一部分,原料通常是用管道输送的。当然如果由于选址正确,离原材料供应商的距离很近,也可以使用管道将原料输送到工厂来,这样运输成本可以最小化。如果颗粒燃料生产商必须购买部分甚至全部原材料,那么就必须进行运输。有牵引杆或半拖车的卡车组合是木刨花和锯末的主要运输媒介,那么拖车必须配备合适的可倾斜装料平台。如果距离短、装载量小,农用运输工具如有适当拖车的拖拉机也是可用的。还有一个可能性是交付铁路来运输,但是铁路必须同时连接原材料供应商和颗粒燃料生产商所在的地区。据我们所知,斯堪的纳维亚半岛和海外还用船舶来运输颗粒燃料。在文献[59]中给出了关于锯木厂副产品供应链的详尽信息。

在储藏时有一点必须要考虑到,到货时木屑[水分含量仅 5%～14%(湿基)]要比锯末[水分含量高达 55%(湿基)]干燥。如果使用锯末为原材料,必须要先烘干然后才能采用和木屑储藏相同的处理方式。

在室外储藏相对干燥的材料,其含水量会因为某些天气因素而上升。所以木屑以及干燥好的锯末必须储藏在封闭的设施,也就是筒仓或大厅中。

潮湿的锯末要么储藏在筒仓、大厅、有屋顶的区域,要么就露天放置。不过我们不推荐露天放置,因为有再次浸湿的危险。必须考虑到,在储藏期间会发生很多物理、化学和生物学过程,可能会对材料造成负面影响。真菌、孢子和细菌可能会被不经意地繁殖,干物质会降解,储藏的原料会整体升温。最糟糕的是可能会导致自燃(参见 5.2.3 节)。这些过程发生地相当快,所以潮湿锯末的储藏期越短越好。文献[59]中完成了对生物质燃料储藏以及储藏对燃料影响的全面调查。

每次装卸颗粒燃料都会受到机械应力,导致燃料被磨损,尘埃形成。所以颗粒燃料的装卸最好是封闭系统(气动的,螺旋进料器)与粉尘分离相结合。这样粉尘就能被回收利用。

举例来说,在填充储藏空间或筒仓时,集聚在回流空气过滤器上的粉尘就可以回收利用。另一个就是运输前过筛从颗粒燃料中分离出来的细末。

根据市场分销渠道结构,颗粒燃料的装卸和由此产生的磨损可能发生在下述活动中:

- 颗粒燃料从粒化线到去储存间的运输。
- 颗粒燃料往小/大包装中打包。
- 在生产商或中间商处装货(散装或包装)。
- 终端用户或到中间商处卸货(散装或包装)。
- 颗粒燃料从终端用户储藏空间运送到燃炉的过程。

如果颗粒燃料是气动运送的，空气压力和速度以及空气量都不能太高，否则颗粒燃料会有更多的磨损，会导致大量尘埃的产生。

4.2.2 颗粒燃料的运输和配给

世界范围内对木质颗粒燃料的需求稳步上升，因为它被认为是碳平衡和可再生的燃料。物流的发达是木质颗粒燃料在世界各地得以广泛使用的关键。根据终端用户的需要和要求，木质颗粒燃料用小包装袋、大包装袋、罐式车、集装车、列车车厢和海洋船舶配送。自从颗粒燃料被引入发电行业，轨道车发货和海洋船舶长途运输成为主要的运输模式。

生产出来的颗粒燃料要么直接由生产商通过自己的运输和分销系统配送，要么通过中介销售到终端用户。在很多情况下这两种方式同时使用。不管是运输给中介还是到终端用户，一个重要事项就是必须要一直控制颗粒燃料的吸湿时间。回潮的颗粒燃料在运输和燃烧时都会出问题。

颗粒燃料从产地到中间商的运输，同原材料到颗粒燃料生产商的输送条件是一样的(参见4.2.1节)，主要由卡车来运送，不过也有铁路和船舶。比如在欧洲，多瑙河提供了巨大的运送潜力，因为它连接了重要的欧洲颗粒燃料市场。已经有一些从奥地利运往德国去的颗粒燃料是从多瑙河走的水路。在德国境内，船运颗粒燃料量正在增长[196]。航运在国际颗粒燃料市场已经具有重大意义[197,198,199,200,201,202]。颗粒燃料用能载数万吨的海洋船舶从南非和北美运送到欧洲(主要的港口是鹿特丹，还有不莱梅、维斯马或施韦特，还有用较小的船舶直接交货给收货人如瑞典 Hässelby 的 CHP 工厂或瑞典、丹麦、荷兰、比利时和英国的其他大型电厂)。颗粒燃料还被用同样的方式交付给在波罗的海诸国的欧洲发电厂[203]。相比于未致密化的生物质燃料，使用船、卡车和铁路运输致密化材料都能节约成本。

4.2.2.1 普通小包装(consumer bags)

袋装的颗粒燃料通常都是用于颗粒燃料炉灶的。如图 4-22 所示的是北美和欧洲使用的小包装标准范例。

图 4-22 北美和欧洲使用的标准小包装

注：左：北美标准 40 L 包装；右：奥地利标准 15 kg 包装；数据来源[204]

小包装有很多不同的规格，10～25 kg 不等，贴着的标签上有产品质量标准、制造商和/或分销商的信息以及安全注意事项。包装袋材质通常是塑料的，有些包装袋由可回收材料制成。

小包装颗粒燃料在加油站，家庭装修中心，五金店，农场供应中心或出售颗粒燃料炉灶、小锅炉或小型取暖器的商店里出售，在这些地方，用户必须上门来取货。不过用传统的卡车运送小包装燃料也是可以的。这些卡车的托盘能运送的货物最多 800 kg。包装过的颗粒燃料的特点是粉末少（如果小心对待）和良好的防潮保护。不过包装好的颗粒燃料的价格通常要远高于散装的颗粒燃料。

4.2.2.2　超大或大袋包装

另一种能够采用的包装是通常可以容纳 1.0～1.5 m^3 的燃料的大袋，可重复使用。范例如图 4-24 所示，而图 4-23 所示的是被填满了的大包装袋。

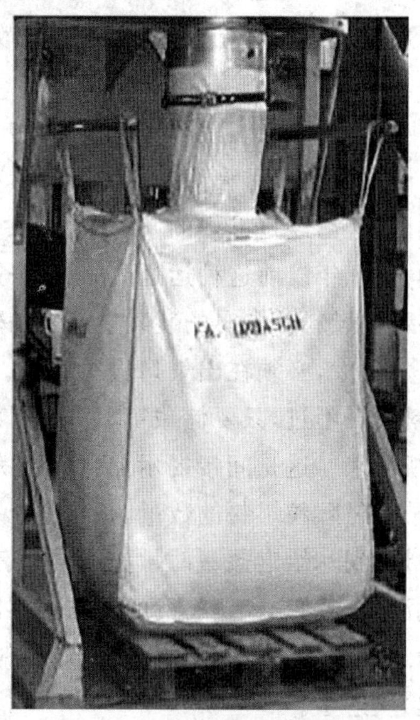

图 4-23　填满的大包装袋

注：图片是在参观奥地利阿姆斯泰滕的 Umdasch AG 公司时拍摄

图 4-24　标准特大或大包装

注：左：有封口线；右：有提耳

大包装袋广泛应用在农业行业中动物饲料的运输，或在化学工业大批量干化学品的运输中广泛应用，最近又在木质颗粒燃料的运输中使用。包装袋通常是防水织物做成，有加强缝合线和密封线以及提耳。它们也可以用普通卡车的货盘运送。大袋包装只能用叉车、单斗装载车拖拉机或起重器来操作，对大多数客户来说太过复杂，因此主要是中间商或小型企业使用。颗粒燃料锅炉的制造商将他们的颗粒燃料部分放入大包装袋是因为它们能在不同地点被灵活搬运[205]。

4.2.2.3 卡车运输

将颗粒燃料供应给终端用户的可以是生产商，也可以是中间商，既可以用袋装，也可以散装。市场上颗粒燃料的主要用户是住宅供暖行业，运输首选是散装(如果此地有合适的储藏设施)，在奥地利或德国就是如此。

图 4-25 显示的是颗粒燃料专用卡车，专门用于给住宅、酒店、学校、温室、市政建筑和体育场馆等地运送散装燃料。这种卡车标准载重大约是 15 t 颗粒燃料。至少对于在颗粒燃料市场占主导的住宅供暖小型燃炉来说，这已经是最好的了。这只是一个颗粒燃料市场快速发展和市场参与者对品质的意识的例子，几年以前这种运送方式还完全不被理解。储藏空间的填充是用一个柔韧易弯曲的管道将颗粒燃料从卡车的装载空间气动转运到用户的储藏间里。为了确保无尘运送和避免储藏间压力过大，必须在出气口进行抽滤。因为颗粒燃料储藏室是封闭的，填充过程中不能直接控制料面。不过，只要储藏室填满，抽气系统就会吸出颗粒燃料，因为会有噪音产生，可以很容易判断出来。这是间接揭示储藏间被完全填满的办法。颗粒燃料卡车配备有机载称重系统，可记录交付颗粒燃料的数量，并在这个基础上计算价格。如果预订的颗粒燃料量少于储藏间可容纳量，到达给定数量时填充会自动停止。这种运送卡车的操作简单易行，堪比取暖油交货，因此满足了用户和贸易商的要求。不能采用直接将颗粒燃料倾倒进燃料库的有开放平台的卡车运送货物，一方面是因为敞开的装料平台有使燃料回潮的可能，另一方面，卸货时会导致大量的尘埃产生。

在北美，能装载 40 t 产品的罐式车并不常见，使用的是被称作“毒刺”的运送工具，其特色是用长度大约超过 6.5 m 的螺旋输送器(螺旋在金属管道内)将货卸入贮料仓(图 4-26)。这些罐式车通常用来给温室或较小的社区供暖设施运送颗粒燃料。

除了这些特殊颗粒燃料卡车，在一定条件下通常用来运输其他商品的其他类型卡车也可以用来运送颗粒燃料。如图 4-27 所示的自卸卡车，无论是液压卸载还是活动地板卡车，都用于散装颗粒燃料运送，最高可载重 23 t。木质颗粒燃料在交货前做了包装，就使用标准卡车。这种卡车运输的标准方式就是 15 kg 包装，可以整个卡车都使用这种包装，也可以和别的包裹混在一起，货物用钉固定在托盘上或用收缩膜包裹。一辆卡车最高能容纳 23 t，这要由目的地和卡车类型决定，也还要取决于包装方式，最多能有 40 个托盘。图 4-28 是标准卡车的示例。此外，图 4-29 所示有液压卸载的半挂卡车也可以用于颗粒燃料的运输。

因为给终端用户的木质颗粒燃料价格往往(远远)高于大量批发的价格，所以长途卡车运输经济上很合算，比如从白俄罗斯运到德国。不过，运输成本占总成本的比例很高。因为这一点，调查一下日益增长的铁路运输是很有意义的，考虑到整个链的能量平衡以及能与避免温室气体排放相关联，铁路运输的意义就不仅仅是节约成本了。

图 4-25 典型风动投料的欧洲槽卡车

图 4-26 典型北美“双刺”卡车(B-列车)

图 4-27 倾卸卡车

图 4-28　标准卡车

图 4-29　液压卸载半拖卡车

注:来源[206]

4.2.2.4　散装货集装箱

在世界贸易中有大量利用率很低的集装箱,有些颗粒燃料现在利用 20 英尺或 40 英尺的集装箱散装运输了。无论是陆地运输还是海洋运输,集装箱都很容易被抬起放置到平板卡车或平板轨道车上,或进出远洋船舶的货舱。集装箱门内修建有防水壁,进行填充时传送带或喷嘴延伸入集装箱内。图 4-30 就是填充操作的图例。

图 4-30　称重设备上的散装集装箱正在装载货物

4.2.2.5　有轨车

在有些行政区域里,轨道车被广泛应用于从制作车间到海洋船舶装货设施之间颗粒燃料的运输。颗粒燃料从顶部的舱口输入轨道车,从底部的漏斗闸门输出,这个闸门是从边上手动操作螺丝扳手来控制的。图 4-31 显示的是在北美使用的典型的轨道车。

在北美,轨道车尺寸各异,载货容量范围 85～100 t。列车被负责运输的人或租借或出租。为了效率最大化,几个轨道车填充满后就连接到火车上拖到目的地去。一个火车集合可能由 120 个或更多的轨道车组成。

图 4-31　典型北美斗式轨道车

有趣的是,在北美司空见惯的,在大不列颠哥伦比亚省也是众所周知的火车运输,在欧洲却很少或从未被提及。可能有以下几个原因。在加拿大,火车代表了唯一可用的将木质颗粒燃料运到港口的运输方式,这也是其他木质产品的典型线路。在欧洲,木质颗粒燃料经常是运往小规模的消费者,往往预先包装成小包装(以及用托盘运输)。这样将颗粒燃料交付给终端用户或零售商就具有了更大的灵活性,还减少了物流事务,更加方便。

4.2.2.6　海运

2008 年,全世界估计有 35%的颗粒燃料通过海洋船舶运输进行沿海或越洋贸易。图 4-32 所示的就是典型的跨大西洋散货货船。这个百分比还有望增长,因为更多的颗粒燃料被那些大发电厂用来替代石油、煤炭作为燃料发电。船只的大小范围 1500～50000 t 载重量,有时是满载,但经常是部分装载状态,装载物是颗粒燃料。一艘船舶上的货舱可能有 2～11 个,分别能容纳 700～7600 t。颗粒燃料在舱口盖下受到防水保护得以保持干燥,舱口盖有时又称浮筒,有严密的接缝。货舱的通风被关闭,这是为了防止潮湿空气渗透和减少自动加热的危险以及颗粒燃料的分解(参见第 5 章)。

图 4-32　典型的跨大西洋散装货船

注:载重 46000 t

轨道车或卡车将颗粒燃料运送到装运港后,通常是临时储藏在靠近码头的筒仓或房间里,再通过运输机系统装载到海洋船舶上,有船停泊在港口的时候,装船机 24 h 不停地以 100～2000 t/h的速度装货。图 4-33 所示的是有阻塞喷口的装货船。在某些情况下,颗粒燃料从轨道车倾倒到输送机上,然后直接被运到远洋船舶上,即所谓的热装载。

图 4-33　有阻塞喷口的装料船

散装颗粒燃料的销售点通常是 FOB(装货港离岸价格)或 CIF(货物保险和运费包含在卸货港)。现在普遍使用的 2000 年国际贸易术语解释通则标准中确实存在许多其他销售条件,为了最小化卖方或买方的风险而正在协商中。用于颗粒燃料运输的远洋船舶要么是港口间的定期航班,要么是被租用专门从装运港将颗粒燃料运到卸货港。一艘船只租借一部分称为箱位租用,租借一整艘船做多次往返叫时间租用。租船的可以是卖方也可以是买方,由销售条件来定。从远洋船舶上卸货通常是在卸货港用坐落在码头的起重机来做,在某些情况下用甲板上的可旋转的或门式起重机完成。连接在起重机上的大抓斗最多能抓起 35 m^3 的颗粒燃料(图 4-34),将燃料从货舱中挖起,倾倒进料斗里,而后再用传送带或卡车运输到储藏设施里。从货舱到收料料斗也有螺旋系统或真空抽吸系统用来帮助颗粒燃料的转运。卸货时产生的尘埃在卸货港周围区域是一个关注点,有时候进料料斗配备有风扇,它产生的负压(除尘措施)将尘埃吸入料斗(图 4-35)。

图 4-34　装货时的抓斗

注：数据来源[206]

图 4-35　有除尘风扇的进料斗

发电厂和集中供暖设施所用的颗粒燃料出售时的单位是以千瓦时热值而不是吨。一个标准的热量值大约是 5 MWh/t(或 18 GJ/t)，也就是说，10 t 颗粒燃料的热能含量为 50 MWh(或 180 GJ)。在销售点，颗粒燃料被取样，实验室用炸弹量热器(参见 EN 14918 标准)测定出货物的实际热值。供货合同通常会有一个公式来调整装载货物的实际热能，进而用来计算运费。批量供应合同中可能还包含其他调节公式，如调节实际海洋运费与供应合同中设置的额定运价之间偏差的，调整货币兑换率和供应合同中设置的额定汇率偏差的，或调整(激励/处罚)装载货物碎末量的。

4.2.3　颗粒燃料的储存

4.2.3.1　住宅终端用户家中小规模的颗粒燃料储存

颗粒燃料通常储藏在用户家地窖里封闭的储藏室内，离炉子的位置越近越好。储藏在筒仓里也是可行的，不过通常只有在量比较多的时候才用它来储藏(如规模较大的采暖供暖或区域供暖系统)。可以整合一些储藏空间使如颗粒燃料炉这样较小的设施能持续自动化操作几个小时到几天。集中供暖系统可能也配备有较小的储藏设施，这个设施和置于锅炉旁边的加热装置整合到一起，人工填料。这种设计保证储藏的燃料大概能持续使用一个月。

为了方便使用，集中供暖系统的颗粒燃料储藏容量应该大到足够容下一年或一年半所需的燃料量，可以通过在地下室建合适的储藏间来获得这样大的容积，也可以用地下储藏或装在合成纤维制成的大容器里，这种大容器室内室外都可以放置。

在接下来的章节里提出了满足至少一年颗粒燃料需求量的各种可行储藏方式并进行了讨论。

4.2.3.1.1　颗粒燃料储藏室

4.2.3.1.1.1　储藏室设计

对于位于居民楼地下室的储藏间，必须要把各个国家或地区的建筑规则考虑进去(参见 2.5 节，该节描述了一些奥地利的例子)。

图 4-36 显示的是一个储藏间的截面图，这个储藏间设备齐全，有塑料隔板，防火门的内侧有木质板，填充管的长度要长于回流管(这样当储藏空间完全填满的时候回流管仍然不受影

响)，回流管的作用是在填充时回吸空气，保持储藏间正常的压力。

4.2.3.1.1.2 储藏室的尺寸

对于颗粒燃料储藏间的尺寸，必须考虑到狭长的空间死角更少(因为朝向螺旋进料器的一面需要有斜面)。此外，颗粒燃料储藏室能填充到何种水平只能由填充管的位置和其他几何元素来决定。几何体适当，空间利用率(可用体积与总体积的比率)能够达到 85%，如果条件不好，利用率就要比这个值要小得多。

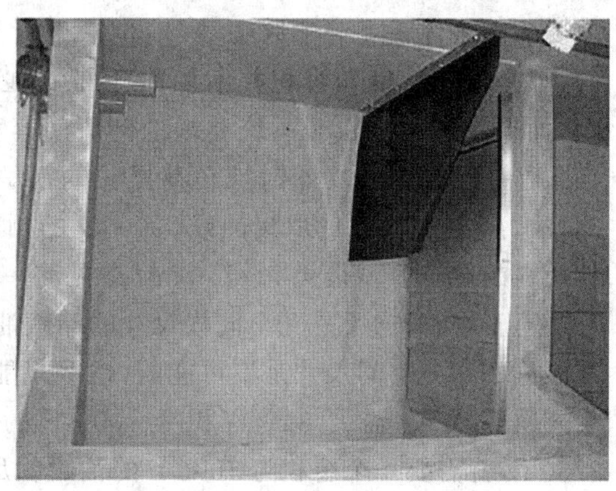

图 4-36 颗粒燃料储藏间的截面图

一个额定输出功率为 15 kW 的标准集中供暖系统的年燃料需求大约是 5500 kg (湿基)$_p$/a(每年 1500 个小时满负载操作，84%的年利用率，4.9 kWh/kg (湿基)$_p$净热值)。如果储藏间的设计考虑到的是年燃料需求量的 1～1.5 倍，以平均堆积密度 625 kg (湿基)$_p$/m^3 为基准(参见 3.1.3 节)，需要的实用储藏体积是 8.8～13.1 m^3，那么总储藏体积就要 10.3～15.4 m^3(以空间利用率 85%来计算)。假如地下室的天花板高 2.2 m，储藏间的面积就需要有 4.7～7.0 m^2。

在储藏间尺寸标注上，ÖKL 指南第 66 条[23]假定 1 m^3 可用储藏容积的颗粒燃料的供热量是 1 kW。这意味着集中供暖系统里的 15 m^3 可用颗粒燃料储藏容积就是 15 kW 热量。假定空间利用率是 85%，储藏空间需要的总容积大约是 17.6 m^3，或者说，如果天花板高 2.2 m，地板面积就需要有 8 m^2。

根据 ÖNORM M 7137 标准，每个供暖季的燃料需求量是 0.6～0.7 m^3/kW 热负荷。15 kW 的供热量需要 9.0～10.5 m^3 的颗粒燃料。所以，以 85%的空间利用率来计算，需要的储藏容积是 10.6～12.4 m^3，地板面积必须有 4.8～5.6 m^2(天花板高度 2.2 m)。

总之，这些储藏空间标示尺寸的参考值导致各种大小储藏空间的出现。尤其是 ÖNORM 给出的标示尺寸建立了相当严格尺码的储存量。根据 ÖKL 指南 66 做的标示尺寸要更宽松一些。

在这方面有一个需要着重考虑的相互关系就是供暖系统的额定锅炉容量必须要适合实际建筑供热量。建筑的单位热需求差异是非常大的。保温效果差的建筑单位热需求能达到 250 kWh/(m^2·a)甚至更多。在现代的被动式节能屋，这个需求能够减小至低于 15 kWh/(m^2·a)。这就是为什么对储存空间尺寸来说，最重要的是正确测定热负荷，而不是供暖系统锅炉的额定功率，在很多情况下，按照锅炉额定功率来计算是要超过标注尺寸的。只有在供暖系统规格恰当(根据实际供热量定的锅炉额定功率)，储藏空间容量可以用系统的额定锅炉功率来确定。为了安全起见，储藏容量应该达到年燃料需求的 1.2 倍，因为冬天的气候可能会导致温度变化。

4.2.3.1.1.3 颗粒燃料和燃油对储藏室需求的比较

关于储藏室，似乎很必要将颗粒燃料和取暖油的储藏空间做一下对比，因为终端用户经常要在这两者中做一个抉择，或者在由取暖油改用颗粒燃料供暖时，问题就出来了，已有的取暖油储藏空间是否能够用作颗粒燃料的储藏呢？有断言说颗粒燃料(能量密度大约为 3000 kWh/m^3)

需要的储藏体积 3 倍于取暖油(能量密度大约是 10000 kWh/m^3),就能量密度而言,这是对的,只是能量密度与容积并不相关,因此在必要的储藏空间容积上得出了错误的结论。事实上,如果查看两个供暖系统要求的储藏间容积,比率变化是巨大的。假设一个实际输出功率 15 kW,全年 1500 个小时满负荷操作的锅炉,再算上年利用率(取暖油炉 90%,颗粒燃料炉 84%),需要 2500 L 的取暖油或 5500 kg 的颗粒燃料。如果储藏年燃料需求量的 1~1.5 倍,颗粒燃料的储藏容积是 4.7~7.0 m^2(参见前一节 4.2.3.1.1.2)。

至于燃油,通常是几个同样尺寸的储藏油罐排成一排,这样的话,按照实际燃料需求来标注正确的储藏空间尺寸是不可能的,这些只能用在颗粒燃料的储藏上。因此,储藏 2500 L 的年燃料需求量,需要 3 个容积为 1000 L 的油罐;如果是储藏年需求量的 1.5 倍,也就是 3750 L,就需要 4 个容积为 1000 L 的油罐。那么实际储藏容积就是年需求量的 1.2 倍和 1.6 倍。将油罐贴墙放置,油罐之间也距离最小,储藏 1.2 倍年燃料需求量时的储藏空间地面面积为 4.7 m^2,如果是储藏 1.6 倍年燃料需求量时,7.8 m^2 的储藏面积就是必需的了。来自不同制造商的油罐数值略有不同。

1.2 倍年燃料需求量的颗粒燃料储藏室所需面积是 5.6 m^2,那么同等供热量下颗粒燃料储藏所需面积只比取暖油储藏面积大 19%,而不是 3 倍于后者的面积。因为取暖油储藏容积不像前面描述的那样狭小,取暖油供暖系统的储藏空间通常足够转化成颗粒燃料的储藏室。

4.2.3.1.2 地下颗粒燃料储存罐

因为颗粒燃料市场整体的利润增长,地下储藏系统进入市场。图 4-37 和图 4-38 显示的是两个这种系统的范例。两个系统都是基于颗粒燃料气动卸载,同所有其他地下颗粒燃料储藏系统一样。图 4-37 所示的系统是球形罐,颗粒燃料是从罐底部抽取的。图 4-38 所示的罐子是一个垂直圆柱体,从上面吸取储藏的颗粒燃料。圆柱形的储存罐是现有的最佳利用方式。从上面卸载就不需要锥形底,而且燃料也不会在导出管周围形成空洞。

万一上两种结构都发生了故障,顶端卸载(图 4-38)的一个优点就是吸入管总是在最上面,因此随时可以维修。

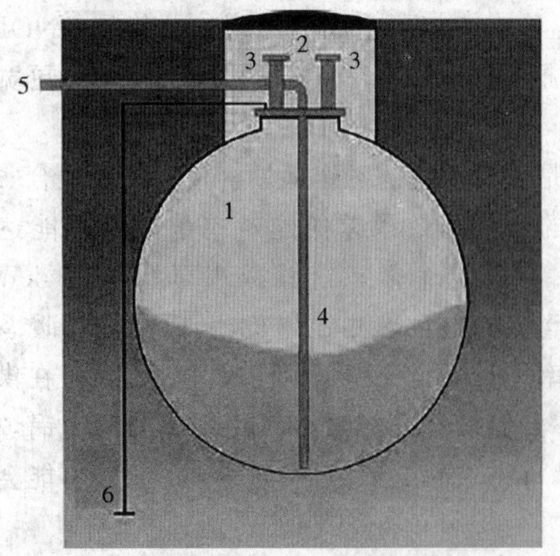

图 4-37 颗粒燃料地下球形储藏空间

注:1. 球形储藏罐;2. 检查室;3. 填充和回返管道;4. 吸取管;5. 连接颗粒燃料炉的整合存储器的供料管线;6. 接地线;数据来源[207]

图 4-38 从顶部卸载的颗粒燃料地下储藏

注:数据来源[208]

地下储藏系统的优势是其事实上节约了建筑物里的空间，不需要保险装置和其他设施，储槽被填满后也不会再落灰尘。必须指出投资成本是地下储藏系统最大劣势。8.2.2 节对这个问题进行了调查并与传统颗粒燃料储藏方式做了比较。

4.2.3.1.3 合成纤维制成的储槽

近来提供的合成纤维制储槽的量越来越多(以图 4-39 为例)。纤维储槽设置在室内室外都可以，由具体设计而定。颗粒燃料通过气动系统或螺杆卸载。纤维储槽可以放置在潮湿的地窖里不用考虑任何问题[210]，除了不要接触潮湿的墙壁。室外纤维储槽必须防紫外线和防雨，不过有一个简单的外壳就足够了。储槽放置在室外也节省了建筑物地下室的空间。纤维储槽要比地下颗粒燃料储藏罐便宜得多。8.2.2 节对这点做了调查。

图 4-39 用于颗粒燃料储藏的合成纤维储槽

注：数据来源[209]

4.2.3.2 大、中规模的颗粒燃料储存

4.2.3.2.1 储藏室类型

在接下来的章节里会展示几个典型的颗粒燃料储藏类型，并对各自的优缺点做说明。

4.2.3.2.1.1 锥形(漏斗)底部的垂直筒仓

垂直筒仓有锥形(漏斗状)底部(图 4-40)，利用重力将产品卸载到有着传送带的地下卸载通道里。

锥形角度比倾泻角(参见 3.1.6 节)稍微大一点，这是为了获得最大的储藏容积和卸载效率。筒仓的锥形部分有时候是金属结构，在其他情况下是混凝土结构，金属仓体在混凝土锥形底部的上面。有时候，用旧的、混凝土建造的“农业”筒仓来做藏颗粒燃料。镀锌钢结构的“农业”或“粮食”筒仓也可以建来储藏颗粒燃料。金属环或环段堆逐个叠放，重叠的部分由密封剂密封就建成了一个金属筒仓。筒仓的外面要避免用深色的油漆，因为如果暴露在太阳下，筒仓内部的温度会因此而升高。波纹金属比平面金属传递的热量更多，因为其表面轮廓的面积更大。农业筒仓的大小 50～10000 m^3 不等。产品由高架输送机运输，掉落到底部，有时候可通过“豆梯”或其他机制来减小落高。农业筒仓经常成组在一起形成所谓的“储槽农场”，共用一个高空运输机系统。被远程控制的导向板用来引导产品流到特定的储槽内，或者，用有自动翻底机制的可伸缩运输机来引导产品进入到正确的容器里。

图 4-40 有锥形(漏斗状)底部的垂直筒仓实例

4.2.3.2.1.2 平底的垂直筒仓

平底的垂直筒仓有一个连接中心进料和出料管道的循环螺旋钻，出料管道与运输机相接。图 4-41 所示的就

是这种筒仓。这种设计修建起来通常要比锥形底的筒仓便宜一些，但效率也要远低于后者，而且从卸料速度来看，低于倾泻角（参见 3.1.6 节）的水平。螺旋输送器需要定期和频繁的维护，这使得这种类型筒仓的操作费用比锥形底筒仓的更高。然而，这种类型筒仓的物理属性(physical profile)相当低，这方面有时候很重要。

4.2.3.2.1.3　A 形架平地储藏

A 字形平面储藏设备是特意为散装颗粒燃料储存而建造的(图 4-42)，修建成本低，用于大量颗粒燃料的储藏，储藏量 15000～100000 m^3 不等。颗粒燃料通过天花板上的可伸缩式的运输机系统运输进存储间，降落到地板上的指定区域。如果这样的储藏设施属于一个发电站，颗粒燃料能够由单斗装载机运输到横向进给系统，最终到达动力锅炉或区域供热设施。如果该储藏设施坐落在港口，那么就用单斗装载机运输到料斗，装入卡车或轨道车做进一步的运输。单斗装载机用作颗粒燃料的运送是很常见的，不过它会造成产品大量破损，产生大量的粉尘。单斗装载机的操作舱通常是密封的并配备有空气调节系统以保护操作者免受粉尘的侵害。在有些情况下，下一步运输之前，可在颗粒燃料堆两侧各设一个有平行输送带的全自动移动的铲运机或回收装置用来拾取材料做进一步运输。

图 4-41　平底垂直筒仓的实例

图 4-42　A 字形平地储藏设施实例

4.2.3.2.1.4　通用型平地储藏仓

通用型平地储藏仓用于开舱所卸货物，散装货物和日用品的储藏。图 4-43 所示的是这样一个储藏设施的内景。这些类型的储藏设施在大多数的港口都很常见，能够储藏 10000～100000 m^3 的货物。在大多数情况下，要将货物装到储藏设施里，要用卡车，然后用单斗装载机结合可移动的运输机将货物堆到储藏建筑内。出货通常也是用单斗装载机，货物被倾倒入料斗，装入卡车或轨道车后再做进一步运输。

图 4-43 通用型平地储藏示例

4.2.3.2.2 生产者和商业终端用户处对颗粒燃料储藏的要求及实例

颗粒燃料生产商、中间商以及商业终端用户都应该在干燥、封闭的如筒仓之类的地方储藏颗粒燃料，以避免其摄入水分。室外储藏，包括有顶板的室外储藏有时候也有，但不能避免颗粒燃料回潮从而保持好的质量水平。储藏期间还要防止任何其他种类燃料的混入。比如即使很小量的木屑也会导致颗粒燃料在被吹入储藏室时、装料入锅炉时和自身燃烧时出现一些问题。

因为季节的波动性，颗粒燃料在 2 月和 3 月供暖季末期销售量最低，9 月供暖季开始之前达到最大[45]，那么，生产商就需要合适的储藏空间。根据文献[43]，储藏容量应该是年生产量的 30％左右，不过很多生产商能够储藏的量低于他们年生产量的 10％，据说是已经够用了[205]。这是因为很多生产商有中间商网络，掌握了中间商的储藏空间，那么生产地的储藏能力小一些也是可行的。这样的临时储藏设施很重要，它们必须大到能够平衡市场波动，保障供给。

中等规模的商业用户，如区域供热工厂，通常只是储藏足够一个或两个星期使用的颗粒燃料。更大的用户，以丹麦哥本哈根附近的 Avedøreværket 或者 Amagerværket 为例，他们能储藏相当多的量以满足 1～2 个月的使用。当然实际储藏量由价格和其他颗粒燃料市场状况来决定。比如坐落在 Avedøreværket 的丹麦最大储藏设施，当前封闭储藏空间的储藏量已经扩展到 70000 t（相对的，发电站通常露天存放煤炭）了。

Öresundskraft AB 是瑞典最大的颗粒燃料消费个体之一。公司每年为赫尔辛堡市提供超过 900 GWh 的热能，这些能量的产生有几个能量来源。热能主要由改造过的 CHP 锅炉来生产，其中使用的燃料是颗粒燃料及少量煤球。工厂坐落在深港，在那里 Öresundskraft 有一个浮动码头，绝大多数的燃料由船只来运送。这些船是散货船，载重量能达到 15000 t。燃料每年的交货量变化范围大约在 30 船。起重机将燃料卸载下来然后用大约 300 m 长的传送带输送到平地储藏建筑（图 4-44）。储藏间面积有 6400 m^2，高

图 4-44 赫尔辛堡（瑞典）浮动码头的平面储藏建筑

注：数据来源：Öresundskraft AB

14 m。燃料从传送带上落下，顺着墙角顶端到水泥地面上，自然成堆，就这样直接储藏。储藏间能容纳 30000 t。在冬季，每天要用掉 1000 t 燃料。燃料从储存设施运出是靠轮式装载机将之注入料斗，然后由传动带将颗粒燃料输送到粉碎机和锅炉那里。

为了消除危险因素，在储存设施中安装了火灾探测器（还是参见第 5 章）。每天检查建筑 4 次，看是否有漏水的可能，水会导致燃料内温度升高。直到现在还没有火灾或火灾事故发生。此外，储藏设施配备有风扇保证储藏空间的通风，在新一批燃料从传送带掉落到地板上的时候这一点尤其重要。

4.2.4 供应安全

许多国家通过一些大的颗粒燃料市场保护了国家内部的颗粒燃料供应。市场的进一步扩展需要扩大现有的运输能力。在过去的很多年里，颗粒燃料的贸易受限于只有少数几个专业的贸易商。最近几年里，以前主要关注取暖油的资深燃料贸易商，已经将他们的注意力转移到颗粒燃料的贸易上来了。用现有的取暖油供给物流高效配送颗粒燃料是合乎逻辑和高效的改变，因为颗粒燃料的目标是进入燃料贸易的核心业务之中，就像它们经常取代取暖油一样。这也是因为燃料贸易一般都已经有了需要的储藏空间、运输能力和铁路连接，以及与潜在终端用户适当的联系。比如在德国，德国矿物油协会和燃料贸易行业已经介入了颗粒燃料贸易[211]。该贸易已经被视为对燃料和矿物油贸易的适当补充。颗粒燃料贸易得到了积极的支持，比如说来自德国颗粒燃料协会（DEPV）会员的支持。

根据文献[43]，近年来混合动物饲料工厂的生产车间以及储藏运输设施已经关闭或被合并了。这个产业的加工流程（干燥、粒化、储藏和有机原材料的配送）正是颗粒燃料工业所需要的基础构架。这些加工能力的应用也很有意义，因为在这个领域已经积累了广泛的知识可以指导颗粒燃料的生产。有些工厂甚至还有连接到铁路的通道，这使得与国际市场的接轨成为可能。然而，必须指出的是，颗粒燃料必须满足某些要求，它们所展示特性在这个领域还从没有涉及过。让运输商了解情况以及坚持粒化标准是颗粒燃料生产商的义务。

尽管颗粒燃料的全国供应结构和上述行为活动发展得很好，在 2006/2007 年供暖季供应可靠性还是第一次成为颗粒燃料市场上的焦点问题。这个事态发展的主要原因是在 2005/2006 年的冬季，多雪状况限制了木材的砍伐，导致了木材的短缺，从而减少了锯木厂的生产。结果就是锯木厂产生的锯末少了，也就是说，颗粒燃料的主要原材料少了。原材料的短缺和由此产生的颗粒燃料短缺由于严酷寒冬对颗粒燃料需求增加而进一步加重达到顶峰。然而，尽管增加的需求和减少的生产量发生在同一时间，导致了 2005/2006 年冬季的供应瓶颈，颗粒燃料价格的大幅度提升却只发生在 2006 年的秋天（参见 8.1 节）。这个延迟现象可能是由于生产商和零售商之间的长期供货合同。此外，在 2006 年春天，石油的价格达到第一个高峰，刺激了颗粒燃料供暖系统的极大需求。同时，比利时的煤炭火电厂已经开始混烧大量的木质颗粒燃料了，可 2006 年的市场上却几乎买不到颗粒燃料。这个事实导致人们对即将到来的供暖季里颗粒燃料供应短缺表示了极大的关注。而所有这些事实合在一起最终导致了颗粒燃料价格在 2006 年的秋天剧增，并在 2006 年末和 2007 年初达到峰值。所有欧洲国家都有类似的这种情况，只是价格的高峰值不尽相同而已。由于全球许多国家颗粒燃料生产能力的扩大，锯木厂再次增加的原木锯末生产和变得温暖的冬季（气候状况导致的需求波动能达到 30%或更多），颗粒燃料的需求状况不再那么戏剧化。大约从2008年开始,颗粒燃料市场表现出供应过剩和生产能力过剩。

在2005/2006年冬天还有类似的事件,如发电厂的需求增加(即使颗粒燃料只是以很小的比例与煤混烧,单个煤热电厂的颗粒燃料年需求也能达到数十万吨),或者,就像从2008年开始的金融和经济危机,经济波动影响木材市场,可能也会迅速导致类似的供应瓶颈。从这方面看,有必要与石油市场做一个比较,在该市场,法律规定了一定的存货量。而在颗粒燃料领域,直到现在还没有为保障供应安全而构建的成型的、协调的储藏策略。大的颗粒燃料生产商,通常是大的锯木厂,基本上是遵循恰好够用的原则。因此,扩大颗粒燃料储藏量不是企业的目的之一。只有批发行业做一些颗粒燃料的储藏,但也受限于相对较高的储藏费用。小规模系统的用户在这方面的作用并不明显,因为他们的储藏量通常是年燃料需求量的1～1.5倍。掌握了那些数量的燃料,用户能够灵活应对季节波动性,因此创建了他们自己的至少1～1.5个供暖季的供应安全保障。整个市场的负担也减轻了些,但是在商业应用、公共建筑和公寓中大的颗粒燃料供暖系统的对颗粒燃料的需求趋势抵消了这一缓冲,因为这些系统通常都没有储藏整个供暖季需求燃料的能力[212]。

为了避免将来颗粒燃料供应短缺的问题,不同的市场参与者思考、准备或已经开始执行了一些适当的措施。在奥地利,原木储存机制已经建立,颗粒燃料生产商、颗粒燃料锅炉制造商协同行动,由奥地利颗粒燃料协会负责协调。无树皮造纸木材的储存要比颗粒燃料的便宜。用于制浆木材的周转资金要少一些,这是因为它的价格低,储存设施的投资成本也要比颗粒燃料的筒仓小,毕竟木材是可以在户外存放的。而且,由于储存期间材料经过自然干燥,干燥流程的成本也减少了。而相比较而言,颗粒燃料的储存有出现损失的倾向,因为必须筛掉大量的粉尘。如果颗粒燃料出现供应短缺,就可以使用这些库存的木材。另一个关于扩大原材料基础的措施是应用锯木厂里的无树皮木屑。现在很多颗粒燃料生产商投资购进合适的粉碎设备,就是为了这种材料能够用于粒化。生产商们另一个态度的转变是认识到生产地更大的储存能力有助于提高颗粒燃料价格的稳定性。春天大幅度的降价是因为生产点储藏空间被充满,而这意味着生产商必须以低价卖出产品以保证生产的持续性。通过适当的监测来进行的市场观察报告也可以被视为一个有效的安全供应准则。在奥地利的proPellets有开展这方面的活动,在那里供给和需求的发展都被密切关注着(通过锅炉销售量的连续观察,颗粒燃料生产预后的定期检查和模拟程序的开发)。最后,通过像鹿特丹这样有合适储藏能力的大港口增加颗粒燃料批发和国际贸易活动,有助于提高供应安全性。此外,一些颗粒燃料生产商给他们的顾客提供价格、质量和安全供应保证[202,212,213,214]。

4.3 总结/结论

颗粒燃料生产工艺的设置主要依靠于其所使用的原材料。如果原材料干燥充分,粒度足够小,那么粒化过程就变成了最简单的情况,也就是说,只有粒化本身和随后的冷却而已。来自木材加工或木材处理行业的干燥锯末的使用就是一个例子。如果原材料干燥但是很粗糙(颗粒尺寸更大),在粒化之前就必须粉碎。木刨花的利用通常就是这种状况。如果使用的是潮湿的锯末,绝大多数从锯木厂出来的锯末都是如此,上游的干燥步骤就是必需的。为了达到所需要的粒度大小,在工业或森林木屑的使用中,粉碎过程至关重要。如果是木材加工或木材处理行业产生的干燥木屑,可能就不需要干燥步骤。根据 prEN 14961-2 的规定,作为 A1 等级颗粒燃料生产原料的木屑不得含有树皮成分,否则这些颗粒燃料就只能是工业用燃料的质量水平了。如果生产的是 prEN 14961-2 中规定的 A1 等级的颗粒燃料,使用原木的加工步骤就比使用森林或工业木屑要更多,那就是树皮剥离以及切削。此外,大多数的颗粒燃料生产商还要在制粒设备粒化前用热水或蒸汽调节原材料的含水量。在任何情况下,适当的原材料、中间过渡期和适应原材料与颗粒燃料供应结构的燃料储藏设施都必须恰到好处。

目前在全世界范围内,颗粒燃料主要原料仍然是木屑和锯末。锯末的含水量通常在 50%～55%(湿基)。现在已经有了各种不同的干燥技术,这个不同取决于容量和干燥系统的框架条件以及可以使用的热源的不同。在奥地利和德国主要使用带式烘干机和管束烘干机。其他的选择,有专用低温干燥机和鼓式干燥机,这是在斯堪的纳维亚经常用到的,以及超高温蒸汽干燥机。在随后的粉碎步骤中,通常使用的是锤式粉碎机。在回湿步骤中用到了混料器和小的中间过渡容器,这是为了保证充分混匀和足够长的停留时间。至于粒化步骤本身,现有两个关键技术,就是平板和环形模技术,环形模已经成为木质颗粒燃料生产的通用技术。颗粒燃料的冷却通常用逆流冷却器来完成,它紧挨着残留水分排放口,同时保护着颗粒燃料的尺寸稳定性。颗粒燃料最终的储藏有散装或袋装。散装颗粒燃料的储藏通常是在筒仓中,垂直锥形底或垂直平底都可以。此外,还可以用 A 字形平地储藏或通用型平储设备。

为了给物流和能量供应创建理想的框架条件,使颗粒燃料生产工厂的经济运行成为可能,建议将粒化工厂建立在大型锯木厂或规划中的工厂所在地。锯木厂通常配备有树皮剥离装置。累积起来的树皮可以作为燃料在生物质炉中燃烧产生热能或用作组合加热及发电。粒化用的锯末可以在本地直接传送,比如通过圆管带式输送机或管道来输送。这样避免了长距离的运输和原材料反复交付,节约了成本。燃炉的烟气经过烟气净化。下游的烟气冷凝可以用于干燥步骤中气体的预热。近年来带式干燥机的使用量明显获得增长,因为带式干燥机可以在相对较低的干燥温度下运行。如果上述计划得以实现,就能创造出物流最优化和因适当的协同效应而活力充沛的生产工厂。这些生产工厂也因此能够确保经济和生态能源生产以及副产品的升级。

民用颗粒燃料市场发展良好的国家中(如奥地利和德国),生产商都专注于 6 mm 直径颗粒燃料的生产,这种燃料主要用在小型燃炉中,因此在这个领域重点就放在符合法规和标准的高质量颗粒燃料上。那么,只要终端用户购买的是贴着标签的颗粒燃料,就能够保证该产品符合最高的质量要求,他们的燃炉能够安全使用而且还环保。有大型燃料消费者的国家,比如荷兰、比利时或瑞典等国家有混烧颗粒燃料大型发电厂和大型 CHP 工厂,他们通常使用的是质量稍低的颗粒燃料,就是所谓的工业用颗粒燃料。这种燃料的直径往往要大一些,也就是 8 mm。从加拿大或美国进口的颗粒燃料通常在这些工厂中使用。

颗粒燃料的配送通常是由中间商或批发商来完成,尤其是在大型颗粒燃料生产商储藏能力(主要是筒仓储藏)低的情况下更是如此。颗粒燃料可以通过筒仓或罐式车散装或袋装运输。这些都是给以民用颗粒燃料为主的燃料市场提供的选项。大包装袋的使用只占很小一部分。在有大型消费者如大型发电厂或 CHP 工厂以及需要长途运输的国家中,仍然是以不同类型的卡车或散装货柜、轨道车或海洋船舶为运输工具。

根据实用性,颗粒燃料的原材料或通过适当的传送机内部供应,或通过外部物流购买,运料车是关键。干燥或烘干后的原材料通常置于封闭的筒仓或仓库中储藏,以防止回潮。

在很多国家，如奥地利、德国或瑞典，颗粒燃料的配送业务已经覆盖全国。在很多国家占主要比例的是颗粒燃料的散装配送。方便袋包装颗粒燃料的销售主要和燃炉相关联，这种方式主要见于意大利和美国。向终端用户提供大包装袋并不常见。只有锅炉制造商处的部分颗粒燃料盛在大包装袋里，这是为了他们能在不同内部测试设施处的操作更加灵活方便。有随车称重系统的筒仓卡车是最先进的散装颗粒燃料交付工具。比如在奥地利甚至还对不同的标准有要求。近年来在这方面的进展显著，但这种配置车辆的使用在几年前甚至是没法想象的。合适的抽吸设备和储藏间出风口过滤器的使用也同样达到了最高水准。迅速增长的颗粒燃料使用量需要扩大运输和储藏能力，这些能够通过进一步利用现有石油贸易的运输和储藏条件来达到，另外还可以使用动物饲料工业领域使用这方面的能力。

颗粒燃料在整个供应链中都储藏在封闭的系统中，以防止水或水汽的入侵，导致质量下降。颗粒燃料可以储藏在封闭的仓库、筒仓、储藏间或集成颗粒燃料库，这取决于框架条件和燃料的用途。此外，地下储藏变得越来越重要，因为它腾出了房屋内的储藏空间。合成纤维制成的容器在这个领域相对较新。它们设在室内室外都行。至于在终端用户处的储藏，各个国家都有某些标准和指导方针来确保安全无故障的系统操作。

5 颗粒燃料储藏、交付、运输过程中的安全和健康问题

颗粒燃料在处理和储藏的时候容易出现机械的和生物的降解，必须要和所有其他燃料一样小心处理。处理过程中的机械降解产生碎末和粉尘。颗粒燃料的粉尘在一定环境条件下可被视为安全隐患，因为它有可能导致火灾和爆炸，另外它还是一个吸入性的健康杀手。生物学和化学分解是逐步发生的，这个过程中会产生气体，其中有些对人类有害。这种分解还会产生热量。此外，颗粒燃料的吸水性会导致自热，伴随有温度的突然升高。这些问题在接下来的章节都会有涉及。

5.1 安全和健康方面相关的定义

5.1.1 节和 5.1.2 节中分别对安全和健康方面相关的术语和缩写做出了解释。这些术语和缩写在 5.2 节和 5.3 节中使用。

5.1.1 安全相关术语

爆炸和爆燃是两种不同类型的爆炸，区分它们很重要。爆炸的定义是气体突然地膨胀成超音速冲击波。爆燃是由最初猛烈的氧化开始，随后只要燃料和氧气充足，燃烧锋面就会向外扩散。来自生物质和颗粒燃料的粉尘引起的爆炸就是爆燃，通常从悬浮在空气中的粉尘开始。粉尘云的爆燃通常导致粉尘层沉降到地板上，大梁和电缆线架被卷入其中并被点燃，这被称为二次爆炸（这也是一个爆燃）。

粉尘云的自燃温度（T_C）是指悬浮在空气中粉尘会被点燃的温度。这项测试需要用到好几种不同的装置从顶部或从侧面来喷射粉尘进入加热室，在那里点火装置已经做了记录。

粉尘云最小点火能量（MIE）是指导致粉尘点火的最小的放电量同最低的粉尘浓度的组合。使用的是一个产生的电火花能穿透悬浮粉尘云的特殊电极装置。这个迭代过程能找到火花的最小能量和粉尘云的浓度。值得注意的是，一个人在夏天相对湿度高的时候能产生20 mJ 的能量，在干燥冬季条件下却能产生 60～80 mJ 之多的能量。

最大爆炸压力（P_{max}），压力率（dP/dt_{max}）和粉尘云爆燃指数（K_{St}）在有点火器的封闭小室中测验，这个点火器发出的火花进入到粉尘云中，能量已知。最大爆炸压力在小室内直接测量得出，

压力率是每单位时间增加压力的导数。爆燃指数是每单位时间压力测量值，标准化为 m^3。

粉尘云最小爆炸浓度（MEC）有时候也是指最低可爆炸极限（LEL）或贫乏自燃极限（LFL），是在正常氧浓度下，空间内扩散爆燃需要的气载尘埃最低浓度的测量值。

粉尘云氧气浓度限值（LOC）与上述最低爆炸浓度的测试方法近似，不同的是装置做到了氧气浓度的控制。

粉尘云热面点火温度（T_S）是一个温度测量值，在这个温度下，一定厚度的粉尘的温度达到 50℃或者缓慢在加热板上超过 60 min。研究采用了不同的厚度来模拟工业环境中预期的粉尘层，不过有两个不同厚度粉尘点燃温度的测定值经常被用内插或外推法来推断其他厚度粉尘层各自的点燃温度。

粉尘层自燃温度（T_L）在管道中分析试验获得，管道中放置一个充满粉尘的篮子，被控制着的空气流在篮子的下面与之接触。管道被加热，5 min 内管道中粉尘温度达到 25℃以上任一时刻，温度达到 50℃都被视为燃烧开始。

安全等级是根据下述爆燃指数值，将粉尘划分为三类：

等级 1：＞ 0～200 bar·m/s

等级 2：＞ 200～300 bar·m/s

等级 3：＞ 300 bar·m/s

爆炸严重性（ES）是粉尘相对易爆性的估计值，与匹兹堡煤层烟煤粉尘（参考粉尘）相关。如果测试粉尘最大爆炸压力乘以最小爆炸压力率除以参照粉尘的相同参数得到的商数大于 0.5，该粉尘可被认为有爆炸的危险。在这种环境下配备的设备必须满足二级认证标准。这个二级指的是设备等级，但粉尘也经常被称作二级尘埃。

这些测试方法的背景信息见于文献[216]。

5.1.2 健康相关术语

有害物允许最高浓度（TLV）是美国政府工业卫生会议（ACGIH）提出的暴露极限的注册商标，规定为时间加权平均值，短时间暴露极限值或上限值。

时间加权平均值（TWA）根据职业安全和健康管理局（OSHA）/ACGIH，TLV 是常规 8 h/工作日或 40 h/工作周的浓度时间加权平均值，在这个浓度下，几乎所有工人可能日复一日地反复接触，没有危害。

短期接触极限（STEL）根据职业安全和健康管理局（OSHA）/ACGIH，TLV 是工人在短时期内能够接触的最高浓度，这个浓度不会让接触人遭受过敏、慢性病或不可逆转的组织变化或昏迷晕倒，损害自我修复能力或极大降低工作效率，只要不超过每天的时间加权平均值四个偏离以上就在这个短期接触极限的限值允许范围内。

允许接触极限值（PEL）是由 OSHA 提出来的员工可以在规定的一段时间内能够接触的最高被污染大气浓度。

建议接触极限值（REL）是国家职业安全与健康研究所（NIOSH）提出的，旨在帮助控制工作场所的危险，通常表达为 40 h 工作周的 8 或 10 h 加权平均值和/或上限水平限制从瞬时到 120 min。

上述所有定义都参考自文献[215]。

5.2 颗粒燃料的安全注意事项

5.2.1 颗粒燃料的安全操作

5.2.1.1 颗粒燃料产生的碎末和粉尘

运输和储藏过程中的机械降解导致了颗粒燃料的断裂和破损，产生了碎末和粉尘。所有交付的颗粒燃料货物都有一定比例的碎末。直径小的颗粒燃料比直径大的更耐机械降解。原材料的来源和状态以及致密化，挤压和其他加工步骤都会对颗粒燃料在处理过程中表现的抗冲击性和耐磨损性有影响。

依照 prEN 15149-2 标准(参见 2.1.2 节)的规定，碎末定义为所有小于 3.15 mm 材料的集合。prEN 14961 标准包含对颗粒燃料质量等级的定义，其根据是碎末含量和机械耐久性。颗粒燃料的机械耐久性是根据 EN 15210-1 标准测量的，用一个滚筒尽可能接近地模拟材料装卸货时的撞击和摩擦，再测量原始测试样本中有多少材料最终的尺寸小于 3.15 mm。

生物质，包括颗粒燃料，其理想的燃料处理系统应该尽可能地轻缓温和。实际上，颗粒燃料的机械降解主要是掉落次数，每次掉落的高度和撞击表面弹性的函数。比如说，颗粒燃料在生产地装货前可能就会从不同高度掉落 10 次或更多次。颗粒燃料大规模散装装卸时可能跌落的高度从低于 1～25 m 不等。在大规模散装装卸过程中，最初装载到远洋船舶的货舱或倒入大的筒仓或储槽时，颗粒燃料会经受剧烈的非弹性撞击。6 mm 直径的白色软木颗粒燃料从 5.3 m 高掉落到混凝土表面(非弹性碰撞)之后，碎片整理研究的初步结果显示碰撞产生了 0.2%～1.1%的小于 3.15 mm 的碎末[216]。大不列颠哥伦比亚大学正根据掉落高度和颗粒燃料属性来推演出一个更可靠的撞击指数。

颗粒燃料处理和储藏中粉尘的存在意味着可能发生爆炸、火灾的危险和对健康的不利影响。本节中列出的预防措施、相关标准和指导方针在颗粒燃料的处理中需要谨慎考虑。

5.2.1.2 颗粒燃料产生的浮尘

更小的碎末容易变成空气浮尘，静止空气状况下就落到地板上和物体表面，湍流空气条件下就在高空停留。这种物质就是通常所说的粉尘。图 5-1 显示了在白色软木颗粒燃料和树皮颗粒燃料生产和装卸设备中所取样本的粒径分析[216]。

图 5-1 所示的粒度范围中，63 μm 和更小的粉尘有大约 52%来自树皮颗粒燃料，40%来自白软木颗粒燃料。虽然粉尘粒度分布的调查仍在继续，但初步的发现似乎表明树皮颗粒燃料的碎末和粉尘要比软木的少，但是来自树皮颗粒燃料的粉尘的尺寸会更小一些。小粉尘粒子浓度与易爆炸性相关，同 5.2.1.2.1 节中所探讨的一样。

粉尘的沉降速度与空气动力学直径(ae. d.)成正比，这个动力学直径是粒子中物质质量、物质密度、粒子形状和空气密度的函数。在一个指定污染区域，沉降时间以及形成沉降层所需时间直接受粒子浓度的影响。如图 5-2 中所示，在静止的空气中大颗粒要比小颗粒沉降得快。图 5-2 中重点显示了在静止空气中，粒子沉降(沉淀)时间从几秒到几个小时都有。在湍动空气中沉降时间会更长。有大量颗粒燃料从斜槽或筒仓中通过，累积在其中的飘浮粉尘变得相当多，有超过最低可爆炸浓度(MEC)的可能(表 5-1)。

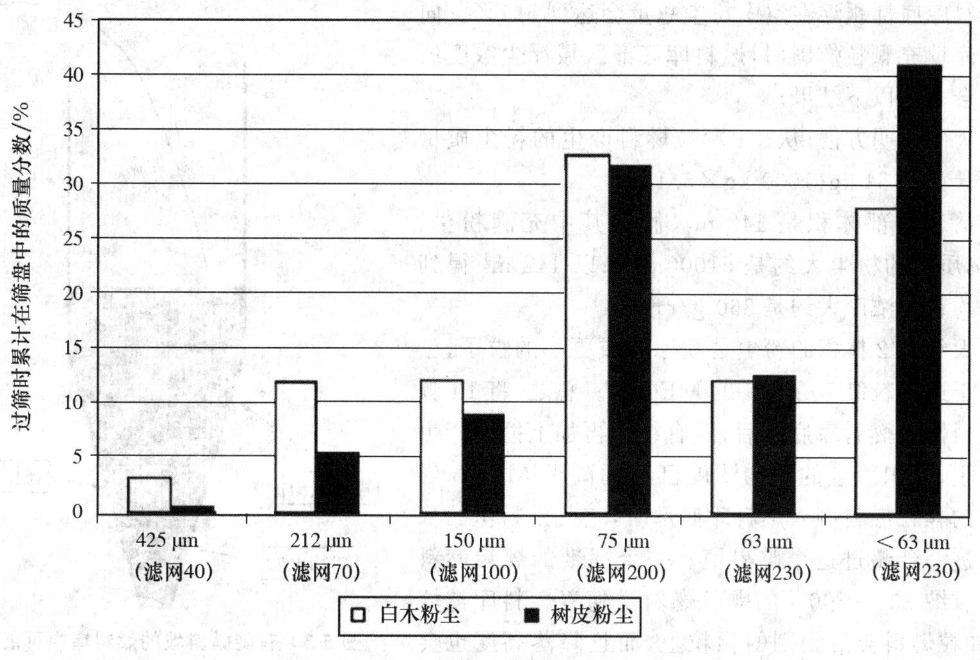

图 5-1 空气浮尘的粒度分布

注:数据来源[216]

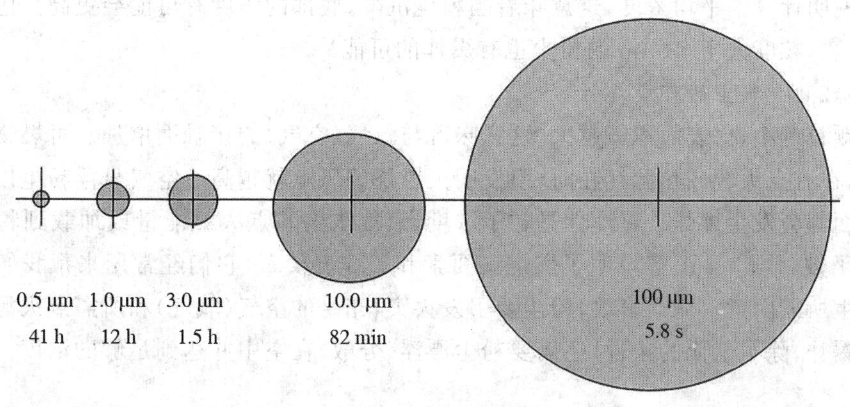

图 5-2 静止空气中粒子沉降时间

注:μm 是动力学直径;5 英尺(大约 1.5 m)高度,单位密度球体的沉降时间;数据来源[217]

撞击产生的粉尘与交通运输系统很多陡峭的坡道或颗粒燃料从高处落下遭受多次非弹性碰撞有关。装卸过程中产生的粉尘加上前次装卸和运输过程产生的,逐渐累积。当小颗粒飘浮在空中一段时间,就会被电流点燃导致爆炸的重大危险(参见 5.2.1.2.1 节)。

下面的这个例子说明了上述颗粒燃料装卸过程中的风险。燃料库底部有一个陡峭的斜坡(在燃煤发电厂的煤炭燃料库中很典型的),假设如图 5-3 所示燃料掉落的高度是 25 m。利用上面引用的文献[216]的碎片整理研究初步结果,出于演示目的我们假设,颗粒燃料总共要经受 3 次非弹性碰撞,每次对钢的非弹性碰撞产生碎片是 0.7%。那么这些碰撞会产生多达2.1%的粉尘(0.7%×3)。如果我们再加上船运交付时已有的 3%的粉末,这样在任何一段时间内在燃料库底部飘浮在空中粉尘总量会达到 5.1%。向燃料库填充颗粒燃料时，燃料库底部区域浮尘浓度的计算会得出以下结果。

为了说明方便，从 1 t 颗粒燃料产生的粉尘质量可以计为约 51 kg(1000 kg×5.1%)。

筒仓底部体积是 142 m^3，假定其中充满粉尘。5.1%质量的粉尘大约是 51000 g，除以 142 m^3 得到的平均粉尘浓度大约是 360 g/m^3。

大约 1/2 体积的粉尘是 63 μm 或更小的粒子，已经大于这个粒级 70 g/m^3 的 MEC 了。总之，将 1 t 颗粒燃料倒入燃料库底部后，固有粉尘再加上撞击产生的粉尘，累积粉尘的平均浓度已经远高于 MEC。当更多的颗粒燃料倒入燃料库底部时，空气中粉尘的浓度会进一步超过这个临界值。一个标准的煤炭燃料库能收纳 200～800 t 的颗粒燃料。随着燃料库被填充，颗粒燃料会落到别的颗粒上，而且降落高度也会减小，越来越多的碰撞会变成弹性碰撞。然而，即使是颗粒燃料之间的弹性碰撞也会产生粉尘和燃料碎片。上述说明计算了平均浓度，这意味着当粉尘沉降，底部的浓度有可能会更高。应该指出的是，如果点燃，粒度大于 63 nm 的粉尘也有爆炸的可能性。

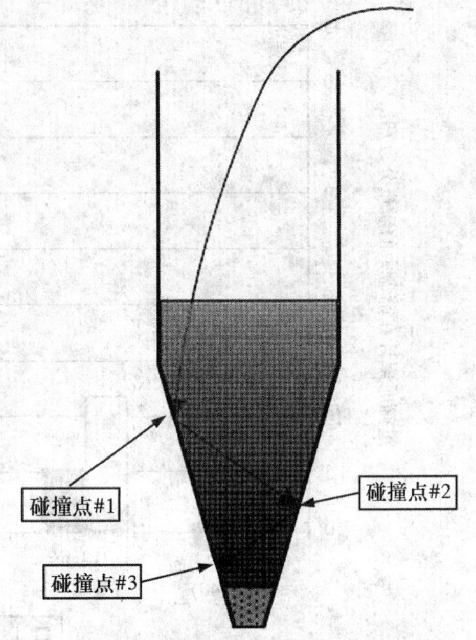

图 5-3　有陡峭斜坡的燃料库中可能的碰撞点的示意图

5.2.1.2.1　飘尘的可爆炸性

粉尘颗粒越小，比表面积就越大，这意味着与氧气(空气)的接触面增加。可燃物与氧气接触面越大，在有点火源或热源存在时，引发明火燃烧的风险就越高。空气悬浮粉尘以及粉尘沉降到热表面都会发生爆炸。爆炸性是粒子浓度，氧气浓度和点火源能量或加载到粉尘上热源的温度的函数。图 5-4 图解说明了燃烧三要素和爆炸五要素，它们经常用来帮我们记住火灾和爆炸发生所需因素。简而言之，粉尘要引发火灾，充足的空气(氧气)和所需点火源都必须存在。至于爆炸，除了上面的条件，还需要粉尘漂浮(分散)在空中并达到足够的浓度。

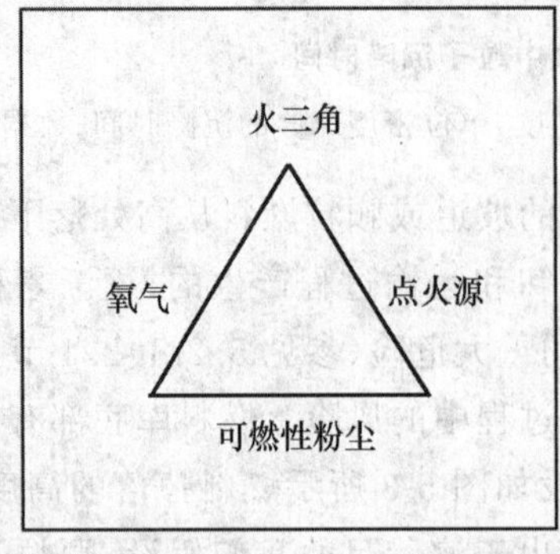

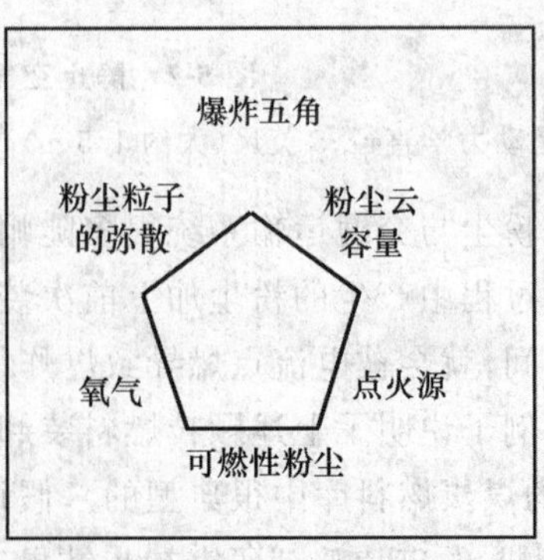

图 5-4　火三角和爆炸五角图示说明火灾和爆炸发生所需因素

为了尽可能准确地模拟导致火灾或爆炸的真实状况，现在已经有了很多测试标准。例如，

表 5-1 总结了用白软木和树皮颗粒燃料开展的一些测试的结果。也对粉尘云和粉尘层做了标准测试。测试的结果获得了一个粉尘分类法,用来作为粉尘易生成产品装卸方式和装卸设备设计的指导方针。

为大型能源工厂设计燃料装卸系统时,必须确定燃料特性,通常还要针对各个特性做测试。爆燃指数和最大爆炸压力在设计除尘系统,抑爆和爆炸控制面板时会用到。最小点火能量值对必须设计电接地以免静电点燃燃料的行业来说是一个指导值。自燃和表面引燃温度为空气浮尘能够接触直接热源而不会着火的最高温度提供了指导。粉尘分类表明了直接接触燃料需要的是哪个等级的设备或者说在这种情况下,接触颗粒燃料粉尘,需要的是哪个等级的设备。

表 5-1 白软木和树皮颗粒燃料粉尘(<63 μm)测试结果

测试模式	测试参数（粉尘< 63 μm）	单位	白软木粉尘	树皮粉尘	煤炭粉尘	石松粉孢子	测试标准
粉尘云	自燃温度（T_c）(Godbert-Greenwald)	℃	450	450	585	430	ASTM E1491
	最小点燃能量(MIE)	mJ	17	17	110	17	ASTM E2019
	最小爆炸压力（P_{max}）	bar	8.1	8.4	7.3	7.4	ASTM E1226
	最小爆炸压力率（dP/dt_{max}）	bar/s	537	595	426	511	ASTM E1226
	爆燃指数（K_{St}）	bar. m/s	146	162	124	139	ASTM E1226
	最小爆炸浓度(MEC)	g/m³	70	70	65	30	ASTM E1515
	氧气浓度阈值(LOC)	%	10.5	10.5	12.5	14.0	ASTM E1515 mod
	热表面着火温度 (5 mm)（T_s）	℃	300	310			ASTM E2021
	热表面着火温度 (19 mm)（T_s）	℃	260	250			ASTM E2021
粉尘层	自燃温度（T_L）	℃	225	215			USBM(矿务局)RI 5624
	粉尘等级(> 0～200 bar·m/s)		St 1	St 1	St 1	St 1	ASTM E1226
	粉尘等级[爆炸烈度(ES>0.5)]		Class Ⅱ	Class Ⅱ			OSHA CPL 03-00-06

物质颗粒越小,易爆炸性越高。表 5-1 显示了树皮略高于白软木材料的爆炸性以及更高的爆炸压力。

颗粒燃料粉尘的 MEC 与烟煤(如匹兹堡煤)的几乎一样。煤炭粉尘的爆炸可以通过往进风口注入不可燃矿物粉尘(如石灰岩)将煤炭粉尘浓度降低到 65%这个关键值以下来部分缓解。这个方法在处理木质颗粒燃料时不实用。煤炭粉尘的静电电阻比木质粉尘的低,这意味着煤炭粉尘产生静电的倾向更低。

表 5-1 的测试结果中另一个重要的观测数据就是要点燃粉尘,环境空气中的氧气含量需要高于 10.5%(体积分数)。然而,众所周知的是如果颗粒燃料粉尘在氧气浓度低于 10.5%(体积分数)时着火,火更难熄灭,因为木质颗粒燃料固有的氧气含量相对比较高,能支持发烟燃烧[216]。

在封闭空间如储藏室或远洋船舶货舱内的氧气浓度经常是 1～2 周内就低于 10.5%(体积分数)这个阈值,具体时间取决于环境温度和颗粒燃料的品质(参见 5.2.4.3 节)。远洋船舶上的货舱是封闭的,通常要密封以减少水分的进入。这也降低了容器内燃料的自热和颗粒燃料粉尘着火的风险。

5.2.1.2.2 缓解措施

必须要采取一些预防措施以降低大型散装颗粒燃料储藏设施内着火和爆炸的风险。标准的缓解措施可分类如下:

- 点火装置的控制。
- 惰性化。
- 爆炸遏制。
- 爆炸牵制。
- 防爆通风。

本书没有涵盖上述工程设计细节。不过,控制点火与散装颗粒燃料的安全操作紧密关联。有高浓度粉尘存在的空间内应尽量考虑以下针对可燃性粉尘的策略:

- 一定要避免对空间直接加热。用间接环境空间加热(如乙二醇循环系统)作替代。
- 粉尘云或粉尘层存在的区域应该禁止吸烟。
- 电动机和继电设备应该设置在单独的有超压排气通风的房间内以作防护。
- 设备在尘土飞扬的环境中运行,空气浮尘有可能会进入到内燃机里。进入到排气管内部分燃烧的浮尘碎片(余烬)能够点燃周围的浮尘,引起爆炸。
- 众所周知,在有浮尘云的区域或地面上有粉尘层的区域焊接与切割是很危险的。

从表 5-1 可以看出,粉尘层下面的灼热表面是一个危险因素,因为它们能点燃粉尘,加速粉尘的废气排放(参见 5.2.4 节)。金属粉尘如果和木质粉尘降落在同一个地方,会对后者起催化作用,导致自热和废气排放的加速。

- 生物质,包括木质颗粒燃料,没有合适的温度监测器就不应该长期储藏,因为存在自热的风险,正如 5.2.3 节所示。
- 摩擦、撞击、磨搓以及与热轴承、移动叶片和皮带有关的机械火花,很大程度上导致了粉尘事故的发生。
- 当材料处于运动中(就是摩擦电效应)时,材料包括粉尘粒子以及曲面带电(静电电荷)是很常见的。在曲面或材料绝缘性(低导电性或高电阻率)很强的时候尤其如此,比如说木质颗粒燃料。颗粒燃料粉尘的表面电阻率还没有确切地测量值,但估计有 $10^{12}\,\Omega$ 或与木材同阶。静电效应产生的 3 个步骤是电荷分离、累积和放电。电荷分离是指因电子(电荷)从一个材料迁移到另一个材料而产生的静电势。累积是指一个物体表面增加电子数量(负电荷)而另一个物体表面电子越加缺乏从而增加了静电势。放电最终会在电场变得强大到足够将两个材料空隙间的空气分子打碎的时候发生,结果是产生静电放电(电火花)。防止静电电荷产生的关键策略中首先就是要避免电荷分离,不在材料(颗粒燃料)移动的区域使用非传导性材料以及为了避免静电势的扩大,确保传导性材料适当接地。一定要遵循参考资料[218,219,245]中的设备接地标准和指南。

表 5-2 有金属粉尘存在时的推荐预防措施和相关最小点火能量需求

最小点火能量(MIE)	注意事项
500 mJ	点火灵敏度低,点火能量低于这个水平的时候一直保持设备接地
50 mJ	点火能量在这个水平或之前时,直接接触或直接靠近粉尘云和粉尘层的工作人员要接地
25 mJ	大多数着火事故发生在点火能量低于这个水平的时候
10 mJ	点火灵敏度高。点火能量低于这个水平时,要特别注意高电阻率非导体的使用
1 mJ	点火极其敏感。任何时候都应该避免爆炸性粉尘云。装卸操作应该在外面进行以减小粉尘在空气中悬浮的可能性。应该采取所有可能的措施去支持电荷的消耗以及防止电荷的产生

表 5-2 总结了针对有金属粉尘空间推荐的预防措施,和测试确定的相关最低点燃温度(MIE)。在缺乏木质粉尘详细资料的时候,推荐使用文献[218]类似的措施,直到获得木质粉尘的更多信息。表 5-1 列出的 MIE 值适用于小于 63 μm 的粉尘粒子(小于筛孔 230),有一半来自木质颗粒燃料的粉尘归属于这个范围(参见 5.2.1.2 节)。应该指出的是粒子越大则所需 MIE 值就越大。夏季里(相对潮湿的环境)人和金属表面的静电释放通常是 20 mJ,而到了冬天,周围空气湿度较低的时候静电释放量在 60～80 mJ。

安全标准规定要定期检查接地系统。为了安全起见,对地电阻通常应该小于 10 Ω[218,221,222]。

完全消除所有着火源头是非常困难的,而且在很多情况下成本也太高。传统的做法是对每一个可能导致着火的源头做风险评估,然后执行预防性措施让风险降到合理可行的最低限度(ALARP)。随着 ATEX 137[220]引入欧洲,险区概念正通过下述指南得到执行:

- 区域 20:一个以爆炸性粉尘云形式存在的爆燃性空气长时间存在或频繁存在的地方。
- 区域 21:一个以爆炸性粉尘云形式存在的爆燃性空气可能会在常规操作时或不定期出现的地方。
- 区域 22:一个以爆炸性粉尘云形式存在的爆燃性空气在常规操作时可能不大会出现的地方,但如果粉尘云真的出现了,持续时间很短。

经历了颗粒燃料行业相对高频率爆炸相关的事故和事件,为了提高潜在爆炸风险意识,强烈建议将颗粒燃料作业空间按 ATEX 标准进行分类。

5.2.1.2.3 粉尘的易燃性(燃烧速度)

颗粒燃料粉尘的易燃性或燃烧速度可以根据 UN 测试 N.1-分类 4 分区 4.1 物质[221]规定的标准来确定,方法是测试材料在 2 min 内被燃烧的长度。如果 2 min 内燃烧超过 200 mm,

该材料可视为易燃。表 5-3 列举了白软木和树皮颗粒燃料生成的尺寸小于 63 μm(小于筛孔230)粉尘的燃烧速度[216]。能够看出,燃烧速度明显低于 200 mm/2 min,那么这些粉尘就不能视作易燃。

表 5-3　小于 63 μm 颗粒燃料粉尘的燃烧速度

材料	燃烧速度
白软木颗粒燃料粉尘	20 mm/2 min
树皮颗粒燃料粉尘	22 mm/2 min

颗粒燃料品质不同,产生的粉尘燃烧速度也会稍微有些不同。可燃性等级与运输时包装要求相关,在美国和加拿大,联邦政府法规的美国 49 代码对此有明确规定[222]。

5.2.2　颗粒燃料吸湿膨胀

大多数颗粒燃料都有吸湿性,这意味着他们接触水的时候就会吸收水分[223]。水饱和时压缩的颗粒燃料大约膨胀 3.5 倍。这种吸水膨胀排除了水用作灭火介质的可能性。此外,膨胀势能让容器破损或制造出极其坚硬和致密的塞子,需要气锤才能移除(参见 5.2.5.4 节)。图 5-5 演示了颗粒燃料浸湿后会发生的事情。不只是灭火用的水会导致燃料膨胀,将颗粒燃料降解成潮湿的锯末,氧化或颗粒燃料内部的闷火形成的潮湿气体冷凝后也会产生同样的结果。颗粒燃料表面和筒仓的墙壁及顶部都有可能发生冷凝,而影响靠墙的燃料。

大多数颗粒燃料还对空气湿度敏感,能一定程度地吸收或排除水分直到燃料与环境空气达到水分浓度平衡(EMC)。EMC 是相对湿度(RH)和环境温度的函数,颗粒燃料品质不同,EMC 也不同。图 5-5 阐明了白软木和树皮颗粒燃料在 25℃环境温度下的标准 EMC 特征值。由于颗粒燃料的品质好,比密度高,吸附速率会相当低。然而,已经观察到颗粒燃料仍然会膨化并黏合在一起。比如说如果外界的潮湿空气渗入到筒仓内,储藏的颗粒燃料中就会如此。

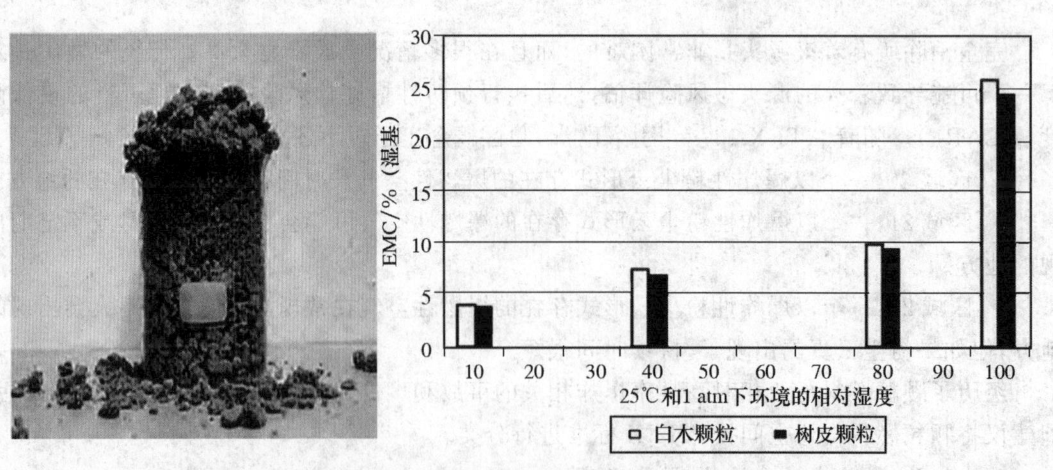

图 5-5　颗粒燃料加水后的效果和木质颗粒燃料的平衡水分含量

注:左图:加水到温热颗粒燃料上 5 min 后的膨胀结果;右图:长时间空气吸湿后木质颗粒燃料的平衡水分含量;数据来源改编自[223,265]

颗粒燃料在何种湿度水平开始膨胀取决于很多因素,如粒度大小、颗粒燃料大小、单位挤压力、原材料种类、温度等,因此不能确定。含水量高于14%～16%(湿基)的颗粒燃料通常对微生物很有吸引力,很快就被氧化,这意味着其机械完整性几天之内就会被破坏,随后出现膨胀。

要尽最大可能避免颗粒燃料的吸湿,就得将其与高湿空气或水分的接触降到最低。使用强制通风的大型仓储最好有除湿机去除大部分进入的水汽,或至少注入储藏间的空气不要直接与外界雨或雾的天气状况相接触。包装好的颗粒燃料因为有包装袋的保护,吸湿速率非常慢。燃料吸湿后,随之而来的是废气排放增加(参见5.2.4节)和自热(参见5.2.3节)。另外,已知的从筒仓顶部注水灭火的案例,结果都是筒仓彻底被毁,因为颗粒燃料膨胀产生的膨胀势都加注到了筒仓壁上。

5.2.3 自热和自燃

固体生物质燃料一般都是多孔的,容易因为微生物的生长、化学氧化和吸收水分而导致其自热和自燃。颗粒燃料水分含量低,所以微生物的生长通常都很受限,但经常能观察到刚生产出来的燃料因为化学氧化和水分吸收而温度升高。现在已经发生过许多木质颗粒燃料储藏中的严重自热、自燃事件[224,225]。储藏中还有来自各种外部火源的火灾风险,尤其是在颗粒燃料装卸和运输的过程中。

生物质自热现象已经被充分认识[226],尽管其中的化学过程还没有弄得很清楚,尤其是与颗粒燃料有关的。制造颗粒燃料时锤式粉碎机打开了原材料的胞状结构,暴露出来的纤维素、半纤维素、木质素和提出物(包括不饱和脂肪酸)被氧化,这被认为是废气排放的主要原因。5℃以上即可发生氧化反应,反应产生热量、非冷凝性气体(参见5.2.4.1节)和大量冷凝性气体(参见5.2.4.2节)。温度越高,气体排放的速度就变得越快[241]。微生物活动加速了锯末和其他含水燃料中脂肪酸的氧化,大约40℃时是嗜中温细菌和真菌起作用,温度达到大约70℃时则以嗜热细菌为主。70℃以上,化学氧化成为主导,从而进一步提升温度,很多情况下会升到不可控的温度范围。

木质颗粒燃料生产时使用的高温模式消除了其中有微生物活性的可能性。颗粒燃料生产过程中锯末的烘干温度通常超过75℃(经常是100～200℃),大多数微生物不能耐受这个温度。在制粒设备中压缩时,颗粒燃料的温度升至90～170℃。众所周知在生产和储藏过程中,颗粒燃料内的脂肪和树脂酸通过放热化学反应氧化成冷凝性气体(醛,酮)。限制氧气的供给就抑制了自热,但一旦开始,木材中固有的氧(大约质量分数40%(干基))就会导致自热持续下去。

瑞典SP技术研究所全面研究了木质颗粒燃料的火灾风险[225,227,228,229,230,231,259],而瑞典农业科学大学(SLU)也对气体排放做了研究[240]。SP的工作包含在北欧测试合作组织关于固体生物质燃料储藏和装卸的指南,NT ENVIR 010中[232]。本节中大部分正文和给出的建议都是以这些研究为基础。

5.2.3.1 潮湿的固体生物质燃料

用于生产颗粒燃料的未加工固体生物质,如锯末和其他原料,水分质量分数超过15%

(湿基),通常为 35%~55% (湿基),粒化之前通常是储藏在户外以保证在冬季的高颗粒燃料生产能力。已经有证明显示锯末的储藏有利于提高颗粒燃料的质量,比如说储藏过的松树碎片制成的颗粒燃料相比于新鲜的松树锯末制成的颗粒(保证所有其他工艺参数都相同)有更高的堆积密度(它们更紧实)和更好的耐久性特性。工业试验证实锯末储藏和工艺参数如能量消耗[95]之间正相关,储藏过的锯末(放置 140 d)制成的颗粒燃料质量更好,如比新鲜锯末制成的燃料有更高的耐久性[233]。

松树和云杉锯末(干物质)大规模储藏过程中,前 12 周内脂肪和树脂酸大量减少。最初的一段时间内能够观察到反应的峰值,随生物质和新鲜颗粒燃料的品质不同而变化。最初阶段过去后,大大减小的气味表明氧化反应水平很低。接下来 4 周额外的储存期内,脂肪和树脂酸的量没有变化,换句话说就是 12 周以上的储藏让锯末变成熟了[250]。

因此,我们建议(为了值得肯定的效应)造粒前将木质纤维素材料如锯末或木屑在户外储藏一段时间。

在户外成堆储存的木屑、树皮和其他潮湿固体生物质是展示储藏燃料自热的典型实例。生物材料的自热包含一些物理、生化、微生物和化学的过程。占主导的是哪一个或哪几个则由不同的参数如温度、水分含量、物质的氧化能力等等来决定。

潮湿生物质燃料相对较高的水分含量为微生物生长提供了合适的环境,因为微生物赖以生存的营养素是溶解在水中的。真菌和细菌降解木材使得储藏燃料的温度升高。微生物引起的自热峰值温度为 20~80℃,取决于微生物的类型[234]。根据对温度的敏感性,微生物可以分为三个群体,即嗜冷、嗜温和嗜热。嗜冷微生物的最适温度是 15℃,因此与自热无关。嗜温微生物的最适温度是 20~40℃,在 40℃时繁殖力非常低。嗜热菌可以在高达 70℃的环境下生存。微生物群落的存在也依赖于营养物的供给,如以碳水化合物水解的形式以及升高的温度。化学降解(木质成分的氧化)通常是从 40℃开始有一些影响,到 50℃以上就逐渐成为主要作用了。随着产热作用的进行,热量从堆积燃料的内部传递到表面。中心燃料变得干燥,水分从中心向外转移冷凝到外层燃料上。自热输出是产热速率和热量消耗及损耗平衡的结果。从热力学角度来看,储藏规模越大,自燃的风险也就变得越大。自燃开始于箱装中燃料堆的高温分解,这个过程产生的热超过了传导、对流、堆积内辐射损失的热。如果有足够的氧气(空气)存在,高温分解就会变成明火。

5.2.3.2 干燥的固体生物质燃料

干燥颗粒燃料的储藏需要有良好的环境以保持它们的低水分含量[通常低于质量分数 10% (湿基)]和完整的结构,但是对某些类型的干燥燃料含水量在 15% (湿基) 也是可以接受的。干燥颗粒燃料的储藏状况条件与那些湿润燃料是不同的。

颗粒燃料的低水分含量限制了微生物的生长。木质颗粒燃料的生产过程包括在 90~170℃(在特定情况下温度可能更高也可能更低,参见 4.1.1.2.3 节)下烘干锯末原材料。烘干原材料生产的颗粒燃料在储藏期间微生物活性非常低。如果在储藏期间能观察到微生物活性,那有可能是污染导致的。低于 100℃的低温干燥不可能完全消除微生物活性。造粒时由于摩擦力,制粒设备内的温度达到 100~170℃。颗粒燃料生产中相对高温模式和低水分含量的组合效应足以限制燃料中的生物活动。

颗粒燃料自热确实有在大型储藏设施中发生，在有些情况下，储藏在正常环境温度下的小堆燃料也会发生自热。对于木质颗粒燃料来说，自热的倾向似乎因燃料品质不同而异，而且在刚生产出来的短时间内最明显。据观察，颗粒燃料储藏时燃料堆或筒仓中的温度可以在几天内或甚至在生产后几小时内升高。原材料的不同决定了温度，通常的温度在 60～65℃[235,240]。有些时候温度会更高些，某种品质的颗粒燃料甚至能达到 90℃。在这样一个失控的温度下自燃的风险加大，尤其是在燃料堆体积过大或燃料在筒仓内的时候。不同水分含量颗粒燃料的混合可能是另一种产热的源头，因为热量是在平衡燃料堆中水分的过程中产生的。

部分热能的产生也可以归因于材料中易氧化组分的低温氧化反应，像不饱和脂肪酸[240]就是如此。脂肪酸氧化成醛和酮时产热。醛酮进一步氧化就生成了低分子羧酸[240]。这些挥发性有机化合物都在颗粒燃料储藏设施内检测到。如新鲜的松树锯末就含有大量的不饱和脂肪酸[250]。

储藏燃料堆中颗粒燃料的吸水过程同时也是放热(产热)过程，这其中包含了两个现象，就是冷凝产生热和差异热。冷凝热是水蒸气被吸收时释放的，吸收作用的差异热是在颗粒燃料内部从它的初始状态到纤维饱和点水分含量增加时释放的。如果是从空气中吸收水分，冷凝释放的热量要远高于差异热。试验表明，近红外光谱能够预测差异热的释放潜力，这是一个快速分析工具。一旦完全开发建立，这个方法有建立不同含水量颗粒燃料安全混合限值的可能[236]。

颗粒燃料具吸湿性，在空气湿度高的时候从空气中吸收水蒸气，尤其是在颗粒表面温度低于空气温度的时候更是如此[235]。

颗粒燃料初始含水量越低和/或空气湿度越高，吸收水分产热的风险越高。初始含水量低[5％～6％(湿基)]的颗粒燃料反应能力更大，比初始含水量高[8％～10％(湿基)]的燃料更易吸收水分。水分含量 5％(湿基)的木质纤维素材料处在 20℃的空气和材料温度下(相对湿度 70％)，含水量从 4.5％升到 9.5％(湿基)时，温度上升显示为 100℃[237]。水分扩散速率取决于颗粒燃料的一些物理和化学特性。颗粒燃料的粒度(碎末)越大，吸水越容易，自发热也更容易。储藏中的一些参数如堆积几何学、大小、空气含水量和不同颗粒燃料层次的同质性对水分吸收也很重要[236]。

5.2.3.3 自热——主要风险和建议

大量储藏的燃料有表现出一个或更多产热作用的倾向时，燃料堆内的温度会升高，导致颗粒燃料储藏设施内的自燃。颗粒燃料储藏自热作用主要风险有以下几个，根据发生的顺序列出。

- 窒息性(如一氧化碳)和刺激性气体(如醛类和萜烯)的释放。
- 散装材料的高热裂解产生的自燃和裂解/燃烧气体的释放。
- 气体和/或粉尘爆炸，通常发生在火灾抢救时接近筒仓顶部的区域。
- 地表火和火灾蔓延，通常是筒仓爆炸的后果。

避免生物质自热和自燃的总体建议和意见是：

- 如果燃料自热倾向未知，不要大宗储藏和运输。
- 要知道大宗储藏有自热和自燃的风险。

• 不要储藏水分含量高于15%(湿基)的生物质。绝对不要储藏在轨道车或海运中被水分损坏的颗粒燃料,应该扔进垃圾箱或直接焚烧。

• 不要将不同类型的生物质燃料混合储藏。

• 不要将各批次含水量不同的燃料混合。

对木质颗粒燃料储藏的具体建议是:

• 要避免散装燃料中含有大量碎末。

• 测量和监控温度的分布以及储藏材料里的空气组成。建议频繁视察。

在文献中还可以找到更具体的针对潮湿生物质成堆储藏的建议,比如说最大宽度和存储高度因生物质类型而异[232,234]。

5.2.4 气体挥发

随着时间的推移,颗粒燃料降解,散发出非冷凝气体和冷凝性气体。为了量化排放气体和排放速度,现在已经进行了大量的研究[235,238,239,241]。环境温度升高,气体排放量会急剧增加,而且不同品牌的颗粒燃料各有不同,虽然气体光谱看起来非常相似。

刚刚生产出来的(新鲜的)和储藏过的颗粒燃料的比较表明,后者释放的气体更多。近期一项研究中,储藏了3周的颗粒燃料释放的戊醛比参照系多28倍,已醛高8倍[240]。据观察,木质颗粒燃料萜烯的排放量很低,可能是因为在造粒过程中锯末高温干燥的时候大多数单萜已经被排放掉了。如果采用的是低温干燥,颗粒燃料可能会释放萜烯。然而,在这个领域还需要有更多的研究才能完全了解这些过程。颗粒燃料储藏设备顶部空间气体的分析证实颗粒燃料释放出几种醛类和低分子羧酸。

在颗粒燃料的海洋运输中也会发生气体释放,醛类、一氧化碳、二氧化碳和甲烷的释放都被检测到[247]。对不同储藏温度下一氧化碳、二氧化碳和甲烷的排放速率也有研究[241]。目前正在研究的是醛类和一氧化碳排放的相关性。

挥发性有机化合物(废气)的排放经常会带来刺鼻的气味。有些挥发性有机化合物对人类健康有负面影响,如刺激眼睛和上呼吸道[249,250]。许多致命事故就是由于人员进入储藏有大量散装木质颗粒燃料的密闭空间而发生的[241,242,243]。在5.3.2节中对进入密闭空间的控制措施有详述。国际海事组织管理海洋船舶载货安全,规定了木质颗粒燃料、木屑、造纸用原木、木料和其他木材制品等所有释放气体并导致氧气耗竭物质的运载措施[244]。预计陆地颗粒燃料储藏也会制定类似的法规。颗粒燃料制造商在MSDS上提供他们产品的废气排放数据(参见5.4节)。关于对健康有影响信息,请参阅5.3.3节。

5.2.4.1 非冷凝性气体

木质颗粒燃料以及来自燃料的粉尘(白色或褐色)释放的非冷凝性气体,主要是CO、CO_2和CH_4。图5-6至图5-8分别阐明了储存在不通风容器内的一种白色颗粒燃料排放CO、CO_2和CH_4气体的情况[218,245,246]。大型储藏空间和海洋船舶中测量的数据与这些数据相一致。

废气排放速率是环境温度、原材料特性、干燥技术和所用造粒设备的函数,因颗粒燃料品牌而异。

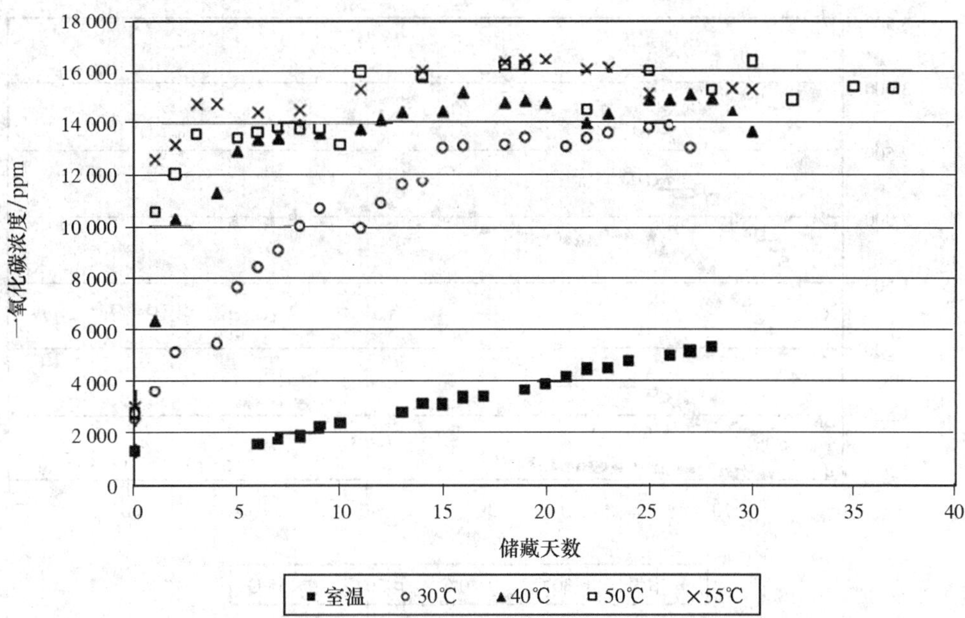

图 5-6 颗粒燃料长期不同温度下储藏，由于废气排放，储藏空间顶部区域一氧化碳浓度

注：颗粒燃料以松树为原料；数据来源[271,272]

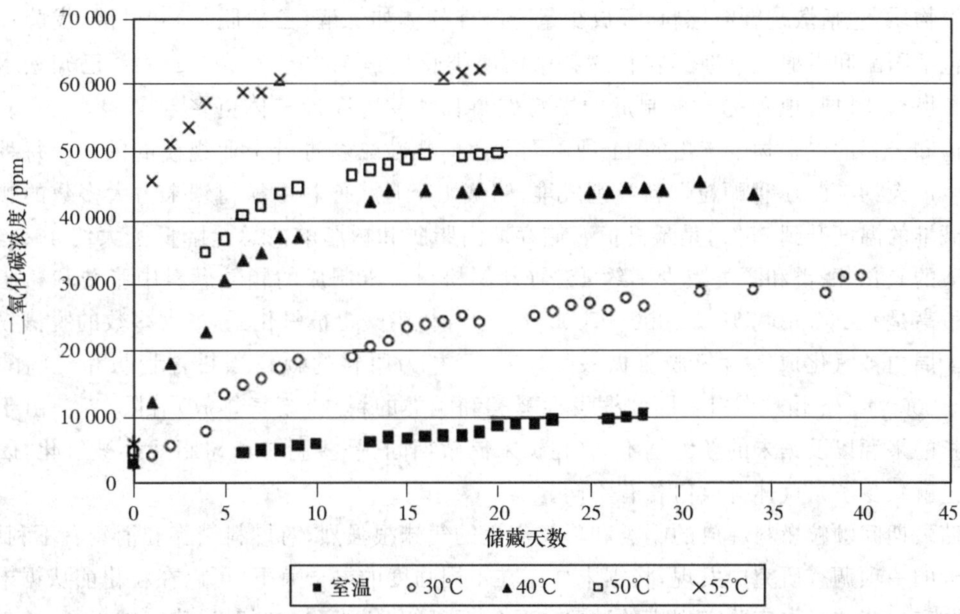

图 5-7 颗粒燃料长期不同温度下储藏，由于废气排放，储藏空间顶部区域二氧化碳浓度

注：颗粒燃料以松树为原料；数据来源[271;272]

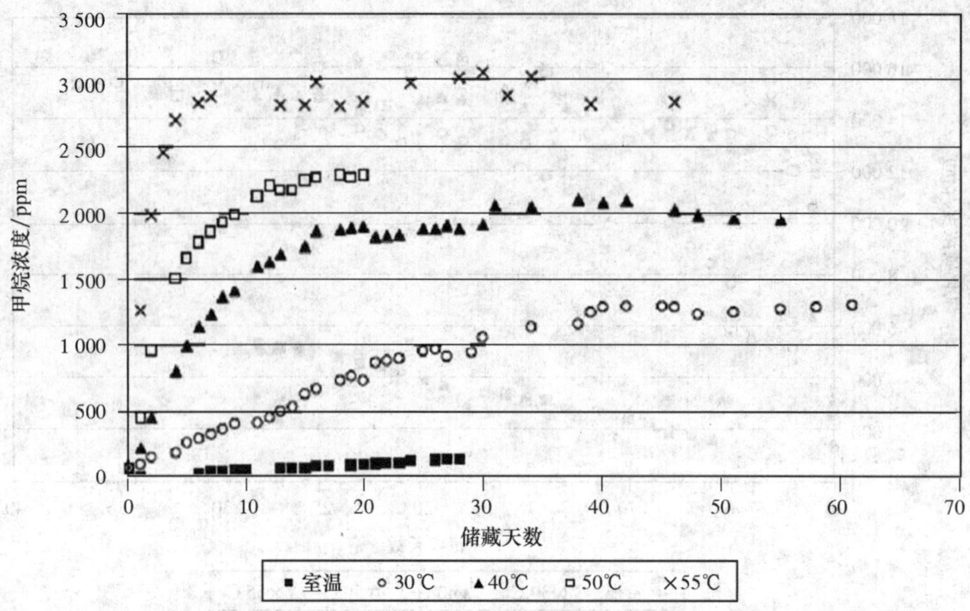

图 5-8 颗粒燃料长期不同温度下储藏，由于废气排放，储藏空间顶部区域甲烷浓度

注：颗粒燃料以松树为原料；数据来源[271;272]

5.2.4.2 冷凝性气体

生物质，包括散装颗粒燃料，释放少量冷凝性气体如乙醛（乙醇脱氢）和已醛、戊醛再加上酮类包括丙酮和甲醇[235]（新鲜颗粒燃料中的醛类总量是 1000～2900 μg/g）。已知松木制成的颗粒燃料比以其他种类木材制成的颗粒燃料释放的冷凝性气体更多[240,247,248,249,250]。用新鲜松树和云杉的混合物生产出的 11 种不同品质的颗粒燃料进行工业规模的试验。每种颗粒燃料生产大约 7 t，11 种颗粒燃料分别成堆，储藏 1 个月。原料中松树锯末占大多数的颗粒燃料储藏堆的温度升到 55℃，是最高值。储存期间脂肪和树脂酸的总量降低了大约 40%，因为脂肪酸的氧化，醛类和酮类减少了约 45%（新鲜松树锯末制成的颗粒燃料中脂肪和树脂酸的总量最高是 0.2%～0.7%或 2000～7000 μg/g）。树脂酸也被氧化了，如大多数的脱氢枞酸在储藏 4 周内被氧化成 7-含氧脱氢枞酸。100%云杉为原料的颗粒燃料含脂肪和树脂酸较少（700～2000 μg/g 颗粒燃料），因此挥发性醛类和酮类的释放（废气排放）有限[235]。由于松树和云杉的来源以及锯末的新鲜度不同（在锯末储藏期间，一些脂肪和树脂酸会被氧化，因此它们的量就减少了），气体排放值各有不同。

储藏期间颗粒燃料释放的酮类和醛类产生的气味很强烈，对燃料销售和消费有不利影响。在最近的一项调查研究中发现，将锯末暴露在不同强度的电子束下，可以在粒化前从锯末中消除脂肪和树脂酸。在实验室规模的试验中证实，脂肪和树脂酸在照射后确实减少了，比起未经处理的材料，这些锯末制成的颗粒燃料品质更好（密度和压缩强度更高）[251]。

5.2.4.3 耗氧

化学分解反应会消耗氧气。在不通风的颗粒燃料储藏间里能够观察到严重缺氧的现象。正如 5.3.2 节中详细讨论到的，只有检查了氧气和一氧化碳水平后才能允许进入储藏区域内。5.3.3 节中调查了氧气耗竭对健康的影响。在 5.3.2 节和 5.3.3 节分别可以找到一氧化碳和氧气允许浓度的指导值。

5.2.4.4 气体挥发对小规模颗粒燃料储存单元的重要性

由于与储藏木质颗粒燃料释放气体相关的健康和安全风险报告[238,239,240]的出现，奥地利木质颗粒燃料行业于2008年开始实地测试研究以评价颗粒燃料排放的一氧化碳在民用终端用户点给小规模颗粒燃料储藏单元主人带来的健康风险[252,253]。

这项研究的目的在于确定民用终端用户处的小型颗粒燃料储藏单元里的一氧化碳标准水平。奥地利小型木质颗粒燃料储藏单元的标准类型和尺寸在4.2.3.1节中有过详细的描述。这项研究中对两种类型的储藏设施都做了调查。第一种是位于地窖中的颗粒燃料储藏室。在奥地利，民用终端用户处使用最广泛的颗粒燃料储藏单元是地窖储藏室，占市场份额的90%。第二种类型是地下储存罐。这种类型储藏的市场份额只有0.5%。因为密封构造，木质颗粒燃料释放气体的浓度很容易变高。云杉是中欧用作颗粒燃料生产的有代表性的原材料。因此，所有调查过的颗粒燃料储藏单元中储藏的都是100%由云杉锯末或最高混有3%松树的云杉松树混合锯末制成的颗粒燃料。表5-4显示了所调查的颗粒燃料储藏单元中一氧化碳的测量水平。

表5-4 民用终端用户处小型颗粒燃料储藏单元中的一氧化碳浓度

颗粒燃料储藏单元	测量个数	CO浓度/ppm						
		≤9[1)]	10～25[2)]	26～30[3)]	30～100	100～500	500～1000	>1000
颗粒燃料储藏室	30	14	10	3	2	1	0	0
地下颗粒燃料储罐	22	6	1	0	5	4	5	1

注：1) 加拿大和美国推荐的可存活CO的TWA；2) 西班牙工作环境中的CO最大TWA；3) 奥地利和德国工作环境中的CO最大TWA

实地测试结果表明密闭的颗粒燃料储藏系统非常容易就能将一氧化碳的浓度累积到远高于人类能够接触的最高限制。这个结果强调了在所有密闭颗粒燃料系统中引进安全防护措施的重要性。地窖中颗粒燃料储藏室内的气体测量值显示一氧化碳浓度比较低，93%的测量值低于30 ppm，47%的测量值低于9 ppm。所有这些测试点的氧气浓度20.9%，没有受到废气排放的影响。结果还表明，少数情况下在颗粒燃料储藏间内的一氧化碳浓度达到对人体有害的程度。考虑到这种类型颗粒燃料储藏单元构造的高度多样性以及只有少数储藏间进行过测量，一氧化碳浓度高于本研究报告的可能性也是有的。此外，一氧化碳从颗粒燃料储藏室泄漏到邻近的住宅区域的风险虽小但也应该予以考虑。为避免这种风险，每个颗粒燃料储藏室都应该配备有一些与建筑物外表面相接的通风设备。

在确定这些类型的颗粒燃料储藏单元是否有危险的时候，还有一个与原材料有关的因素要考虑。本研究中还额外做了不同木材种类废气排放特性的实验，如云杉和松树。结果表明，所调查的松树锯末颗粒燃料排放的CO量是作为对照的云杉锯末颗粒燃料的3～5倍[252]。这么说来，用脂肪酸含量更高的原材料来制作木质颗粒燃料的话，会极大地提高小规模颗粒燃料储藏单元可能的风险。

此外，我们发现参数储藏温度对颗粒燃料气体排放特性的影响很大。储藏温度升高(> 30℃)会导致一氧化碳的排放速率明显提升(参见5.2.3.1节)。必须要考虑到被储藏颗粒燃料和储藏间的体积比，这代表了这个隔间内一氧化碳的稀释度。

最糟糕的情况就是：在一个密闭的，完全被填充满了的颗粒燃料储藏单元内，颗粒燃料的温度超过 30℃。

在调查中发现，只要符合干燥储藏条件，微生物活动对储藏颗粒燃料排放气体的形成无关紧要。小型颗粒燃料储藏单元中的废气只是天然木材组分氧化降解的结果。

当前开展的进一步实地测试研究将于 2011 年的春天结束。这项研究中特别关注的是测量空气置换速率的最低要求值，以确保无风险进入小型颗粒燃料储藏单元。此外，颗粒燃料发货温度对木质颗粒燃料气体排放特性影响的调查也在进行中，调查结果可能会对颗粒燃料物流的法规产生影响，如 ENplus 认证(参见 2.6 节)。

5.2.5 火灾隐患和安全策略

由木质颗粒燃料和粉尘自热导致的火灾并不少见。正如表 5-5 所列举，火花和静电放电导致的木质粉尘火灾和爆炸更是常见[254]。

表 5-5 事故或事件的原因和不同类型的粉尘引起火灾和爆炸比例

项目	百分比/%
粉尘类型	
木质	34
谷物	24
合成纤维	14
金属	10
煤炭/泥炭	10
其他	6
纸质	2
总计	100
事故或事件原因	
机械火花	30.0
未知	11.5
静电	9.0
焖烧点	9.0
摩擦	9.0
明火	8.0
热表面	6.5
自燃	6.0
焊接	5.0
电气设备	3.5
其他	2.5
总计	100.0

以美国数据为基准；数据来源[254]

颗粒燃料生产中的火灾和爆炸主要发生在烘干机内或冷却和筛选的时候。在颗粒燃料生产车间，海洋船舶装载设备或集中供暖或发电厂这些粉尘浓度可能会超过 MEC(表 5-1)的地方，大量散装颗粒燃料装卸和储藏时也可能会发生火灾和爆炸。袋装颗粒燃料市场里火灾或爆炸是否是个问题还未可知。接下来的章节将会讨论火灾隐患和安全措施的相关问题。

5.2.5.1　外部火源

除了自燃，还有很多种原因可能会导致火灾。一些常见的原因有金属片、石头等产生的火花偶然接触到了散装颗粒。其他原因可能是电动马达、运输机轴承或升降系统过热、摩擦，比如运输皮带和积压的颗粒燃料，碎末和/或粉尘的摩擦或粗心大意的热作业。如果材料中含有小片焖烧材料("热点")，被运送到新的储藏地点时也会引发点火。在热能工厂，锅炉附近的火花或逆火也有可能引起火灾。还有一个不应该忽视的危险就是在经常用来从燃料堆中挖取燃料的轮式装载机中也有引发火灾的可能。

避免这些风险最重要的措施有：

- 接收材料时的杂质控制措施，如磁性分离器、筛子等。
- 在运输系统中战略位置上的火花探测器与有快速反应阀门的灭火系统相连接。
- 轴承状况(温度测量)检查的控制方案。
- 为了避免材料在输送机，升降机等上面积压而制定的清除控制方案。
- 设施内热作业的控制方案。

5.2.5.2　颗粒燃料储存相关的安全策略

正如 5.2.1 节和 5.2.3 节中所提到的，颗粒燃料的低温氧化将导致醛和低分子羧酸、二氧化碳、一氧化碳和甲烷的生成[247]。在一定环境下，尤其是在低通风性的密闭区域，会形成上述气体的高浓度、强毒性环境。

为职业健康着想，建议在通气量低的筒仓和类似的储藏建筑中使用一氧化碳感测系统，来监测筒仓综合建筑顶端大气以及邻近处所的 CO 浓度。

另外，我们还建议操作人员和火灾救援人员在进入那些储藏区域时要佩戴上个人 CO 气体探测器，如果出现任何产热、刺鼻的气味或烟雾等迹象尤其要如此。因为 CO 浓度为 100 ppm 时的最长接触时间是 15 min，而且 CO 在浓度大约 1200 ppm(体积分数为 0.12%)的时候具强毒性，这个浓度不足以测量出，只依靠监测氧气的浓度[42]。

对于那些不是密闭构造的小型颗粒燃料储藏单元，德国和奥地利木质颗粒燃料协会都提出了进入颗粒燃料储藏单元的警告标志和通风指令[255]，协会将进一步调查这些标志和指令，旨在开发一个新的木质颗粒燃料储藏标准。

5.2.5.3　温度、湿度控制及气体检测

在储藏空间的颗粒燃料会因为一系列的原因而升温，包括颗粒燃料的分解(参见 5.2.3 节)和环境状况(如暴露在阳光下的墙壁被加热)。要将火灾隐患降到最低就需要嵌入在存储产品中的传感器持续控制温度。监测温度并输入具报警功能的计算机，以一定间隔装置传感器的垂直悬浮电缆就是这样的一个例子。掉落在材料的不同地方的有中央数据监测系统的无线传感器，是另一项技术。测量系统应该最少能够测量高达 100℃的温度。颗粒燃料的热传导率为 0.18～0.24 W/(m·K)[含水量分别是 4%和 8% (湿基)[256]]，为了探查热点，传感器需要在散装燃料堆里分布开到各处，彼此之间保持一定的距离。传感器的构造设计需要考虑

到热传导特性，渗透率和渗透率变化，通风设备功率和新鲜空气入口的几何形状。设计通风系统时，还需要考虑到选定的灭火方法(参见 5.2.5.4 节)。图 5-9 就是嵌入式温度监测系统的示例。

平面储存设备中温度监测要更复杂些。替代直接热敏传感的是一个测量一氧化碳、某些碳氢化合物、辐射热或烟作为过热前兆的系统。传感器可能是位于平面储存设施的天花板上，从而可以监测相当大范围的地板面积。然而，这些系统通常不能像嵌在材料里的传感器那样快速做出预警。或者，温度传感器如温度电缆可以结合到分隔墙上，穿过横梁等。

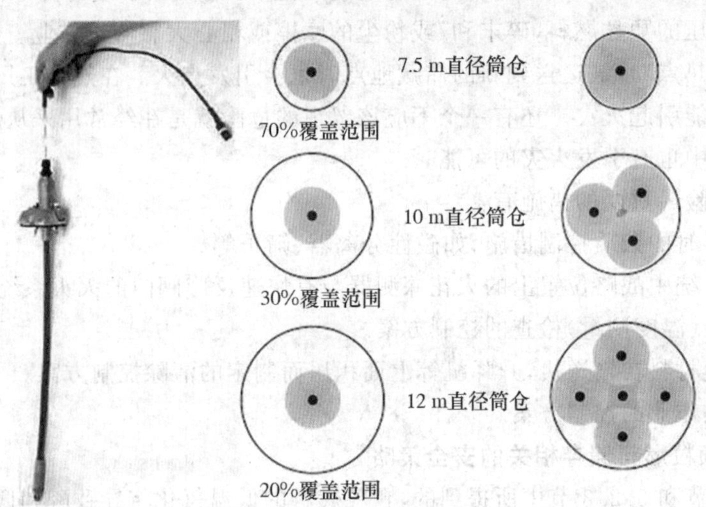

图 5-9 嵌入式温度监测系统示例以及单电缆和多电缆的比较

注：左图：可伸缩式电缆；右图：单电缆与多电缆的对比；OPIsystems 公司提供

现代颗粒燃料储藏设施还应该包含一个强制通风系统以控制储藏颗粒燃料的热状态。在空气湿度相对较高的区域，将外界空气注入的效果必须要考虑到图 5-5 所示的颗粒燃料 EMC 特性。颗粒燃料的湿度增加有助于提高微生物的活性。同时，如果环境温度高于颗粒燃料的温度，被注入水蒸气会将燃料加热。换而言之，在某些情况下，储藏间用高相对湿度的空气通风可能在实际上会导致温度的升高而不是降低。为了避免这种失控的状况，通风系统要附带一个除湿机以控制进入到储藏间的水分量(同样参见 5.2.2 节)。

散装颗粒燃料有 48%～53%的空隙(颗粒燃料之间的空档[247,248])，这取决于颗粒燃料的长宽比和碎末的含量。渗透率是衡量空气流穿过颗粒燃料能力的值，通过测量垂直容器中压强，以降低帕斯卡每米(Pa/m)作为气流速率的函数，单位是 $m^3/(s \cdot m^2)$。气流受空气黏度的影响，而黏度又和温度、气体混合物和水分含量有关。图 5-10 图示说明了不同长宽比的 6 mm 颗粒燃料的渗透率。

在设计从底部引入新鲜空气的筒仓强制通风系统时可以用到渗透率曲线[258]。从筒仓的顶部自通风或强制通风效率较低，因为这样的安排会导致寄生物泄漏到储藏堆的顶截面上，从而降低储藏堆下面部分的通风效率。同样，除湿机只有直接安装到位于筒仓底部的活动风扇上才有除湿效果。精心设计的强制通风设备和除湿机可以和开/关气流调节器或阀门以及灭火剂的固定喷射装置结合到一起(参见 5.2.5.4 节)。

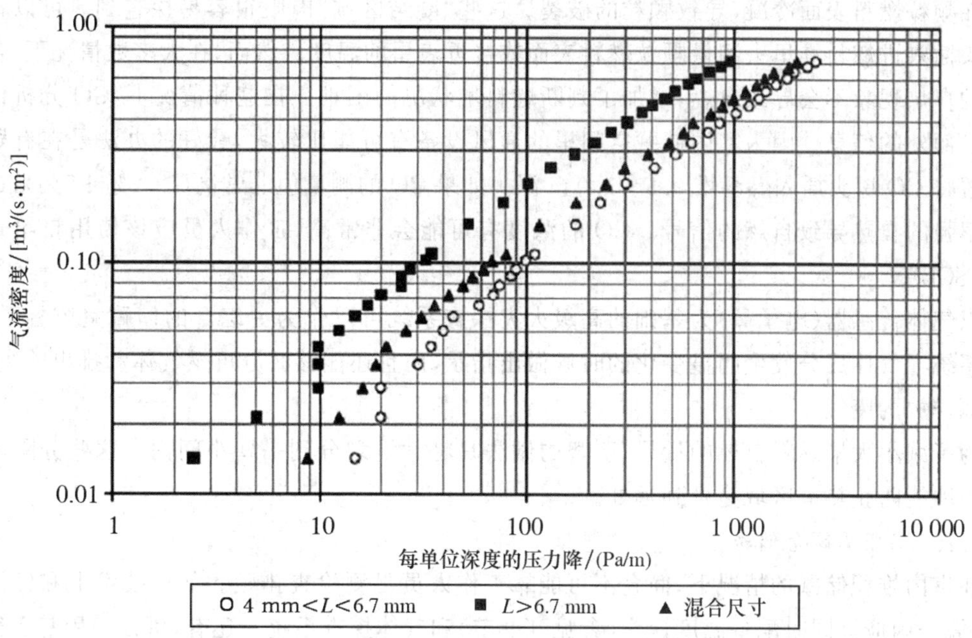

图 5-10 不同长宽比颗粒燃料的渗透率

注:实验在恒定的温度(20℃)和相对湿度(30%)下进行的,这是主要的影响空气黏度因素;数据来源[257]

正如 5.2.3.2 节中所说的,如果没有在合适的位置安装合适的通风设备,散装颗粒燃料的储藏温度可以很容易就上升到 60℃甚至更高。所有颗粒燃料储藏空间类型都需要做到万一内部温度接近失控温度,能够很容易地将颗粒燃料进行紧急排放,有些类型颗粒燃料的失控温度大约是 80℃。紧急排放可以通过将产品置于另一个储藏间或置于户外的一个地点来完成。这个过程允许颗粒燃料暴露在空气中,其间燃料被冷却下来,热点被打破。在加拿大由大规模颗粒燃料储藏经验衍生的规则是只要环境温度低于储藏间内部温度,就给储藏空间通风换气,这意味着每个储藏间都必须配备强制通风设备。用颗粒燃料做燃料的大型发电厂有一个限定,拒收高于 45℃的货物。而如 5.2.3.2 节中所说,颗粒燃料可接受的最大含水量也经常被提到。

自热和废气排放是多个参数的函数,如颗粒燃料含水量、种类相关的活动性(如松树的活动性通常要高于其他种类的木材)、环境温度、瞬时温度和储藏时间的长度。因此,很难对应该采用哪种储藏规模,使用哪一种监测方法做出建议。在储藏间内小至 25 t 储藏量,甚至只有 5 t的颗粒燃料在地上堆成堆都会出现自热。在配备有强制通风设备的储藏间内,一旦探测到自燃的迹象,至关重要的就是关掉通风设备,否则火势就会增强。筒仓经常因为燃料自热过程发展到点燃而彻底消失。因此要保持低于 45℃的温度,温度监控是必不可少的。

5.2.5.3.1 室内堆积储藏

作为固定温度测量系统的补充或替代物的气体检测系统可以结合目测来使用。室内燃料堆的储藏容量通常是非常大的。外置点火源导致的点火能相对迅速地被工作人员发现,不过自燃要被察觉可能就要难得多。

自热过程使得水分向表层转移时,从颗粒燃料堆的表面可以看到“白烟”(水蒸气)。水蒸气会在颗粒燃料表面冷凝，导致颗粒的破裂。这些“凝结区域”肉眼很容易探查到。可以将温度探头插入进燃料堆里去测量颗粒燃料表面或接近表层的温度。然而，在大多数情况下，自然发生的自热现象不会导致自燃，增加了判断燃料堆状况的困难。在这种情况下，CO分析仪能够提供额外的信息。因为室内储藏空间里的通风设备有可能比较大，最好的办法是在有疑问的位置将CO探头插入燃料堆0.5～1.0 m深。如果CO的测量值非常高（> 2%～5%），这是一个很强的自热导致自燃的信号。CO的浓度有可能会非常高，工作人员应该使用自给式呼吸器(SCBA)。

以气体传感器（电子鼻）为基础的高级火灾探查系统可以作为更综合的储藏室监督系统。这些系统在气体成分发生明显变化的时候做出指示，而且还能够区分可燃气体和排出的废气，如车辆排放的废气。

为了减小大堆燃料自燃的后果，明智的做法是将大堆划分到一些小间内。这些分隔燃料的水泥墙能防止热解区域蔓延到远处。

5.2.5.3.2 筒仓储藏

在室内堆积储藏的情况下，筒仓不可能靠工作人员目测检查排险。如果技术上和经济上可行，筒仓内应该同时配备温度探头（参见5.9节）和气体探查系统。还有，可以采用基于气体传感器（电子鼻）的先进的火灾探查系统，实现自燃可能性的早期提示。

如果怀疑着火要同时用CO和O_2的气体分析仪来测量筒仓顶部空间中大气。一氧化碳浓度超过2%～5%，低氧气水平和浓烈的气味都是很强的自燃的迹象。使用惰性气体灭火的时候，CO和O_2的浓度也是有用的指标，因为它们可以用于确定惰性气体是否已经进入到筒仓（参见5.2.5.4节）。

5.2.5.4 颗粒燃料储藏中的灭火

颗粒燃料的消防要比大多数其他种类产品的消防困难得多，因为不能使用水，尤其是在筒仓内的时候。被淋湿的颗粒燃料快速膨胀，导致材料变得极度坚硬，经常需要气锤才能去除。颗粒燃料被打湿后体积膨胀3.5倍（参见5.5节）的事实限制了灭火介质的选择。湿润的介质可用于表层火，颗粒燃料的膨胀不会导致桥接或存在胀裂容器壁的可能。然而，自热引起的火灾通常是在燃料堆或容器中心深处开始的，而且不到火球很旺的时候还检查不出来，此外，顶部空间还充满了可燃气体。这些年来，瑞典SP技术研究所[225,230,231,259]已经开发了一些筒仓或燃料库内部灭火的方法。

颗粒燃料储藏在室内固定桩内和储藏在筒仓里，推荐的灭火方法和火灾初期采取的行动都是不同的，这些在5.2.5.1节和5.2.5.2节中都分别做了总结。

5.2.5.4.1 室内堆积储藏下的消防

已经检测到有明火的时候，首先要采取的措施就是尽快压制住火苗。火势的蔓延可能会相当快，灭火操作延误一下就会增加损失全部储藏货物的风险。水的使用一般是要限制的，除非是为了防止粉尘云的形成，后者会加大火灾的强度。如果可能，应该使用喷雾器，万一火势太大超过了水雾的有效距离，可以使用固体水流。

如果可能的话，使用消防泡沫（最好是A级泡沫），因为低或中等膨胀泡沫能够提高效果。A等级泡沫是为对抗A等级火灾而特别开发的一种泡沫，A等级火灾就是材料闷火造成的火灾。低膨胀泡沫是膨胀率低于20(膨胀率是泡沫体积和制造该泡沫的溶液的体积之比)的泡沫。中等膨胀泡沫的膨胀率≥20,但<200。需要更长一些的抛掷长度时就用低膨胀泡沫,而如果有靠近火苗的办法,就使用中等膨胀泡沫。使用泡沫有如下若干好处:

- 泡沫的使用比水更和缓。
- 泡沫降低了粉尘形成的风险。
- 泡沫在颗粒燃料表面持久覆盖,降低了表面热辐射,以及由此带来的火势迅速蔓延的风险。
- 泡沫灭火需要的水量少,从而减少了水对颗粒燃料的损害。
- 泡沫比普通水更有效,尤其是在轮式装载机发生火灾的时候,火势蔓延到燃油、塑料、橡胶等上面的可能性非常高。

如果自燃发生在燃料堆内部,首先要确定焖火最可能的位置。其他位置上的材料必须用轮式装载机转移到一个安全的地方。装载机每一次铲起的材料都要仔细检查看是否有闷烧材料的存在。"安全材料"应该和那些非常热或发光的材料分开,后者还应该摊开冷却。而闷烧材料则应该仔细用喷雾浇熄。

在材料转移操作中,不断扑灭任何明火和保护剩下的颗粒燃料堆是非常重要的。刨开燃料堆就会给闷烧材料提供氧气,结果会增加火灾强度,还有可能产生火花"雨"。喷雾是可以用的,不过消防泡沫更加有效。颗粒燃料堆表层的泡沫层也限制了剩余燃料堆中闷烧区域的氧气供给,也因此降低了火势突然爆发的可能性。

由于CO的浓度有可能会非常高,所有工作人员,包括轮式装载机的司机,都应该使用自给式呼吸器。

5.2.5.4.2　筒仓储藏下的消防

筒仓火灾的灭火技术完全不同于"正常的"消防程序。筒仓火灾的灭火是一个很长的过程,通常要好几天才能完成。SP开发的技术是基于被注入的惰性气体阻止空气(氧气)到达焖火区域。惰性气体应该是从接近筒仓底部的地方注入,以确保整个筒仓体积的惰性化,而且气体必须以气相注入。在斯堪的纳维亚半岛[260,261,262]上的若干被成功阻止的事件为这个方法的可行性提供了更有价值的证据。这种方法的一个关键因素是弄清楚筒仓火灾的结构,5.2.5.5节中对此有描述。

为了减小筒仓火灾的影响,确保有效的灭火,以下几个消防管理方面的问题需要考虑:

- 必须要有合适的气体供应设备(液化气的气罐,气化装置)。
- 应该有在接近筒仓底部的位置注入和传递气体的可能性(筒仓最好准备有一个固定的管道系统,但在紧急情况下,可以凿穿筒仓壁,插入注气装置)。
- 筒仓结构应该尽量密闭以减少空气(氧气)渗入到筒仓室内。
- 应该有通过防止空气(氧气)流入筒仓顶部空间的止回阀装置排出筒仓顶部的可燃气体的可能性。
- 筒仓的惰性化完成后,应该为筒仓内容物的紧急排放做准备。

通常情况下,没有必要在每个筒仓设施上都安装固定的储气罐和汽化装置。在瑞典使用的是移动应急设备,在怀疑或已经确定筒仓有火灾的时候运送过去。因为筒仓火灾在初期发展缓慢,温度监测和气体探测系统(参见5.2.5.3节)的使用提供了早期检测的可能性,通常有好几个小时的时间可以用来运送移动设备。图5-11显示了这种移动设备,它已经成功应用于瑞典筒仓火灾救灾中。

图 5-11 筒仓消防中的移动救火设备

注:左图:2007 年瑞典 47 m 高的筒仓发生火灾,通过注入氮气被成功扑灭的例子;右图:火灾中使用的移动设备,由一个汽化组件和一罐液化氮组成;数据来源[260]

出于实用性,在瑞典使用的是氮气。氮气容易获得而且汽化装置不需要任何能量供应,因为汽化的能量来源于周围的空气。二氧化碳能带来相同的惰性化效果但其汽化装置需要强劲的外热源。曾有很多不成功的灭火操作事件是因为试图不用汽化装置而使用二氧化碳造成的,因为供气软管/管道,喷嘴/喷枪和接近注入位置的散装燃料往往很快被冻结,因此完全阻止了更多气体的注入。

气体应该从接近筒仓底部的地方注入。这确保了惰性气体置换掉空气/可燃气体,猝灭闷烧火球。因为在筒仓中火球有向下蔓延的趋势(参见 5.2.5.5 节),气体从底部注入能保证惰性气体到达火球所在位置。这项技术还有利于将散装材料中的可燃气体推出到筒仓的顶部空间。顶部空间空气浓度(主要是 CO 和 O_2)的测量为灭火过程做了验证,因为 CO 浓度的减少表明颗粒燃料的高温分解活动得到了控制。顶部区域的低氧含量对于降低气体或粉尘爆炸的风险非常重要。

通常在小直径筒仓(5~6 m)内,有一个靠近筒仓中央的注气点就足够了。在较大直径的筒仓里,一个入口不能保证气体在整个截面面积内平均分布。因此推荐使用如图 5-12 所示多入口,所需入口的数量取决于筒仓的直径和气流在每个入口的注入速率。

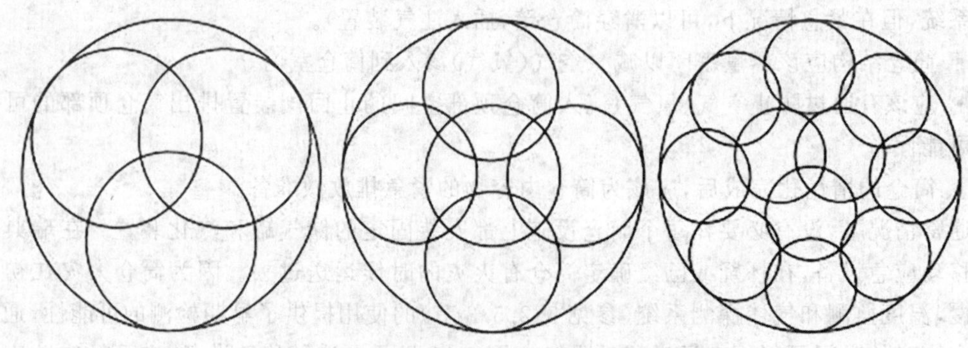

图 5-12 筒仓内注入气体分布的原理示意图

注:气体注入点的数量取决于筒仓的直径和每个注入点的气流速率;数据来源[259]

对于小直径筒仓,如果情况紧急,可以安排一个临时的气体注入装置,就是用一个或几个钢管制成的喷枪(图 5-13)。大直径的筒仓,超过 10～15 m 直径的,很难往散装材料里插入喷枪。因此,在设计与施工时为筒仓准备好注气点就很重要。如果筒仓配备有通风系统,这个系统可用于气体的分配。

图 5-13　筒仓内用来注气用的钢喷枪

注:左图:2007 年瑞典的筒仓火灾灭火中,一个 50 mm 的穿孔钢管用作注气点;右图:喷枪通过钻孔插在筒仓近底部,通过软管与汽化装置相连;数据来源[260]

有一个需要重点注意的是,储藏有木质颗粒燃料的筒仓灭火时不能用水,因为水会导致颗粒燃料极度的膨胀(参见 5.5 节)。膨胀会让颗粒燃料粘到筒仓壁上,在筒仓内形成高高的“材料桥”。这个膨胀过程容易妨碍灭火工作和后续的筒仓清空。膨胀产生的力还可能会严重破坏筒仓结构。水还会导致在筒仓内形成可燃性氢,带来剧烈爆炸的风险。必须要认识到用水灭火潜在的危险和风险,才能保证所有参与救灾人员的安全。

从人员健康和安全的角度来考虑,火灾发生的时候不要打开或开始卸载筒仓,这点非常重要,因为这样做可能会导致剧烈的气体和粉尘爆炸。有很多没有控制热解火就试图清空筒仓中的材料结果导致颗粒燃料和全部的筒仓结构都没有保住的例子。图 5-14 所示的例子中,充满了木质颗粒燃料的混凝土筒仓在着火后被打开紧急卸载,结果却是熊熊大火。因为筒仓内气体爆炸,喷焰达到 50 m 高。

图 5-14　筒仓墙壁打开造成的外部火焰

注:数据来源[263]

下面是关于筒仓消防技术和战术的简要总结,这些是从前面提到的实验和真实筒仓火灾的结果和经验中总结出来的。最重要的就是灭火过程中不要打开筒仓,填满木质颗粒燃料的筒仓不用水灭火。

• 首先确认筒仓的类型和火灾情况,做一个初步的风险评估。因为工厂中的一氧化碳浓度可能会非常高,在某些区域的工作人员可能会需要使用自给式呼吸器。还要考虑粉尘和气体爆炸的风险,筒仓顶部 CO 和 O_2 的浓度测量可以提供一些指示。如果当测量值显示一氧化碳浓度非常高(体积分数＞5%，也就是 50000 ppm)，氧气体积分数超过 5%了，那么除非绝对必要，否则工作人员不要进入筒仓顶部区域。

• 为了减少空气(氧气)进入，要关闭所有开口和通风设备。在筒仓顶部，必须要有一个小口将释放出来的可燃气体排出但同时要能防止空气进入。在打开的筒仓顶上的橡胶布可以用作“止回阀”。

• 从筒仓近底部注入氮气，开始的越快越好。必须使用蒸发器来保证注入的气体是气态。如果有必要，在接近筒仓底部准备好孔洞和注入空气用的喷枪。连接好冲入氮气的装置之前不要打开孔洞。如果测量值表明在筒仓顶部有潜在的爆炸风险，还要将氮气注入直到筒仓顶部区域氧气体积分数降到 5%以下。氮气注入的速率不要过高以防止粉尘的形成。

• 在筒仓底部注入气体的速度由筒仓横截面积大小来决定。建议注入速率是 5 $kg/(m^2 \cdot h)$。注入气体总量可以根据筒仓(空仓)总体积来估算，大概是 5～15 kg/m^3。

• 如果有可能，在整个灭火和卸载操作过程中筒仓顶部的 CO 和 O_2 浓度要持续测量。测量 CO 浓度的仪器必须是能够测量高浓度值的，最好的是用至少能测 CO 体积分数为 10%(也就是 100000 ppm)的仪器来提供相关信息。

• 筒仓中货物的卸载只能在有了明显的信号(低浓度水平的 CO 和 O_2)显示火灾已经被控制住的时候才能进行。要根据筒仓顶部的气体测量结果持续评估筒仓内的情况。CO 浓度升高表明筒仓内部活动增加。氧气浓度增加说明有空气流入筒仓。如果氧气体积分数超过 5%，一定要中断卸载操作，加快氮气注入速率直到氧气体积分数再次低于 5%。

• 卸货量可能会比正常状况下少很多，而且这个过程可能会需要好几个小时甚至几天才能完成。可以用正常卸载速率乘以 2～4 倍来估算所需时间。卸载的时候必须消防人员要在卸载出口处，扑灭所有焖烧着的材料，这意味着需要大量的消防人员和大量的自给式呼吸器。

• 在整个卸载过程中筒仓底部的气体喷射器要持续工作。在这个过程中，如果火势已经被控制住，只要筒仓内的氧气体积分数不超过 5%，气体注入的速率可以减小些。

5.2.5.5 筒仓火灾剖析

尽管筒仓内的热点更多是在材料渗透率发生变化的分层处出现，但它们可能发生在任何部分。这是因为在中心位置，自然界盛行的对流总是向上，氧气从下面供应给火焰而焖烧材料从点燃的位置向下移动。在一些成功的案例中，法庭的调查揭露了碳化材料从火焰的中心(火球)向下移动到氧气(空气)进入的筒仓底部孔洞的长长的轨迹。火球慢慢向下移动的同时，有一波蒸汽和气体(主要是一氧化碳和其他碳氢化合物)在热对流的驱动下向上移动到达顶部区域。图 5-15 演示了在颗粒燃料柱内火球的移动，实验是在直径 1 m，高 6 m 的筒仓内进行的[225,230]。在这个实验中，火是从 6 m 圆柱中心下面开始着的。图片将筒仓内温度测量值可视化，着火点的深色代表了大约 400℃的燃烧温度。顶部区域颗粒燃料的表面用圆柱上面部分浅色的水平线做标记。可以很清楚地看到，气流突破表面到达顶部区域是在燃烧开始大约 20 h 以后，对流模式变成了烟囱效应，因为空气开始从顶部区域沿着筒仓墙壁边缘向下走。当空气到达火球时它的尺寸变大(30 h)。就在 30 h 以后开始往筒仓内注入氮气，大约 40 h 以后温度较低并持续逐步缓慢地降低，气体爆炸的风险也随着时间而减少了。然而，生物质的含氧量相对较高[质量分数大约 40%(干基)]，除非长时间连续不间断地注入惰性气体，否则这些固有的氧就能够使燃烧继续。

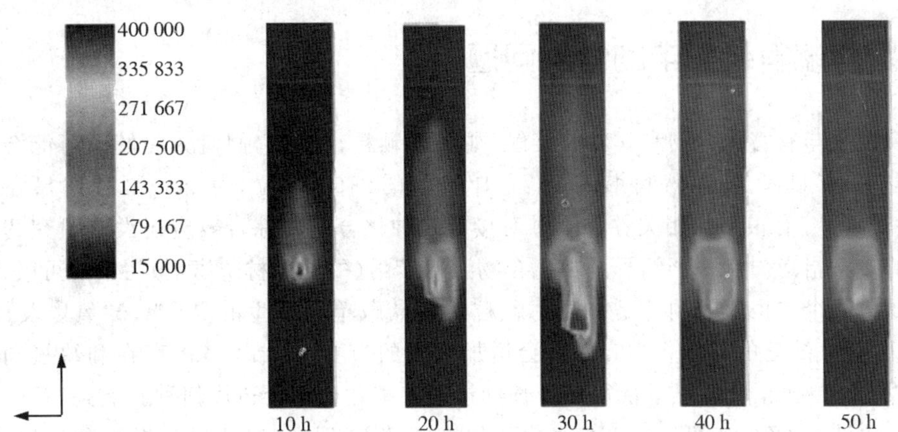

图 5-15 火球在颗粒燃料圆柱内的移动

注：在高 6 m，直径 1 m 的筒仓内进行的着火和灭火实验，仓内温度的可视化；火球焖烧开始于筒仓的中央，就在 30 h 后，开始从筒仓底部注入惰性气体；数据来源[225,230]

火灾扑灭后观察圆柱内部，可以看出内部火球的特征。图 5-16 和图 5-17 显示了火球的底部为炭，这说明火球的迁移方向向下。燃烧 20 h 后，筒仓的顶部区域才能探测到浓度不可忽视的一氧化碳、二氧化碳，未经燃烧的碳氢化合物以及浓度水平降低的氧气。在真正的筒仓火灾事故中可以观察到同样的现象，不过可能要好几天才能检测到自燃的发生。

图 5-17 显示了高过着火点和火球大约 1 m 的颗粒燃料，因为水蒸气和气体在燃料堆中向上移动的原因，这里的颗粒燃料凝聚成块。因为包含大量水蒸气的可燃气体在筒仓中向上移动，导致颗粒燃料在火球上部凝结成块。

图 5-16 测试筒仓底部看到的火球

注：这张照片显示了涉及高温热解的火球和周围颗粒燃料之间的大幅限制，后者差不多是不受影响的；数据来源[225;230]

图 5-17 在测试筒仓中在火球上面的颗粒燃料凝结成块

注：数据来源[225;230]

正在 SP、大不列颠哥伦比亚大学(UBC)和行业内进行的研究方向是更加敏锐地识别出失控温度阶段或至少是在燃烧早期阶段产生的微量气体。

5.3 颗粒燃料装卸中的健康问题

建议减少与有害化合物和材料的接触，如细末颗粒，因为它们对人类健康可能会有影响。流行病学研究显示颗粒燃料装卸过程中产生的细末颗粒（气载）和对健康的不利影响[264,265,266,267,268]有很强的相关性。不过对接触几种化合物的综合效应还没有研究透彻，缺乏可推荐的接触指南。有一个例子是被化合物五氯苯酚(一种木材防腐剂)污染的可吸入气载木质颗粒。另一个被报道的例子是在密闭颗粒燃料储藏单元发生的[238,239]，缺氧以及接触一氧化碳[269]。氧气缺乏的时候人类自然就会增加呼吸的节奏，如果 CO 的存在和缺氧同时出现，血液吸收 CO 要比正常情况下快得多。长期接触有害化合物会造成何种影响是当下正在进行的一个重要课题，经常有可用的新信息报道出来。随着新原料用于颗粒燃料和其他产品的生产，陆续会有新材料潜在有害影响的测试结果发表。

颗粒燃料制造商提供了一份材料安全数据表，上面标注有他们产品的气体排放和毒性信息。供应商提供的转化设备排放的烟囱废气是能量变化的结果。特定产品材料安全数据表上的数据是独一无二的，反映了产品的稳定性和反应活性。颗粒燃料生产商可能是散装颗粒燃料有一种材料安全数据表而袋装产品有另一种。散装的颗粒燃料带来的健康风险要远大于袋装产品，因为污染物的浓度是体积的函数。比如说，远洋船舶上装载成千上万吨颗粒燃料会产生大量的粉尘，但在家里从燃料袋中取燃料填充到加热设备中去的时候只会产生很少量的灰尘。还有一个例子说的是颗粒燃料的废气排放，将筒仓中储藏的大量散装产品和袋装颗粒燃料排放的废气相比较，差别是巨大的。不过，应该注意的是即使是少量储藏的木质颗粒燃料，如果储藏间体积小而且整个储藏单元是密封构造，排放气体的浓度也是相当高的。

5.3.1 与颗粒燃料装卸过程中产生的粉尘接触

除了有些颗粒的传染性外，空气动力学等效直径(ae. d.)小于 100 μm(典型尺寸分布见于 5.2.1.1 节的图 5-1)的微粒在接触后对健康的影响也受到关注。微粒能比较容易地通过我们的呼吸进入到导气管的各个部分，当然在何处沉降要取决于微粒的大小(图 5-18)。微粒积存到体内可能会导致各种疾病如急性反应、慢性反应或肿瘤。空气动力学等效直径小于 10 μm 的微粒造成的破坏是最严重的，它们能够通过肺泡进入血液，肺泡是肺中气体和血液发生氧气交换的地方。医学领域将渗透在我们肺中的微粒按以下等级分类[270]：

- 可吸入部分：空气动力学等效直径＜ 100 μm。
- 进入胸腔的部分：空气动力学等效直径＜ 25 μm。
- 可呼吸的部分：空气动力学等效直径＜ 10 μm。

从长远来看粉尘污染问题，据估计，一个普通人一天吸入 10 m^3 的空气，一年就接近 4000 m^3，如果寿命是 80 年，那么要吸入 320000 m^3[268]。远离市中心的户外微粒标准浓度大约是 10 $\mu g/m^3$。在这里生活一生中吸入的微粒量加起来大约是 3.2 g，大约相当于满满 3 茶匙。人类头部的空气接触面积大约是 0.5 m^2，支气管-胸腔部分大约是 2 m^2，而呼吸系统肺泡区域则有 100 m^2。

颗粒燃料的毒性是基于制造商生产颗粒燃料时所用原料的来源/类型，这对于木质颗粒燃

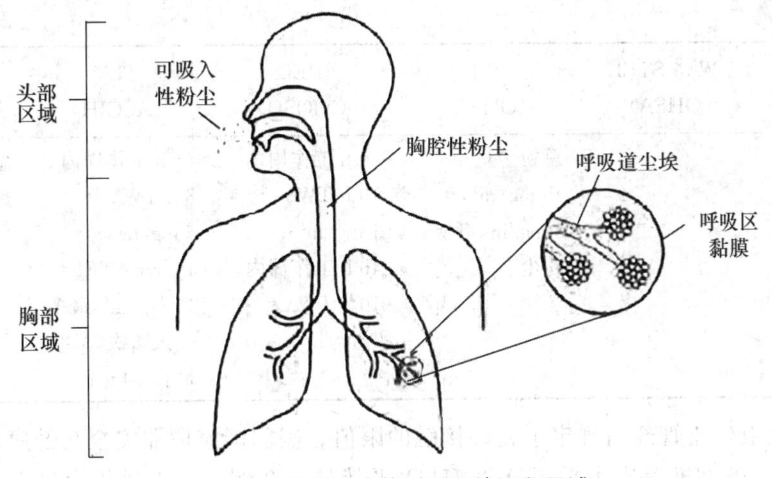

图 5-18 微粒在人体呼吸系统沉积区域

注:数据来源[270]

料粉尘也是适用的。表 5-6 列出了所有毒性数据,总结了各种监管机构提供的接触极限值,这些值经常在文献中引用[264,265,266,267,268]。应该指出的是,各个管辖机构的接触极限值可能会稍微有些不同。表 5-6 中给出的极限值没有明确区分是来自白软木和树皮这两种材料的哪一种。

表 5-6 毒性数据相关的各种监管结构推荐的接触极限值

原料	TWA&STEL (OHSA)	PEL (OHSA)	REL (NIOSH)	TLV (ACGIH)	健康影响
软木材如杉木、松木、云杉和铁杉	40 h 工作周内,8 h 5 mg/m³ 15 min 10 mg/m³,最多每天 4 次,每次最长 60 min	总粉尘量 15 mg/m³,5 mg/m³ 呼吸粉尘	40 h 工作周内,10 h TWA = 1 mg/m³	40 h 工作周内,8 h TWA = 5 mg/m³ 15 min STEL= 10 mg/m³,最多一天 4 次,每次最长 60 min	急性或慢性皮炎、哮喘、红疹、发疱、鳞片和瘙痒(ACGIH)
硬木如桤木、山杨、棉白杨、胡桃木、枫木和白杨树	40 h 工作周内,8 h 1 mg/m³	总粉尘量 15 mg/m³,5 mg/m³ 呼吸粉尘	40 h 工作周内,10 h TWA = 1 mg/m³	40 h 工作周内,8 h TWA = 5 mg/m³ 15 min STEL= 10 mg/m³,最多一天 4 次,每次最长 60 min	急性或慢性皮炎、哮喘、红疹、发疱、鳞片和瘙痒(ACGIH)穿透位置有疑似肿瘤(IARC)
橡木、核桃和山毛榉	40 h 工作周内,8 h 1 mg/m³	总粉尘量 15 mg/m³,5 mg/m³ 呼吸粉尘	40 h 工作周内,10 h TWA = 1 mg/m³	40 h 工作周内,8 h TWA = 1 mg/m³	穿透位置有疑似肿瘤(ACGIH)

续表 5-6

原料	TWA&STEL (OHSA)	PEL (OHSA)	REL (NIOSH)	TLV (ACGIH)	健康影响
西方红色雪松		总粉尘量 15 mg/m^3，5 mg/m^3 呼吸粉尘	40 h 工作周内，10 h TWA＝1 mg/m^3 40 h 工作周内，10 h TWA＝1 mg/m^3	40 h 工作周内，8 h TWA＝5 mg/m^3 15 min STEL＝10 mg/m^3，最多一天 4 次，每次最长 60 min	急性或慢性鼻炎、皮炎、哮喘(ACGIH)

地区职业卫生监管部门规定了允许接触的限值。美国国家职业安全与健康署申明木质粉尘是有害粉尘，极力推荐雇主采用 ACGIH 水平就是一个例子。木质粉尘最大允许接触总粉尘量是 15 mg/m^3(可呼吸部分 5 mg/m^3)。ACGIH 列举山毛榉、橡木、桦木、桃花心木、柚木和核桃木为呼吸道致敏原。根据 ACGIH 的标准，接触 STEL 一天不应该超过 4 次，而且中间至少间隔 60 min。其他的司法管辖区可能规定了别的接触极限值。

5.3.1.1 进入路线和控制

粉尘主要是通过呼吸和直接皮肤接触这两种途径来造成健康问题。在尘土飞扬的环境里，如像颗粒燃料生产车间、码头装卸地点或大型能源工厂这些颗粒燃料散装装卸的地方，接下来的章节会对这些方面做描述。

5.3.1.1.1 粉尘的吸收

直接在粉尘中呼吸会导致咳嗽和嗓子发干。如果浓度超过 TWA 接触值，吸入的灰尘可能会导致哮喘、红疹和/或过敏反应，这取决于个人的敏感性。

下面几点应该予以慎重考虑：

- 采取充分的除尘和收集措施让粉尘浓度低于 TWA。
- 限制产品装卸非直接参与人员进入。
- 让工人们轮流执行任务，减少轮班期间或工作周里的 TWA。
- 不间断地用真空吸尘器清洁粉尘会积累的地方。
- 恰当地选择、使用和维护呼吸防护用具。
- 个人防护装备(PPE)如有 N95 暗盒的防毒面具，或具有 P100 过滤器或等效物的电动空气净化呼吸器，可用于粉尘浓度水平疑似超过实际 TWA 的区域。呼吸器在使用之前需要做年度质量测试和医学鉴定。
- 禁止在爆炸性粉尘或气体存在的区域内或附近吸烟。

5.3.1.1.2 皮肤接触

粉尘沉降到皮肤上能引起皮炎、发疱、鳞片和瘙痒。根据国际癌症研究机构(IARC)的研究结果，某些硬木粉尘有可能在穿透位置发生肿瘤[264]。

以下几点应该予以考虑：

- 采取充分的除尘和收集措施让粉尘浓度低于 TWA。
- 限制产品装卸非直接参与人员进入。
- 让工人们轮流执行任务，减少轮班期间或工作周里的 TWA。

• 不间断地用真空吸尘器清洁积累粉尘的地方。

• 午餐休息前和换班前用真空吸尘器清理工作服,防止任何食物或个人衣物的交叉传染。

• 不要用压缩空气清洁工人或工人的衣服。要提供工人换班前淋浴。

• 工人们要穿着标准长度的衬衣和裤子或连衣工作服,佩戴带侧边的安全防护眼镜或护目镜,防止机械性刺激以及灰尘与皮肤和眼睛的接触。

强烈建议为装卸工人和在木质颗粒燃料附近工作的人启动健康监测项目,因为接触木质粉尘对健康影响的程度是因人而异的。健康监测项目应该从过敏测试开始以确定敏感性和工人们对材料的反应以及控制个人接触的最佳方式。应该对工人们定期做重新评估以便确定接触控制措施是否适合于个人。

5.3.1.2 对人体的影响

粉尘对人类身体健康的影响从轻微损害到严重的威胁生命的疾病,各种程度都有。

5.3.1.2.1 对眼、鼻和喉咙的影响

很多硬木和软木都含有能刺激眼睛、鼻子和喉咙的化学物质,造成气短、干涩和喉咙疼痛、打喷嚏、流泪和眼黏膜炎症。木质粉尘通常在鼻子里积聚,导致打喷嚏和流鼻涕。其他可见影响包括流鼻血,嗅觉受损和鼻腔完全堵塞。

5.3.1.2.2 皮炎

许多种木材中的化学物质都能引发皮炎,皮肤会变红、瘙痒或干燥,可能会出现水疱。与木质粉尘直接的皮肤接触也有可能会引起皮炎。与粉尘反复接触后,工人会变得对粉尘敏感,患上过敏性皮炎。一旦这个工人开始过敏,即使是接触很小量的木质粉尘都会产生反应,重复接触病情会更加严重。

最经常发生的过敏性皮炎是与热带硬木接触造成的。已经有关于接触道格拉斯冷杉和西方红雪松造成过敏性皮炎的病例报道了。此外还有与西部铁杉、北美云杉、松树和桦树接触后患上刺激性皮炎的报道。

5.3.1.2.3 对呼吸系统的影响

对呼吸系统的影响包括降低肺容量和肺部的过敏反应。肺部可能发生两种类型的过敏反应:

• 过敏性肺炎,即肺泡壁和小气道发炎。

• 职业性哮喘,即气道收缩导致呼吸困难。关于导致哮喘的木质粉尘研究最多的是西方红雪松。在大不列颠哥伦比亚省,有一些关于工人被其他种类的物质如灰尘、橡木和桃花心木引发哮喘的病例报道。

肺容量减少可能是因为粉尘对肺部组织机械或化学刺激造成的。肺容量减少导致气道变窄,从而减少了肺部空气摄入量,最终导致呼吸困难。肺容量降低通常是经过很长时间才发生的(即反复接触)。

对阿司匹林过敏的工人应该被告知柳树和桦树含有高浓度的水杨酸,这种酸正是阿司匹林的前体。敏感个体偶然接触这些木材就会有反应。

5.3.1.2.4 癌症

某些硬木粉尘已经被 IARC 鉴定为阳性致癌物质。已经有报道称与木质粉尘接触的行业里的那些工人是鼻腺癌主要高危人群。一些研究表明在锯木厂、纸浆和造纸以及二次木材加工行业里工作的人鼻癌和何杰金氏症发生率会增加。工人接触硬木粉尘,最常见的是山毛榉

和橡树的时候风险最高。

西方红雪松的粉尘被认为是一种"有害粉尘"[等于含有质量分数少于1%的硅酸盐(OSHA)],没有呼吸系统致癌健康影响的记录(ACGIH)。雪松脂是皮肤和呼吸道刺激物。

5.3.2 与排放废气的接触和控制措施

为了降低操作人员进入密闭、装满了颗粒燃料的容器内接触有毒气体的风险,这种地方需要适当通风。颗粒燃料排放的气体主要有3种,即一氧化碳、二氧化碳和甲烷[239,271,272]。这些气体是非冷凝性的,没有一种能通过气味来探查。最危险的是与一氧化碳的接触,尤其是伴随有缺氧的情况下。作为例子,表5-7列出了加拿大和瑞典对这些气体规定的TWA和STEL[264,265,266,267,268]。大多数其他行政区内可以见到类似的限制值。读者可以去职业保健机构查询该区域确切的限制值。除了非冷凝气体[273],颗粒燃料还排放许多冷凝性气体,大多数都能通过气味探查到,众所周知这些气体被吸入或渗透入眼睛和皮肤时会引起过敏。

表5-7 加拿大和瑞典的CO、CO_2和CH_4的TWA以及STEL示例

成分	国家	TWA (8 h/d～40 h/周)		STEL (15 min)	
		ppm(体积比)	mg/m³	ppm(体积比)	mg/m³
一氧化碳(CO)	加拿大1)	25	29	100	115
	瑞典2)	35	40	100	120
二氧化碳(CO_2)	加拿大1)	5000	9000	30000	54000
	瑞典2)	5000	9000	10000	18000
甲烷(CH_4)	加拿大1)	1000	—	—	—
	瑞典2)	—	—	—	—

注:1)根据职业健康和安全法;2)根据AFS 2005:17;没有一氧化碳或甲烷的接触上限值(CEV);加拿大推荐的生活区范围内的CO的TWA是9 ppm体积比[274](参见5.4节中散装木质颗粒燃料MSDS的第三部分);数据来源[275]

为了减少甚至避免在非冷凝性气体存在的区域吸入这些气体,以下几点要慎重考虑:

• 进入有木质颗粒燃料的空间之前应该先充分通风,必须充分到让一氧化碳、二氧化碳和甲烷的浓度保持在或低于表5-7列出的TWA。

• 在入口必须有限制进入的警告标示。

• 在有排放废气区域工作的人员应该携带一个对一氧化碳和氧气报警的万用表。这种万用表应该是充电式的,要定期根据制造商的说明书做校准。另外,还应该做传感元件的污染物测试(过量的一氧化碳或碳氢化合物的冷凝物)。不建议使用这两种气体单独的探测表。

• 如果需要在如上所述的第一个控制措施落到实处之前进入到颗粒燃料储藏间,或者气体探测器显示一氧化碳浓度超过TWA,或氧气体积分数低于19.5%(同样参见5.3.3节)的时候,应该使用自给式呼吸器。

• 对于使用自然通风的小型颗粒燃料储藏单元,在入口处必须有明显的进入储藏单元的警告标志和通风指令。对于密闭的小型颗粒燃料储藏单元,强制通风后进行一氧化碳和氧气浓度的测量，必须保证无风险进入储藏间(参见 5.3.3 节)。

5.3.3 与缺氧环境接触以及控制措施

海平面的正常氧气体积分数是 20.9%，最低可取氧气体积分数是 19.5%。因此约定俗成的是保证工作场所最低氧气体积分数为 19.5%。氧气的体积分数很容易测定，监控器在市场上就可以买到而且相对便宜，结合有同时测定一氧化碳和氧气的仪表。气体表被要求能够同时测定氧气和一氧化碳的浓度。只测定氧气浓度是不够的，而且还有可能提供实际上错误的安全感，特别是在生物质或颗粒燃料散装装卸的区域和可燃气体有可能与空气相混的空间内。例如，一个区域氧气体积分数的读数超过 19.5%，这有可能是安全的，但也有可能其中含有体积分数超过 1.4%的一氧化碳(20.9%和 19.5%的差)。体积分数 1.4%的一氧化碳对应的是体积比 14000 ppm。这个浓度的一氧化碳是 1～2 min 内致死。低氧同时伴随高一氧化碳的环境中产生的医学后果比一氧化碳伴随正常浓度氧气这个组合下产生的后果要严重得多；因为缺氧时身体会不由自主地增加呼吸频率，从而导致一氧化碳摄入量的增加。

现在市场上大多数的万用气体表都能够测量氧气、一氧化碳、硫化氢(H_2S)以及探查可燃气体(碳氢化合物)的爆炸下限(LEL)。国际海事组织规定在运送散装颗粒燃料的远洋船舶上使用多用气体表(也见于 2.1.5 节)。此外，国际海事组织规定除非确定燃料储藏间内氧气体积分数为 20.7%而同时一氧化碳水平体积比最大值是 100 ppm，否则不允许进入其中，当然如果使用自给式呼吸器则不在限定之列。在陆地上生物质或颗粒燃料储藏或散装装卸的地方正在逐步采用类似的法规。

对于包装袋中的颗粒燃料，其废气的排放量一般太小所以无法引起注意，除非是很多袋装燃料密封储藏在一个小空间内一段时间才会出现高浓度的可燃气体。一般的经验是，袋装颗粒燃料应该储存在与外界通风的空间内，这个空间的容积最好有袋装燃料的 10 倍大，坐落在小孩和动物不容易进入的地方。生产商的 MSDS 为安全储藏提供了更详细的信息。

不通风的空间存在的风险很明显，即使少量的颗粒燃料都能产生高浓度的一氧化碳，正如能从文献中查到的那样[238,239,240,241,242,243]。能通风或房间够大能够稀释可燃气体是关键，这样就不会超过爆炸极限值。袋装颗粒燃料通常储藏在通风的空间或非独立区域，因此爆炸的风险是最小的。MSDS 提供了估计浓度的方法，使得风险评估成为可能。同时，不同品牌的颗粒燃料气体排放量不同，每个生产商都应该开发他们自己产品的数据。

5.4 颗粒燃料的 MSDS——散装和袋装

根据大多数司法管辖区的规定，颗粒燃料生产商有义务为他们的产品提交一份 MSDS，有时候简称为安全数据表(SDS)。生产商可以为 MSDS 收集数据，起草文件然后交予法律顾问审查。还有一个选择是生产商收集数据，专家起草文件，在发表之前交给法律顾问审查。MSDS 是一项正在行进中的工作，只要是有与产品相关的新方面或发现产品的更多处理和储藏经验，新的或更新的法规或新的科学发现，就会随时更新。一些司法管辖区要求将关于产品安全性的新信息纳入 MSDS 中，在一定的时间周期内，只看日期、生产商就知道了相关信息。有些司法管辖区要求 MSDS 的任何更新都要在 12 个月内发布到所有购买或参与处理产品的客户那里去。

MSDS的目的有两重。首先,MSDS提供足够的信息保证产品的安全操作、使用和储藏。第二,如果是因为不打算使用或不遵从MSDS中对产品的操作、使用或储藏的方式的建议而造成的事故或意外,MSDS应该保护生产商免除责任。最好的MSDS是信息量大,尽可能地覆盖了很多方面的潜在风险,语言简练,容易阅读,但不会太长的MSDS。一个完善的MSDS还提供了如果事故或意外发生,怎样进行紧急救援行动的基本信息。在产品进行处理、使用或储藏的地方,MSDS应该始终放在便于工作人员取用的位置。MSDS应该同时有纸质版和电子版,用当地语言书写并免费发放。

大多数情况下来自不同生产商的颗粒燃料的特性都是独特的,因为原材料和生产工艺不同。因此,来自不同生产商的各个产品的MSDS也是独一无二的。

5.4.1 MSDS的推荐使用格式

MSDS所需要的内容和格式通常是国家层面上的法规或建议来规定的[276]。工作场所有害物质信息系统(WHMIS)或同等组织[277,278]经常为格式和内容提供指南。还有几个国际公认的指南几乎可以用作任何产品的模板[279]。然而,产品的特性决定了MSDS的覆盖范围。

颗粒燃料的MSDS至少应该包括以下部分:

- 生产商的法定名称,附上完整的联系信息。
- 紧急情况下能联系上的人(们)的姓名。
- 分配给产品的名字和生产商代码。
- 产品的危险等级。
- 标准化学成分。
- 简便及快速识别产品的物理特性。
- 健康危害数据。
- 急救步骤。
- 灭火规程。
- 泄漏应急处理。
- 安全操作和储藏。
- 接触控制和个人防护(限制进入规程)。
- 稳定性和反应性数据。
- 接触和毒性数据。
- 生态信息。
- 产品运输指南。
- 监管信息。
- 敬告读者——生产商责任免责声明。
- 参考生产商可获得的其他支持性文件如产品规格、航运信息指令(公路、铁路、海洋)等。
- 在MSDS中使用的缩写和术语。

5.4.2 推荐为颗粒燃料 MSDS 使用的数据组

木质颗粒燃料历来被看作是一种良性产品，广泛应用于民居燃料、动物寝具或工业吸附剂。随着散装颗粒燃料的使用量增加，有时候交易量非常大，这个过程中经历的某些风险促进了 MSDS 的全面发展。木质颗粒燃料被归类为危险散装材料(MHB)[244]。被认定的主要风险涉及废气排放的可能性，废气排放会导致高浓度的有毒气体，此外还有自热以及产生爆炸性粉尘。危险程度与在给定空间内产品的体积和产品在何种环境条件下搬运或储存有关。因此建议制造商给小体积的颗粒燃料如袋装的燃料发布一个 MSDS，同时给大量散装颗粒燃料或储存在大容积空间如仓库里的袋装产品发布另一个 MSDS。

MSDS 是由制造商或颗粒燃料供应商提供的公共文件，任何时候有对这种文件有需求应该都能拿到。以可检验的数据为基础，在 MSDS 中恰当展示他们的产品是制造商们的责任。

5.4.2.1 散装颗粒燃料 MSDS 数据组

以下信息由颗粒燃料生产商开发，包含在产品的 MSDS 之中，建议用作最低限度数据集：

- 非冷凝性气体的废气排放因子，如一氧化碳、二氧化碳和甲烷。
- 缺氧特征。
- 自热特性。
- 来自产品的气载粉尘的爆炸性。

对粉尘云：

- 最低点火温度。
- 最低点火能量。
- 最大爆炸压力。
- 特定粉尘常量。
- 爆炸等级。
- 最低可爆炸浓度。
- 氧气浓度限值。

对粉尘层：

- 最低点火温度。
- 来自产品的细末和粉尘的可燃性特点。

在大量散装颗粒燃料装运的地方，需要以上面的数据为指导构建合适的除尘系统和抑爆系统工程以及设施内的爆炸控制措施。

5.4.2.2 袋装颗粒燃料 MSDS 数据组

以下信息由颗粒燃料生产商提出，建议作为最低限度数据组。同时包含在他们为以独立包装或有限数量的小包装储藏的袋装产品，如在家庭中使用的，发布的 MSDS 中。

- 非冷凝性气体的废气排放因子，如一氧化碳、二氧化碳和甲烷。
- 缺氧特征。
- 自热特性。

装着颗粒燃料的袋子储藏在住宅空间的时候，需要用上述数据来确定 MSDS 中提供的关于通风的指导方针。

5.4.3 MSDS 范例——散装颗粒燃料

附录 A 中有加拿大散装颗粒燃料 MSDS 的例子。应该指出的是，用其他种类原料制造的和使用其他工艺如干燥、颗粒燃料的稳定性和反应性数据可能会表现的多少有些不同，如废气排放因子、颗粒燃料粉尘爆燃指数等。

在北美，颗粒燃料交货到能量工厂、测试实验室等的时候都需要交付 MSDS。颗粒燃料越过美国和加拿大之间的边境以及搭载全球海洋运输载体的时候也需要出示 MSDS。已知在奥地利、德国和瑞典的欧洲大颗粒燃料市场上，MSDS 的使用既非强制也非自发。

5.4.4 MSDS 范例——袋装颗粒燃料

附录 B 中有加拿大袋装颗粒燃料 MSDS 的例子。应该指出的是，用其他种类原料制造的和使用其他工艺如干燥、颗粒燃料的稳定性和反应性数据可能会表现的多少有些不同，如废气排放因子、颗粒燃料粉尘爆燃指数等。

袋装产品的贸易中 MSDS 并不是必需的。然而，散装颗粒燃料被归类为危险产品，袋装颗粒燃料在运输和储存在室内货盘上，比如说在商店里的时候也是也是危险品。生产商发布的 MSDS 能够提供更加详尽的信息。加拿大为袋装颗粒燃料发布的 MSDS 上的储存指南就是一个例子。据了解，欧洲的袋装颗粒燃料没有使用 MSDS。

5.5 总结/结论

颗粒燃料是被压缩或被致密化的固体生物质燃料，容易被机械降解、化学分解，还容易有其他变化，如装卸和储藏过程中吸收水分。装卸时的机械降解产生碎末和浮尘，这些在一定环境下可视为安全问题，因为它们会导致火灾和爆炸，此外被人吸入体内还会变成健康问题。因此颗粒燃料必须要像所有其他燃料一样小心处理，这样才能减少碎末和粉尘的产生，从而减少对健康的不利影响以及降低粉尘爆炸的风险。

颗粒燃料另一个重要的安全方面与散装储藏中颗粒燃料成分的分解导致的自热和自燃有关，这是一个已知但还没有完全了解的现象，世界上很多地方都以此为研究课题。不幸的是，现在已经有多起大型颗粒燃料储藏中自燃导致的火灾报道了。自热的程度最终取决于材料中产热和在热损失之间的平衡。储存量越大，表面区域和体积的比率就越小，因此相对于它的体积，能通过储藏物表面区域散失的热就减少了，这样看来，自热和自燃的危险是随着燃料储藏体积的增加而变大。成堆或筒仓储藏生物质的自热可能是通过生物学和/或化学氧化而发生的。化学氧化已经确定为木质颗粒燃料储藏时导致自热的主要分解机制，但是在潮湿生物质的储藏中，自燃发作的作用机制是生物学降解和/或化学氧化。

最重要的一类生物学自热与需氧细菌和真菌在充足的空气（氧气）、温度和湿度环境下的呼吸同时发生。因此嗜中温生物最高能够产生大约 40℃ 的温度；高于这个温度它们就会死亡。相对的，嗜热生物在死亡之前最高能在大约 70℃ 下存活。因此超过这个温度的自热一定是化学氧化过程导致的。从生物学到化学氧化过程的转变有着特别的意义，因为自燃只能在化学过程的基础上发生。化学氧化过程能否达到自燃的程度不仅取决于生物学过程升高的温度，还取决于很多其他参数如水分含量、穿过燃料堆的气流或生物质的表面特性。

特别是关于储藏颗粒燃料中自热和自燃的实验，研究表明微生物的生长通常是受颗粒燃料低水分含量的限值。然而，基于化学氧化过程的升温在刚刚生产出来的颗粒燃料的储藏中尤其显著。在某些情况下，这些温度的上升会引起自燃。颗粒燃料的自热好像还取决于所使用的原材料。据推测，高不饱和脂肪酸含量会促进颗粒燃料的自热。比如说，松树木材的不饱和脂肪酸含量就很高。

还有众所周知的是木质纤维材料如颗粒燃料对空气中水蒸气的吸收产生冷凝热，这是一个热释放（产热）过程。除了冷凝热，水分含量在不同颗粒燃料层次间的平衡引起的微分热也包含在自热中，不过量级要低得多。

随着时间流逝，颗粒燃料分解释放出非冷凝性气体（主要是一氧化碳、二氧化碳和甲烷）和冷凝性气体（另外的有毒气体如醛类和萜烯），这个现象就是所谓的废气排放。即使是在很低的温度下储藏散装木质颗粒燃料，也存在有废气的危险。在工作人员进入有大量木质颗粒燃料散装储存的封闭空间时发生过很多因此致命的事故，尤其是在缺氧条件下。因此，对于没有彻底通风的储藏区域，只有检查过一氧化碳和氧气浓度，才能允许进入。与当前的中欧标准不同，小型家庭颗粒燃料储藏单元应该配备使得自然通风成为可能的设施。此外，必须安装警告标志和通风指令，而且在进入颗粒燃料储藏室之前必须执行通风指令以确保无风险出入。

为了降低异常自热和自燃引发火灾的风险，很重要的一点是要通过埋在存储产品中的传感器持续监控温度。将彼此保持一定间距的传感器装入垂直悬浮电缆中，这是筒仓中常用的方法。从人类生命和健康以及获得可能自燃的早期迹象这两个角度来考虑，建议应该在储藏建筑的天花板上或在筒仓的顶部区域安装探查一氧化碳的气体分析装备。浓度超过100 ppm，没有自给式呼吸器的工作人员就不应该进入储藏区域。筒仓顶部区域一氧化碳体积分数为2%～5%的高浓度，经常伴随着强烈的气味，这是散装燃料在进行高温热解的典型标志。一氧化碳并氧气浓度的测量对灭火操作也非常有价值。

与传统消防完全不同的是筒仓消防技术不能使用水，这与筒仓火灾的解剖结构有关。被淋湿的颗粒燃料迅速膨胀到其原始尺寸的3.5倍，如果是储藏在容器中，比如说在筒仓内，膨胀的材料能形成极度坚硬的块状物，如果要移除必须动用气锤。另外还有形成桥接和使筒仓壁开裂的危险。

自燃发生时闷烧材料通常会形成火球。因为自然中的对流普遍是向上的，提供给火球的氧气从下面来而大量消耗氧气的可燃气体却是向上移动。所以从实验和对真实火灾的观察结果表明火球是从着火点缓慢向下移动的。可燃气体形成的热浪向上的移动非常缓慢，试验表明这是由筒仓高度决定的，可能需要一到几天才能到达顶端空间，被设置在顶端空间的仪器探测到。

因为绝大多数情况下无法精确定位火球所在的位置，筒仓火灾应该通过注入惰性气体（通常是氮气），阻止空气（氧气）到达焖火区来灭火。惰性气体要以气态从接近筒仓底部的地方注入，这是为了确保整个筒仓的惰性化。为了整个筒仓截面面积都能有气体分布，大直径筒仓需要几个气体注入口。在这些情况下，在筒仓底部安装一个管道系统的准备工作对有效的消防操作至关重要。气体的供给需要恰当的设备，比如说储藏罐和汽化装置。筒仓要建造地尽可能密闭也同样重要，这是为了减少空气渗入到筒仓室内。安装在筒仓顶部的“止回阀”能够排出可燃气体同时防止空气进入。筒仓中颗粒燃料的排放要在筒仓顶部区域气体分析(一氧化碳和氧气)结果表明燃烧已经被有效控制之后才能开始。

为避免生物质自热和自燃的综合性建议和意见总结如下：

- 如果燃料自热的倾向性未知,避免大量储藏和运输。
- 要知道燃料大量储藏时自热和自燃的风险。
- 要避免不同类型的生物质燃料混合储藏。
- 要避免含水量不同的来自不同批次的混合燃料。

对木质颗粒燃料储藏的具体建议总结如下：

- 避免在散装燃料中出现大量碎末。
- 测量和监控储藏材料中温度的分布和空气成分。建议经常目测检查。
- 在筒仓底部装置气体注入口,以防止火灾发生。
- 木质颗粒燃料储藏单元必须配备以储藏体积为依据的,方式恰当的通风设备,以控制一氧化碳和二氧化碳的浓度。

必须要正确估计颗粒燃料装卸和储藏过程中产生的细末微粒(浮尘)以及排放的有毒气体对人类健康的不良影响。流行病学研究显示颗粒燃料装卸时产生的微粒(浮尘)与对健康的不良影响有很强的相关性。造成最严重伤害的是空气动力学等效直径小于 10 μm 的微粒,它们能够进入人类的血液,但同样直接的皮肤接触也能导致不良健康反应。废气排放最严重的影响是接触一氧化碳,尤其是在缺氧的时候接触(一氧化碳浓度大约在 1200 ppm 的时候有剧毒)。因此,强烈建议不要接触有毒化合物,尤其是颗粒燃料排放的废气和生成的微粒更要受到限制。各个不同的司法管辖区都有要遵守的不同的建议接触极限值,同时应该考虑所推荐的减少接触有害化学物的措施。

在大多数司法管辖区,颗粒燃料生产商有提供他们产品材料安全数据表的义务。MSDS 是一个持续进行的工作,只要有与产品相关的新形势或更多关于产品处理和储藏的经验被发掘,新的或法规或原有法规更新或新的科学发现时就会被更新。MSDS 应该为产品的安全装卸、使用和储藏提供充分的信息,而且保护生产商对不按照或不符合 MSDS 建议进行装卸、使用或储藏最终导致的事故或意外免责。MSDS 应该尽可能多地涵盖各个方面的潜在风险。MSDS 所需的内容和格式通常是在国家级法规或建议中做了规定的。还有一些国际公认的指南可以用作几乎所有产品的模板。本节和附录 A 和 B 中给出了关于颗粒燃料 MSDS 格式和数据组的建议。

6 木质颗粒燃料的燃烧技术

颗粒燃料高而恒定的质量使得其燃烧技术和传统的燃烧技术有着显著的差异。发展以生物质为基础的自动燃炉，要想有与石油或天然物供暖系统相似的操作舒适度，只有以颗粒燃料为燃料才能建立起来。

相比于木屑，颗粒燃料更具流动性，因此适合燃炉的自动化操作。比起使用木屑，使用颗粒燃料时燃炉自身能够以更准确的方式被调整，因为颗粒燃料水分含量和粒度大小是恒定的。此外，颗粒燃料需要的储藏空间更小。已经证实颗粒燃料供暖系统故障少，使用起来更加舒适。在将颗粒燃料炉与柴火炉相比较的时候，这个断言也是适用的，事实上这两个系统的差异要更大些。柴火炉的自动投喂在很长一段时间内都没有办法实现，储藏需求量也更大一些，而且到目前为止，存储填充和炉料的操作工作强度都要大得多。

从额定功率达到 100 kW_{th} 的小型燃炉到在 100～1000 kW_{th} 的中型燃炉再到大于 1000 kW_{th} 的大型燃炉都可以使用颗粒燃料。此外，颗粒燃料还在 CHP 中以及在化石燃料炉中混烧。

在接下类的章节里可以详细了解颗粒燃料在所有领域中的应用[280,281,282]。

6.1 小型系统(锅炉额定功率小于 100 kW_{th})

小型系统的定义是额定功率最大达到 100 kW_{th} 的锅炉。这种颗粒燃料供暖系统的市场在很多国家持续增长，比如在奥地利、德国和瑞典(参见第 10 章)。这种燃炉以单个炉灶或集中供暖系统的形式在住宅供暖部门中使用，此外还用于微型电网和小型工业用户。

颗粒燃料炉灶使用的燃烧技术必须符合最高标准以保证终端用户无障碍以及易于操作。接下来的章节给出了颗粒燃料炉使用的燃烧技术和装置的特殊属性，并做了详细地讨论。最后可以看到燃烧技术的范例。

6.1.1 颗粒燃料燃烧系统的分类

颗粒燃料燃烧系统可以以燃炉类型、燃炉进料系统类型或根据设计来分类。本节中可以看到 3 种可能的分类。

6.1.1.1 炉型

通常有两种类型的燃炉，就是颗粒燃料炉灶和颗粒燃料集中供暖系统。炉灶是为供暖系统而设计的,放置在需要供热的房间内。在奥地利和巴伐利亚都很常见的铺瓷砖的火炉就是这样的例子,不过颗粒燃料炉灶已经在市场上出现很多年了。集中供暖系统在一个集中点为整个建筑的所有房间供暖。热能由水承载,通过不同类型的加热表面释放(散热器、地板或墙壁受热表面)。这种系统还用于所谓的微电网中,将热能供应到一系列独立的建筑中去。根据锅炉和燃烧器之间的接触面,集中供暖系统可以分为 3 种类型,即有外置、集成或嵌入燃烧器的锅炉。

6.1.1.1.1 颗粒燃料炉

烧颗粒燃料的炉子配备有一个集成的储藏盒,通过这个盒子,炉子能够自行供应燃料。燃料存储器能够支持几个小时到几天的使用量,具体取决于其结构。此外,能够为这种颗粒燃料炉从储藏室进料的系统已经进入市场了,如坐落在地窖里的。集成电子化使持续进料成为可能。颗粒燃料炉也可以配备一个水套作为热交换器,这样它们就成了一个集中供暖系统。图 6-1 是颗粒燃料炉的图例,它包含一个集成的储藏空间,是为燃炉能连续运转达 70 h 而设计的,这个储藏空间需要人工填充。

图 6-1 以颗粒燃料为燃料的炉子

注:数据来源[283]

6.1.1.1.2 有外部燃烧器的颗粒燃料炉

在有外置燃烧器的颗粒燃料炉子中,燃料在置于锅炉外的燃烧器中燃烧,进入到锅炉中只有烟气。图 6-2 所示的就是这种燃炉。这种方法能够将锅炉和燃烧器分别优化。

将现有的使用取暖油或原木的锅炉设施转换成使用颗粒燃料时,也能用到外置颗粒燃料燃烧器。这种改装旧有系统的方法在瑞典非常常见(到 2007 年底已经有超过 110000 个单位安装了这种系统)。

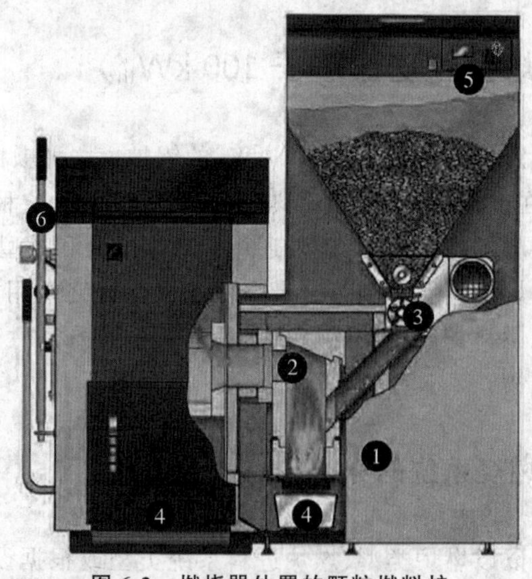

图 6-2 燃烧器外置的颗粒燃料炉

注:1. 点火(热空气);2. 通过分离第一次和第二次空气供给将空气分级;3. 旋转阀;4. 灰盒和换热器的开口;5. 集成的储藏空间;6. 半自动换热器清洁手柄;数据来源[284]

图 6-3 所示的是用这种方式改装的一个瑞典设施。颗粒燃料储藏在它自己的储藏空间里，这个储藏空间能容纳一年的燃料需求量。螺旋进料器将颗粒燃料投入一个软管内，让它们掉入燃烧器中。在这里燃烧的是 8 mm 直径的颗粒燃料（这是瑞典颗粒燃料的标准尺寸，即使是在住宅供暖领域也是如此）。在供暖季灰烬必须 1 周清理 1 次。换热器是人工清洗。

用颗粒燃料燃烧器来改造现有锅炉提供了低成本的不更换锅炉，就将燃料从取暖油或原木改换成颗粒燃料的机会。从整体上来考虑这个概念，它也还是有缺点的，清洁换热器和清空灰烬盒的操作工作有所增加，还有相比较于被优化的使用颗粒燃料的系统和配备合适控制系统的系统而言，排放物有所增加。

特殊的适合燃烧生物质燃料的卧式自动添煤燃烧器的类型在芬兰市场上出现已经有 30 年了。图 6-4 所示的是卧式自动添煤燃烧器的工作原理。大多数设备设计的输出范围是 20～40 kW，它们用来加热单个小型屋宇和农场。设备适合的燃料是木屑、泥煤块和颗粒燃料。卧式自动添煤燃烧器的输出能够高达 1 MW，不过采用的设计略有不同。

通过螺旋输送机进料的燃烧器是用有内衬耐火材料或水冷卧式气缸的铸铁制成。在有些燃烧器中，水冷保证了燃烧器材料的耐久性，改善了燃烧器的保温以减少辐射损失。使用干燥燃料时，燃烧器内部温度能升到 1000℃以上。燃烧器部分安装在燃炉内，部分在外，因此锅炉的整个燃烧室有效地参与了热辐射传递。

图 6-3 改装后使用颗粒燃料的锅炉

注：1. 颗粒燃料燃烧器；2. 颗粒燃料供给；3. 旧有的锅炉；2001 年 1 月在瑞典实地考察时拍摄

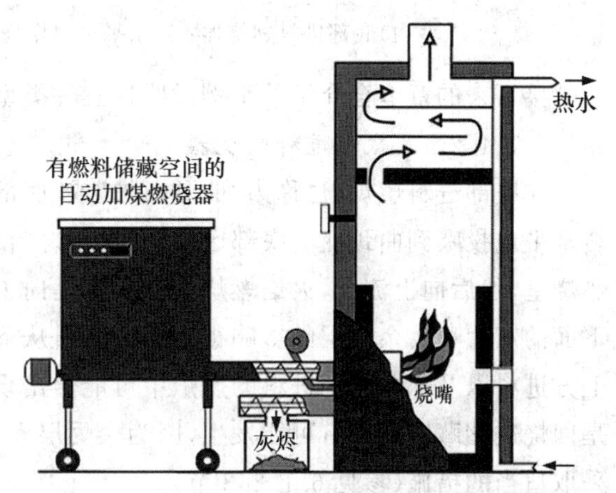

图 6-4 卧式自动添煤燃烧器的原理

卧式自动添煤燃烧器的基本理念是根据对热量的需求精确投料。在任何一个时间都只有很少量的燃料在燃烧，助燃空气通过一个或几个喷嘴注入，这保证了非常有效和清洁的燃烧。这种设备的弹性操作范围是 0～100％（如果没有热能需求，燃烧器进入空转燃烧模式，只有极少量的颗粒燃料燃烧，只是保持不熄火；在这种模式下无法从锅炉获取热量）。这意味着不需要单独的热缓冲存储。小型燃烧器通过锅炉水中的恒温器，用开-关的方法来控制，大型燃烧器的控制方法要更复杂些。

这种自动添煤燃烧器最初是为燃烧木屑设计的。然而,对这种燃烧器来说,木质颗粒燃料和泥炭颗粒燃料更加适合,因为它们的排放量低而燃烧效率高。

6.1.1.1.3　具嵌入燃烧器或集成燃烧器的颗粒燃料炉(inserted or integrated burners)

中欧大部分的集中供暖锅炉,尤其是在奥地利和德国,要么具有集成燃烧器,要么是嵌入式燃烧器。图 6-8 显示的是集成燃烧器锅炉。在这种系统中,锅炉和燃烧器形成一个装配紧密的部件,使对燃料的整体优化成为可能。嵌入式燃烧器锅炉范例见于图 6-6。颗粒燃料燃烧器作为一个独立单元嵌入锅炉。这些系统也对颗粒燃料的使用做了优化和相应调整。在接下来的章节会对它们做详细描述。

6.1.1.2　颗粒燃料进料系统

根据颗粒燃料的进料方式,木质颗粒燃料燃烧系统可区分为 3 种基本原理:底部进料燃烧器、水平进料燃烧器和上方进料燃烧器(图 6-5)。

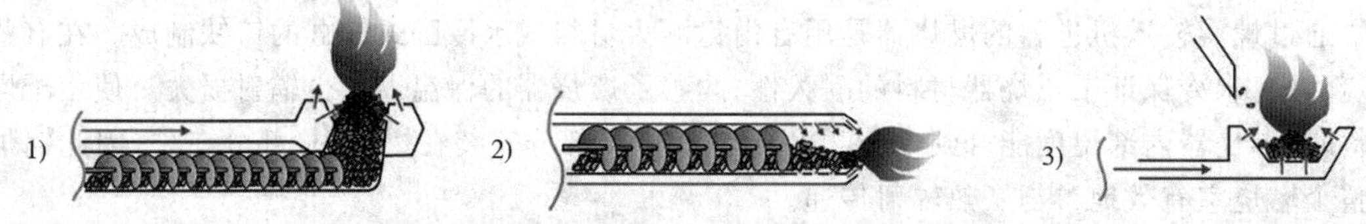

图 6-5　木质颗粒燃料燃烧系统的基本原理

注:1)底部进料燃烧器; 2)水平进料燃烧器; 3)上方进料燃烧器;数据来源[53]

接下来的章节会介绍并举例说明这三种类型的燃烧器。

6.1.1.2.1　底部进料燃烧器

在底部进料燃炉(也称为"曲颈甑炉"或"底部进料加煤机")中,所谓的自动添煤螺旋将燃料水平地投喂到曲颈甑的底部区域,在这里燃料被向上推。第一次空气通过曲颈甑侧面吹进燃烧室,然后向上流动,火焰燃烧的方向也是向上的。灰烬从曲颈甑的边缘排出,掉落到放在下面的灰盒里。余烬层的影响很小因为燃料从下方缓慢向上,不会发生灰尘飞扬的情况,不过上方进料以及部分水平进料的燃炉中可能会出现。然而,关闭燃炉之后,燃料的后阴燃、甚至是回烧进储藏空间都有可能发生,因为余烬层和燃料进料总是在接触着。针对这种情况需要采取适当的措施(参见 6.1.2.3 节)。

图 6-6 展示了底部进料燃烧器的实例。这个系统配备一个整合的颗粒燃料储存库。螺旋进料器通过倾卸轴上的一个防火阀将燃料从燃料库运送出来,然后由自动加煤螺旋投喂给燃烧器。点火是通过热风扇自动完成的。助燃空气由风扇送入。一次和二次空气的分配比例是通过适当尺寸的一次和二次空气供给通道预先调整过的。一次空气从下方穿过曲颈甑(通过开口)。二次空气通过排列在一个圆圈上的喷嘴注入二次燃烧区域。如图 6-6 所示,烟气直接向上流动穿过二次燃烧区到达顶部。然后烟气重新定向向下流动到底部,重新定向,目的是向上通过锅炉的烟气管道以及通过抽风机进入烟囱。

换热器管上螺旋刮片的定期动作由一个电动马达设置,烟道也因此能自动摆脱可能的沉积物。换热器自动清理系统的马达还驱动置于灰盒顶部的炉篦上下移动,让收集在灰盒中的灰烬变得紧实,因此延长清空灰盒的间隔时间。设备的控制系统是以微处理器为基础的。

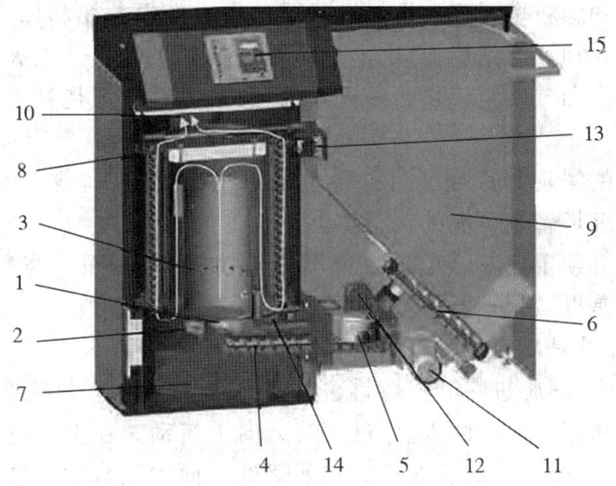

图 6-6　底部进料燃炉

注：1. 曲颈甑；2. 一次空气供给；3. 二次空气供给；4. 自动加煤螺旋；5. 助燃空气风扇；6. 螺旋进料器；7. 灰盒；8. 有螺旋刮片的换热器；9. 颗粒燃料储存库；10. 烟气通道；11. 燃料投料系统的主驱动装置；12. 防火阀；13. 自动清洁系统的驱动；14. 自动点火；15. 显示器和控制系统(微处理器)；数据来源[209]

6.1.1.2.2　水平进料燃烧器

相比于底部进料燃炉，水平进料燃炉的燃料只有侧面输送，不过是借助自动加煤螺旋来完成的。一次空气从底部和灰烬层上方供给。和底部进料燃炉不同的是，火焰是水平燃烧的。灰烬从曲颈甑的边缘排出，掉落到放在下面的灰盒里。掉落时对灰烬层的影响要大于底部进料的燃炉，不过不如上方进料的燃炉那样强烈，因为后者的燃料是侧向插入的。在这种结构中闷烧和回烧也有可能会发生，因为灰烬和燃料进料之间有连接。

图 6-7 给出了一个水平进料颗粒燃料炉的例子，不过水平进料系统应用并不很广泛。这

图 6-7　水平进料颗粒燃料炉

注：1. 不锈钢燃烧器；2. 自动加煤螺旋；3. 运送螺旋；4. 倾卸轴；5. 各螺旋的驱动；6. 换热器；7. 有驱动技术的螺旋刮片；8. 供热系统的循环环注入和回返；9. 灰盒；10. 集成颗粒燃料库；11. 耐火土制成的燃烧室；数据来源[285]

个设施包含一个整合的颗粒燃料库。螺旋进料器从集成的颗粒燃料库中将燃料运送出来，然后通过倾卸轴进入到自动加煤螺旋，再由这个螺旋进料到燃烧器。点火是通过燃烧器中的热风扇自动发生的。一次和二次空气供给是分开的，通过不锈钢燃烧器上的开口来实现。助燃空气由助燃空气扇提供。

换热器管道内置的螺旋刮片或通过外置手柄人工设置动作，或由电动机设置，由结构来定。这些刮片用来清理烟管中可能的沉积物。

积累灰烬的灰盒必须要定期清空。燃烧器是不锈钢制成，而燃烧室是用耐火砖修建的。管理燃炉的控制系统是以微处理器为基础的。

6.1.1.2.3 上方进料燃烧器

在上方进料燃炉中，螺旋进料器将燃料送入到沉井中，颗粒燃料从这个地方掉落到灰烬床的篦子上。一次空气从篦子下面注入，穿过灰烬床向上流动。在上方进料燃炉中火焰向上燃烧，这和底部进料燃炉一样。灰烬从篦子处向下落到下面的灰盒中。这种类型的燃炉能够根据当前热能需求来精确进料。因此，只有生产实际所需功率要用到的颗粒燃料会通过余烬床。然而，颗粒燃料从上方掉落会造成微粒物质排放量和来自余烬床上不完全燃烧微粒排放的增加。因为余烬床和进料系统在空间上的分离，燃炉关闭后，闷烧和回烧都不会发生。图6-8显示的就是上方进料颗粒燃料炉。

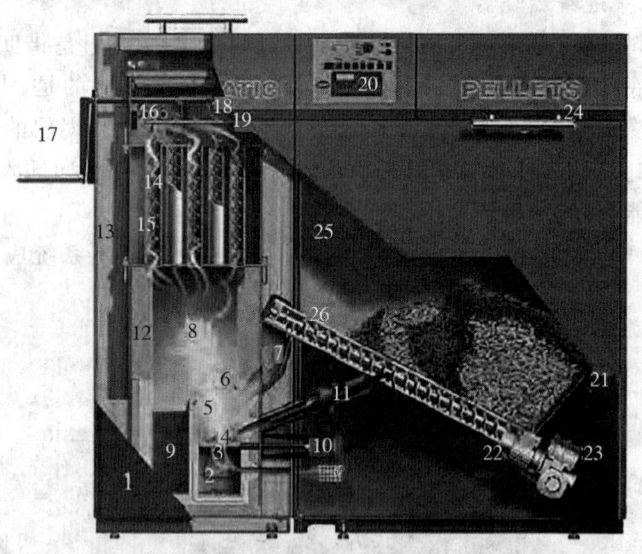

图6-8 上方进料颗粒燃料炉

注：1.灰门；2.炉篦清理盘；3.一次空气；4.篦子；5.二次空气；6.喷嘴环；7.倾卸轴（沉井）；8.膨胀区域；9.灰盒；10.炉篦清理系统驱动；11.点火扇；12.陶瓷隔热；13.隔离层；14.螺旋刮片；15.换热器；16.抽风扇；17.操作清理系统的手柄；18.烟气传感器；19.氧传感器；20.控制面板；21.填充水平传感器；22.电动机；23.变速箱；24.开口；25.集成颗粒燃料库；26.进料螺旋；数据来源[286]

热风扇让颗粒燃料发生自动点火。上述燃炉的燃烧室是用类似黏土的高碳硅含量的混凝土建造，二次空气通道只能让其稍微冷却一点。颗粒燃料开始变得灼热的同时掉进沉井内，并保持这种状态直到到达炉篦上宽松的余烬层里。空气可以从余烬层的侧面吹进，使得燃料完全燃烧。在做管道设计的时候就要预设好将空气分隔成一次和二次空气。一次空气通过炉篦下方的开口进入燃烧器。二次空气通过一个喷嘴环进入，这个喷嘴环形成了一个旋转气流。最开始，二次空气作为冷却介质在反应区流动，防止炉渣形成。温度升高后，它到达火焰处。

二次空气和助燃气体混合成同质可燃气-空气混合物，移动到二次燃烧区。在二次燃烧区停留适当的时间以保证混合气体的完全燃烧。产生的烟气被抽风机运送到烟囱。惯性力量可以分离燃料层产生的灰烬微粒，将其收集到灰盒中，这个灰盒必须定期清空。换热器管道中的螺旋刮片将可能的沉积物被松散以便清理，这些刮片通过外置的手柄操作，变松散的沉积物会掉落到灰盒里。还有一种自动操作的换热器清洁系统可供选择。自动的炉篦清洁系统已经建立，所以一次空气能够通过炉篦进入一次燃烧区域不会产生任何问题。基于这个目的，在操作间隙，炉篦要每天翘起一次，因为炉篦干净，通风槽没有沉积物。管理着整个装置的控制系统是以微处理器为基础的。

6.1.1.3 颗粒燃料燃烧器的设计

颗粒燃料燃烧器的设计主要有两种，即甑式炉和炉排炉[282]。甑式炉总是设计成底部进料燃烧器。炉排炉设计成水平或上方进料燃烧器。根据设计，炉排炉可以细分为固定炉排、铰链式炉排和阶梯式炉排燃炉。图 6-9 展示了在奥地利颗粒燃料炉中使用的不同类型的燃烧器。

图 6-9 不同类型的颗粒燃料燃烧器

注：左上：甑式炉；右上：固定炉排；左下：阶梯式炉排；右下：铰链式炉排；数据来源[282]

此外，还有其他特殊结构的颗粒燃料燃烧器，如旋转炉排(图 6-10)或“旋转木马”燃炉[287]。

图 6-10 旋转炉排颗粒燃料燃烧器

注：数据来源[288]

6.1.2 颗粒燃料燃烧系统的要素

6.1.2.1 输送系统

为了满足在不同框架条件下将颗粒燃料从储藏空间输送到燃炉的要求，现在已经有很多不同的系统被开发出来。总体上来看，有两种完全不同的系统可以使用：气动进料系统和螺旋进料器。

螺旋进料器有两种类型：常规的和有弹性的螺旋进料器。图 6-11 显示的是使用前者的系统。通过水平螺旋通道从储藏间取得颗粒燃料，该通道从储藏空间的底部穿过其整个长度。储藏空间和燃烧器之间的地面高度差由配备有万向接头的螺旋进料器克服，进料方向在此处发生改变。这个系统的主要缺点就是它不够灵活。储藏空间应该是长方形的（越长越窄就越好），炉子间应该放置在储藏空间的窄边末端。有万向接头的螺旋进料器能够克服水平轴的小改动，但是一旦炉室和储藏空间不能形成纵向对齐或之间距离过长，这个输送系统就都不适用了。常规螺旋进料器的主要优势是已经验证过的，实际上它很结实耐用而且噪声小。

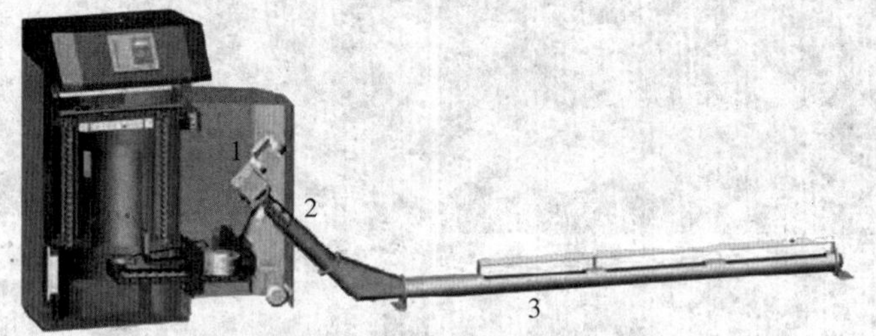

图 6-11　使用常规螺旋的输送系统

注：1. 螺旋进料器驱动；2. 螺旋进料器；3. 螺旋通道；数据来源[209]

图 6-12 显示了基于弹性螺旋进料器的颗粒燃料排放系统。储藏空间的排放是通过位于储藏间底部的一个螺旋来执行的，这个螺旋穿过储藏空间的整个长度，和上面的例子一样，只是这里的螺旋能够在一定程度上做水平移动。这个水平的移动是为了避免储藏空间内有任何桥接形成。用弹性螺旋就能克服储藏间和燃烧器之间的高度差，不需要更多的配件。弹性螺旋的主要好处是它们能够弯曲，所以储藏间和炉室没有必要安排在一个轴线上。为了保持低损耗，应该避免曲线过紧。和常规螺旋进料器一样，弹性螺旋的操作没什么噪声。

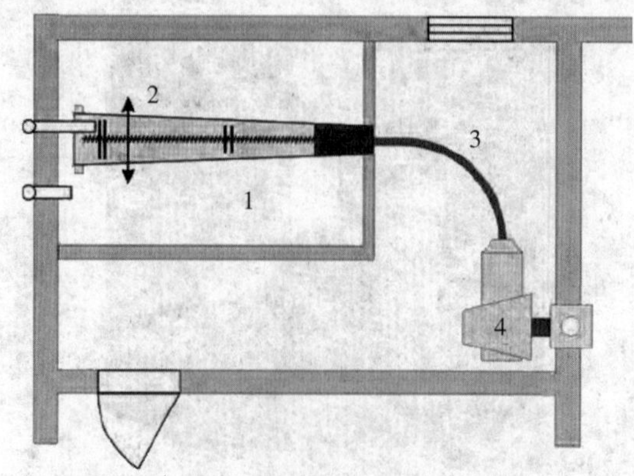

图 6-12　使用弹性螺旋的输送系统

注：1. 储藏空间；2. 储藏空间底部螺旋的移动；3. 弹性螺旋进料器；4. 颗粒燃料炉；数据来源[289]

常规和弹性螺旋也可以结合起来使用。储藏空间的排放通常由顺着储藏空间的长边放置的运送螺旋来执行,同时用弹性螺旋克服储藏间和燃烧器之间的高度差以及可能的方向变化。

图 6-13 展示的是从储藏室到燃炉的颗粒燃料气动进料系统。在这种情况下,颗粒燃料能够从储藏室内部的三个位置上获取,其中有一个是随机选择的。该系统中密闭的空气环路防止粉尘的滋生。另外还可以选择用吸枪来进行颗粒燃料的排放。如果气动进料系统没有配备密闭空气环路,排出的气体就必须要过滤,而且过滤器必须定期清洗。气动系统的最主要的优势是在线路的安排和可能需要克服的长距离问题上的灵活性。炉室和储藏设施没有必要彼此靠近,这和螺旋进料器系统不同,因为气动系统不像传统的螺旋输送系统那样要求炉子间和储藏室对齐。如果储藏设施处于地下(参见 4.2.3.1.2 节),气动进料系统是唯一的选择,因为在这个时候需要的是灵活的路线布置和长距离的操作。气动系统的缺陷是增加噪声和形成粉尘。此外,尺寸过大的颗粒燃料可能会堵塞管道(一个颗粒燃料过大都有可能导致堵塞)。因为这个,很多颗粒燃料制造商已经开始将刀片定位到模子上,就是为了将颗粒燃料切成所需要的长度(参见 3.1.2 节)。气动系统所需要的能量和螺旋进料器系统的大致一样[290]。

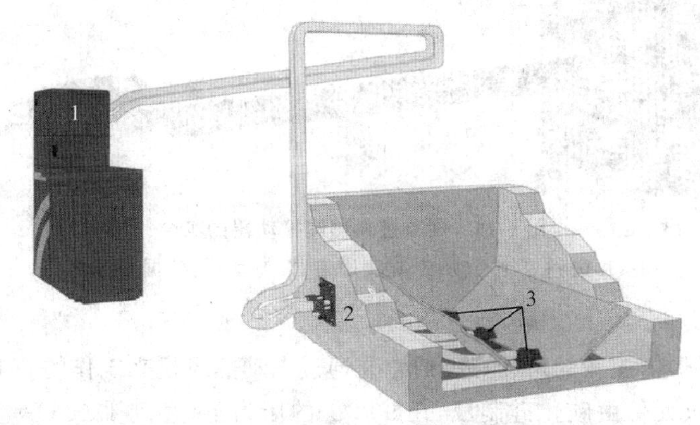

图 6-13 颗粒燃料气动进料系统

注:1.有抽风机和控制系统的自动进料系统;2.自动转换器;3.提取单元;数据来源[291]

所有气动进料系统都是先将颗粒燃料运送到一个集成的颗粒燃料容器内,其容纳的燃料能满足一天的使用量。螺旋进料器将颗粒燃料从这个容器运转到燃炉中。因为气动系统太吵,建议使用防止夜间从储藏室抽取颗粒燃料的控制系统,当然使用者一般都会采用这个系统。

图 6-14 展示的是一个复合系统,包括从储藏室卸载颗粒燃料的螺旋进料器和从储藏室到集成颗粒燃料容器运送颗粒燃料的气动系统。图中所示气动运输系统的工作遵循单管道原则,其中的旋风分离器将颗粒燃料和运载空气分离开来。这种组合所需要的能量要高于单个系统独自运转的能量需求[292]。

图 6-15 展示了从储藏空间往燃炉运送颗粒燃料的螺旋进料器和用于储藏空间卸载的搅动器的组合。螺旋进料器在储藏室中以一个特定的角度放置,没有必要配备万向接头来克服储藏室和燃炉之间的高度差。不过这样做也会增加储藏空间的死角。搅动器(也用于木屑燃炉)用于卸载能强力抑制碎末产生和燃料质量的改变。相比较于所有其他卸载系统,这种系统最适合的储藏室是正方形的。搅动器置于中部,和螺旋通道一起嵌入式安装进倾斜的底部。

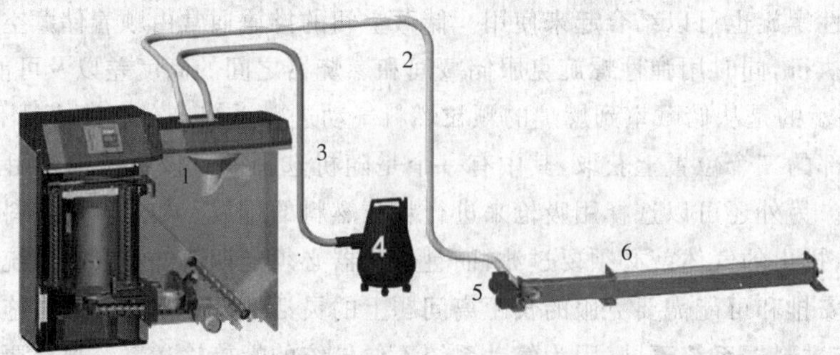

图 6-14　螺旋进料器和气动进料系统的复合系统

注:1. 旋风分离器;2. 运输管道;3. 吸入管;4. 抽风机;5. 螺旋进料器驱动;6. 螺旋通道;数据来源[209]

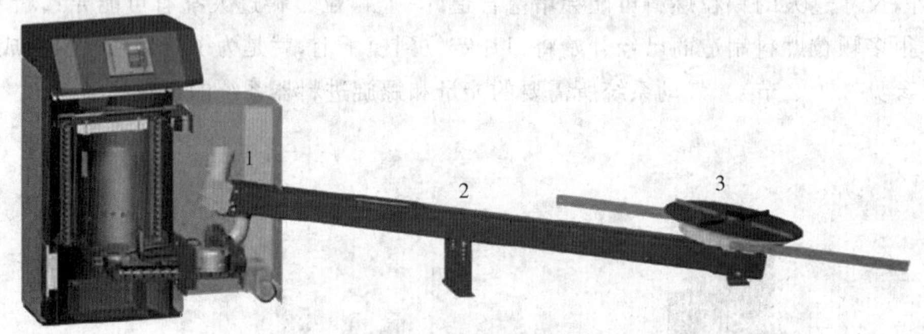

图 6-15　螺旋进料器和搅动器的组合

注:1. 进料系统驱动;2. 螺旋通道;3. 搅动器;数据来源[209]

6.1.2.2　点火

现代颗粒燃料炉内配备的自动点火通常是通过电动热风机来工作的。电阻器点火是这领域的一个创新,点火元件由碳化硅制成,在 900℃ 的压力下(直到 1200℃一直保持稳定)正常操作。环绕着点火元件的气流变热,将颗粒燃料点燃。这种方式下的电力需求为 275 W[293],比传统的热风扇更经济,后者在点火时差不多要 1600 W。

6.1.2.3　回烧防护

燃炉进料系统的构造必须要能在某种程度上防止燃烧进入储藏设施或颗粒燃料容器(参见 2.8 节)。燃炉制造商通过使用旋转阀、防火阀或使用自启动灭火设备以及不同措施组合获得了有效避免回烧的方法。

图 6-16 所示的是一个适用的旋转阀。它能断开炉室和储存设施之间的连接,使用可靠。

图 6-16　旋转阀

注:数据来源[294]

密封防火阀(图 6-17)通常放置在螺旋进料器和自动加煤螺旋之间的沉井内。它确保了储藏室和炉室之间的密封度。在操作过程中,阀门通常是只在供暖系统进料的时候短暂开放。少量的颗粒燃料放置在沉井下方作为缓冲,而沉井配备有容量水平控制，达到最高填充水平时，阀门自动关闭以保证燃料与阀门间始终保持一定的距离，否则阀门就会被堵塞。不仅在可能短路的时候，在系统识别出任何类型的故障时，这个阀门都会关闭。

图 6-18 中的是自启动灭火系统。沉井中有控制温度的自动调温器。只要温度超过机器的允许值，不需要外部能源就能激活灭火装置。

图 6-17 防火阀

注：左.全貌图；右.细节图（活板）；数据来源[288]

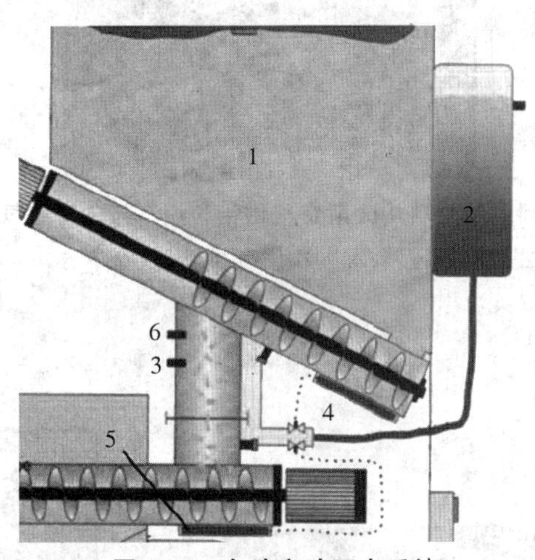

图 6-18 自动启动灭火系统

注：1.集成的颗粒燃料容器；2.水箱；3.热电偶；4.颗粒燃料容器中的回烧防护；5.自动加煤螺旋中的回烧防护；6.燃料位开关；数据来源[295]

6.1.2.4 燃炉的几何形状

为了获得完全的燃烧和最低的排放量，实现空气的分期供给非常重要。这种空气分期供给是通过将燃烧室分隔成初次和二次燃烧区域，两个区域都有单独的空气供给来实现的。这样做防止了初次和二次空气的再次混合，而且使得将初级燃烧区域运作成为空气比率可化学计量的气化区域成为可能，这对于降低 NO_x 排放量至关重要，因为空气比率可化学计量的状况最适宜 N_2 的形成。烟气在二次燃烧区域发生完全氧化，其中烟气和二次助燃气体的混合至关重要。燃烧室和喷嘴的适当的设计有助于实现这个结果。此外，要完全燃烧烟气，灼热的烟气就很有必要在燃烧室长时间停留,因此燃烧室容积一定要够大。图 6-19 提供的是空气分级供给的颗粒燃料上方进料燃炉模式图。

燃烧室和喷嘴几何形状的优化应该能够使燃烧室获得良好应用(即使是气流分布)以及空气被均匀分布(避免局部温度峰值)。燃烧室和喷嘴几何形状的优化能够用 CFD(计算流体动力学)模拟来实现。图 6-20 所示的就是这样一个优化的结果。可以看出,在基础方案中,整个燃烧室横截面上的烟气速率分布非常不均匀,中心速率最高。这说明整个横截面气体的混合度很差,并由此引发形成条状纹。这样下去的结果就是过剩空气和一氧化碳排放的增加。此外,预计会产生局部温度峰值。设计优化后,整个烟气管道横截面上烟气速率分布要均匀得多,因为存在漩涡流,烟气和空气混合得非常好。后续效果就是一氧化碳排放更少,同时过剩空气也减少,因此效率更高。局部速率和温度的峰值得以避免,这个结果又导致减缓材料压力,降低沉积物形成以及增加实用性。如果没有 CFD 的模拟,这样的优化几乎是不可能实现的。这项技术使得定向优化改进成为可能,因此加速了开发进程。

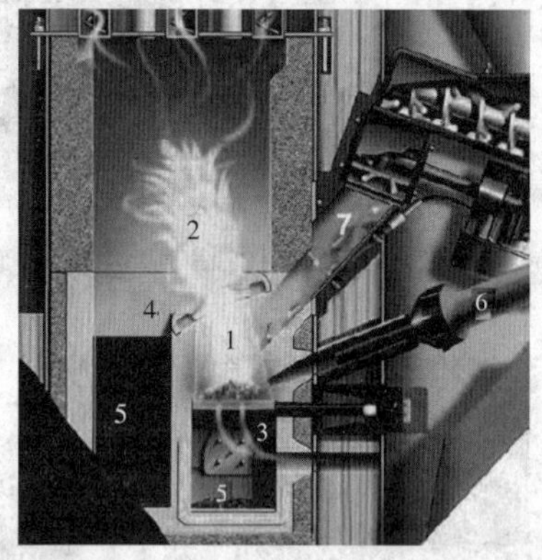

图 6-19　上方进料颗粒燃料炉分期空气供给和烟气与二次空气混合优化的原理

注:1. 一次燃烧区域;2. 二次燃烧区域;3. 初次空气供给(炉篦下方);4. 二次空气喷嘴;5. 灰盒;6. 点火器;7. 沉井(燃料供给);数据来源[286]

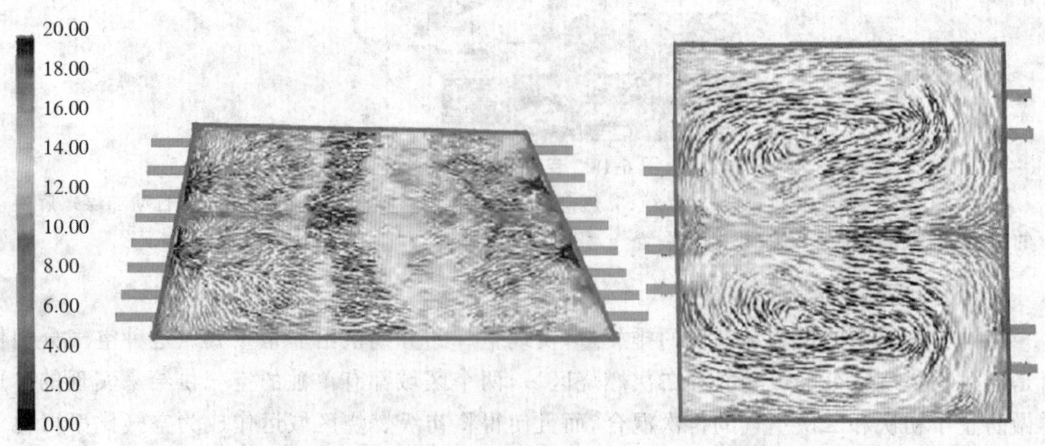

图 6-20　CFD 模拟优化二次空气喷嘴设计的实例

注:左:原有的喷嘴设计;右:改进的喷嘴设计;烟气速率(m/s) 在水平截面上的向量正好在二次空气喷嘴上;数据来源[296]

CFD 建模已经验证过的应用程序在汽车、航天航空、生物医学行业、电子冷却、化学工程、涡轮机械、燃烧、供暖和发电上都进行过模拟。在燃烧学领域，CFD 模拟越来越多地应用于天然气燃烧器和粉煤炉的优化上。在中型（100～1000 kW_{th}）和大型（> 1000 kW_{th}）生物质燃炉上采用 CFD 模拟还是一个相对较新的领域，但也已经证明非常有效。近来 CFD 模型被引入到小型生物质燃炉领域，专门用于新产品种类的开发（参见 12.2.6 节）[296]。

6.1.2.5　燃烧室材料

终端用户所认为的舒适操作同时还是无故障运行，这对颗粒燃料炉提出了很高的要求。且不说完全自动操作，就是燃烧室材料的选择也是起决定性作用的，因为使用坚固合适的材料能直接影响燃炉的寿命。燃烧室最常使用的材料是不锈钢、耐火土或碳化硅。

不锈钢是相对低廉的材料，蓄热能力低，能够快速启动和关闭燃炉。不过，不锈钢耐腐蚀和抗沉积物形成的能力不强，在未冷却的区域问题更加严重。用耐火土制成的燃烧室更贵一些，而且有很强的储热能力。耐火土对于沉积物形成是相当耐久的（尤其是在高温下）。碳化硅是非常适合做燃烧室的材料，因为它不和灰烬反应，所以腐蚀稳定性非常高，而且也不容易形成沉积，储热能力低，和不锈钢一样能够允许启动和关闭的快速发生。碳化硅成本高，这也是为什么只有很少量燃烧室用它来做材料的原因。有些特定材料的组合也是可以用来制造燃烧室的。

6.1.2.6　调控策略

控制电路有四个，控制负载、燃烧、温度和压力。负载控制通常与投料温度一起作为设置点，受到燃料和初次空气供给的调控。燃烧控制是通过氧气或一氧化碳，或者是这两种气体在烟气中的含量设置来实现的，调控因子是二次注入空气（λ 控制，一氧化碳控制或者一氧化碳/λ 控制）。燃炉温度用热电偶测量，受到烟气再循环、水冷炉壁或二次空气供给的控制。颗粒燃料炉的负压通常是由每分钟转动次数（r/min）受到控制的抽风机来调控的。负载和燃烧控制结合能够实现最高效和最低排放的全自动操作。

一般来说，最小化生物质燃炉和颗粒燃料炉的一氧化碳排放量，不仅取决于过剩空气比率，还受制于燃料的水分含量和燃炉的负载状况。图 6-21 显示的是这种一氧化碳/λ 特征的例子。当氧气含量低的时候一氧化碳排放量上升，因此作为燃烧区域局部空气不足的后果，过剩空气（λ）也低。更多的过剩空气会降低燃烧温度，放慢燃烧反应，反过来又会增加一氧化碳排放量，因为不能保证完全燃烧需要停留的时间。从一氧化碳/λ 特征还能想到一氧化碳是实现完全燃烧的主要参数，因为低一氧化碳排放量意味着低 TOC 排放量（碳氢化合物排放量总合，也可称为：C_xH_y）。低 TOC 排放量还和细微颗粒物排放量减少相关（参见 12.2.1.1 节）。

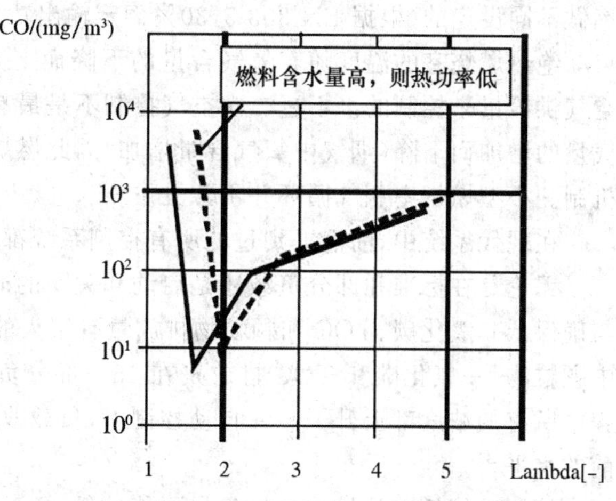

图 6-21　小型生物质燃炉中一氧化碳排放量和过剩空气系数 λ 的相关方案图表

注：数据来源[63]

一氧化碳/λ 特性取决于燃炉的类型，因此必须单独对各个燃炉进行调整。目的是在理想状态下运行燃炉，那就是过剩空气和一氧化碳排放量最低。

大多数市场上买得到的颗粒燃料炉都使用 λ 控制，利用 λ 传感器测量烟气中的氧气量。氧气量的控制使得燃炉效能的优化成为可能，因为效能随着氧气含量降低而升高[63]。此外，烟气中的氧含量对一氧化碳的排放量有影响。在 λ 控制中设定了一个固定的氧含量值，只要燃料的含水量和燃炉的负载不改变，就能良好运作。基于一氧化碳排放量还受其他所提过的参数的影响这一事实，改变燃炉负载或燃料含水量会导致相当大的一氧化碳排放量增幅。

调节燃烧，即分别完全燃烧，除了可以通过二次空气供给，单独控制烟气中一氧化碳的含量也能实现。可以用一氧化碳传感器来测量烟气中的一氧化碳量，虽然它们相对比较贵。要做到燃烧控制，在小型燃炉系统中的习惯做法不是通过测量一氧化碳含量，而是测量烟气中的未燃烧成分(TOC)。这个含量提供了烟气中一氧化碳含量的定性信息，而且测量用的传感器相对比较便宜。然而，如果改变燃料的含水量或燃炉的负载状况，一氧化碳含量的预设固定值在最坏的情况下有可能会导致过剩空气大幅度增加，并因此造成燃料效率明显下降。

正如前面已经指出的，一般生物质燃炉(biomass furnaces in general)的最小一氧化碳排放量不仅仅取决于过剩空气，还与燃料的含水量和燃炉的负载情况有关，所以 CO/λ 组合控制是最优的控制策略。因此，在一氧化碳量达到最小之前，过剩空气一直是个变量。只要一氧化碳浓度改变，比如说通过改变含水量和负载状况，这个过程就会再次发生。通过这个定位点的永恒最优化，过剩空气这个参数能够被调节以适应燃料特性的任何改变以及所需要的输出功率，而同时过剩空气保持为所需最低值。这也提高了燃炉的效率。

因为颗粒燃料质量标准很高，所以颗粒燃料炉中燃料的含水量估计不会有什么改变。因此，对这种炉子来说单独的 λ 控制就够了。可以用这样一种方式来调节过剩空气的设定点以适应不同燃料，那就是一旦一氧化碳排放量保持在最低值，那么烟气的一氧化碳含量就不会有明显变化，因为颗粒燃料的含水量不会改变。不过 CO/λ 组合控制也是可取的，因为颗粒燃料炉通常是模式化操作，那就是说也是部分负载，因此要根据 CO/λ 特征对部分负载过剩空气比率做不同设定的(根据 EN 303-5，30％额定输出功率下还是要遵守排放限值；参见 2.8 节)。

绝热燃烧室的温度随着氧气含量的下降而上升[63]。通常这是通过冷却燃烧室壁或二次空气供给量来控制的。不过二次空气控制不是最有利的方式，因为燃炉的效率会因为二次空气量的增加而下降(烟气中氧气含量增加，因此燃炉效率下降)，而且它还反向影响了燃烧控制机制。小型燃炉中烟气循环并不常见。

在现代系统中，前面提到过的所有控制系统都是以微处理器为基础进行操作的。

无论是在标准和部分负载还是启动和关闭的时候以及负载变化的时候，自动控制系统都与确保低一氧化碳、TOC 和颗粒物排放量有很大的相关性。图 6-22 显示的就是这个结论，其中颗粒物、一氧化碳和 TOC 排放是在 15％部分负载向标准负载转变的时候出现的。改变过程中所有的浓度都上升了。在自动控制下，负载改变后各参数实际上几分钟之内就达到了先前的水平[65]。

控制系统旨在让排放量峰值尽可能地低，负载变化尽可能地短。它的另一个重要任务是在所有负载状况下都保证一氧化碳和 TOC 的低排放。这些参数反过来又能影响颗粒物的排放，因为不完全燃烧会形成烟灰和碳氢化合物。因此确保完全燃烧是降低颗粒物排放重要的基本措施(参见 12.2.1.1 节)。

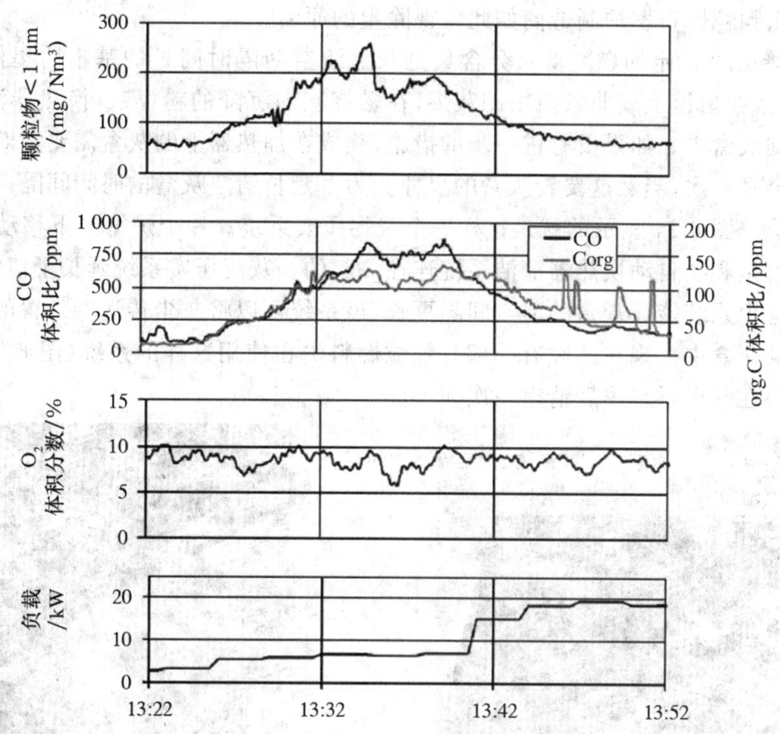

图 6-22 现代颗粒燃料炉负载改变中颗粒物、一氧化碳和 TOC 的排放

注：负载变化是从 15%到标准负载；数据来源[65]

6.1.2.7 锅炉

现代的锅炉通常都是火管锅炉。很多颗粒燃料炉配备有自动锅炉清洁系统。基于这个目的，在换热器的火管内部装置了由电动机驱动的螺旋刮片，并且设置成定期运转。图 6-23 所示的就是这种全自动换热器清洁系统。转动的刮片松动管内沉积物，后者掉落后集中到灰盒中。除了全自动的系统，还可以采用半自动的锅炉清洁系统。它们同样是依靠换热器管道内的刮片来起作用，不过刮片是通过外置手柄人工操作的。市场上有一些颗粒燃料炉中的换热器是需要人工清理的。

定期清理换热器对于确保燃炉的稳定高效至关重要。此外，定期清理能降低颗粒物的排放。全自动清理系统能做到定期清洁，这也是它们深受喜爱的原因。半自动系统价格要低一些，但它们对终端用户的操作有很高的要求。最新的颗粒燃料炉有明显的采用全自动换热器清洁系统的趋势。自动换热器清洁系统的正常运转能够通过探查烟气温度来控制，在供暖季里，一定的负载情况下这个温度不应该有变化。

图 6-23 全自动换热器清洁系统

注：1. 自动清洁系统的驱动机制；
2. 螺旋刮片；数据来源[297]

6.1.2.8 除尘

与无灰的天然气和石油炉灶相比，需要清除灰烬是颗粒燃料炉易用性的一个主要缺陷。

这也是为什么颗粒燃料燃炉制造商如此重视除尘的原因。

prEN 14961-2 设定的燃料低灰分含量是灰盒清空间隔时间长的基本前提保证。颗粒燃料燃烧后，残留在炉篦上或曲颈甑中的灰烬，在燃烧室内沉降的粉煤灰，换热器清洁过程产生的灰尘积聚到灰盒中。如果没有进一步的措施，集成在加热器上的灰盒需要定期清空，供暖季中大约是一个月一次，当然这要看灰盒的尺寸。为了延长清空灰盒的时间间隔，有时候会采用灰烬压实系统。图 6-24 显示的就是这样一个灰烬压实系统。一个炉篦上下移动将灰烬压实，它的运转设置是和全自动换热器清洁系统连在一起的。灰烬压实系统延长了清空间隔。

全自动除尘系统能让灰盒的清空间隔更长，该系统可以将灰尘传送到外置的、有运送螺旋能更好移动的灰盒中。现在已经有一部分颗粒燃料炉在使用这样的系统(图 6-25)，这样的燃炉通常只需要在每个供暖季后清空一次。

图 6-24　灰烬压实系统

注：1. 灰烬压实炉篦；2. 灰盒；数据来源[209]

图 6-25　外置灰盒

注：数据来源[288]

在某些情况下，颗粒燃料炉的灰烬能用作花园的肥料(参见 9.11 节)。

6.1.2.9　创新理念

6.1.2.9.1　具烟气冷凝的颗粒燃料炉

6.1.2.9.1.1　烟气冷凝的基本知识

最有效的生物质燃炉热能回收方法是烟气冷凝。在中型和大型生物质燃炉中已经是相当发达的工艺，但在小型燃炉领域才刚刚开始。第一个有烟气冷凝的颗粒燃料炉直到 2004 年才进入市场(参见 6.1.2.9.1.3.1 节)。

在烟气冷凝系统中，从锅炉排放的烟气通过冷凝换热器放热。加热电路的循环将烟气冷却到露点以下。一部分烟气的水蒸气被凝聚，这样能够被利用的能量就不仅仅是显热，还有一部分烟气的潜热了。烟气被冷却的温度越低，燃炉的总效率就越高。

图 6-26 解释了烟气冷凝的原理并标明了烟气离开冷凝器时的最终温度同木屑及颗粒燃料炉的效率之间的相互关系。对于传统的颗粒燃料锅炉而言，能量散失主要是通过湿润烟气的排放以及一定程度上的热辐射。传统颗粒燃料锅炉在正常负载的时候烟气温度通常为 120～160℃。因此，锅炉效率(锅炉热输出总量和/基于燃料 NCV 的输入能量和空气)通常在 90%左右。具有烟气冷凝的颗粒燃料锅炉中，烟气在冷凝器中通过适当的冷却降到露点以下。在露点以上效率的升高同温度的降低几乎是线性关系。一旦温度降低到露点以下，效率的增加与温度的降低就不成比例了，因为不仅显热能够回收，潜热也可以。通过这种方式，能够获

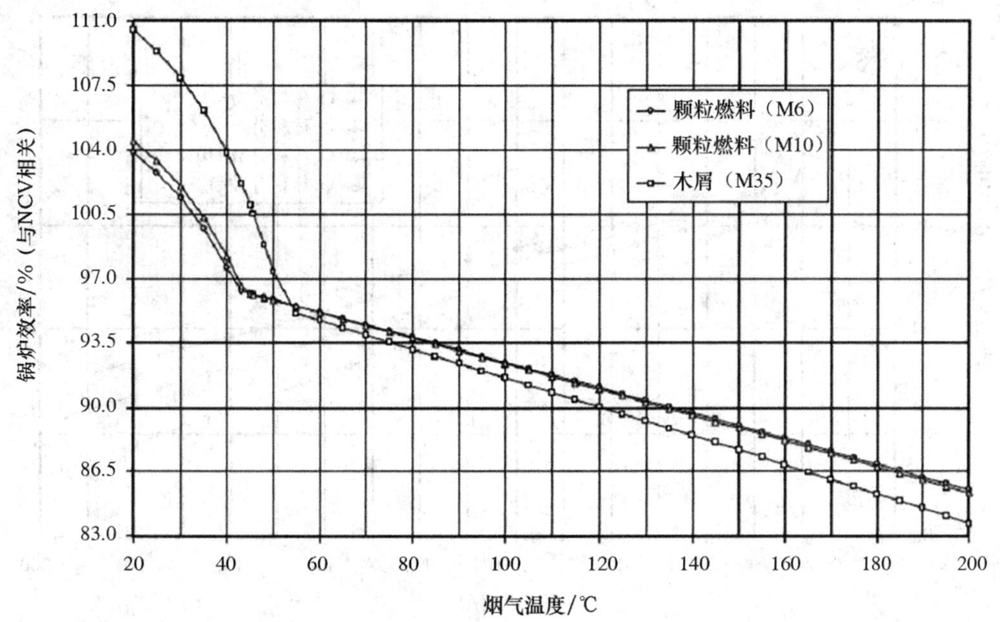

图 6-26 效率由冷凝器出口温度和不同烟气含水量决定

注：基于下述情况，对颗粒燃料(M6 和 M10)和木屑(M35)进行计算，锅炉标准功率 15 kW；NCV = 20.2 MJ/kg（干基）；环境温度 0℃；干燥烟气的氧体积分数 10.0%；燃料氢质量分数：5.7%（干基）；效率 = 锅炉和冷凝器热输出总量和/基于燃料 NCV 的输入能量和空气

得超过 100%的效率(基于 NCV)。

在实践中可操作的是烟气离开冷凝器时的最终温度，因此，通过冷凝器装置回收的能量依赖于加热电路的冷却能力。低温供暖系统如地板或墙壁采暖系统尤其适用于这种目的，因为其供暖系统加热电路的回转温度很低。颗粒燃料炉的烟气露点为 40～50℃，所以需要低于 30℃的回水温度来保证烟气冷凝的效率。这样的温度在现代低温供暖系统中或多或少都能达到。

图 6-26 还表明，作为对比的木屑燃炉，烟气冷凝也能提升其效率。因为这种燃料含水量更高，烟气中的水分含量相应的也比较高。所以木屑燃炉的烟气在露点以下会有更多的凝聚物，效率的提升要比颗粒燃料炉更大。颗粒燃料炉效率的提升和含水量之间的关联并不大，因为根据标准 prEN 14961-2，颗粒燃料的含水量必须低于 10%，在此范围内的含水量波动对冷凝的影响很小。

烟气中的氧含量对锅炉效率也有显著影响，因为当氧含量上升的时候锅炉效率和露点都会降低(图 6-27)。这就是为什么说 6.1.2.6 节中举例说明的那个将需氧浓度最小化的自动控制系统，对颗粒燃料炉的操作效率有重要意义的原因。

在试验台上对有/无烟气冷凝的颗粒燃料炉进行测量的结果显示烟气冷凝的应用能将效率平均提高 10%～11%(图 6-28)。

前面已经证明在颗粒燃料炉中应用烟气冷凝有巨大的热回收潜力。投资有烟气冷凝的颗粒燃料锅炉是否合算完全取决于附加投资成本以及通过使用烟气冷凝能节省的燃料量。就这一点而言，为了将烟气冷却到尽可能低的温度，能否获取一个尽可能低的回水温度起着决定性的作用。第 8 章对颗粒燃料炉中的烟气冷凝做了经济评估。

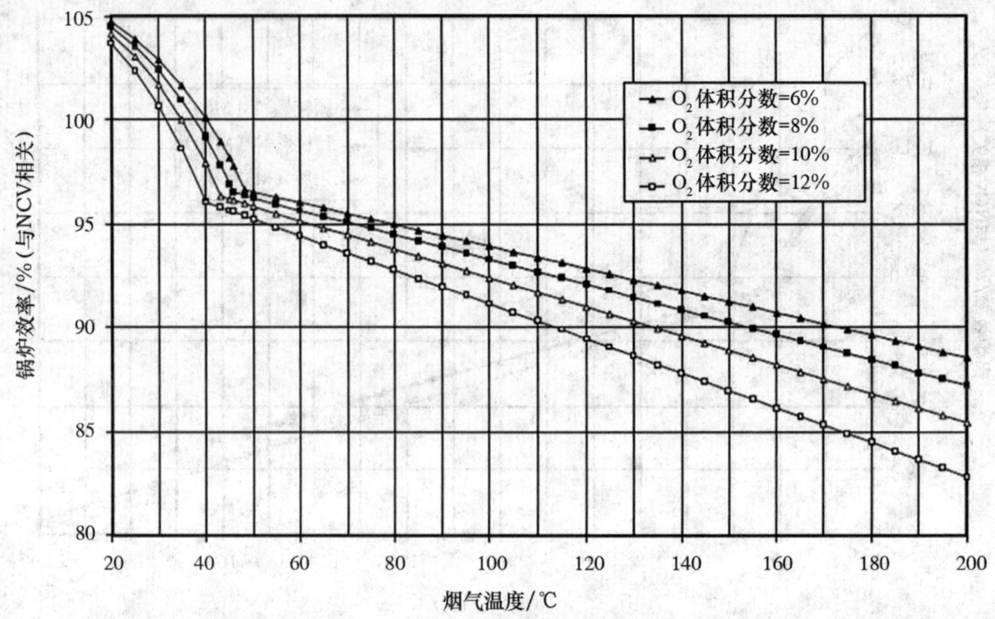

图 6-27 效率依赖于冷凝器最终温度和烟气中不同氧气浓度

注：基于下述情况，对颗粒燃料进行计算，锅炉额定功率 15 kW；GCV＝20.2 MJ/kg（干基）；环境温度 0℃；燃料水分质量分数：8.0％（湿基）；燃料氢质量分数：5.7％（干基）；效率 ＝ 锅炉和冷凝器热输出总量和/基于燃料 NCV 的输入能量和空气

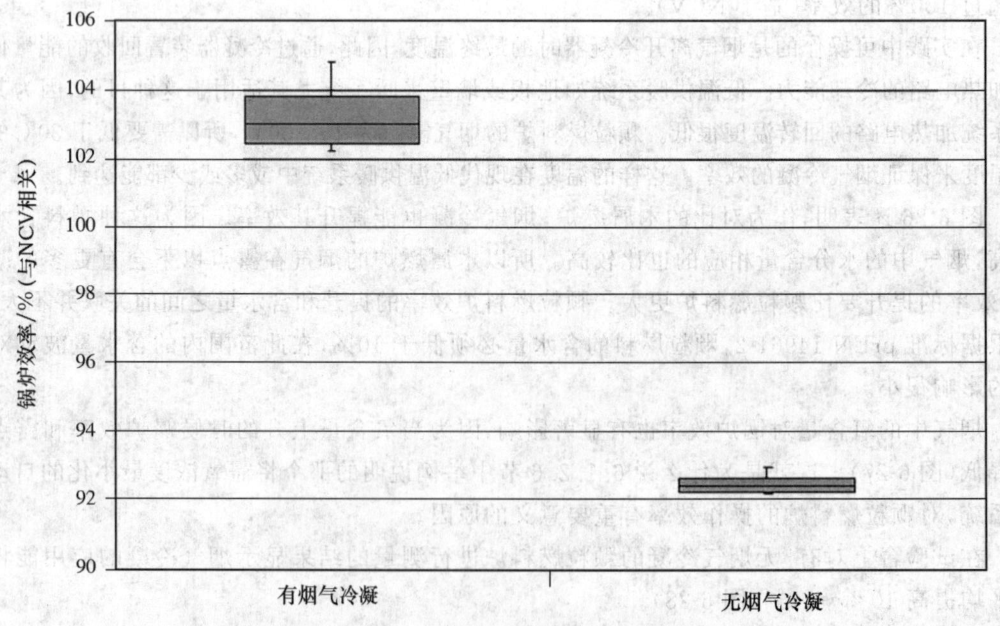

图 6-28 有/无烟气冷凝的颗粒燃料炉效率对比

注：有烟气冷凝的燃炉操作条件，锅炉额定功率 20 kW；烟气温度 33.7℃；回水温度 22.4℃；干燥烟气中氧体积分数 8.3％；盒形图是基于 9 次测量的结果。无烟气冷凝的燃炉操作条件，功率 18.2 kW；烟气温度 144℃；回水温度 59.8℃；干燥烟气氧体积分数 8.6％；盒形图是基于 5 次测量结果。数据来源[282]

除了实现锅炉效率的增加，在某种情况下烟气冷凝系统还能够降低颗粒物排放[298]。图6-29显示的是有/无烟气冷凝系统颗粒燃料锅炉颗粒物排放量的比较。有烟气冷凝系统的锅炉细微颗粒物排放量的减少很明显但有限，大约能减少18%。细微颗粒物排放量的减少总是取决于实际系统和操作状况，因此必须对手上的各个案例分别做评估。

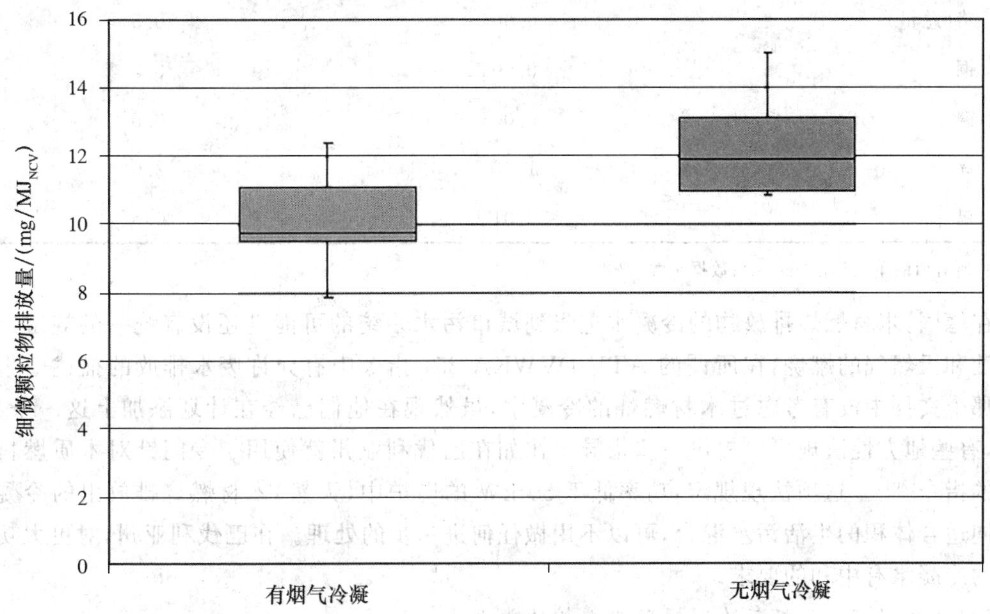

图 6-29 有/无烟气冷凝的颗粒燃料炉细微颗粒物排放量的对比

注：有烟气冷凝的燃炉操作条件，锅炉额定功率 20 kW；盒形图是基于 9 次测量的结果。无烟气冷凝的燃炉操作条件，功率 18.2 kW；盒形图是基于 5 次测量结果。数据来源[282]

6.1.2.9.1.2 烟气冷凝颗粒燃料炉的法律框架条件

在实践中，使用颗粒燃料获得凝结物是 0.35 L/kg (湿基)$_p$[299]。假设一年的燃料消耗量是 4～6 t(湿基)，那么产生的凝结物有 1400～2100 L。在奥地利，奥地利废水排放法案制约冷凝物向污水管道系统排放[300,301]。根据这项法规，小型颗粒燃料锅炉烟气冷凝系统的凝结物可以不经去污和中和，直接排放到污水系统中去，只要满足以下要求即可。

- 燃料输入功率必须低于 400 kW。
- 必须使用符合 ÖNORM M 7135 标准的颗粒燃料。
- 每个燃炉都必须有根据文献[302]所做的正类型测试。
- 必须证明符合奥地利废水排放法案[301](表 6-1)的排放限值。
- 烟气管道、换热器和冷凝物排放管道必须使用耐腐蚀材料。
- 安装、使用和维护必须要根据类型测试的技术参数以可验证的方式完成。
- 按照文件要求定期检查燃炉(至少每 2 年一次)。

对凝结物的中和并没有硬性规定要求。冷凝水的腐蚀性是通过使用耐腐蚀材料来克服的。

表 6-1 提供了颗粒燃料炉烟气冷凝系统冷凝水的各种限制值，这是根据奥地利废水排放法案设定的，另外还与燃炉的实际值做了比较。可以看出，实际值远低于所有限制值。

表 6-1　颗粒燃料炉烟气冷凝系统凝结水的重金属含量与奥地利废水排放法案的限制值的对比

参数	冷凝水	AEEV 的限定值
铅	0.017	0.5
镉	0.0053	0.05
铬(总量)	0.004	0.5
铜	0.005	0.5
镍	0.003	0.5
锌	1.66	2.0
锡	<0.01	0.5

注:所有值的单位都是(mg/L);数据来源[299,300]

在德国,木材燃烧排放物的冷凝水进入到城市污水系统的可能性还没有统一的规定。对于石油和天然气的燃烧,在所谓的 ATV-DVWKA 251 指令中有允许废水排放的描述[303],但是在那个文件中没有考虑过木材燃烧的冷凝水,虽然现在他们已经在计划添加上这一条了。然而,有些地方性法规可以提供一些指导。比如在巴伐利亚州就使用了专门针对木质燃料冷凝水的指令[304]。这项法规规定,功率低于 50 kW 的燃炉中(天然)木材燃烧排放出的冷凝水如果同适合体积的生活污水混合,可以不用做任何进一步的处理。在巴伐利亚州,对更大功率燃炉的冷凝水有中和的要求。

6.1.2.9.1.3　具烟气冷凝颗粒燃料炉的类型

近年来已经有很多具有不同烟气冷凝系统的小型颗粒燃料炉进入市场。可用的应用程序有两种,彼此完全不同。颗粒燃料炉配备集成的冷凝换热器或使用额外的冷凝换热器模块都可以。到现在为止市场上只有两种颗粒燃料炉使用集成的热回收装置,有 4 家制造商在生产热回收的附加模组。

要实施烟气冷凝,烟气通道和烟囱必须满足有关耐火、抗腐蚀和抗湿等特殊要求。此外,万一发生过压操作,烟囱必须受压不漏气。

接下来的章节中会对所有现有的系统进行技术评估。第 8 章对颗粒燃料锅炉烟气冷凝技术做了经济评估。

尽管研究的已经相当透彻,然而还不能排除市场上可能有其他系统存在或有可能已经处于开发的最后阶段。因此,下面的章节并没有声称代表全部。

6.1.2.9.1.3.1　集成冷凝器的颗粒燃料炉

2004 年引入市场的烟气冷凝集成颗粒燃料炉是一项创新[299,305]。图 6-30 展示的是这个系统的结构图。这是一个单级烟气冷凝系统,锅炉的温度达到供热回路进水所需温度的时候,烟气通过锅炉然后被引入不锈钢制成的热交换器,在这里,烟气被冷却到露点以下。不锈钢换热器的冷却介质是供热回路的回水,这些水在此处会被再次加热。不锈钢换热器的冷凝水可以不经过任何附加措施直接排放进下水道。和传统的颗粒燃料供暖系统相比,这项技术能够增加热能的收获,不过增加量由供暖系统的回水温度来决定。如果地暖或墙壁采暖这样的低温供暖系统设计恰当,燃炉的效率能增加 12%。

据制造商称,冷凝器的人工清洗一年一次就够了。因为这个系统整合在燃炉中,它不需要很大的空间。运营成本略微有些升高，因为抽风机的电力需求稍微有点增加，毕竟要克服的压降稍微高了些。不过，这部分额外的能量需求量是非常少的。

市场上销售的具烟气冷凝系统的颗粒燃料锅炉的额定功率有 8 kW、10 kW、15 kW 和20 kW 4 种。

近来又有另一种集成烟气冷凝器的颗粒燃料锅炉被引入市场（图 6-31）[306]。换热器由不锈钢制成，可以用于新的颗粒燃料锅炉，也可以用在改造后的现有类型的锅炉内。锅炉产生了供热回路所需进水温度的时候，烟气通过锅炉，然后进入烟气冷凝换热器，在这里，烟气被冷却到露点以下。换热器的冷却介质是供热回路的回水，这些水在此处会被再次加热。冷凝水能够排放到下水道去。冷凝换热器配备有自动清洁系统能保持换热器的清洁。市场上出售的这种系统额定功率有 15 kW 和 25 kW 两种。

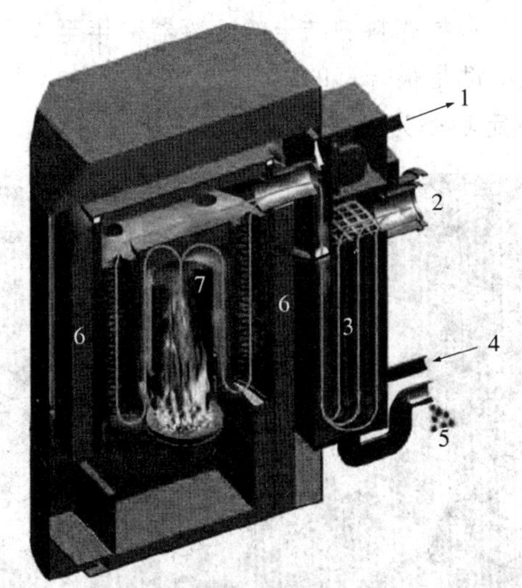

图 6-30 具有烟气冷凝系统的颗粒燃料锅炉示意图

注：1. 进水；2. 烟气；3. 不锈钢换热器；4. 回水；5. 冷凝水（即将排放到下水道）；6. 钢制锅炉；7. 烟气通道；数据来源[305]

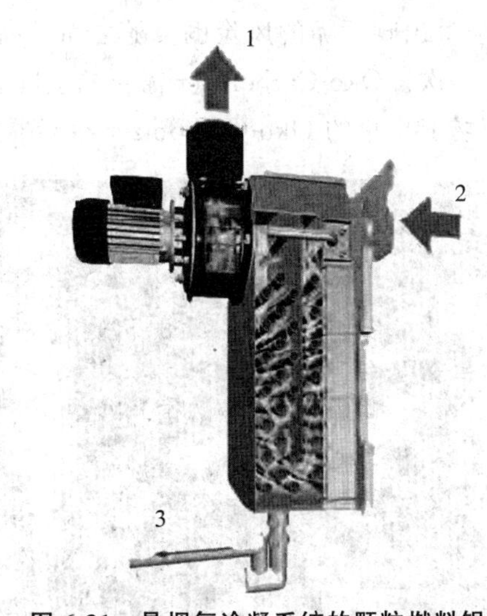

图 6-31 具烟气冷凝系统的颗粒燃料锅炉

注：1. 烟气进入烟囱；2. 从锅炉里出来的烟气；3. 冷凝水排放；数据来源[306]

6.1.2.9.1.3.2 颗粒燃料炉外置冷凝器

6.1.2.9.1.3.2.1 Racoon

Racoon[308]（图 6-32）是冷凝器现在的销售名称，其最初开发时的名字为 PowerCondenser[307]，这种冷凝器能够整合进新型的以及早就存在的石油、天然气或木材燃炉中。除了必须更换中和箱内的颗粒剂，这个系统是免维护的。

单级烟气冷凝器被置于锅炉的下方。从锅炉出来的烟气进入不锈钢冷凝器中。供暖回路的回水通过塑料包被的管道进入冷凝器中，冷却烟气的同时自身被加热。烟气的最终温度限定在 100℃以内，因为管道有塑料涂层。因此，温度比较高的时候，冷凝器边缘必须要有一个支流。制造商声称效率增加了 15%。只有在烟气最终温度降到 20℃左右才能够达到这样高的增幅，不过这实际上不可行，因此这个方案是不切实际的（图 6-27）。由于数据缺乏，系统的颗粒物沉降效率无法确定。

颗粒燃料炉中的冷凝器一年至少人工清洗一次。如果颗粒物水平上升，可以在上游配备一个猝灭装置。即使这个冷凝器不是整合在燃炉上，而是一个附加的模块，需要的空间也不大,运营成本也是能够接受的。

市场上出售的 Racoon 适合额定功率为 25～1800 kW 的锅炉。

6.1.2.9.1.3.2.2 Öko-Carbonizer

Öko-Carbonizer 能够与所有新型的以及早已存在的石油、天然气或木材燃炉组合使用,而且据制造商称,它几乎是不用进行维护的。

单级烟气冷凝器安装在锅炉的下面(图 6-33)。锅炉的烟气穿过 Öko-Carbonizer,这种冷凝器是用充满了合成纤维的碳砖做材料,具有高度耐腐蚀性。

因为获得的数据只是木屑燃炉的可实现效率增幅和颗粒物沉降效率,因此不一定适用于颗粒燃料炉的情况。

水被不连续地(每小时一次)注入冷凝器中清洗机器。理论上来说冷凝水可以代替水使用,但喷嘴出现污垢的风险也会随之而升高。此外,与颗粒燃料炉结合的冷凝器一年至少要人工清洗一次。Öko-Carbonizer 需要的空间和运营成本都是很合算的。

市场上出售的 Öko-Carbonizer 冷凝器适用于额定功率为 22～60 kW 的锅炉。

图 6-32 Racoon

注:数据来源[307]

图 6-33 Öko-Carbonizer

注:数据来源[309]

6.1.2.9.1.3.2.3 BOMAT Profitherm

BOMAT Profitherm [310](图 6-34)可以和所有新式的以及旧有的石油、天然气、木材和颗粒燃料供暖系统结合使用。

单级冷凝器安装在锅炉的下方。烟气离开锅炉,通过陶瓷制成的冷凝器,由适宜的低温回水冷却到露点以下。

因为获得的数据只是与木屑燃炉组合时可实现的效率增幅和颗粒物沉降效率,因此不一定适用于颗粒燃料炉的情况。

每小时往冷凝器中注水清洗以清洁机器,此外,一年至少要有一次人工清洗。BOMAT Profitherm 所需要的空间和运营成本是都很合算的。

市场上出售的 BOMAT Profitherm 适用于额定功率大于等于 50 kW 的锅炉。

6.1.2.9.1.3.2.4 Schräder Hydrocube

Schräder Hydrocube[312,313,314,315,316,317]是有着上游节热器的洗涤器。到目前为止所有的烟气冷凝系统都是通过烟气和供暖回路的回水之间的热量交换来冷却烟气。Schräder

Hydrocube 将这个原理和烟气洗涤器(喷雾洗涤器)的物质交换结合起来。通过这种方式能获得更冷的烟气温度和更高的效率,此外,这个过程能沉淀一些颗粒物[315]。

图 6-35 所示的是不锈钢 Schräder Hydrocube 的图片。即将离开冷凝器的烟气先是穿过换热器,在这里被供暖回路的回水冷却,与此同时,回水再次被加热。然后,冷水被注入烟气中,让烟气进一步冷却、凝结。冷凝水被积累收集到包含有热交换器的冷凝水盒内。在这里,通过让冷水流入热水槽的方法,冷凝水被冷却至注水温度,热水槽的流入水相应地做过预热。多余的冷凝水就排放掉了。很明显冷凝物只有在热水被导出的时候进行冷却。这就是效率达到最大值的时刻。如果热水没有被导出,效率的增加就只有在进行第一次热交换加热供暖回路回水的时候能够获得。在实践中效率的增幅是在两个极端值中间的某个值。小型用户对热水的需求相对较低(每人一年在几百到 1000 kWh,由用户的使用情况来定),这也是 Schräder Hydrocube 实际上并不适用于小型系统的原因。对于热水需求量大的大型用户如酒店或澡堂,这个系统是非常正确的选择。

这个系统能够整合进所有新型的以及现有的石油、天然气、木材或颗粒燃料炉中。在改造的时候,必须要检查烟囱的适用性(对冷凝水的耐性)。

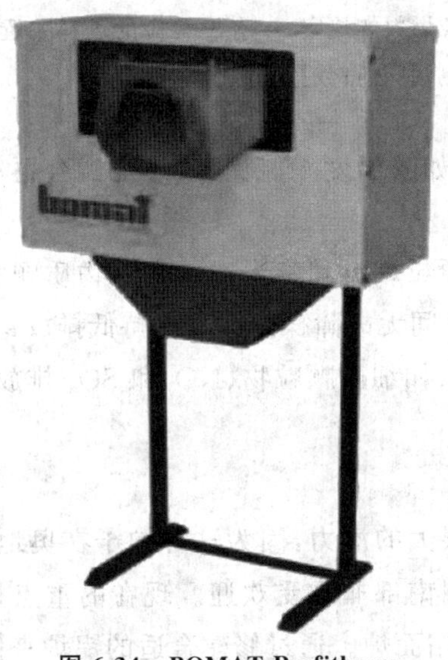

图 6-34 BOMAT Profitherm

注:数据来源[310]

图 6-35 Schräder Hydrocube

注:数据来源[310]

清洁系统是自动的,整合在系统之中。根据制造商的要求,小型燃炉(< 20 kW)要有额外的一年至少一次的人工清洗。Schräder Hydrocube 需要的空间比较大,运营成本也相对较高。冷凝水注入所需要的泵是导致成本高的原因。

将 Schräder Hydrocube 与湿式静电除尘器相结合的研究开发活动正在进行中(参见 12.2.1.1.3节)。

6.1.2.9.2 多燃料概念

很多颗粒燃料锅炉制造商提供的锅炉不仅能使用木质颗粒燃料,还可以使用其他种类的生物质燃料,如柴火、木屑、草本生物质颗粒燃料。尤其是木质颗粒燃料/柴火和木质颗粒燃料/木屑组合,是已经在市场上获得验证了的概念。然而,它们的自动化水平和安装特性明显不同。利用木屑和颗粒燃料组合的锅炉通常有着和使用纯颗粒燃料的设备特征相似的装置，以及同样的自动化水平。最简单的使用颗粒燃料/柴火组合的锅炉在使用柴火的时候必须人工调节和操作。复杂精细的锅炉自动判断燃料的类别，不需要人工调整。在这两种锅炉类型之间还有好几个可用的应用程序。

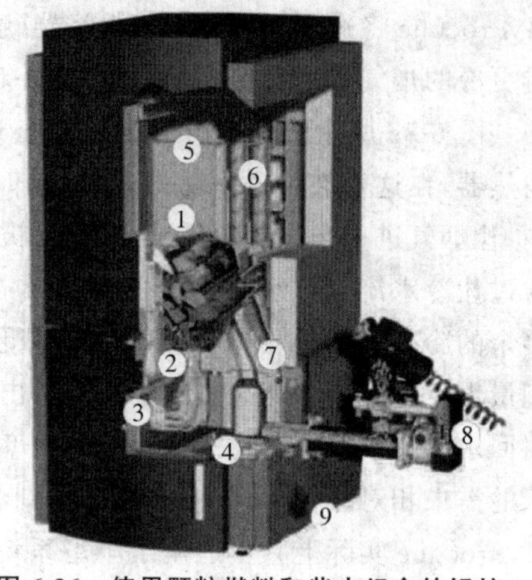

图 6-36　使用颗粒燃料和柴火组合的锅炉

注：1.填充柴火的空间；2.不锈钢炉篦（柴火）；3.第二燃烧区域；4.可倾斜的不锈钢炉篦（颗粒燃料）；5.换热器；6.螺旋刮片；7.铺有防火砖的颗粒燃料燃烧室；8.有旋转阀的进料装置；9.一次空气阀门；数据来源[293]

图 6-36 所示的就是使用颗粒燃料和柴火组合的系统[293]。系统能自动意识到柴火不多了，这项功能是通过安置在燃烧室下游的温度传感器实现的，传感器所在区域的烟气温度必须在 600℃左右。如果达不到这个温度，颗粒燃料燃烧器会自动开始工作。另外，如果锅炉的输出功率不再保持稳定，不管是否有要求，颗粒燃料燃烧器也会自动开始工作。如果塞入柴火，系统能够辨别出来，因为下游温度传感器测量出来的温度会高于某个值。如果是这种情况，颗粒燃料燃烧器会被关闭。如果温度保持在要求的水平，这个燃烧器会保持关闭，如果温度不能保持，燃烧器会再次自动启用。

此外，市场上能买到一些新开发的号称适合木质颗粒燃料和玉米或禾本生物质颗粒燃料组合使用的系统。然而，我们怀疑这些锅炉是否能长时间无故障操作而且保持低排放量，因为一些关于小型设施中禾本生物质燃料热利用率的问题（如细微颗粒物、NO_x 和 SO_x 排放、沉积物形成、腐蚀）还没有被解决（参见 3.5 节）[318,319]。

6.1.2.9.3　贴面颗粒燃料炉灶

贴面颗粒燃料炉灶开发时间相对较短[169]。它有很大的潜力，因为这种炉子在奥地利（在奥地利大约安装了 480000 座贴面炉[320]）和巴伐利亚州南部非常受欢迎。现在的重点是改造优化现有的贴面炉以及设计开发新的使用颗粒燃料的贴面炉。通过修建合适的锅炉来使用烧颗粒燃料的贴面炉作为自动化操作的集中供暖系统是另一个选择。颗粒燃料贴面炉的运行测试证实了现代颗粒燃料燃烧器和贴面炉的兼容性。能够用这种方式实现贴面炉的自动化操作。此外，与使用柴火相比，贴面炉的 CO 和 TOC 排放明显减少[321]。

6.1.2.9.4　颗粒燃料炉和太阳能采暖的组合

颗粒燃料炉和太阳能供暖系统的结合是当前的一个热点，受到了越来越多的推广和应用。一个合理的组合能够实现一个简单的热水供应，但是延伸开来，通过适当加大积光表面积和设计良好的缓冲能力，这个组合就能够支撑供暖系统。这种方式下相当一部分的热能可以由太阳能提供，因此节省了燃料[322,323,324,325]。

现代化的颗粒燃料炉和太阳能供暖系统都是采用高新技术，能够在市场上购买到。最主要的挑战是如何以一种理想的方式将这两种技术结合，尤其是要做到对它们的控制系统的正确调节。两个系统对彼此的不当调节会造成缓冲器中大量的热损失或太阳能系统的无效运行[326,327,328]。

木质颗粒燃料和太阳能的组合是很常见的，如在奥地利、瑞典、丹麦和德国。颗粒燃料和太阳能系统的结合有三个主要优点。第一个与经济性有关，是热能缓存用于太阳能以及颗粒燃料燃烧器的可能性。第二是提高颗粒燃料燃烧器效率的可能性。第三是供暖系统对木质燃料资源需求量减少，排放降低，而且有100%可再生能力的可能性。

市场上颗粒燃料和太阳能系统的组合一般都是为提供供暖和生活热水设计的，通常称为"联合系统"。太阳能能满足10%～50%的热需求(用于供暖和生活热水)，具体多少取决于系统的类型和热负荷，而颗粒燃料锅炉承担剩余部分的需求量。

用于独立式住宅的小系统(图6-37至图6-39)包括太阳能收集器、一个绝热良好的热缓冲储存槽(500～750 L水，通常是收集区域每平方米75～100 L)，这个储存槽有一个整合的颗粒燃料燃烧器或一个单独的颗粒燃料锅炉，以及一个或集成或外置的太阳能热循环换热器。用于大建筑或建筑群的大型系统由一个单独的锅炉和一个或几个储存槽(收集区域每平方米100～200 L的水)组成，槽的多少取决于系统的设计和负荷大小。

夏天太阳能加热会取代燃烧器的使用，燃烧器在夏天更加糟糕的工作条件下会导致排放量相对升高，效率降低。太阳能的替代使用使得一氧化碳排放大大减少而同时锅炉的效率更高[329,330,331]。然而，还是会有部分热量从热缓存处损失掉，所以系统的效率或高或低更多地取决于锅炉的绝热性而不是缓存。

颗粒燃料和太阳能的结合最主要的挑战是有一个合适的控制。太阳能系统需要一个热缓存储藏热能，用以克服太阳辐射的可用性(通常5～8 h的白天时间)和负载需求(通常是供暖和热水)之间的差别。加工过的木材燃烧器中稳定的燃烧条件使得高效和低排放更容易实现，如颗粒燃料燃烧器。因此，大多数情况下，使用热缓冲储存(通常是水)去平衡实际能量需求(通常是供暖和热水)和燃烧器额定功率之间的差异有很大的好处，这样燃料获得了更长的燃烧时间和更稳定的燃烧状况。

图6-38所示的是一个典型的颗粒燃料和太阳能系统组合。燃烧器可能有一个开/关控制或一个调整操作将燃烧功率调节到当前负载状况上来。开/关控制更容易适应，但是调制操作有降低排放的可能，因为使用它能减少很多燃烧器启动和关闭的次数[329,330,331]。然而，在热缓存中只使用传感器做调制会导致操作时间过长滞后。

在这种情况下(图6-38)，通过在缓存中的温度传感器TS1和TS2以开/关模式来控制燃烧器。要保持系统的高效，最重要的就是燃烧器和泵P2在太阳能收集器能满足热能需求的时候能够自动停止工作。因此燃烧器必须要通过放置在缓存内的传感器来控制。当太阳热能足够满足负荷，锅炉可以冷却，在夏天的时候锅炉的损耗会非常小。为了进一步降低热损失，锅炉内的水量少，即低蓄热体[330]也很重要。

水套与小的缓冲热储藏槽相连的颗粒燃料炉(图6-39)是另一种可能和太阳能系统组合的颗粒燃料炉，适用于没有锅炉房的单个家庭住宅。这个系统的设计可以和锅炉系统一样，但是因为炉灶通常放置在客厅，容易导致室内温度过高，舒适度可能就不会一样了。因此，很重要的一点是转移到水循环的那一部分热能要高(> 80%)。文献[330]对怎样设计系统才能保持舒适的准则做了研究。不过，这意味着在缓存中要用电热器来保持温度。

图 6-37　颗粒燃料和使用屋顶集成太阳能收集器的太阳能系统

注：供热设备和车库的屋顶安装了太阳能收集器；在瑞典孔斯巴卡，为有 9 座房屋、36 个居住单元的小型居住区供暖的工厂；数据来源[332]

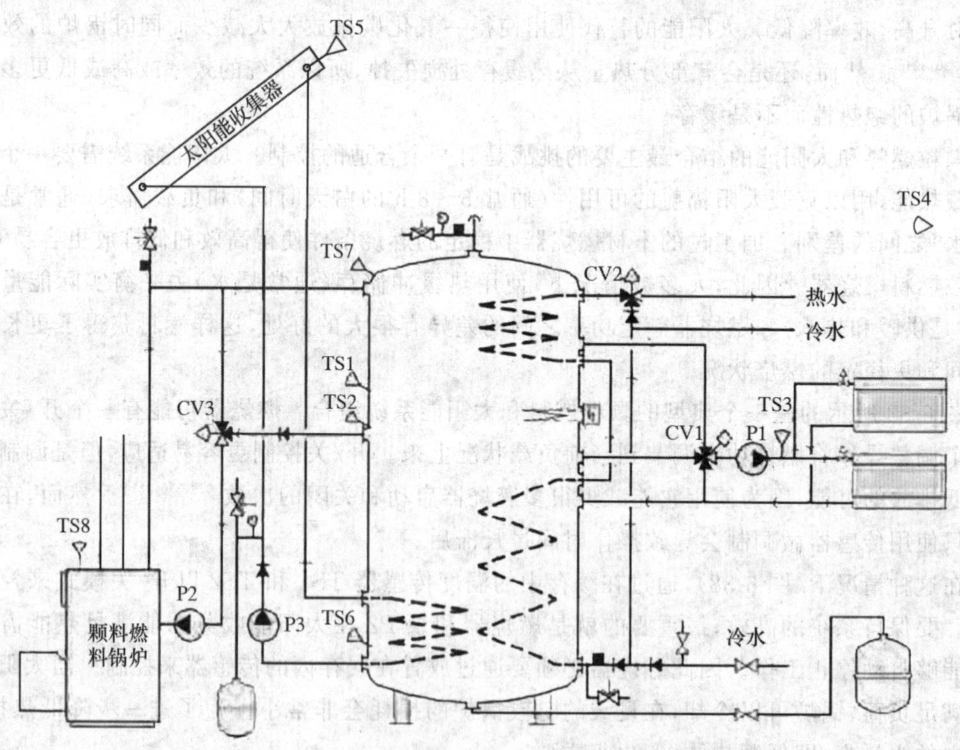

图 6-38　有颗粒燃料锅炉的太阳能和颗粒燃料供暖系统

注：TS. 温度传感器；CV. 控制阀；P. 泵

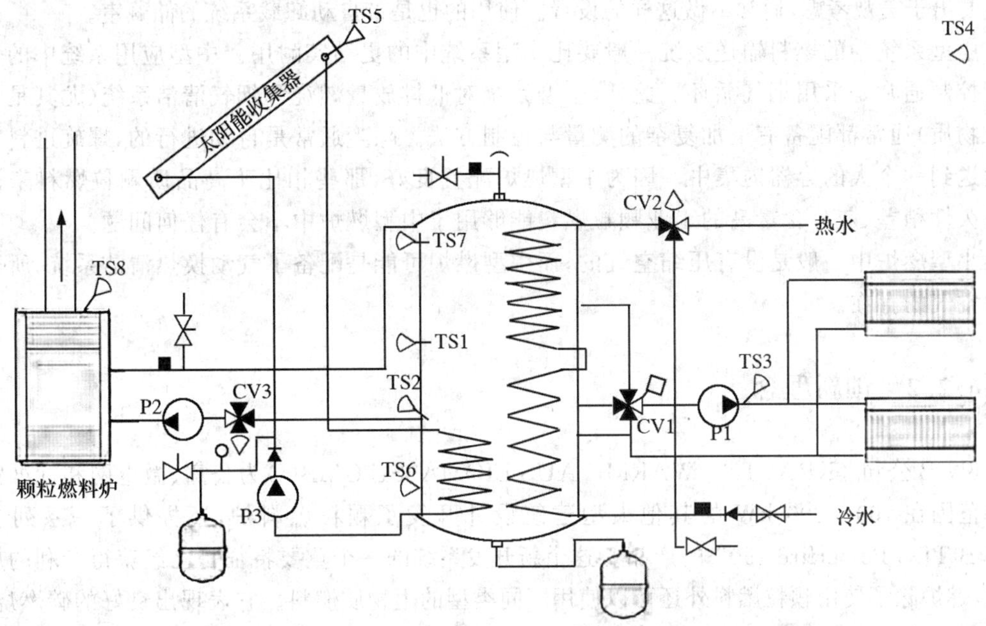

图 6-39　有颗粒燃料炉灶和小型缓存的太阳能和颗粒燃料供暖系统

注：TS. 温度传感器；CV. 控制阀；P. 泵

6.2　中型系统(锅炉额定功率在 100～1000 kW_{th})

6.2.1　所应用的燃烧技术

额定锅炉功率在 100～1000 kW 范围内的燃炉被定义为中型燃炉。一般来说，这种燃炉要么是商用的中型生物质集中供暖系统，要么是工业应用以及生物质热电联合系统。这个能量范围通常应用在如公寓、服务企业、学校、幼儿园、体育和其他的如大厅、浴池、居住区、教堂、修道院、城堡、托儿所、医院或车站等地方。很多这样的系统因为合同而设立。

中型颗粒燃料燃炉系统处于次要地位，因为木屑或木刨花比颗粒燃料更便宜，更容易获得，就如在奥地利和德国那样。不过颗粒燃料的市场版块正在发展，已经有些中型颗粒燃料炉安装好了[333]。在这个领域使用颗粒燃料的优势是需要的储藏空间少，这是因为颗粒燃料卓越的能量密度，还有就是燃料的进料以及燃烧技术变得比以前便宜了。此外，能够使用低质量的颗粒燃料(更多的碎末和更高的灰分含量)，不会产生任何问题，这个事实使得在颗粒燃料生产中，木材以外的原材料(如树皮)的利用更加令人关注。

至于燃炉技术和配件，中型系统主要采用的原理还是和小型燃炉(参见 6.1 节)相同，不过在这个范围内的燃炉技术通常颗粒燃料和木屑都能够使用(底部进料或层燃炉)。至于说到燃料的储藏，这还是有区别的，因为在中型系统里燃料年需求量的储藏能力不是必不可少的，毕竟还有一个随时跟进的管理员，他的任务是为了防止系统故障(即使燃炉是自动操作)，他一年内可以购买几次颗粒燃料。能保证燃料的准时交付的合适的长期合同，对这样的系统来说是最好的，这样就可以降低储藏成本。对于这样的应用系统，将燃料储藏在筒仓内是一个很好的选择，小型系统主要出于美观考虑,通常不做这样的设置。使用的也是带自动卸载系统的储藏室。

中型系统中的燃料输送系统一般要比小型系统中的更结实耐用。中型应用系统中的燃烧温度控制通常是采用烟气循环。此外,中型系统对低排放量燃烧和烟气清洁系统(尤其是沉淀颗粒物质)通常都配备有更加复杂的测量与控制方法。除尘通常是自动进行的,螺旋进料器将灰运送到一个大的容器内集中。因为中型燃炉配置良好,那些相比于高品质颗粒燃料来说机械耐久性稍差、灰分含量高的工业颗粒燃料能够用于中型燃炉中不会有任何问题。

小型燃炉中一般是没有压缩空气的,而中型燃炉可能是配备了气动换热清洁系统,所以有压缩空气的存在。

6.2.2 创新理念

KWB 公司 (KRAFT & WÄRME AUS BIOMASSE GMBH)为公寓、微电网和标准锅炉功率范围在 100～300 kW 的其他大型建筑设计开发了颗粒燃料炉,还提供了一系列名为"KWB TDS Powerfire 150"的产品。这个新开发系统的一个重要特征是已经获得专利的旋转格栅,燃炉除了使用颗粒燃料外还可以使用不同类型的生物质燃料。它表现出良好的碳燃烧性,即使是在燃料非常潮湿的情况下也是如此[可接受的木屑中水分质量分数高达 50% (湿基)],这使得操作员对于燃料的使用更加有弹性。燃炉的核心是一个立式旋风燃烧室。它已经注册专利,是通过 CFD 模拟开发出来,沿切线装置了二次空气喷嘴。这个燃烧室的设计确保了烟气充分燃烧,不会形成条纹,燃烧温度适中,避免了粉煤灰沉积和附着,而且保证了粉煤灰颗粒的良好沉淀,而且,在更宽泛的操作条件和燃料含水量下都能保证上述优势。一次空气是从旋转篦子板下方进入,篦子板上的灰烬掉落入下方的旋转通道,其内的螺旋进料器将灰烬运送到灰盒中。换热器中的灰也会被送到灰盒中。图 6-40 展示了这个创新性类型的颗粒燃料炉。

图 6-40 TDS Powerfire 150

注:1. 旋转炉篦燃烧系统(详情参见图 6-10);2. 旋转燃烧室;3. 氧传感器;4. 换热器;5. 除尘;6. 防火阀;8. 基于控制系统的微处理器;数据来源[293]

另外一个创新性的中型燃炉系统具有旋转的燃烧室,由德国菲斯曼集团旗下的 KÖB Holzfeuerungen GmbH 公司开发,引入市场的商品名为 PYROT[334]。图 6-41 所示的就是这个系统。这个燃炉对于干燥木质燃料如颗粒燃料或干燥的木屑等是最好的。与获得专利的上游烘干机联合后,可以使用含水量高达60%(湿基)的木屑。该系统在市场上出售的有6种标准锅炉功率,80～540 kW,因此适合用于更大的建筑或微电网中。燃炉通过螺旋进料器填料,燃料在空气不足状态下气化。燃气上升到旋转燃烧室,在这里,旋转着的风扇将其同二次空气混合。这种方式下两种气体混合最佳。这个系统排放的CO和NO_x量非常低。

图6-41　PYROT旋转炉

注:1.螺旋进料器;2.炉篦;3.一次空气供给;4.烟气循环;5.点火扇;6.除尘系统;7.旋转风扇供给二次空气;8.旋转燃烧室;9.换热器;10.安全换热器;11.气动换热器清洁系统;12.抽风机;数据来源[335]

6.3　大型系统(锅炉额定功率大于1000 kW_{th})

6.3.1　所应用的燃烧技术

大型燃炉是指额定锅炉功率超过1 MW_{th}的燃炉。这样的燃炉在如木材加工厂、木工企业、集中供暖工厂或CHP工厂(参见6.1节)等地方都能够见到。这些工厂中使用的是不适合小型燃炉的、质量比较低的颗粒燃料,不过它们生产成本低,可以被应用,尽管其经济优势取决于工业颗粒燃料的价格。

在这个能量输出范围内可以采用的技术是层燃炉、底部进料燃炉和20 MW以上液化层炉。这种规模的燃炉目前主要使用比较便宜的锯木厂的副产品以及废弃的木料。对这些技术的详细考察见于文献[53,63]。

燃烧颗粒燃料的大型燃炉也采用的是集装箱式设计,每个集装箱的能量输出能达到3 MW[336]。集装箱式设计适用于克服供暖中断、建筑工地的临时供暖、会堂有重大事件时,但同时也适用于长期应用,比如说锅炉改造。大型博览会大厅或有重要事件的帐篷中需要的温暖空气可以通过使用烟气-空气换热器来实现。颗粒燃料炉的集装性设计是全部预安装,那么现场就只需要提供电和水的连接就可以了。

颗粒燃料在改造过的燃炉中燃烧或和化石燃料混烧，尤其是和煤炭一起时，效果很好，颗粒燃料在大型工厂里的应用很有潜力。

6.3.2　创新理念

将供暖用的燃炉由烧油改造成焚烧木粉（研磨过的颗粒燃料）在瑞典已经是多年的惯例了。粉状燃料燃烧器就是为了取代旧有的石油燃烧器而开发的。然而，随着时间的过去，政府对一氧化碳和氮氧化物排放量的要求越来越严格。这些日益增加的要求使得位于斯德哥尔摩市的瑞典公司 TPS Termiska Processor AB 致力于开发新型的燃烧器，终于，Bioswirl® 燃烧器问世了（图 6-42）[337,338]，它满足了当前有关废气减排的所有要求。

这是一个旋风燃烧器，燃料颗粒在旋风燃烧室内热解。燃烧室内的旋流保证了大燃料颗粒完全的热降解。烟气被喷嘴引导进入锅炉的二次燃烧室发生完全燃烧，在这里会第二次和第三次注入空气。采用这项技术燃烧粉碎过的颗粒燃料，燃炉在功率输出范围宽广的同时还保持了低废气排放量。有发现表明粒度大小对系统几乎不产生影响。Bioswirl® 燃烧器的目标功率为 1～25 MW。范围在 1～3 MW 的燃烧器已经成功被启用。在示范工厂配备的 17 MW Bioswirl® 燃烧器，相比于传统的木质粉燃烧器，其一氧化碳排放量显著降低[337,338]。

图 6-42　Bioswirl® 燃烧器

注：数据来源[339]

这个燃烧器最初是为改造现有的石油燃炉而设计的。受到这第一个系统正面效果的鼓舞，以 Bioswirl® 燃烧器为基础的新系统也开始销售了。

6.4　热、能联合运用

近年来，源自生物质的能源变得越来越重要了。这种发展的背后推动力来自国内和国际（尤其是在欧盟），旨在提高“绿色”发电的比率和降低二氧化碳的排放。在欧盟层面有不同的举措来支持和资助这些目标(比如说共同体战略的白皮书和行动计划,可再生能源指令,关于欧洲能源安全供应的绿皮书,基于在国际能量能源市场上有益的热需求所做的促进废热发电的指令,等等)。在国内,可以采用很多不同的方法(如收购补助、定额分配、奖金系统)来支持生物质产能(如在奥地利、德国、意大利、瑞士、芬兰、比利时、丹麦、荷兰和瑞典)[340,341]。

在接下来的章节中会根据功率范围[342],对生物质产能所使用的技术做案例分析和讨论。到目前为止,生物质 CHP 系统还是主要使用木屑和树皮。颗粒燃料在这个领域属于次要角色,但是也能看到一些上升的势头了。

6.4.1 小规模系统(锅炉额定功率小于 100 kW_{th})

已经验证过的 CHP 技术还没有能用在市场上的功率小于 100 kW_{th}的小型燃炉上的。不过,很多研究所和制造商开展了大量的研发活动,主要集中在两项技术上,那就是功率范围在几 kW_{el}以内的斯特林发动机和热电发电机[343,344,345,346]。

斯特林发动机输出功率为 35～75 kW_{el},因此属于中型系统,目前已经上市(参见 6.2 节)。斯特林发动机也受到小规模应用的青睐,因为它们的功率可以下调到几个 kW_{el}[347,348]。

斯特林发动机是奥地利的斯特林电源模块 Energieumwandlungs GmbH 开发的,即 SPM Stirlingpowermodule,即使目前已经停止了对它的开发[716],也要在此做出解释。图 6-43 所示的是顶部有斯特林发动机的燃炉照片[349,350]。研发目的是为了产生足够平常家庭使用的能量,剩余的绿色电力可以送入电网。在未来,它的操作应该可以独立于电网。斯特林发动机的设计使其在某种程度上能够改进它现有的颗粒燃料炉。Stirlingpowermodule 基于四缸斯特林发动机和获得专利的变速箱,物料完全平衡。这个变速箱将两个交叉活塞杆完全的直线运动转化成驱动发电机的旋转运动。工作介质是空气。标准电力输出确定为大约 1 kW_{el}。发动机应该用在额定燃料输入功率为 16.8 kW 的颗粒燃料炉上,这个系统的电机效率接近 6%。

图 6-43 SPM Stirlingpowermodule

注:数据来源[351]

德国的 Sunmachine GmbH 公司开发了电容量在 3 kW 左右的斯特林发动机[717],已经制造了约 400 个单元。不过当前的技术问题阻碍了其进一步的发展[718]。

实现在小型燃炉中将供热和发电结合的另一个方法是热电发电机的应用[345,346,352,353]。原型(图 6-45)的初次试验已经实施。其目的在于让颗粒燃料炉自身能产生足够的电力,那么这个系统的操作就能够独立于电网。小于 1 kW_{el}的电力输出就能够达到这个目的,因此这就是开发的目标值。热电发电机利用的是热电效应,只要电触头的温度不同,电流就会通过由两种不同的金属或半导体制成的电路(图 6-44 所示的是原理)。这导致了热能到电能的直接转换。

热电发电机的优点是长时间操作不需要维护，无噪声以及没有活动件。然而，它们的寿命还是很短，还需要做进一步的研发工作。最先进的热电发电机的发电效率是5%～6%。系统进一步提升后希望发电效率能提高到大约10%。如何将热电发电机整合到颗粒燃料炉中是最大的挑战。目前可以达到的电力系统效率（电能输出/燃料的能源量是以NCV和空气为基础的）在1.6%左右。发电成本是0.7～0.8 €/kWh$_{el}$。下一步研发阶段，通过提高温度水平能够将电力系统的效率提高1倍，同时发电成本节省1/2[354]。预计未来几年这个系统都还不能引入市场。如果热电模块的成本能够降低，中期这个技术就能获益。

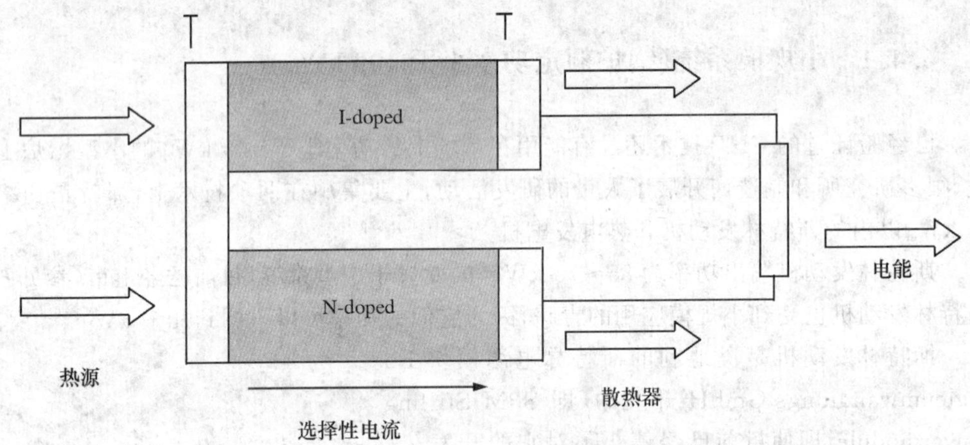

图 6-44　热电发电原理

注：数据来源[355]

图 6-45　为颗粒燃料炉设计的热电发电机原型

注：数据来源[355]

6.4.2　中等规模系统(锅炉额定功率为 100～1000 kW_{th})

6.4.2.1　斯特林发动机工艺

以斯特林引擎为基础的 CHP 技术在电力输出 100 kW_{el} 以下的生物质发电领域是非常有利和有发展前景的。尤其是在这个功率范围内,市场上还没有成熟的技术。

BIOS BIOENERGIESYSTEME GmbH 公司、MAWERA Holzfeuerungsanlagen GmbH 公司 BIOENERGY 2020＋ GmbH 公司和丹麦技术大学在研发合作的框架内,开发了一项以斯特林引擎为基础的 CHP 技术,额定功率是 35 kW_{el} 和 75 kW_{el}。基于 35 kW_{el} 四缸斯特林引擎的 CHP 技术已经运行 12000 h,测试成功,并已经在一个商业项目期间得以实现(图 6-47)。斯特林引擎的效率是 25％～27％。电厂的复核试验中,能实现的效率大约是 12％[356,357,358,359]。

斯特林引擎属于热气体或膨胀引擎。在这样的引擎中,引起活塞活动的不是内部燃烧气体的膨胀而是通过密封的扩张,因此恒量的气体因为外界热源供给的能量而膨胀。因此发电机与燃炉分开来,原则上,发电机能够用任何种类的燃料进行操作,并根据自身的排放量进行优化。文献[348,360]中有对技术详细的描述和更多的信息。图 6-46 展示的是斯特林引擎整合入生物质 CHP 装置的方案。

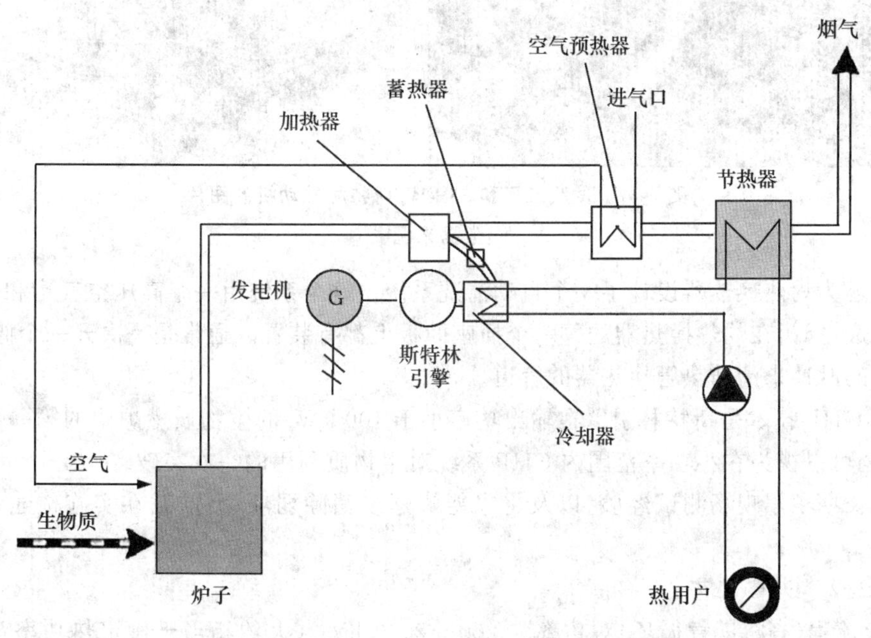

图 6-46　斯特林引擎流程——整合入生物质 CHP 装置的方案

注:数据来源:BIOS BIOENERGIESYSTEME GmbH

斯特林引擎是由丹麦技术大学开发,以氦气为工作介质,设计成一个密封装置。氦气对电机效率非常高效,不过它对密封的要求也高。丹麦技术大学开发了 CHP 理念的发电机,置于高压曲轴箱内,大大简化了驱动轴和活塞的密封。只有连接发电机和电网之间的电缆在曲轴箱外面。内部可以使用更简化的密封。在传统的斯特林引擎理念中,移动的密封(尤其是那些活塞棒)造成了非常严重的困难,有待克服。

为以斯特林引擎为基础的 CHP 系统开发和设计一个燃炉是一个复杂的研发任务。为了实现高电机效率,进入斯特林引擎中高温换热器内的烟气温度必须越高越好。系统中所设计的烟气的进气温度在 1200~1300℃。而传统生物质炉的最高烟气温度是在 1000℃左右。燃烧室内的温度越高,沉积在燃烧室内壁上的灰渣就会越多,那么接下来自然就有可能会发生运转故障。因此,高温燃炉研发的目标就是一方面确保在灼热换热器那一面的高烟气温度,另一方面避免燃炉中的温度峰值。因为燃烧室内的高温,只有木屑、锯末和含有少量树皮的颗粒燃料能够用作燃料。底部进料的燃炉特别适合于使用这些精细组成的燃料。新燃炉的研发是以 CFD 模拟为支持,由 BIOS BIOENERGIESYSTEME GmbH 公司实施。

图 6-47　试验工厂和 35 kW_{el} 斯特林发动机的图片

注:数据来源[359]

此外还为灼热换热器设计了一个自动清洗系统。这个系统由一个高压空气罐和一定数量的阀门组成,阀门在灼热换热器的每一个插座面板上都有装置。通常是一次开一个阀门,通过高压空气的脉冲来清洁热管换热器的管道。

新的 CHP 技术是斯特林引擎在输出功率小于 100 kW_{el} 的生物质燃炉中的第一次成功应用,这完全可以视为在小功率范围内 CHP 系统对生物质利用的一次突破。

为了长期积累现场测试经验,以及将来能够逐步消除弱项,目前正在实施构建一些示范工厂。

6.4.2.2　ORC 工艺

ORC 流程(有机朗肯循环)对功率为 200~2000 kW_{el}(大约相当于额定热功率为 1000~10000 kW)的非集约生物质 CHP 工厂里的热电联合生产是一项很有用的技术。在这个功率范围内这项技术已经经过验证,不过小型 CHP 系统的功率范围内还没有检验过。在这里提出讨论是因为功率范围扩张到小规模领域内被预计为规模经济问题来克服。

这项专为生物质热电联合系统设计的新技术,是在两个欧盟示范项目期间研发和实现的。第一个基于欧盟 ORC 工艺的生物质 CHP 工厂在阿德蒙特(奥地利)的木材加工业 STIA 中投入使用[361,362]。这个系统从 1999 年 10 月开始运行,额定输出功率是 400 kW,大多使用木屑、锯末和木碎片为燃料,只以热控制模式运行。第二个系统在利恩茨(奥地利)的 CHP 工厂得以实现，是阿德蒙特技术的升级版[363]。系统自 2002 年 2 月投入运行，额定输出电力功率是 1000 kW，使用木碎片、锯末和树皮作为燃料，同样是只采用热控制模式。到 2010 年已经有接近 150 个以 ORC 技术为基础的生物质 CHP 工厂投入使用了。

用 ORC 工艺发电的原理是常规的朗肯作用，主要的区别是用具有特殊热动力学性质的有机工作介质代替水，因此得名有机朗肯循环。适用于生物质 CHP 工厂的 ORC 系统是由意大利布雷西亚的 TURBODEN Srl 公司研发的。另一个为生物质 CHP 工厂的 ORC 技术做出贡献的是德国的 Adoratec GmbH 公司。

图 6-48 以利恩茨生物质 CHP 工厂为例展示了 ORC 流程的工作原理以及不同组件。

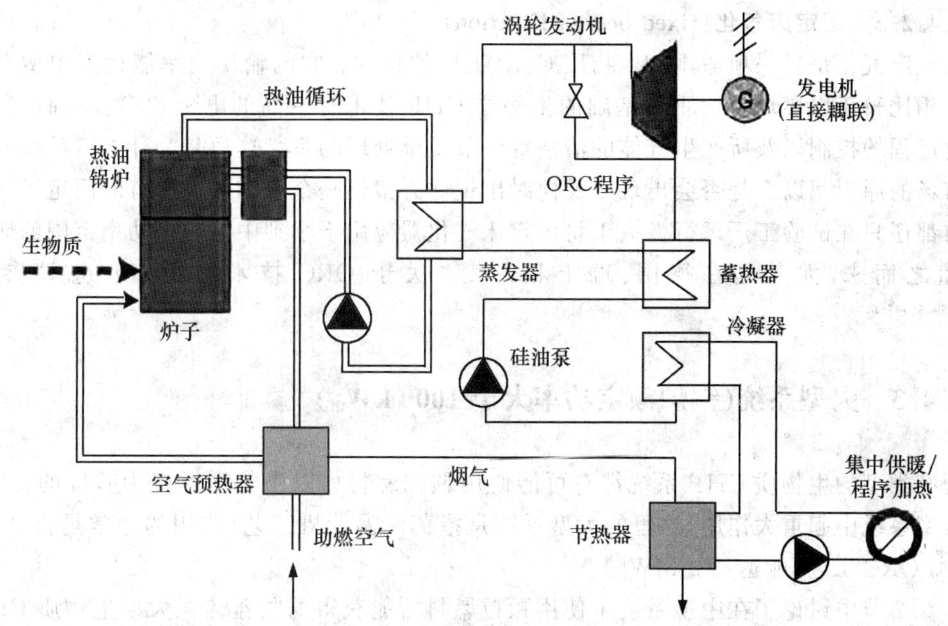

图 6-48　整合在利恩茨生物质 CHP 工厂中的 ORC 流程概略

注：数据来源：BIOS BIOENERGIESYSTEME GmbH

ORC 流程通过一个热油循环与热油锅炉相连。ORC 流程构建成一个闭合的单元，使用硅油作为有机工作介质。高压下的硅油被气化，同时被蒸发器中的热油加热到略微过热。气化的硅油在轴流式涡轮机中膨胀，而这个涡轮机与异步发电机直接耦合。在进入冷凝器之前，膨胀的硅油被送入到蓄热器(用于内部热能回收)中。工作介质的凝结发生在一定的温度水平上，这就使得热能能用在区域或流程加热(给水温度为 80～100℃)上。最后，冷凝的工作介质达到循环中热部分的压力水平，流过蓄热器后再次到达蒸发器。发电厂系统的效率是 15%～16%，远高于以斯特林发动机为基础的系统的效率。

ORC 技术最重要的好处在于它极佳的部分负载和负载改变方式。从利恩茨和阿德蒙特的实际操作经验来看，额定负荷的 10%～100%都能采用完全自动化操作没有任何问题。根据利恩茨的测定，在 50%的部分负载时，电机效率大约是全负荷时效率的 92%，这就凸显了这项技术在热控操作上的适用性。

因为 ORC 被构建成为一个封闭系统，没有液体或气体排放，也没有工作介质的损失。硅油几乎不会衰老也不需要在 ORC 系统整个寿命周期(超过 20 年，根据地热发电厂的经验)的任何时间进行更换，这就是这些系统运行成本很低的原因。维护成本(更换润滑剂和密封圈，一年一次的系统检查)也很低。这在工厂的运行中已经验证过了。

ORC 系统的声波发射适中,最高部位源自压缩发电机,1 m 距离处的声波大约是 85 dB(A)。利恩茨和阿德蒙特生物质 CHP 系统的运行经验已经能够说明 ORC 技术无论是从技术角度还是从经济的角度,对小规模生物质 CHP 系统来说都是一个很有益的方案。这两个项目的正向经验,相应地加快了 ORC 技术引入市场的速度。

第一个 200 kW_{el} 的 ORC 工厂在 2007 年的秋天投入使用,这个规模也有利于颗粒燃料的利用。

ORC 技术的详细信息可以查看相关文献[348,356,361,362,363]。

6.4.2.3 固定床气化(fixed bed gasification)

固定床气化是另一项适用于生物质 CHP 工厂的技术。它的输出功率能达到中型系统的标准。相比较于以燃烧生物质为基础的生物质 CHP 技术有更高的电机效率。然而,自动化和气化过程的控制以及所产生气体的清洁等环节要难处理的多。这也是为什么这项技术没有进入市场的原因。以后是否会出现以及何时出现此方案还是个未知数。所有的固定床气化系统目前都还只在试验工厂运行。关于将固定床气化器应用于小到中型规模功率范围的研发活动也随之而来,尤其是在德国、瑞士和丹麦。关于 ORC 技术的更多信息请参阅文献[348,359,364,365,366]。

6.4.3 大型系统(锅炉额定功率大于 1000 kW_{th})

所有类型的生物质 CHP 系统都有可能使用颗粒燃料。以生物质燃烧为基础的 CHP 技术在大型系统中起重大作用,这里的大型系统是指蒸汽涡轮机工艺(应用的通常是自 2 MW_{el} 往上)和 ORC 工艺(能达到 2 MW_{el})。

在 6.2 节中讨论了在中型系统中使用颗粒燃料所能获得的收益。在大型生物质 CHP 系统中也是如此。在奥地利和德国,颗粒燃料在大型系统中处于次要角色。到目前为止只建立了少数设施。

6.5 大型煤粉锅炉中生物质颗粒燃料的燃烧与共燃

6.5.1 技术背景

一般来说,在大型粉煤锅炉发电厂里共燃生物质材料,在对现有工厂改进的同时,在将来还会新建设施,为了回收能源而利用生物质,这是最符合成本效益和节能的方法。在大多数情况下,在现有发电厂采用生物质共燃,实现地要相对迅速和便利,而且通常所涉及的技术水平相对较低,相比于安装新的生物质专用的发电厂,商业风险也要低一些。这是因为大多数情况下,共燃发电最大限度地利用了现有的发电设备、民用和电气工程设施。

特别是较小的粉煤发电厂和 CHP 锅炉,对于燃料转化的兴趣已经逐渐增长到 100%使用生物质颗粒燃料。到目前为止,北欧[53]已经有少量得以实施的案例,不过有证据显示在欧洲其他国家和北美对此也越来越感兴趣。

在过去10年中，用于电力供应行业燃烧和共燃的生物质的量已经极大地提高了，尤其是在北欧，这是欧盟及其成员国对可再生能源的政策支持的结果。这一趋势在世界范围内也变得越来越明显，各国政府正在利用政治手段，逐步出台政策，旨在推广可再生能源，来尽他们减少二氧化碳排放水平的国际义务。全世界出产的颗粒化生物质材料有很大一部分都是用于这个市场领域的。

大型煤粉锅炉中生物质材料燃烧和共燃最主要的技术选项在图6-49中有简要说明。

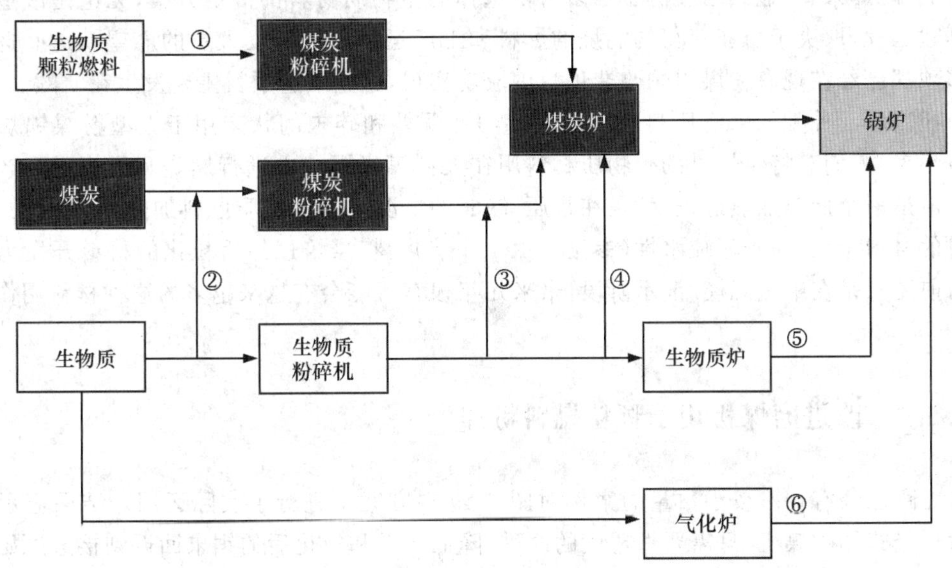

图6-49　大型煤粉发电厂中生物质共燃方案

方案1包括锯末颗粒燃料通过现有的经过改造的磨煤机时会被磨碎，粉碎后的生物质在现有的点火系统中燃烧，如6.5.2节中所述，如果需要会有相当细微的修改。这个方案在一小部分北欧的粉煤火电厂已经成功实现，而且这个方法是当前欧洲和北美一些可行性研究的主题。在一个锅炉内转换一个或更多的研磨机是可行的，或者可以转换所有的研磨机以保证100%的使用生物质做燃料。

方案2涉及生物质的预混，通常是粒化的、颗粒状的或粉末状的生物质同煤炭一起以合适的混燃比率进入煤炭处理系统，粉碎，然后在现有的煤炭点火系统中燃烧。这是迄今为止共燃改造项目中最受欢迎的途径，因为它执行起来相对快速，资本投资也适中。因此，电站运营商第一次开始着手生物质共燃改造时，它就成为最普遍的选择，而且每当合适生物质材料的安全供应存在不确定因素的时候，共燃就能获得政府津贴的长远保证或者其他财政鼓励措施。

方案3、4和5涉及将预研磨好的生物质直接投注到粉煤点火系统，那就是：

- 投注到粉煤管道。
- 投注到改进过的燃烧器。
- 投注到生物质专用燃烧器。

正如接下来详细描述的那样，这些方案都涉及对已安装设备的重大改造和高水平的资本投资，不过同方案2相比，采用这些方案能够达到更高的共燃比率。近年来在北欧已经有一定数量的煤火电厂安装了直接投注系统，而且因为对生物质混烧能力的规定，在新建的煤火电厂,这是一项更受青睐的方案。

方案 6 涉及生物质的气化,生物质一般是以片状或颗粒状,在一个专用的装置内,该装置通常以一个流化床反应器为基础,气动并在大气压力下工作。合成气产品的混烧在粉煤锅炉内发生。气体产品在锅炉内点燃之前进行清洁或不清洁都可以,但已经有证明显示这些系统中复杂的合成气产品的冷却和清洁是很麻烦的。在北欧已经有少数工厂采用了这种生物质混烧的方法。

因此,总体来看,显然已经有了很多可供选择的生物质材料的混烧方案,无论是改造现有还是新建工程,取决于所能获得的混烧的燃料和工厂运营商或开发人员的愿望。这些选项中的许多项都已经在现有粉煤锅炉改造项目中成功实现,这些改造项目主要发生在北欧。

有相当广泛种类的生物质材料以团粒、碎片/颗粒和碎末的状态用于大型粉煤锅炉的混烧。近年来,人们对将烘焙过的生物质材料用在大型煤炭锅炉中进行燃烧和混烧逐渐产生兴趣。烘焙是一个低温加热过程,就是在常压、缺氧的情况下将生物质原料加热到 250～300℃。烘焙过的材料干燥、易碎呈疏水性(参见 4.1.4.2 节)。将烘焙过然后粒化的材料开发为锅炉燃料目前还只是在中试规模/演示阶段,未来几年很有可能会有越来越多的这种材料用作锅炉燃料。

6.5.2 改进磨煤机用于颗粒燃料粉碎

在北欧已经有相对较小数量的案例对图 6-49 中方案 1 进行了实际运用。结果显示可以采用大型竖式轴磨煤机,只需要做适度的改进,降低干燥和粒化后的锯末回返到接近原始粒度范围的可能性,保证粉碎后的材料能使用现有的粉煤管道工程系统和在燃烧器中顺利燃烧。还没有关于大型球和管道煤磨机使用经验的报道。

一般来说,研磨设备需要的改动与以下两点有关:

- 与原煤和粉碎过的煤相比颗粒燃料和锯末堆积密度和粒子密度更低。
- 生物质的高挥发物含量和高反应活性。出于安全原因,通常使用生物质颗粒燃料时,初次空气温度要远低于使用煤炭时候的温度。

已有的经验显示锯末颗粒经过粉碎机后,粒度大小只比原始尺寸略微减小,但这个改变导致产品粒度分布很适合在粉碎燃料炉中燃烧,这对于生物质的燃烧或混烧都是一个可行的选项。在斯堪的纳维亚和北欧其他地方都有长期地、成功地使用这个方法的经验,如果短期检验一到两个更加重要的实例应该更有说服力一些。

有一个早期在瑞典赫尔辛堡的 Vasthamnsverket 进行的重要的实际案例。这是一个 200 MW_{th} 粉状燃炉锅炉,最初是设计用来燃烧烟煤的。锅炉从 1983 年开始工作,在 110 MPa 压强下和 540℃,产生 82 kg/s 的蒸汽。烟煤在两个大型 Loesche LM16.2D 滚筒碾粉机中粉碎,另有一个备用的粉碎机。最初的切向燃烧系统有三个层次的煤喷嘴,两个级别的油枪和一层燃烬风喷嘴。

在 1996—1998 年期间,锅炉以分步进行的方式逐步转化成木质颗粒燃料燃烧系统,保留着在颗粒燃料中断供应后恢复烧煤的能力。如果研磨的是木质颗粒燃料,可实现的热量输入率目标最少是烧煤时的 50%,最好能达到 67%。

工厂的改进主要包括:

• 为木质颗粒燃料安装新的接收和有屋顶的储藏设施。

• 改进燃料装卸和装仓系统以处理木质颗粒燃料。这些改造主要与担心颗粒燃料装卸过程中产生粉尘以及发生爆炸有关。

• 为了粉碎机的安全,安装锅炉烟气再循环系统以降低初次供给粉碎机的空气中氧气的浓度。

• 粉碎颗粒燃料时在粉碎机的顶部安装旋转阀,为粉碎机和燃料库之间提供一道密封。在磨煤的时候可以将旋转阀拆除。

• 安装一个新的、可调节的百叶窗环组合体,能够做双位设置,分别对应颗粒燃料和煤的粉碎。

• 从分类器上安装可调节的内部返回椎体,能够根据设定的颗粒燃料或煤炭的研磨而移动。

总之,Vasthamnsverket 粉碎木质颗粒燃料的经验是相当好的,改进后的系统也已经成功商业运作好几年了。

生物质颗粒燃料,主要是木质和秸秆为原料,也已经在丹麦的 Avedore Unit 2 和荷兰的 Amager Unit 1 新锅炉里成功实现用传统煤粉碎设备研磨了。在这种情况下,煤粉碎机可以从煤炭切换成粉碎生物质颗粒燃料,在一天的运行中断时间内也能够切换回来。粉碎机操作的进口温度是 80～90℃,研磨生物质颗粒燃料时从粉碎机组传来的输入热量降低到磨煤时能获得 70%的热量。

在荷兰 Amer Centrale 公司的 Unit 9 内,两个滚压机于 2002/2003 年转化为木质颗粒燃料粉碎机,换句话说就是每台机器每年 300000 t 木材。出于安全粉碎的原因以及为了最大化颗粒燃料生产量,粉碎机的内部做了大量改进:

• 在粉碎机上安装爆炸探测和灭火系统以及相关的喉管和管道系统。

• 调整滚轴的方向。

• 封闭滚轴上部的一些孔洞。

• 在磨粉机机体的上部区域安装一个隔板。

• 这个系统从转化之时起就一直成功运行。

20 世纪 90 年代早期,在瑞典的 Hässelby,很多的 Doosan Babcock 6. 3E9 磨粉机被 Doosan Babcock 成功改造成研磨木质颗粒燃料的机器。该系统从 1993 年起投入商业运营。在那个时候,发电厂每年大约燃烧 270000 t 颗粒燃料,在供暖高峰季每天大约是 1500 t。在最好的情况下,焚烧木质颗粒燃料时 E 型磨煤机能够提供大约相当于烧煤时 70%的热输入率。对燃炉的热能输入最初是靠烧油来平衡的。近来安装了锤式粉碎机以补充被 E 型磨粉机处理过的颗粒燃料,这样在只烧颗粒燃料的时候发电厂也能够实现同烧煤时一样的满负荷。

20 世纪 90 年代早期 Doosan Babcock 在 Hässelby 对磨煤机进行改造的时候,在 6. 3E9 磨煤机上做了一些相对较小的物理修改。关键的改变有:

• 在磨煤机上面的进煤管道安装旋转阀以保证空气密封,因为人们认为木质颗粒燃料的低堆积密度会导致煤仓密封效果差。

• 在磨煤机机体喉管口上方插入一些挡板,以提高该处的气流速度同时减少部分研磨过的颗粒在机器中积聚的趋势。

• 在分类器回返椎体的出口处安装动态卸料装置。

• 没有安装磨煤机惰性化、烟气再循环或其他防爆系统，在处理木质颗粒燃料过程中粉碎和点火系统的安全运行由首次空气温度的封闭控制来维持。

在 Hässelby，木质颗粒燃料燃烧系统仍在全面商业运营中，生物质颗粒用磨煤机处理，通过最初为烧煤安装的系统直接点火或者用锤式粉碎机，然后通过一个新的接收器和投料系统进入到相同的燃烧器内。

很明显，粉煤锅炉要向燃烧生物质或混燃转化，用传统的磨煤机处理木质颗粒燃料是可行的。这个方案对火电厂运营商是非常有吸引力的，因为他们更熟悉这种类型的粉碎设备而且对锤式粉碎机的维护要求相对要高这方面普遍有顾虑。

6.5.3 生物质与煤炭预混合、共同粉碎后混烧

迄今为止，在北欧绝大多数煤电厂混燃的生物质都是通过与原煤预混后混烧的，通常是在现有的煤炭搬运和与输送系统里预混合的。混合后的燃料通过已经安装好的煤仓和磨煤机，然后进入到粉煤点火装置。图 6-49 的方案 2 描述的就是这种混烧方式。

这种方法已经在大量的发电厂中成功运用，能够使用的生物质材料相当广泛，而且不拘形状，籽粒、颗粒、团粒或碎末都可以。水分含量少于 20％的相对较为干燥的生物质材料是以这种方式进行混烧的最佳材料选择，但是水分含量在 50％～60％的潮湿锯末材料也能成功用这种方式进行混烧。

能够达到的最大混磨比率和由此而决定的混烧程度并没有明显受到粉碎机吞吐量的限制，而是取决于磨煤机的设计、生物质材料的性质和发电厂的运作制度。在大多数情况下，混烧生物质材料热能输入有可能达到总热能约 10％，虽然商业上更普遍的是混烧材料比率占 5％～8％。

传统的磨煤机通常是依靠煤炭的脆性来分解煤块，而大多数生物质材料，包括颗粒材料，往往缺乏这方面的属性。因此有这样一种倾向，在粉碎的过程中，会有一定程度的较大生物质滞留在磨煤机中，并以这种方式限制了混烧生物质的比率。比如说，在竖式轴磨煤机中，首次空气压差和磨煤机能耗随着混烧生物质比率的提高而有增加的趋势，这可能是一个限制因素。另外，因为大多数生物质材料的粒子密度比煤炭粒子的要低，煤炭和生物质混磨的时候粉碎产品的粒子大小会有的变大的可能。非常潮湿的生物质材料在混磨时，对磨煤机的热量平衡有显著影响，这也可能是一个限制因素。

在使用热空气干燥煤炭的最传统的磨煤机里混合加工生物质材料时，会有很明显的安全问题。所有生物质材料都会释放挥发性可燃物质，在温度还明显低于煤炭被粉碎时就进入粉碎机机体内。因此可能有必要去改进磨煤机的操作程序以降低煤-生物质混合物过热的危险，防止机器中温度和压力偏离额定值。传统磨煤机在处理混合生物质材料时的安全操作技术原理已经被充分了解，而且在很多热电厂和所有最常见类型的磨煤机都已经被成功演示。

尽管存在一些困难和限制，在北欧许多煤炭火电厂的大多数设计更常见的传统的大型磨煤机里，很多颗粒化生物质材料以及广泛的碎片状和团粒状生物质材料已经成功实现共粉碎和共燃了，完全符合商业原则。

6.5.4 直接注入式生物质共燃系统

许多北欧的煤电站都已经安装了将粉碎好的生物质直接喷射进大型燃煤锅炉中的注入系统，也就是图 6-49 中的 3、4 和 5 选项。所有这些直接喷射系统都会包含已经安装好的煤炭粉碎机的分路和燃烧预粉碎生物质材料。这种方法能够使得共燃的生物质达到很高的比例，有可能达到热量输入基础的 50%。在英国和其他地方所获得的设计和操作上的经验为高端共燃系统以后的改造以及新项目的发展提供了技术依据。

所有直接注入共燃相关的技术方法都涉及将生物质预粉碎到一定的粒度分布范围，以保证该范围内的生物质颗粒在煤燃烧火焰中的燃烧效率达到可接受的水平，另外所有的系统都还包含预粉碎生物质的气动输送，将生物质从处理/粉碎设施处运送到锅炉去。

在改进的设施中，预粉碎的生物质有三种可选择的基本共燃方式，那就是：

• 安装新的生物质专用锅炉，用合适的燃料和燃烧空气供应系统（图 6-49 中的选项 5）。

• 现有的煤炭锅炉经过适当的改造后，直接将生物质注入其中燃烧（图 6-49 中的选项 4）。

• 现有的锅炉不经改造，将生物质注入煤炭管道中或者直接进入锅炉内，与煤炭共燃（图 6-49 中的选项 3）。

6.5.4.1 生物质专用燃炉

在某些情况下，旧锅炉工厂安装新的生物质材料共燃专用的锅炉以作改进可能会获得一些好处。大多数情况下，维持煤炭燃烧能力是很合算的，这就意味着需要额外的生物质燃烧器。但有大量的技术和经济上的风险以及重要问题需要解决。

• 新的生物质锅炉一般定位在现有燃烧带内，可能需要确定一下位置，要有新的明显的炉间间隙。为新的锅炉找到合适的位置而不明显改动现有的燃烧空气管道系统的代价高而且很困难。生物质锅炉需要二次空气供给，这意味着现有的锅炉通风设备需要经过重大修改才能作为新生物质锅炉的送风管道系统使用。

• 生物质在新锅炉中共燃对于现有煤炭燃烧系统、锅炉本身以及锅炉性能的影响可能会非常大，这取决于共燃比例和新锅炉的位置。该领域危险重大，需要对一些细节做评估。

• 生物质的直接燃烧相对来说比较复杂，无论是机械接口还是锅炉的控制界面安装起来都要相对昂贵一些。

在欧洲有很多生物质共燃系统的建立都是以新的、生物质专用的锅炉为基础，但客观地说，现在生物质专用锅炉的工厂使用经验并不丰富，而且并不是所有的经验数据都是成功的。

6.5.4.2 直接注入进改造过的煤炭锅炉

将预粉碎的生物质直接注入火墙系统中现有煤炭锅炉内会涉及锅炉的重大改动。这种方法可能比较昂贵，也会有重大的技术风险，但是考虑到如果使用的是谷类秸秆和类似的切碎生物质材料，有可能堵塞煤炭锅炉管道系统，特别是分离机和分样器，那么改造还是有必要的。

丹麦 Studstrup 电站的谷物秸秆共燃系统就是一个重要范例[367]。在这个系统中，风将剁碎了的秸秆吹入被改造过的 Doosan Babcock Mark Ⅲ低氮氧化物煤炭锅炉的中央核心空气管道中，和粉煤一起在初次空气环流作用下正常燃烧。重要的锅炉改进包括重新定位点燃煤粉的油枪以及火焰监测观察管。

6.5.4.3 直接注入煤粉管道系统

将生物质直接注入现有煤炭锅炉或生物质专用锅炉方式的主要替代方法就是将预粉碎的生物质引入现有煤炭锅炉上方的粉煤管道。在这种情况下，粉末状的煤炭/生物质混合物通过粉煤管道输送，正常进入粉煤锅炉内部。原则上，这类方法同样适用于所有类型的粉煤燃烧系统和所有的锅炉设计。

有两个明显的位置可能将生物质引入粉煤管道系统中：

• 生物质进入粉煤管道系统的引入口就在止回阀上游，紧挨着燃烧器。这个位置在粉煤分离器的下游，如果有的话，那么每个煤炭燃烧器都会有一个生物质传送系统。

• 将生物质引入粉碎机的出口管，如果可行的话，在粉煤分离器的上游。这种情况下每一个粉碎机的出口管都会有一个生物质喷射系统。

这些选项中的第一个，即生物质流的注入紧挨着燃烧器入口的这个方法，有很多潜在优势：

• 和生物质进入到粉煤管道的引入点相关的关闭阀、仪表等通常很容易从燃烧器平台上进行检查和维护。

• 混合燃料运输管道长度缩短后降低了因大量预粉碎生物质引入粉煤管道而潜在的过程风险，还避开了煤炭管道的分离器。

• 生物质进入管道的引入点离煤炭粉碎机有相当长的距离，因此粉碎机事故和整体上粉碎机震动，以及生物质输送和喷射系统性能的潜在影响都变小了。

然而在很多情况下，生物质管道路径穿过靠近锅炉前方拥挤的区域，对生物质管道做支撑部署可能会变得复杂以及费钱。还应该指出的是挨着煤炭燃烧器的粉煤管道必须和燃烧器一起移动，因为在锅炉随着温度上升而膨胀时，生物质运送管道充分的灵活性对实现移动至关重要，而这又会增加成本，甚至节外生枝。

在大多数的实际操作中，第二种方法可能会成为首选，这就是将生物质流引入到粉碎机出口管中，就在粉碎机下游和任何粉煤分离器的上游处。混合的生物质/粉煤流通过粉煤管道中合适的分离器后运送至燃烧器。

这种方法在工程上要容易许多而且安装起来也很便宜。在多数情况下，所需要的生物质供料器和气动运送系统数量要明显少于在分离器下游喷射生物质的方法。靠近粉碎机的粉煤管道的移动程度相对小一些，对于工程师来说，这种要求能简化生物质喷射管道。

这个系统的主要缺点就是生物质注入点离煤炭粉碎机太近，这意味着来自粉煤运送系统的巨大的干扰风险，尤其是在分离器处，而且任何生物质运送系统上的轧机事故的影响都可能会被放大。另外，生物质引入点的检查和维护可能也会相对困难些，这取决于管道工程布局的细节。

在任何情况下，生物质进入粉煤管道或直接进入燃烧器的引入点都配备有一个快速反应操纵生物质隔离的阀门，使得生物质系统能快速自动地与煤炭粉碎机和煤炭燃烧系统隔离开来。

如果这个系统设计得当，将生物质喷射进入粉煤管道系统的直接喷射系统能展现出很多重要的优势，如上所述，就是：

• 对现有的煤炭粉碎机、锅炉通风装置、粉煤管道、煤炭燃烧器等没有重大的物理修改要求。

• 锅炉和粉碎机同正常情况下一样先从用煤做燃料开始，生物质共燃系统在所有燃烧和锅炉系统正常工作后才开始启动。

• 如果生物质共燃系统的功能在粉碎机组上出了任何问题，生物质系统能够快速关闭，独立出来，相关粉碎机也会自动切换至粉碎煤炭，这样就维持了锅炉的负荷。

• 如果煤炭粉碎机出问题了，比如煤炭进料器的问题，粉碎机里面着火等，生物质共燃系统能够迅速关闭并保持独立直到问题被解决。

• 生物质进料控制系统只和粉碎机控制系统有联系，也就是说这只是正常锅炉、粉碎机和燃烧控制器的附加组件，现在人们对这种合适的安全连锁装置已经充分了解，在实践中也已经被成功演示。

• 粉碎后的生物质和煤炭在煤炭燃烧器中共燃，热量输入比例高达 50%，这意味着共燃时燃烧效率、燃料烧尽、火焰形状和炉内热传送因素等相关问题的风险要比使用专用燃烧器只烧生物质的时候要小。

• 生物质的燃烧一直是靠稳定的粉煤火焰来支持的。这将有助于优化生物质的燃烧效率，而且有可能加宽以这种方式共燃的生物质类型和品质的范围。

• 生物质和煤炭燃烧的产物总是充分混合的。生物质灰分产物浓度的降低就意味着减小了燃炉和锅炉中产生局部沉积和腐蚀的风险。

• 在最新的生物质直接喷射共燃系统中，生物质进料速率的全自动控制保证了粉碎机的调节功能还和转换到生物质共燃以前一样。

无论是新建立的设施还是为提高生物质共燃率而改造的设施，共燃生物质都会占据许多粉碎机组。对粉碎机和锅炉的潜在影响将很大程度上取决于生物质的特性、目标共燃比例和锅炉房的运行状态，而且通常需要非常细致的考虑。原则上，以热量输入基础来计算，生物质共燃的比例达到 50%左右，才可能采用直接喷射的方法，但在这个共燃比例下的生物质材料范围是有限的。在大多数情况下可采用的共燃比例是由生物质灰分、生物质和煤炭灰烬质量以及最重要的混合灰烬在锅炉表面形成令人棘手的沉积物的趋势来决定的。

总之，从上面的表述可以看出，煤电站有很多可行的、改造成预粉碎生物质材料直接喷射共燃的技术方案。对任何特定的设施来说，其首选技术选项都由很多因素来决定，这些就是：

• 共燃的生物质类型。

• 想要达到的共燃比例。

• 位置因素，比如煤炭粉碎机的类型，煤炭燃烧系统的安装布局等。

• 工厂的运营状况和工作站工程师的工作态度。

在北欧许多国家已经有很多这样的直接喷射生物质共燃系统成功地进行商业运作了。直接喷射系统的设计和功能还在发展中。例如，目前在英国进行的最先进的直接喷射生物质共燃系统改造项目将涉及根据系统需求全自动控制生物质进料速率，以便在共燃生物质时恢复被转变的煤炭粉碎机的调节功能[368]。

6.5.4.4 以共燃产生的合成气对生物质原料进行的分类

在北欧已经有了一些生物质的气化以及气化产物在烧煤锅炉中燃烧的应用实例，就像图 6-49 中方案 6 所描述的那样，被气化的生物质通常是呈片状或颗粒状。到目前为止，这种生物质共燃的方法并没有获得更广泛的关注。

6.5.5 生物质燃烧和共燃对锅炉性能的影响

生物质燃烧和共燃改造项目执行至今，主要是在北欧，已经可以确定如果提供给燃烧器的材料的尺寸在可接受范围内（颗粒大小不超过 1 mm 左右），那么燃烧品质的燃烧效率和 CO 排放水平这两方面也就可以接受。包括预粉碎生物质和煤炭以及直接喷射共燃这两种在内的共燃系统就属于这种情况。生物质材料比煤炭更容易在燃烧系统中起化学反应，但它们不需要缩小到同粉煤一样的粒度。

在粉煤火焰中燃烧之前生物质颗粒要先用改造过的煤炭粉碎机粉碎，燃料购买者常见的做法是指定用来生产生物质颗粒的锯末的初始颗粒大小，因为改造后的煤炭粉碎机最多也只能将生物质颗粒再次变小到锯末的尺寸。最常见的最大粒径是 2 mm 左右。超大生物质颗粒的存在会增加燃炉底部灰烬和锅炉飞灰中未燃烧材料的量。

在北欧的实际应用中，生物质与煤炭共燃或用生物质专用燃烧器 100％燃烧生物质，并没有发现这两者的基本火焰形状或燃炉热吸收有显著不同，在绝大多数情况下，并不需要对锅炉做重大改进以适应生物质燃烧或共燃。

概括地说，生物质燃烧或共燃对锅炉性能的非燃烧相关影响主要与生物质和煤炭的无机成分相关，尤其是灰分和质量、硫和氯以及微量元素的含量。总之，对锅炉有重要影响的风险显而易见是来自燃料的规格。来自北欧电站的经验表明锅炉表面灰的过度沉积主要与共燃比例、灰分以及煤炭和生物质燃料灰烬成分有关。就这一点来说，通常低灰分和碱金属水平适度的优质木质颗粒燃料即使是以 100％的量在煤炭锅炉中燃烧，存在的风险也要小一些。低共燃比例下，高灰分和问题灰分更多的生物质燃料也可以很好地共燃。一般来说，煤炭灰烬结渣和积灰倾向的评定方法做一些修改后也可以用来评估生物质灰烬和共燃产生的灰烬。

生物质自身燃烧以及共燃产生的烟气和灰烬沉积可能比纯煤炭燃烧产生的要更有侵蚀性一些，至于它们能加速金属损耗则缘于设备过热和回热器表面的高温腐蚀。如上所述，这些可能的风险是可以控制的，只要谨慎考虑生物质品质规格，尤其是在灰分、硫和氯含量、灰烬成分和锅炉状况等方面。锅炉状况主要是关注锅炉管道材料和气体以及金属的温度。

生物质材料燃烧和共燃时主要氮氧化物和二氧化硫的浓度水平很大程度上取决于生物质燃料的氮硫含量，而且大多数燃烧生成的量要低于煤炭或混烧时产生的。

生物质燃烧与煤炭燃烧生成的固体产物的特点差别很大。灰烬的化学反应非常不同，两者的物理特性也很不一样。大多数生物质材料中无机质的特点是在火焰中能够产生大量的亚微粒。

因为生物质的灰分比大多数煤炭的低，燃烧或者共燃生物质材料通常会减少总飞灰负担。然而，生物质灰烬可能会含有大量的非常细小的气溶胶物质，会给传统的颗粒物沉降系统带来问题。使用静电除尘器的时候，从烟囱中排放的颗粒水平要高于单独燃烧煤炭时。这个效应可能有高度位点特异性，现存有单为燃烧煤炭设计的静电除尘器时，对改进工程中相当有好处。如果用织物过滤器来收集微粒，那些非常细小的气溶胶物质会堵塞织物，导致气体清洁困难，还会增加整个系统的压力。这些微粒排放沉降设备可能会存在的问题由共燃比例、灰分和生物质灰烬成分以及一些其他特定场域因素来决定。通常明智的做法是要向供应商咨询这些沉降系统的问题。

BS EN 450(2005)中涵括了水泥行业对生物质材料和煤炭共燃产生的混合灰烬的利用，它还专门做了修改以将生物质共燃灰烬包含在内。在大多数情况下，煤炭的灰烬是在地面上处理的，常规处理途径对生物质共燃产生的混合灰烬也同样适用。总的说来，大多数清洁的生物质材料的微量元素和重金属含量往往低于大多数的煤。

6.6 总结/结论

在一些国家，如奥地利、德国或意大利，颗粒燃料的利用主要集中在民用的小型供暖系统上，功率范围最高也就 100 kW_{th}。然而额定输出在 100 kW_{th}至 1 MW_{th}的中型系统对颗粒燃料的应用正在显著上升，如奥地利和德国，而在瑞典或丹麦，这些系统已经完善了。一些制造商已经开始提供专门适应这个能量范围的生物质燃炉了。瑞典、丹麦、比利时和荷兰等国已经开始关注颗粒燃料在超过 1 MW_{th}的大型设施中的应用了。

小型系统的主要焦点在生物质集中供暖系统(意大利和美国除外)。在这个领域，特别是在自动化程度、易用性、减排和提高效率上，近年来已经达到了很高的标准。阶段式空气供给、微处理器控制、换热器的自动清洁系统和自动除尘系统都是最先进的。评价系统将颗粒燃料从储藏间运送到燃炉就有螺旋进料器和气动系统这两个本质上不同的技术可以采用。已经达到高标准的运输机系统确保了安全无故障操作。已经证明旋转阀、防火阀、自主灭火器以及这些有效的组合能防止火焰回烧进储藏空间。奥地利的燃炉制造商在这个领域是领军人物，他们的产品出口到了许多国家。

炉灶也不是一个没有受到关注的领域。现在适当的微处理器控制和集成的颗粒燃料仓库使得自动化操作从几个小时到几天都可以达成。最有影响力的颗粒燃料炉灶市场在意大利和美国。

因为 CFD 模拟的应用，颗粒燃料炉灶和锅炉的开发和优化正在加速中。

在瑞典，将石油天然气燃烧器更换成生物质燃烧器或对现有石油天然气锅炉进行改造是非常普及的一件事。

这项大规模开拓性工作在所有能力范围内都在进步，它带来了创新理念。烟气冷凝是近期才引入小型系统领域的。最新的事件就集中在超低额定热功率小型燃炉上，这是为了满足住宅的低能量需求。在中型系统中，将合适的控制系统放在合适的位置上，木块燃炉可能可以烧颗粒燃料。此外，还有木块和颗粒燃料两用燃炉的开发。

非集中 CHP 电站是很少使用颗粒燃料做燃料的。这样的设施只有在斯堪的纳维亚的国家才有。然而只要以后小型生物质 CHP 系统发展起来，还是会对颗粒燃料产生兴趣的。在这方面，斯特林发动机和 ORC 方法都是很有用的技术，因为它们是当下最完善的技术。

在大型系统领域，主要是与煤火电站和 CHP 电站中单纯烧煤和共燃相关。概括地说就是改造现有粉煤锅炉使之能够与一定范围内的生物质材料共燃，生物质材料呈颗粒状或压缩颗粒状，这种改造已经相当成功了，如果技术和牵涉到的其他问题能够在设计阶段妥善解决的话，问题就相对较少了。到目前为止，在欧洲生物质共燃行为中大多数都是在煤炭处理系统中将生物质和煤炭预混好，然后混合燃料经过安装好的煤炭粉碎机和点火装置。这种方法能够允许生物质共燃的比例占到热量输入基础的 10%，在这个水平，大多数生物质材料对电站操作和性能的影响都不太大。最近许多工程都涉及安装更先进的预粉碎生物质材料直接喷射系统，这个系统能够提高共燃比例。所有的这些系统都涉及将预粉碎的生物质气动运送进入锅炉和喷射进粉煤管道，进入改进后的煤炭燃烧器或进入生物质专用燃烧器。现在有很多这类系统已经开始商业操作，但很公正地说，这些系统的长期运营经验还很有限。上文中已经详细描述和讨论了生物质直接喷射共燃可行的选项。在大多数实际运用中首选的方法涉及预粉碎生物质直接喷射进入粉煤管道，在欧洲已经有很多这样的系统进入商业操作了。据推测，这个方法能够被复制到一个大型粉煤锅炉的大量煤炭粉碎机组中。原则上，这个方法能够允许生物质共燃的比例达到热量输入基础的50%之多，但这么高的比例仅仅是对低灰分的高品质生物质颗粒材料而言的。在少数情况下，在煤燃烧为最初设计的电厂中，锯末颗粒燃料被改造后的煤炭粉碎机成功处理，然后在改进后的燃烧器中燃烧，比例能达到热量输入基础的100%。在大型燃煤锅炉中以气化的生物质原料来共燃，或只是合成气体与煤炭共燃也已经在欧洲的几个工厂里成功实现。关键技术点与共燃前合成气的冷却和清洁有关系。因此，总的说来，在现有的燃煤锅炉中进行生物质共燃的技术很明显已经相当完善了，尤其是在北欧，它展示了一个诱人的前景，那就是将有非常宽广范围的生物质材料用于电力生产。这是现在世界范围内，现有的和新的电厂广泛认可和看好的趋势，而且这趋势越来越明显。

7 颗粒燃料生产的成本分析

在这一章中,用作成本分析的是在奥地利的框架条件下,年产量大约在 40000 t,以湿锯末为原材料生产生物质颗粒燃料的典型的厂家。应该指出的是,这个计算结果不能直接套用到另一个地区或国家的某个特定项目里,因为具体的框架条件可能会有很大的差别。不过,它可以作为一个指南,对如何进行计算做出指导。

7.1 成本核算方法(VDI2067)

以 VDI 2067 准则为基础的全成本核算中,不同类型的成本可以分为 4 组类型,它们是:

- 基于资本的成本(资本和维修成本)。
- 消费成本。
- 运营成本。
- 其他成本。

基于资本的成本包括年度资本和维修成本。年费(年度资本成本)可以用资本回收系数(CRF)(参考公式 7.1)乘以投资成本来计算。资本和维修成本是对每一个整体的粒化设备单元进行计算,也要考虑到各个设备磨损情况和使用时间的不同。这些小计的总和就是总资本和维修成本。

$$\mathrm{CRF} = \frac{(1+i)^n \cdot i}{(1+i)^n - 1} \qquad \text{(公式 7.1)}$$

注:CRF 是资本回收系数;i 是真实利率,%p. a.;n 是使用时间,年维修成本是投资成本占导向价值的百分比,并且平均分配到装置的使用时间内。

所有与生产过程有关的成本,如原材料、加热干燥和电力的成本,都包含在消费成本内。

运营成本包括来自工厂操作的成本,如人事费用。

其他费用包括保险费率、会费、税务和管理成本,以占总投资成本的百分比来计算。

7.2 对最先进的颗粒燃料生产工厂的经济评估

7.2.1 总体框架条件

成本核算是根据 VDI 2067 全成本核算方法来进行的,该方法包括粒化过程的所有步骤,即干燥、粉碎、粒化、冷却、储藏和外围设备(参考 7.2.3 节到 7.2.7 节)。人事费用和建设成本并不在各个步骤中进行计算,而是相对工厂整体而言的(参考 7.2.2 节到 7.2.8 节)。建设成本直接整合到储存设备的投资成本中。最后计算原料成本,7.2.9 节中有范例。框架条件对表 7-1 中所示的基础案例的计算一般都是有效的。在接下来的章节中会有详细的讨论。

表 7-1　基础案例中颗粒燃料生产成本计算的通用框架条件

参数	数值	单位
每日轮班次数[1]	3	
每周工作天数[1]	7	
设备利用率[2]	91	%
年满负荷操作时间	8000	h/a
同时系数(电气装置)[2]	85	%
生产能力(颗粒燃料产量)	5.0	t (湿基)$_p$/h
电价[3]	100	€/MWh
建筑使用时间[4]	50	a
建筑保养和维修成本[4]	1	% p. a.
基础设施使用时间[5]	15	a
基础设施保养和维修成本[5]	1	% p. a.
规划使用时间[5]	20	a
利率[5]	6	% p. a.
其他费用(保险、管理等)[2][6]	2.8	% p. a.

注:[1]根据连续操作的一般趋势做出的选择;[2]基于从颗粒燃料生产商处获得的信息;[3]中型企业的平均电价(2008 年 12 月份的价格);[4]根据 VDI 2067;[5]内部计算准则;[6]工厂总投资成本的比例。

8000 h 的年满负荷操作是在每周 7 d,每天 24 h 连续运行(三班倒)的假设下计算得到的,相对应的设备利用率是 91.3%。这个数值遵循了当前颗粒燃料生产厂家持续工作的趋势,就工厂的经济效率而言这是一个很重要的标准(参考 7.2.12 节)。91%的设备利用率基于颗粒燃料生产商的实践经验,这是一个可实现的真实的值。

以被选择的 5 t (湿基)$_p$/h 生产能力来计算,一年生产的颗粒燃料大约是 4 万 t。奥地利中型企业的平均电价大概是 100 €/MWh(2008 年基价)。小型企业的电价可能会高一些。计算电力需求的同时系数(等于平均需电力/所有单元的额定电力乘以 100)设定为 85%,这是基于生产操作工的实际经验。表格中的利率是当前可实现利率的平均值。使用时间和维修成本是根据 VDI 2067 准则来确定的。其他费用则是根据颗粒燃料生产商的实际经验来确定,另外还考虑了保险费率和管理成本。基础设施的使用时间和维修成本以及规划都是在内部计算准则的基础上进行计算的,当然这也是以实际经验为基础的。

7.2.2　总投资

总投资包括建设、基础设施和整个工厂的规划投资。表 7-2 做了颗粒燃料生产工厂总投资的全成本核算。

表 7-2 显示单位总投资大约是 1.6 €/t (湿基)$_p$，相当于颗粒燃料 5.7%的生产和分销成本[依照表 7-20 是 162.0 €/t (湿基)$_p$]。使用时间和维修成本是根据表 7-1 来计算的。整个工厂的规划成本确定为投资成本的 10%。它们在总成本中占主要地位。在这种情况下，必须提及的是建筑成本只是具体生产成本的一小部分。因为 50 年的建筑使用时间是一个相当高的数值，而占投资成本 1% p.a. 的维修成本又是相当低的。

表 7-2 颗粒燃料生产工厂总投资的全成本核算

项目	投资成本 /€	资本成本 /€ p.a.	维修成本 /€ p.a.	运营成本 /€ p.a.	其他成本 /€ p.a.	总成本 /€ p.a.	单位成本 /[€/t (湿基)$_p$]
建筑	140000	8882	1400			10282	0.3
基础设施	90000	9267	900			10167	0.3
规划*	340300	29669				29669	0.7
其他费用					15854	15854	0.4
总成本	570300	47818	2300	0	15854	65972	1.6

注：* 与整个工厂有关；框架条件依照表 7-1；数据来源：来自奥地利的工厂

7.2.3 烘干

表 7-3 中列出了在奥地利需要干燥的粒化原材料。原材料含水量和干燥后材料必须达到的含水量数据都是从 3.4 节中获取的，还选择了树皮和森林木材含水量的平均值。来自锯木厂的锯末和工业刨花通常的含水量为质量分数 55% (湿基)，这就是核算时所选的值比较高的原因。在奥地利和很多其他国家里颗粒燃料生产厂家最重要的原材料是锯末。因此，本文选取锯末来做基础案例的计算。

木工行业产生的锯末和工业木屑含水量很明显要低一些，因为该行业主要是用干燥的锯材做原材料。预计在大多数情况下，含水量都低于 10% (湿基)，所以原材料不经过上游干燥就能用于粒化操作。秸秆和所有农作物平均含水量在 15% (湿基)的时候也可以不经过干燥直接使用，只是在奥地利的生物质燃料粒化生产中并不使用它们。

短轮伐期作物的含水量水平和工业木屑的相似。

表 7-3 不同粒化原材料干燥前后的含水量

原材料	干燥前含水量 % (湿基)	干燥后含水量 %(湿基)
来自锯木厂锯末或工业木屑，短轮伐期森林	55.0	10.0
森林木材*	30.0	10.0
树皮	55.0	18.0

注：* 根据通常的供给链

本书在 4.1.1.2 节已经考察过干燥的技术了。干燥成本是以一个带式干燥机，锯末为原材料的全成本核算为基础进行计算的(如表 7-3 中的数值)。生产量是以年运转 8000 h,干燥机输出量 5 t/h 为基准来确定的。表 7-4 中列出的是框架条件,表 7-5 则是全成本核算的结果。

表 7-4 带式干燥机进行干燥的全成本核算的框架条件

参数	值	单位
所需电力	140	kW
干燥所需热能(每吨水蒸气)	1 200	$kWh/t_{ev.w.}$
使用时间	15	a
保养和维修成本[1]	2.4	% p.a.
热容量成本[2]	35	€/MWh
耗电量	952000	kWh/a
干燥前含水量	55	%(湿基)
干燥后含水量	10	%(湿基)
水分蒸发率	5.0	t/h
干燥所需热能	48.0	GWh/a

注:含水量见于表 7-3;[1] 干燥系统总投资额在各年的比例;[2] 将水加热(90℃)的费用;数据来源:制造商,我们自己的研究和核算和来自奥地利工厂的数据

干燥机的需电量包括驱动皮带传动,驱动抽风机排出蒸汽和一系列辅助单元(控制系统,皮带清洗系统,保证材料在皮带上均匀分布的螺旋进料器)所需的电力,这个数据由干燥机制造商提供。干燥的单位需热量是用蒸发水的吨数来量化的,也是由干燥机制造商提供的数据。使用时间和维修成本等数据是颗粒燃料生产商提供的。操作带式干燥机所需的给水温度是 90℃。具体的单位热价格是以一个生物质燃烧热水锅炉提供的信息为基础的。需电量、被蒸发的水量以及干燥所需热量是通过表 7-3 和表 7-1 中所列的框架条件计算出来的。

一个带式干燥机的单位干燥成本是 48.1 €/t(湿基)$_p$,这是根据表 7-5 中所列的全成本计算方法算出来的。干燥成本中占主导地位的是消耗成本,主要包括加热费用。

干燥消耗的热能是 24.5%左右,电能消耗是 0.5%左右,这是根据颗粒燃料的 NCV 计算得到的。

表 7-5 带式干燥机的全成本核算

项目	投资成本及建筑/€	资本成本/€ p.a.	维修成本/€ p.a.	消耗成本/€ p.a.	运营成本/€ p.a.	其他成本/€ p.a.	总成本/€ p.a.	单位成本/[€/t(湿基)$_p$]
干燥机	950000	97815	23180					3.0
电费				95200				2.4
加热费				1680000				42.0
其他费用						26410		0.7
总成本	950000	97815	23180	1775200	0	26410	1922605	48.1

注:在表 7-4 中的框架条件下进行;数据来源:制造商和来自奥地利工厂的数据

除带式干燥机之外，还有其他可用于干燥的技术。管束干燥机和过热蒸汽干燥机就特别适用(参考 4.1.1.3 节)。在这里不对这两个系统做详细的经济评估，但这两个技术中的任何一个被采用的时候都应该考虑下面的框架条件：

• 与带式干燥机的投资成本相比，管束干燥机略低，而过热蒸汽干燥机的则高很多。

• 两种干燥技术都需要高温度水平的加热介质(热水、蒸汽、热油)，因此更加昂贵。比如说使用饱和蒸汽(如 16 bar，201℃的饱和蒸汽在管束和过热蒸汽干燥机中都能够使用)，预计至少要 40 €/MWh 的加热费用(我们是用自己的生物质蒸汽锅炉来产热，如果必须购买，热能的价格会更高)。管束干燥机低于带式干燥机的投资成本是否能够平衡因饱和蒸汽而增加的热能消费，从而使其应用更加经济，还需要以个案为基础进行评价。

• 过热蒸汽干燥机的主要优点是高达 95%的输入热量都能够以 2～5 bar 过热蒸汽的形式回收。如果回收的热能能被恰当地利用，就可以售出，这样的话，过热蒸汽干燥机就会因其经济性而具有吸引力了。

7.2.4 研磨

颗粒燃料生产商和制粒设备制造商对原材料的研磨有不同的要求[147,369,370]。木片、树皮、秸秆和整株作物的利用使得粉碎必不可少。如果只使用锯末，不需要研磨。如果锯末和少量的刨花一起使用，在某种情况情况下可能也还不需要粉碎。从一定数量的刨花开始，粉碎就变得至关重要了，不过很多生产商为了产品能更加均匀一致，将锯末也投入到锤式粉碎机中加工。粉碎加工步骤一般采用的都是锤式粉碎机，然而它们并不适用于树皮的粉碎，所以粉碎树皮要用切割粉碎机或特别改造过的锤式粉碎机。

表 7-6 给出了锤式粉碎机中研磨锯末全成本核算的框架条件。计算结果列于表 7-7。表中给出的需电量是锤式粉碎机主驱动所需的电能。使用时间以及维修成本是根据颗粒燃料生产商提供的数据来确定的。

表 7-6 锤式粉碎机研磨原材料的全成本核算的框架条件

参数	数值	单位
需电量	110.0	kW
使用时间	15	a
保养和维修成本[1)]	2.4	% p.a.
电力消耗	748000	kWh/a

注：[1)]干燥系统总投资额在各年的百分比；数据来源：制造商、我们自己的研究和计算结果以及来自奥地利工厂的数据

粉碎的成本大约是在 2.70 €/t (湿基)$_p$，这其中电力成本贡献最大。每吨颗粒燃料的能源消费大约是 18.7 kWh 或者是颗粒燃料能量含量[4900 kWh/t (湿基)$_p$]的 0.38%。

表 7-7 锤式粉碎机工作的全成本核算

项目	除建筑外的投资成本/€	资本成本/€ p.a.	维修成本/€ p.a.	消耗成本/€ p.a.	运营成本/€ p.a.	其他成本/€ p.a.	总成本/€ p.a.	单位成本/[€/t (湿基)$_p$]
锤式粉碎机	206000	21210	5026				26237	0.7
电力成本				74800			74800	1.9
其他成本						5727	5727	0.1
总成本	206000	21210	5026	74800	0	5727	106764	2.7

注：框架条件依照表 7-6；数据来源：制造商和来自奥地利工厂的数据

7.2.5 粒化

表 7-8 和表 7-9 列出了以环模技术为基础的粒化过程的框架条件和全成本核算。额定需电量包括主驱动、原材料进料驱动马达和稳定热水状况的搅拌螺钉的需电量。热水消耗量是根据颗粒燃料生产商提供的数据来估算，低到几乎可以忽略不计。生物添加剂的成本也是根据颗粒燃料生产商提供的数据来确定的，根据 prEN 14961-2 准则，生物添加剂的添加量只要不超过质量分数 2.0%（湿基）就可以。使用时间以及维修成本的数据同样来自颗粒燃料生产商。维修成本的增加主要是由于滚轴和冲模的磨损。滚轴的寿命通常比冲模还短。

表 7-8 制粒设备全成本核算的框架条件

参数	数值	单位
需电量	300.0	kW
回湿 1 t 颗粒燃料所需的热水量	1.0	%
具体加热成本[2)]	2.70	€/t
每吨颗粒燃料中添加剂的成本	2.25	€/t (湿基)$_p$
使用时间	15	a
保养和维修成本[1)]	2.4	% p.a.
电力消耗	2040000	kWh/a

注：[1)] 制粒设备总投资在各年的百分比；[2)] 热水的价格(90℃)；数据来源：制造商，我们自己的研究和计算以及来自奥地利工厂的数据

表 7-9 中制粒设备的投资成本与原材料所用成本是相互独立的，因为原材料在粒化步骤之前的流程中就已经被准备好了。因此它已经处在粒化的需求结构之中。不过原材料确实对能量消耗有影响。像山毛榉和橡树这样的硬木需要更强的压缩力，这就会增加单位能耗。颗粒燃料工厂的投资成本不仅包含制粒设备自身，还有控制系统、设备的安装，以及配件和固定装置等。

干刨花或经过适当准备的原材料的粒化全成本核算得到的单位成本大约是 9.2 €/t (湿基)$_p$,这相当于颗粒燃料生产和分销成本[162.0 €/t (湿基)$_p$, 依照表 7-20]的 5.7%。需能量大约是 38 kWh/t (湿基)$_p$或颗粒燃料能含量[4900 kWh/t (湿基)$_p$]的 1.0%。电力成本在整个粒化投资中占大头,生物添加剂的成本次之。占总粒化成本 16.2%的资本约束成本也是很大的一笔支出。

表 7-9 制粒设备的全成本核算

项目	除建筑外的投资成本/€	资本成本/€ p.a.	维修成本/€ p.a.	消耗成本/€ p.a.	运营成本/€ p.a.	其他成本/€ p.a.	总成本/€ p.a.	单位成本/[€/t (湿基)$_p$]
制粒设备	467000	48084	11395				59478	1.5
电力成本				204000			204000	5.1
回湿成本(热水)				1080			1080	0.0
添加剂成本				90000			90000	2.3
其他成本						12983	12983	0.3
总成本	467000	48084	11395	295080	0	12983	367541	9.2

注:框架条件依照表 7-8 中所列;数据来源:制造商以及来自奥地利工厂的数据

7.2.6 冷却

从制粒设备中出来的颗粒燃料温度能高达 100℃,甚至还有可能更高,因为制粒设备中有加热另外还有蒸汽回湿。不同的前处理和粒化技术类型导致产品的温度有差别。随后颗粒燃料必须被冷却,冷却也会让颗粒燃料更加稳定。通常使用的是逆流式冷却器。

进行逆流式冷却器(参见 4.1.3.1 节)的全成本核算是为了获得表 7-10 和表 7-11 中所列出的冷却成本。需电量包括传送冷却空气所需要的风扇以及冷却器的输送系统的耗电量。使用时间和维修成本都是基于颗粒燃料生产商所提供的数据来确定的。

表 7-10 逆流冷却器全成本核算的框架条件

参数	数值	单位
需电量	12.0	kW
使用时间	15	a
保养和维修成本[1)]	2.4	% p.a.
电力消耗	81600	kWh/a

注:[1)]冷却器总投资的年平均百分比;数据来源:制造商,我们自己的研究和计算以及来自奥地利工厂的数据

投资成本不仅包括冷却器的成本,还包含风扇以及旋风分离器的成本,旋风分离器是沉降

粉尘所必需的工具。

冷却成本是 0.33 €/t (湿基)$_p$,仅仅只占总生产和分销成本[如表 7-20 所示,162.0 €/t (湿基)$_p$]的 0.2%。因此,冷却成本可以忽略不计(表 7-11)。需能量大约是 162.0 €/t (湿基)$_p$,相当于颗粒燃料能含量[4900 kWh/t (湿基)$_p$]的 0.04%,同样可以忽略不计。

表 7-11 逆流冷却器的全成本核算

	除建筑外的投资成本/€	资本成本/€ p.a.	维修成本/€ p.a.	消耗成本/€ p.a.	运营成本/€ p.a.	其他成本/€ p.a.	总成本/€ p.a.	单位成本/[€/t (湿基)$_p$]
逆流冷却器	32000	3295	781				4076	0.10
电力成本				8160			8160	0.20
其他成本						890	890	0.02
总成本	32000	3295	781	8160	0	890	13125	0.33

注:框架结构如表 7-10 中所示;数据来源:制造商以及来自奥地利工厂的数据

7.2.7 储藏和外围设备

在颗粒燃料生产中,原材料和颗粒燃料都必须妥善保存。表 7-12 和表 7-13 分别展示了生产商网站上颗粒燃料和原材料储藏的框架条件和全成本核算。

表 7-12 原材料和颗粒燃料在生产商处储藏的全成本核算的框架条件

参数	数值	单位
干燥前的户外储藏		
使用时间	50	a
维护和维修成本[1]	1	%p.a.
总库容(占每年原材料需要量的百分比)	1.92	%
干燥后的筒仓储藏		
使用时间(筒仓 15 年,建筑物 50 年)	22.29	a
维护和维修成本[1]	1.5	%p.a.
总库容(占每年原材料需要量的百分比)	0.41	%
颗粒燃料储藏		
使用时间(筒仓 15 年,建筑物 50 年)	22.19	a
维护和维修成本[1]	1.5	%p.a.
总库容(占每年原材料需要量的百分比)	2.3	%
颗粒燃料出售价格(加上 10%VAT 和运费)[2]	162.84	€/t (湿基)$_p$
平均储藏填充程度(占总库容的百分比)	50	%
平均销售天数	14	d

注:[1] 储藏全成本在每年的比例;[2] 以 2008 年的价格为基准,6 t 的运送量;数据来源:我们自己的研究和计算,还有来自奥地利工厂的数据

已经到货的潮湿的原材料(锯末)在平铺的地面上露天存放。如 4.2.1 节中所提到的那样,湿锯末存放的时间不超过 2～3 d,以免发生物理的、化学的和生物学的反应导致干物质的降解。为了确保一定程度的灵活性,要确保 1200 m^2 的户外储存空间里有供一个星期使用的储存容量,假设堆积高度为 5 m,那么湿锯末的储存量大约是 5800 m^3。

干燥的原材料在筒仓中做中期储藏,总容量大约是在 1200 m^3。这和 36 h 的短期储藏容量相当,因此只能应对短期缺货。因为干燥和粒化过程是一个星期 7 d,一天 24 h 不间断,并不需要更大的储藏容量。不过产地的储藏容量越少,运输物流就变得越重要。

生产出来的颗粒燃料在容量 1500 m^3 的筒仓中储藏或给予 8 d 的储藏时间。这给了物流一定程度上的机动性,而且也意味着投资成本合理性。户外储藏使用阶段和维持的费用是根据 VDI 2067 指南(建筑物)来设定的。筒仓储藏的对应值是以内部计算标准和经验为基准确定的。

表 7-13 所示的投资成本包括户外储藏区域的路面以及筒仓再加上建筑物、粉尘沉降、筒仓卸载和装载系统的投资成本。

可以从上面的全成本核算推断出,户外储藏的成本很低,可以忽略不计,筒仓储藏占了储藏成本的最大部分,因此资本成本和维修成本也是最高的。颗粒燃料和原材料储藏的估算利息相对较低。所以应收账款周转天数(根据颗粒燃料交付和支付转账的时差——平均在交货后 2 周)也比较低。根据全成本核算,储藏成本总共是 3.8 €/t (湿基)$_p$或者占总生产和分销成本[162.0 €/t (湿基)$_p$,根据表 7-20]的 2.3%。

表 7-13 在生产商处储藏原材料和颗粒燃料的全成本核算

项目	除建筑外的投资成本/€	资本成本/€ p.a.	维修成本/€ p.a.	消耗成本/€ p.a.	运营成本/€ p.a.	其他成本/€ p.a.	总成本/€ p.a.	单位成本/[€/t (湿基)$_p$]
户外储藏	113000	7169	1130				8299	0.2
筒仓原材料	580000	47863	8700				56563	1.4
筒仓颗粒燃料	390000	32252	5850				38102	1.0
估算利息(储藏的货物)				20836			20836	0.5
其他成本						30107	30107	0.8
总投资	1083000	87284	15680	20836	0	30107	153907	3.8

注:根据表 7-12 的框架条件;数据来源:制造商和来自奥地利工厂的数据

外围设备包括投资成本和运送系统、筛分机、风扇、旋转阀门、生物添加剂进料系统和空调所需要的电力,前提是这些成本没有包含到其他核算中。使用时间和维修成本是根据颗粒燃料生产商提供的信息确定的。外围设备的框架条件和全成本核算分别列于表 7-14 和表 7-15。

表 7-15 中所示的全成本核算,外围设备的单位成本是 3.5 €/t (湿基)$_p$,消费成本的比例最大。至于颗粒燃料的生产和分销成本[根据表 7-20,是 162.0 €/t (湿基)$_p$],数量是外围设备成本的 2.2%。

表 7-14　外围设备全成本核算的框架条件

参数	数值	单位
所需电能	108.0	kW
使用时间	15	a
维护和维修成本[1]	2.4	%p.a.
电力消耗	734000	kWh/a

注：[1] 外围设备总投资成本在各年的百分比；数据来源：我们自己的研究和计算结果以及来自奥地利工厂的数据

表 7-15　外围设备的全成本核算

项目	除建筑外的投资成本/€	资本成本/€ p.a.	维修成本/€ p.a.	消耗成本/€ p.a.	运营成本/€ p.a.	其他成本/€ p.a.	总成本/€ p.a.	单位成本/€/t (湿基)$_p$
外围设备	435000	44789	10614				55403	1.4
电力成本				73440			73440	1.8
其他成本					0	12093	12093	0.3
总投资	435000	44789	10614	73440	0	12093	140936	3.5

7.2.8　全体员工

至于说到员工，假设车间的控制和运转需要一个员工，那么除了每班所需要的人员，还要再加上 1/4 个员工以做代理职务(假期，生病)。这就意味着操作车间所需要的是 1.25 个人。由于车间的操作全年昼夜(满负荷运作 8000 个小时)无休，每年 8760 个工作小时就 3 班倒(相当于 3 班倒，一周 7 d)，这样算来年度工作时间就有 10950 个小时。以每小时 25 €来计算，人力成本总计为 273750 €/年。此外，两名全职营销和管理人员的年度成本有 73000 €，这就使得总年度人力成本达到 346750 €或使得颗粒燃料的成本变成每吨 8.7 €。

7.2.9　原材料

原材料的类别和原材料成本是继投资成本和运营成本之后的颗粒燃料生产经济的决定性因素。表 7-16 给出了原材料价格概览，它证明收集副产品或建筑废弃物为原材料是最经济的选择。如果是这样，表 7-16 中给出的运输成本就可以节省下来了。在 3.4 节中有原材料的讨论细节。

表 7-16 中给出的价格范围是已经公布的原材料价格的均值，不过季节变动或产地价格波动会影响一些生物质类型的价格。含树皮的工业木屑规定的价格为 9.5～11.0 €/lcm，不含树皮的工业木屑成本则是 10.7～13.0 €/lcm。在木屑类原材料中最贵的是森林木屑，为 14～21 €/lcm，值得注意的是，木屑很少被用作粒化。不过在中期内，这一领域有望得到发展。来自短轮植种植园的木碎屑成本为 12.5～23.6 €/lcm。

表 7-16　颗粒燃料可能原材料的价格范围

原材料	零售价		占运输成本/(€/lcm)	含水量/%(湿基)	堆积密度/[kg(湿基)/lcm]	单位价格			
	进/(€/lcm)	出/(€/lcm)				进/[€/t(干基)]	出/[€/t(干基)]	进/(€/MWh)	出/(€/MWh)
工业木屑含树皮	9.49	10.99	1.49	55	378	56	65	12.8	14.8
工业木屑无树皮	10.69	12.99	1.49	55	378	63	76	14.4	17.5
森林木屑	14.05	20.71	1.13	30	250	80	118	16.4	24.2
短轮植作物[1)]	12.50	23.63	1.13	55	389	71	135	16.4	31.0
锯末	7.05	11.05	1.05	55	267	59	92	13.5	21.2
树皮	5.91	11.41	1.41	55	356	37	71	8.5	16.4
秸秆(平方包)	6.81	17.58	0.88	15	141	57	147	12.1	31.1
整株作物(平方包)	11.70	24.28	0.86	15	188	73	152	15.5	32.2
木粉	1.39	6.05	1.05	8	163	9	40	1.8	7.9
刨花	10.00	12.00	1.05	10	133	83	100	16.3	19.6

注：排除了 VAT 和本地颗粒燃料生产工厂(包括运输)；堆积密度根据软质木材(云杉)计算；1)短轮植种植园之外，切碎；数据来源[147,290,371,372,373,374,375,376,377,378]和我们自己的研究(以 2008 年的价格为基础)

树皮、稻草和整株作物当前在奥地利并没有被用于粒化。一部分树皮被用于树皮团块的生产。木粉和木刨花可能是最适合用于粒化的原材料了，因为它们的特性(干燥，粒度小)和它们既不需要烘干，也不需要研磨。在奥地利木粉和刨花被用来生产颗粒燃料，如果只是以这两种材料为基础来进一步扩张颗粒燃料的生产量会非常受限，因为几乎所有的可能都已经被开发利用了(不仅很大程度受制于粒化过程；参见 10.1.3 节)。

因此(也因为木屑、树皮和草本生物质不适合粒化)大量、可用的锯末，依然是最重要的造粒原材料。锯末的价格容易有强烈波动，变化范围为 6.0～10.0 €/lcm(当地锯木厂)。平均价格是 8.0 €/lcm(以 2008 年 10 月的价格为依据)。在这个领域内的波动效应是通过敏感性分析(参见 7.2.12 节)得出的。自从锯末作为一种原材料在刨花板行业占据重要地位后，对这种原材料的竞争就很激烈，就是这个竞争决定了价格。10.1.3 节中对此种情况有详细调查。

图 7-1 显示了自 2003 年 12 月起锯末的价格发展变化。2006 年 3 月开始有一个显著的价格上升，这对应于这个时期锯末的缺乏，因为需求量增加而同时木材收获量却减少了。锯末价格在 2006 年 3 月平均上涨 80%，在 2007 年初达到最高值；从时间来看，从 2004 年 11 月开始，锯末已经上涨超过 90%，这就是为什么颗粒燃料生产也变得昂贵的原因。

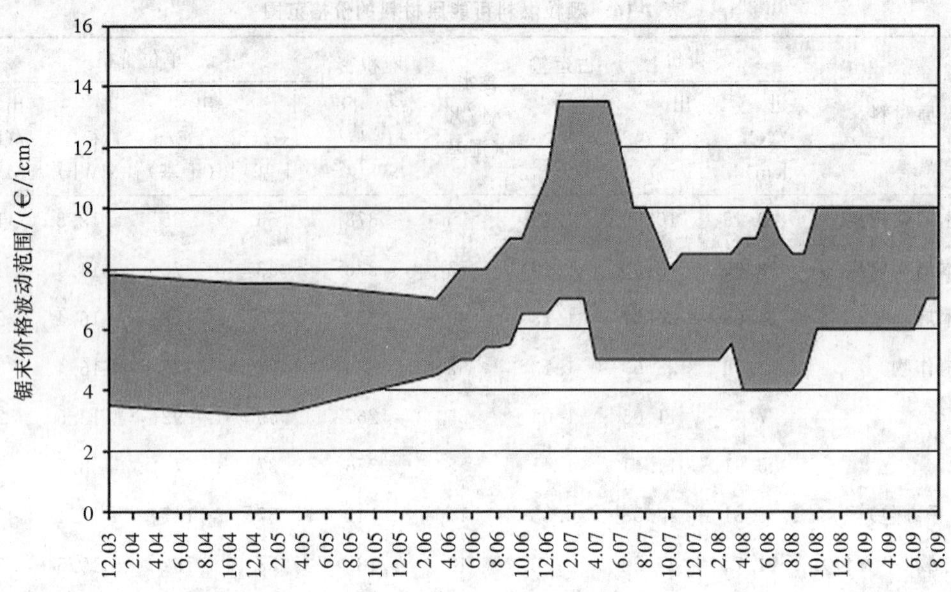

图 7-1　从 2003 年 12 月到 2009 年 8 月间锯末的价格发展

注：锯木厂的价格，数据来源[371]

至于能含量，在已公布的顺序中，木粉通常是最便宜的材料，其次是树皮、含树皮的工业木屑、不含树皮的工业木屑、木刨花、锯末、森林木屑、稻草、短轮植作物和整株作物。考虑到价格波动的可能性，这个顺序可能会变动。

2007 年 11 月到 2008 年 10 月之间的锯末平均价格是 7.82 €/lcm（包括运输费用）。这个价格被用来做成本核算。以这个价格和框架条件为依据做基础案例推演，原材料成本大约是 2346000 €/a 或者 58.7 €/t（湿基）$_{p}$。原材料成本一项就占颗粒燃料生产和销售成本的 36.2%。7.1.12 节中讨论了原材料可能的价格波动的影响。

7.2.10　颗粒燃料生产总成本

基于 7.2.1 节到 7.2.9 节的计算和说明，在已经证明过的框架条件下以湿锯末为原材料时颗粒燃料生产总成本是 136.6 €/t（湿基）$_{p}$。表 7-12 和图 7-2 概述了颗粒燃料生产总成本的构成。

原材料和干燥成本在总颗粒燃料生产成本中占绝大部分，几乎构成了总额的 80%。其他重要的成本因素是占大约 6.3%的人力成本和占 6.7%的粒化过程。剩下的所有其他成本因素处于从属地位，加起来不到总成本的 9%。因此，节省成本最大的可能性就要看原材料和干燥过程了。原材料成本宽广的波动范围暗示了省钱的可能性。至于干燥成本，使用低温烘干机和廉价的热能（废热）也是潜在的降低成本的方法。尤其是将干燥过程同生物质 CHP 系统联合在一起的时候更是如此。流程的自动化除了能够降低人力成本，还有一些降低总成本的可能性。

表 7-17 颗粒燃料生产总成本构成一览表

项目	除建筑外的投资成本/€	资本成本/€ p.a.	维修成本/€ p.a.	消耗成本/€ p.a.	运营成本/€ p.a.	其他成本/€ p.a.	总成本/€ p.a.	单位成本/[€/t (湿基)$_p$]
干燥	950000	97815	23180	1775200		26410	1922605	48.1
粉碎	206000	21210	5026	74800		5727	106764	2.7
造粒	467000	48084	11395	295080		12983	367541	9.2
冷却	32000	3295	781	8160		890	13125	0.3
储藏	1083000	87284	15680	20836		30107	153907	3.8
外围设备	435000	44789	10614	73440		12093	140936	3.5
人工					346750		346750	8.7
原材料				2346000			2346000	58.7
常规投资	570300	47818	2300			15854	65972	1.6
总投资	3743300	359294	68976	4593516	346750	104064	5463599	136.6
具体投资		8.8	1.7	114.8	8.7	2.6		136.6

注:核算数据来自 7.2.1 节至 7.2.9 节

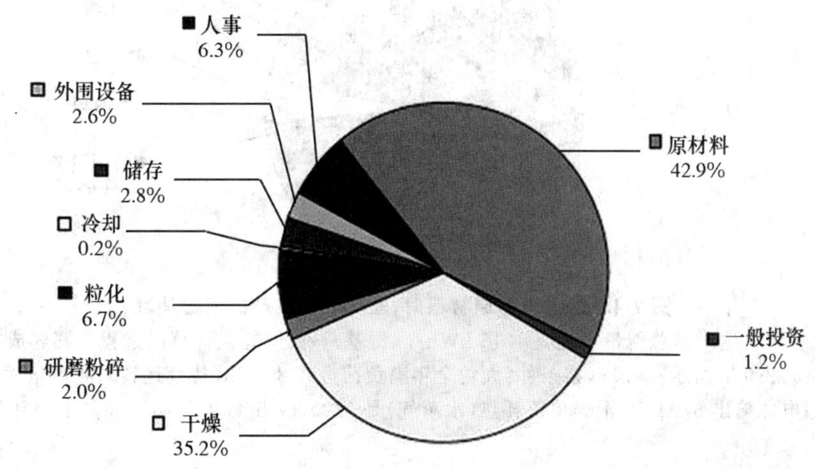

图 7-2 根据不同成本因素,以锯末为原材料时,颗粒燃料生产成本和它们的组成

注:单位颗粒燃料总生产成本是 136.6 €/t (湿基)$_p$;单位生产成本的核算过程步骤和成本因素都依照 7.2.1 节到 7.2.9 节所示;一般框架条件:大约全年满负荷运转 8000 h(持续运转);年产量大约 40.000 t (湿基)$_p$/a

图 7-3 显示的是 VDI 2067 规定的颗粒燃料生产成本的组成。在这里,单位颗粒燃料生产成本中消耗成本总量达到大约 84%,是主要组成部分。消耗成本主要是电力、热和原材料成本。第二大成本是资本成本,根据 VDI 2067 的规定,它包括资本和维修成本。操作成本包含人力成本,占总颗粒燃料生产成本的 6%。其他成本总共占大约 2%,重要性不大。

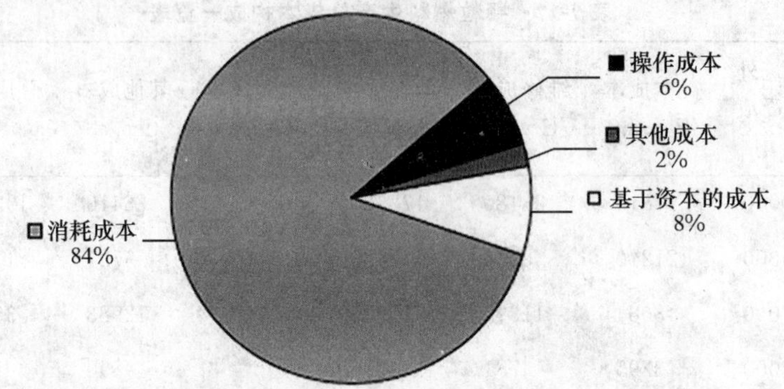

图 7-3　根据 VDI 2067,以锯末为原材料时的颗粒燃料生产成本和它们的组成

注:单位颗粒燃料总生产成本是 136.6 €/t (湿基)$_p$;单位生产成本的核算过程步骤和成本因素都依照 7.2.1 节到 7.2.9 节所示;一般框架条件:大约全年满负荷运转 8000 h(持续运转);年产量大约 40.000 t (湿基)$_p$/a

以上例所示框架条件为基础,颗粒燃料生产的总单位能耗是 1.315 kWh/t (湿基)$_p$(其中大约 114 kWh_{el}/t (湿基)$_p$和 1200 kWh_{th}/t (湿基)$_p$)。干燥所需热能占到能量消耗的 93%(图 7-4)。其他 7%的电能是供研磨、造粒、冷却和周边设备所需,这其中造粒占用量最大,有 3.9%。这解释了干燥相对较高的消耗成本,也再次说明了降低干燥成本的巨大潜力。

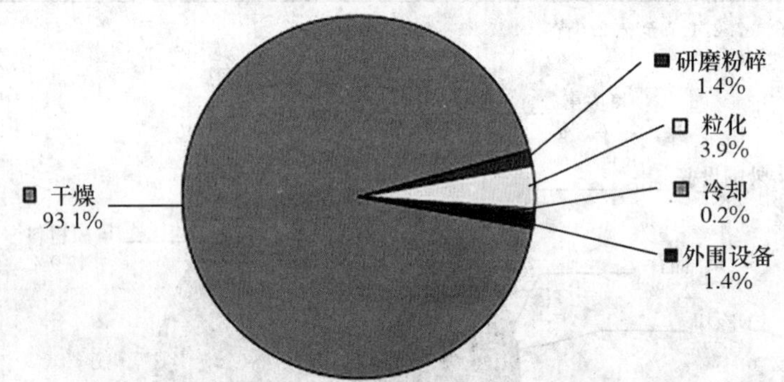

图 7-4　以锯末为原材料时,颗粒燃料生产的能量消耗

注:颗粒燃料生产的总能量消耗是 1315 kWh/t (湿基)$_p$;单位能耗计算的过程步骤和成本因素依照 7.2.1 节到 7.2.9 节所示;一般框架条件:大约全年满负荷运转 8000 h(持续运转);年产量大约 40.000 t (湿基)$_p$/a;电能输出 670 kW,干燥单位耗热(水蒸气)是 1200 kWh/t,从含水量 55%干燥到含水量 10%

7.2.11　颗粒燃料分销成本

在上述章节中计算的成本是本地颗粒燃料生产商的颗粒燃料生产成本。为了获得从原材料到颗粒燃料在终端用户处储藏全过程所有成本的概览,颗粒燃料的分销成本也要考虑在内。更重要的是,在合适的位置上必须要有适当的储藏设施以消除颗粒燃料在生产和交付时的差异。大多数颗粒燃料生产商自身能储藏的容量小,必须租用外来储藏设施。这种临时储藏不仅对于平衡颗粒燃料生产和购买之间的差异非常重要,而且使得产品分配到全国范围,以保证用最短的运输时间和距离到达终端用户。

分销包括颗粒燃料运输到临时储藏站点(如果颗粒燃料不是从生产点直接发送到终端用

户手中)以及通过筒仓卡车运到终端用户处。在下面的计算中也是以用筒仓卡车从生产商运送到临时储藏点处为假设。表 7-18 中列出了计算筒仓卡车运输成本的基础数据。筒仓卡车在 50 km 运输距离内的平均速度是根据公式 7.2 进行计算的。对更长的距离,可以假设平均速度为 60 km/h[59]。

以表 7-18 中的数据为基础,根据公式 7.2 进行计算,配送到临时储藏点和终端用户的运输成本的计算结果除以运输距离,结果展示于图 7-5 中。

在奥地利常见的做法是每次配送收取 26.36 €(VAT 除外,根据 2008 年 12 月的价格)的公寓填充费用。每次交付平均量为 6 t,单位交付价格是 4.39 €/t (湿基)$_p$。运输距离覆盖 70 km(图 7-5)。鉴于颗粒燃料网络的良好分布,可以推断运输距离通常都低于 70 km。

表 7-18　每辆筒仓卡车运输成本计算的基本数据

参数	数值	单位
颗粒燃料卡车容量	33	m^3
颗粒燃料卡车容量	20.63	t
卡车时速(运输)	63.49	€/h
卡车时速(停车时间 time packed)	34.19	€/h
平均速度(距离在 50 km 以内)	1)	km/h
平均速度(距离超过 50 km)	60	km/h
颗粒燃料卸载时间	0.5	h

注:1) 根据公式 7.2 进行计算;颗粒燃料的堆积密度 625 kg (湿基)p/m^3;数据来源[59,379]

$$\bar{v}=12.95\cdot d^{0.39} \qquad \text{(公式 7.2)}$$

注:数据来源[59]

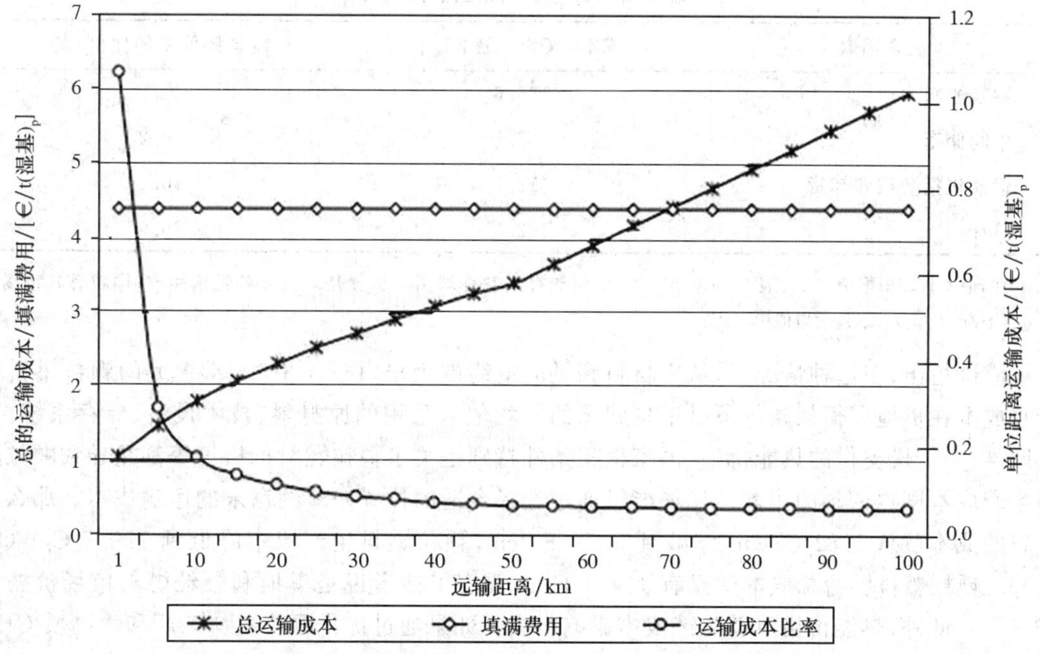

图 7-5　总/单位颗粒燃料运输成本除以运输距离

注:* 每次交付 26.36 欧元(2008 年 12 月的价格,增值税除外);每次交付 6 t;基本数据取自表 7-18

全部的颗粒燃料分销成本包括所有运输和储藏成本，如表 7-19 所示。50 km 作为平均运输距离用来计算从生产商到临时储藏点以及从临时储藏点到终端用户的运输成本。

再看颗粒燃料的供应链，从原材料到成为产品抵达终端用户，再加上储藏和分销，总成本高达 162.0 €/t（湿基）$_p$（表 7-20）。总成本因此接近奥地利颗粒燃料的市场价[167.24 €/t（湿基）$_p$，不包括增值税，运费的价格；在 8.1 节有奥地利市场价格发展一览表]。如果不用平均价格而是采用锯末当前的价格进行计算，那么颗粒燃料生产的总成本还要略高于市场价。

表 7-19　颗粒燃料配送总成本

成本因素	成本/[€/t（湿基）$_p$]
从生产地到中间储存地的运输	3.39
从卡车上卸货和装载如筒仓	3.00
中间储存地的租金	7.10
装车前的筛选	5.50
卡车装载	3.00
从中间储存点到终端用户	3.39
总成本	25.39

注：数据来源[45]；我们自己的计算结果

这表明在当前的一般情况下，用潮湿锯末生产颗粒燃料事实上处在经济效率的极限值。2007 年和 2008 年来自颗粒燃料生产部门的信息证实了这个结论，那两年颗粒燃料不得不以低于总生产成本的价格出售，以避免储存点满负荷和随之而来的生产中断。

表 7-20　颗粒燃料供给的总成本

成本因素	成本/[€/t（湿基）$_p$]	在零售价中的比例/%
颗粒燃料生产	136.6	81.7
中间储存	7.1	4.2
运输包括装载和卸货	18.3	10.9
总计	162.0	96.9

注：成本计算根据表 7-17、表 7-19 和图 7-5，中间储存点和终端用户位置是 50 km 的运输距离；颗粒燃料市场价 167.24 €/t（湿基）$_p$，不包括增值税，运费

应该指出，在这种情况下，从原材料到供应给终端用户，162.0 €/t（湿基）$_p$的颗粒燃料生产总成本在奥地利框架条件下是平均状况的平均值。采用的原材料、技术设备、储存系统、客户网络、为干燥支付的热能价格、国家框架条件特别是关于颗粒燃料价格等等都是导致颗粒燃料生产成本剧烈变动的因素。比如能够通过选择合适的位置来节约锯末的运输成本。那么原材料的成本就从 7.82 €/lcm 缩减到 6.77 €/lcm，颗粒燃料生产成本降低到 128.7 €/t（湿基）$_p$。颗粒燃料供给总成本就只有 154.1 €/t（湿基）$_p$或者说是奥地利颗粒燃料市场价格的 92.1%。此外，热能价格对总生产成本影响很大。如果通过优化颗粒燃料工厂和生物质 CHP 工厂的组合，将加热成本降低到 30 €/MWh（在某种情况下可以实现的值），颗粒燃料生产成本能降低到 130.6 €/t（湿基）$_p$。那么颗粒燃料供应链的总成本是 156.0 €/t（湿基）$_p$或者说

是市场价的 93.3%。如果同时开发这两项节约成本的潜能，颗粒燃料生产成本将会是 122.7 €/t (湿基)$_p$，这将导致总颗粒燃料供应成本达到 148.1 €/t (湿基)$_p$，或者说不到奥地利颗粒燃料市场价格的 88.6%。

7.3 节涉及不同的基本条件。该节中提出了它们对颗粒燃料工厂经济效率的影响并做了讨论。

7.2.12　灵敏度分析

本节对一些重要参数做了灵敏度分析，以便于探究在基础案例中这些参数对单位总颗粒燃料生产成本的影响。单个参数在一定范围内变化似乎是可能的，也是合理的。随后就以这些新值来计算单位总颗粒燃料生产成本。通过这些能够确定参数选择中可能出现的一定程度上的错误，还可以确定节约成本的潜力点以及颗粒燃料经济生产的重要参数。

7.2.10 节中计算得到的 136.6 €/t (湿基)$_p$的单位颗粒燃料生产成本作为基础值用于比较。

图 7-6 展示的是颗粒燃料生产车间不同工厂组件投资成本的敏感度分析。线的斜率与投资成本对单位颗粒燃料生产成本的影响成正比。可以推断出，在基础案例中，机器(烘干机、粉碎机、制粒设备、冷却器和外围设备)投资成本的变化对单位颗粒燃料生产成本的影响最大。这是因为 15 年的利用周期相对较短，占投资成本 2.4%的维修成本就相当高了。建筑物对投资成本的影响最低，因为有高达 50 年的利用周期，而且维修成本也很低(投资成本的 1% p.a.)。颗粒燃料生产过程中其他设备的投资成本的变化对投资成本的影响介于上述两者之间。

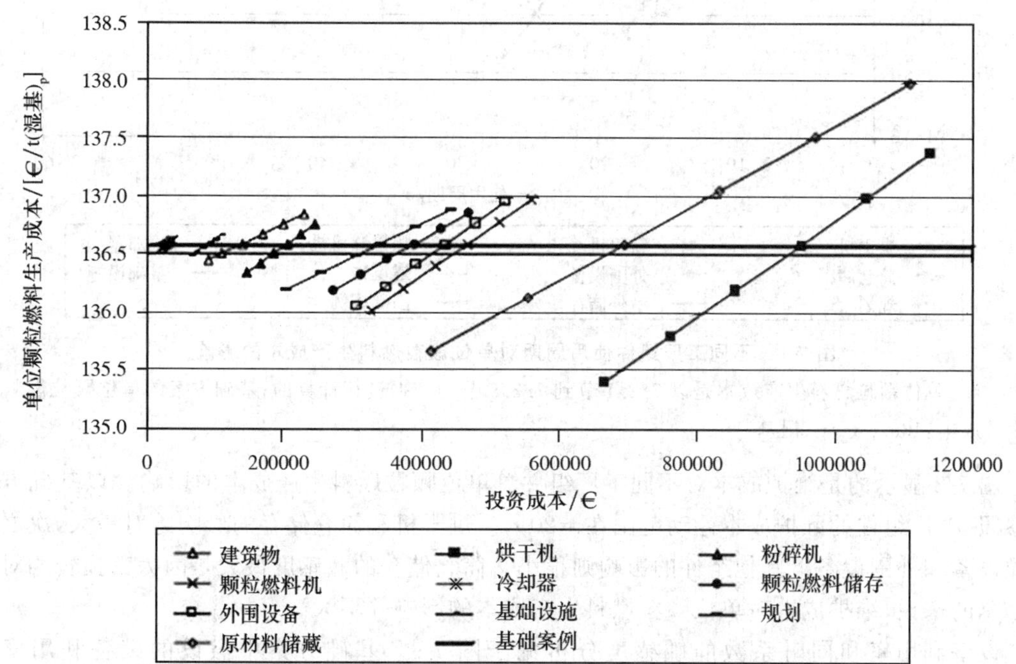

图 7-6　投资成本对不同工厂组件的基础方案的单位颗粒燃料生产成本的影响

注：单位颗粒燃料生产成本是以 7.2.1 节到 7.2.9 节为依据进行计算的；基础方案的单位颗粒燃料生产成本：136.6 €/t (湿基)$_p$

观察图 7-6 就会发现冷却器和基础设施投资成本的变化影响最大。因为这些设备的绝对投资成本低,但它们的变化影响有限,尽管他们对单位颗粒燃料生产成本相对冲击很显著。相对的,如果储藏容量大的话,储存设施的投资成本(原材料以及颗粒燃料)就有着非常大的绝对影响,不过相对影响很低。所以,选择合适的储存能力是非常重要的。

图 7-7 显示的是单个工厂组件使用周期对总单位颗粒燃料生产成本的影响。工厂组件的使用周期与基础案例相比变化范围在±20%。使用周期下降则单位颗粒燃料生产成本增加。至于建筑物,室外储存和冷却器对成本基本上没有什么影响。建筑物和室外储存因为有 50 年使用周期,变化很难对资本成本产生影响,因此对单位生产成本也就没有什么影响了。冷却器影响小,原因是其投资成本低。筒仓储存就利用周期而论,表现出了很强的敏感度,因为其投资成本相对较高。制粒设备、烘干机和外围设备使用周期相对较短,而投资成本却相对较高,所以灵敏度高。其他组件的相关性就要小一些。一般来说,基础方案中减少使用周期使得单位颗粒燃料生产成本上升的可能性要大于以提高使用周期来降低成本的可能性。

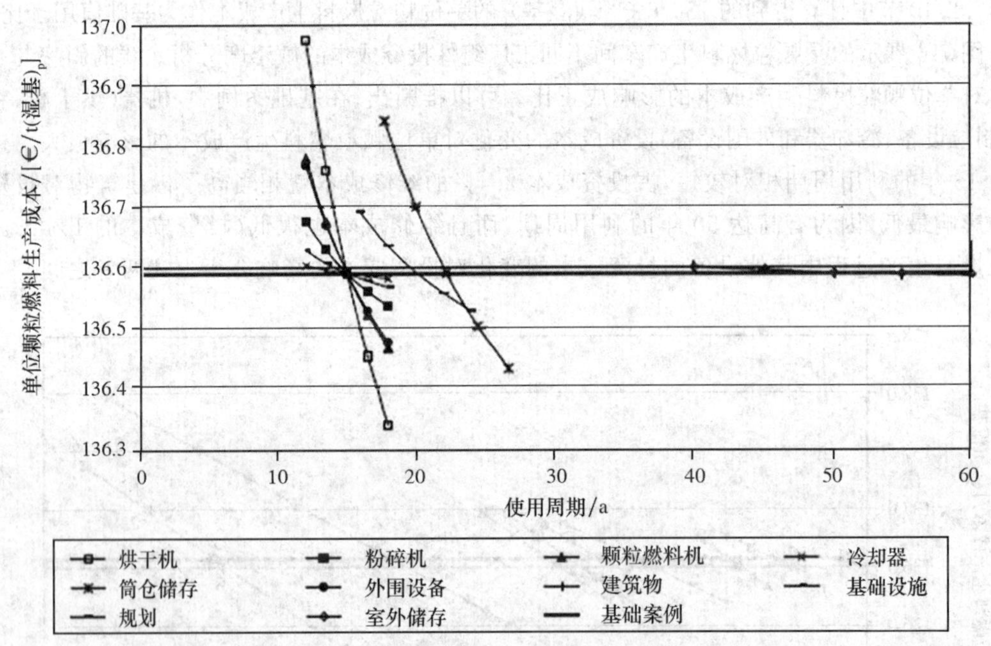

图 7-7 不同工厂组件使用周期对单位颗粒燃料生产成本的影响

注:单位颗粒燃料生产成本是以 7.2.1 节到 7.2.9 节为依据进行计算的;基础方案的单位颗粒燃料生产成本:136.6 €/t(湿基)$_p$

图 7-8 显示的是维护成本对不同工厂组件总单位颗粒燃料生产成本的影响。以基础方案做参照,工厂组件的维护成本浮动范围在±20%。烘干机和筒仓储存的影响绝对最大,次之是制粒设备和外围设备。其他组件的影响则很小。筒仓储存的敏感度最大是因为其投资相对较高。总的来说,维护成本对单位颗粒燃料生产成本的影响并不大。

设备利用率和同时系数的敏感度分析见于图 7-9。基础方案中假设的设备利用率是 91.3%,根据来自颗粒燃料生产商的信息,这是现实中能够实现的一个值,而且现代颗粒燃料生产厂家视其为强制最低值。计划内或计划外停机减少设备利用率会显著提升单位颗粒燃料生产成本。增加设备利用率能够明显降低单位颗粒燃料生产成本。考虑到不是所有的电气装置都是满负荷运行，而且也不是同时运行，电力设备同时系数的实际值为 80%～85%，后者被选用在基础方案中。同时系数的变化对单位颗粒燃料生产成本的影响比较温和。

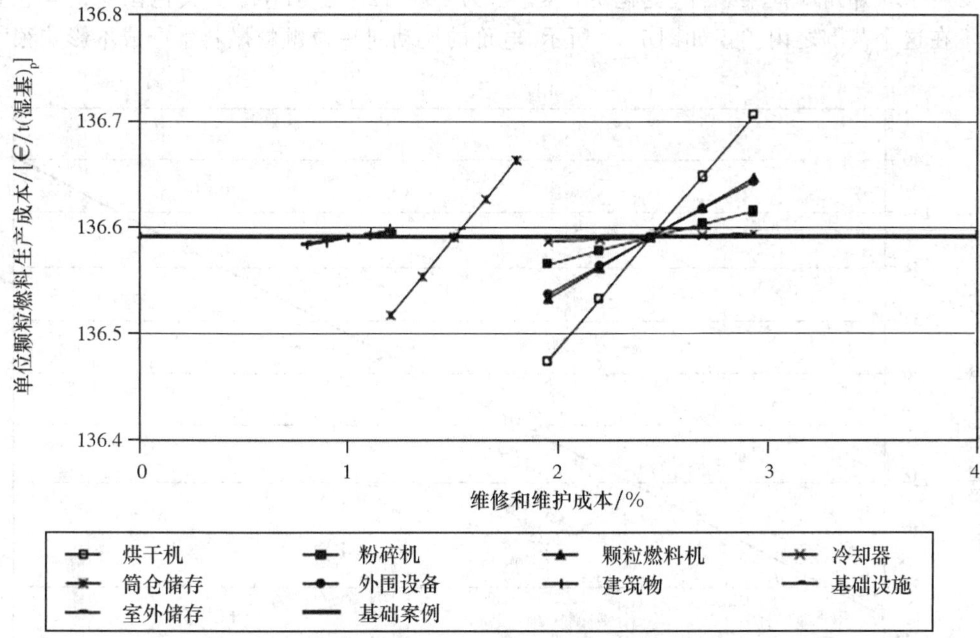

图 7-8 维护成本对不同工厂组件单位颗粒燃料生产成本的影响

注：单位颗粒燃料生产成本是以 7.2.1 节到 7.2.9 节为依据进行计算的；基础方案的单位颗粒燃料生产成本：136.6 €/t（湿基）$_p$

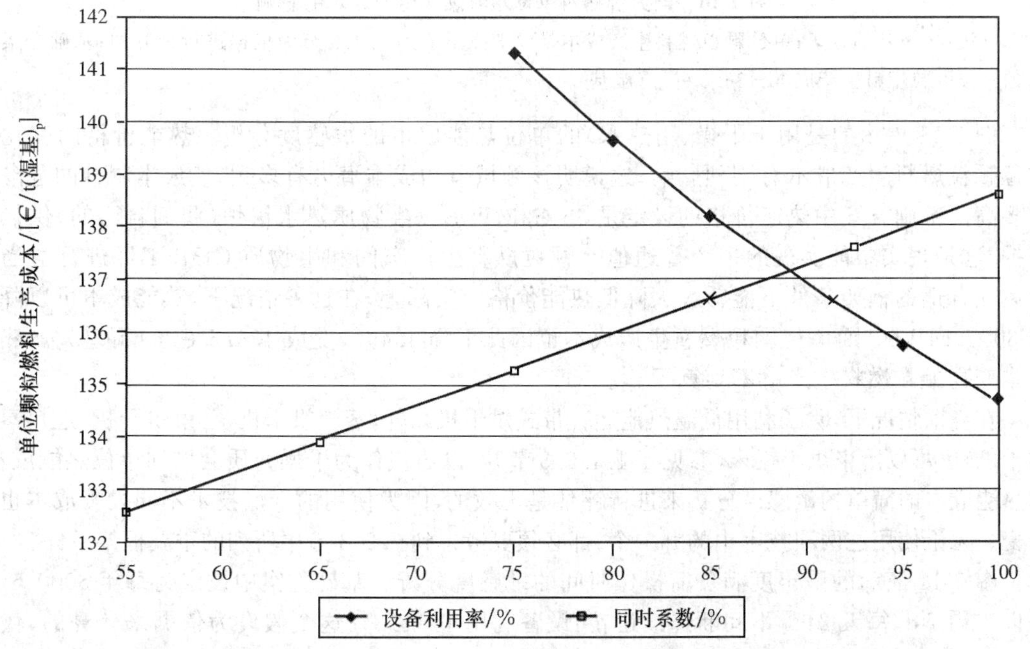

图 7-9 设备利用率和电力装置的同时系数对单位颗粒燃料生产成本的影响

注：×…基础方案；单位颗粒燃料生产成本是以 7.2.1 节到 7.2.9 节为依据进行计算的；基础方案的单位颗粒燃料生产成本：136.6 €/t（湿基）$_p$

图 7-10 显示的是电价的敏感度分析。基础方案假定电价是 100 €/MWh_{el},这是现实的价格,因为行业耗电大约是 4.5 GWh_{el}/a,这种情况处在奥地利框架条件平均值之下。奥地利的电价受制于联邦州和框架条件,变化更加剧烈,为 80～120 €/MWh_{el}。其他国家的电价甚至可能不在这个范围之内。正如图 7-10 所示,电价的波动对单位颗粒燃料生产成本影响很大。

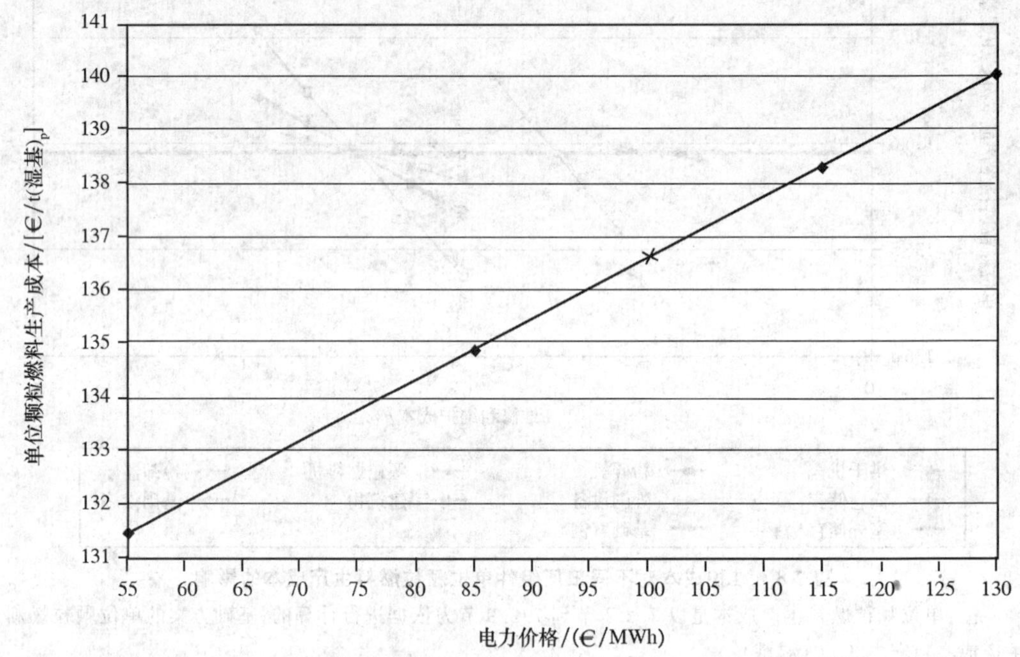

图 7-10　电力价格对单位颗粒燃料生产成本的影响

注:×…基础方案;单位颗粒燃料生产成本是以 7.2.1 节到 7.2.9 节为依据进行计算的;基础方案的单位颗粒燃料生产成本:136.6 €/t (湿基)$_p$

图 7-11 展示的是用于干燥(用热水)的单位热能成本的敏感度分析。热能价格的变化对单位颗粒燃料生产成本有剧烈影响,这说明该领域节约成本潜力有多大,使成本飙升的危险就有多高。基础方案中热能价格的设定是 35 €/MWh,以生物质热水锅炉(我们自己的)供热为依据,这是现实中能实现的一个普通值。颗粒燃料生产车间和生物质 CHP 工厂进行适当组合后在合适的框架条件下能够大大降低热能价格。实际上,在这种情况下,热能成本可以降低到 30 €/MWh。而单位颗粒燃料生产成本也因此下降 4.4%,变成 130.6 €/t (湿基)$_p$。热能成本变高颗粒燃料生产就不划算了。

在当前情况下,除了利用低温热能运转带式烘干机以外,蒸汽烘干机(管束烘干机、过热蒸汽烘干机)也可以用来烘干锯末(参见 4.1.1.2.3 节)。以蒸汽作为干燥介质会增加单位热能成本。用热能成本的简单的敏感度分析来进行评估是无效的,因为使用的干燥技术不同投资成本也会改变。无论使用这两项技术中的哪一个,都必须要考虑到 7.2.3 节中所列的重要框架条件。

图 7-12 演示的是年度满负荷操作时间的敏感度分析。基础方案中设定为每年 8000 h,这是以 1 周 7 d,每天 24 h 不间断连续运转,设备利用率 91.3%这个假设为依据来计算的,代表了最经济的运转方式,正如图 7-12 所示的那样。如果将车间运转限定为 1 周 5 d,每天 3 班倒,单位颗粒燃料生产成本就会提高 4.4%,就是 142.6 €/t (湿基)$_p$。因此不建议缩减更多满负荷操作时间。此外,烘干机在使用的时候间断操作实际上是行不通的,因为烘干机的日常启

动和关闭需要的能量和时间太多。

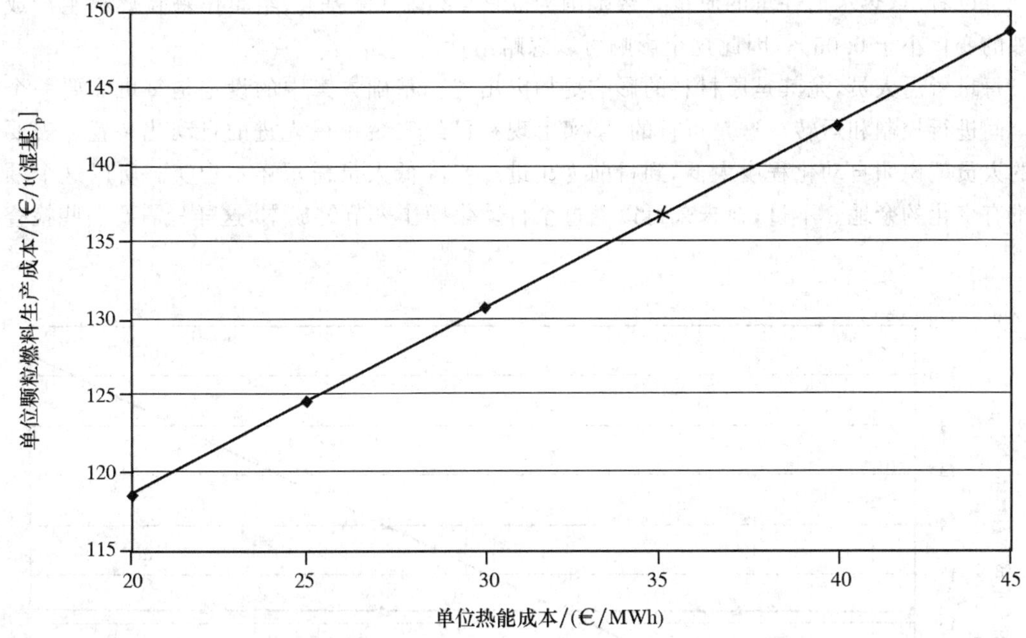

图 7-11 单位热能成本对单位颗粒燃料生产成本的影响

注:×…基础方案;单位颗粒燃料生产成本是以 7.2.1 节到 7.2.9 节为依据进行计算的;基础方案的单位颗粒燃料生产成本:136.6 €/t(湿基)$_p$

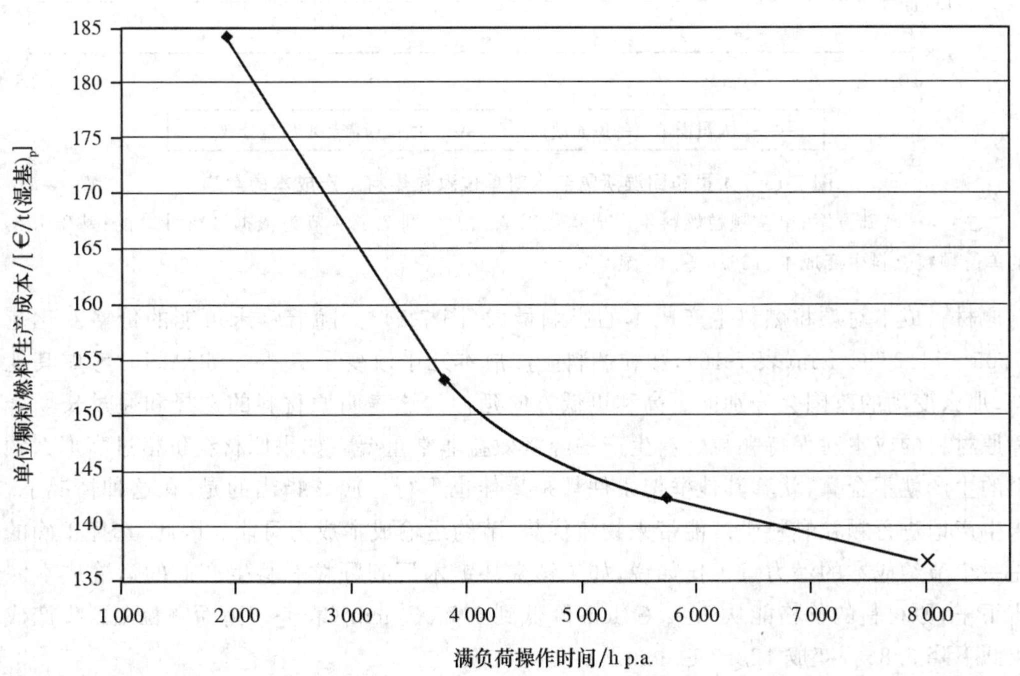

图 7-12 年度满负荷操作时间对单位颗粒燃料生产成本的影响

注:×…基础方案;单位颗粒燃料生产成本是以 7.2.1 节到 7.2.9 节为依据进行计算的;基础方案的单位颗粒燃料生产成本:136.6 €/t(湿基)$_p$

图 7-13 显示了每班人员和回湿所需热水参数的敏感度分析。

可以看出,热水消耗量的质量分数范围为 0～0.25%(湿基)$_p$,给单位颗粒燃料生产成本带来的变化小于 0.05%,因此这个影响可以忽略不计。

每班所需人员,尤其是原材料的影响更加突出些。基础方案中的设定是每班需要一个人在车间进行控制和运转。这是可行的,事实上现在已经安装了最先进的自动化装置。需要更多的人员就说明自动化程度太低,到目前为止进一步降低人员需求还不现实。所以这个领域很难有变化的余地。不过,在未来可以通过全自动化操作来节约成本,这样只需要一些检查就可以了。

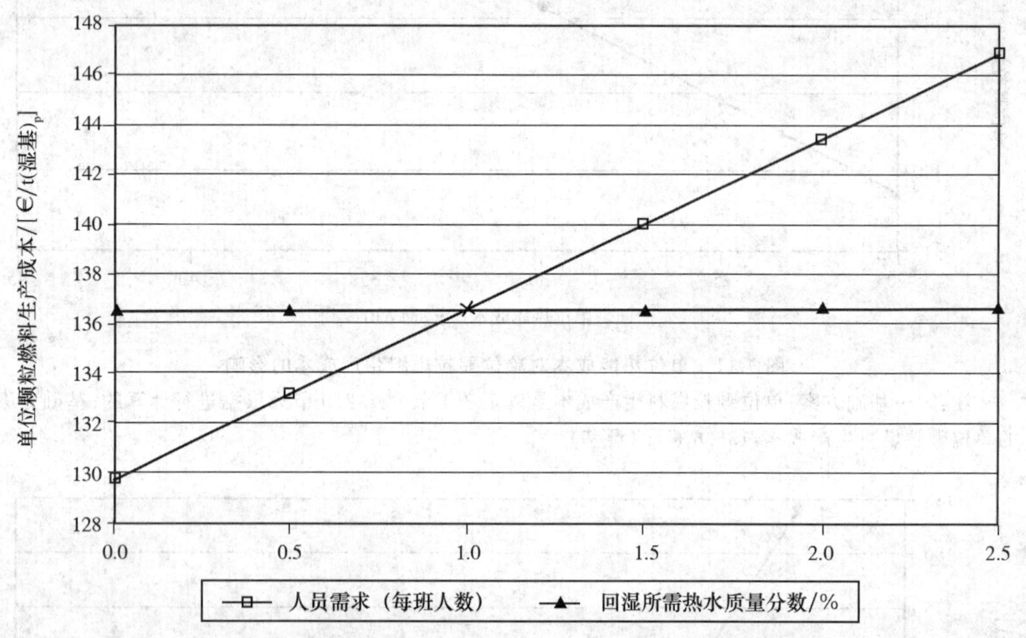

图 7-13　人员和回湿所需热水对单位颗粒燃料生产成本的影响

注:×…基础方案;单位颗粒燃料生产成本是以 7.2.1 节到 7.2.9 节为依据进行计算的;基础方案的单位颗粒燃料生产成本:136.6 €/t(湿基)$_p$

原材料成本对颗粒燃料生产成本的影响最大(图 7-14)。随着锯末可能的价格变化范围为 7.05～11.05 €/lcm(表 7-16),颗粒燃料生产成本几乎改变了 23%。如果同时考虑其他原材料,那么变动的范围会分别向更高和更低方向延伸。这表明原材料的选择和通过长期合同保障原材料的成本对保持颗粒燃料生产的经济效益非常重要。如果原材料价格过高那么颗粒燃料的生产就不合算,就算其他框架条件都是最佳也不行。应该指出的是,在这种情况下,在锯末生产地进行颗粒燃料生产能带来物流优势,节约运输成本成为可能。因此,选择正确的位置是一个节约成本的潜力点。比如说,如果锯末从锯木厂到颗粒燃料生产商的运输成本完全节省下来,原材料的价格能从 7.82 €/lcm 降低到 6.77 €/lcm(表 7-16);而颗粒燃料生产成本也因此下降 5.8%,变成 128.7 €/lcm。

图 7-15 显示的是利率对单位颗粒燃料生产成本的影响。基础方案中所选择的利率是 6% p.a.,在当前的框架条件下这个值是能够达到的。总利率水平可能的波动对单位颗粒燃料生产成本不会产生明显冲击。

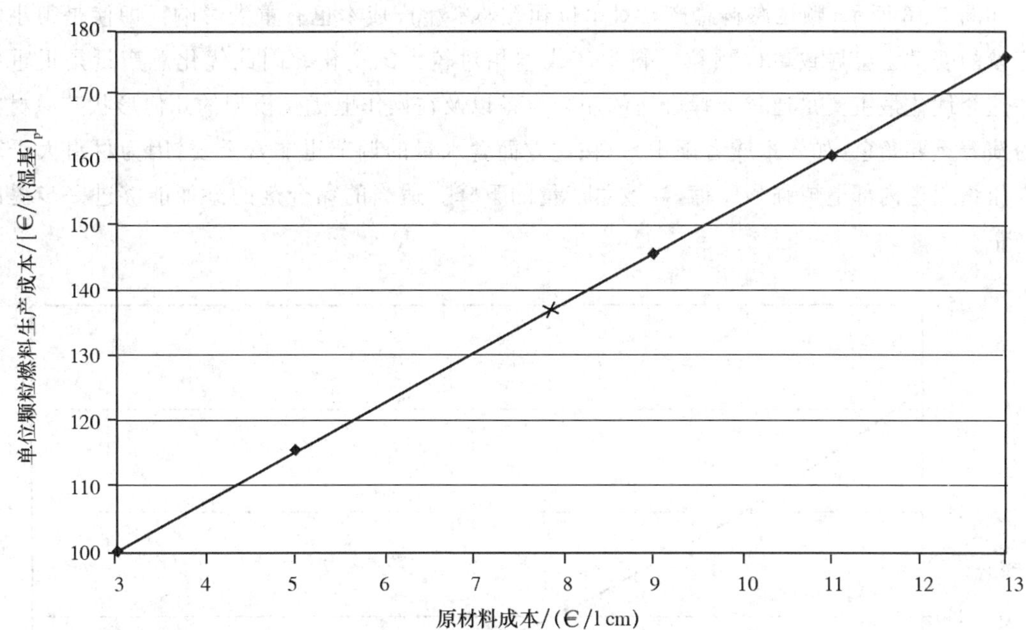

图 7-14 原材料成本对单位颗粒燃料生产成本的影响

注：×…基础方案；单位颗粒燃料生产成本是以 7.2.1 节到 7.2.9 节为依据进行计算的；基础方案的单位颗粒燃料生产成本：136.6 €/t (湿基)$_p$

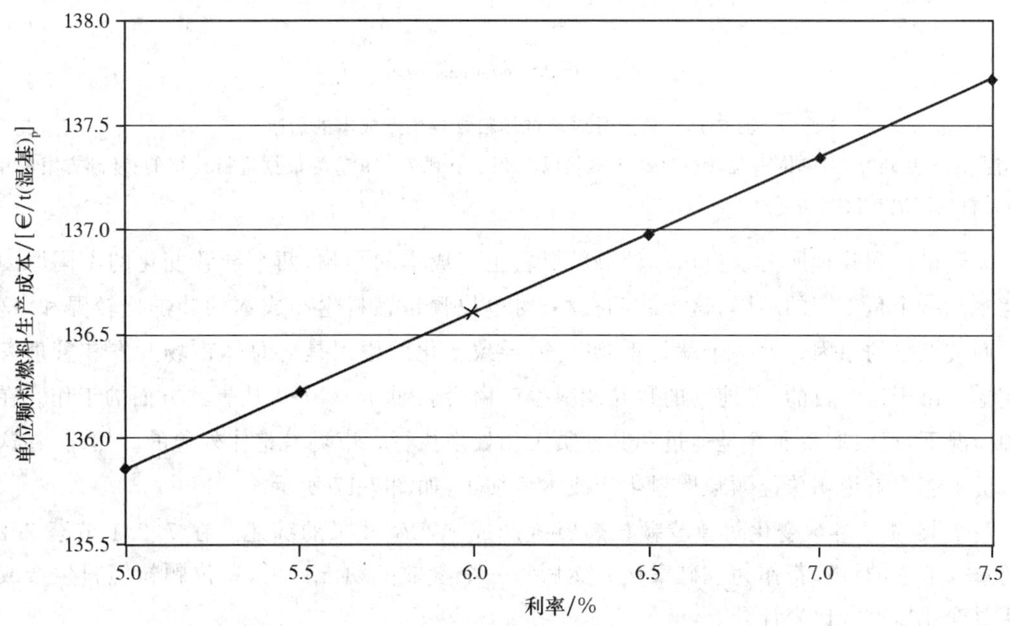

图 7-15 利率对单位颗粒燃料生产成本的影响

注：×…基础方案；单位颗粒燃料生产成本是以 7.2.1 节到 7.2.9 节为依据进行计算的；基础方案的单位颗粒燃料生产成本：136.6 €/t (湿基)$_p$

如图 7-16 所示，颗粒燃料总产量对单位颗粒燃料生产成本也有重大影响。即使是很小的总产量的变动也会导致单位颗粒燃料生产成本相对较大的变化。因此优化总产量是很重要的。这个优化最主要是通过选择合适的制粒设备以及在操作上优化模型的几何形状。原材料也扮演着重要角色(如软木或者硬木)。在这方面含水量的调节也非常重要，因为材料太干就会在压缩通道内部造成强烈摩擦，导致总产量的下降。适当的黏合剂的添加能够进一步提高总产量。

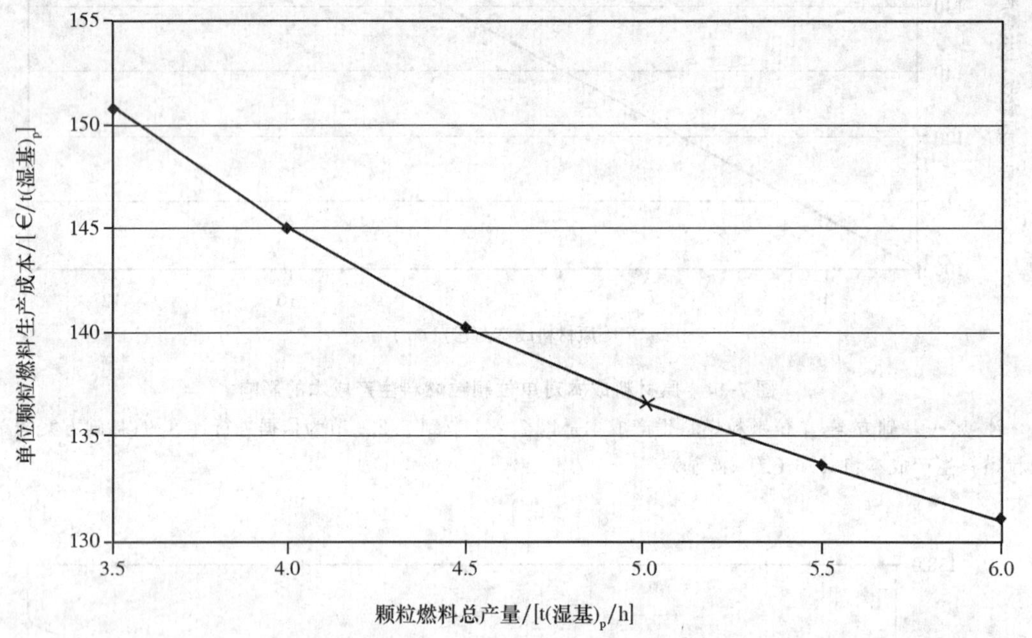

图 7-16　总产量对单位颗粒燃料生产成本的影响

注：×…基础方案；单位颗粒燃料生产成本是以 7.2.1 节到 7.2.9 节为依据进行计算的；基础方案的单位颗粒燃料生产成本：136.6 €/t (湿基)$_p$

关于市场和管理所需人员对单位颗粒燃料生产成本的影响，两个导致变化的不同原因必须考察。一个是工资的不同，这个波动很小，对单位颗粒燃料生产成本的冲击比较温和，这也是它们被忽略的原因。另一个就更重要一些，导致变化的原因是对总体市场开发和管理策略的实施。出于这个目的，奥地利的颗粒燃料生产商会雇佣 0～4 个人从事这方面的工作。在第一种情况下，行政职责通常是通过和其他员工相处来执行。市场是整体外包的。然而，在这个领域员工越多就说明单位颗粒燃料生产成本增加了，如图 7-17 所示。

图 7-18 做了参数变化对单位颗粒燃料生产成本产生效果的综述。在 7.2.1 节至 7.2.9 节的每一节中的计算都作为基础案例。然后每一个参数变动±10%，单位颗粒燃料生产成本的相对变化以百分比来计算。

颗粒燃料总产量、设备利用率和年度满负荷运行时间是一方面，而原材料成本、单位热能成本和投资成本是另一个方面，这些都是有主要影响的变量(参见文献[380,381,382])。这些领域具有最高的节约成本的潜力同时也有可能因为不经济操作带来最高风险。所有涉及的参数可以要么通过恰当的规划来优化，要么在之后的操作中优化。颗粒燃料总产量能被优化，那

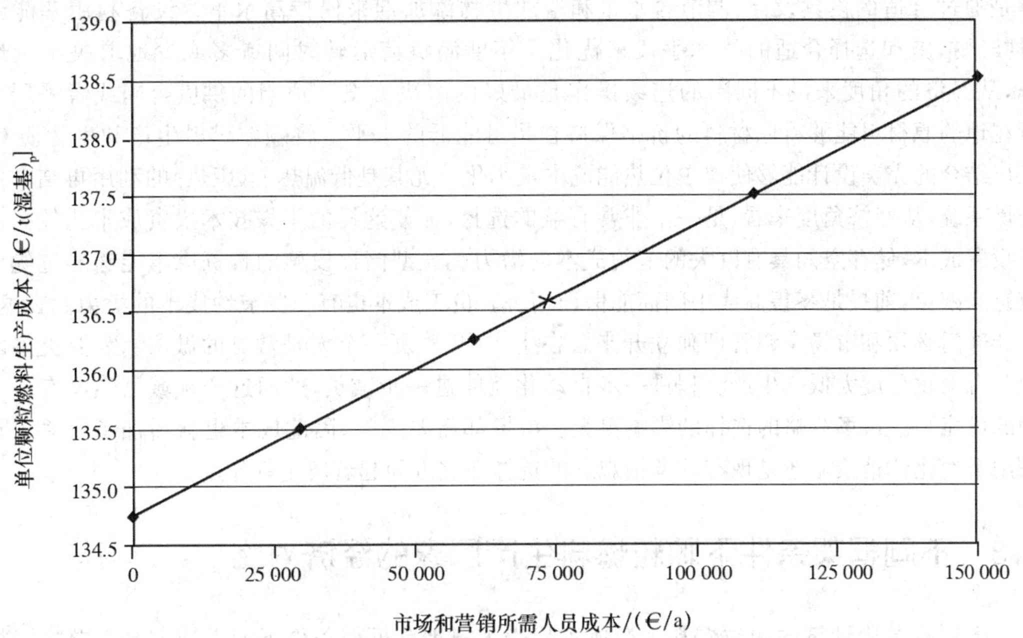

图 7-17　市场和营销所需人员对单位颗粒燃料生产成本的影响

注：×…基础方案；单位颗粒燃料生产成本是以 7.2.1 节到 7.2.9 节为依据进行计算的；基础方案的单位颗粒燃料生产成本：136.6 €/t (湿基)p

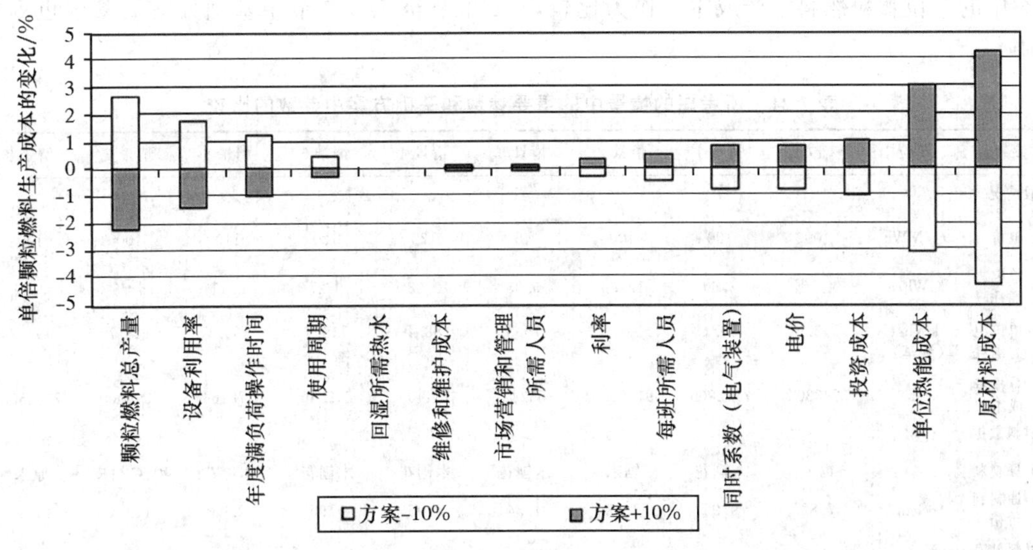

图 7-18　参数变化对单位颗粒燃料生产成本产生效果概览

注：单位颗粒燃料生产成本是以 7.2.1 节到 7.2.9 节为依据进行计算的；单位颗粒燃料生产成本相对变化的计算是在上述敏感度分析的基础上分别改变各个参数±10%而后得出的；参数“使用时间”“维修成本”和“投资成本”是对所有的工厂组件进行改变的；基础方案的单位颗粒燃料生产成本：136.6 €/t (湿基)p

就是通过合适的模具设计、调节含水量和增加生物添加剂来保持高水平。设备利用率能够通过技术措施和选择合适的技术手段来优化。年度满负荷运转时间或多或少地取决于轮班操作，从经济的角度来说不间断的连续操作是最好的解决方案。适当的供应合同或者采用自身所在地的原材料能够将原材料的价格保持在尽可能低的水平。将颗粒燃料生产和生物质 CHP 工厂结合的完美设计能够使得单位热能成本最小化。尤其是低温热能(废热)的利用再结合低温干燥系统，从经济角度来看，是一个非常有益的选择，即使这样的干燥技术投资成本比较高。至于投资成本，储存空间具有巨大的节约成本的潜力。大型储存设施的投资成本能够通过优化供应链来减免，前提是零售商或中间商能保证销售。员工成本也有一些节约成本的潜力。在这里，生产部门必须和市场营销管理独立开来。在生产中，一班一个人是常见的做法。需要更多的人说明自动化程度太低。生产流程进一步自动化就能进一步减员，然而这个领域已经没有多少波动的可能了。市场策略的选择的影响更大。市场部需要人员，因此成本也就增加了。关于到底采用个性化营销策略还是现有的营销观念的选择在这方面起着决定性作用。

7.3 不同框架条件下颗粒燃料生产厂家的经济对比

上述章节中计算的颗粒燃料生产成本代表了奥地利框架条件下的平均方案。颗粒燃料生产成本变动很大，具体取决于生产商具体的框架条件。为了考察各参数对单位颗粒燃料生产成本的影响，在 7.2.12 节中做了综合的敏感度分析并进行了讨论。本节关注的是生产商的具体框架条件和工厂规模对颗粒燃料生产经济效益的影响。

表 7-21 展示了不同于基础方案的 8 个情景中最重要的参数，并根据这些参数计算了不同方案中的单位颗粒燃料生产成本。作为比较，7.2.1 节至 7.2.9 节中基础方案的参数也列在表中。

表 7-21 所考虑的情景中的重要参数和基础方案中参数的比较

参数	单位	基础方案	情景 1	情景 2	情景 3	情景 4	情景 5	情景 6	情景 7	情景 8
一般情况										
电价	€/MWh	100	100	100	45	120	120	110	100	100
总电力消耗	GWh/a	4.56	3.60	12.93	0.03	0.08	0.27	0.11	5.75	7.79
单位电力消耗	kWh/t (湿基)$_p$	113.9	90.1	107.8	75.3	88.4	119.4	100.1	143.7	194.7
总投资成本	€	3743300	2112000	9176200	53242	184400	809840	178164	4596900	7485500
原材料数据										
原材料		锯末	木刨花	锯末	木刨花	木刨花	木刨花	木刨花	FWC 树皮	原木
原材料价格	€/lcm[2)	7.82	9.95	7.82	1.34	9.95	9.95	9.95	11.84	40.80
原材料储存										
湿原料储存类型		室外平铺储存	无	室外平铺储存	无	无	无	无	室外平铺储存	室外平铺储存
储存容量[1)	%	1.92		1.92					1.92	8.33
烘干后原材料储存类型		筒仓	筒仓	筒仓	筒仓	筒仓	筒仓	筒仓	筒仓	筒仓

续表 7-21

参数	单位	基础方案	情景 1	情景 2	情景 3	情景 4	情景 5	情景 6	情景 7	情景 8
储存容量[1]	%	0.41	0.41	0.41	现有的	0.41	0.41	0.41	0.41	0.41
烘干数据										
烘干机类型		带式烘干机	无	3 个带式烘干机	无	无	无	无	带式烘干机	带式烘干机
电力要求	kW	140.0		420.0					140.0	140.0
粉碎/筛选数据										
单元类型		锤式粉碎机	锤式粉碎机	锤式粉碎机	无	无	筛选机	内藏的	锤式粉碎机	锤式粉碎机
电力需求	kW	110.0	110.0	330.0			2.5		110.0	110.0
颗粒燃料机数据										
电力需求	kW	300.0	300.0	900.0	50.0	40.0	154.0	42.0	300.0	300.0
冷却器数据										
冷却类型		逆流冷却器	逆流冷却器	3 个逆流冷却器	无	无	无	内藏的	逆流冷却器	逆流冷却器
电力需求	kW	12.0	12.0	36.0					12.0	12.0
颗粒燃料储存										
储存类型		筒仓	筒仓	筒仓	贮藏库	筒仓	筒仓	贮藏库	筒仓	筒仓
储存容量[1]	%	2.30	2.30	2.30	25.00	12.00	50.00	10.00	2.30	2.30
外围设备数据(输送系统,钢结构)										
电力需求	kW	108.0	108.0	216.0	12.0	12.0	12.0		108.0	108.0
颗粒燃料数据										
颗粒燃料生产速率	t (湿基)$_p$/h	5.0	5.0	15.0	0.7	0.5	1.2	0.3	5.0	5.0
年颗粒燃料产量	t (湿基)$_p$/a	40000.0	40000.0	120000.0	430.7	952.4	2285.7	1142.9	40000.0	40000.0
轮班工作类别										
每天轮换		3	3	3	1	1	1	2	3	3
每周工作时间		7	7	7	1.5	5	5	5	7	7
年度操作时间	h p.a.	8000	8000	8000	615	1905	1905	3810	8000	8000
员工数据										
小时工资	€/h	25.00	25.00	25.00	8.94	25.00	25.00	25.00	25.00	25.00
每班人数		1.00	1.00	1.00	1.00	1.00	1.00	0.25	1.25	2.00
每班代理职务人员(节假日、生病)		0.25	0.25	0.25		0.25	0.25	0.25	0.25	0.25
市场营销和管理人员	€/a	73000	73000	73000	3700	2800	8200	1990	73000	73000
单位颗粒燃料生产成本	€/t (湿基)$_p$	136.6	102.5	127.8	50.8	180.5	162.2	135.0	148.9	196.8

注：[1] 分别以年度需求和年生产能力为根据；[2] 木材长度用 scm；根据 7.2.1 节至 7.2.9 节和本表的框架结构进行计算

情景 1 是以木刨花代替锯末作为原材料这个假设为基础的。同基础方案情景相比,这种原材料只能使用筒仓储存,因为户外储存要承担很大的干燥木刨花变湿的风险。干燥原材料的储藏量设定为年度需求的 0.41%,也就是 36 h 储藏。这样的低储藏量与基础方案情景相比是合理的,如果原材料生产地和颗粒燃料工厂在同一位置,那么就可以在木刨花产地和粒化车间之间设计一个原材料的中间储存点(储藏量与基础方案中建在干燥和粒化之间临时储存点的储存能力相同)。另外,这种情况能够避免原材料的运输成本。因为使用的是干燥的原材料,烘干步骤可以省略。这样就减少了电力特别是热能的需求,因为不需要干燥系统,总投资成本就大幅度降低了。这个情景中的单位颗粒燃料生产成本能比基础方案情景中的低大约 25%。然而,成本降低的效果被更昂贵的原材料部分抵消了。木刨花的价格大约是 83 €/t(干基),比锯末的价格[大约 65 €/t(干基)]高出大概 27%。情景 1 中单位颗粒燃料生产成本的构成与基础方案情景中的完全不同。使用锯末的时候,35%的成本来自烘干,43%来自原材料。而使用木刨花时没有干燥成本,原材料成本几乎上升至总颗粒燃料生产成本的 73%。其他成本因素也相应地改变了(图 7-19)。在这种情况下设想的现实是,原材料出自自己的木材加工工厂,因此没有必要考虑运输成本,所以原材料便宜。更重要的是,如果原材料能连续供应,那么储藏量不需要同基础方案中的一样大,储存的投资成本可以省了。如果是买木刨花,那么运输成本增加,因为需要合适的储存设施,投资成本也会增加。

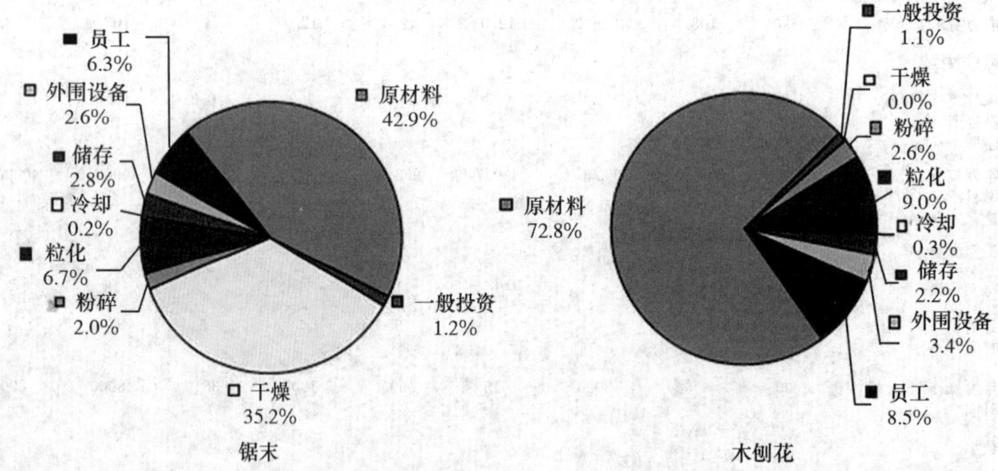

图 7-19 锯末和木刨花作为原材料时,根据不同成本因素所做的单位颗粒燃料生产成本的组成图

注:成本因素的单位颗粒燃料生产成本的计算是根据 7.2.1 节至 7.2.9 节和表 7.21 的框架结构进行的

情景 2 是基础案例情景的升级版,以 3 倍颗粒燃料年产量(即 120000 t 颗粒燃料/年)和相同的年度满负荷操作时间为基础。那么,颗粒燃料不同生产设备(烘干机、锤式粉碎机、冷却器和外围设备)和建筑都必须为这 3 倍的负载来设计。储存容量同样要改造。不同设备的规模经济效应设定为 15%~20%。因为这种升级,单位颗粒燃料生产成本同基础方案相比能降低大约 6.4%。有适当总产量的大型颗粒燃料生产工厂能够获得规模经济效益,这是已经清楚了的。这个结果证实了当前在奥地利和许多其他国家倾向于建立大型颗粒燃料生产工厂的经济意义。

情景 3 是另一个极端的例子。具体情况是一个小型的颗粒燃料生产商，根据自己的木材加工工厂能获得的原材料来生产颗粒燃料。原材料是干木刨花，粒化用的是来自动物饲料设备行业的二手制粒设备。颗粒燃料产量大约是 430 t(湿基)$_p$/a。这个情景表明在正确的框架条件下小型颗粒燃料生产工厂也能实现效益。在这种情况下，因为工厂主拥有水电站所以电力成本极低，储存设施是现有的，原料干燥不需要烘干也不需要粉碎，由于产量低也没有冷却的需求和基于在各自区域能实现的最高售价，原材料极其便宜。

情景 4 的生产能力(0.5 t/h)甚至要比情景 3 里的还低。原材料还是干木刨花。不过，因为设定的是一班操作，每周工作 5 d，年度颗粒燃料生产量更高一些。干燥、粉碎和冷却等步骤在这个情景中也是可以排除在外的。新设备使得投资成本更高，电力成本以及原材料成本是以在这些框架条件下的奥地利平均价格为依据。因此电力和原材料成本要远高于情景 3 中的成本。在这些框架条件下，颗粒燃料生产成本大约是 181 €/t (湿基)，远远高于经济运行的限定值[这个值为 140～155 €/t (湿基)$_p$，由配送系统来决定]。在与情景 4 相同的框架条件下，情景 5 中生产能力为 1.2 t/h 的制粒设备能够将颗粒燃料生产成本降低到 162 €/t (湿基)$_p$。不过这个成本仍然高于经济运行的限定值。

情景 6 是一个特例。一个瑞典制造商提供完整的颗粒燃料生产车间，采用干燥的原材料，生产能力是 300 kg/h，其中锤式粉碎机、制粒设备和冷却器都包含在内[383]。对人员的需求是至少 2 h 轮换一班。以两班轮换，一周工作 5 d 来算，单位颗粒燃料生产成本能达到 135 €/t。如果框架条件理想，那么这个系统非常适合小型颗粒燃料生产。意大利的颗粒燃料生产商尤其钟爱这个系统[147]。情景 3～6 都说明了一个事实，那就是小规模颗粒燃料生产工厂有非经济操作的巨大风险，只有在特殊的框架条件下才有经济运营的可能。

情景 7 与基础方案在相同的框架条件下，采用工业木屑(无树皮)为原材料。这种原材料正变得越来越重要，因为没有更多的锯末来满足奥地利的颗粒燃料生产进一步扩张的需要(参见 10.1.3 节)。含树皮的工业木屑也是一种潜在的粒化原材料，它们甚至更便宜。但由于树皮的含量和随之而来的灰分的升高，无法生产出 prEN 14961-2 规定的 A1 级颗粒燃料产品，这也是没有对这项选择做仔细考察的原因。不过如果颗粒燃料产品是做工业用途，比如说发电厂，用这种原料还是有可能的。不含树皮的工业木屑定价是 11.84 €/lcm 或 69.7 €/t (干基)(表 7-16 中价格区间的平均值)，那么不含树皮的工业木屑比锯末的价格要高 7%。在原材料烘干之前(额外的锤式粉碎机、基建工程和外围设备都是必要的)要进行粗磨(所需粒度 7 mm)，颗粒燃料生产设备的投资成本增加。木屑的堆积密度要比锯末高，原材料储存成本会略有减少。额外的粉碎设备还导致额外的电力成本。总的来说，这些框架条件下的单位颗粒燃料生产成本大约是 149 €/t (湿基)$_p$，或者说超出基础方案 9%。

随着锯末的日益短缺，许多颗粒燃料生产商在考虑建立或已经建立起以原木为原材料[111,112]的颗粒燃料工厂了。情景 8 里就是一个处于这种情形下的工厂。要按照标准生产颗粒燃料，就必须使用不含树皮的木材，这和使用工业木屑的情况一样。原木(制浆木材)定价为 40.8 €/scm，包含运输成本[371,384]。以干物质计算，干材要比锯末贵 50%，比木刨花贵 20%。情景 7 中提及的额外设备在情景 8 中是同样必要的。此外还要考虑一个固定的削片机，用来将原木削成木屑。另外还要考虑原木输送系统以及原木的储存。总投资成本与情景 7 相比提高了63%。因为有削片和额外的外围设备，电力消耗与基础方案相比增加了大约70%。单位颗粒燃料生产成本大约是197 €/t (湿基)$_p$，显著高于经济生产的限定值。不过，如果颗粒燃料价格提升(颗粒燃料目前的价格相对较低)的话，用原木来生产颗粒燃料在将来会是一个有利的选择。此外，用原木做原材料的颗粒燃料工厂应该设计的年产量更高一些以获得规模经济效益。利用积存的原木有实现额外的成本缩减的可能。因为在这种情况下，自然风干的效果将减少烘干所需热能，随之降低干燥成本。

7.4 总结/结论

颗粒燃料生产主要的成本因素是原材料。因此原材料的价格对颗粒燃料生产的经济性起着决定性的作用。所有种类的原材料都有很强的季节性和本地价格的波动。就比如说在2007年11月到2008年10月之间，锯末的最低和最高价格分别是4 €/lcm和10 €/lcm(本地锯木厂)。这样算来最低和最高价之间有150%的差距。这些数字说明了对颗粒燃料生产来说，确保长期并且便宜地获得原材料有多么重要。如果颗粒燃料的生产并没有坐落在锯末的储存地，那么从锯木厂到颗粒燃料生产地的运输成本也必须考虑。

颗粒燃料生产的各个亚单元(烘干、粉碎、粒化、冷却、原材料和颗粒燃料储存、外围设备和建筑物)的单位颗粒燃料生产成本在奥地利一般框架条件下进行计算，同时还考虑了人员和原材料成本。单位颗粒燃料生产成本的计算结果是136.6 €/t (湿基)$_p$。这其中占主导地位的是原材料和烘干成本，两者相加高达总成本的80%。员工和粒化自身也是很重要的成本因素，两者合起来占总成本的13%。剩下的9%由总体投资(主要是建筑物)、粉碎、冷却、储存和外围设备组成。根据VDI 2067查看成本组群，会发现单位颗粒燃料生产成本最主要的是消耗成本，而这消耗又主要是烘干的热能成本。能量消耗的计算结果证实了这一点，结果显示原材料烘干消耗了93%的总所需能量。

为了全面地审视颗粒燃料供应链，除了生产成本之外，分销成本以及可能存在的临时储存地的成本也要计算进去。因此，要获得单位颗粒燃料供应成本就必须在单位颗粒燃料生产成本之上至少要再加上25 €/t (湿基)$_p$。这些成本会根据物流和消费者结构有所波动。

在敏感度分析的框架之内，原材料成本、单位热能成本、颗粒燃料总产量、设备利用率、年度满负荷运转时间以及投资成本是有主要影响的参数(根据国家规定，重要性正在减小)。有最大节约成本潜力同时最有非经济操作危险的参数也在这些参数之中；在做规划和工厂的运转中这些必须考虑周详。

此外，还对不同框架条件下颗粒燃料生产设备操作和不同规模的生产进行了比较。结果表明，颗粒燃料生产设备年产量高，有适当的设备利用率，能获得低温热能用低温烘干机干燥原材料的工厂，高度自动化的工厂和因为物流给力而只需要中等储存容量的工厂是最具吸引力的选择。结果还表明，相比之下，非常小规模的颗粒燃料生产也有可能获得经济效益，只要框架条件合适。不过，小规模系统的非盈利经营风险是非常大的，就像那两个例子那样。创新概念，诸如使用他们提供的现成的小型粒化设备，那个瑞典制造商就是一个例子，也能使得颗粒燃料的生产在某个框架条件之下产生效益。用木屑生产颗粒燃料在经济上也是合理的选择。当前框架条件和相对低的颗粒燃料价格[和已经公布的 40000 t (湿基)$_p$/a 的颗粒燃料产量]下,用原木做原料并不划算。从中期来看需要通过利用这些材料来扩充原材料以适应颗粒燃料市场的强劲增长。在某种程度上,这在经济上已经合理了,就像一些范例所显示的那样。更大的生产能力,原木储存时的干燥效果和略略提升的颗粒燃料价格都将会使得用原木来生产颗粒燃料也能获利。

8 住宅供热部门颗粒燃料利用成本分析

本章提供了一个在奥地利框架条件下，一个典型住宅中央供暖系统内颗粒燃料利用的成本分析。使用颗粒燃料的和依靠其他燃料如石油、天然气和木屑的中央供暖系统直接比较，而且和生物质区域供暖做了比较。应当指出的是，结果不能直接搬到另一个区域或国家的特定项目中，因为具体的框架条件下可能会有明显的不同。但是，它们可以被用作为指南，为如何进行计算做参考。

8.1 住宅供热部门不同燃料的零售价格

图 8-1 显示了 2006 年、2007 年和 2008 年奥地利颗粒燃料、取暖油、天然气和木屑的平均市场价格比较，是以净热值为基础的。得出的结论是，木屑是最便宜的燃料，价格范围为 27.0～29.5 €/MWh_{NCV}，次之是颗粒燃料，范围为 37.5～45.9 €/MWh_{NCV}，可以看出这些年里颗粒燃料的平均价格持续下降。在 2006 年和 2008 年取暖油是最昂贵的燃料。天然气在 2006 年和 2007 年的价格和取暖油价格相似，但是在 2008 年它的价格没有像取暖油一样涨那么多。

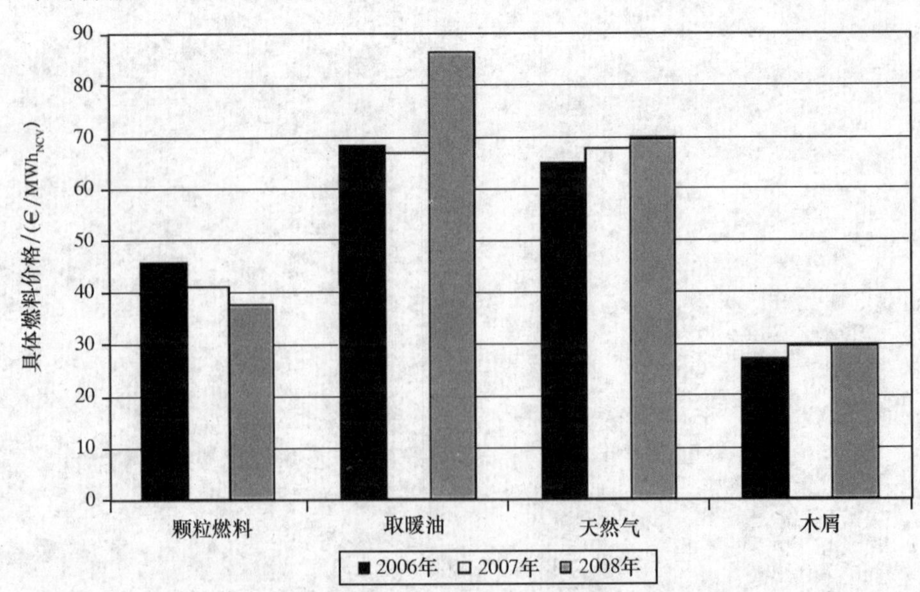

图 8-1 2006—2008 年基于净热值的不同燃料的平均价格

注：交易产品的平均价格包括，增值税（10%为颗粒和木屑，20%为取暖油和天然气）和运输费；颗粒的净热值是 4.9 kWh/kg(湿基)$_p$，取暖油是 10 kWh/L，天然气 9.60 kWh/Nm^3，木屑 3.72 kWh/kg（湿基）；根据图 8-2 的平均价格。

图 8-2 所示是自 1999 年以来颗粒燃料、取暖油、天然气和木屑的价格动态。在此期间,天然气价格上涨了 88%,取暖油价格上涨 92%,颗粒燃料价格上涨 48%。

这几个价格的发展表现出完全不同的特点。天然气价格持续上升,没有任何显著的上升或下跌。只在 2008 年 11 月有一次 28%的大幅度增长,并有两次价格下跌(2000 年和 2001 年)。

石油的价格动态是部分具有强烈波动。从 1999 年 6 月至 2000 年 10 月,也就是 16 个月内,成品油价格上涨 87%。在那之后,再次下降,但没有达到 1999 年的水平。之后,油价仍或多或少保持在同一水平,直到 2003 年 12 月。从那时起价格又急剧增长,于 2005 年 10 月达到了一个临时峰值,0.74 €/L。15 个月后,2007 年 1 月,价格分别为 0.57 €/L——比 2005 年 10 月的临时峰值减少了 1/4。从那之后,油价再次强劲上扬,在 2008 年 7 月达到最大值为 1.09 €/L(在之前低迷价格的基础上,一年半内价格上涨近 90%)。随着国际金融和经济危机,到 2008 年 12 月石油价格下跌至 2007 年 1 月或 2005 年的水平。成品油的价格动态表明,通过建立库存让终端用户以合理的价格获得石油是不可能的,因为价格的发展是完全不可预见的。

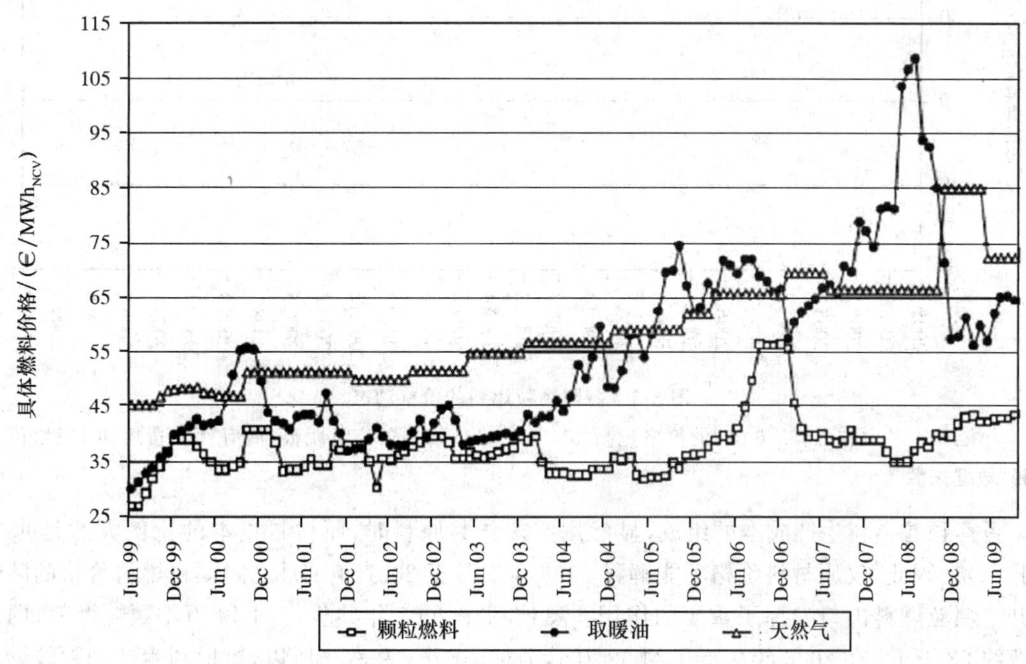

图 8-2 1999 年 6 月至 2009 年 9 月奥地利颗粒、取暖油和天然气的价格动态

注:第 8.2 节的净热值;燃料价格的数据来源:ABEX(奥地利生物燃料交易所),生物质燃料证券交易所,奥地利能源机构网 http://www.energyagency.at;我们自己的研究

然而,颗粒燃料贸易表现出一个更加稳定的价格策略,夏季价格低而冬季价格小幅上调,并且每年都稳步的增长。并未反映出像化石燃料行业的强烈波动,这让终端用户提高了对颗粒燃料市场的信心。因此才有可能通过相应的存储策略保持颗粒燃料的低价格水平。

然而,在 2006 年颗粒燃料价格大幅增加(不仅在奥地利,还有德国和意大利)。这与几个因素有关。2005 年秋,售出的颗粒燃料锅炉比以往任何时候都多,这意外导致了接下来的冬天里对颗粒燃料的高要求。在这个漫长而严寒的冬天里，随着消费量的增加这种高要求也进一步增加。而与此同时，漫长的冬季降雪量很大，限制了木材的采伐。锯木厂生产的锯末减少，从而导致制造颗粒燃料的原料也减少了。因此锯末价格上升（如自 2005 年施地里尔州平均价格上涨 30%[371]），随即又导致了颗粒燃料生产成本的增加。需求的增加和产量的下降导致的另一个结果就是供应短缺。

德国的颗粒燃料价格发展与奥地利的类似。在 2006/2007 年冬季最高价格达到 263 €/t（湿基）$_p$。在那之后，价格大幅下降。2008 年 5 月中旬以来，价格已经再次表现为季节性波动同时稳步上涨（图 8-3）。

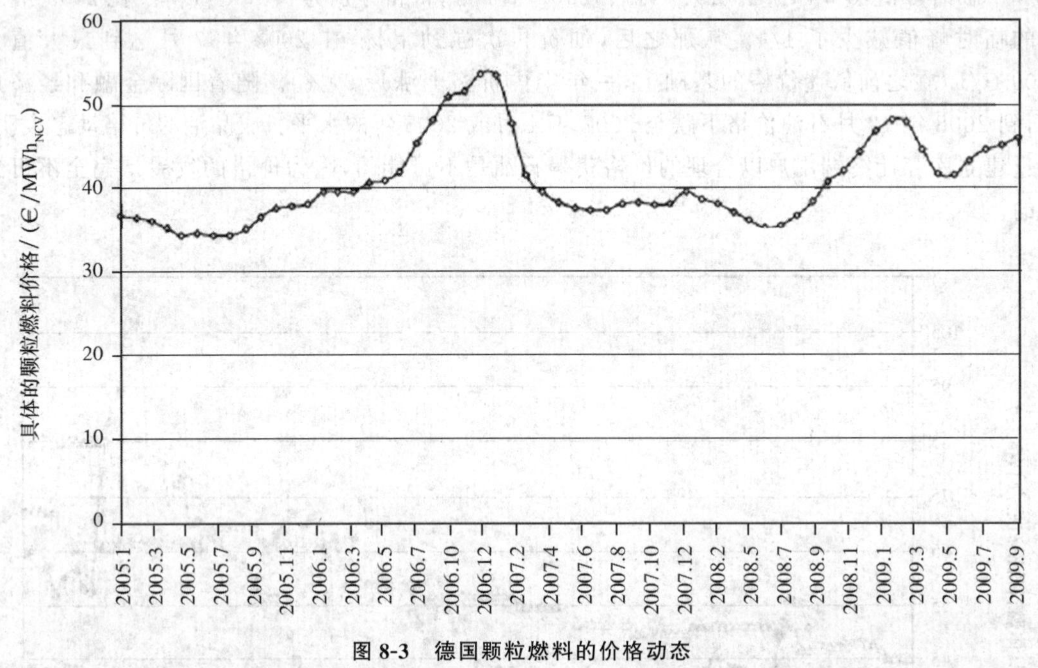

图 8-3　德国颗粒燃料的价格动态

注：购买的颗粒燃料＞6 t 时的价格包括 100～200 km 以内的交货距离，所有额外费用和 7%增值税；数据来源[385,484]

考察颗粒燃料生产成本的组成，显然用锯末作为原料时，原材料成本的比例大约是 43%（图 7-2）。因此，仅原材料价格不能解释 2006 年 5 月至 2007 年 1 月之间颗粒燃料价格的陡然提升。颗粒燃料出口发挥了重要的作用。奥地利在 2005 年共生产约 49 万 t 颗粒燃料，国民消费约 28 万 t。在 2006 年生产了约 62 万 t，消耗 40 万 t 左右。所以，奥地利生产的颗粒燃料大约有 1/3 出口了[386]。颗粒燃料短缺和因此而导致的颗粒燃料价格提高，也是由大规模的出口引发的，因为生产出来的颗粒实际上能满足全国的需求。总的来说颗粒燃料生产商和颗粒燃料贸易能够通过在更赚钱的市场上销售颗粒燃料获得短期利润（特别是意大利，由于取暖油增加税收，因此会有更多的人买颗粒燃料）。因此，繁荣的奥地利颗粒燃料市场处在风险之中。这个趋势开始质疑颗粒燃料部门用在将其他燃料变为颗粒燃料时的两个关键参数，即稳定的价格和国家的附加值。如果颗粒燃料部门能够为了颗粒燃料市场的可持续发展而保持这两个参数，维持一个适当的价格水平以及通过合适的措施保证供应安全是非常好的。

2007 年，新颗粒燃料生产工厂的建设使得颗粒燃料生产能力大幅增加，因此这种状况得到缓解(参考 10.1.2 节),价格水平降低到几年前的价格(2006 年以前)。

由于这些发展动态,颗粒燃料供暖系统销量崩坏了。一些制造商的销量减少达到 90%。在 2007 年,奥地利颗粒燃料锅炉的销量下降了 60%(参考 10.1.4.1.1 节)。许多其他国家(如德国和瑞典)都可以看到类似的市场发展动态。直到 2008 年,终端用户才对颗粒燃料市场重拾信心。颗粒燃料锅炉的销量在那时开始回升。

颗粒燃料价格表现出高水平时期的价格动态造成了终端用户的不确定性以及不满和不理解。然而在此期间,颗粒燃料供暖系统与石油供暖系统相比还是很有竞争力的(即使没有补贴);就算是 2006 年颗粒燃料价格上涨,与此同时石油价格略有下降(从一个较高的水平)也是一样。化石燃料的短缺[387,388]造就了石油价格发展的不可预见性,如果没有天然气的供应网络或区域供暖存在,从长远来看投资颗粒燃料供暖系统一定是正确的选择。然而,颗粒价格的上涨的同时成品油价格保持稳定肯定会导致负面影响。自 2006 年以来的价格动态表明这是在预料之外。

由于缺乏数据,图 8-2 中没有显示木屑的价格动态。目前(2008 年 12 月)木屑成本约 29.5 €/MWh_{NCV},生物质区域供暖成本 82 €/MWh,那么生物质区域供暖价格必须比较的是热生成成本而不是燃料价格(参考 8.2.9 节)。

然而,在选择适合供暖系统时只考虑燃料价格是无效的。一个整体的评价不仅要看燃料价格而且还要看其他消费成本,资本成本,运营成本和基于全成本核算的其他成本。全成本核算在 8.2 节中进行。

8.2 不同住宅供暖系统的经济对比

根据 VDI 2067 对不同的住宅供暖系统做全成本核算进行比较。投资成本,维护成本,消费成本,运营成本及其他应该考虑到的成本。投资成本被认为是依靠资本成本的,后者是投资成本与 CRF 相乘计算得出。CRF 的计算根据公式 7.1(参见 7.1 节)。投资成本包括与兴建厂房有关的所有费用,因此不仅包括锅炉和燃料储存而且还包括与燃炉和储藏室以及烟囱相对应的成本,如果需要的话还有连接费用。所有厂房部件的维修费用是在参考值的基础上以总投资成本的一个百分比来计算,然后平均分布到使用周期各年。资本成本和维护成本一起被分组到资本成本中。消费成本是包括燃料,各个区域供暖,电能和为颗粒燃料、木屑和石油供暖系统储存燃料估算利息的所有成本。运营成本包含了源自工厂运行的成本,如对自身的维护和服务成本,烟囱清扫和仪表租赁等。其他费用是保险费用和管理费用,参考值是每年投资成本的 0.5%。

以下中央供暖系统的热能成本在全部成本基础上进行比较:

- 颗粒燃料集中供暖系统。
- 烟气冷凝颗粒燃料集中供暖系统。
- 石油集中供暖系统。
- 烟气冷凝石油集中供暖系统。
- 木屑集中供暖系统。
- 烟气冷凝天然气集中供暖系统。
- 生物质区域供暖。

为了与终端用户产生联系，给出的所有价格包括增值税。以 2008 年为基础计算年热能生成成本。颗粒燃炉、木屑和取暖油的价格都包括运费。

接下来的章节中会展示全成本核算的框架条件和计算结果。必须指出的是，作为计算基础中央供暖系统的成本是基于单个的生产商和安装商包括安装和启动的信息。因此，实际的价格可能高于或者低于这些价格，这取决于制造商和设计。等效系统的选择需要加以注意。最后，总成本中不同参数的影响是通过敏感性分析的方法进行检验的(参考 8.2.10 节)。

8.2.1 一般框架条件

表 8-1 显示了所有比较方案的框架条件。为了给计算创造一个可比较的基础，假定所有系统的额定锅炉容量和年满负荷运行小时是相同的。它们代表了奥地利独立式住宅的平均情况。

电力价格是一个终端用户价格，包括所有税费及附加费。它是在 2007 年 12 月至 2008 年 11 月期间奥地利所有电力供应商的平均价格[389]。

为了评价和评估对终端用户维护和服务的成就，单独设立了时薪。锅炉和储藏室的建筑成本是经验值。保险成本和使用周期是根据 VDI 2067 指导方针设定的。利率选定为 6%，这代表了通常实际利率的平均值。

表 8-1　不同供暖系统全成本核算的一般框架条件

参数	数值	单位
额定锅炉容量	15	kW
全负荷运行小时	1500	h p. a.
电价	173.40	€/MWh
时薪(独立的服务)	5.86	€/h
存储和炉房(地下室)的建筑成本	244.16	€/m²
保险(占投资成本的%)	0.50	%p. a.
锅炉使用周期(传热单元除外)	20	a
油箱/储存室使用周期	20	a
建筑物和烟囱使用周期	50	a
保养和维护成本结构(%投资成本)	1.0	%p. a.
利率	6.0	%p. a.

注：基于 2008 年 12 月的价格；数据来源[59,389]；自己的研究，VDI 2067 指导方针

8.2.2 颗粒燃料集中供暖系统

表 8-2 列出了颗粒燃料集中供暖系统全成本核算的基本数据。年度效率是根据自己的测量和文献中的数据[390]设定的。在假设的框架条件(即额定锅炉容量、年全负荷运行小时、NCV 和年效率)下颗粒燃料消费约为 5.5 t (湿基)$_p$/a。

表 8-2 颗粒燃料集中供暖系统全成本核算的基本数据

参数	数值	单位
年效率	84.0	%
净热值	4.90	kWh/kg(湿基)
燃料需求	5466	kg(湿基)$_p$ p. a.
颗粒燃料堆积密度	625	kg(湿基)/m^3
电力需求(占%额定锅炉容量)	0.70	%
燃料价格(绝对)	184	€/t(湿基)$_p$
燃料价格(单位)	37.5	€/MWh_{NCV}
维护和保养工作(独立的服务)	0.19	h/周
烟囱清扫	143	€ p. a.
燃炉保养和维护(%投资成本)	2.0	% p. a.
资金(%投资成本)	25	%
资金(上限)	1400	€

注:基于 2008 年 12 月的价格,数据来源[59,390,391];自己的研究,VDI 2067 指导方针;根据表 8-1 的一般框架条件

系统的平均电力需求和 BLT Wieselburg 测试协议的平均值相当[391]。颗粒燃料价格是 2008 年颗粒燃料的平均价格,包括运输和交付成本以及所有税费。

终端用户的维护和保养每周需要大约 0.19 h。这包括组织燃料(查询价格,订货,现场交付),清空灰盒,现场清扫和年度服务,储存空间的清扫工作以及其他管理工作。扫烟囱的成本是根据施迪里亚烟囱清扫法案设定的。

颗粒燃料集中供暖系统的维护成本不是按照 VDI 2067 指导方针实施的。他们假设的是 2%的年度投资成本而不是 1%。

颗粒集中供暖系统的补贴的不同程度取决于奥地利各联邦州(参考 10.1.4.1 节)。选定的补贴是 1400 €,这是施迪里亚州可能的补贴。在这里没有考虑 2008 年 2 月至 2009 年 1 月间国家的 800 €补贴。

表 8-3 列出了颗粒燃料集中供暖系统的全成本核算,以表 8-1 和表 8-2 的数据为基础。对于燃料储存,选择了带自动送料系统的存储空间。这样就能像石油或天然气系统那样方便地使用了。锅炉和存储空间的成本包括热水锅炉的成本。除了技术设备的费用,这些费用还包括安装、送货和启动的额外费用。此外,投资成本包括烟囱、火炉和储藏室的建筑成本,以及存储空间所需要的固定装置如塑料挡板,填充回水管和倾斜底部。为应对不断变化的冬季状况,存储空间是按照年燃料储存量的 1.2 倍设计的。

表 8-3 中的计算没有考虑可能的补贴。如果考虑了 1400 €的投资补贴,单位热能生成成本会是 144.3 €/MWh;总热能生成成本将减少至 3247 €/a。因此补贴将降低 3.6%的热能生成成本。

表 8-3 颗粒集中供暖系统的全成本核算

项目	投资成本/€	资本成本/€ p. a.	养护费/€ p. a.	消费成本/€ p. a.	运营成本/€ p. a.	其他成本/€ p. a.	总成本/€ p. a.	单位成本/(€/MWh)
颗粒燃料锅炉	12600	1099	252				1351	60.02
储藏室卸货,储藏室固定装置	2700	235	54				289	12.9
烟囱	2700	171	27				198	8.8
炉室建筑成本,3.6 m^2	879	56	9				65	2.9
储存室建筑成本,5.6 m^2	1370	87	14				101	4.5
燃料成本				1006			1006	44.7
电力成本				27			27	1.2
保养和维护(独立的服务)					58		58	2.6
其他成本						101	101	4.5
估算利息(燃料储存)				30			30	1.3
烟囱清扫					143		143	6.4
总成本	20249	1648	355	1063	201	101	3369	149.7
单位成本/(€/MWh)		73.2	15.8	47.2	8.9	4.5		149.7

注:基于 2008 年 12 月的价格;根据表 8-1 和表 8-2 的基本数据;数据来源[59];自己的研究,VDI 2067 指导方针;基于有效热量的单位热能生成成本

值得一提的一个储存选项是用地下储存取代地窖里的储存空间。地下储罐安置在花园里。这样可以节省地窖中 5.6 m^2 的储存空间和 1370 €的建设成本。此外,固定装置如储存空间的门、进料设备和倾斜底部的成本被削减,总共节省约 950 €。然而,一个容量为 10 m^3的地下储存罐的投资成本约 7300 €(含增值税)[207]。这里面包含规定的罐体卸载系统,这就是为什么储存空间卸载系统的成本能够节省的原因了。假设上述条件,使用地下储存时,投资成本从 20200 €上升至 23500 €即 16%。单位热能生成成本从 149.7 €/MWh 上升到 167.9 €/MWh,或 12.2%。如果考虑到补贴,单位热能生成成本将是 162.5 €/MWh。尽管有这些额外的成本,当没有足够的空间尤其是地下室潮湿或没有空余的情况下,地下储存是一个合理的替代地窖储存空间的选择。

由合成纤维制成的容器是地窖储存空间的另一个可供替换的选择。储存 6.7 t 颗粒燃料的纤维罐地面面积有 6.25 m^2。为了至少能从两个方向进入,在地窖中设立一个纤维罐至少需要 9 m^2 的房间。因此,比地窖中的储藏室多需要 3.4 m^2 的表面积,从而导致了额外成本。除了储藏室的门不需要其他固定装置。纤维罐的成本约 3200 €(含增值税)。整体而言,与传统的地窖储存相比,这个方案的投资成本从 20200 €上升至 23500 €。单位热能生成成本因此上升至 164.6 €/MWh(+10%),或在有 1400 €补贴的情况下降至 159.2 €/MWh。

8.2.3 烟气冷凝颗粒燃料集中供暖系统

烟气冷凝是天然气炉最先进的部分,石油供暖部门的使用越来越多,直到 2004 年才被

ÖkoFEN 公司引进颗粒燃炉市场(参考 6.1.2.9.1.1 节)。在最佳的设计系统中(加热电路的回流温度越低更有利于烟气凝结),烟气冷凝会改变框架条件,正如表 8-4 中所示。和传统的颗粒燃炉相比年效率会增加。假设根据 BLT Wieselburg 的测试协议,锅炉效率为 103%,通过辐射、冷却、热分布和控制系统损失 10.4%(由于缺乏数据假定损失与没有烟气冷凝的颗粒燃料供暖系统相同),由此导致年效率在 92.3%左右。每年的颗粒燃料需求从 5.5 t(湿基)$_p$/a 减少到 5 t(湿基)$_p$/a。其他框架条件不变(表 8-2)。

烟气冷凝锅炉的投资成本超过等效的无烟气冷凝锅炉 1600 €。排出系统和炉室的投资成本保持不变。可选择的烟囱类型都是同时适用于传统的颗粒燃炉和有烟气冷凝的颗粒燃炉,所以烟囱的投资成本也相同。当应用这项技术时存储空间的需求会减少,因此存储空间的投资成本也有些微的下降。因为必须克服的压降稍微高了些,所以排风扇电力需求增加,运营成本只是略有升高。这些额外的能源需求可以忽略不计,因此没有考虑(参考 6.1.2.9.1.3.1 节)。整体而言,投资成本约 21700 €,因此比等效的无烟气冷凝颗粒燃料供暖系统的成本高了 7.3%(表 8-5)。

由于燃料的年需求降低,燃料成本以及存储颗粒的估算利息下降 9%左右。

表 8-4 烟气冷凝颗粒燃料集中供暖系统全成本核算的基本数据

参数	数值	单位
年效率	92.3	%
净热值	4.90	kWh/kg (湿基)
燃料需求	4975	kg (湿基) p. a.
颗粒堆积密度	625	kg (湿基)/m^3
电力需求(占%额定锅炉容量)	0.70	%
燃料价格(绝对)	184	€/t (湿基)$_p$
燃料价格(单位)	37.5	€/MWh$_{NCV}$
维护和保养工作(独立的服务)	0.19	h/周
烟囱清扫	143	€ p. a.
保养和维护熔炉(%投资成本)	2.0	% p. a.
资金(%投资成本)	25	%
资金(上限)	1400	€

注:基于 2008 年 12 月的价格;数据来源[59,391];自己的研究,VDI 2067 指导方针;根据表 8-2 的一般框架条件

总而言之,单位热能生成成本为 153 €/MWh,这比等效的无烟气冷凝颗粒燃料供暖系统多出 2.3%。因此,从经济学角度上看传统的颗粒燃料供暖系统比带有烟气冷凝的系统要更优,但是说到能源效率,烟气冷凝显然是最好的选择。然而,必须指出的是,一旦燃油价格上涨,这种系统就会变得经济,因为节省的燃料成本会对较高的投资成本做补偿。

表 8-5　烟气冷凝颗粒燃料集中供暖系统全成本核算

项目	投资成本/€	资本成本/€ p.a.	养护费/€ p.a.	消费成本/€ p.a.	运营成本/€ p.a.	其他成本/€ p.a.	总成本/€ p.a.	单位成本/(€/MWh)
颗粒锅炉	14200	1238	284				1522	67.65
储藏室卸货,储藏室固定装置	2700	235	54				289	12.
烟囱	2700	176	28				203	9.0
炉室建筑成本,3.6 m²	879	57	9				66	2.9
储存室建筑成本,5.6 m²	1247	81	13				94	4.2
燃料成本				915			915	40.7
电力成本				27			27	1.2
保养和维护(独立服务)					58		58	2.6
其他成本						109	109	4.8
估算利息(燃料储存)				27			27	1.2
烟囱清扫					143		143	6.4
总成本	21726	1780	386	970	201	109	3446	153.1
单位成本/(€/MWh)		79.1	17.2	43.1	8.9	4.8		153.1

注:基于 2008 年 12 月的价格;表 8-1 和表 8-2 的基础数据,数据来源[59],自己的研究,VDI 2067 指导方针;基于有效热的单位热能生成成本

8.2.4　石油集中供暖系统

表 8-6 列出了以石油为基础的中央供暖系统全成本核算的基本数据。年效率是根据文献[390]确定的。至于一般框架条件,年取暖油需求是 2500 L 左右。

系统的平均电力需求略小于颗粒燃料中央供暖系统,因为油的燃料输送系统比颗粒燃料的更简单。取暖油的价格是根据我们自己研究得出的 2008 年的平均价格。交通运输和配送成本以及所有税费都包括在内。

在石油供暖系统中自然不需要清空烟灰盒,从而减少了维护和维修工作。烟囱清扫的费用是根据施蒂里亚烟囱清扫法案确定的。这些成本也降低了,因为基于液体燃料的供暖系统每年只需要清扫 3 次而不是 4 次。

根据 VDI 2067,维修费用设定为年投资成本的 1%。

在奥地利无烟气冷凝的石油供暖系统不再有任何补贴(参考 10.1.4.1 节)。

表 8-6 石油集中供暖系统全成本核算的基本数据

参数	数值	单位
年效率	90.0	%
净热值	10.0	kWh/L
燃料需求	2500	L p. a.
电力需求(占%额定锅炉容量)	0.60	%
燃料价格(绝对)	865	€/1000 L
燃料价格(单位)	86.5	$€/MWh_{NCV}$
维护和保养工作(独立的服务)	0.15	h/周
烟囱清扫	96.4	€ p. a.
保养和维护熔炉(%投资成本)	1.0	% p. a.
资金(%投资成本)	0.0	%
资金(上限)	0	€

注:基于 2008 年 12 月的价格;表 8-1 中的基本数据,数据来源[59,390,393],自己的研究,VDI 2067 指导方针

表 8-7 列出了石油集中供暖系统的全成本核算。根据表 8-1 和表 8-6 中的数据进行计算的。此外,投资成本不仅包括燃炉和锅炉的成本还包括供应热水的成本以及烟囱、储藏室和炉室的建设成本。所有其他储存室设备以及递送、安装和启动成本也要考虑在内。同使用颗粒燃料的情况相同,为应对不断变化的冬季状况,储存空间是按照年燃料储存量的 1.2 倍设计的。

正如前面已经提到的,全成本核算是基于 2008 年的平均燃油价格,即 865 €/1000 L(包括 20%的增值税和送货费用,采购数量 3000 L)。因此热生成成本是 169.5 €/MWh。

表 8-7 石油集中供暖系统的全成本核算

项目	投资成本/€	资本成本/€ p. a.	养护费/€ p. a.	消费成本/€ p. a.	运营成本/€ p. a.	其他成本/€ p. a.	总成本/€ p. a.	单位成本/(€/MWh)
燃油锅炉	7800	680	78				758	33.7
油罐和澄清池	2600	244	28				272	12.1
烟囱	2700	171	27				198	8.8
炉室建筑成本,1.9 m^2	474	30	5				35	1.5
储存室建筑成本,4.7 m^2	1148	73	11				84	3.7
燃料成本				2161			2161	96.1
电力成本				23			23	1,0
保养和维护(独立的服务)					46		46	2.0
其他成本						75	75	3.3
估算利息(燃料储存)				65			65	2.9
烟囱清扫					96		96	4.3
总成本	14922	1198	149	2250	142	75	3814	169.5
单位成本/(€/MWh)		53.3	6.6	100.0	6.3	3.3		169.5

注:基于 2008 年 12 月的价格;表 8-1 和表 8-6 的基本数据,数据来源[59],自己的研究,VDI 2067 指导方针,在有效热量基础上的单位热能生成成本

8.2.5 烟气冷凝石油集中供暖系统

如上所述,近年来在石油供暖系统部门烟气冷凝的使用越来越多。为了最大限度利用这项技术,要求加热回路中有一个足够低的回流温度。表 8-8 列举了烟气冷凝石油集中供暖系统全成本核算的基本数据。与传统的石油供暖系统相比,年效率和燃料需求都变了。烟气冷凝石油集中供暖系统的锅炉效率能高达 105%(最佳的设计系统内要有合适的低回流温度)。假设有辐射、冷却、热分布和控制系统的损失,根据文献[390]由此产生的年效率在 96.0%左右。在其他框架条件保持不变的情况下,每年的取暖油需求从 2500 下降至 2350 L(表 8-6)。

表 8-8 烟气冷凝石油集中供暖系统全成本核算的基本数据

参数	数值	单位
年效率	96.0	%
净热值	10.0	kWh/L
燃料需求	2344	L p.a.
电力需求(%额定锅炉容量)	0.60	%
燃料价格(绝对)	865	€/1000 L
燃料价格(单位)	86.5	€/MWh_{NCV}
维护和保养工作(独立的服务)	0.15	h/周
烟囱清扫	96.4	€ p.a.
保养和维护熔炉(%投资成本)	1.0	% p.a.
资金(%投资成本)	0.0	%
资金(上限)	0	€

注:基于 2008 年 12 月的价格;数据来源[59,390,393],自己的研究,VDI 2067 指导方针;表 8-1 中的一般框架条件

在奥地利的某些联邦州如果用烟气冷凝石油集中供暖系统替换旧的系统可以得到补贴。在新建筑中装配的没有补贴,即使是使用烟气冷凝。这是为什么关于热生成成本不考虑补贴的原因。

烟气冷凝石油集中供暖系统的投资成本是 2400 €左右,高于传统的石油集中供暖系统。烟囱以及储存室和炉室的投资成本保持不变。如表 8-9 中所示,总投资成本增加至 17300 €左右,因此,当在石油集中供暖系统中使用烟气冷凝装置时成本要高出 16.1%。

燃油成本以及存储燃料的估算利息减少 6.3%。

单位热能生成成本约 174.2 €/MWh,比传统石油集中供暖系统高 2.8%。在给定的框架条件下,从经济学角度来看烟气冷凝技术并不赚钱。然而,当燃料价格的大幅增加使得烟气冷凝系统变得更令人关注,因为一旦燃料价格上升该系统就会变的划算,只有这样才可以节省燃料成本以补偿较高的投资成本。对于烟气冷凝最重要的是可以实现相当大的效率增加,所以从生态观点来看烟气冷凝石油集中供暖系统比传统的集中供暖系统更受偏爱。

表 8-9 烟气冷凝石油集中供暖系统的全成本核算

项目	投资成本/€	资本成本/€ p.a.	养护费/€ p.a.	消费成本/€ p.a.	运营成本/€ p.a.	其他成本/€ p.a.	总成本/€ p.a.	单位成本/(€/MWh)
燃油锅炉	10200	889	102				991	44.1
油罐和澄清池	2600	244	28				272	12.1
烟囱	2700	171	27				198	8.8
炉室建筑成本，1.9 m^2	474	30	5				35	1.5
储存室建筑成本，4.7 m^2	1148	73	11				84	3.7
燃料成本				2026			2026	90.1
电力成本				23			23	1.0
保养和维护(独立的服务)					46		46	2.0
其他成本						87	87	3.8
估算利息(燃料储存)				61			61	2.7
烟囱清扫					96		96	4.3
总成本	17322	1408	173	2110	142	87	3920	174.2
单位成本/(€/MWh)		62.6	7.7	93.8	6.3	3.8		174.2

注：基于 2008 年 12 月的价格；表 8-1 和表 8-8 的基本数据，数据来源[59]，自己的研究，VDI 2067 指导方针，在有效热量基础上的单位热能生成成本

8.2.6 烟气冷凝天然气供暖系统

表 8-10 列出了烟气冷凝天然气集中供暖系统全成本核算的基本数据。烟气冷凝天然气集中供暖系统实现的年效率高达 96%[390]。在给定的框架条件下，天然气年需求量约为 2440 Nm^3/a。

该系统的平均电力需求是额定锅炉容量的 0.3%，比颗粒燃料或者石油供暖系统的要少。这是因为不需要燃料输送系统。热生成成本的计算是基于 2008 年的平均气价，包括所有税费。与颗粒燃料或石油供暖系统相比，天然气不需要存储空间。因为燃料由供应网络供应，只需要安装一个能够计价的煤气表。

假设需要维护和保养活动每周不超过 0.06 h，甚至比在取暖油的情况下还小。这是因为不需要清空灰盒以及不需要组织燃料。此外，也没有存储空间要清理或者别的服务。如 8.2.4 节中提到的，在奥地利一般不会再对化石燃料供暖系统发补贴(参考 10.1.4.1 节)。然而，烟气冷凝天然气供暖系统和烟气冷凝石油供暖系统一样，如果是替换旧的系统的话会有补贴。在新建筑中装配没有补贴，即使是使用烟气冷凝系统也一样。这是为什么在这种情况下热生成成本不考虑补贴的原因。

清扫烟囱的成本还是根据施蒂里亚扫烟囱法案来确定的。除了生物质区域供暖(不需要烟囱)，这些成本是所有方案中最低的，因为以天然气为基础的供暖系统每年只需要清扫一次。根据 VDI 2067，维修费用设定为年投资成本的 1%。

表 8-10　烟气冷凝天然气供暖系统全成本核算的基本数据

参数	数值	单位
年效率	96.0	%
净热值	9.60	kWh/Nm^3
燃料需求	2441	Nm^3 p.a.
电力需求(%额定锅炉容量)	0.30	%
燃料价格(绝对)	688	€/kNm^3
燃料价格(具体)	69.6	€/MWh_{NCV}
仪表租金	57.6	€ p.a.
维护和保养工作(独立的服务)	0.06	h/周
烟囱清扫	43.5	€ p.a.
保养和维护熔炉(%投资成本)	1.0	% p.a.
资金(%投资成本)	0.0	%
资金(上限)	0	€

注:基于 2008 年 12 月的价格;数据来源[44,59,390];自己的研究,VDI 2067 指导方针,表 8-1 的一般框架条件

表 8-11 列出了烟气冷凝天然气集中供暖系统的全成本核算。同样的,投资成本不仅包括燃炉和锅炉的成本还包括提供热水以及递送、安装和运行的成本。存储设备是不需要的。不过还有一个 1900 €的连接费(这个值可能会有所不同,取决于联邦州和天然气供应商)。烟气冷凝天然气供暖系统也不需要有单独的炉室,因此没有这方面的成本产生。

因为是从供应网络中获得燃料所以必须安装燃气表并需要支付租金。没有燃料储存,所以没有估算利息。

表 8-11　烟气冷凝天然气集中供暖系统全成本核算

项目	投资成本/€	资本成本/€ p.a.	养护费/€ p.a.	消费成本/€ p.a.	运营成本/€ p.a.	其他成本/€ p.a.	总成本/€ p.a.	具体成本/(€/MWh)
天然气冷凝式锅炉	8800	767	72				840	37.3
连通费	1900	166	16				181	8.1
烟囱	2700	171	27				198	8.8
燃油成本				1632			1632	72.5
仪表租金					58		58	2.6
电力成本				12			12	0.5
服务和维修(独立的服务)					18		18	0.8
其他成本						67	67	3.0
烟囱清扫					43		43	1.9
总成本	13400	1104	115	1643	119	67	3049	135.5
单位成本/(€/MWh)		49.1	5.1	73.0	5.3	3.0		135.5

注:基于 2008 年 12 月的价格;表 8-1 和表 8-10 的基本数据,数据来源[59],自己的研究,VDI 2067 指导方针,在有效热量基础上的单位热能生成成本

全成本核算计算出烟气冷凝天然气集中供暖系统的热生成成本总计为 135.5 €/MWh。

8.2.7 木屑集中供暖系统

表 8-12 列出了木屑集中供暖系统全成本核算的基本数据。木屑集中供暖系统的年效率平均达到 80%左右[390]。在给定的框架条件下木屑年需求量约为 7.6 t。

表 8-12 木屑集中供暖系统全成本核算的基本数据

参数	数值	单位
年效率	80.0	%
净热值(M25)	3.72	kWh/kg(湿基)
燃料需求	7560	kg p. a.
木屑体积密度	233	kg (湿基)/m^3
电力需求(占%额定锅炉容量)	0.80	%
燃料价格(绝对)	109.7	€/t(湿基)
燃料价格(单位)	29.5	€/MWh_{NCV}
维护和保养工作(独立的服务)	0.27	h/周
烟囱清扫	143	€ p. a.
保养和维护火炉(%投资成本)	2.0	% p. a.
资金(%投资成本)	25	%
资金(上限)	1400	€

注:基于 2008 年 12 月的价格;数据来源[44,59,390];自己的研究,VDI 2067 指导方针;表 8-1 的一般框架条件

系统的平均电力需求是额定锅炉容量的 0.8%,比颗粒燃料炉的高,因为前者的传送机或系统必须修建得更加坚固。木屑的价格大约是 24.0 €/lcm(以 2008 年价格为基础,包括增值税和运费)。水分含量的质量分数为 25%(湿基),相当于 110 €/t (湿基)。假设每周维护和保养活动需要 0.27 h,多于颗粒燃料炉。这是因为需要更频繁的排空灰盒,燃料收购也不是那么简单了,因为木屑的能量密度比颗粒要低,这就需要每年至少购买燃料 2 次。清扫烟囱的成本和颗粒集中供暖系统的成本差不多,根据施蒂里亚烟囱法案是 143 €/a。

在这种情况下就没有根据 VDI 2067 指导方针来确定维护成本。假定它们为投资成本的 2%而不是 1%;因此是石油或者天然气中央供暖系统的 2 倍。

木屑集中供暖系统和颗粒燃料集中供暖系统一样有补贴,补贴程度取决于奥地利的各联邦州(参考 10.1.4.1 节)。单位热能生成成本是根据施蒂里亚框架条件 25%的最高补助或者 1400 €来计算的。这里不考虑国家从 2008 年 2 月至 2009 年 1 月提供的 400 €补贴[392]。

表 8-13 显示了木屑集中供暖系统的全成本核算。

储藏室并非以每年燃料需求的 1.2 倍的储存量设计的,因为木屑能量密度低,需要的储存空间很大,从而导致投资成本增加。配备一个这样大的储存空间是不现实的,所以选择用储存年燃料需求大约 1/2 的存储空间。因此要考虑到由此增加的每人每周 0.27 h 的工作量。投资成本远远高于等效颗粒燃料供暖系统的原因不仅仅是卸载燃料需要的螺旋进料器还有储藏室里需要的搅拌器。此外,燃炉和锅炉的投资成本都比较高。再次,投资成本包含了燃炉和锅

炉以及热水供应、烟囱、递送、安装和启动的成本,以及所有炉室和储藏室所需的设备。

表 8-13 木屑集中供暖系统的全成本核算

项目	投资成本/€	资本成本/€ p.a.	养护费/€ p.a.	消费成本/€ p.a.	运营成本/€ p.a.	其他成本/€ p.a.	总成本/€ p.a.	具体成本/(€/MWh)
木屑锅炉	18600	1622	372				1994	88.6
储藏室卸货,储藏室固定装置	3200	279	64				343	15.2
烟囱	2700	171	27				198	8.8
炉室建筑成本,6.4 m^2	1563							
储存室建筑成本,12.5 m^2	3052	194	31				224	10.0
燃料成本				829			829	36.9
电力成本				31			31	1.4
保养和维护(独立的服务)					82		82	3.7
其他成本						146	146	6.5
估算利息(燃料储存)				25			25	1.1
烟囱清扫					143		143	6.4
总成本	29115	2365	509	886	226	146	4131	183.6
单位成本/(€/MWh)		105.1	22.6	39.4	10.0	6.5		183.6

注:基于 2008 年 12 月的价格;表 8-1 和表 8-12 的基本数据,数据来源[44,59],自己的研究,VDI 2067 指导方针;在有效热量基础上的单位热能生成成本

上述木屑集中供暖系统的基于全成本核算的单位热能生成成本是 183.6 €/MWh。如果将 1400 €的补贴考虑在内,成本将下降到 178.2 €/MWh。总的热生成成本将减少约 3.0%,从 4131 €/a 减少到 4009 €/a。

8.2.8 生物质区域供热

表 8-14 列出了生物质区域供暖系统全成本核算的基本数据。据说生物质区域供暖系统的年效率是 96%[394],其中仅考虑分布在房子内部的热损失,因为所有其他的损失都发生在区域供暖工厂的转换过程中。在给定的框架条件下的热能需求约 23.4 MWh/a。

生物质区域供暖系统自身没有电力需求,因为既没有燃料输送系统,也没有抽风机(在这里的任何方案都不考虑在被供暖房子里加热回路里的泵)。热力价格是根据目前奥地利生物质区域供热厂的平均价格来定。

生物质区域供暖系统的使用几乎不要求任何维护或维修。不需要为用户提供服务,组织燃料和除灰。一般没有单独的维护成本,因为维护通常是由系统供应商实施并且已经包括在热能价格里了。清扫烟囱的成本也得以幸免,不过要考虑在维修过程中被提出的要求和管理活动的需求。

表 8-14 生物质能区域供热全成本核算的基本数据

参数	数值	单位
年效率	96.0	%
电力需求(%额定锅炉容量)	0.00	%
热价	82.1	€/MWh
仪表租金	86.3	€ p.a.
维护和保养工作(独立的服务)	0.04	h/周
传热单元使用周期	30	a
传热单元维护	0.0	% p.a.
资金(上限)	1200	€

注:基于 2008 年 12 月的价格;数据来源[59],自己的研究,VDI 2067 指导方针;表 8-1 的一般框架条件

不同的联邦州对生物质区域供热的补贴程度不同。用于计算的补贴是在上奥地利州的联邦州可以实现的,即 1200 €。

至于投资成本,与生物质区域供暖网络相连还显示出很多相比于其他供暖系统的益处。热转换站的成本只包括供应热水的锅炉的成本,就是锅炉自身以及运送、安装和启动的成本。不需要储藏室和炉室,因此可避免建筑成本。烟囱的成本也一样可以避免。尽管有 1900 €的连接费用,投资成本还是相当低的,总计在 8800 €左右。不考虑投资补贴,根据表 8-15 计算的热生成成本是 120.2 €/MWh。投资补贴考虑在内时,单位热能生成成本降至 116.4 €/MWh,每年的热力成本从 2705 €减少至 2618 €。

表 8-15 生物质区域供暖的全成本核算

项目	投资成本/€	资本成本/€ p.a.	养护费/€ p.a.	消费成本/€ p.a.	运营成本/€ p.a.	其他成本/€ p.a.	总成本/€ p.a.	具体成本/(€/MWh)
热传导装置	6900	501	0				501	22.3
连接费	1900	138	0				138	6.1
加热成本				1924			1924	85.5
仪表租金					86		86	3.8
其他成本						44	44	2.0
总成本	8800	639	0	1924	98	44	2705	120.2
单位成本/(€/MWh)		28.4	0.0	85.5	4.4	2.0		120.2

注:基于 2008 年 12 月的价格;表 8-1 和表 8-14 的基本数据,数据来源[44,59],自己的研究,VDI 2067 指导方针;在有效热量基础上的单位热能生成成本

8.2.9 不同系统的比较

本章对从 8.2.2 节至 8.2.8 节讨论的供暖系统,就投资成本、燃料、各自热力成本和热生成成本在有或者没有补贴这两种情况下做了比较。系统比较的价格基础是 2008 年 12 月的价格。所有价格包括增值税和所有其他税费。

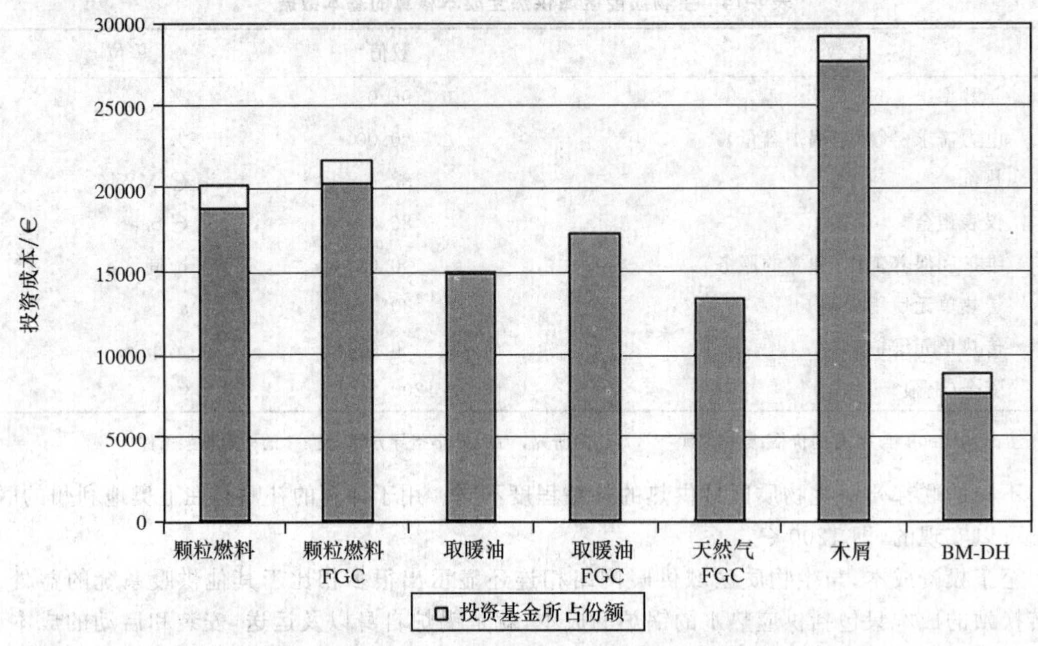

图 8-4 不同供暖系统投资成本的比较

注:额定锅炉容量 15 kW;基于 2008 年 12 月的价格;可能的补贴:颗粒和木屑锅炉 1400 €;生物质区域供暖管网的连接费 1200 €(各个奥地利联邦州参考值不同)

不同供暖系统的投资成本的比较如图 8-4 所示。所有方案的投资成本包括运送、安装和启动的成本。如果可以,还要考虑所有系统的热水供应以及烟囱、炉室和储藏室的建设成本。没有考虑被加热房屋内热分配装置的投资成本。

必须指出的是实际价格可能高于或低于在此陈述的价格,这取决于制造商和设计。比较是基于某一方面的不同,选择功率输出和设计标准等效的系统时必须要非常谨慎。

基于区域供热的中央供暖系统的投资成本最低,其次是石油和天然气供暖系统。烟气冷凝石油供暖系统要贵 16%。颗粒和木屑燃炉的投资成本相对较高。木屑燃炉的投资成本特别高,因为从储存室卸载木屑的时候需要搅拌器。烟气冷凝颗粒燃料系统的成本也很高,即比传统系统成本多 7.3%左右。

观察石油和颗粒燃料供暖系统的直接比较,可以注意到,颗粒燃料供暖系统要比传统系统和烟气冷凝系统分别贵 36%和 25%。如果考虑投资补贴,这些值将分别降低到 26%和 17%。

图 8-5 显示的是年燃料需求和热力成本之间的比较。不同的系统年效率要考虑到不同的燃料需求,根据公式 8-1 来计算。

$$C_{F,a}=\frac{P_N\cdot t_f}{\eta_a\cdot NCV}\cdot C_F\cdot 100 \qquad \text{(公式 8-1)}$$

注:$C_{F,a}$,€/a;P_N,kW;t_f,h p.a.;η_a,%;NCV,kWh/总计;C_F,€/总计

木屑的燃料成本最低,因为它们展示出的价格最低。颗粒燃料供暖系统也显示出便宜的燃料价格,当系统使用烟气冷凝系统时,燃料成本进一步减少了 9%。化石燃料的燃料成本较高。传统的油供暖系统每年的燃料成本最高。采用烟气冷凝系统时,取暖油的燃料成本可以减少 6.3%。天然气供暖系统在化石燃料系统组内燃料成本最低。将生物质区域供暖的热力

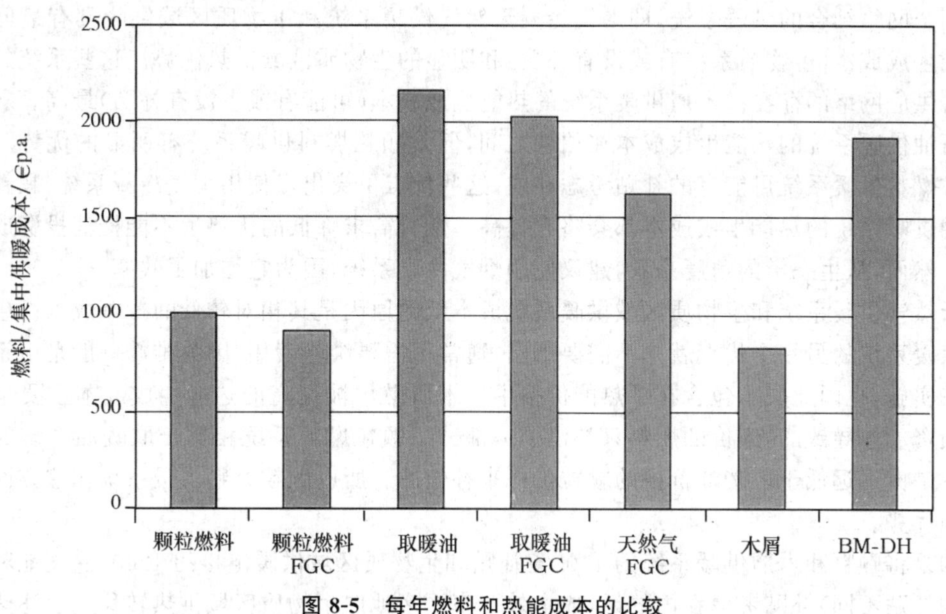

图 8-5 每年燃料和热能成本的比较

注:基于 2008 年 12 月的价格,包括增值税;8.2.1 节到 8.2.8 节的基本数据;根据公式 8.1 的计算

成本与其他供暖系统的燃料成本直接对比,热力成本略小于石油供暖系统的燃料成本。然而,这样的比较实际上是不允许的,因为热力价格包括生物质区域供热厂的总热能生成成本,以及相关的热转换站的维护和维修成本。这就是为什么唯一有效的评估是在下面进行的全成本核算的基础上比较热能生成成本(原则上,其他系统也是如此)。

图 8-6 通过单位热能生成成本显示了不同供暖系统的全成本核算结果。

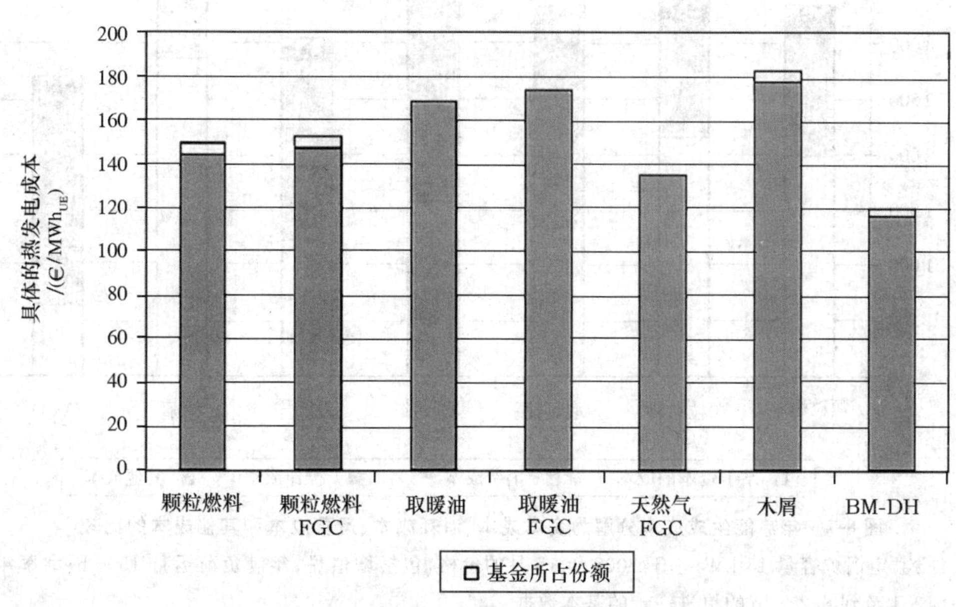

图 8-6 不同供暖系统单位热能生成成本的比较

注:额定锅炉容量 15 kW;基于 2008 年 12 月的价格,包括增值税;年全负荷运行 1500 h;利率年息 6%;8.2.1 节到 8.2.8 节的更进一步的基本数据;在有效热量基础上的单位热能生成成本

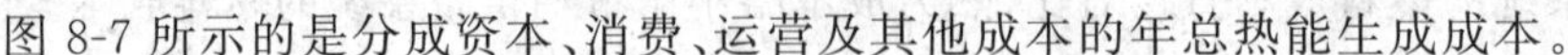

两个网络结合的供暖系统，即烟气冷凝天然气供暖系统和生物质区域供暖具有最低的单位热能生成成本(生物质系统有或没有补贴)和明显的生物质区域供热优势。这些系统的应用意味着供应网络的存在。木屑供暖系统的热能生成成本(可能有或者没有补贴)最高。颗粒燃料和石油供暖系统的热能生成成本在伯仲之间，但是颗粒燃料供暖系统有明显的优势。如果将颗粒燃料供暖系统可能有的补贴考虑在内，这些优点更突出。使用烟气冷凝系统，颗粒燃料和石油供暖系统的热能生成成本都会略有提高。燃料需求降低的优势远不能抵消投资成本的升高。然而，从生态学的角度来看，建议使用烟气冷凝系统，因为它增加了效率。

天然气供暖系统和生物质区域供暖系统成本低的原因是其相对较低的投资成本。生物质区域供暖系统的另一个优点就是不需要烟囱，通常不需要维修费用，因为维修一般是由系统供应商来实施，也因此成本包含在了热能价格中。木屑燃炉被提高的热能生成成本主要是由增加的投资成本导致的，廉价的燃料只补偿了一部分。颗粒燃料系统相比于取暖油系统的高投资成本是由远远低于取暖油价格的颗粒价格来补偿的。所以颗粒燃料供暖系统在这方面有着明显的优势。

如果将颗粒和木屑供暖系统的 1400 €补贴和生物质区域供暖链接的 1200 €(奥地利各联邦州的补贴不同)补贴考虑在内的话，成本效益率更多地向生物质区域供热转移。上述热力成本的顺序没有被这个影响，但是，与石油或者天然气供暖系统相比，它可以作为又一个刺激因素。

图 8-7 所示的是分成资本、消费、运营及其他成本的年总热能生成成本。

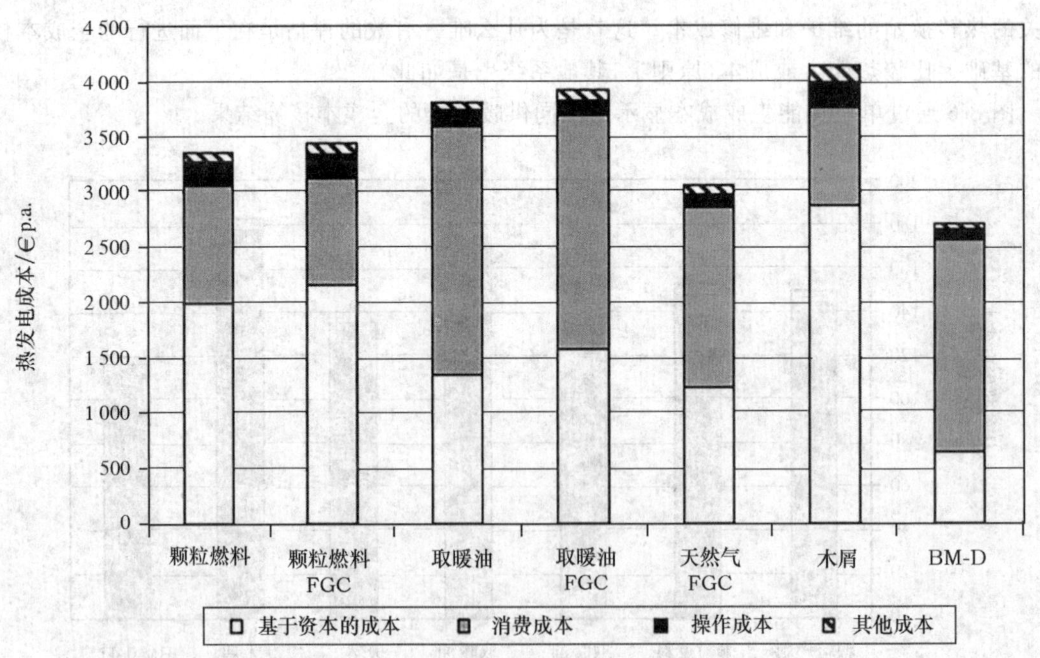

图 8-7　年热能生成成本分解为资本成本、消耗成本、运营成本和其他成本的比较

注：额定锅炉容量 15 kW；基于 2008 年 12 月的价格，包括增值税；年满负荷运行 1500 h；利率年息 6%；8.2.1 节到 8.2.8 节的更进一步的基本数据

可以看出，运营成本及其他成本处于次要地位。大多数成本是基于资本的成本和消费成本。对于供暖系统这两组成本内有着显著的差异。

基于资本的成本包括资本成本(投资成本)和维护成本。在颗粒燃料和木屑中央供暖系统中,维护成本约占基于资本的成本的18%。石油供暖系统中这个份额是11%左右,天然气系统中为9%,对于生物质区域供暖则是零。因此,基于资金的成本主要包括投资成本。在颗粒和木屑供暖系统中基于资本的成本占总成本的59%~70%。在石油和天然气供暖系统,消费成本构成总成本的54%~59%。因此在化石燃料系统中消费成本是主要成本,它们的燃料成本占主导地位。

8.2.10 敏感性分析

对于单位热能生成成本最重要的成本因素被认为是燃料和投资成本。对这两个参数进行了敏感性分析,结果如图8-8和图8-9所示。它们显示了单位热能生成成本和燃料价格(在生物质集中供热的情况下的热价)、各自的投资成本间的相关性。

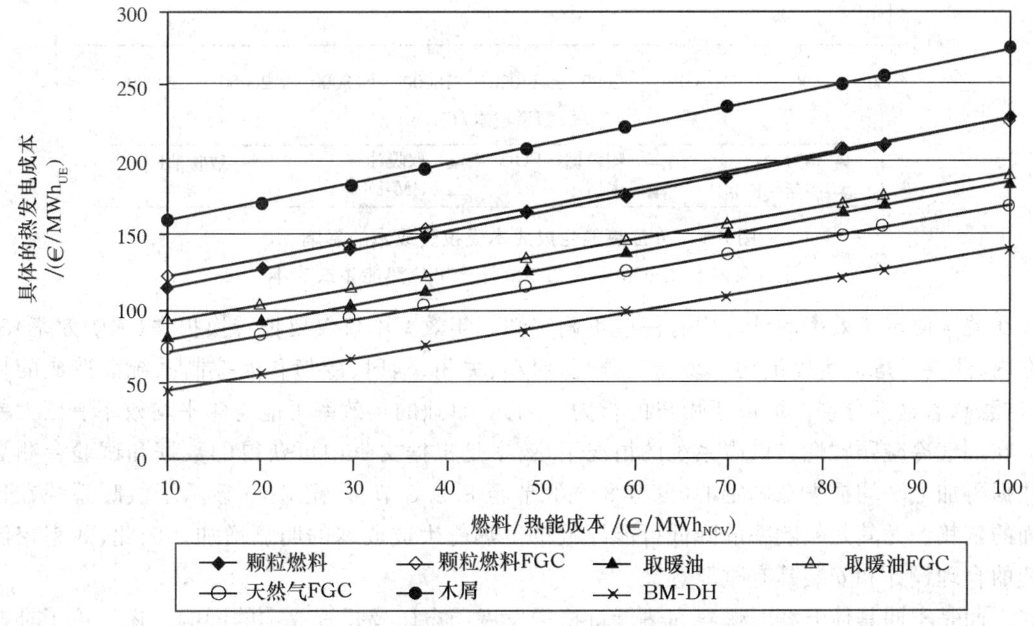

图8-8 燃料或热力价格对单位热能生成成本的影响

注:根据8.2.1节至8.2.8节计算单位热能生成成本

改变燃料或热能价格的10%对单位热能生成成本有最强烈的影响,在这种情况下生物质区域取暖上涨7%。这可以解释为热能价格在本系统中发挥主导作用。在石油和天然气供暖系统中,单位热能生成成本由5.3%变为5.8%。在颗粒燃料供暖系统中效果相当小,无论是有或者没有烟气冷凝的都一样,分别为3.1%和2.7%。木屑系统的单位热能生成成本将改变至少2.1%。

当投资成本(仅是燃炉和储存)变化±10%时,图像将会改变(图8-9)。这将导致生物质区域供暖的单位热能生成成本有一个细微的改变(少于2%)。基于天然气和取暖油的供暖系统也被证明对投资成本的低灵敏度(2.8%~3.4%)。发现改变最大的是木屑燃炉,有5.9%,而颗粒燃料供暖系统也显示了相当大的变化从5.1%~5.5%。这显示了降低成本的巨大潜能，尤其是颗粒燃料供暖系统，因为如果制造商的生产能力不断提升的话，这些系统的降价是在预料之中的。

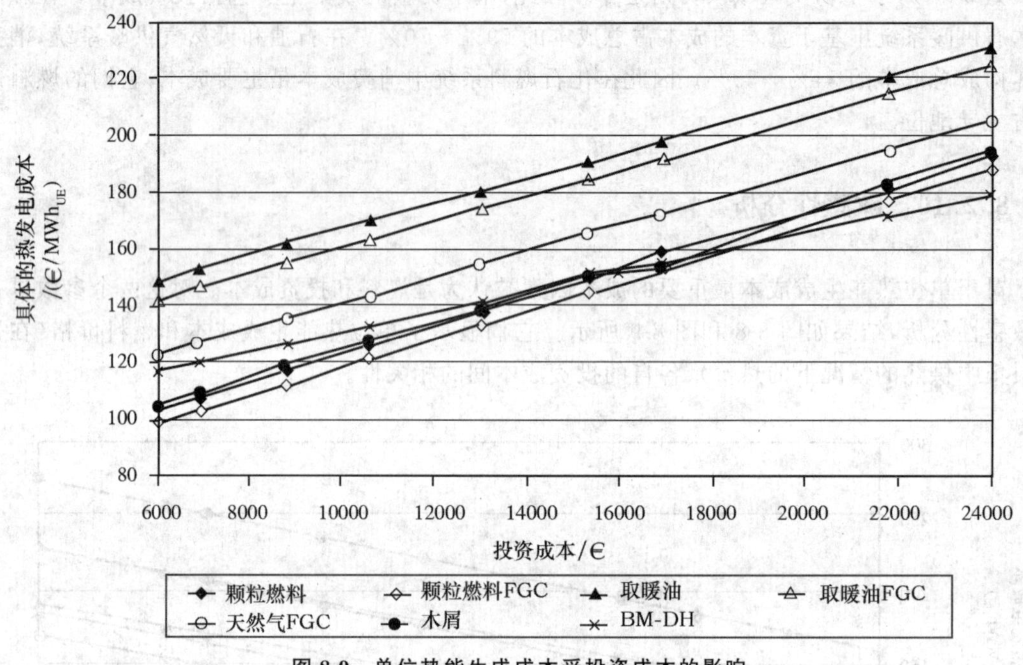

图 8-9　单位热能生成成本受投资成本的影响

注：根据 8.2.1 节至 8.2.8 节计算单位热能生成成本

在关于测定年效率的计算中有一些不确定性。年效率不仅仅要把转换损失（锅炉效率）考虑在内，还要考虑因为终端用户现场热分配，启动、关闭、辐射、冷却和因控制系统而造成的损失，这意味着这部分损失取决于用户的行为。因此，单独的年效率可能与年平均效率有巨大差异。在烟气冷凝颗粒燃料供暖系统的情况下，效率是根据文献中可获得的数据和试验台测量的数据再加上平均损失来确定的（参考 8.2.2 节至 8.2.8 节）。图 8-10 显示了供暖系统在这方面的依赖。尤其是年效率的降低可能导致单位热能生成成本的明显增加。因此，效率控制系统的合理设计和安装具有重要意义。

下面是不同具体方案对燃料和热能价格的发展动态以及投资成本的影响。还讨论了补贴对生物质供暖系统的影响。表 8-16 是这些方案的概述和效果。

在这种框架条件下，颗粒燃炉（不含烟气冷凝）的单位热能生成成本要比无烟气冷凝的取暖油燃炉低。如果石油价格降低到 0.692 €/L（−20%），取暖油燃炉的单位热能生成成本将和颗粒燃炉相同。在烟气冷凝和石油价格为 0.668 €/L（−22.7%）的情况下结果也是如此。必须指出的是在这种情况下，用来计算的燃料价格是 2008 年的平均价格，因为燃料价格会剧烈起伏，取单个时间点的价格来进行计算是无效的。如果选取 2008 年 7 月最高的石油价格作为计算基础的话单位热能生成成本就会提高到 195.0 €/MWh（不含烟气冷凝）和 198.1 €/MWh（含烟气冷凝）——价格远远高于以平均价格为基础的计算。如果考虑 2006 年 12 月的最高价格，颗粒燃炉也能得到同样的结果。以这个价格为基础计算的单位热能生成成本为 172.7 €/MWh（不含烟气冷凝）或 174.1 €/MWh（含烟气冷凝）——成本仍然明显低于以最高石油价格为基础的石油供暖系统。

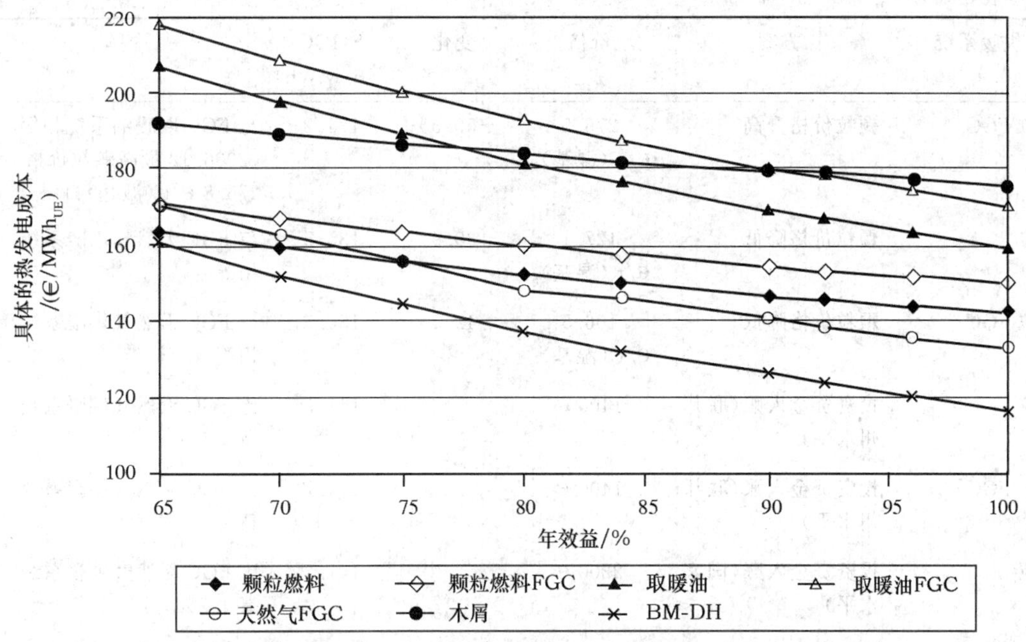

图 8-10 年效率对单位热生成成本年的影响

注:根据 8.2.1 节至 8.2.8 节计算具体热生成成本

下面的调查是基于取暖油和颗粒燃料的平均价格,在前面的部分用作全成本核算的基础。

表 8-16 不同方案和它们对单位热能生成成本的影响

供暖系统	方案	价格	变化	SHGC /(€/MWh)	注释
燃料油	石油价格降低	0.692 €/L	−20.0%	149.7	与颗粒燃料供暖系统相等
燃料油-FGC	石油价格降低	0.668 €/L	−22.7%	153.1	与 FGC 颗粒燃料供暖系统相等
燃料油	石油价格升高	1.087 €/L	+25.7%	195.0	>>颗粒燃料供暖系统(2008 年 7 月油价最高时)
燃料油-FGC	石油价格升高	1.087 €/L	+25.7%	198.1	>>颗粒燃料供暖系统(2008 年 7 月油价最高时)
颗粒	投资成本降低(锅炉和投料系统)		−18.7%	135.5	与 FGC 天然气供暖系统相等
颗粒 FGC	投资成本降低(锅炉和投料系统)		−20.9%	135.5	与 FGC 天然气供暖系统相等
颗粒	颗粒价格升高	263.0 €/t(湿基)$_p$	+42.9%	174.2	与取暖油系统相等[2006 年 12 月最高颗粒价格 275.8€/t (湿基)$_p$]

续表 8-16

供暖系统	方案	价格	变化	SHGC /(€/MWh)	注释
颗粒 FGC	颗粒价格升高	276.5 €/t（湿基）$_p$	+50.3%	174.2	与 FGC 取暖油系统相等［2006.12 最高颗粒价格 275.8 €/t（湿基）$_p$］
颗粒	颗粒价格降低	127.1 €/t（湿基）$_p$	−30.9%	135.5	与 FGC 天然气供暖系统相等
颗粒 FGC	颗粒价格降低	106.5 €/t（湿基）$_p$	−42.1%	135.5	与 FGC 天然气供暖系统相等
颗粒	投资资金入账(联邦州水平)	1400 €		144.3	比 FGC 天然气供暖系统高 6.5%
颗粒 FGC	投资资金入账(联邦州水平)	1400 €		144.7	比 FGC 天然气供暖系统高 9%
颗粒	投资资金入账(国家水平)	2200 €		141.2	比 FGC 天然气供暖系统高 4.2%
颗粒 FGC	投资资金入账(国家水平)	2200 €		144.6	比 FGC 天然气供暖系统高 6.7%
天然气 FGC	燃气价格上涨	982 €/kNm^3	+49.9%	169.5	与取暖油系统相等
天然气 FGC	燃气价格上涨	1.025€/kNm^3	+53.4%	174.2	与 FGC 取暖油系统相等
天然气 FGC	燃气价格上涨	800 €/kNm^3	+19.6%	149.7	与颗粒燃料供暖系统相等
天然气 FGC	燃气价格上涨	831 €/kNm^3	+24.3%	153.1	与 FGC 颗粒燃料供暖系统相等
木屑	投资成本降低(锅炉和投料系统)		−31.1%	149.7	与颗粒燃料供暖系统相等
木屑	投资成本降低(锅炉和投料系统)		−28.0%	153.1	与 FGC 颗粒燃料供暖系统相等
木屑	投资成本降低(锅炉和投料系统)		−13.0%	169.5	与取暖油系统相等
木屑	投资成本降低(锅炉和投料系统)		−8.6%	174.2	与 FGC 取暖油系统相等
木屑	投资资金入账(联邦州水平)	1400 €		178.2	>所有系统
木屑	投资资金入账(国家水平)	1800 €		176.6	>所有系统
木屑	木屑价格下跌(M25)	11.9 €/t（湿基）	−89.1%	149.7	与颗粒燃料供暖系统相等
木屑	木屑价格下跌(M25)	21.8 €/t（湿基）	−80.2%	153.1	与 FGC 颗粒燃料供暖系统相等

续表 8-16

供暖系统	方案	价格	变化	SHGC /(€/MWh)	注释
木屑	木屑价格下跌(M25)	69 €/t(湿基)	−37.1%	169.5	与取暖油系统相等
木屑	木屑价格下跌(M25)	82.7 €/t(湿基)	−24.7%	174.2	与 FGC 取暖油系统相等
BM-DH	投资资金入账	1200 €		116.4	增加了对其他系统的差异
BM-DH	BM-DH 价格上涨	129.4 €/MWh	+57.6%	169.5	与取暖油系统相等
BM-DH	BM-DH 价格上涨	133.9 €/MWh	+63.2%	174.2	与 FGC 取暖油系统相等
BM-DH	BM-DH 价格上涨	110.4 €/MWh	+34.5%	149.7	与颗粒燃料供暖系统相等
BM-DH	BM-DH 价格上涨	113.7 €/MWh	+38.5%	153.1	与 FGC 颗粒燃料供暖系统相等
燃料油	依据:最近的石油价格(2008 年 12 月)	0.574 €/L	−33.6%	136.3	<颗粒燃料供暖系统
燃料油-FGC	依据:最近的石油价格(2008 年 12 月)	0.574 €/L	−33.6%	143.1	<颗粒燃料供暖系统
天然气-FGC	依据:最近的燃气价格(2008 年 12 月)	817 €/kNm^3	+22.2%	151.6	与颗粒燃料供暖系统类似
颗粒	依据:最近的颗粒价格(2008 年 12 月)	193.8 €/t(湿基)$_p$	+5.4%	152.2	略有增加
颗粒 FGC	依据:aktueller Pelletspreis(2008 年 12 月)	193.8 €/t (湿基)$_p$	+5.4%	155.4	略有增加

注:基于 2008 年 12 月的价格;框架条件,在 8.2.1 节至 8.2.8 节中的基础数据和全成本核算

颗粒锅炉和储存空间卸载系统的投资成本减少 18.7%就会使颗粒燃料供暖系统的单位热能生成成本与烟气冷凝天然气供暖系统处于同一水平。如果是烟气冷凝颗粒锅炉,投资成本就需要减少 20.9%。事实上,颗粒燃料供暖系统的投资成本预计会下降,因为颗粒燃料供暖系统的销量增加,因而生产能力也增大了。然而,像上面提到的那样剧烈的下降是不在预期之中的。

为了能让颗粒燃料供暖系统达到和天然气系统一样的单位热能生成成本,颗粒燃料价格必须不切实际的下降 30.9%(不含烟气冷凝)或者甚至是 42.1%(含烟气冷凝)。

如果考虑联邦州级的 1400 €的补贴,单位热能生成成本大约为 144.3 €/MWh。具有烟气冷凝的系统单位热能生成成本 147.7 €/MWh。如果将到 2009 年 1 月为止都能获得国家补贴的 800 €考虑在内,单位热能生成成本将下降至 141.2 €/MWh(不含烟气冷凝)或 144.6 €/MWh(含烟气冷凝)。

对于天然气供暖系统,天然气价格相比较于 2008 年的平均值要上升 49.4%~53.4%,才能有和石油供暖系统相同的单位热能生成成本。天然气供暖系统要达到颗粒燃料供暖系统单位热能生成成本的水平,同比增长 19.6%~24.3%就足够了。实际上在 2008 年 11 月天然气

的价格达到过这一水平。在这个时候，天然气供暖系统的单位热能生成成本已经达到颗粒系统的单位热能生成成本水平了。

为了降低的木屑供暖系统的单位热能生成成本，投资费用必须减少 9%～13%或者木屑的价格必须减少 25%～37%。对于木屑供暖系统的单位热能生成成本达到颗粒燃料供暖系统的水平，投资费用将需要减少 28%～31%或者木屑价格到 80%～90%。这两种情况都是不现实的。

把联邦州 1400 €的补贴和国家 400 €的补贴考虑在内，单位热能生成成本将下降至 178.2 €/MWh 或 176.6 €/MWh。尽管这样，木屑供暖系统的单位热能生成成本仍然是所有系统里最高的。自已拥有一片森林的农民使用木屑燃炉时看起来似乎是合理、经济上可持续的。然而在这种情况下，降低木屑的价格是不允许的，因为市场可获得价格仍然是相同的。因此，只有运输成本可以省略。

利用生物质区域供热是非常经济的。考虑可能的 1200 €的投资补助，单位热能生成成本仅为 120.2 €/MWh，甚至进一步降低到 116.4 €/MWh。生物质区域供暖的单位热能生成成本要达到和石油供暖系统的一样的水平，热能价格必须上涨 58%～63%。为了达到颗粒燃料供暖系统的水平，热能价格需要上涨 35%～39%。

8.3 不同供暖系统住宅供暖的外部成本

到目前为止所有已经讨论过的成本都是内部成本，因此，成本都是被实际供暖系统的终端用户直接承担了。查看国民经济，将外部成本计算入单位热能生成成本似乎是合理的。外部成本指的是由环境影响，如损害健康、损害动植物和建筑物以及气候和安全风险(重大事故、垃圾处理等)所造成的损失。外部成本没有包含进市场价格，因此由一般公众来承担。这就是为什么这些影响不能通过市场价格评估的原因，不过，已经有很多对外部效应做金融评估的方法被开发出来。有两种不同的基本方法：损害成本的测定和预防成本的测定[395]。损害成本直接由市场价格决定，如果损害是可逆的，可以通过适当的“修理”排除。非物质性损害赔偿或不可逆转的损害，如失去人的生命、物种灭绝或重大事故的风险评估不能用这样一个简单的方式进行，因此很难确定。可以采用这种方法，从受影响的参数的相关类型的损伤中派生货币值。预防成本的测定旨在确定所需的成本，通过预防措施以避免任何破坏性影响。损害预防方法自身与预期损失的程度完全无关。因此，损害和预防成本，事实上不能由全部最优化的目的来抵消。

由于上述的原因，外部成本“精确”的确定是完全不可能的。从国民经济的角度来看，将外部成本包括在内，在经济利益上将是朝着正确的方向进了一步，因为环境不是重复性商品，不可以再次消费和生产。不考虑外部成本意味着它们被指定为零价值，这肯定是错误的方法。

在这项工作中有两种方法被选择来估算供暖系统的外部成本。

在第一种方法中，如果考虑到这些的话(目前的情况并非如此)，检查了二氧化碳排放量贸易将对小规模燃炉的经济性的影响。二氧化碳排放成本范围设置为 9.3～31.9 €/t CO_2(2008 年 1 月至 2009 年 1 月的最大值和最小值[396])。在这种情况下石油和天然气供暖系统单位热能生成成本将上升 1.8%～5.6%(根据不同的方案，参考图 8-11)。基于生物质的系统的经济性没有改变，因为生物质没有 CO_2 排放成本。因此，以化石燃料为基础的系统变得更加昂贵。但是以单位热能生成成本做的系统排名是不变的。

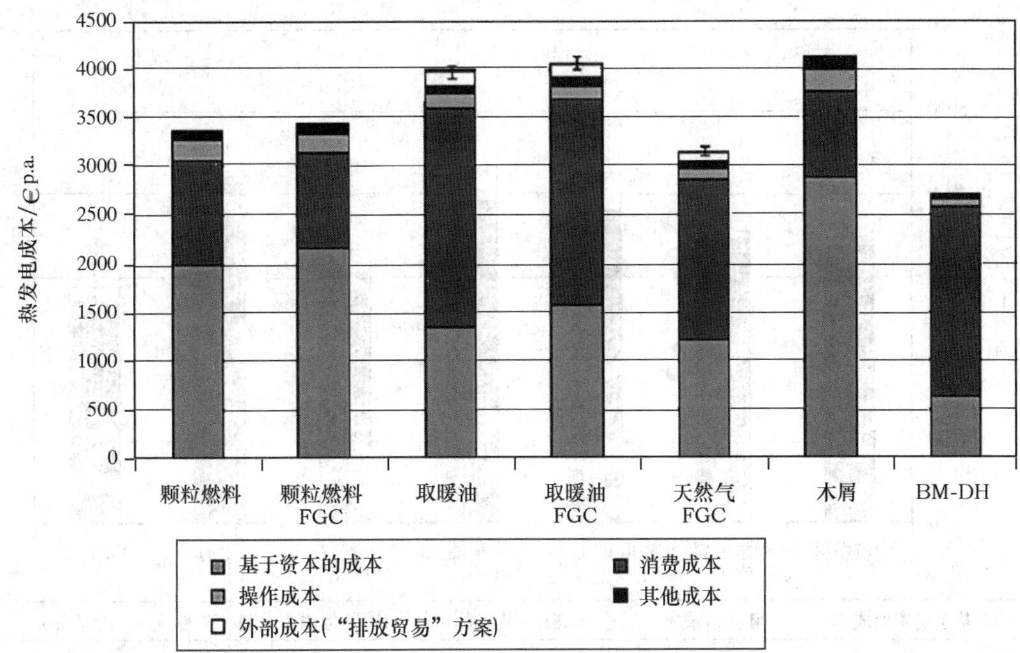

图 8-11 中央供暖系统的单位热能生成成本和"排放贸易"方案的外部成本

注:在考虑的二氧化碳排放许可的基础上,在排放价格为 9.3～31.9 €/t CO_2(最小值和最大值在 2008 年 1 月和 2009 年 1 月之间[396]),小型燃炉的虚构案例被包含在排放贸易中

在第二种方法中,污染物排放的货币评价数据是从这一领域不同的研究里提取到的[59,395,397]。除了 CO_2 排放量的外部成本,CO、C_xH_y、NO_x、SO_2 和颗粒物的排放也都被考虑到了。所使用的数据并非来自一个纯粹的预防成本的方法。损害成本和风险评估的成本也包括在内。由于这种类型的数据变化相当大,污染物排放的外部成本是在外部成本的最小值、最大值和平均值的基础上进行计算的。因此,也可以得到这些成本的变化范围的一些概念。

考虑到外部成本的时候,系统的经济效益明显变化。如果外部成本的计算是基于本地排放预测,也就是说,基于将排放直接归因于不同燃料的燃烧,那么基于化石燃料的系统的总成本显著增加,上涨幅度超过基于生物质系统的总成本的增幅(图 8-12)。在一般情况下,这将导致基于取暖油和木屑的系统具有最高的单位热能生成成本。天然气供暖系统和区域供热仍然是最便宜的选择。

如果计算考虑全球排放预测的话,也就是说将排放同燃料和辅助能源供应链放在一起考虑,已经能看到影响了,因为地方排放预测提高。如果是基于外部成本的最大值来计算,烟气冷凝天然气供暖系统将会比所有生物质为基础的系统更加昂贵。以石油燃料为基础的系统将具有最高的单位热能生成成本。在这种情况下,生物质区域供热是最便宜的选择(图 8-13)。

外部成本对总热能生成成本有显著的影响,但它们不能被准确地确定。对于国民经济,不考虑外部成本肯定是不正确的。考虑平均值和全球意义基础上的外部成本是值得推荐的。即便不考虑外部成本,颗粒燃料集中供暖系统已经比石油供暖系统更划算。如果考虑平均外部成本,颗粒燃料炉的使用从生态和国家的经济条件上看似乎是更合理一些。因此,考虑到化石燃料预料之中的缺乏,应当优先考虑颗粒燃料供暖系统和生物质集中供热。

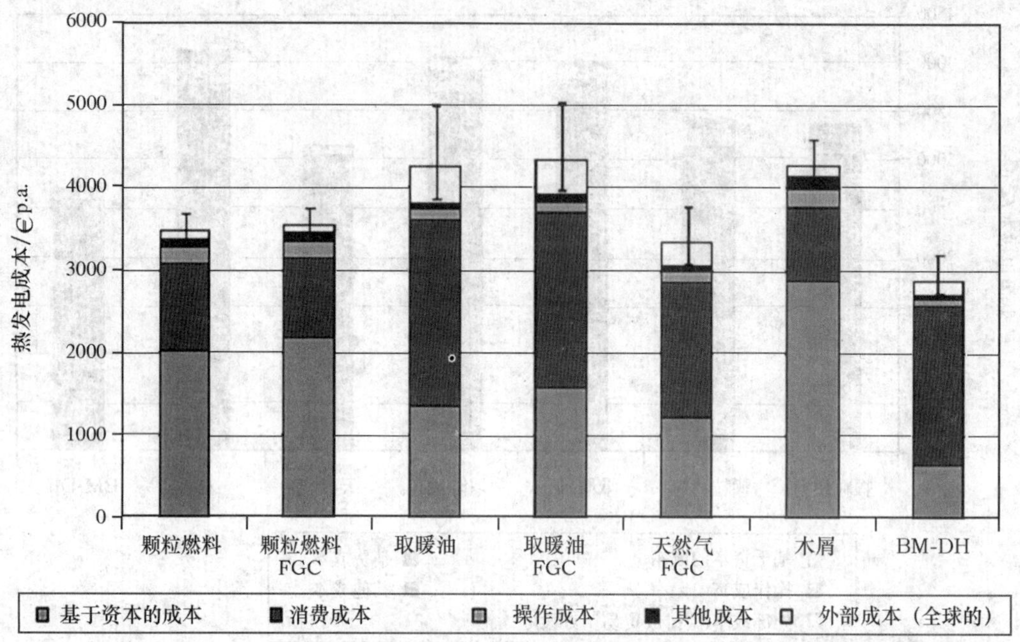

图 8-12　在当地排放预测的基础上的中央供暖系统的单位热能生成成本与外部成本

注:排放物的货币评价是基于该领域的研究中的可用数据[59,395,397];基于当地排放预测的外部成本的计算;即考虑不同燃料的燃烧所造成的直接排放

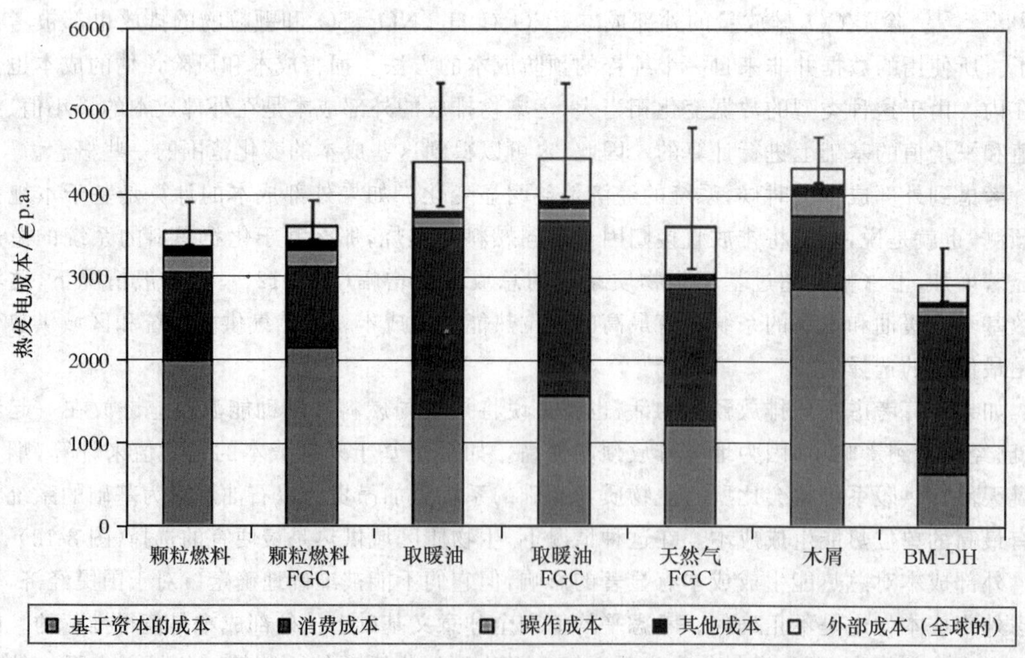

图 8-13　基于全球排放预测的中央供暖系统的单位热能生成成本和外部成本

注:排放物的货币评价是基于该领域的研究中可用数据[59,395,397];基于全球排放预测的外部成本的计算;即考虑不同燃料的燃烧所造成的直接排放以及排放和燃料及辅助能源供应链并列

8.4 总结/结论

说到颗粒燃料的能源利用,它们的价格和前几年的价格动态与其他能源载体(取暖油、天然气、木屑)的终端用户价格相比较。结果发现,颗粒燃料贸易随着时间的发展价格策略展现出连续性,夏季的价格低,冬季价格略高,各年价格稳步增长。没有反映出像化石能源价格(尤其是取暖油)那样的强烈波动,从而提高了用户对颗粒燃料市场的信心。因此,可以由终端用户用适当的存储策略来实现非常低的颗粒燃料价格。

然而,2006 年颗粒燃料价格上涨(在奥地利,也在德国和意大利)。有几个因素相关:在2005 年秋售出的颗粒锅炉比以往更多,这导致了随后的冬季燃料需求意外上升。此外,那漫长而严酷的冬天使消费需求迅速提升。与此同时,白雪皑皑的冬季阻碍了木材采伐,这是锯末厂锯末生产减少的原因——颗粒生产的原材料。因此,锯末价格上涨以及颗粒燃料生产成本大幅上涨。需求的增加以及较低的生产导致颗粒供应短缺。2007 年,随着奥地利和世界各地新颗粒燃料工厂的建立和生产能力大规模增加,这种情况有所好转。颗粒价格下降到往年的低水平(2006 年以前)。

然而,奥地利波动的价格将成长中的颗粒燃料市场置于危险中。奥地利颗粒燃料锅炉的销量下降了 60%。许多其他国家也发生了类似的锅炉销售下降的情况。直到 2008 年事情才好转,但有两个支撑着从其他燃料到颗粒燃料变化的关键参数被破坏了,这就是价格的稳定和国家的附加价值。颗粒燃料部门需要把注意力转回到这两个参数上,为了颗粒市场的可持续发展着想,维护一个适当的价格水平以及通过适当的措施保证供应的安全性。

为了全面评估不同供暖系统的经济性,进行了颗粒燃料、石油、天然气和木屑的集中供暖系统以及生物质区域供热的全成本核算。已经发现,从基于网络的集中供暖系统以 15 kW 的标准热负荷供应一般的独立式住宅是最便宜的选择,即生物质区域供暖和烟气冷凝天然气供暖,生物质区域供暖是最便宜的也是最环保的,因为使用的是可再生能源。然而生物质区域供暖的一个缺点就是供应量有限。

自然地,系统需要基于房子的燃料储存空间,这就使成本进一步增加,也因此,木屑燃炉是最昂贵的选择,因为其投资成本、储存需求巨大。然而,从生态学的观点看,木屑和颗粒燃料一样是化石燃料的合理替代品。

由于油价低,直到 2003 年石油供暖系统长期以来一直是住宅供热的最便宜的选择。由于取暖油价格上涨和颗粒燃料价格下降,情况发生了变化。在当前的框架条件下(2008 年)即使不考虑投资补贴,颗粒燃料集中供暖系统也比石油供暖系统便宜。随着化石燃料的稀缺而造成的石油价格进一步上涨,这项收益将会进一步转向颗粒集中供暖系统的方向。即使是取暖油价格短期下降,例如,受当前全球金融和经济危机造成的下降也不能掩盖这一趋势。此外,与石油天然气相比,由于是国内生产,更高的供应安全性明显成为颗粒燃料的一个主要优势。在 2009 年 1 月,当从俄罗斯到西欧的天然气供应中断后,燃气供应的不安全性变得愈发明显。

为了从国家经济学角度评估每一个取暖系统,基于与终端用户有关的内部成本进行的全成本核算随着外部成本(由环境影响如损害健康、损害动植物和损坏建筑物以及气候和安全风险所引起的成本)的考虑而扩大。既然外部成本"精确"的测定是不可能的,那就用不同的方案来计算外部成本。这些方案一方面根据在排放贸易中的小型燃炉公司(目前并非如此),另一方面是在当地(只从炉中排放),以及全球(排放同燃料和辅助能源供应链并列)预测排放。单一污染物排放量的货币评估是基于在该领域的研究数据。这样,外部成本可能的范围以及对不同供暖系统的影响趋势可以确定了。结果发现,外部成本对单位热能生成成本有显著的影响。它们负担在石油供暖系统上的往往比生物质供暖系统要多(取决于方案)。虽然外部成本不能准确确定,从国民经济方面来看,不把它们考虑在内肯定是不正确的。考虑到全球排放预测的平均外部成本是值得推荐的。即使不考虑外部成本,颗粒燃料集中供暖系统比石油供暖系统已经更划算了。如果考虑平均外部成本,从生态学和国家的经济情况来看,使用颗粒燃炉似乎更合理。这方面的证据连同对化石燃料缺乏的预计意味着颗粒燃料供暖系统和生物质区域供热应给予优先考虑。

9 住宅供暖中使用颗粒燃料和其他能源的环境评价对比

9.1 简介

在本章，根据排放系数来进行住宅供暖领域的生态评估，从燃料前处理、供应到燃炉热能利用的辅助能源供应，整个产业链的排放均在考虑之中。假设燃炉自身的生产和废弃对这个评价的影响很小，因此没有做详细调查(参见文献[393,398,399]等研究)。

此外，第 8 章从经济方面对供暖系统进行了评估，并做了生态效益的比较(有或无烟气冷凝的颗粒燃料和取暖油的中央供暖系统、烟气冷凝天然气供暖系统、木屑供暖系统和区域供暖系统)。

排放因子是每兆焦最终能量(final energy，FE)每次排放的毫克数，用 mg/MJ 表示，与燃料的净热值相关。对区域供暖而言，最终能量与在各个住房的热交换泵供应的热能相关。最后，在考虑不同系统的年效率的情况下，将排放因子转换为有效能(useful energy，UE)，这个转换将终端用户处的转化和分配损失考虑在内，可以直接对比有效能相关的排放。

基于奥地利框架条件的生态评估涉及燃料的供应、分配和利用。如果将其他国家看作一个基本条件，那么在整个供应链中最重要的影响步骤，也就是燃料的生产与利用，将不会或者只会轻微地受到影响。在燃料生产和使用中可能存在电力消耗(需要辅助能)的差异。然而，在别的国家，这些因素的相关性通常都较小，因此，结合电力因素带来变化的绝对影响非常低。另一个需要考虑的差异是整个国际甚至洲际的颗粒燃料贸易。本章中的奥地利基础方案是本地生产颗粒燃料和短距离运输利用。通过卡车、火车，或在洲际贸易的情况下通过远洋船舶长距离运输供应燃料将会对排放造成显著影响。其他国家的方案可能会和奥地利的有偏差，这些偏差对排放因子的影响会在相关小节中讨论。

9.2 污染物测评

燃料产生的固态和气态反应产物以及燃烧时的助燃空气以烟气的形式释放到环境中。烟气的主要成分是氮气(N_2)、水蒸气(H_2O)、二氧化碳(CO_2)、氧气(O_2)、一氧化碳(CO)、有机化合物(C_xH_y)、氮氧化物(NO_x)、二氧化硫(SO_2)和颗粒物。生态评估是根据典型污染物 CO、C_xH_y(碳氢化合物的总和)、氮氧化物、二氧化硫和颗粒物，以及温室气体 CO_2 来进行的。没有考虑烟气中的微量元素。在这方面,可参考相关文献[393,400,401]。

由于细微颗粒的排放受到公众的密切关注,将在 9.9 节中做专题论述。

9.3 燃料/供暖

燃料供应的排放因子包括所有与燃料供应直接相关步骤的排放量,包括燃料的精炼和/或生产,原材料和燃料运输以及储存,燃料在终端用户处的燃烧等步骤。因此,根据不同的燃料,必须以不同的方式划定系统的边界。

例如,固体颗粒燃料供应链始于刨花或锯末等原材料,这些都是木材工业的副产品,因此,颗粒燃料生产被分配到木材工业。供应链终于燃料储存到终端用户的储藏空间。中间步骤包括从原料运输到生物质颗粒生产商,到颗粒燃料生产所含的所有步骤,再到颗粒燃料运送至终端用户。

表 9-1 中给出了计算颗粒燃料供应链中排放因子的基本数据。表 9-2 列出了计算后的排放因子。

表 9-1 根据颗粒在供应链的排放因子计算出的基本数据

项目	单位	排放因子					
		CO_2	CO	C_xH_y	NO_x	SO_2	SO_2
运输	mg/(t·km)	75800	240	123	960	24	53
电力供应	mg/MJ_{el}	70000	67	290	67	77	6
热供应	mg/MJ_{th}	4585	71	26	138	17	28

注:数据来源[59,393,402,403]

表 9-2 木屑和锯末生产固体颗粒燃料过程中能源的消耗

生产步骤	木屑		锯屑	
	电力需求	热需求	电力需求	热需求
干燥			23.8	1200.0
磨碎	18.7		18.7	
颗粒化	51.0		51.0	0.8
冷却	2.0		2.0	
外围设备	18.4		18.4	
总量	90.1	0.0	113.9	1200.8

注:值的单位 kWh/t(湿基)$_p$;7.2.1 节～7.2.10 节中的框架条件

假定原材料和颗粒燃料的平均运输距离为 50 km;颗粒生产中的所供应电力的排放因子基于奥地利年平均混合电力,包括水电;市政供暖的排放因子以湿木屑为基础到干的颗粒供热。表 9-2 中,原材料供应以及颗粒运输的排放因子,所指的原料供应仅包括原材料运输到颗粒生产商,但不包括颗粒生产,因为上文所说原料生产属于木材工业。

根据表 7-21 和框架条件情况 1,并且依据表 9-2 的工作步骤,计算从木屑和锯屑生产颗粒的排放因子。使用木屑生产颗粒燃料对电力的需求约 90.1 kWh/t(湿基)$_p$,使用锯屑生产颗粒时对电力的需求为 113.9 kWh/t(湿基)$_p$。使用锯屑生产颗粒燃料需要额外的热量,约为 1200.8 kWh/t(湿基)$_p$。

在这些框架条件下,木屑和锯屑制成的固体颗粒燃料,最终与其有关的排放因子如表 9-3 所示。

燃油、天然气和木屑燃料的排放因子和市政供暖的排放因子如表 9-4 所示,其中的数据摘于文献资料。

使用燃油和天然气的排放因子存在于整个供应链,如从提供(国内和国外、根据进口份额)和所有运输过程和终端用户的使用。木屑的供应链开始于木材的加工。因为第一,木材采伐需要的能量很少,第二,木材采伐不以提供木屑为主要目的,所以不考虑收获和运输的排放。因此,排放因子包括从木材加工到运输再到终端用户的使用。市政供暖的排放因子包括所有供热厂的燃料供应、燃烧、炉中的辅助能源、市政供暖管网的亏损等所有排放和辅助电能的需求等。

表 9-3 固体颗粒供应链的排放因子

项目	排放因素/(mg/MJ_{FE})					
	CO_2	CO	C_xH_y	NO_x	SO_2	粉尘
原料供应[1)]	716	2.27	1.16	9.07	0.23	0.50
颗粒生产[2)]	287	1.23	5.33	1.23	1.42	0.11
颗粒生产[3)]	2751	18.94	13.01	35.47	6.06	6.98
颗粒运输	321	1.01	0.52	4.06	0.10	0.22
颗粒供应[2)]	2324	4.51	7.01	14.36	1.74	0.84
颗粒供应[3)]	3787	22.22	14.69	48.60	6.39	7.70

注:[1)]相同排放的锯屑和木屑原料供应,并且有相同的堆积密度;[2)]颗粒生产木屑;[3)]颗粒生产锯屑、原材料和颗粒平均运输距离为 50 km;表 9-2 为颗粒生产的详细电力和热需求,数据来源[59,393,402,403],我们自己进行了计算

表 9-4 使用燃油、天然气、木屑和区域供暖的排放因子

项目	排放因素/(mg/MJ_{FE})					
	CO_2	CO	C_xH_y	NO_x	SO_2	粉尘
燃油	7000	27	42	54	29	4
天然气	3300	93	490	12	5	1
木屑	1900	8	7	23	3	2
区域供热	5583	72	30	139	19	28

注:数据来源[59,393,403]

数据可能存在偏差,因为其他国家供应固体颗粒的原材料生产商或终端用户的使用,也可能是因为不同的电力组合和不同的传输距离所导致。这在 9.6 节进行了讨论。

9.4 中央供暖系统操作过程中对辅助能源的需求

除了燃料供给和炉内的热利用率引起的排放因子,中央供暖系统中对辅助燃料的需求引起的排放因子也要进行考虑。不同供暖系统的使用条件决定着辅助燃料的需求,在一定程度上,根据使用的燃料输送系统和控制系统中的加热系统,特定的系统有所不同。辅助能源的基本排放因子基于8.2.2节~8.2.8节不同系统的全部成本数据而计算。然后在文献资料的基础上计算并转换为不同系统对特定的辅助能源需求,如表9-5所示。

电力供应的辅助能源排放因子基于奥地利年平均混合电力,包括水电。不同国家的不同电力组合将会影响辅助能源燃烧过程中的排放因子。这在9.6节进行讨论。

表9-5 中央供暖系统操作中辅助能源的排放因子

加热系统	所占百分比	排放因子/(mg/MJ_{FE})					
		CO_2	CO	C_xH_y	NO_x	SO_2	粉尘
颗粒	0.7%	699	0.66	2.86	0.66	0.76	0.06
燃油	0.6%	599	0.57	2.45	0.57	0.65	0.05
天然气	0.3%	300	0.28	1.22	0.28	0.33	0.02
木屑	0.8%	799	0.76	3.26	0.76	0.87	0.06
区域供暖	0.0%	0	0.00	0.00	0.00	0.00	0.00

注:辅助能源需求(平均电力需求根据8.2.2节至8.2.8节以占锅炉容量百分比表示);数据来源[393]

9.5 在住宅供暖部分的供暖系统中使用不同的能源载体

9.5.1 实地测量的排放因子

排放因子是特定燃料和锅炉相结合的总排放量,与燃料的能量含量相关。调查供暖系统排放量基于文献资料的数据假设进行,生态评估呈现于表9-6和图9-1中。木屑供暖系统,新旧系统是有区别的,因为技术在过去几年有明显的发展带来了差异。现代颗粒和木屑炉的减排在后面详细讨论(参见9.5.2节)。表9-6还介绍了生物质燃料在额定负载自动炉中的极限值可达300 kW[29]。然而,必须指出的是与实际测量的排放因子直接比较,需要考虑不同的负载条件和限量值额定的负载。超出理论意义上的限量值(额定的有效负载)不能算作超出上述限量值的排放因子。

其次,水和二氧化碳是任何燃烧过程中的主要产品。然而,生物质燃烧的二氧化碳的排放视为零排放,因为在燃烧过程中排放的二氧化碳可以被植物生长再利用,提供了可持续发展的林业。因此,生物质燃烧的排放是对环境无影响的。只要维持生物质持续利用,奥地利生物质的生长比开发多,因此,生物质燃烧排放的二氧化碳量可以设置为零。

市政供暖的排放都等于零,因为在终端用户没有排放。市政供暖供应链的排放量在9.3节已经考虑。

表 9-6 根据实地测量的几种不同供暖系统的排放因子

供暖系统	排放因子/(mg/MJ_{FE})					
	CO_2	CO	C_xH_y	NO_x	SO_2	粉尘
颗粒	0	102	8	100	11	24
燃油 EL	75000	18	6	39	45	2
天然气	55000	19	6	15	0	0
木屑[1)]	0	1720	88	183	11	54
木屑[2)5)]	0	717	18	132	11	35
BM-DH[3)]	0	0	0	0	0	0
限量值[4)]	—	500	40	150	—	60

注：[1)] 1998 年以前的木屑供暖旧系统；[2)] 从 2000 年起的木屑供暖新系统；[3)] BM-DH 系统在终端用户没有排放；[4)] 基于额定负载高达 300 kW 的生物质燃料，自动送入锅炉的有效限量值；[5)] 由于缺乏实地测量值，基于旧系统 BM-DH 系统 SO_2 的值；数据来源[29,292,393,400,401,404,405,406,407,408,409,410]

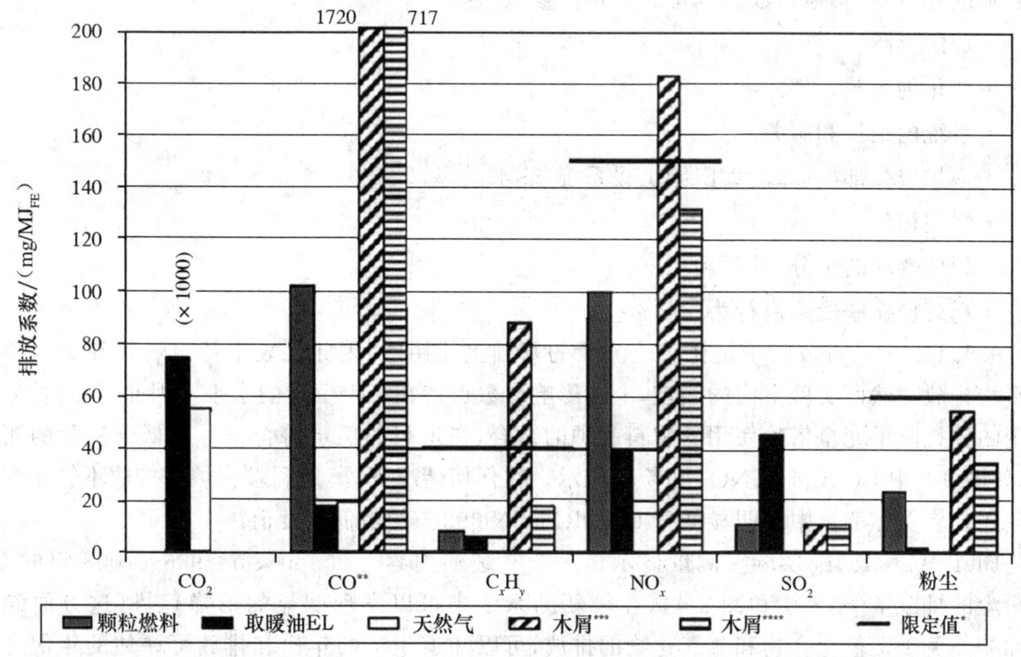

图 9-1 实际测量的不同集中供暖系统的排放因子

注：* 有效限量值，基于额定 300 kW 负载的生物质燃料自动进料锅炉；** CO 500 mg/MJ 限量值；*** 1998 年之前木屑旧系统；**** 2000 年开始的木屑新系统；数据来源[29,292,393,400,401,411]

CO 是燃烧质量的指示剂。这表明，颗粒和木屑炉的 CO 排放一般都高于燃油或者天然气系统。木屑炉甚至有着极限值为 500 mg/MJ_{NCV} 的显著程度，即旧系统有一个更加明显的 CO 排放因子。颗粒炉的 CO 排放达到很明显的下限值，这体现了同质均匀的干燥燃料的优势。

碳氢化合物的排放是不完全燃烧的产物，像 CO 一样。碳氢化合物排放量的升高可能是因为过低的燃烧温度、能源气体在燃烧区的停留时间太短或者缺乏氧气。虽然颗粒和新木屑炉的碳氢化合物的排放比化石能源炉的略高，但是仍然在奥地利的限量值以下。仅仅是旧木屑系统超过碳氢化合物的限量值。生物质炉中 NO_x 的排放主要是燃料中氮的部分氧化的产物。此外，在温度超过约 1300℃时，大气中氮可以与氧自由基反应形成 NO。由于生物质炉中的温度通常低于 1300℃的温度，氮氧化物的形成与大气中的氮几乎没有关联。生物质炉的氮氧化物排放量略高于燃油或天然气炉，但它们仍能严格地遵守规定的限量值(除旧木屑系统外)。

生物质炉的 SO_2 排放量大约 11 mg/MJ_{NCV}，排放量介于 SO_2 相对较高排放的石油炉(由于燃油的硫含量相对较高)和 SO_2 相对较低排放的天然气炉(天然气的硫含量相对较低)之间。

生物质炉的细微颗粒的排放也高于使用化石燃料的炉。然而现代的颗粒和木屑炉的细微颗粒的排放量显然低于奥地利的最低限量值，甚至旧的木屑炉仍能达到规定的限度值。

9.5.2 实验测定的排放因子

正如上文所述，排放因子与某种燃料排放数量和燃料能值相关的炉内燃料有关。除了燃料和炉以外，还有其他参数影响排放。这些参数包括：

- 炉的年龄。
- 变化的装载条件。
- 系统的维护和服务。
- 锅炉或外部(例如由太阳能供暖系统)热水供应。
- 烟囱设计。
- 固体燃料的水分、种类和粒度。
- 系统操作中的用户行为。

9.5.1 节中的排放因子是在实地测量的基础上使用的，因此代表了特定燃料和炉内燃烧的平均排放。然而实验室内的测定，上述影响参数保持在一个恒定的水平。因此，以这种方式确定的排放因子完全依赖使用的燃料和炉的结合，在理想的额定符合条件下低于实际的测量值，如图 9-2 中 CO、C_xH_y、NO_x 和粉尘所示。在任何情况下，奥地利颗粒炉的排放不管是在实验室还是在实际测量中都明显低于 ÖNORM EN 303-5 的最低限度值。

BLT Wieselburg 实验室测量显示出一个有趣的内容[391,421]。探寻 1996—2008 年的 CO 和粉尘的排放量(图 9-3 和图 9-4)，在较新的系统中可以发现明显的下降趋势(这方面参见[413])。关于碳氢化合物和氮氧化物的排放，可以知道生产的年份和排放可评估的年份之间没有明显的相关性。关于碳氢化合物的排放，排放非常低(大约为检出限量值)。然而，低于检测限量值的测量份额，由开始的 68%(1999—2001 年)上升到近年的 82%(2005—2008 年)，呈现出正向的趋势。颗粒炉氮氧化物的排放主要取决于燃料中氮的含量(几乎没有任何形式的氮氧化物热值形成)，这就是为什么氮氧化物的排放在生产的年份是分开的。氮氧化物的有效减排措施，可能是在主燃烧区结合了适当的空气充分停留时间和足够的燃气温度。

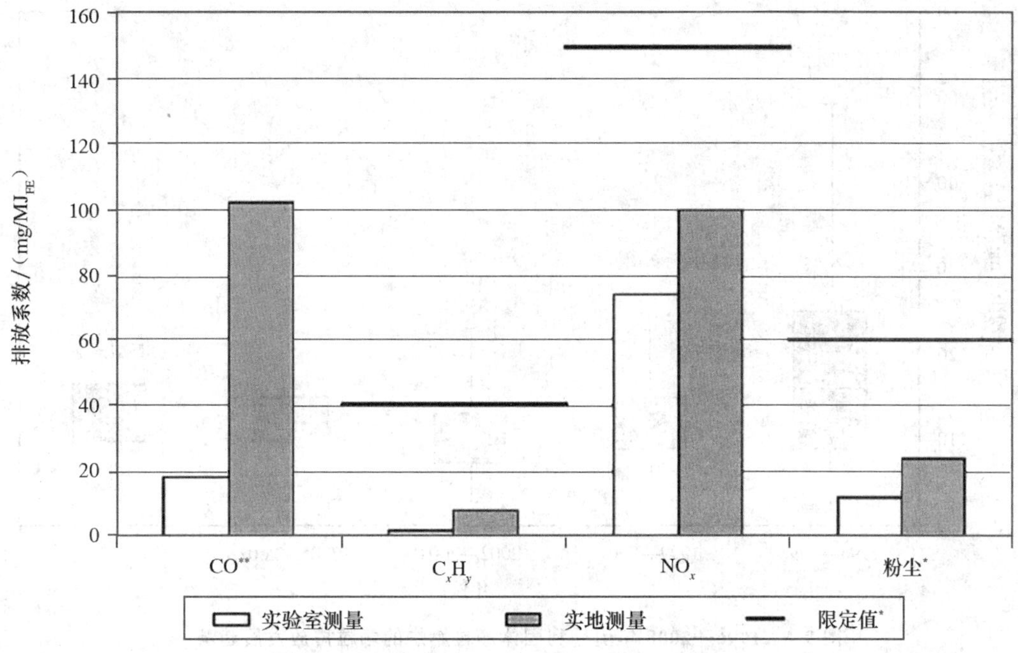

图 9-2　比较奥地利颗粒炉实验室和实地测量的值

注:* 额定负荷达到 300 kW 生物质燃料自动进料炉的有效限量值;** 500 mg/MJ CO 限值;数据来源[29,292,391,393,400,401,404,407,408]

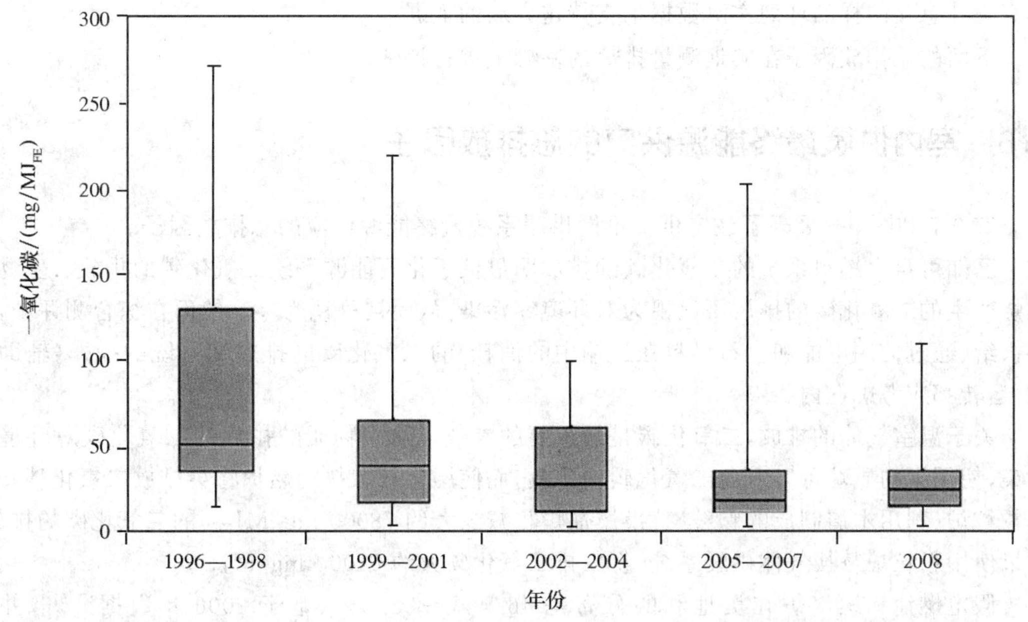

图 9-3　1996—2008 年的奥地利颗粒炉的 CO 排放量的发展

注:数据来源[391,412]

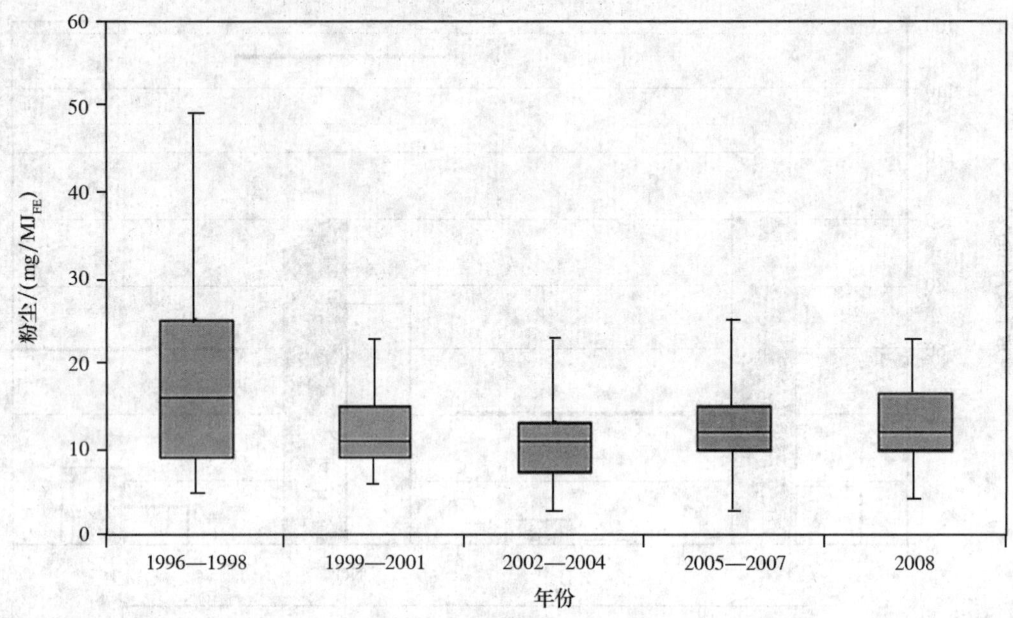

图 9-4　1996—2008 年奥地利固体颗粒燃炉的颗粒排放发展趋势

注:数据源[391,412]

实验测量结果表明,1996—2008 年由于颗粒炉的技术改进,粉尘和一氧化碳的排放明显减少。这导致了如下结论:现代固体颗粒和木屑炉将降低实际测量的排放。然而,目前还没有具有统计意义的样品计划实测数据来支持这方面的证据。

下面的总排放因子在实地测量排放的基础上进行评估。

9.6　室内供暖最终能源供应的总排放因子

表 9-7 和图 9-5 展现了住宅供暖不同供暖系统最终能源供应的总排放因子。

已知可再生燃料系统的二氧化碳的排放明显低于化石能源系统二氧化碳的排放。生物质燃烧产生的二氧化碳的排放可以视为对环境零污染,从而被可视为零。然而在综合测评中,燃料供给(通过使用电能和化石燃料在运输中的消耗)的二氧化碳的排放和系统的操作(辅助电能)运转都应考虑在内。

关于温室气体的排放,二氧化碳是最重要的参数。从生物质炉排放的二氧化碳对环境无污染,使用生物质炉可以避免二氧化碳的排放,而使用化石燃料的燃炉将会排放二氧化碳。使用颗粒炉(利用木屑制成的颗粒)替换燃油炉将减少大约 78000 mg/MJ_{NCV}的二氧化碳的排放。如果使用颗粒炉替换气体供暖系统,将减排二氧化碳大约 54000 mg/MJ_{NCV}。

假定燃油和燃气炉在奥地利的分布是 46.4%～53.6%(基于 2006 年数据)[467],并假设按照这个比例发生交换,使用颗粒燃炉代替以化石燃料为基础的系统,平均减排 65000 mg/MJ_{NCV}的二氧化碳。

表 9-7 不同供暖系统的最终能源供应的排放因子

集中供暖系统基础	排放因子/(mg/MJ_{FE})					
	CO_2	CO	C_xH_y	NO_x	SO_2	粉尘
木屑生产颗粒						
燃料供应	2324	4.5	7.0	14.4	1.7	0.8
辅助燃料供应	699	0.7	2.9	0.7	0.8	0.1
热利用率	0	101.9	7.9	100.0	11.0	23.6
总和	3023	107.1	17.8	115.0	13.5	24.5
锯屑生产颗粒						
燃料供应	3787	22.2	14.7	48.6	6.4	7.7
辅助燃料供应	699	0.7	2.9	0.7	0.8	0.1
热利用率	0	101.9	7.9	100.0	11.0	23.6
总和	4487	124.8	25.5	149.3	18.2	31.4
燃油						
燃料供应	7000	27.0	42.0	54.0	29.0	4.0
辅助燃料供应	599	0.6	2.4	0.6	0.7	<0.05
热利用率	75000	18.0	6.0	39.0	45.0	1.6
总和	82599	45.6	50.4	93.6	74.7	5.6
天然气						
燃料供应	3300	93.0	490.0	12.0	5.0	1.0
辅助燃料供应	300	0.3	1.2	0.3	0.3	<0.05
热利用率	55000	19.0	6.0	15.0	0.0	0.0
总和	58600	112.3	497.2	27.3	5.3	1.0
木屑(1998 年旧设备)						
燃料供应	1900	8.0	7.0	23.0	3.0	2.0
辅助燃料供应	799	0.8	3.3	0.8	0.9	0.1
热利用率	0	1720.0	88.0	183.0	11.0	54.0
总和	2699	1728.8	98.3	206.8	14.9	56.1
木屑(2000 年后新设备)						
燃料供应	1900	8.0	7.0	23.0	3.0	2.0
辅助燃料供应	799	0.8	3.3	0.8	0.9	0.1
热利用率	0	717.0	18.0	132.0	11.0	35.0
总和	2699	725.8	28.3	155.8	14.9	37.1
生物质区域供热						
热供应	5583	71.8	29.6	139.4	19.4	27.9
辅助燃料供应	0	0.0	0.0	0.0	0.0	0.0
总和	5583	71.8	29.6	139.4	19.4	27.9

注:9.3 节,9.4 节和 9.5 节的数据总和;数据来源[59,292,391,393,400;401,402,403,404,405,406,407,408,409,411]

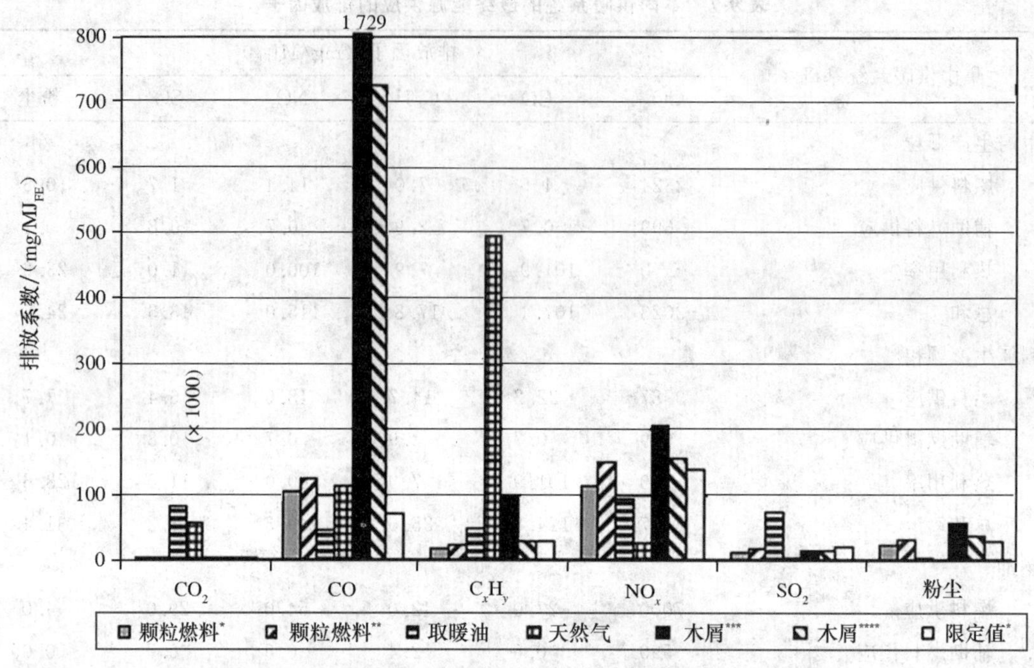

图 9-5 不同加热系统的最终能源供应的排放因子

注：* 木屑制成的颗粒燃料；** 锯屑制成的颗粒燃料；*** 1998 年以前的木屑老系统；**** 2000 年开始的木屑新系统；9.3 节，9.4 节和 9.5 节的数据的总和；数据来源[59,292,393,400,401,402,403,404,405,406,407,408,409,391,411]

2008 年奥地利颗粒消费总量为 50 万 t，这相当于 8.8 PJ 净热值，假定仅仅是燃油和天然气供暖系统被颗粒炉代替，那么使用颗粒燃料每年将减排二氧化碳 57.5 万 t。到 2010 年颗粒消费量预计增长到每年 130 万 t。根据既定的框架条件，这将相当于每年减排大约 150 万 t 的二氧化碳。固体颗粒燃炉也可替代其他燃料（如煤或木材）供暖系统，这些燃料部分也是二氧化碳零排放的，因此这部分减排的二氧化碳略少。然而这些数字确实突出了颗粒燃料对奥地利温室气体减排做出的贡献。而且，颗粒燃料在整个欧洲层面上，由于颗粒燃料在许多欧洲国家（参见第 10 章）得到发展，这对欧洲的气候保护做出重大贡献。

燃油供暖系统的 CO 排放量最低，木屑供暖系统的 CO 排放量最高。天然气、颗粒和市政供暖系统的 CO 排放基本处于同一水平。

固体颗粒燃料、燃油、新型木屑供暖系统和区域供暖系统的碳氢化合物的排放位于 18～50 mg 的一个相对狭小的范围。旧木屑系统排放高 1 倍左右（因为旧系统的燃烧质量差），天然气的碳氢化合物的排放大约是 10 倍，这主要是因为燃料本身的区别。

所有检测的系统（天然气除外）的氮氧化合物的排放量在 94～207 mg/MJ_{NCV} 这个相对狭窄的范围内。天然气氮氧化合物的排放低于 27 mg/MJ_{NCV}。

生物质系统二氧化硫的排放量大致处于相同水平。燃油炉二氧化硫的排放高于这个值，而天然气炉灶的排放低于这个值。

关于细微颗粒物的排放，化石能源系统表现出明显的优势，主要是这些燃料中几乎不含有灰分。生物质燃料的灰分含量为 0.1%（干基）～6.0%（干基），受污染的生物质甚至更高，这与生物质的种类相关。事实上这些高灰分含量的颗粒排放量在奥地利严格控制的限量值，这在 9.1 节有说明。

图 9-6 展示了不同供暖系统原料(燃料供应、辅助能源供应和热利用率)的排放。生物质区域供暖系统的排放来自起始步骤,因为它们在区域供暖的终端用户处几乎完全没有排放。

图 9-6 显示了所有系统对比下,辅助能源供应所造成的二氧化碳排放是微不足道的。生物质系统的低二氧化碳的排放仅来自燃料的运输供应,因为燃烧生物质排放的二氧化碳可视为对环境零污染。与此相反,化石燃料系统的二氧化碳的排放几乎完全来自燃烧。

生物质系统的燃烧是引起一氧化碳排放的主要因素。锯屑制成的颗粒的燃烧排放的一氧化碳与木屑制成的固体颗粒燃料排放的 CO 基本相同。前面增加的总排放量是因为燃料复杂前处理造成的上游排放,尤其是所需的干燥工序。至于燃油,特别是天然气,一氧化碳排放以燃料供应为准。

碳氢化合物的排放主要产生于生物质炉燃烧过程(锯屑制成的颗粒除外)。对于木屑制成的颗粒和化石能源,能源供应是其碳氢化合物排放的主因。由于天然气开采和运输中可能会发生泄露,这导致天然气有很高的碳氢化合物排放。

除了燃油系统,氮氧化物排放量中的大部分来自炉中的燃烧。

颗粒燃炉的二氧化硫的排放量相对较低并且主要来自燃烧。燃油系统有较高的二氧化硫排放,也主要来自燃烧。天然气的二氧化硫排放可以忽略不计。

细微颗粒的排放在化石能源中并不多,燃料供应是它们的主要排放来源。固体颗粒和木屑的细微颗粒排放主要来自燃烧。锯屑制成的固体颗粒,细微颗粒排放的增加来自原料干燥过程的热供应,还可假设热供应为生物质燃炉。

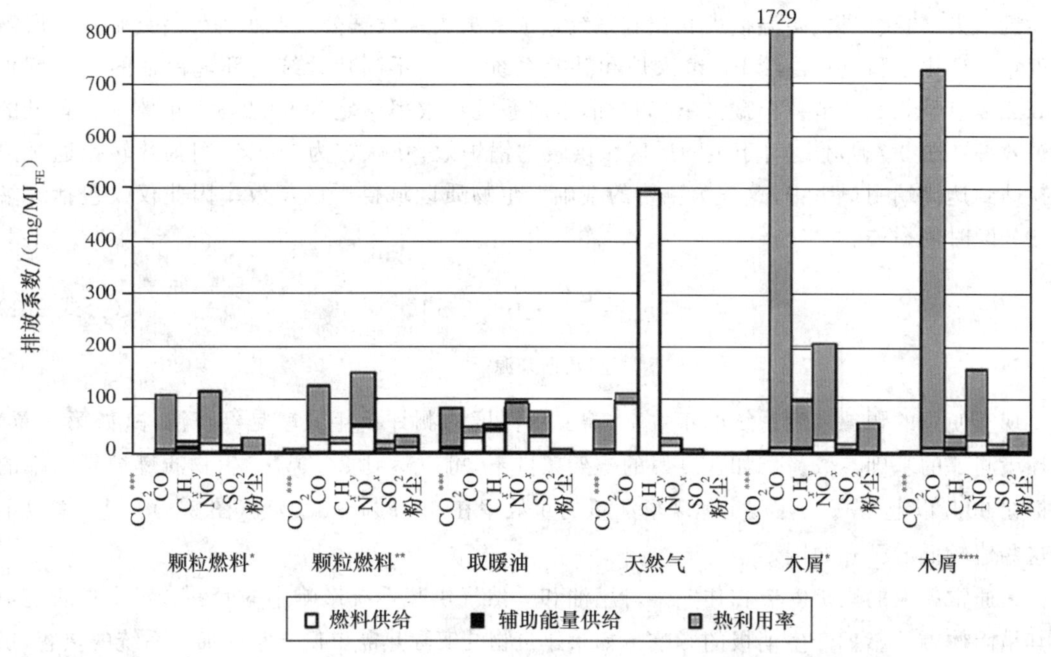

图 9-6　不同加热系统最终能源供应排放和其组成

注:* 木屑制成;** 锯屑制成;*** ×1000;**** 1998 年前旧系统;***** 2000 年后新系统;9.3 节、9.4 节和 9.5 节的数据总和;数据来源[59,292,391,393,400,401,402,403,404,405,406,407,408,409,411]

就整体而言,使用锯屑作为原料需要更复杂的能源处理,这在一定程度增加了上游排放。

利用木屑和木屑制成的颗粒造成的排放主要是相对较低温度前处理燃烧造成的废气排放。

如前文所述,本节中所示的是奥地利框架条件下的能源供应、分配和利用的生态评价。在其他国家的能源框架下或进口颗粒燃料,生态测评将会不同,因为各个国家的电力混合(包括颗粒的生产和利用的辅助燃料供应也将受影响)和原料尤其是颗粒的传输距离不同。最重要的温室气体二氧化碳的排放已经做出这样的测评,也确定颗粒燃料二氧化碳的排放持中性的这个优势。

锯屑制成的固体颗粒的生产和利用期间,二氧化碳排放 2326 mg/MJ_{FE},包括电力的分配和消耗。这表明大约二氧化碳排放总量 4487 mg/MJ_{FE}的 52%来自生产和利用(表 9-7)。不同电力的混合导致了±10%二氧化碳的不同排放,这个变化使得电力的消耗导致的二氧化碳排放±2.5%。原料和颗粒燃料每辆卡车的不同运输距离会改变二氧化碳的总排放量,大约每千米 20.7 mg/MJ。例如,原料和颗粒的平均距离增加 1 倍(从 50 km 增加到 100 km),CO_2 排放将会从 4487 mg/MJ_{FE}增加到 5523 mg/MJ_{FE}或者增加大约 23%。洲际远洋船舰颗粒运输将增加 4200 mg/MJ_{FE}二氧化碳的排放或者高达 90%以上(参见 10.11 节表 10-11)。

9.7 转换效率

前几章提到的和讨论的排放因子基于燃料的热净值,在区域供暖系统中,来自区域供暖。为了将有效能源与排放因子相关联,最终能源供应的排放因子要先与供暖系统的年效率相关联。年效率不仅仅需要考虑转换损失(锅炉效率),同时也需要考虑在终端用户的分配损失、开机停机损失、辐射损失、降温损失和控制系统造成的损失。根据公式 9.1 为保持终端用户所需温度年 UE 比率和热水供给 PE 编入炉和转换系统[393]。不同热系统的环境评估的年效率根据 8.2.2 节至 8.2.8 节。根据文献[393]旧木屑系统年效率假定为 69.0%。年效率和香型的锅炉效率在图 9-7 所示。对于生物质区域供暖,"锅炉效率"认定为 100%,因为热转换通过热转换站到达终端用户手中,这作为测量的基础。生物质区域供暖的年效率因此仅仅包括终端用户分配时的损失。

$$\eta_a = \frac{UE}{FE} \cdot 100\ [\%] \qquad \text{(公式 9.1)}$$

注:数据来源[393]

现实使用的颗粒供暖系统的年效率,需要更深度的测评。年效率是经济测评(如第 8 章)和环境测评的基础参数。例如在良好的框架条件下,可以达到 84.0%。生物质燃炉年效率的目标在 90%以上[414]。然而,实际现场测量的年效率在 69.9%~80.4%(图 9-8)[292,415]。以下是这些值较低的已知原因。

• 通常超大的锅炉安装在住宅。对燃油和天然气供暖系统影响小的问题会对生物质锅炉尤其是固体颗粒燃炉产生消极的影响。如果建筑物的实际热需求低于常规加热系统的热容,供暖系统的开关操作非常重要,这反过来会导致增加启动和关闭的损失,降温损失和较多频率的自动点火导致较高的辅助电力消耗。目前已测出有效热的输出需要高达 7.2%的辅助电力。

• 没有安装热缓冲存储的颗粒炉的开启和关闭会增加热量损失,就如上述所述。

• 固体颗粒炉的过大加上没有安装热缓冲存储装置会导致更大损失。

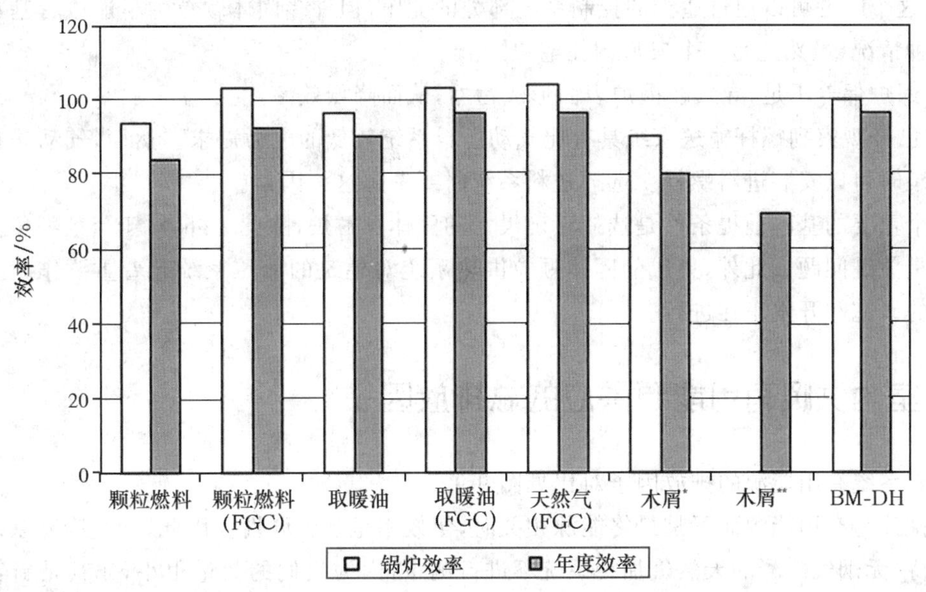

图 9-7　锅炉的比较和系统年效率的比较

注：* 2000 年后新系统；** 1998 年前旧系统（没有相应的锅炉效率）

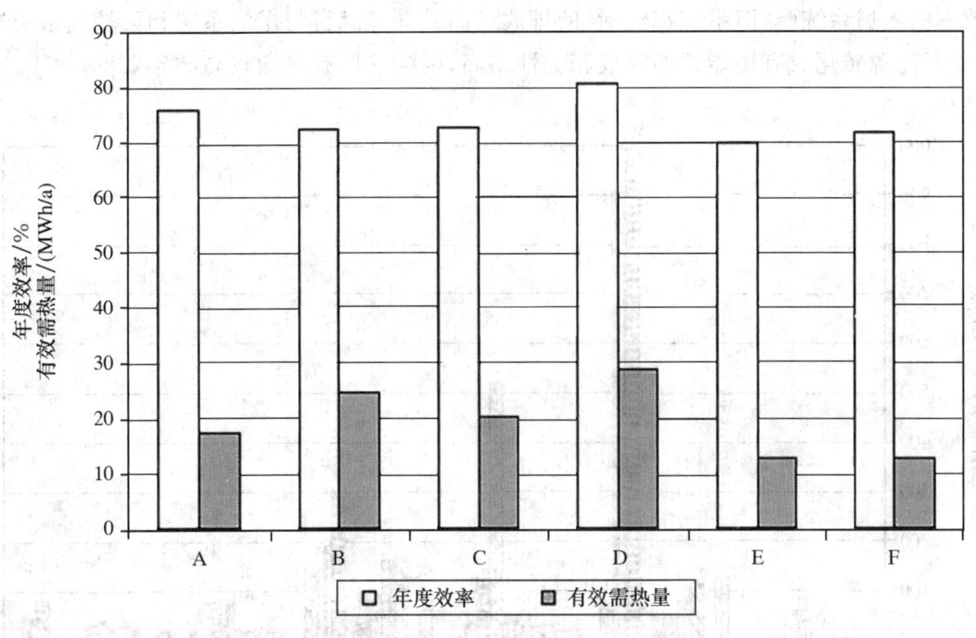

图 9-8　试剂测量的颗粒炉的年效率和有用热需求

注：A 到 F 为不同的额定负载低于 15 kW 的固体颗粒锅炉；数据来源：改编自[415]

• 固体颗粒炉系统固有的一个问题就是它们的热惯性。固体颗粒炉通常是大规模的钢结构设计而且燃烧室往往是由黏土砖构成。它们的质量通常为 300～400 kg，热水的体积为 30～115 L。现代挂壁式燃油或天然气系统通常质量为 40～50 kg，水的体积仅仅在 1.5～3.0 L。这一事实使固体颗粒炉在负载状况下缓慢变换。热需求的降低经常导致锅炉停机，因为即使燃炉在部分负荷下运行，但水已经达到了最高温度。

• 这个问题可以通过适当的控制系统部分的克服,但许多固体颗粒炉不能或者基本不能应付这种情况(虽然这是一个典型的住宅户)。

• 锅炉保养不足,导致在锅炉表面形成污垢,从而降低效率。

• 已经观察到螺杆输送系统具有比气动送料系统较低的电力需求。然而,气动送料系统往往安装时可以安装进料螺杆。选择送料系统时要考虑这一因素。

一个重要的基本前提条件是选择正确尺寸的固体颗粒炉,除此之外,对于年效率负荷控制策略也是关键问题。此外,集成的固体颗粒供热系统对建筑的液压系统起着重要作用。在此背景下的研究和开发正在进行。

9.8 室内供暖有用能源供应的总排放因子

所有系统有用能源的排放因子对比见图 9-9。

当排放与有用能源而不是最终能源相关时,年效率呈现关联性。因此,烟气冷凝系统需要单独看待(无烟气冷凝的天然气加暖系统不进行测量,因为它们的数量很小,尤其是新安装的设备),因此有烟气冷凝设备的高效率系统的排放因子很低。有烟气冷凝设备年效率较高的天然气和燃油供暖系统和生物质区域供暖,转化成有用能源的相对排放的变化最低,但是相对较低年效率的木屑系统(新旧系统都包括)的排放最高。颗粒燃料与燃油系统和天然气系统进行比较,化石能源转化成有用能源的排放相关性略高,因为它们有略微较高的年效率。

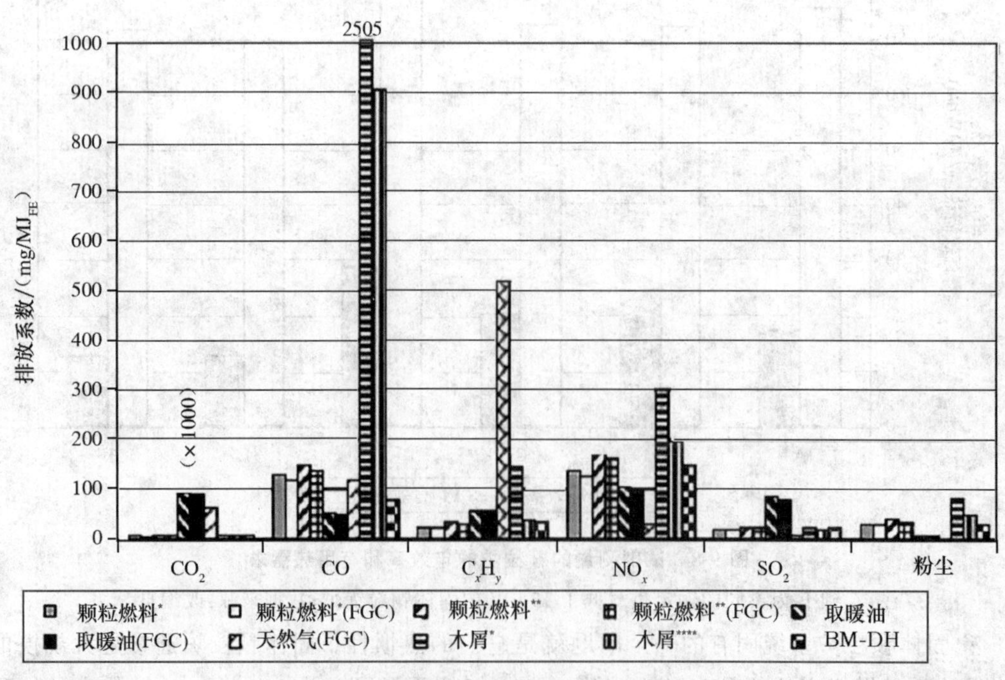

图 9-9 不同供热系统的有用能源的排放因子

注:最终能源供应的排放因素基于表 9-7;转换成排放因子在年效率的基础上与有用能源相关,根据 8.2.2~8.2.8 节。* 木屑制成;** 锯屑制成;*** 1998 年前旧系统;**** 2000 年后新系统

9.9 生物质燃烧系统灰分形成和灰分比重

本节简明地描述了生物质燃烧灰分颗粒形成的基本原理，这将对后续章节中关于细微颗粒和固体剩余物的排放提供基础。

生物质燃烧包含不同量的灰分，这些灰分主要由有机成分元素组成。最重要的元素是 Si、Ca、Mg、K、Na、P、S、Cl 和重金属元素如 Zn 和 Pb。

生物质能源无机灰分组成物质大体上有两种资源。第一，灰分组成元素来源于植物本身（如 Si、Ca），它们可能是纤维素的一部分或者大量或者微量的植物营养物（如 K、P、Mg、S、Zn）。第二，生物质能中的无机物质可能来自土壤、土地或石头中的污染物，而且涂料、颜料、玻璃碎片和金属部分是废弃木材主要污染物的来源。

生物质燃烧过程中，灰分组成元素的变化遵循一系列的体系，如图 9-10 所示。在进入燃烧步骤前，燃料先被烘干，活性有机成分失去活性。随后，剩下的固定碳在各种各样的气固反应中被氧化，这被称作木炭燃烧，在这些步骤中形成的灰分元素根据活性的不同以两种不同方式表现。没有活性的成分，如 Si、Ca、Mg、Fe 和 Al 参与灰分凝结物和凝结进程，如果有机的成分被分解或被氧化，这些元素将作为粗灰分。强活性的 K、Na、S、Cl、Zn 和 Pb 通常有不同的表现。这些大部分元素在高温燃烧下被分解，变为气相。它们经历了均一的相变反应，并且随后由于气相状态的过饱和，这些灰分组成蒸汽开始结合或凝结，并和表面颗粒反应或直接在热交换表面凝结。亚微颗粒，也称作气溶胶，悬浮的灰分是其重要组成部分。另一部分是悬浮颗粒组成的小粗灰分颗粒，这部分被燃烧中的气体带走。根据颗粒大小，颗粒或在炉中形成沉淀或者被燃烧中的气体带走，形成粗悬浮灰分排放。因此粗悬浮颗粒和气溶胶的最不同点是悬浮颗粒始终保持固相，而气溶胶在形成过程中经历了相变（分解至气相和气—固转换）。高活性元素如 K、Na、S、Cl、Zn 和 Pb 最终在细微悬浮颗粒灰分中（气溶胶）富集。

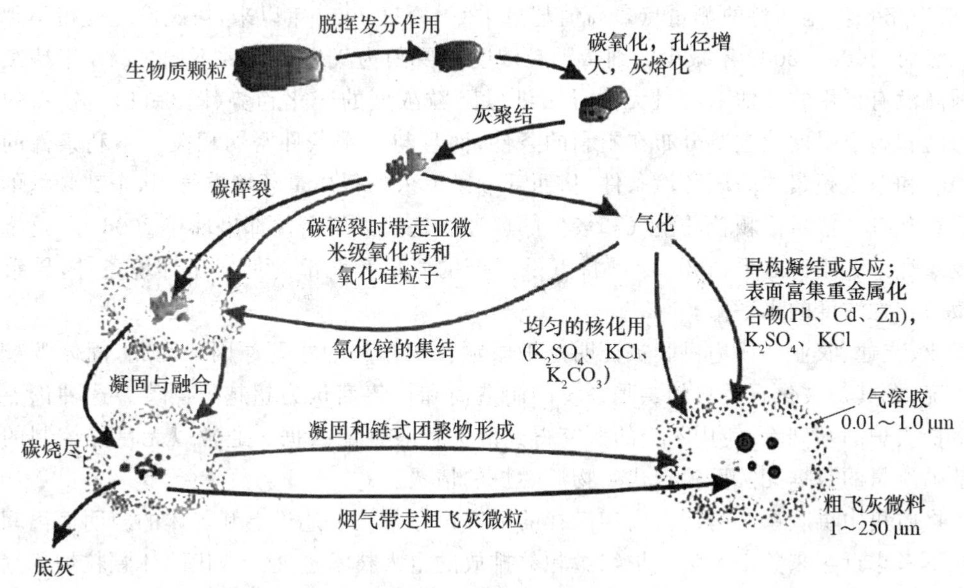

图 9-10 生物质燃烧中颗粒灰分形成

注：修改自文献[416]

根据灰分形成机制,生物质燃烧中灰分形成可被分为：

- 底部灰分。
- 粗糙悬浮灰分。
- 气溶胶(细微悬浮颗粒)。

底部灰分是燃料燃烧后炉中残留的灰分部分。粗悬浮灰分,从燃料床被燃烧中的气体带出,在炉内漂浮时部分沉淀,在锅炉内通过惯性、重力和离心力沉降,因此这部分被称作炉灰。足够小的颗粒可以随着燃烧气体飞出锅炉最终在炉出口形成粗悬浮颗粒而排放。

正如已经提到的,气溶胶在炉中的气体—颗粒转化进程中形成。一些气溶胶颗粒和粗悬浮颗粒在碰撞中凝结。而且,非常少量部分的气溶胶也在锅炉中沉淀,因此气溶胶的主要部分随着燃烧气体在锅炉排放口排放(典型颗粒的大小显著小于空气动力学直径 1 μm)。

小规模的颗粒燃炉和锅炉,主要的灰分是底部灰分,燃炉和锅炉中的大部分粗悬浮颗粒通常沉淀并混在底部灰分中。一小部分的粗悬浮颗粒随燃烧中的气体排除。燃炉和锅炉中大约95%的灰分颗粒被收集,而大约 5%被排除。在大工厂,粗悬浮颗粒通常很多,并且特别建造了沉降装置系统(如旋风集尘器沉降悬浮颗粒、经典沉降或袋式除尘器过滤气溶胶使之沉降)。

高活性重金属如 Zn、Cd 和 Pb 在过滤后的悬浮颗粒中非常多。因此生物质燃烧进底部灰分和粗悬浮颗粒灰分被用为土地化肥和石灰药剂,然而过滤后的细微颗粒通常被处理(见 9.11 节)。

9.10 细微颗粒的排放

最近,在欧洲许多国家关于细微颗粒的污染讨论越来越多,相比以前许多国家的细微颗粒的排放越来越频繁,而且越来越明显地超出限度值,城市地区尤其受影响。例如 2006 年的奥地利,周围空气中细微颗粒的浓度限值为 50 $\mu g/m^3$(日均值),严重地超出了 71 个测量点规定的 30 d;在格拉茨鲍斯科的测量点最高值超过 120 d。自 2006 年以来,情况已经变得不那么戏剧性。然而,2006—2007 年减少的细微颗粒浓度主要因为气候条件的不同(2008 年持续减少的原因尚没有可用的评估),而且无法导出细微颗粒浓度的变化趋势(图 9-11)。较高的细微颗粒浓度和超于限度值主要分布在不利的条件,而且与冬季条件密切相关。不利条件的特点是在中欧和东欧频繁的高压环境条件,从西部频繁流入的低质量环境空气,从东部频繁的流入大量已经含有一些悬浮颗粒的空气和较低的风速。这些天气条件都出现在 2006 年,这都引起了可吸入污染。相比之下,2007 年的特点是频繁的西部和北部的低气压环境条件,导致当年的细微颗粒物浓度的水平低。

工业、交通、农业和住宅供暖被证明是细微颗粒物排放的主要原因。因此,固体颗粒集中供暖系统,尤其是被化石燃料的供暖系统的制造商和销售商认为超越限度值。这种论点往往是在生物质炉的基础上,使用不当的研究得到的无代表性的数据。通常以无良好控制的旧系统为基础测量的数据无法反映现代生物质燃炉的情况。

生物质集中供暖系统的运营商和潜在的新客户经常被上述论点和媒体的声明而离间。人们往往不考虑近年来关于生物质炉细微颗粒排放的重大技术进展。现代固体颗粒炉远远低于旧炉和小规模无控制的生物质炉的细微颗粒排放水平。

在下面章节中,细微颗粒的定义,它们的形成和影响,以及为了把讨论带回实际的事实,检测固体颗粒燃料集中供热的排放，这也是在该领域最新研究发现的成果。

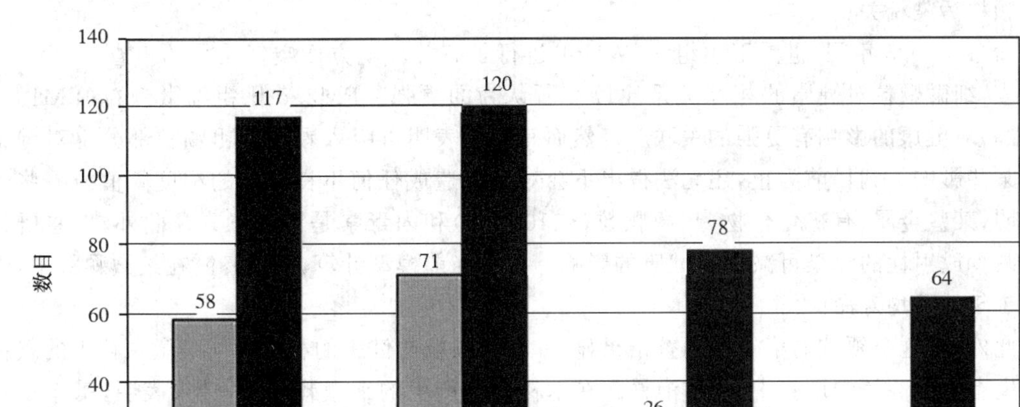

图 9-11　2005—2008 年奥地利的细微颗粒排放限度值

注：细微颗粒浓度限度值（日均值）50 μg/m³；每年允许超过限度值 30 d；数据来源[417]

9.10.1　细微颗粒的定义

所有周围空气中的颗粒被称作总灰尘或总悬浮颗粒物（TSP）。TSP 相关性不大，因为关于这方面空气中细微颗粒的浓度没有限度值[419]，而且它几乎对健康无不利影响（见 9.10.2 节）。细微颗粒物质，是总颗粒物的一部分，与 TSP 密切相关。空气动力学直径小于 10 μm（PM10）的灰分颗粒被称作可吸入颗粒物质。使用空气动力学直径是因为空气中的颗粒没有一个统一的性状和密度。为了确定它们的空气动力学直径，需要假定 1 g/cm³ 的球形颗粒，和标准直径的颗粒在空气中的沉降速度相同然后计算得上述颗粒的直径。

为了能够包括和描述不同大小的颗粒，因此使用术语 PM2.5（空气动力学直径小于 2.5 μm 的颗粒）和 PM1.0（空气动力学直径小于 1.0 μm 的颗粒）。

9.10.2　细微颗粒对健康的影响

空气中细微颗粒的浓度非常重要，细微颗粒是胸部呼出总颗粒物质的一部分，例如这部分可以通过喉部到达肺部（因为鼻和支气管对细微颗粒的过滤不充分）。小于 10 μm 的颗粒通入气管，而小于 2～3 μm 的颗粒可以进入肺泡。

为了评价空气污染对健康的影响，一定数量不同学科的学生共同参与测评。这包括人体放射学、动物毒理学实验，控制颗粒的曝光实验和体外研究，每种方法都有其详细的优势和劣势。

流行病学有强烈的迹象表示，空气中的颗粒物对健康造成了严重的不良影响。近年来的流行病学研究表明，种种迹象都说明了对心血管系统有明显的影响。很多相关生理影响是与细微颗粒污染相关。

2001—2003年间，世界卫生组织(WHO)进行了有关环境方面空气质量的审查[422,423,424]。据调查，细微颗粒对健康的相互关系比以前所认为的更强。PM2.5比粗细微颗粒(PM10－PM2.5)对健康的影响有更强的关联度。然而有迹象表明可吸入颗粒的粗颗粒部分也对健康造成某些影响。到目前为止，还无法得出不会对健康造成任何不良影响的浓度阈值。一些研究表明，某些金属、有机化合物、超微颗粒(＜100 nm)和内毒素是活性毒素。此外，一些研究表明减少放射性的污染可减少对健康的影响。根据当前模型计算，长期暴露在细微颗粒中，将减少1年的平均寿命。

此外，在这个领域的第一个调查结果显示，细微颗粒与健康的相关性与细微颗粒中的碳颗粒浓度有关。芬兰的调查中，使肺泡暴露在木材燃烧产生的细微颗粒中，结果表明，暴露在不完全燃烧颗粒中比暴露在完全燃烧颗粒中死亡的细胞要多得多。在德国进行的体内吸入实验，大鼠在生物质颗粒完全燃烧的环境存活，这表明这些颗粒没有负面影响[426]。这是因为无良好控制、旧炉灶的可吸入颗粒的排放主要由碳颗粒组成，而现代小型生物质燃炉的可吸入颗粒的排放主要来自无机颗粒的完全燃烧(9.10.3节的图9-13)。

9.10.3 生物质燃炉的细微颗粒的排放

与燃油和天然气相比，如9.9节提到的，生物质燃料含有大量的灰分颗粒，这在燃烧过程中必然会引起细微颗粒的排放。完全燃烧的生物质排放的细微颗粒由大量K_2SO_4、KCl、K_2CO_3组成，如盐，并且PM1.0的90%与之相关。关于粗糙细微颗粒和气溶胶的形成原理见文献[65,428]。

值得注意的是，现代小型颗粒燃炉几乎没有细微颗粒的排放(与中型和大型生物燃炉对比，中大型炉在炉口会有一定浓度的细微颗粒排放，但是可以使用旋风收集器或多旋风收集器实现粗悬浮颗粒的收集沉淀)。细微颗粒浓度降低的原因是木材颗粒燃料中的低灰分、燃烧炉中相对较低的供气速度和炉内平静自然燃烧(相对于中大型燃炉的波动)。因此颗粒燃炉总细微颗粒的排放主要部分(＞90%)都被划分为PM1部分(气溶胶)[65]。

关于气溶胶，必须区分为有机和无机气溶胶。无机气溶胶的形成不会被生物质炉操作和控制因素所影响。因此，无机气溶胶由于高活性无机物的燃烧，在燃烧中被分解为气相，燃料的化学部分和燃料气溶胶形成元素的分解是气溶胶形成的决定性因素。图9-12显示了中大型生物质炉气溶胶排放与燃料中高活性无机组分(K、Na、Cl、Zn、Pb)关联性的测量结果，这可以成为一个基本原理，从软木到硬木再到最高含量的深色树皮和废弃木材，气溶胶形成元素的含量上升变化很明显，如图9-12所示。稻草和整株农作物比废弃木材有更高含量的气溶胶组成元素。未处理的化学生物质燃料中K、Cl、S的含量是气溶胶主要组成元素，然而处理过的化学燃料主要由Zn、Pb重金属组成。

一般来说，软木颗粒含有相对较低含量的K、Na、S、Cl和高活性重金属(Zn、Pb、Cd)，因此燃烧中形成低量的气溶胶。然而图9-12显示，使用特定硬木、树皮或稻草颗粒燃料，气溶胶元素组成含量明显上升，因此增加了气溶胶的排放。由于稻草和整株农作物K、S和Cl的浓度很高，使用这些作为燃料会增加气溶胶排放。

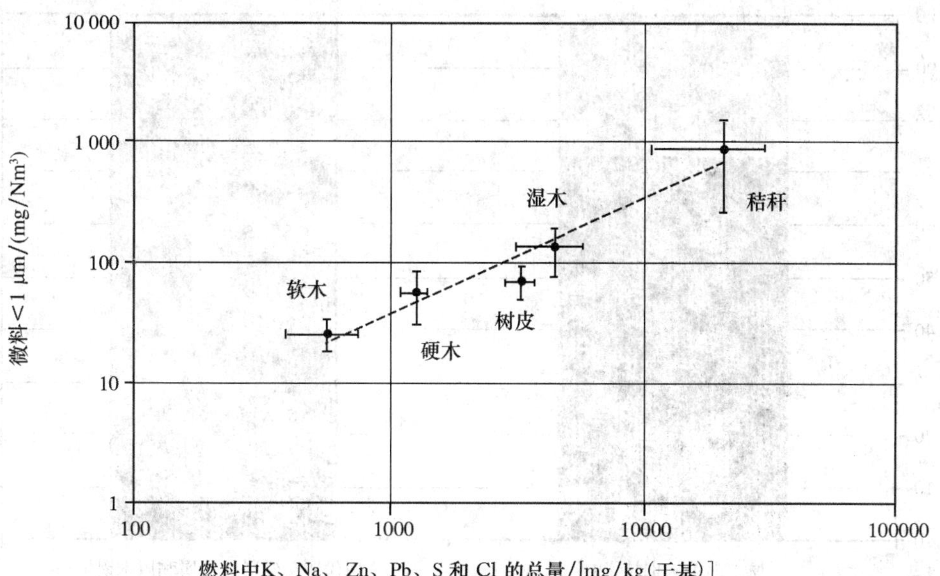

图 9-12　与燃料中气溶胶组成元素比较中大型生物质炉的气溶胶的排放

注:排放与干燥燃气相关;壁炉炉热量输出检测结果在 400 kW_{th} 至 50 MW_{th};数据来源[319,429,430]

与无机气溶胶的形成对比,碳的气溶胶是含碳元素(烟灰)燃料的不完全燃烧,而且浓缩碳氢化合物(有机气溶胶)受技术操作过程中的燃烧和控制系统的明显影响。燃烧得越完全(燃烧气体燃烧排放),在热交换中会形成更少有机碳组成物质。以中大型燃炉为例,在燃烧气体 CO 浓度<100 mg/Nm^3 和有机碳排放<10 mg/Nm^3 条件下运行,仅仅会被发现很低量的碳的气溶胶。燃烧质量关于气溶胶排放的影响可在无控制、一般控制和现代小型自动生物质炉排放对比调查显示。无控制和一般控制炉的排放主要是碳颗粒,然而现代自动化生物质炉排放主要是无机盐(图 9-13)[405]。因此可知,所有减少 CO 和有机碳排放的措施也可使气溶胶形成达到最小值。这些措施是在燃烧腔内燃烧气体和燃料气体彻底充分混合,也可在足够高温的燃烧室内延长足够长的烟气停留时间。

气溶胶在锅炉中会导致很多问题,如沉淀物的形成。此外,因为上述已表明高含量的氯化物会增加腐蚀危害。除燃炉中这些问题之外,气溶胶也会引起严重的排放问题,但可以通过多种复杂沉淀技术进行中和沉淀,如静电沉淀器和沉淀过滤室。目前仅仅在中大型燃炉中有经济效益,因此住宅供热小型系统还需要开发。当前这方面的活动在 12.2.1 节处理分析。两个国际车间在 2005 年 5 月和 2008 年 2 月,在奥地利格拉茨也从事过这个问题的研究。

9.10.4　奥地利颗粒炉细微颗粒的排放和总细微颗粒排放的比较

固体颗粒燃炉的排放在 9.5 节已经讨论。在实际测量的基础上,可以认定固体颗粒中心供热系统细微颗粒的年平均排放量为 24 mg/MJ_{NCV}。固体颗粒炉细微颗粒的排放是 54 mg/MJ_{NCV}[408,419]。因为 95%的颗粒应用在几种颗粒供暖系统,剩余的使用在颗粒炉灶中(2006 年基础系统,见 10.1.4.1.1 节),细微粒的平均排放是 254 mg/MJ_{NCV}。奥地利 2006 年

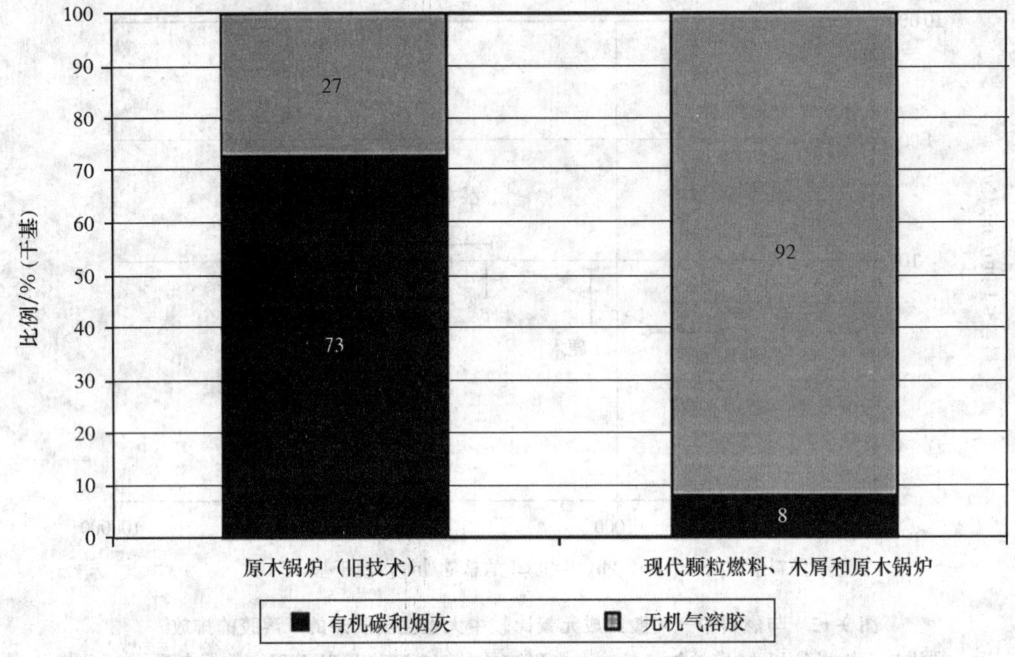

图 9-13 在额定负荷下从旧到现代小型生物质燃炉可吸入颗粒物排放的组成

注:数据来源[405]

大约使用了 40 万 t 颗粒燃料。NCV 为 4.9 kWh/kg(湿基)$_p$[等同于 17.64 MJ/kg(湿基)$_p$],2006 年颗粒炉细微颗粒排放大约是 179.0 t。

2006 年奥地利总细微颗粒排放为 43500 t。国内供暖细微颗粒排放大约 7900 t[431]。如果在 2006 年颗粒组成基础上,颗粒供热系统细微颗粒排放与总细微颗粒排放相关,而且颗粒供暖系统细微颗粒排放占总可吸入颗粒排放的 0.41%,占国内供暖细微颗粒排放占总排放的 2.27%。这些数据在图 9-14 中展示了奥地利细微颗粒的排放。

从图 9-14 可看出,18.2%细微颗粒排放是国内供热造成的。主要份额大约 89.8%,排放源是木材炉(无颗粒系统)和煤燃炉(7.0%)。燃油集中供暖系统细微颗粒排放份额相当低(1.0%)。天然气供暖系统几乎不产生任何细微颗粒的排放。

即使固体颗粒消耗量增加到 130 万 t/年,预计到 2010 年颗粒供热系统的细微颗粒的排放将仅仅升高到总份额的 1.39%。

上述观点并不是要轻视固体颗粒供暖系统的细微颗粒的排放。相反,他们采取一系列的措施进一步降低固体颗粒供暖系统细微颗粒的排放。然而,图 9-14 清楚表明,要寻找细微颗粒重点排放源与其他相应更大的减排潜力的部门(工业、交通和农业)。

然而住宅供热有明显的减排潜力,可通过多种理论方案证明。如果木材和煤供热系统被生物质供热系统替代,住宅供暖细微颗粒排放可从 7900 t/a 减少到 2140 t/a(−72.9%)。如果所有的木材和煤供热系统被燃油或天然气供热系统替代,细微颗粒分别可减排到 330 t/a 或 250 t/a(分别−95.8%或−96.8%)。通过用现代颗粒燃料、燃油或天然气供热系统代替旧供热系统可实现效率增加,但这并不在理论论证中考虑。这些带来细微颗粒更进一步的减排。

减少住宅供暖细微颗粒排放的主要方法是替代旧木材和煤供热系统。仅考虑细微颗粒的减排,天然气和燃油供热系统的使用增加是主要的原因。然而,这将在住宅供热单元中带来大

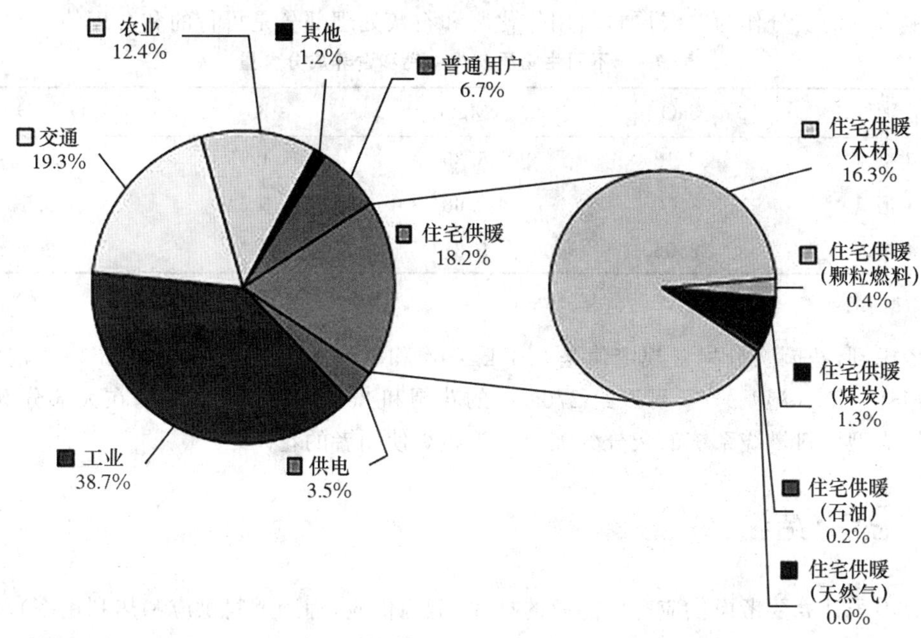

图 9-14 奥地利细微颗粒排放数据

注:数据来源[406,408,419,431];2006 年颗粒供热系统细微颗粒的排放(见 10.1.4.2 节)

量二氧化碳排放。考虑奥地利法律规定的二氧化碳减排义务,这将达不到预期目标。颗粒燃料供暖系统的使用增加在上述所关注的问题有很明显的优势。使用现代颗粒燃料供暖系统可同时减少二氧化碳和细微颗粒的排放。将住宅供暖部分全部改为固体燃料供暖系统将比煤系统住宅供暖的细微颗粒排放减少 28%(归功于木材和煤燃炉细微颗粒的减少,这将完全抵消比煤油和天然气供暖系统细微颗粒排放更高的颗粒燃料系统的排放)。

鉴于以上原因,因为颗粒燃料供热系统的细微颗粒的排放而强烈要求阻止颗粒供暖系统的使用,减少颗粒供暖系统的投资或甚至采用宣传基于化石燃料的系统,这完全被认为是不合理的且达不到预期目标的。相反,加强颗粒燃料的使用确实能减少温室气体和细微颗粒的排放。

9.11 固体剩余物(灰分)

如果在小型系统中使用标准化固体成型燃料,仅会发现少量灰分。假定灰分上限值含量质量分数为 0.5%(干基),每吨颗粒燃料会产生 4.5 kg 灰分。假定固体颗粒消耗为质量分数 6%(干基),每年最大灰分排放量为 27 kg。然而实际灰分含量和灰分量相当低。

例如,在奥地利,木材灰分不是有害废弃物(根据 2008 年废物目录[432])。废物处理可以和残留物或者生物降解物同时进行。然而由生物质燃烧得到的灰分含有大量的营养素。表 9-8 中列出了生物质灰烬中的营养成分,据表可得出生物质灰烬主要包含了钙、镁和钾的氧化物,这些成分使得生物质灰可作为肥料和石灰处理的有效选择。生物质灰分中不存在氮元素,这是由于大多数氮通过烟气从炉中排除。因此当生物质灰用作肥料时必须添加氮元素。关于重金属含量,只要燃烧的生物质没有经过化学处理就不会有任何问题。因此,灰分中固体颗粒加热系统中得到的灰分作为次级原材料用作化肥和石灰处理部分是可行的和合理的。

表 9-8　不同生物质灰烬中钙和营养成分含量

能源	CaO	MgO	K_2O	P_2O_5
树皮	32.12	5.35	4.45	1.77
木屑	38.70	4.68	6.54	3.57
锯屑	28.06	5.37	7.56	2.35

注:数据来源[433]

应考虑到,花园灰分配置规定值是 0.1 kg/m² 和草地规定值 0.075 kg/m²。假定固体颗粒平均消耗为 6 t(湿基)$_p$/a,可以给 270 m² 的花园和 360 m² 的草地施肥,在大部分例子中,所有固体成型燃料燃烧系统的灰分分配应用于燃炉使用者的花园。

9.12　总结/结论

排放因子计算要考虑供应有用能源的排放(能源供应,辅助燃料供应和热利用率),排放因子被用作基于固体颗粒、木屑、化石能源、天然气和燃油的区域供暖与集中的住宅供暖的生态环境的对比。固体颗粒、燃油和压缩天然气的集中供暖系统要考虑到,这是该领域的创新变革,天然气供暖系统中燃气压缩并没有计算在内,然而这些技术已支配燃气供热系统,传统系统在新装置中处于从属地位。

关于二氧化碳的排放和其后的结论,生物质燃料供暖系统比化石燃料系统有明显的优势。如果使用固体颗粒燃炉取代燃油炉,二氧化碳可减排 78000 mg/MJ_{NCV}。如果使用同样的固体颗粒然炉取代燃气炉,大约可减排二氧化碳 54000 mg/MJ_{NCV}。2008 年奥地利固体颗粒的消费量为 500000 t(湿基)$_p$,假定仅仅是燃油和燃气供热系统被固体颗粒加热系统替代,使用固体燃料可减排二氧化碳 575000 t/a。在规定的框架条件下,2010 年可减排近 150 万 t 的二氧化碳(固体颗粒消费预测为 130 万 t/年)。实际情况下,固体颗粒燃炉代替供暖系统基于部分二氧化碳中性和能源载体(如木屑和柴),因此实际减排的二氧化碳较少。然而,数字强调的是颗粒燃料作为贡献者对奥地利温室气体减排的重要性。

关于一氧化碳和细微颗粒的排放,生物质供暖系统与化石能源相比有明显的劣势。仅仅是使用木屑的固体颗粒系统的一氧化碳排放量比天然气供热系统的排放量稍低。然而,新型固体颗粒燃炉细微颗粒的排放主要来自相对较高的灰分含量的生物质燃料,随着最近技术的发展,一氧化碳的排放会大幅减少。在这方面必须注意到,由于这些技术的发展减少的排放不包含一氧化碳和细微颗粒的排放因子。因此一氧化碳和微粒排放在目前国家如奥地利的国家清查报告中偏高,因为目前的排放因子依然需要考虑到旧的、控制不佳的系统。充分考虑近年来的技术发展,现代生物质炉一氧化碳和细微颗粒的排放因子应考虑到国家一氧化碳和固体颗粒的清查报告。

天然气系统碳氢化合物的排放比其他系统排放高很多,这是沿着燃料供应链的排放结果。旧木屑炉也表现出相对较高的碳氢化合物的排放,高排放的原因是燃烧控制系统的简陋造成的不完全燃烧。

关于氮氧化合物的排放,天然气系统具有非常低的排放量,这主要是由于燃烧过程中的低排放。其他系统的氮氧化物的排放基本处于同一水平。关于二氧化硫的排放,燃油系统排放量相对较高,由于燃油中硫含量相对较高,在燃烧过程中的排放量也较高。天然气系统的二氧化硫的排放相对较低,因为含量少所以燃烧过程的排放低。其他系统的二氧化硫排放量处在相同水平。

如果排放与有用能源相关,每年都需要考虑年效率,燃油和天然气系统和区域供暖系统的影响最小,分别因为燃气压缩和年效率高。相对较低年效率对旧和新木屑炉的影响最大。比较固体颗粒、燃油和天然气供暖系统,化石燃料系统的较高年效率使之与有用能源排放因子最相关。

使用燃气压缩(高 6%~8%)带来更高的年效率,在这些应用该技术的系统中排放因子表现稍低。多年以来燃气压缩一直是国家燃气供热系统的最先进技术,它目前被引用到颗粒燃料和燃油系统中。关于效率的提升和带来的减排,燃气压缩技术用于传统的炉技术。

细微颗粒和气溶胶的排放是一个特殊的问题,因为它们对健康造成了不利影响。因此,这个问题在一些国家和国际的研发项目进行了讨论研发处理(见 12.2.1 节)。调查结果表明,有三个关键的方法可以减少小规模生物质炉的细微颗粒的排放。

新建筑现代燃烧技术的使用应有适当的补贴。现代固体颗粒燃炉特别应该在这方面得到关注。木材固体颗粒在理想的条件燃烧下导致碳元素(煤烟)和有机碳氢化合物的低排放,最终带来低细微颗粒的排放。烟尘和碳氢化合物的减少排放对健康有特殊的意义,而且细微颗粒对健康的不利影响可通过减少烟尘物质和有机烃类化合物来改善(见 12.2.1 节和文献[42,426,434,435])。固体燃炉燃气压缩技术与这方面排放相关,因此可通过使用这种技术(见6.1.2.9.1节, 8.2.3 节和 9.7 节)减排细微颗粒。

基于上述原因,通过补贴方案和锅炉交流活动使旧木材燃炉的使用者转换为使用新的木材或者颗粒燃炉。旧木材炉已经被证明具有高的碳元素(烟煤)和有机碳氢化合物的排放,从而带来高的细微颗粒的排放增加了对健康的不利影响(见上文)。在这一领域通过法律可实现解决细微颗粒排放问题。

虽然关于燃烧和控制技术措施可以显著减少碳气溶胶的形成,但通过这样的方式不能明显防止有机气溶胶的形成。

为了有效减少无机气溶胶,安装合适的细微颗粒沉降系统是一个额外措施。这种系统正在测试和研发[434,435]。引进市场前,需要进一步的研发。

关于生物质炉的固体剩余物,即灰分,可以建议它用作花园的肥料,因为生物质燃烧的灰分包含相当数量的养分和土壤改善物质。它们是宝贵的施肥和石灰配料的二次原料。如果这不可行,灰分可当作残留和可降解废弃物处理。

10 当今国际市场概述与预测

本章概述了世界颗粒燃料市场的发展。我们并不认为自己的概述很完整,因为可能更多没有公开的活动在世界上很多地区正在进行着呢。不过本章将世界上所有发展良好的和已知的新兴颗粒燃料市场都包含在内。欧洲国家是主要关注点,因为颗粒燃料的生产和利用主要集中在这里。最重要的一些国家会单独介绍,如奥地利、德国、瑞典和其他国家。世界上另一个重要的颗粒燃料市场在北美,因此对这个市场也做了详细介绍。世界上其他国家的活动在一个单独的小节中做概括。

市场描述包括关于历史发展和颗粒燃料的生产现状、消耗、进口和出口以及可能使用的原材料和可获得性等可用的数据。此外,对颗粒燃料的不同利用领域进行了描述。

关于颗粒燃料生产潜力的国际概述、颗粒燃料国际和洲际贸易以及颗粒燃料生产和利用的社会经济学方面等内容的小节对本章内容进行了补充。

10.1 奥地利

10.1.1 颗粒燃料协会

1997 年奥地利颗粒燃料协会(Pelletsverbrand Austria,PVA)成立。PVA 参与颗粒燃料生产和锅炉行业的技术协调项目。PVA 在很大程度上操纵并影响了颗粒燃料作为燃料的技术标准,并且建立了欧洲第一个颗粒燃料物流标准。PVA 还代表奥地利就欧洲标准化与欧盟进行谈判。

PVA 为其成员制定标准,部分设定比 ÖNORM M 7135 标准还要严格,并且还包括 ÖNORM M 中没有涉及的参数(尤其是一些重金属限值)。此外,还实行了官方质量认证,该认证为颗粒燃炉和颗粒燃料制定了严格的质量标准,并且还对颗粒燃料运输进行管理。根据这个认证,颗粒燃料装货上车前必须过筛,以保证粉末的质量最大不超过 1%。此外,该标准授权在封闭的仓库或封闭的储存空间可临时存放颗粒燃料,如筒仓以及运输颗粒燃料的特殊颗粒筒仓卡车。

PVA 为了确保为成员设定的高品质,2002 年 3 月出台了一个创新性的质量控制和保障系统。为了这个目的,木块的编码被添加到颗粒燃料上。根据木块编码可迅速找出谁生产了颗粒燃料、生产的地点和时间、在何处临时存储过,如果可以的话,还有谁负责燃料的运输。因此,颗粒燃料是完全可以溯源的。除了编码,颗粒燃料每年还要接受一个独立的并且国家级的认证机构的 4 次突击检查。

因此,PVA 可以视为颗粒燃料运输法规和供应链溯源性的先驱。颗粒燃料的运输和储存条例后来被两个单独的国家标准(参见 2.5 节)所涵盖,而且现在是在欧洲层面上的新认证系统 ENplus 中生效。此外,颗粒燃料供应链完整的溯源系统也要在 ENplus 中实施(参见 2.6 节)。

PVA 不再以最初的形式存在。2005 年,它从一个有限责任公司改变为一个新的组织形式,即注册协会。其成员是供暖系统业主、安装和技术人员。新组成的 PVA 有以下功能:为颗粒燃料使用者提供信息和保护、为所有成员提供常规信息服务、为安装人员提供信息和帮助、对颗粒燃料行业内的价格比较,同时也涉及石油和天然气,以及可再生能源领域内不同市场参与者的联网。

2005 年 5 月,另一个奥地利颗粒燃料协会组织 proPellets Austria 成立了。proPellets Austria 网罗了不同领域的主要市场参与者,例如燃炉、锅炉和储存系统制造商、颗粒燃料生产和贸易商以及能源供应商。proPellets Austria 的目的是宣传颗粒燃料作为革命性供暖方式的重要性,并使其在消费者群中获得更广泛的认知[437]。proPellets Austria 专注于向广大民众传输颗粒燃料这一非常环保且可再生能源的重要性。proPellets Austria 没有像 PVA 那样建立很多标准。现有的标准(参见第 2 章)已经非常足够了。

10.1.2 颗粒燃料生产、生产能力、进出口

奥地利的颗粒燃料生产框架条件是非常有利的,同时颗粒燃料的需求还在持续增长,因为每年都有大量新的颗粒燃炉被安装,且主要集中在住宅供暖领域。目前有很多新建立的颗粒燃料工厂都配备有合适的锯末干燥装置就证实了这一趋势。至于当前最重要的原材料,也就是锯末,很早以前预测的原材料短缺问题现在已经成为现实,不仅仅是缘于碎料板行业的竞争。

在奥地利有 19 个颗粒燃料生产商,29 个生产基地(依照 2010 年 3 月的数据)。图 10-1 展示了这些工厂的位置和规模。图中可知所有生产现场中有 1/2 可以达到 10000～50000 t(湿基)$_p$/a 的生产能力。生产能力偏低的生产基地占 17%,生产能力高的占 31%。

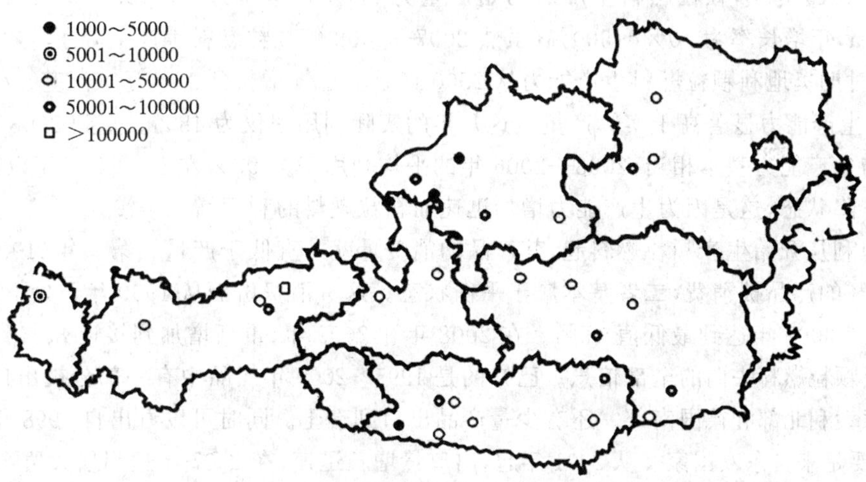

图 10-1 奥地利颗粒燃料生产厂位置和生产能力

注:2010 年 3 月时的状况;单位 t (湿基)$_p$/a;数据来源:我们自己的调查研究

图 10-2 展示了奥地利自 1996 年开始生产颗粒燃料到现在颗粒燃料生产能力的发展情况。截至 2000 年,生产能力年增长率高达 115%,12 家生产商的生产能力为 200000 t(湿基)$_p$/a。在这之后经历了一个没有新生产能力发展但国内消费增长的阶段。从 2004 年起,生产能力再次强势增长。在 2009 年,由于新生产基地的建立,颗粒燃料生产能力达到大约 100 万 t (湿基)$_p$/a。

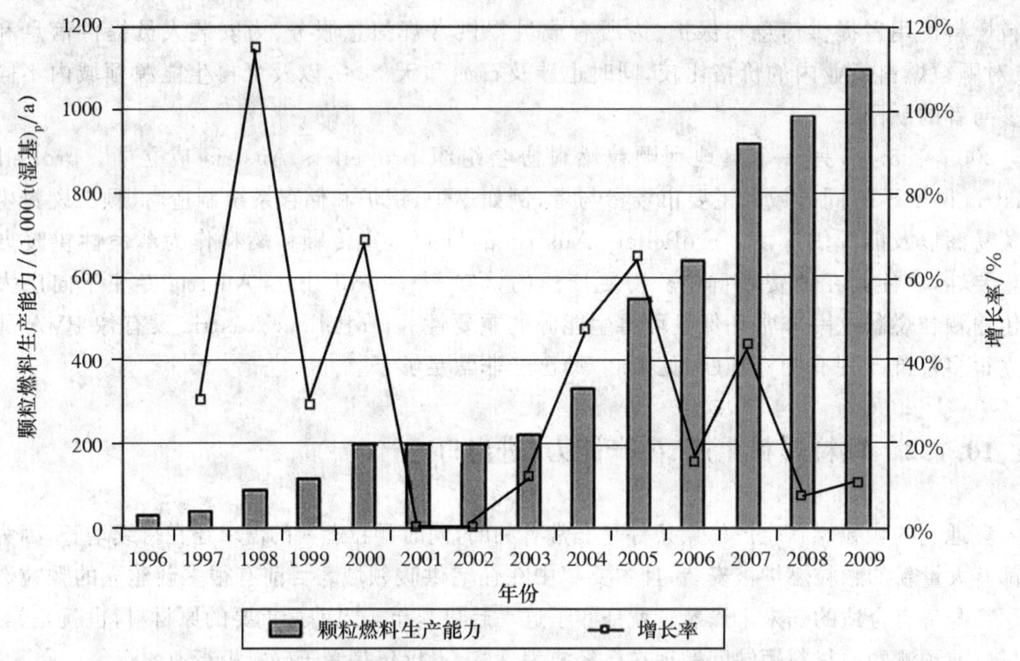

图 10-2 1996—2009 年奥地利颗粒燃料生产能力的发展

注:数据来源[170,437,438,439,440,441,442,443];自己的调查研究

图 10-3 显示了从 1995 年以来奥地利颗粒燃料生产的发展与装机生产能力、年需求与出口的比较。1995 年,颗粒燃料生产的初始产量为 2500 t(湿基)$_p$/a,2009 年增长到 695000 t(湿基)$_p$/a,年增长率为 10%~500%(虽然 2007—2008 年颗粒燃料生产下降了 9%)。相比之下,这一时期奥地利颗粒燃料生产能力从 2500 t(湿基)$_p$/a 增长到 110 万 t(湿基)$_p$/a。1996—2002 年,生产能力显著高于实际产量。这几年的实际利用率仅为 48%。直到 2003 年,颗粒燃料产量与生产能力基本相当,2003—2006 年的平均利用率为 93%左右。2007 年以后,平均利用率呈下降状态,这是因为生产能力增加迅速而颗粒燃料的利用增长缓慢。

奥地利从开始生产颗粒燃料起,其产品的消费量就一直低于产量。第一年(1998 年左右)生产,95%的产品被消费,二者基本属于平衡状态。这一消费份额从 1999 年开始下降,经历起起伏伏,到 2007 年达到最低值 47%。在 2008 年和 2009 年,重新增加到接近 85%。没有获得关于剩余颗粒燃料去向的全部信息。已知的是 1995—2000 年产品中有一部分被出口[170],主要出口到意大利北部和德国南部。还有少量产品出口到瑞士。同时可以看出自 1998 年以来也有进口,主要是来自东欧国家。从 2001 年起,出口量增长迅速,在 2007 年达到最大值 313000 t(湿基)$_p$/a[446],因为在意大利、德国和瑞士的部分市场扩大。剩余产品的一部分很可能被储存起来以保障供给安全,就像 2003 年首次建立的存储设备那样[333,447]。虽然尚无可靠数据,据推

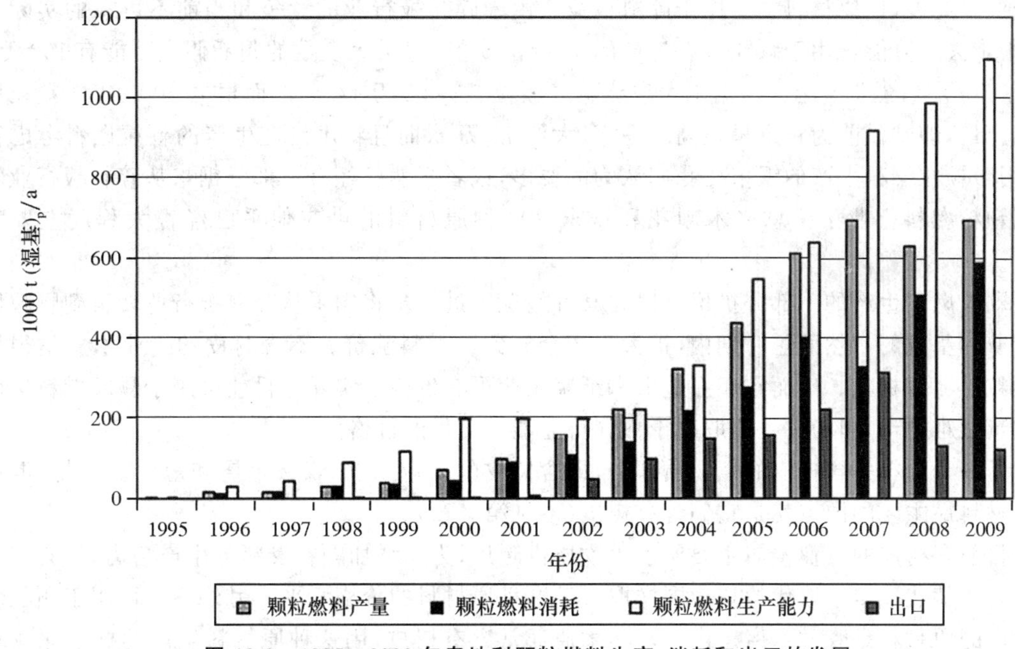

图 10-3 1995—2009 年奥地利颗粒燃料生产、消耗和出口的发展

注：数据来源[170,437,439,440,441,442,444,445]，自己的调查研究

测，从东欧的进口量就是从那时进一步增加的。

关于颗粒燃料市场发展的预测很难，因此应该仔细评估，因为这些预测总是不得不根据过去发生的做修改。2000 年对颗粒燃料产量的预测就是一个例证。奥地利 2010 年的颗粒燃料产量预测为 200000 t(湿基)$_p$/a。而 2003 年的产量 225000 t(湿基)$_p$/a 就超过了这个值。因此现在应放弃对颗粒燃料市场未来发展的详细预测。无论如何，产量的额外增加、生产能力和消费还是要做预计的，只是能做到什么程度还是一个问题。

为了进一步提高颗粒燃料产量能否获得所需要的潜在原材料以及能获得多大程度会在下一节中进行讨论。

10.1.3 颗粒燃料生产潜力

一些木质生物质可作为原材料用于制造颗粒燃料，包括木刨花、锯末、工业和林业的木屑(带或不带树皮)、短轮伐期作物和原木。

奥地利可能有的木刨花量很难估量，因为木材加工业累积的刨花量并没有被记录。所报道的木屑总量在 80 万～240 万 t(湿基)/a 这个大范围内[448]，大约 10 万 t (湿基)/a 用于颗粒燃料生产。大部分木刨花用在室内(大多数为热利用)，剩余的小部分用于团块生产。因此，在当前框架条件下，以木刨花为原材料的颗粒燃料生产几乎没有增加的可能，因为实际上可用的原材料基本都已经被用完了。只有增加木材加工业的产量才有可能给这方面带来额外的潜力[60]。

锯末的资源量要比木刨花大，通常能获得的锯末含水量为 55% (湿基)。据说奥地利锯末产量能达到 210 万 t (湿基)/a[449]。大量的锯末用于室内的供暖，最近也有大量应用于热电联产企业。此外，该原材料主要用于碎料板业。由于碎料板行业的竞争和当前不可靠的实际总量，很难去估算能够用于颗粒燃料生产的实际锯末量。过去大多数的判断假定可能有100万t(湿基)/a左右[59,450]，用这些锯末大致能生产颗粒燃料50万t/a。然而根据2009年的颗粒燃料生产量，即到目前为止产量最高的一年，大约70万t，而且将木刨花生产的颗粒燃料考虑在内，用于颗粒燃料生产的锯末比我们认为的要多，或者必然已经有一部分锯末从碎料板行业转移到颗粒燃料行业了。总之木刨花和锯末这两种原材料的供应似乎已经很大程度上要耗竭了。

颗粒燃料生产的一部分扩增是以在某种情况下进一步将锯末从碎料板行业转移到颗粒燃料行业为基础的。然而短时期内，扩大生产会导致原材料涨价。不含树皮的工业木屑是很好的颗粒燃料原材料。然而它们在造纸和纸浆工业更有价值。实际上目前可用于颗粒燃料生产的数量很难估计，因为这主要取决于不同行业能够支付的价格。

另一个选择是含树皮的生物质部分，即含树皮的工业木屑、森林木屑和短轮伐作物，但这些原材料最主要的缺点就是它们含有树皮(参见第3章)。

目前含树皮的工业木屑主要用于生物质供暖厂，为了增加颗粒燃料的生产潜力，将会被其他燃料所替代。至于取代的程度同样取决于这种原材料的价格水平。另外一个可用于颗粒燃料生产的原材料是森林木屑。由于森林木屑通常含有树皮，用这种原材料生产的标准化颗粒燃料的灰分通常都达不到prEN 14961-2规定的A1级。虽然增加的灰分可以通过技术措施处理，比如说颗粒燃料供暖系统中合适的除灰系统，但却不能用于生产小型系统市场上的标准化颗粒燃料。不过，这样的颗粒燃料可以用于现在经常使用标准化颗粒燃料的中大型燃炉。它们可以取代小型系统市场上的标准化颗粒燃料。森林木屑当前主要是热利用。实际上将这种原材料用于颗粒燃料生产是不可能的。不过根据文献[59]，森林稀释活动的增强使森林木屑有额外增加250万t(干基)/a的潜力。这将使得颗粒燃料额外增加的产量可能超过这个比例。粒化的另一个可能原材料是SRC种植园的木材(如柳树、杨树)。使用SRC的主要缺点和使用所有含树皮的木屑群体的情况一样，因为它们的高灰分以及高氮、氯和硫含量。这些颗粒燃料达不到prEN 14961-2规定的顶级A1级的质量。

工业和森林木屑生产的颗粒燃料的理论可能值估计每年超过400万t[60]。将SRC的可能性考虑在内，颗粒燃料能再增加270万t，总共为670万t[60]。

还有一个供替代的选择是用原木生产颗粒燃料。可以在加工前去除树皮，但会增加额外的生产成本[111](参见7.3节)。奥地利的一些颗粒燃料生产商正朝着这个方向开展一些研究[109,111,112]。在国际上，使用原木生产颗粒燃料已经是一种常见的做法了。然而目前并没有对这种原材料的潜力进行深入的研究。奥地利森林数量每年增长3000万scm，而仅利用了2000万scm。在可持续基础上每年1000万scm可以视作用于颗粒燃料生产的理论潜力值。事实上到底有多少可以被实际利用还需要进行调查。

从整体的方式来看获得的可能性时，还有一个不容忽视的方面，可利用锯末的量根据木材加工能力的变化而变化。直到最近，木材加工能力才有望在接下来的几年里有所增加[419]，那么可用的锯末也有望增加了。由于持续的金融和经济危机，木材加工量被削减，导致可利用的锯末减少。上述讨论的备选原材料，如木屑或原木，与环境相关性更大些。

颗粒燃料行业目前几乎消耗了所有的锯末。随着木材加工数量的减少这种状况变得更加夸张了。将锯末从碎料板业转移到颗粒燃料行业可以减缓这种状况并且将锯末耗竭时间稍微推迟一点。目前还无法对这方面进行准确的预测，但是考虑到上文讨论过的超出生物质部分的额外的颗粒燃料生产潜力每年大约 670 万 t 和奥地利未被利用的 1000 万 scm 的森林，可以得出这个结论——即使颗粒燃料市场进一步显著增长，未来几十年仍有足够的原材料。

然而可以假定，只有一定数量的可用理论潜力能够在实际上被颗粒燃料行业利用。如果颗粒燃料市场需要找到新的供应商，进口的重要性可能也会增加。颗粒燃料从东欧和俄罗斯进口具有特殊相关性。这个方面的发展已经很显著了[451,452,453]。进口的增加意味着奥地利和几乎整个欧洲市场需要通告出口国家的颗粒燃料生产商必需的质量要求和标准，以及需要采取适当的措施阻止低质量颗粒燃料在小型燃炉中使用。

10.1.4 颗粒燃料利用

10.1.4.1 一般框架条件

在奥地利，利用生物质燃料的居民供暖系统的安装和更换可以通过非偿还津贴方法进行投资补贴。不同联邦国家对补贴有不同的指导方针，所以补贴能达到的程度没有统一的说法。木质颗粒燃料炉的补贴能达到 25%～35%，或最多 1000～5500 €的补助。许多补贴都仅限于某个特定时期，不过资助计划往往会延长，补贴的数量和类型不会有大波动。

此外，在安装再生能源系统的时候，除了基本住房和装修的补贴之外的额外补贴以提升信用额度的形式来授予，给予的程度仍然因各联邦州而异。

除了联邦州补贴，许多奥地利市政也为新能源系统（如热泵、太阳能供暖系统、木屑供暖系统、颗粒燃料供暖系统、光伏发电系统）的安装提供获得补贴的可能性。补贴金额由当地政府决定。

除了颗粒燃料炉的投资补贴，相比于化石燃料，颗粒燃料还有税收优势。奥地利与 1996 年 6 月 1 日推行了电力和天然气能源税，至今已经进行了两次修订。目前（2010 年 3 月）天然气的税金是 7.92 €ct/Nm^3（相当于 0.713 €ct/kWh）。电力的能源税是 1.8 €ct/Nm^3（两税值都包括 20%的增值税）。从开始使用生物质能源时就没有这些能源税。此外，颗粒燃料的增值税只收取 10%。所有化石燃料和区域供暖要交 20%的增值税。

10.1.4.1.1 小型用户

在颗粒燃料集中供暖系统领域，1997—2006 年新安装的设备显著增多，只有 2002 年有轻微的下降。2006 年，在奥地利有 10500 个新颗粒燃料中心供暖系统和 5640 个颗粒燃料炉被安装[454,455,456]。颗粒燃料供暖系统显著增加的原因之一是前面提到的各个联邦政府对颗粒燃料供暖系统新设备安装和旧设备替换的补贴。此外，不同市场参与者的信息和营销举措，如 proPellets Austria，同样对颗粒燃料供暖系统的增加做出了贡献。另一个主要原因是近几年天然气和石油的价格逐渐上涨。然而在 2007 年，由于颗粒燃料价格的大幅上涨和局部供应短缺，新安装的颗粒燃料供暖系统和颗粒燃料炉的数量在这一时期明显减少（参见 8.1 节），这导致了消费者对价格稳定和供应安全的怀疑。颗粒燃料价格能够随着生产能力的扩展再次降低，从而恢复用户对价格稳定和供应安全的信心。在 2008 年，所有类型系统新安装的数量都有显著的增长。

图 10-4 列出了自 2001 年以来安装的颗粒燃料炉的数量。2001 年以前，几乎没有安装任何颗粒燃料炉。总的来说，截至 2008 年底，奥地利安装了 20000 多个颗粒燃料炉。

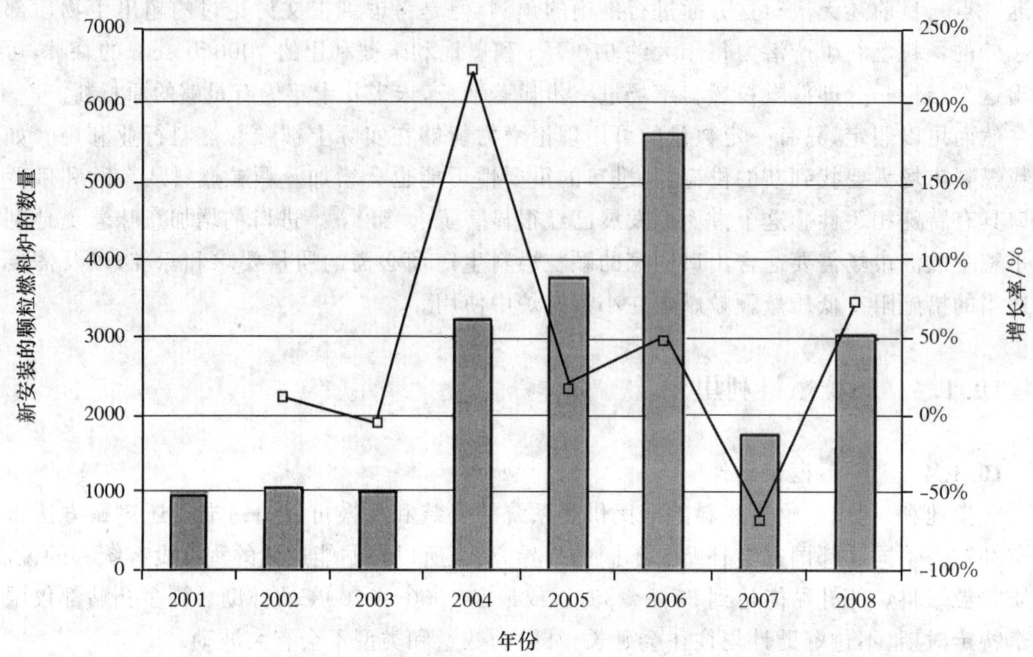

图 10-4 奥地利 2001—2008 年颗粒燃料炉的发展

注:数据来源[454,455,456,457]

图 10-5 体现了颗粒燃料集中供暖系统设备新安装数量的年增长和增长率。图 10-6 呈现的是总装机功率和增长率。到 2008 年底,奥地利大约安装了 62400 个额定功率在1200 MW_{th} 的颗

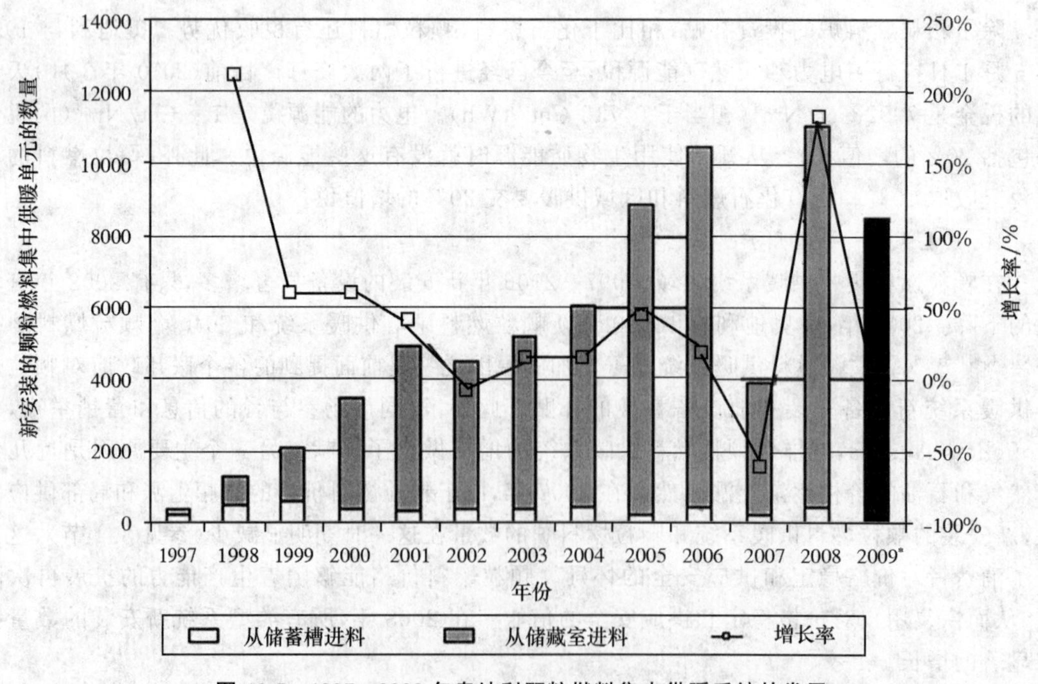

图 10-5 1997—2009 年奥地利颗粒燃料集中供暖系统的发展

注:* 预测;数据来源[443,455,456,458]

粒燃料集中供暖系统。忽略 2002 年和 2007 年的下降，新安装系统的增长率在 16%～211%。在 2007 年的显著下降之后，2008 年出现强势增长，甚至超过了 2006 年的高峰期。2009 年，新设备安装减少约 23%则在预料之中。由于取暖油价格显著增加，颗粒燃料炉安装数量的增长将会强劲而且持续。

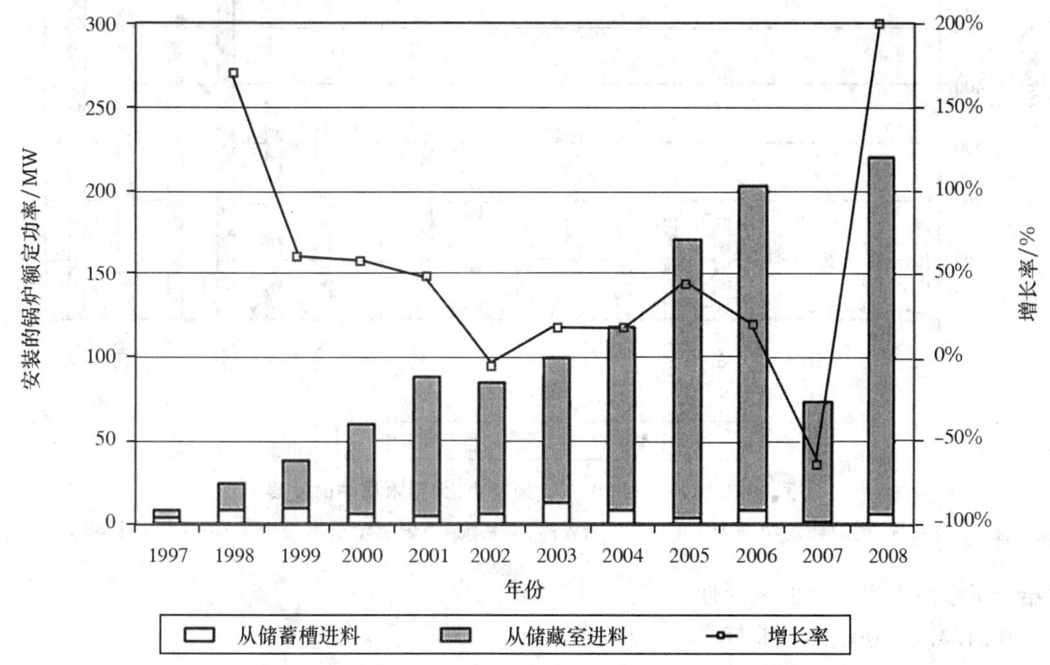

图 10-6　1997—2008 年奥地利每年安装的颗粒燃料集中供热系统锅炉额定功率的发展

注：数据来源[444,455,457]

图 10-6 还表明，配备整合颗粒燃料容器、需要人工填充包装颗粒燃料的炉子扮演的是次要角色。总的来说，只有 6.6%的颗粒燃料集中供暖系统装备这样的颗粒燃料储存盒。

10.1.4.1.2　中、大型用户

在奥地利的中型和大型系统领域内，颗粒燃料炉并不是主角。在这里主要使用的是木屑炉或利用木屑和锯木厂副产品（包括树皮）混合物的车间。中、大型工厂的发展如图 10-7 所示。中型系统的安装直到 1993 年一直都在减少，1993—1998 年有所增长。1999—2002 年新安装设备的数量明显减少，而 2003—2006 年再次强势增长。同颗粒燃料供暖系统一样，在 2007 年几乎没有安装新的中型系统。原因是燃料价格的上涨，因为颗粒燃料的价格高，森林和锯木厂副产品的价格也高。直到 1998 年，大型系统以每年大约安装 50 个的速度持续增加。1999—2004 年每年安装 26～54 个。2005 年新安装的系统几乎翻了一番。从那时起，新系统的安装数量保持了这种强劲的增长速度，在 2007 年达到了最高值 88 个。

目前只有少数额定锅炉功率在 100 kW 以上的颗粒燃料炉在运行，即使这个功率范围的设备越来越多。在未来几年，特别是在公寓楼里颗粒燃料的利用预计会增加。在这个功率范围内利用颗粒燃料是相当有利的，因为其高能量密度，颗粒燃料需要的储存空间比较小。此外，工业颗粒燃料也可以被使用，因为这些系统可以处理较低品质的颗粒燃料，粒度大和高粉尘或灰分等问题对较大的燃炉不会造成不良影响。而且，颗粒燃料和木屑通常可以结合使用，

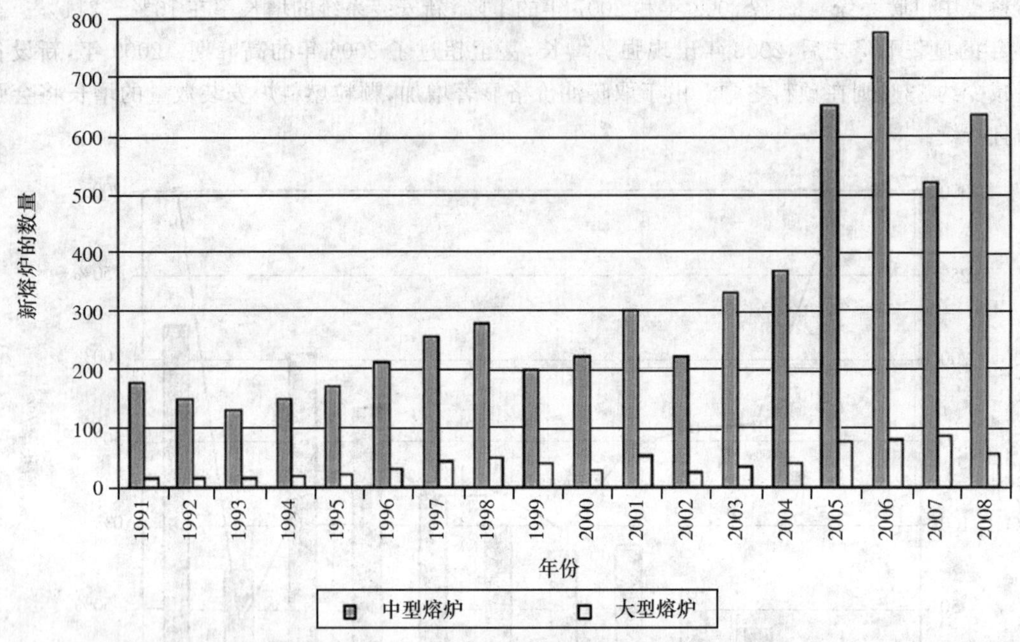

图 10-7　1997—2008 年奥地利中、大型木屑炉的发展

注：中型系统：锅炉额定功率为 100～1000 kW；大型系统：锅炉额定功率至少 1 MW；数据来源[455]

这给予了系统在燃料上的灵活性。

10.1.4.2　颗粒燃料消耗

图 10-8 给出了奥地利自 1996 年以来颗粒燃料消耗量的发展。2009 年使用的颗粒燃料大

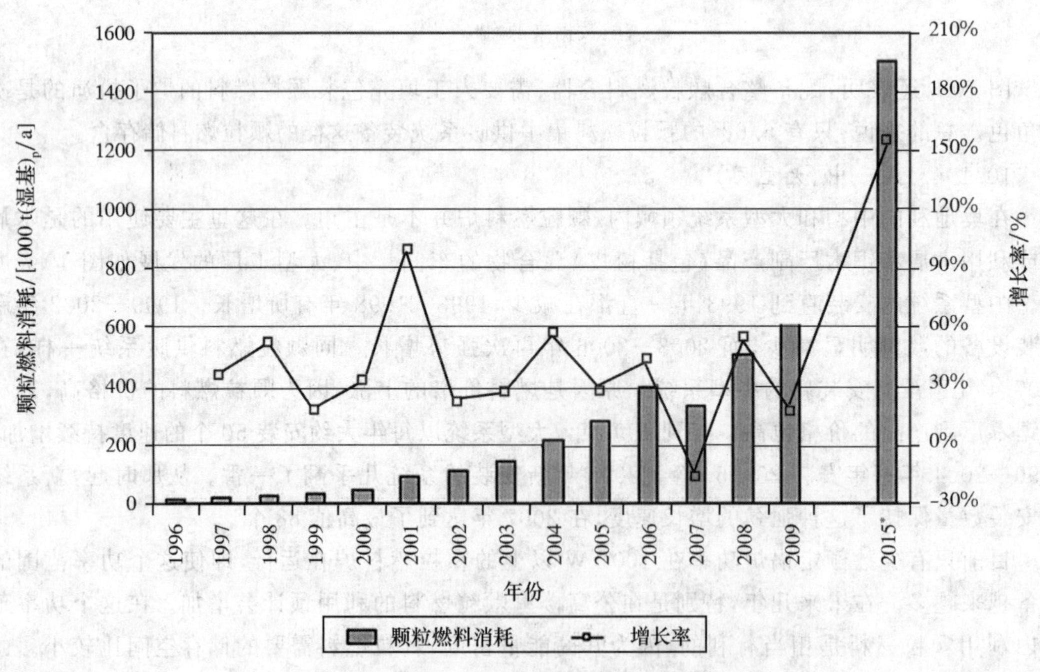

图 10-8　奥地利 1997—2008 年颗粒燃料消耗量的发展变化

注：* 预测；数据来源[212,437,439,441,442,443,447,459,460,461,462,463]

约是 590000 t。这样看来，从 1996 年颗粒燃料第一次以显著数量被消耗掉到现在，颗粒燃料的消耗量增长了 42 倍。在这些年间，颗粒燃料消耗的年增长率为 16%～100%。仅仅只有在 2007 年有 18%的减少。这次减少是因为 2006/2007 年的冬季非常温暖，需求的减少导致消费下降。预计 2015 年颗粒燃料的消费量会达到大约 150 万 t[212]。大约 150000 个新的小型颗粒燃料集中供暖系统，颗粒燃料平均消费 6 t(湿基)$_p$/a，就会消耗这么多的颗粒燃料。因此 2015 年前，每年需要安装大约 25000 个新的颗粒燃料集中供暖系统。

奥地利国内可再生能源(不包括水电)的消费总量在 2007 年约 230 PJ。颗粒燃料的比例为 3.7%或者是 8.6 PJ，如图 10-9 所示。2007 年奥地利，颗粒燃料的消费占一次能源的消费总量 1421 PJ 的 0.61%。2009 年这一比例提高到 0.73%(颗粒燃料的生产建立于 2009 年并与 2007 年的一次能源消耗总量相关)。生物能源的比例(根据图 10-9，可再生能源不包括地热能、风能和光能)占一次能源使用量的 15%左右(213 PJ)。

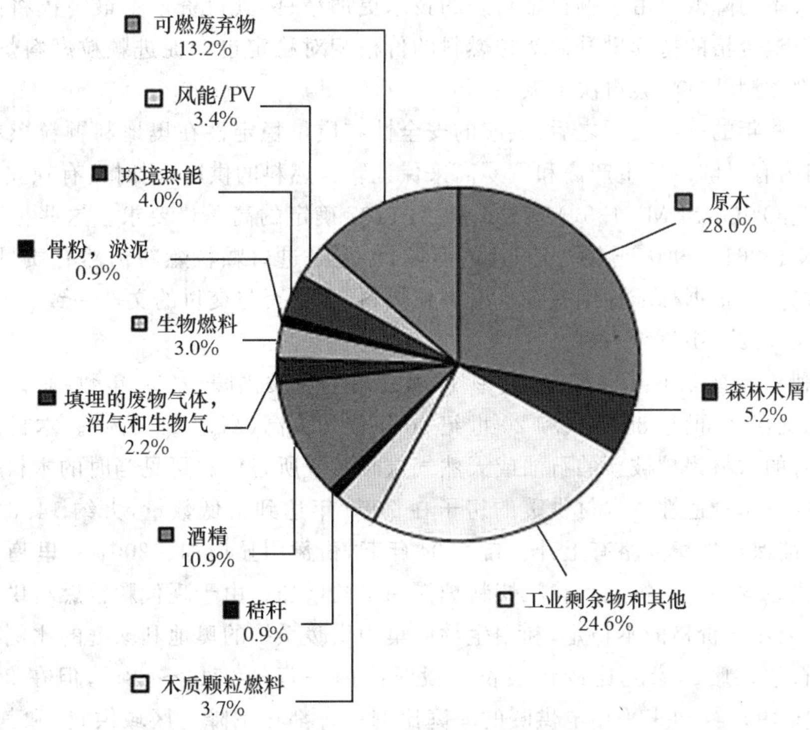

图 10-9 奥地利的可再生燃料(不含水力发电)国内消费总量(2007 年)

注：总消费量 230 PJ；环境热：太阳能集热器；热泵；地热能源

10.1.4.3 颗粒燃料消费潜力

10.1.4.3.1 市场进一步增长所需的框架条件

对瑞典 1500 名房主的问卷调查研究发现，他们购买新供暖系统考虑的主要因素是年花费、运行稳定性、投资成本和室内空气质量(重要性依次递减)。而且，研究发现在做决定时环境方面因素起到的作用较小。虽然瑞典的调查结果对奥地利的适用性有限，但主要结论还是可以推断出来的。可以假定瑞典房主和奥地利房主有三个相同的最重要的判断标准，只是重要性排序不一样。在瑞典主要是正在使用的颗粒燃料炉完全改换成烧颗粒燃料，而不是替换现有的锅炉。在奥地利的颗粒燃料炉作为一个完整的系统，几乎是排他使用的，由于这是一个完整的系统并且这个燃炉技术是最先进的，所以价格昂贵。因此，可以推测高投资成本是选择颗粒燃料炉的主要障碍(尽管可以有投资补贴)。这份调查经过了很多要在这方面做决定的房主的反复确认。

石油价格的低廉在很长一段时间抑制了颗粒燃料作为燃料的发展。投资补贴的引进和石油价格的增长给颗粒燃料市场带来了根本性的变化，这反映在每年增长的新安装颗粒燃料集中供暖系统的数量上。

高投资成本在一定程度上还是抑制着颗粒燃料炉的安装。带有自动存储排放装置的颗粒燃料集中供暖系统投资成本仍然高于 9000 €(锅炉和存储排放)。石油或天然气集中供暖系统投资成本却要低得多。要推动颗粒燃料市场就必须减少投资成本或者增加补贴。由于财政预算有限甚至正在缩减，增加补贴不太可能。近年来尽管颗粒燃料炉销量增加但其价格仍高居不下。与石油或天然气供暖系统相比，颗粒燃料炉的销量仍然很低，但产量的增加很可能会导致投资成本的降低。由于颗粒燃料炉的技术更加精良，其投资成本最终仍将高于石油或天然气炉。石油价格的持续攀升而颗粒燃料的价格相对稳定也会促进颗粒燃料炉销量的增加。许多专家都预测油价将会再次上涨。

经过早些年的一些问题之后，供应的安全性和质量稳定性在奥地利颗粒燃料部门已经不成问题，因为有足够多的生产商和贸易商来保证颗粒燃料的供应，同时又有独立的检验机构定期强制实施 ÖNORM M 7135、M 7136 和 M 7137 确定的高质量要求。这些标准将很快被欧盟标准 EN 14961-2 和认证系统 ENplus 所取代，但是进口颗粒燃料仍然有质量风险，贸易商和终端用户需要根据标准仔细检查这些颗粒燃料，看是否与交付的文件一致。

10.1.4.3.2 小规模应用

奥地利总共有 351 万户家庭，其中 19.4%用生物质供暖(2006 年数据)。如图 10-10 所示，这一比例在 20 世纪 80 年代和 20 世纪 90 年代初更高(高达 21.5%)。木材炉减少的主要原因是旧有的木材锅炉被新的石油或天然气供暖系统所替代。可见当时的木材供暖系统无法提供良好的操作舒适性。木材供暖的房子在 2000 年达到最低数量，大约 14.3%。这一比例在 2003 年前保持平稳并略有上升。自 2004 年起，份额明显增加。2001 年里趋势的扭转似乎是因为现代原木、木屑、特别是颗粒燃料炉使用量的增加。由于现代颗粒燃料供暖系统舒适度高和石油、天然气价格的不稳定，利用生物质集中供暖系统的奥地利家庭的比例必将会增加。

采用石油供暖的家庭比例在很长一段时间内一直是 27%～28%，但在 2006 年下降到 24.7%。从 1995 年以来采用电供暖的家庭比例一直都在下降。区域供暖(和其他)除开少数轻微下跌以外，一直在稳步增长，其份额从 1980 年的 4.3%上升到 2006 年的 23.9%。自 1980 年以来天然气供暖系统的份额也是稳步上升，在 2004 年的略微下降后于 2005 年达到最大值，几乎有 30%。这个比例在 2005 年和 2006 年再次下降。在 2000 年，天然气供暖系统的份额首次超过石油供暖系统。煤炭在 1980 年排第二，仅次于石油。不过从那时起奥地利户用燃煤供暖系统所占份额就一直下降，2006 年达到相对较低的 1.1%，现在的份额更低了。

除了 1986 年、1987 年和 2003 年以外，奥地利的总住户平稳增加，在 2006 年达到了 351 万户。住户的增加说明颗粒燃料供暖系统的潜力是巨大的，因为颗粒燃料不仅可以应用在传统的集中供暖，同样也可以在区域供暖工厂中使用(理论上可以从微型系统到大型区域供暖厂)。颗粒燃料供暖系统额外的增加可以通过在新建房屋中安装或者替换旧有的系统来实现。颗粒燃料供暖系统的安装总是可行的，那就是说，颗粒燃料系统可以替换任何系统(除了电力供暖系统,因为它没有烟囱,而颗粒燃料供暖系统需要安装烟囱)。

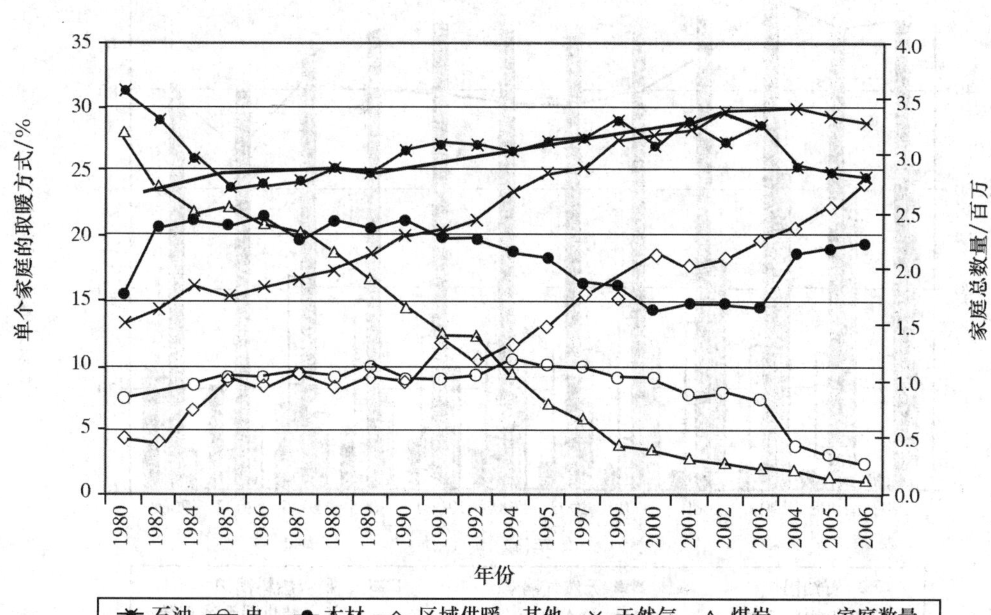

图 10-10 1980—2006 年奥地利的家庭供暖系统

注:数据来源[466,467,468]

图 10-11 显示了 1997 年以来奥地利供暖市场的发展。1999 年以前每年安装超过 90000 台锅炉,在 1999 年安装的台数超过了 97000 台。然而,2000—2002 年间有所减少,而且在 2002 年只安装了 76000 台系统设备,这意味着与 1999 年相比减少了 22%。从这些数字可以推断这些年并没有相关的投资。原因可能源于消费者对石油价格的焦虑。由于许多旧系统的改造没有进行,新安装系统有望再次上升,自 2003 年起确实如此。在 2007 年,整个锅炉市场相比于上一年显著下降,差不多有 16%,这主要是因为有 63%的颗粒燃料锅炉市场崩溃了。这意味着新颗粒燃料供暖系统的安装有正常的市场发展轨道,而不是建立在其他燃料基础上。在 2008 年里新安装系统数量的增长完全抵消了 2007 年的减少量。为了推动可再生能源的使用,所有市场参与者和政治家需要采取相关强制执行措施,并防止因为错误的激励机制增加化石燃料小规模应用的趋势。

观察燃料年安装量会发现不同的情况。虽然燃气锅炉在 2006 年和 2007 年分别减少了 5.2% 和 8.58%,但其仍是目前最常见的安装设备。奥地利每年安装 40000 台燃气锅炉。而燃油锅炉的安装起伏较大。从 1999 年,大约安装了 31500 个石油设备,而在 2008 年新安装的设备减少到了 3900,这意味着减少了 88%。热泵的相关性越来越密切,2008 年大约安装了 12000 个新热泵系统。生物质炉 2001 年以前一直在增长,2002 年有略微的下降,随后一直增长直到 2008 年。这个增长主要归功于颗粒燃料炉,因为其他生物质炉(不包含颗粒燃料炉)增长速度明显低于颗粒燃料炉。如图 10-9 所示,原木仍占可再生能源的 37%(不包括水电)。许多木材炉是旧系统,未来几年内必须被替换,而且必须要采取措施避免用化石燃料的系统替换旧系统,而这在过去经常发生。

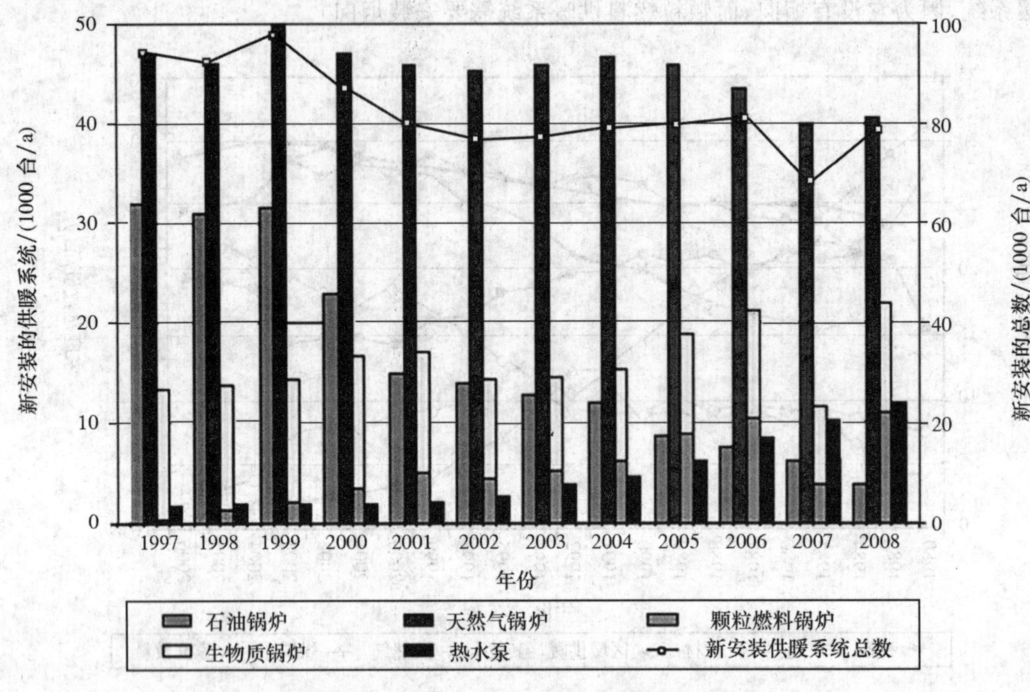

图 10-11 1997—2008 年奥地利锅炉年安装量

注:系统功率大于 100 kW;数据来源[457]

10.1.4.3.3 中、大型规模应用

奥地利配备区域供暖的住宅和公寓份额逐渐攀升,但区域供暖源只有一小部分是可再生能源[170]。

在奥地利约有 1500 个生物质区域供暖和热电联厂在运转[469](2008 年底),这几年这些系统的数量稳步上升。奥地利生物质区域供暖和热电联厂发电锅炉的额定功率约为 1400 MW_{th}。这些厂主要以锯末、树皮和森林木屑片作为燃料,树皮和森林木屑片作为原材料将逐渐减少其使用量。森林木屑作为未来原材料是没有任何问题的,但是它们比树皮和锯末更加昂贵。通过这种方式减少这两者的价格差。颗粒燃料作为未来能源具有统一的质量、很少的储存空间、较少的燃料磨损和灰分含量少等优势。在中、大型系统中使用工厂加工的颗粒燃料,可以做到较低的颗粒燃料成本。可能是因为其他更便宜的生物质原燃料数量太多,如今的奥地利并不能建立成功的颗粒燃料工业。

10.2 德国

10.2.1 颗粒燃料协会

德国颗粒燃料协会 DEPV 成立于 2001 年[484]。该协会主要保障成员在经济、政治和最终用户的利益。该协会的成员是颗粒燃料单元的重要组成部分,如颗粒燃料生产商、锅炉和炉灶制造商、零售商和组件制造商等。该协会的主要目标是增加颗粒燃料供暖系统的应用。

10.2.2 颗粒燃料生产、生产能力、进出口

在最初的几年颗粒燃料主要从奥地利等其他国家进口。然而最近几年建立了许多颗粒燃料生产厂，因此国家的生产能力和颗粒产品逐渐增加，进口量下降(图 10-12)。此外还有一部分颗粒燃料出口到附近国家[476]。2009 年，德国 75 个地区的 60 个公司共生产了大约 160 万 t(湿基)$_p$/a 的颗粒产品，生产能力大约 250 万 t(湿基)$_p$/a。预计 2010 年产量增加至 170 万 t(湿基)$_p$/a[477,478,475]。

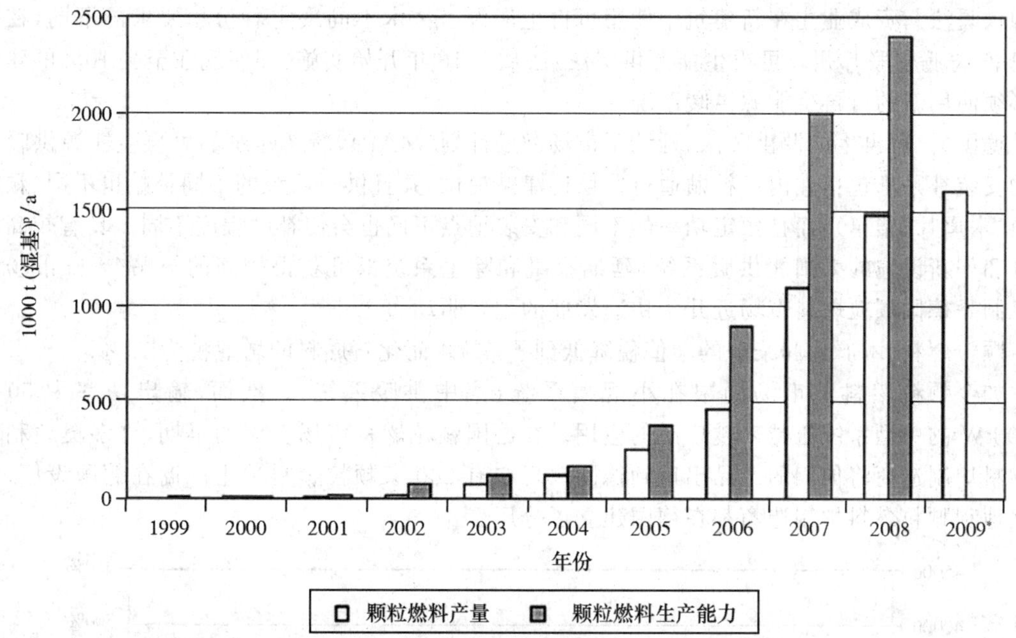

图 10-12 1999—2008 年德国颗粒燃料生产及其生产能力

注：* 预测值；数据来源[470,471,472,473,474,475]

德国颗粒燃料进出口的数据比较稀缺。估计 2008 年颗粒燃料出口量大约为 560000 t。工业颗粒燃料出口至斯堪的纳维亚半岛、比利时和荷兰。DIN_{plus} 颗粒燃料出口到法国、意大利、奥地利和瑞士。DIN_{plus} 颗粒燃料的总数量少于颗粒燃料总出口量的 2%。同时从奥地利、东欧国家和瑞典进口少量的颗粒燃料。

10.2.3 颗粒燃料生产潜力

德国木屑和锯末的生产潜力同奥地利一样(2005/2006 年的冬天某些区域有短期的使用量减少)在不久的将来将被耗尽。因此，一些颗粒燃料生产商主要扩展使用原木、木片等原材料[107,108,109,111,112,116,479,480]。

10.2.4 颗粒燃料利用

10.2.4.1 德国框架条件

德国同奥地利一样都有全国保障供应系统。颗粒燃料贸易主要集中在南方，但颗粒燃料在北方的使用量特别广[475,481]。

在德国可再生能源有强大的政治支持，包括颗粒燃料的使用。德国的目标之一就是使目前可再生能源的份额 7%(2009 年)增加至 14%(2020 年)。这一份额的实现需要在住宅供暖单元更多地使用生物质能和太阳能供暖系统。为了达到这一目标，于 2009 年推出了《可再生能源供暖法》，责成业主在新建筑中使用可再生能源。技术不同决定着份额要求的不同，在德国巴登-符腾堡联邦州，《可再生能源供暖法》法从 2010 年开始实施，即使现在至少 10%的建筑物必须使用新的可再生能源供暖系统[482]。

德国的《可再生能源供暖法》延续了市场激励计划(MAP)，新老建筑的可再生能源供暖系统的安装补贴都包括在内。补贴通过非偿还津贴提供，并且供暖系统的不同补贴也不同(颗粒燃料、木屑片、柴草)，而且额定功率的不同和安装地点不同也会使补贴程度不同。具有较高的标准和创新设施的太阳能供暖系统，延期冷凝和除尘系统都可获得较高的补贴[483]。市场激励机制是德国颗粒燃料市场近几年快速发展的主要驱动力之一。

颗粒燃料、木屑片和柴草的增值税降低到了 7%。而化石燃料的增值税为 19%。

如今颗粒燃料炉市场局限在小规模系统(集中供暖系统)。然而，输出功率为 50～1000 kW 的中型系统正越来越广泛的应用。在德国颗粒燃料市场发展的早期，许多奥地利颗粒燃料炉制造商将他们的产品出口到德国。现在有 200 家颗粒燃料炉生产商在德国设厂，许多奥地利颗粒燃料炉制造商都在德国建立了分厂。

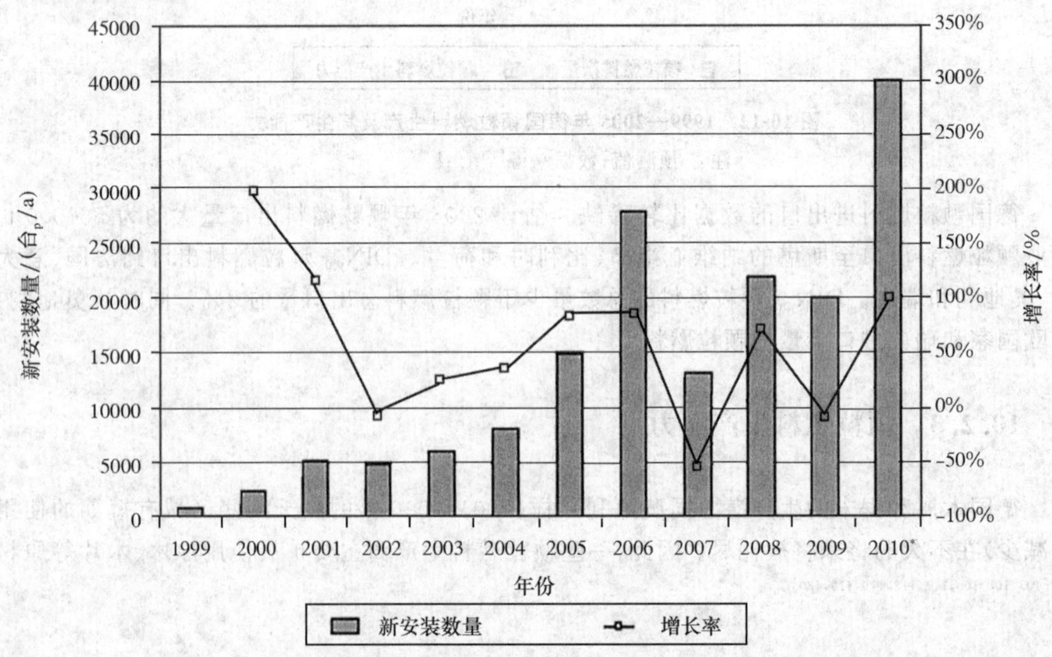

图 10-13 1999—2010 年德国颗粒燃料集中供暖系统的发展

注：50 kW_{th} 以下的颗粒燃料集中供暖系统；* 预测；数据来源[476,477,470,472,475]

10.2.4.1.1　小规模应用

早些年颗粒燃料供暖系统主要进口到德国、丹麦、瑞典和奥地利。从那时起，德国的颗粒燃料炉制造商数量不断壮大，并且主要为小型和中型企业[472]。

德国颗粒燃料集中供暖系统的发展如图 10-13 所示。与奥地利不同，德国在奥地利发展的两年后即 1999 年开始发展。从那时起年新安装设备增长量在 14%～200%，除了 2002 年因为建设部门不景气而略微减少。2007 年新安装的设备减少明显，至少减少了 50%，同奥地利一样是由于颗粒燃料价格的大量上涨和供货短缺造成的。由于颗粒燃料生产能力的大规模扩展，2007 年的情况有所缓解。2008 年新安装的颗粒燃料炉数量再次强势增长。由于当前的经济危机，预计 2009 年轻微下降 9%，然而 2010 年预期安装量进一步提高。总体来看 2001 年起市场迅速扩大，年新安装量超过了奥地利。到 2008 年底，德国安装了超过 10 万个颗粒燃料炉。预计供暖系统的数量 2009 年上升到 125000 台，2010 年上升到 165000 台[477]。新安装的颗粒燃料供暖系统预计在 2015 年超过 60 万台，到 2020 年超过 100 万台[477,475]。

目前德国颗粒燃料供暖系统主要安装于新建筑物，而替换旧锅炉时则犹豫不决。然而这一领域是巨大的潜力市场。目前市场主要的是区域分布，德国南部联邦州巴伐利亚州和巴登－符腾堡占有了 62%的颗粒燃料炉市场[475]。

10.2.4.1.2　中、大型规模应用

与奥地利相同，颗粒燃料市场主要集中在 50 kW_{th} 以下的住宅供暖单元的小规模系统。近几年中、大型规模发展缓慢。然而，自 2008 年中、大型规模新安装装置的急剧发展以来，于 2009 年 10 月建成投产了最大的额定输出功率在 3.8 MW 的颗粒燃料炉。额定功率在 50 kW 以上的颗粒燃料炉数量总共约为 5000 台(2009 年初)。预计这一部分将进一步增加[484]。

10.2.4.2　颗粒燃料消耗量

图 10-14 显示了德国颗粒燃料消费量的发展。如前文所述，德国的颗粒燃料市场的主要

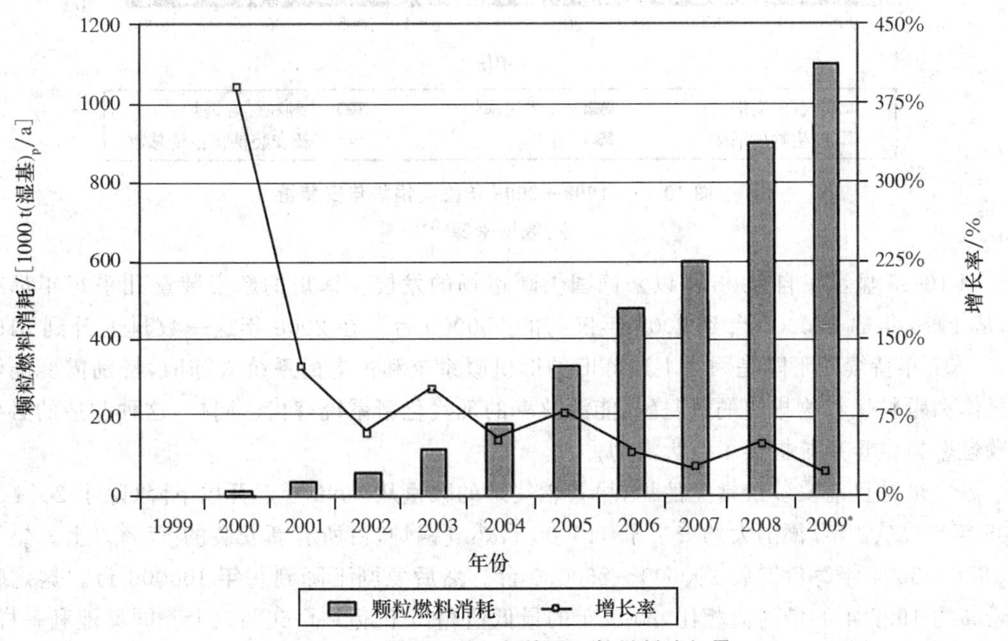

图 10-14　1999—2008 年德国颗粒燃料消耗量

注：* 预测；数据来源[442,476,477,470,471,472,481]

发展开始于 1999 年。从那时起，年消费量的增长率最高达 400%，最低时是 2007 年的 28%，因为 2007 年冬天比较温暖需求较低。预计 2009 年的增长率是 22%左右。

10.2.4.3 颗粒燃料消费量潜力

在德国，个体家庭约安装了 1700 万台供暖系统。他们的最终能源消费量总共约 536 TWh(2008 年)，其中的 13%使用可再生能源。最终能源消费的 1.0%或可再生能源的 7.5%是由颗粒燃料提供的(大约 5.1 TWh)，其中木柴分别占 9.8%和 77.2%。18%的供暖系统使用超过了 24 年，其效率低于 65%，这些系统必须在未来几年内替换，使用这也为颗粒燃料供暖系统提供了巨大的潜力。同奥地利一样，必须采取必要措施避免更换为使用化石燃料的系统，要尽量使用颗粒燃料供暖系统。

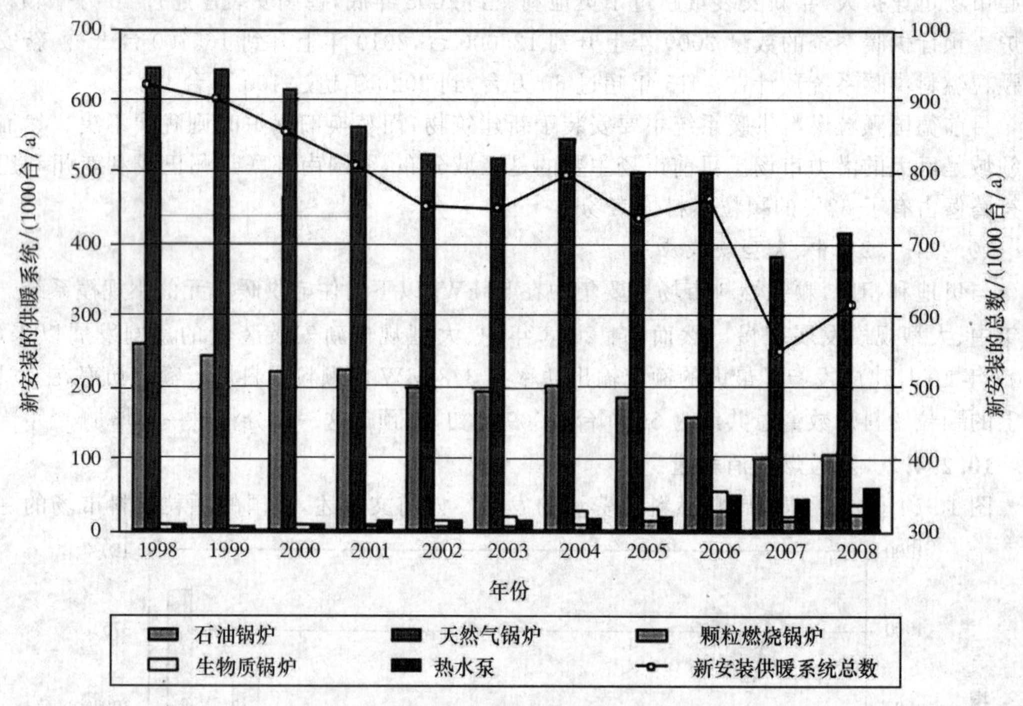

图 10-15 1998—2008 年德国锅炉年安装量

注：数据来源[475]

图 10-15 显示了自 1998 年以来德国供暖市场的发展。锅炉的新安装量几乎每年都有下降，从 1998 年的 820000 台到 2007 年仅有的 550000 台。在 2008 年这一数量上升到 616000 台。2007 年持续的下降是因为上述陈旧的旧供暖系统和古老的系统太陈旧，特别需要能够减少气体和颗粒燃料物排放的、能提高能源效率的现代化新系统替代。同样，这种改造的必要性为颗粒燃料供暖系统提供了巨大潜力。

燃气炉是目前安装最常见的炉，尽管燃气炉的数量从 1999 年起开始下降(除了 2004 年和 2008 年)。2008 年，德国大约安装了 415000 台燃气锅炉，占所有新安装的 67%以上。燃油锅炉 1998—2004 年每年安装 200000～260000 台。然后急剧下降到每年 100000 台。这意味着与最高的 1997 年的最高值相比，2007 年的最低值相当于减少了 60%以上。同奥地利一样，热泵正越来越受关注。在 2008 年，大约 60000 个热泵系统被安装。生物质锅炉于 2006 年一直增加，2007 年减少。颗粒燃料炉明显上升，同时也安装了其他生物质炉。

10.3　意大利

在南蒂罗尔，自动送料装置、控制木屑片装置和颗粒燃料炉的安装补贴可以达到投资成本的 30%[486]。一些资助计划在意大利其他省份也非常出名，但补贴程度却不如南蒂罗尔的高。而许多省份并没有这样的补贴。在国家层面上，通过减免所得税从而促进颗粒燃料炉的发展。

意大利的颗粒燃料市场与 20 世纪 90 年代初开始发展，但是发展缓慢。直到最近颗粒燃料的生产和使用才有了明显的增加。颗粒燃料消费量从 2001 年的 150000 t(湿基)$_p$ 增长到了 2008 年的 120 万 t（湿基）$_p$。大约 750000 t 的颗粒燃料由 75 家生产商生产(图 10-16)，其余都是进口。意大利一直都是颗粒燃料进口国，因为其产量一直低于消费量(图 10-17)。进口主要来自奥地利、德国和东欧国家，但也有报道说从中国和巴西进口。大部分的生产基地，大约 80%的生产能力低于 5000 t(湿基)$_p$/a。颗粒燃料生产的原材料主要是锯末，约占 65%，其次是木屑大约占 19%，剩余的原材料是木屑片和其他剩余物。目前没有可以进一步增加颗粒燃料生产的额外原材料，因此颗粒燃料生产商越来越多地从其他国家进口原材料。意大利 90%的颗粒燃料使用包装袋包装，通常为 15 kg 的袋子[487,488]。由于大量的颗粒燃料炉使用从而导致了这种袋装颗粒燃料的大量应用，尤其是在意大利的北部更为明显。意大利仅安装了很少量的颗粒燃料集中供暖系统，大约为 1000 个[487]。消费主要是在集中供暖厂[489]。在 2003 年，41 家小规模区域供暖网在一定程度上使用颗粒燃料进行供暖。此外，部分木材加工及处理企业使用颗粒燃料对室内供暖，然而这并没有准确的数字。可以推断其他如树皮、木屑片这样的生物燃料同样有可能在这样的系统中使用。在微型系统中颗粒燃料的使用量逐渐增大。学校或体育馆等公共建筑通常使用额定功率为 600～1000 kW 的微型系统。系统中锅炉的额定功率可达 400 kW，初始设计是使用木片为燃料，这样的系统应用在南蒂罗尔的酒店，而且越来越多的替换为颗粒燃料。

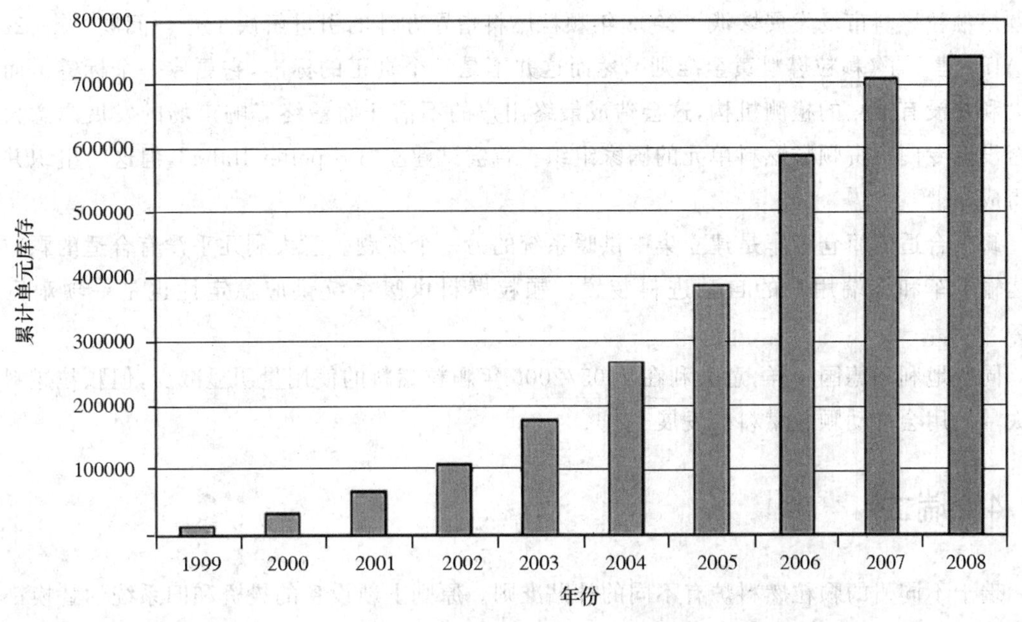

图 10-16　2002—2008 年意大利颗粒燃料炉的发展

注：数据来源[491,492,493,494,495]

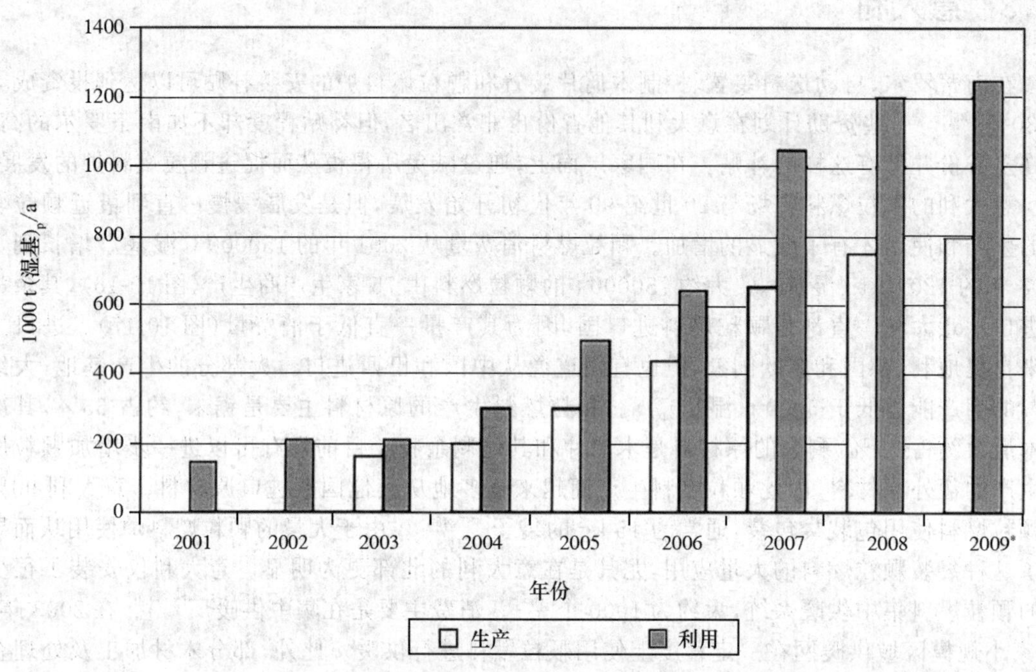

图 10-17　2001—2009 年意大利颗粒燃料生产和利用

注：* 预测；数据来源[488,489,490,492,495,496,497,498,499,500]

意大利大多数中型企业在当地颗粒燃料集中供暖系统和颗粒燃料炉的建造市场上非常活跃。而且 5 个相对较大的颗粒燃料集中供暖系统制造商活跃在整个意大利市场[490]。

意大利颗粒燃料市场在很长一段时间由于质量低而被抑制。系统错误和颗粒燃料炉运行问题使颗粒燃料市场发展惨淡。2003 年颗粒燃料指导方针的引进解决了这一问题[490]。2006 年 AIEI 建立了《颗粒燃料黄金准则》，然而这并不是一个真正的标准，它更像一个标签。而且意大利并没有独立的检测机构，这会造成最终用户的不信任而最终影响市场的发展。意大利甚至没有专门负责颗粒燃料单元的国家组织。曾尝试建立"Propellet Italia"，但这一组织并未取得成功[487]。

缺少合适的筒仓卡车是建立集中供暖系统的另一个难题。意大利几乎没有合适的颗粒燃料运输卡车和终端用户的自动进料装置。颗粒燃料供暖系统供应稳定性也是一项艰巨的任务[141,488]。

同奥地利和德国一样，意大利在 2005/2006 年颗粒燃料的使用量明显减少，但颗粒燃料炉的大量使用会推动颗粒燃料的发展[501]。

10.4　瑞士

瑞士不同州的颗粒燃料炉有不同的补贴准则。原则上新设备的投资和旧系统的替换都是可以获得补贴的[502]。而且 2000—2003 年 100 多个颗粒燃料炉的安装都由国家补助计划获得补助[503,504]。

瑞士的颗粒燃料市场发展于1998年,并在这一年安装了170个颗粒燃料锅炉和颗粒燃料炉(图10-18)。到2008年,系统安装的数量达到了14300个,颗粒燃料炉的安装占到了59%[505,506,510]。同德国和奥地利一样,颗粒燃料主要在住宅供暖单元上小规模的应用。颗粒燃料主要由罐车运输配送。瑞士南部同意大利一样有很多壁炉在使用,因而通常使用包装袋运输。2006年瑞士的颗粒燃料价格明显上涨,这导致了2007—2008年新安装设备的减少。

瑞士的颗粒燃料生产和消费基本平衡,2007年为90000 t(湿基)$_p$/a(图10-19)。颗粒燃料主要由小型生产商生产,其生产能力为1000~12000 t(湿基)$_p$/a。仅有2家生产商(总共14家)有更高的生产能力。颗粒燃料生产的主要原材料为锯末。然而有2家小颗粒燃料生产商正在尝试使用原木生产颗粒燃料产品。到目前为止除了2004年以外,其他年份颗粒燃料的消费多于生产。因此颗粒燃料需要从奥地利和德国进口。然而有时也向意大利出口一些颗粒燃料[442,507]。

瑞士总共有800000个燃油供暖系统,其中1/6将在2016—2021年被颗粒燃料供暖系统替代。瑞士颗粒燃料消费量的潜力值为每年350万t[508]。

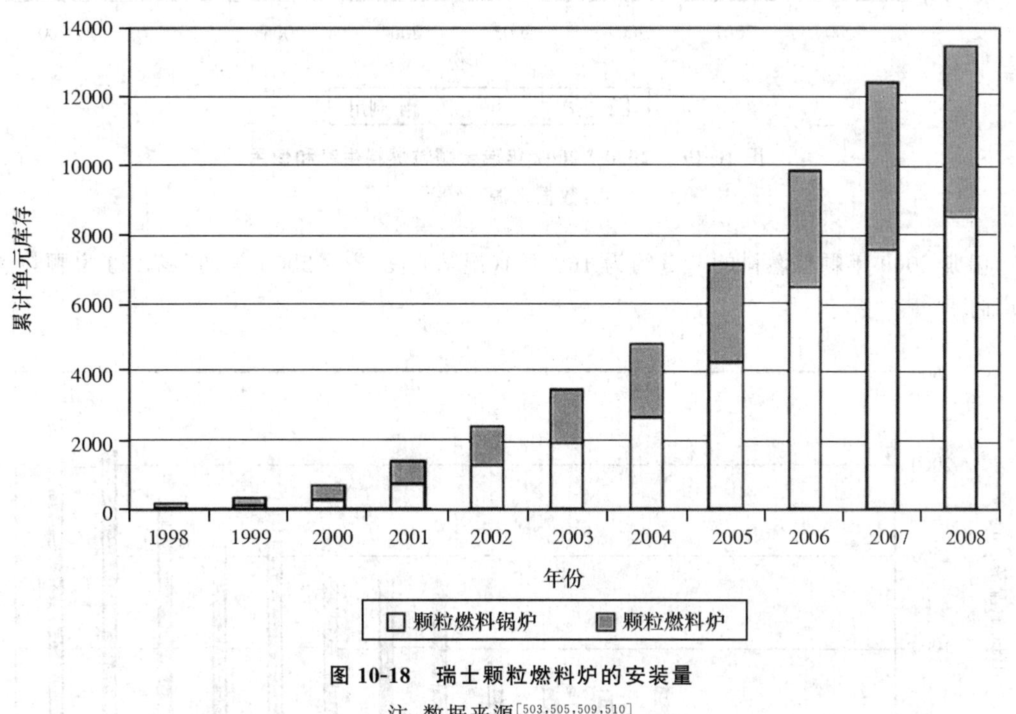

图10-18 瑞士颗粒燃料炉的安装量

注:数据来源[503,505,509,510]

10.5 瑞典

10.5.1 颗粒燃料生产、生产能力、进出口

瑞典的颗粒燃料生产、生产能力和进出口如图10-20所示,进口量通常高于出口,因此瑞典是一个典型的进口国。而且由于本国的生产量无法满足消费需求,进口将进一步增加,主要从芬兰、加拿大和波罗的海国家进口,也从俄罗斯和波兰进口。

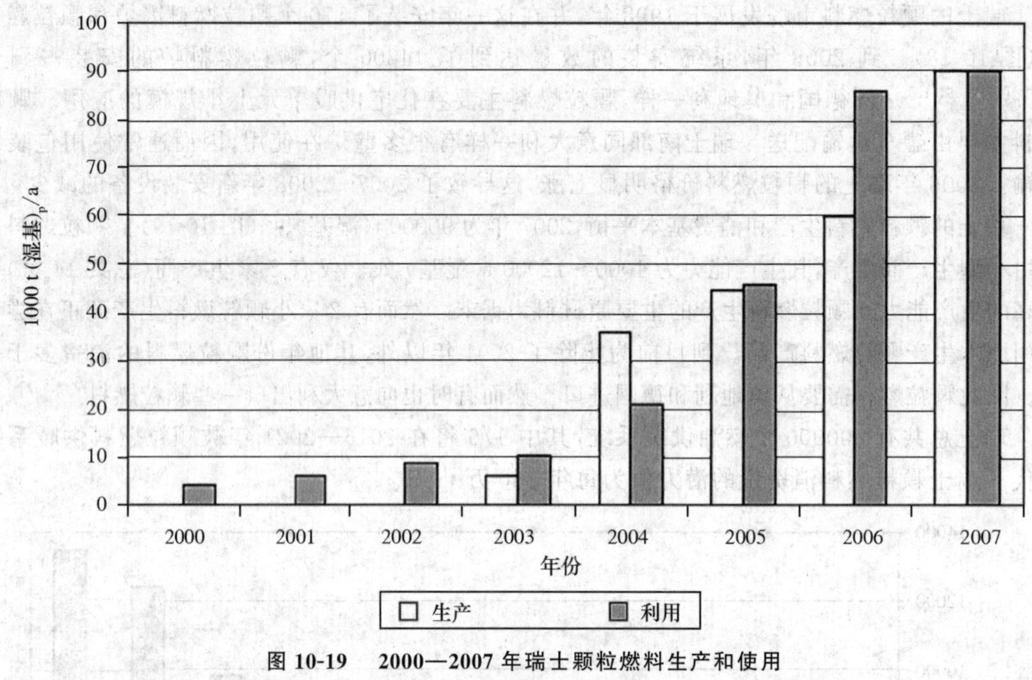

图 10-19　2000—2007 年瑞士颗粒燃料生产和使用

注：数据来源[489,503,505]

瑞典 2009 年颗粒燃料的产量约为 160 万 t(湿基)$_p$/a[521]。2009 年初共有 83 家颗粒燃料生产商[511]。

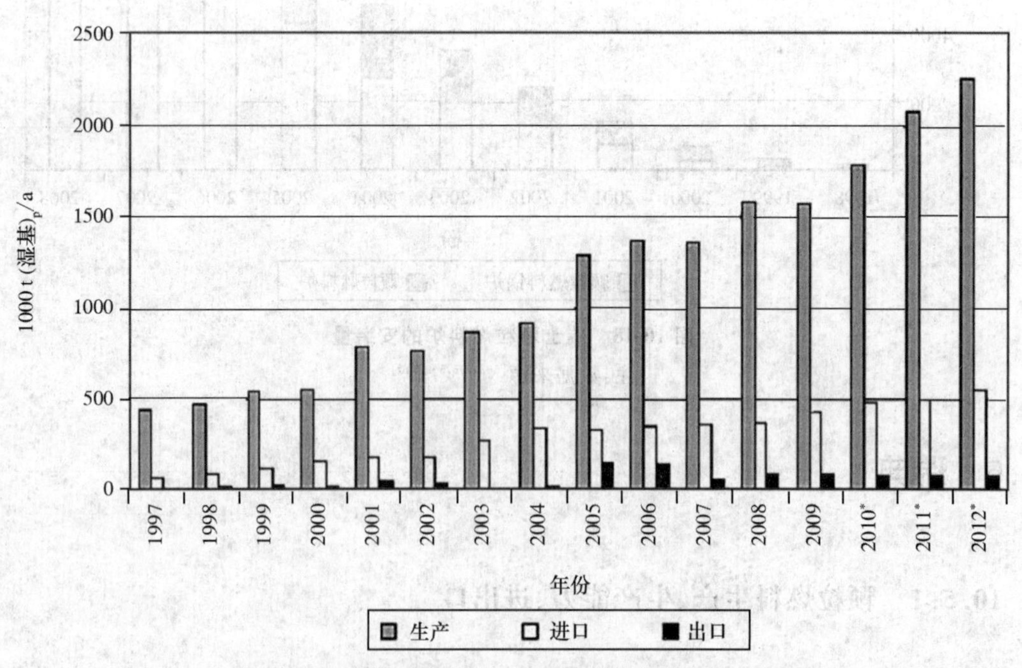

图 10-20　瑞典 1997—2012 年的颗粒燃料生产和进出口

注：* 预测；数据来源[521]

10.5.2 颗粒燃料利用

10.5.2.1 一般框架条件

瑞典颗粒燃料产品和市场在过去15年有了快速的发展。瑞典颗粒燃料市场的快速发展原因如下[519]。

1980年燃油是颗粒燃料供暖单元的主要原材料，大约为112 PJ，而生物燃料只有1.1 PJ。这一情况在1999年发生了转变，区域供暖单元燃油供暖18 PJ而木材燃料为57 PJ。区域供暖单元需求的增加推动了瑞典生物燃料市场。区域供暖网的合理分配也促进了生物燃料的发展[519]。

2002年，160万居民房屋中的50%使用电或燃油系统来供暖。然而，1994—2006年小规模系统中颗粒燃料炉市场的年安装量快速的发展。2007年同其他欧洲国家一样新安装的小规模系统量明显下降。

大型工厂用生物燃料替换石油燃料的主要原因是1991年瑞典开始征收二氧化碳税，这使得化石燃料价格昂贵。这个转变增加了颗粒燃料需求，而且这段时间建立了多个新颗粒燃料生产厂[519]。

在瑞典大约有1750000个家庭房屋[512]。其中的60%建造于1970年之前，24%建造于20世纪70年代，16%建造在1980年之后。通过热泵供暖或使用连接水的热泵通过电辐射供暖分配系统供暖。一些锅炉可使用多种能源，通常为燃油和电或者生物质与电的结合使用。使用燃油的锅炉的数量大约占总量的9%，约140000台。大约60%，1050000台使用电。木材或颗粒燃料的生物质在660000户家庭中使用，大约占总家庭数量的38%。户外使用电直接供暖，55%安装了水分配系统，剩下的45%利用电辐射。

文献[513]给出了配有防火控制系统的家庭房屋炉灶的安装量(表10-1)。这不仅仅包括家庭房屋还包括其他建筑物。

表10-1 住宅供暖单元供暖设备的累计数量

安装类型	数量
颗粒燃料锅炉和燃烧炉	84000
颗粒壁炉	11280
柴火锅炉	265000
柴火暖炉，烹调器等	1450000

注：基于2005年；数据来源[513]

表10-2中，根据2003—2007年而计算不同的供暖系统在住宅供暖单元的平均销量。

表10-2 2003—2007年一些供暖设备的平均销量

设备类型	台/年
颗粒燃料炉/锅炉	17200
木材锅炉	6200
电锅炉	8600
燃油/电锅炉	1800
燃油炉	3700
天然气炉	250

注：数据来源[514]

在瑞典该区域内的小规模系统的使用主要作为颗粒燃料燃烧炉。它们通常由瑞典制造商制造，并且可以不用更换现有的锅炉而替换成颗粒燃料。投资成本低是其主要优势。它的缺点是燃烧器和锅炉不能理想的替换，因此不得不忍受燃炉技术和环境缺点(较低的效率、更短的清洗时间间隔、更高的排放量)。在瑞典小规模颗粒燃料炉没有投资补贴，但是化石能源需要交二氧化碳税和能源税。瑞典所有燃料的增值税率为 25%。

图 10-21 显示了小规模设备安装量的发展，即颗粒燃料燃烧器和颗粒燃料壁炉的发展。安装量很小的颗粒燃料锅炉也被包含在了瑞典炉灶的总数量中。2007 年，瑞典安装了 131300 个系统。

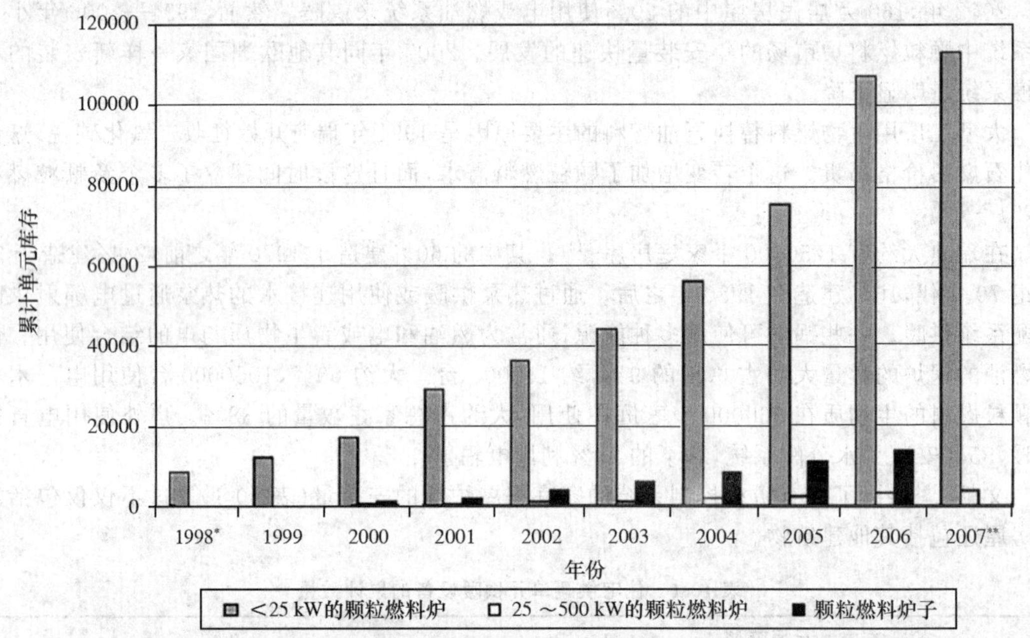

图 10-21　1998—2009 年瑞典颗粒燃料集中供暖和颗粒燃料炉的安装累积量

注：* 从 1994 年起的计算量；** 没有颗粒燃料炉的可用数据；数据来源[492,515,516,517,518,519]

10.5.2.2　颗粒燃料消费量

10.5.2.2.1　小规模用户

瑞典应用在住宅供暖部门的颗粒燃料所占的份额在很长一段时间都属于次要地位。然而它确实在不断增长，在 2007 年达到了最大值 37%。从那时起可以比例逐渐下降，由于整体消费的强势增长，预计在未来几年内持续减少(图 10-22)。

2007 年瑞典木质颗粒燃料在半独立式房屋中的使用总量约为 461000 t(2.2 TWh)[520]。1999—2007 年瑞典独立和半独立房屋使用木质颗粒燃料的量如图 10-23 所示。

10.5.2.2.2　中、大型用户

在瑞典，颗粒燃料主要用于大型炉。斯德哥尔摩区域供暖厂每年需要 30 万 t 颗粒燃料。因为颗粒燃料使用前需要粉碎，所以大型炉通常配有粉状燃料燃烧器。在这种情况下，降低运输和仓储成本是颗粒燃料的唯一目的。

2007 年颗粒燃料的消费量为 170 万 t (湿基)$_p$/a(图 10-22)。因此瑞典是全球最大的颗粒燃料消费者。预计到 2010 年消费量增加到 225 万 t(湿基)$_p$/a。从 1995 年起，每年增加

2.1%~68%,除了 2002 年有略微下降[521]。

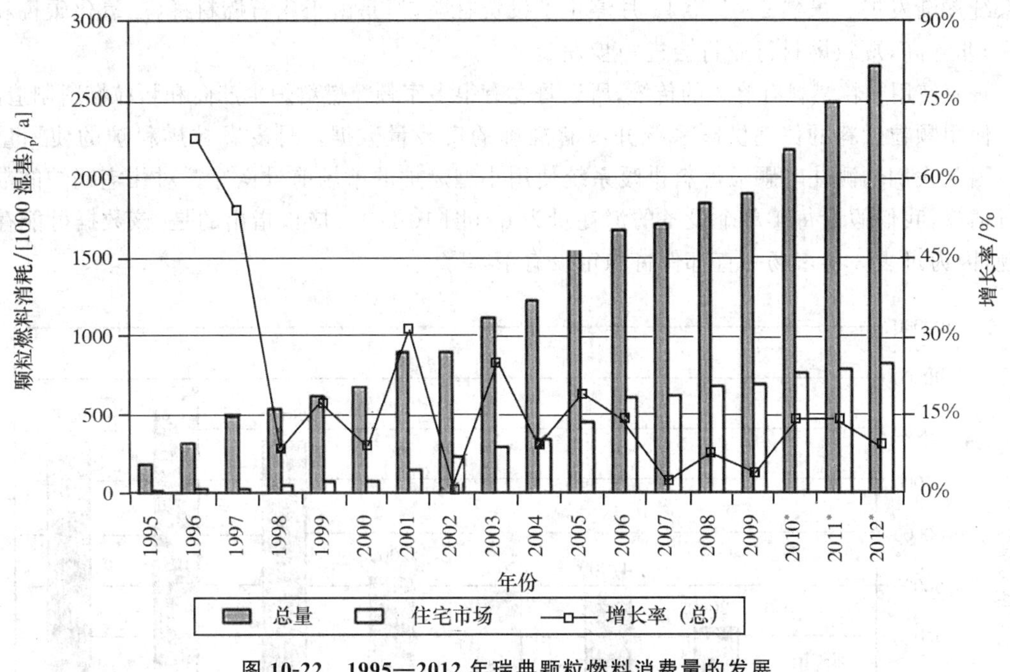

图 10-22 1995—2012 年瑞典颗粒燃料消费量的发展

注：* 预测；数据来源[518,521,522]

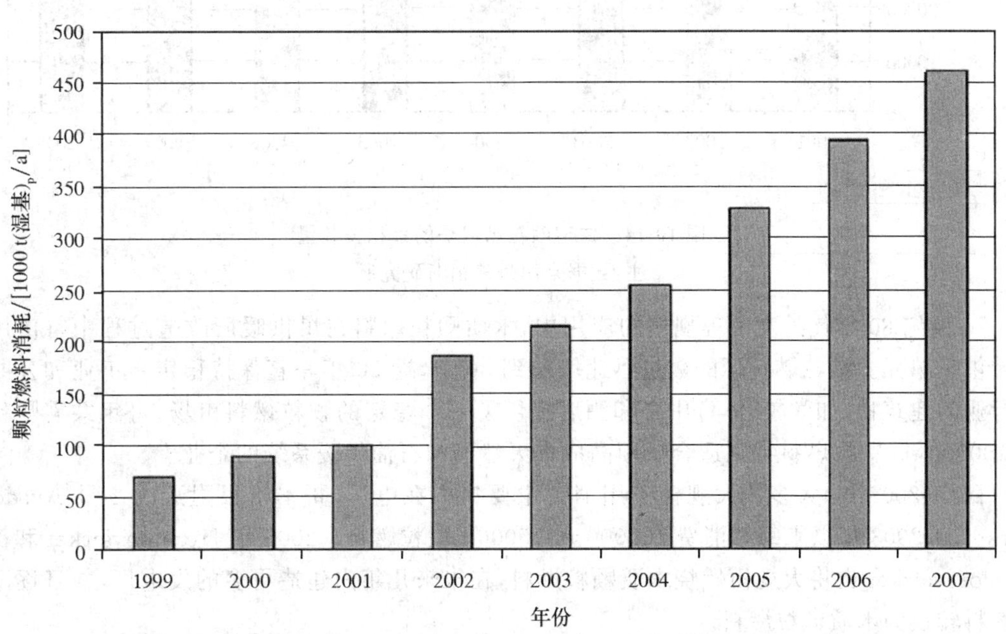

图 10-23 1999—2007 年瑞典独立和半独立房屋使用木质颗粒燃料的量

10.6 丹麦

丹麦是欧洲第二大颗粒燃料消费国家(仅次于瑞典)。然而现在的大型燃炉同荷兰的情况一样将消耗更多的颗粒燃料(无论是混合燃烧还是单独使用)。通过投资补贴,该地区的小规模系统逐渐发展。虽然 2001 年 11 月停止了投资补贴,但是由于化石燃料税(二氧化碳税和能源税)非常高,颗粒燃料行业将会进一步发展[523]。

丹麦使用颗粒燃料有悠久的传统,所以丹麦有很多家颗粒燃料炉生产商和颗粒燃料制造商。

使用颗粒燃料的住宅供暖系统并没有准确的安装量数据。丹麦颗粒燃料炉的使用量很小。因此人们预测住宅颗粒燃料供暖系统使用小型燃炉的市场前景良好。对住宅锅炉的数量进行估算,我们假设每年单个设备的消耗量为 6 t(图 10-24)。应该指出的是,该数据可能存在问题,因为过去 3 年市场一直都保持稳定没有下降[524]。

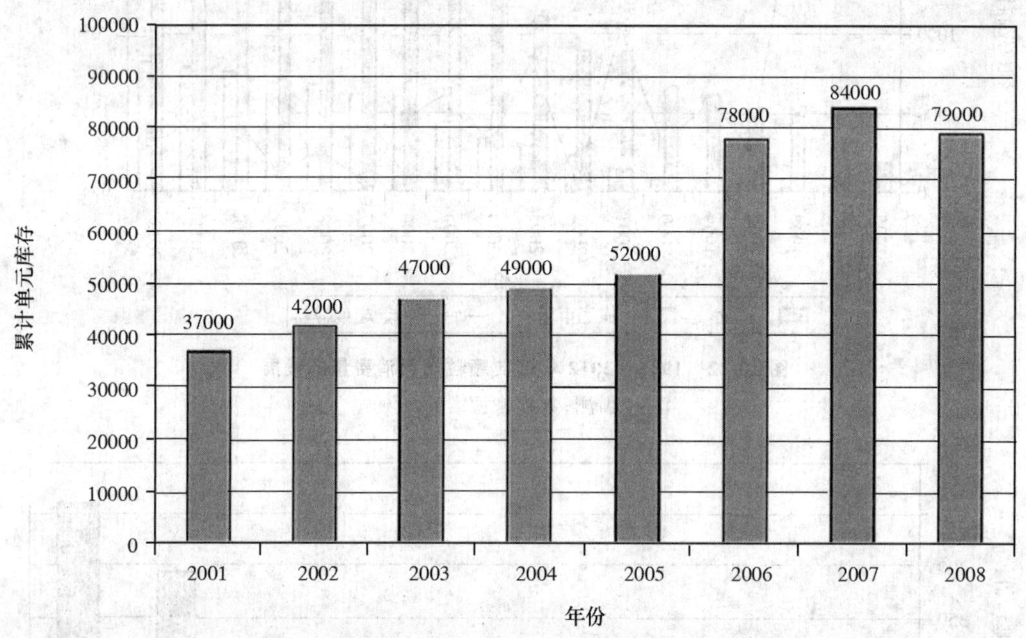

图 10-24 住宅颗粒燃料炉的累积安装量

注:数据来源丹麦福斯研究所

20 世纪 80 年代丹麦中等规模的应用中,木质颗粒燃料在煤供暖厂改造过程中首次用于区域供暖单元。颗粒燃料厂的数量迅速增长到 30 个,近 20 年一直保持稳定。工业和公共服务行业的建筑物,如学校、体育中心和酒店提供了一个稳定的颗粒燃料市场,每年共需颗粒燃料 100000 t。颗粒燃料特别适合使用高成本天然气和石油供暖系统的企业。

目前(2008 年)大多数大规模应用消费主要集中在电厂,哥本哈根附近的 2 号 Avedøreværket 自 2003 年以来每年消费 100000~355000 t 颗粒燃料。2009 年 Herningværket 和 1 号 Avedøreværket 也将大规模燃烧木质颗粒燃料,在未来几年内建造更多的发电厂,并且逐渐将煤燃料转换为木质颗粒燃料。

丹麦 2001 年以来颗粒燃料消耗发展如图 10-25 所示。从图可以看出颗粒燃料从 1990 年的 88000 t(湿基)$_p$/a 增长到 2008 年 106 万 t(湿基)$_p$/a,年增长率为 5%~63%。仅在 1993 年略有下降。丹麦颗粒燃料主要应用在能源发电。因此在 2008 年,大约 44.4%的颗粒燃料应用在小规模系统的住宅供暖,45.5%应用在热电联产和几种供暖厂,5.1%应用在工业,5.0%应用于服务业[525]。2003 年建成投产了两个大型厂。满负荷运行下 Avedøre 电厂每年使用约

150000 t 秸秆颗粒燃料和 300000 t 木质颗粒燃料[523]。然而阿麦 2 号电厂试剂消耗的颗粒燃料量低于 2004—2008 年(约 50000 t/a)[526]。从 2010 年起阿麦 1 号电厂将接替阿麦 2 号电厂并使用生物质资源。秸秆颗粒燃料的使用量预计增加。

丹麦的颗粒燃料生产厂无法满足颗粒燃料的高需求量,甚至 2006 年因为技术问题导致颗粒燃料生产量减少更无法满足其颗粒燃料需求量,技术问题还导致了 2008 年的生产量仅仅为 134000 t(湿基)$_p$/a[495,496,525]。因此,这导致了进口数量的增加,2008 年进口量超过了 900000 t(湿基)$_p$/a 来满足全国的需求,主要从其他北欧国家、波罗的海国家和北美进口。

目前没有准确数据可以准确地确定丹麦可以用于颗粒燃料生产的原材料量。传统上国内颗粒燃料生产的原材料是家具行业和其他木材工业剩余的干木屑和干锯末。由于该行业的经济危机,近年来这种原材料的可用性已经明显下降。业内代表估计,目前仅仅有 60000～90000 t 可用原材料(2008 年)。

近年来,湿原材料越来越多的使用在木质颗粒燃料生产中,因为这些工厂配备有干燥设备。由于这种原材料可以方便进口,所以湿原材料并没有妨碍国内颗粒燃料的生产。而且,一般逻辑评估认为木材原产地的湿原材料作为颗粒燃料生产是很实际的选择,所以进口了该产品。

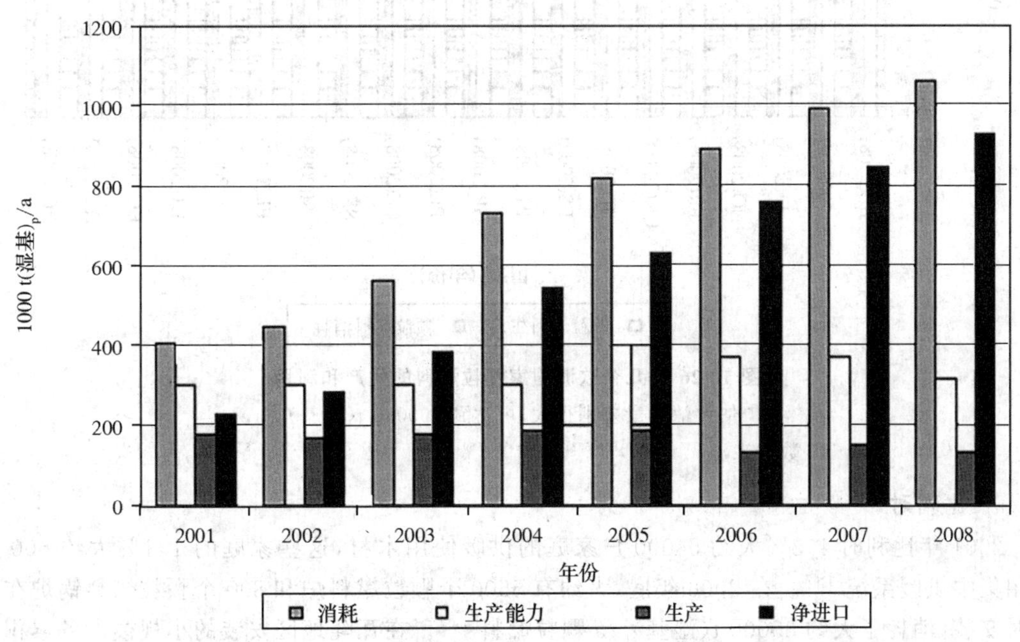

图 10-25　2001—2008 年丹麦颗粒燃料消费量、生产能力、产量和进口量的发展

注:数据来源[120,441,496,523,527,528]

至于未来的消费潜力,估计丹麦颗粒燃料市场将在今后几年大幅增长。由于化石燃料的价格高和能源税高,可以预测住宅单元对颗粒燃料的需求量将会增加。然而从长远来看,区域供暖网外的住宅区域供暖总市场有限,未来几年每年将增长 10%。中等规模的集中供暖厂目前消费量约 100000 t/a,预计将保持这个水平或略有下降。颗粒燃料在商业和工业单元中的应用将会有所发展,虽然他们只是最近才对可再生能源产生兴趣。目前大规模的消费量为 350000 t(2008 年),预计在未来几年内消费量会急剧增加。这一假设依据是,丹麦电力公司需要减少二氧化碳而大量使用生物质。市场的主要参与者如 DONG 能源公司和 Vattenfall 尚未确认这一方案，但这一个可能的方案包括优先给予其他生物质颗粒燃料，这可能会导致在未来几年内每年增加 100 万～300 万 t 的消费量。

10.7 其他欧洲国家

图 10-26 展示了其他欧洲国家颗粒燃料生产和利用的总体情况。这些国家的市场相对较小。

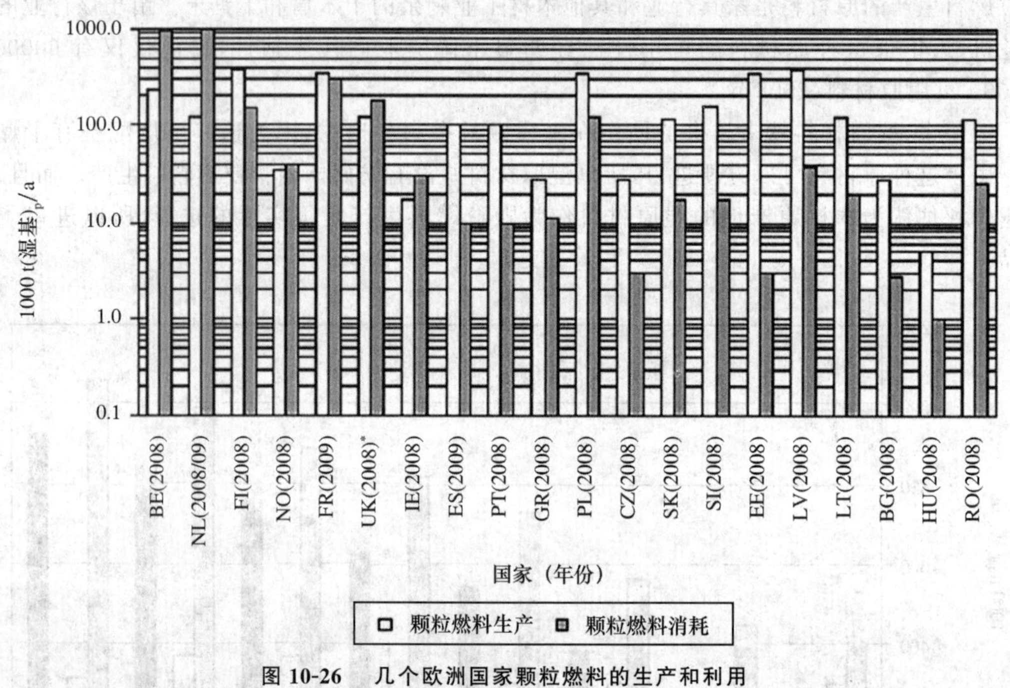

图 10-26　几个欧洲国家颗粒燃料的生产和利用

注：* 估计消费量差别很大，可达到 800000 t(湿基)$_p$/a；

数据来源[532,535,543,560,562,563,565,568,569,572,573,574,575,576,582,577,578]

- **比利时**

2001 年比利时 1.3%大约 54000 户家庭的供暖使用木材，这些家庭的 1.1%大约 600 户使用集中供暖系统[529]。在 2006 年底，大约有 5500 个颗粒燃料炉和 800 个颗粒燃料锅炉在比利时安装，消耗了大约 35000 t(湿基)$_p$/a 颗粒燃料[530]。在瓦隆地区安装的小规模设备累积功率达到了 96.9 MW$_{th}$，这些设备每年消耗大约 30000 t 颗粒燃料。这一消费数额明显小于瓦隆地区的生产量 65000 t，这使得该地区小规模电气设备的颗粒燃料可以达到自给自足。弗拉芒地区的小规模颗粒燃料发展一直很慢，住宅供暖单元只有 100 个颗粒燃料锅炉(<40 kW)和 1000 颗粒燃料壁橱。2008 年，住宅供暖单元颗粒燃料消费量估计为 120000 t(湿基)$_p$/a[532]。2008 年小规模安装设备的数量暂无可靠数据。

比利时颗粒燃料炉和集中供暖系统主要依赖于进口。比利时几乎没有生产商生产颗粒燃料炉。只有在瓦隆尼亚给予自动进口颗粒燃料炉投资补贴，补贴程度取决于该系统的额定输出功率，最高可达 3500 欧元。国家减免木材供暖系统的税收。私人家庭的所得税可以减少投资成本的 40%(2009 年可达 3440 欧元)。

目前颗粒燃料主要用在两个发电厂。Les Awirs 电厂(80 MW_{el})由煤燃料改造为单一使用颗粒燃料,每年需要消耗 350000 t 颗粒燃料(参见 11.10 节)。这些颗粒燃料生产于比利时或者来自进口[531]。另外 Rodenhuize 电厂(75 MW_{el})使用共燃烧,颗粒燃料约占 25%,大约使用 300000 t(湿基)$_p$/a。总体来看,比利时大约 800000 t(湿基)$_p$/a 颗粒燃料用在这两个大型电厂和一些更小型工业系统[532]。

2005 年比利时开始生产的颗粒燃料,并于 2007 年开始大幅增长,应用于工业和小规模用户。2008 年用于小规模的生产保持稳定,而工业颗粒燃料生产量持续强势增长。在瓦隆地区,共有 6 个颗粒燃料生产商,装机容量为 421000 t/a。实际生产达到 213000 t/a。这些产品主要用于工业,尤其是电力。然而,生产商表示 2008 年销往国内的量为 62000 t[533]。佛兰芒市场仍很年轻并且生产能力的信息也很稀缺。大约 20000 t/a 的产品由 4 个生产商生产,其原材料主要是木材锯末[534]。其他生产厂正在策划中。剩余的需求主要通过进口来满足。

- **荷兰**

荷兰的颗粒燃料主要与煤在电厂发电中混合燃烧使用。荷兰的生产商和供应商在双方都同意的基础上制定了质量标准(荷兰参与了 CEN 国际生物质标准化框架的制定,因为荷兰有更多的其他生物质类型,如木材木屑)。当前,约 100 万 t 的生物质颗粒燃料采用共燃烧,预期 2020 年会增加到 500 万 t。以此目的所需的生物质数量将从国外进口(加拿大、巴西、南非、北欧国家等等)。Geertruidenberg 的 Essent 一个 AMER 电厂目前就可以消耗将近 600000 t 木质颗粒燃料(参见 11.11 节)。在马斯弗拉克特的 EON 电厂,几种混合生物质原材料制成颗粒燃料倾倒在煤炭输送机。

2003—2006 年荷兰电厂大量颗粒燃料共燃烧的原因是 MEP 的补贴计划(提高电力生产的环境质量),这还是一个进料保费系统。确定保费的多少相当复杂,需要考虑电厂的容量和生物质的类型,还需要考虑电力生产期间和第一次收到的补贴。保费有效期长达 10 年,这意味着到 2013 年,2003 年的第一个合同将被终止,除非有新的补贴计划否则颗粒燃料共燃烧量将会减少。虽然大多数共燃烧计划持续到 2012 年,当先前的 MEP 计划实施过程中,目前的可再生能源电力生产补贴计划即 SDE 计划,不再支持大型工厂使用木质颗粒燃料共燃烧[535]。

在中等规模的功率范围,过去 10 年中,有 30~50 家工业公司转变使用颗粒燃料为家禽养殖场和肉牛育种养殖场供暖。在公共事业领域,仅仅应用了很小一部分。

荷兰的小规模颗粒燃料炉并不完全相同。这是因为自从 20 世纪 70 年代起,几乎所有的消费者都连接到了天然气管网。因此,大多数消费者已经丧失了对固体和液体燃料不同关系的认识,相比于取暖燃油经常替换的国家,其投资回报比相对较长。此外,颗粒燃料炉的储藏室空间有限。在一个成熟的颗粒燃料市场下,颗粒燃料的运输通常是由锅炉供应商安排。其质量标准没有得到很好地维护。

目前荷兰的颗粒燃料生产能力估计只有 150000~200000 t,与其他国家相比荷兰的颗粒燃料生产能力相对较小,实际的生产量更低,2008 年只有大约 120000 t(湿基)$_p$/a。原材料目前主要来自木材加工等行业。根据最新的调查研究[536],原材料每年大约有 600000 t。这 60 万 t 的原材料中的 15 万 t 目前用于木材加工行业的供暖产品,剩余的用于生产纤维板、能源产品和颗粒燃料产品。公司生产的生物质颗粒燃料很大一部分出口到德国,因为德国的价格更高。仅有一个生产商(生产 80000 t/a)使用废木材为原材料,并且出口到瑞典。

一个生产能力为 100000 t 并且以园林道路维护中的新鲜木材为原材料的新工厂计划于 2011 年开始运转。

如果煤炭电力部门同意政府的支持新燃烧机制和减少二氧化碳排放的义务，那么荷兰的生物质颗粒燃料市场将在未来几年内显著增长。不同的专家估计到 2020 年颗粒燃料消费潜力将介于 500 万～1000 万 t。

- **卢森堡**

在卢森堡，颗粒燃料主要应用在住宅供暖单元，大约安装了近 2000 个颗粒燃料系统(2008 年)。其系统的典型额定功率在 30～50 kW。本国的家庭可以享受高达 30%的投资基金。

- **芬兰**

芬兰的颗粒燃料生产开始于 1997 年，年产大约 373000 t(湿基)$_p$/a(2008 年)。芬兰已经成为欧洲最大的颗粒燃料生产商之一。总体而言，16 家颗粒燃料生产商在 24 个地方设厂。本国消费大约 149 000 t(湿基)$_p$/a，并且主要是小规模应用[537]。剩余的出口到意大利、比利时、荷兰、德国、英国、丹麦、瑞典和波罗的海国家[441,538,539,540]。芬兰的颗粒燃料生产主要使用干燥的原材料(各约 50%)。用干燥的木质原材料的潜力已被充分地挖掘利用。两家颗粒燃料生产商拥有干燥器，这样可以利用湿原材料[541]。炉灶主要从美国、瑞典和奥地利进口。虽然有些生产商做颗粒燃料集中供暖系统[542]，但芬兰不制造颗粒燃料炉。二氧化碳和化石能源税促进了颗粒燃料的应用。

芬兰市场上有很多种类的“煤燃烧器”。所有的这些燃烧器都是多燃料燃烧器，使用者可以使用多种燃料，并可以选择附近区域内最实惠价格的产品。专用的木质颗粒燃料燃烧器和锅炉可以达到 50 kW 的规模。

- **挪威**

挪威的颗粒燃料市场仍处于发展的早期阶段。1998 年，颗粒燃料生产量为 1 万 t。2006 年生产量增长到 51000 t(湿基)$_p$/a，而 2008 年降到 35000 t(湿基)$_p$/a，下降原因可能是缺乏原材料[543]。2008 年的颗粒燃料生产能力为 164000 t(湿基)$_p$/a。由于挪威的销量很少，所以大部分都是出口，主要出口到瑞典。2006 年的出口量占到了国内生产总量的 57%[544,545]。2006 年后，出口量下降。而在 2008 年由于国内消费量的增加和国内产量的减少，挪威成为颗粒燃料进口国[543]。由于 2006 年颗粒燃料炉销量的上升，2006 年国内颗粒燃料消费量的增长超过 50%(到 2006 年底约安装了 1 万个颗粒燃料炉)。2008 年国内的消费量达到 40000 t(湿基)$_p$/a，然而与其他国家相比，挪威的国内消费量仍然非常低。与目前的生产相比，挪威的原材料非常丰富。挪威的区域供暖厂并不常见，主要因为挪威定居点的密度低。然而颗粒燃料市场与定居密度并无太大相关性。挪威只有 12%的房屋配备有集中供暖系统，75%的房屋采用电加热。因此该区域颗粒燃料市场潜力也非常低。结合使用不同供暖系统比较普遍，大部分使用电供暖的住宅和公寓通常配有燃烧木材的炉灶。这些住宅和公寓还有使用电供暖并配备有烟囱的房屋不需要大投资就可以调整为使用颗粒燃料，仅仅安装一个颗粒燃料炉即可。大约 2/3 的挪威房屋(相当于 120 万个家庭)有这样替换为颗粒燃料的潜力[170,546,547]。最近几年，电力价格上涨越来越明显，水力发电不能满足不断增加的能耗。因此新建筑物通常配备了集中供暖系统和区域供暖系统，这可能造成挪威颗粒燃料市场的兴起[543]。

挪威颗粒燃料主要使用在颗粒燃料炉和最高功率 25 kW 的小型颗粒燃料锅炉。在 2008 年，颗粒燃料散装销售量占了 59%[543]。

原材料主要是森林工业的副产品。由于这些原材料已经得到充分利用，新增产能力将使用松树等原木材料[545]。

挪威南部建立了一个生产能力为 450000 t（湿基）$_p$/a 的大型颗粒燃料生产厂。这家工厂开办于 2010 年 6 月，并且使挪威成为颗粒燃料出口大国[543]。

- **法国**

除了瑞典和美国，法国也是颗粒燃料生产的先驱者。在 20 世纪 80 年代初，法国有 12 家颗粒燃料生产商，并从这些早期的运营中获得了广泛的木材和秸秆颗粒燃料生产经验。由于缺乏政策的支持，加上更便宜的化石燃料的竞争，在 20 世纪 90 年代颗粒燃料市场几乎全盘崩溃。在 2009 年，大约有 60 个小型和中等规模的颗粒燃料生产商再次投入运营，产量在 345000 t(湿基)$_p$/a 左右。法国的颗粒燃料市场仅限于住宅供暖单元，国内总计有 87000 个左右的颗粒燃料炉和大约 20000 台颗粒燃料锅炉，消费量大约为 305000 t(湿基)$_p$/a(2009 年)。法国的颗粒燃料有进口也有出口，与德国、西班牙、意大利、英国以及其他国家均有贸易往来。2009 年法国的净出口量约为 40000 t(湿基)$_p$[496,548,549,550,551,552]。法国的颗粒燃料市场潜力应该非常大。目前法国用于能源发电的木材 3500 万 t 左右(总能耗的 4%左右)。大约 650 万户家庭配备有木材供暖系统，其中的一些设备已经陈旧。采用这些供暖系统的大部分业主愿意改成用自动的天然气或燃油供暖系统。在这方面，颗粒燃料是替代化石燃料的一种选择。不过市场营销活动和政策支持需要加强。在这样的背景条件下，颗粒燃料市场扩张到 100 万 t (湿基)$_p$/a 是一个可以实现的宏大目标，而且这也仅能代表目前 3%的木材能源市场。

- **英国**

对英国小型系统的颗粒燃料市场只有粗略的估计。据估计有 130 个左右的颗粒燃料炉和 400 台左右的颗粒燃料锅炉(其中额定热功率低于 100 kW 的超过 93%)。颗粒燃料通常是小/大袋装销售；几乎没有散装交货[553,554]。这一部分颗粒燃料的消耗量据称大约为 6200 t (湿基)$_p$/a[496]。虽然发展缓慢，但英国颗粒燃料的发展潜力应该很大。石油与天然气的竞争力对颗粒燃料利用的增长将会是一种刺激，虽然其较高的投资成本极大地阻碍了其发展。

在英国，将颗粒燃料用煤电厂共燃烧发电是常见的做法。不过这一部分的消耗量只有一个粗略的估计值，而且各个电厂差异很大，比如在 2008 年里的消耗量为 176000～800000 t[553,554]。不仅木质颗粒燃料，芒草或橄榄石制成的颗粒燃料也用于发电。英国的颗粒燃料主要从俄罗斯、波罗的海国家、芬兰和加拿大进口[553]。此外从法国、德国、美国和阿根廷有少量进口。也有报道称英国的颗粒燃料还出口到爱尔兰和意大利。

2008 年，英国国内颗粒燃料产量约为 125000 t(湿基)$_p$/a，生产能力为 218000 t(湿基)$_p$/a。有 13 家颗粒燃料生产商活跃在英国。英国没有制定颗粒燃料的国家标准，不过许多生产商和零售商都依照相关的欧盟颗粒燃料技术标准来描述他们的颗粒燃料产品(即使他们没有相应的认证)[554]。

- **爱尔兰**

爱尔兰的颗粒燃料市场是本国小型商业用户占主导，据估计已经安装了 4000 个颗粒燃料炉和锅炉(2009 年)。没有听说颗粒燃料用于发电。爱尔兰的颗粒燃料生产量大约是17000 t (湿基)$_p$/a(2 家生产商)，消耗的大约有 30000 t(湿基)$_p$/a。同英国类似，爱尔兰颗粒燃料生产商参考国外标准描述他们的产品，这种情况下，通常是参考德国或者奥地利的国家标准，即使他们没有相应的认证。由于国内产量无法满足需求，爱尔兰从拉脱维亚、芬兰、加拿大、德国、瑞典和法国进口颗粒燃料[555]。

• **西班牙**

西班牙的颗粒燃料年产量在 100000 t 左右(2009 年)。这其中仅有一小部分,1 万 t 左右的颗粒燃料用于西班牙本国的颗粒燃料炉(根据 2009 年的数据)。剩下的部分出口到意大利、德语国家、葡萄牙、法国、爱尔兰和英国[556,557,558,559]。

西班牙的颗粒燃料市场遇到了几个问题。由于刨花板行业对原材料的竞争,木质颗粒燃料生产商和许多颗粒燃料生产商没有足够的原材料,不得不停产。还有,公众对可再生能源尤其是颗粒燃料的认识不够,政府当局几乎没有资金支持。此外,西班牙没有颗粒燃料国家标准,也不采用其他欧洲国家的标准。只有一家颗粒燃料生产商有 DIN_{plus} 认证。因此,潜在用户对颗粒燃料的信任度很低[441,560,561]。所以颗粒燃料锅炉的安装数量不高,直到 2009 年底才略微高于 1000 个[559]。目前的产品数量数据表明,原材料的供应问题已经被解决了,而且颗粒燃料锅炉 20%～30%的国家补贴也已经到位[556]。预计颗粒燃料锅炉的安装量会上升。

• **葡萄牙**

葡萄牙的颗粒燃料市场与西班牙的类似,2008 年年产颗粒燃料约 100000 t,消费量大约是 10000 t。不同的就是每年有将近 90000 t 的颗粒燃料被出口,主要是到北欧国家。目前有 6 家工厂在运转,总生产能力每年共计约 400000 t。不过目前正计划建造新厂,将进一步提高生产能力。本国的消费仅限于住宅供暖单元的颗粒燃料炉和锅炉[562]。

• **希腊**

根据文献[563],希腊 5 家生产商生产的颗粒燃料量在 27800 t (湿基)$_p$/a 左右,消费量大约是 11100 t(湿基)$_p$/a(基于 2008 年的数据)。颗粒燃料主要是工业应用,没有家庭用户。国内生产和消费之间的差额用于出口,主要出口到意大利,通常用小/大袋包装。希腊目前不进口颗粒燃料。没有颗粒燃料质量标准,也不采用欧盟或其他国家的标准。

• **东欧**

最近东欧新建了一个颗粒燃料市场。市场参与者有爱沙尼亚、拉脱维亚、立陶宛、波兰、斯洛伐克、捷克、斯洛文尼亚、保加利亚、匈牙利和罗马尼亚。这些国家每年的总产量已经超过 160 万 t(2008 年)。这些国家的利用量很少,每年总共消费大约 250000 t(2008 年)。生产的颗粒燃料主要都是出口。只有波兰和立陶宛的国内消费量相对较多[564,565,566,567,568,569,570,571,572,573]。

10.8 北美

北美颗粒燃料市场的发展始于 1984 年,当时第一次有颗粒燃料炉出售,颗粒燃料的产量在 200 t 左右。从那时起到现在大多数颗粒燃料都是袋装出售,主要供给颗粒燃料炉的使用者。北美自 1995 年以来的颗粒燃料消费发展如图 10-27 所示。除了在 1999 年略微下降之外,颗粒燃料消费量每年增加 1.9%～61.2%,于 2007 年达到了 210 万 t(湿基)$_p$/a。仅美国就已经有了大约 120 万个颗粒燃料炉(2008 年)。2007 年一年售出了 55000 个颗粒燃料炉,2008 年的颗粒燃料炉销量达到 140000 个[574]。颗粒燃料锅炉的效益也在增加[499,575,576]。2008 年对颗粒燃料炉和颗粒燃料锅炉需求量的增加主要是高油价造成的,尤其是以大量燃油供暖房屋为特点的美国东北部,颗粒燃料炉在那里的强势增长相当引人注目。

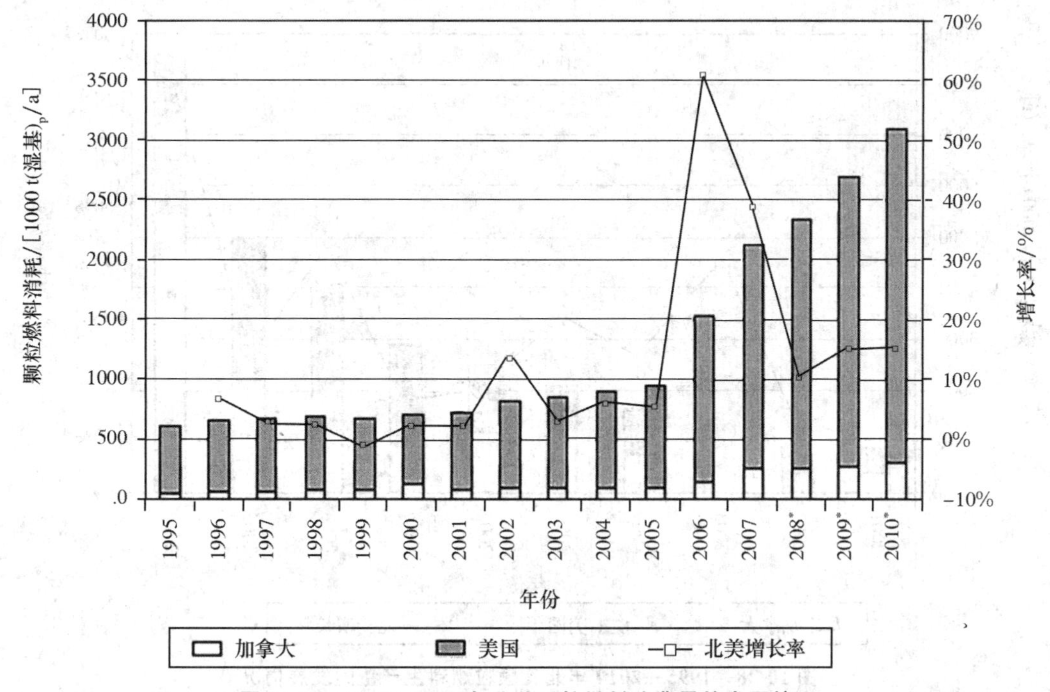

图 10-27 1995—2010 年北美颗粒燃料消费量的发展情况

注：* 预测；数据来源[486,499,577,578,579,580]

加拿大是一个颗粒燃料出口大国，主要出口到欧洲国家（比利时、丹麦、瑞典、荷兰和英国）和日本，日本的颗粒燃料市场也正在发展中。美国将颗粒燃料出口到欧洲国家，同时也从加拿大进口。在加拿大，30 个生产商在 2008 年生产大约 200 万 t(湿基)$_p$/a 颗粒燃料。在美国，颗粒燃料生产商的数量由 2004 年的 21 个增长到 2009 年的 90 个[582]，2008 年的总产量在 210 万 t(湿基)$_p$/a 左右。图 10-28 显示了美国和加拿大从 2001 年以来产量的发展以及对 2010 年的产量预测。加拿大在颗粒燃料生产量上的潜力特别大。预计 2010 年颗粒燃料产量将达到 550 万 t(湿基)$_p$/a。美国 2010 年的预计产量为 310 万 t(湿基)$_p$/a。因此，北美市场 2010 年可提供将近 900 万 t(湿基)$_p$/a 的颗粒燃料。

10.9 其他国际市场

世界上有很多国家生产颗粒燃料产品和/或使用颗粒燃料。

中国雄心勃勃地计划到 2020 年颗粒燃料消费量达到 5000 万 t(湿基)$_p$/a[545,583]。不过目前中国的颗粒燃料生产刚刚起步[584]。

日本颗粒燃料产量一直稳定在大约 8600 t (湿基)$_p$/a[14,585] (2006 年)。没有关于住宅利用颗粒燃料的数据。然而，目前正在开展一些措施来促进颗粒燃料市场的发展，如日本的颗粒燃料公社。此外，自 2008 年以来，日本每年从加拿大进口颗粒燃料，在煤电厂燃烧来发电。在 2008 年，日本从加拿大西部进口了大约 110000 t 颗粒燃料，这一数额在未来几年内将会持续增长。

土耳其对农业生物质生产颗粒燃料的潜力做了研究，但到目前为止土耳其并没有实际的

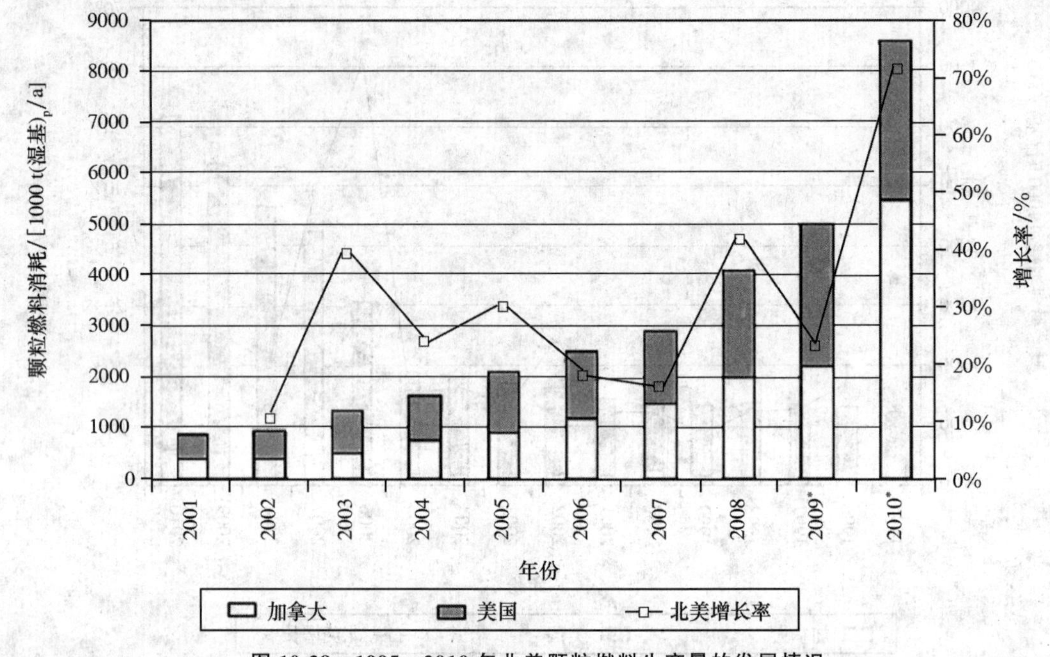

图 10-28　1995—2010 年北美颗粒燃料生产量的发展情况

注：* 预测；数据来源[499,574,575,577,580,581]

颗粒燃料市场[586]。蒙古也是如此，但创建颗粒燃料市场的方案正在制定中[587]。

南非也生产颗粒燃料，通过远洋轮船出口到欧洲[197]。

在南美，巴西、阿根廷和智利的颗粒燃料市场正在逐步发展。在巴西，颗粒燃料工厂的生产能力大约有 60000 t(湿基)$_p$/a，阿根廷的生产能力在 36000 t(湿基)$_p$/a 左右，而智利正在运营中的 3 个生产工厂的生产能力有 85000 t(湿基)$_p$/a。智利计划到 2011 年进一步增加其生产能力，使其达到大约 300000 t(湿基)$_p$/a。在 2007 年，巴西、阿根廷和智利的颗粒燃料产量分别为 25000 t(湿基)$_p$/a、18000 t(湿基)$_p$/a 和 20000 t(湿基)$_p$/a。他们国内几乎没有颗粒燃料市场，所以几乎所有的产品都用于出口[545,588,589]。

俄罗斯已经建立了一个重要的颗粒燃料生产市场。颗粒燃料产量在 2009 年是 100 万 t(湿基)$_p$/a。生产能力每年总计约为 170 万 t，预期在 2010 年增长到接近每年 300 万 t(这是最低估计量，因为 2010 年将启动一个年产 100 万 t 的大型颗粒燃料厂)[590]。由于俄罗斯本国缺乏售出的可能性，大约 90％的产品出口到斯堪的纳维亚国家和荷比卢地区。俄罗斯只能消 50000 t(湿基)$_p$ 颗粒燃料[591]。

乌克兰颗粒燃料生产量总计约 120000 t(湿基)$_p$/a，其中超过 90％出口[592]。

最近韩国投入运行了其第一个生物质电厂。该电厂每天都要使用 145 t 的木屑和颗粒燃料[545]。安装了约 800 个额定功率低于 30 kW 的颗粒燃料锅炉(2009 年)。颗粒燃料炉由本国制造商生产，价格相对便宜，只有少数的进口锅炉在运转。颗粒燃料市场的进一步发展估计主要在工业应用上。颗粒燃料由 4 家工厂生产，总生产能力为每年 40 000 t。不过所有的这些工厂都还处于起步阶段，并没有达到其全部产能[593]。

新西兰颗粒燃料市场正在发展中。颗粒燃料锅炉在新西兰仍被视为革新，但能很快获得首肯。2006 年新西兰颗粒燃料生产商总共有 5 家,总产量为 20000 t(湿基)$_p$/a,总生产能力为 100000 t(湿基)$_p$/a。

2009 年澳大利亚的第一家颗粒燃料生产厂开始运转,其生产能力为 125000 t(湿基)$_p$/a。到 2012 年澳大利亚会建立颗粒燃料厂共计 6 家,累积产量达到 150 万 t/a。生产出来的颗粒燃料被指定出口到欧洲和在电厂应用。出于这个目的,已经签署了长期合同[594]。

10.10 颗粒燃料生产潜力国际概述

为了真正实现颗粒燃料产量的进一步增加,首先就是必须保证适当的原材料供应,其次是必须建立生产站点。本节就是关于这方面的评估。

在第 3 章对可能的颗粒燃料生产原材料进行了评估。以国家为单位的颗粒燃料生产原材料潜力评估和审议在本章第一小节进行讨论。本节中的评估涉及欧洲和全球的潜力。因为草本生物在造粒中以及其在小型生物质炉中利用的技术问题还没有得到充分的解决,所以只对木质生物质进行了评估。第 12 章中介绍了在草本生物质领域正进行的研发活动。虽然草本生物质目前在颗粒燃料制造中不受重视,但未来几年内很可能会发生改变。

下面章节中将从三个不同方面对颗粒燃料生产潜力进行评价。10.10.1 节对欧洲颗粒燃料生产厂的分布进行评估,并标注颗粒燃料生产厂高、低浓度区域。对奥地利、瑞典和芬兰的评估更细致些。欧洲可替代原材料的潜力,如森林采伐剩余物、能源作物和短期轮伐木质生物质的评估见 10.10.2 节。最后在 10.10.3 节对世界范围内可用于颗粒燃料生产的锯末潜在数量进行评估。

10.10.1 欧洲的颗粒燃料生产厂

10.10.1.1 颗粒燃料生产厂和市场的区域分布

欧洲和北美的颗粒燃料市场和供应结构正经历着飞速成长。由于颗粒燃料市场的发展,供应方面也在不断增长。在一些国家,供应方面的增长比国内消耗增长的更快,而另一些则需要增加进口来满足增长的需求。颗粒燃料的需求不断增加,自然会通过增加颗粒燃料生产厂的数量和总生产能力来提高供给量[595,596]。

2007 年,世界上 10 个最大的颗粒燃料生产国生产了接近 850 万 t 的颗粒燃料,这个数字近几年略有增长。欧洲颗粒燃料生产和消费主导国是瑞典、德国和奥地利。其他国家如丹麦和意大利是消费大国,但其生产规模小,所以他们依赖进口。芬兰、波兰和俄罗斯的国内消耗少,其颗粒燃料市场以出口为导向。颗粒燃料贸易在欧洲稳步增长,不断增长的需求还增加了从加拿大的进口,2007 年加拿大颗粒燃料的出口量大约有 765000 t。颗粒燃料是从奥地利、芬兰、德国、波兰和俄罗斯到瑞典、丹麦和意大利的流量最大[596,597]。

欧洲颗粒燃料生产厂的定位围绕着某些热点位置,分布非常密集。利用地理空间焦点程序来分析颗粒燃料生产厂的分布方式是可行方法之一,可以帮助识别最高产量区域和市场核心区域。核心分析是一种非参数分析法,根据众多被观测事件来推测空间分布的概率。对一个区域来说,首先创建一个连续的网络,然后在颗粒燃料工厂与其产能已知的情况下计算发生特定事件的概率。这种计算是根据观察到的事件算出,依照颗粒燃料生产厂的频率构建出一个密度函数。随后计算网格上所有点的密度函数，结果是产生所有范围内的连续分布频率。

图 10-29 中的地图是此种方法的应用结果，显示了欧洲内部颗粒燃料生产厂当前的定位。根据 Worton 的参考值来确定界定内核曲线所需要的调查半径[598]。结果图根据体积百分比轮廓(PVC)显示了标准化的等值线，这是为了定位具有更高颗粒燃料生产密度的区域。PVC 代表在尽可能小的区域内一个确定的颗粒燃料生产商的百分比。比如，包含第 10 个百分位区域的等值线说明该区域颗粒燃料生产厂的密度最高，因为它标志着在最小面积内包含欧洲所有颗粒燃料厂的 10%，也就是市场核心区域。第 95 个百分位区域代表最低密度，因为它几乎包含了全部数量的颗粒燃料生产厂，并由此定义了欧洲颗粒燃料生产区域。

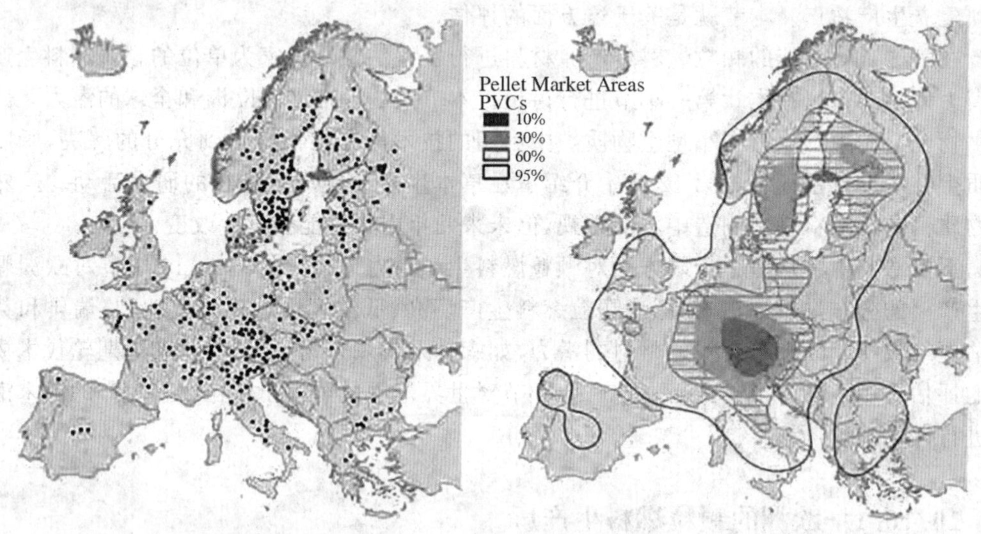

图 10-29　欧洲颗粒燃料生产厂的位置图(左)和市场分析百分比图(右)

注：PVCs 百分比图；通过内核分析市场位置，综合考虑生产能力；画线部分包含了欧洲 95% 的颗粒燃料生产；深色区域是颗粒燃料生产商密度相对较多的区域

分析表明，奥地利、巴伐利亚州和瑞典中部的颗粒燃料生产密度较高。在这些地区进一步扩大产能的潜力非常有限，因为原材料缺乏和现有颗粒燃料生产商之间的竞争加剧。其他地区如英国、德国北部、波兰西部、法国和西班牙颗粒燃料产量低，工厂稀少。然而，为了确定能进一步提升颗粒燃料产量和消费的高潜力区域，有必要知道颗粒燃料的生产和消费都已经接近饱和的市场区域。

10.10.1.2　奥地利市场的发展

奥地利是欧洲颗粒燃料生产厂密度最高的地区，年产量大约为 700000 t。颗粒燃料生产厂几乎覆盖了所有地方，并且它们之间的距离也越来越近。这增加了企业之间的竞争，同时也是市场饱和的征兆。

在这样情况下，分析颗粒燃料生产市场的演化的一种有效方法就是使用导入曲线。新技术导入模式的研究以文献[599]最初的工作为基础。这种方法采用 S 形曲线来定义导入者总数、进化的时间和最终饱和数量。当一个新产品或技术要推广向市场，如木质颗粒燃料，很少有企业家愿意在被认为是高风险的行业中投资。随着时间的推移，已经有越来越多的企业家意识到了新产品的潜在好处，直到承担的风险最小化，加入该行业的企业数量和产量达到最大,符合了当前的需求。一般来说,对于每个聚集的空间单元,其最大上限被确定为该区域社会经济环境的函数(见10.11.7节)。

这些概念还可以用来解释国内颗粒燃料生产厂的市场开发,像奥地利现有的颗粒燃料厂已经均匀地分布在全国各地,因此增加新工厂只会增加竞争。根据这一结论,奥地利颗粒燃料生产潜力会在2015年左右达到最大值,饱和生产力接近1351000 t/a(图10-30)。然而,这个上限值可能会被出台的鼓励使用木质颗粒燃料的政策和制度所打破,这些外因变量使未来的预测具有不确定性。尤其是不使用木刨花和锯末,也就是说用木屑、原木和短轮伐作物这些并没有在预测范围内的原材料的时候,扩展了原材料基础,为更高的颗粒燃料产量留出余地。奥地利已经有了这种趋势。许多颗粒燃料生产商正在筹建或者已经建成运转使用这些原材料的工厂,有了可供替代的选择,关于锯末的竞争将会减少(参见10.1节)。

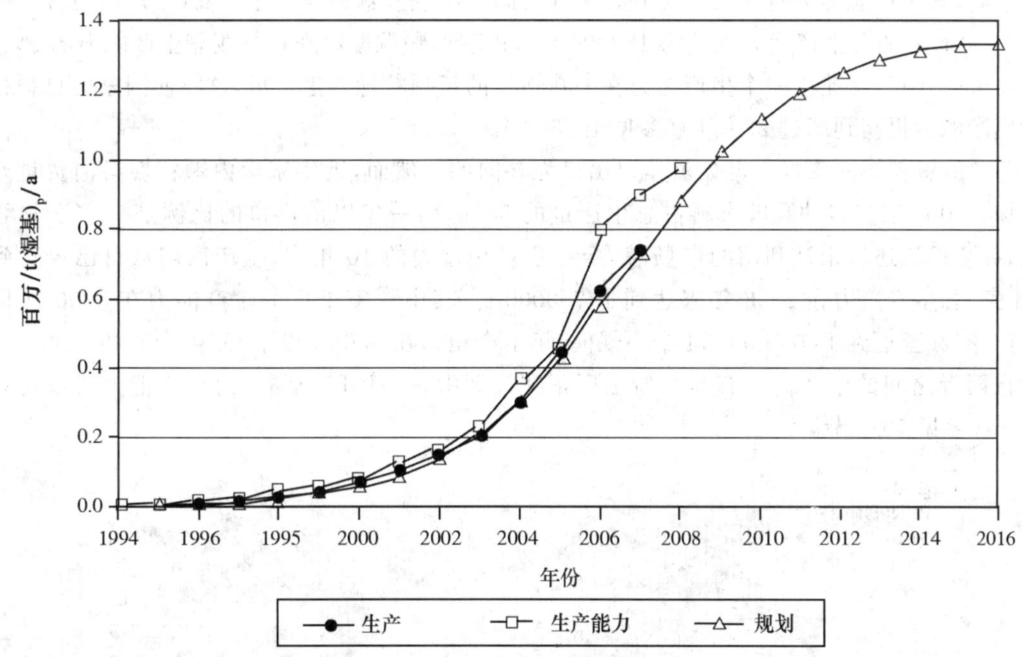

图10-30 奥地利1994—2006年的颗粒燃料生产量和生产能力,以及到2016年前生产量的预测

注:基于S形曲线的假设

即便如此,在市场饱和的相似条件下,这种模式可以用作奥地利和欧洲其他国家颗粒燃料生产未来潜力的指标。由于在欧洲和北美各国能够获得更多的颗粒燃料市场趋势数据,可以做到对未来真实潜力更具体的评价。对奥地利而言,如果只考虑传统原材料(木刨花和锯末),结果表明其增加潜力是有限的,只能是在未来5～10年内,除非有明显的社会经济或政策相关的改变影响了上限值。这暗示了在其他具有高浓度生产工厂的国家或区域也会有类似的演变。因此,从市场竞争角度来看,如果社会经济和政策框架条件保持不变,基于锯末和木刨花的最大生产潜力短期内就能达到。然而,正如前面已经指出的,这个预测仅限于传统的原材料。在世界范围内的很多国家,用木屑和原木来生产颗粒燃料已经是习惯做法了。如果有不含树皮的木屑或者将树皮剥离原木,甚至能按照prEN 14961-2的标准生产A1级别的颗粒燃料,生产的颗粒燃料尤其适合用于住宅供暖部门。带皮的原材料可生产工业颗粒燃料,做大规模应用。需求方面的考察能够预计到另一个强势的增长，因为许多国家住宅供暖部门目前仍以柴火、石油和天然气供暖系统为主，这些系统在未来数十年内很可能会被现代化颗粒燃料炉取代。此外，石油和天然气价格的进一步增加在预料之中，这也会加强该趋势。因为各个国家的财政支持机制，大规模应用中有仅使用颗粒燃料或共燃烧的趋势。

10.10.1.3 瑞典和芬兰的产量

瑞典是世界上最大的木质颗粒燃料生产者和消费者[595,596]。在瑞典，影响颗粒燃料产业快速发展的三个因素已经确定：良好的原材料可得性、有利于生物燃料的税收系统和延伸过的区域供暖网[600,601]。颗粒燃料市场被高度开发，颗粒燃料的应用涵盖了所有小、中、大型客户群。

总生产能力估计为 2344000 t/a(2007 年)。被调查过的工厂中，6 家工厂的年生产能力为 100000 t 及以上，15 家工厂的年生产能力为 50000～100000 t。大约有 50 家小规模的颗粒燃料生产商，其生产能力为每年几百吨到几千吨之间。小规模颗粒燃料生产商(生产能力等于或低于 5000 t/a)的总生产能力大约为 150000 t/a，占瑞典颗粒燃料颗粒行业总生产能力的 6%。预计在未来几年，会建立一个生产能力在 160000 t 的新颗粒燃料生产厂，这将使国家的总颗粒燃料生产能力提高到超过 250 万 t(参见 10.5 节)。

芬兰的颗粒燃料市场一开始就是以出口为导向的。然而，近年来国内颗粒燃料消费量开始增加。2007 年出口的颗粒燃料占总生产量的 58%，而一年以前出口的比例是 75%。尽管如此，芬兰仍然还有未被利用的市场潜力[596,602]。在过去的 10 年中，生产商的数目已经达到了 24 家，总生产能力在 2008 年末达到了 750000 t。其中 6 家工厂的生产能力在 50000 t 以上，有 1 家甚至达到了 100000 t，4 个小规模(年生产能力在 5000 t 以下)的生产商和 1 个生产能力在两者之间的生产商。有 5 个新工厂正在策划中，一旦开工运行，总生产能力可以达到 116 万 t(参见 10.7 节)。

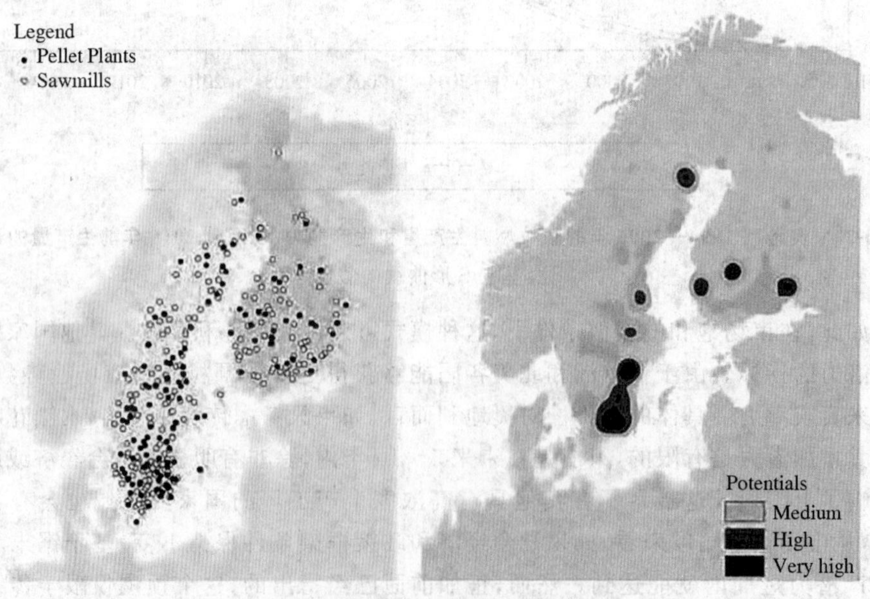

图 10-31 瑞典和芬兰颗粒燃料生产厂和锯木厂的位置

注：基于 2007 年；右图：较暗区域表示半径 80 km 区域锯木厂生产能力与颗粒燃料生产能力的差异；较暗区域因此表示了该区域颗粒燃料生产有最高的潜力

这两个国家的原材料都是以国内木材加工业的副产品为主，多半是木屑和锯末。这就决定了颗粒燃料生产厂的位置，一般与可以提供原材料的锯木行业相连接。几乎所有的颗粒燃料生产厂附近都有一个锯木厂(图 10-31)。此外，当两者都聚集在距离 60～80 km 的区域时，颗粒燃料生产厂的产量与锯末生产能力有一个非常明显的关系(图 10-32)。由图可知，大约 12%的锯末生产能力与附近区域的颗粒燃料产量相关。其他木材加工业并没有列入预测估算中，比如说家具行业。有时候，芬兰从俄罗斯和瑞典进口少量的锯末[597,600]，但未来可能会停止进口。

在颗粒燃料市场欠发展的国家里，地理学的方法能够用来估算颗粒燃料的供应潜力。原材料可获得性为进一步的发展设定了清楚的限度，因此有必要审查现有的原材料供应结构。此外，该研究凸显出了当前没有颗粒燃料生产的区域。为了提高这些地区的颗粒燃料生产潜力，需要调查研究造粒的新原材料和供应结构的创新。

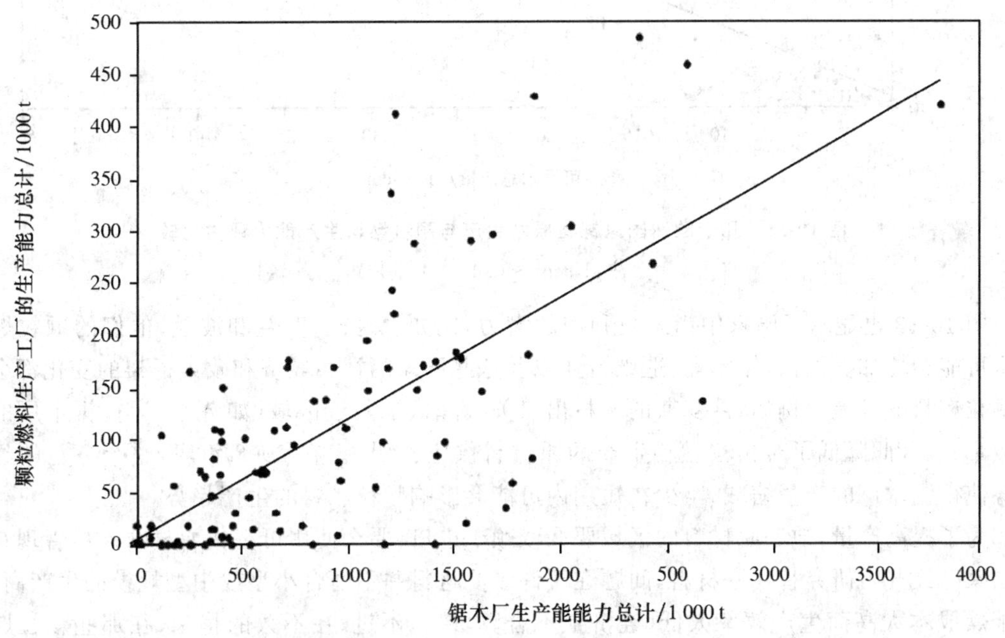

图 10-32 瑞典和芬兰 80 km 半径内锯木厂和颗粒燃料生产厂的相关性

注：相关系数 $r^2=0.51$(显著的统计相关性)

10.10.2 欧洲可替代原材料的潜力评估

颗粒燃料生产的发展潜力将会由原材料的可得性来定。颗粒燃料生产商与其他以森林为基础的行业，如板材行业，对高质量原材料的竞争越来越激烈。

在瑞典和芬兰的研究证实了以锯木厂行业产品为代理进行原材料供应评估的稳定性。因此，颗粒燃料基础设施完善，目前产量居于首位的瑞典，其可锯木产量与颗粒燃料的生产能力相称，也高于欧洲的平均水平(图 10-33)。总之，原材料短缺已现端倪，并且造成很多颗粒燃料生产厂并没有达到其满负荷生产力。近年来，原材料的高需求提高了原材料的价格，也使得颗粒燃料价格上涨。颗粒燃料还被视为供暖和热电联厂的原材料竞争者，后两者传统上使用着和颗粒燃料生产相同的原材料[600]。

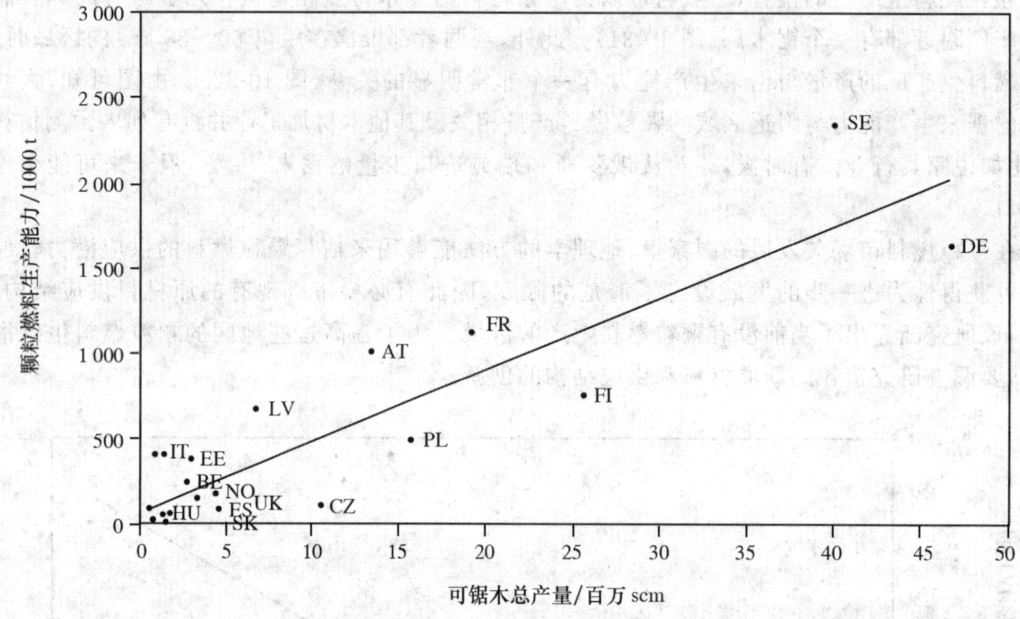

图 10-33　几个欧洲国家锯材原木生产与颗粒燃料生产能力评估比较

注:1 scm ≈0.4 t (干基)

图 10-33 也显示了国家中尚未被利用的潜力,比如说德国、芬兰和波兰,他们的颗粒燃料产量可能会增加。然而,锯木业、造纸行业以及这些国家的社会经济和政策框架的变化都会影响颗粒燃料的发展。例如,俄罗斯的木材出口关税降低了附近区域(如芬兰)运往锯木厂的原木数量,也因此降低了对颗粒燃料生产的原材料供应[603,616]。在 2008 年底,整个芬兰的经济形势使得锯木厂的产量缩减,至少在短期内可能会影响颗粒燃料的生产趋势。

为了提高产量,缺乏原材料的区域要么依赖于进口,要么使用可替代原材料。尽管现在许多国家已经开始研究替代原材料,问题在于许多原材料并不适合小型或中型规模的生产商,因为干燥成本太高而生产效率太低,经济上不合算[382]。不过,在不久的将来,在那些颗粒燃料生产基础设施完善和需求量不断增加的区域,传统原材料尤其是锯末的短缺,将会推动更集约利用这些替代原材料的改良技术的开发。

森林采伐剩余物被认为是一种具有巨大潜力的原材料(图 10-34)。EU27 中顶端、松针和树枝可能提供的燃料理论上每年分别为 2250 万 scm、61100 万 scm、188100 万 scm[604]。总潜能包括树桩、树木粗根和干材损耗,估计每年能有 785000 万 scm,包括商业木材蓄积过剩的潜力。然而,对这些剩余物的处理和干燥需要最优化以减少能带来的问题的腐蚀性因子,在小型锅炉中尤其严重[605]。此外,树皮可以用作生产颗粒燃料的另一种可能的选择,尽管它通常是在去皮地点直接被利用,具有代表性的是纸浆厂,或者用在景观美化或园林用途[606]。另外,由于树皮灰分含量高,目前它只能在较大的锅炉中应用[605,607]。至于松针,必须指出的是,松针是土壤潜在的营养源,因此不应该从森林中移除。此外松针的燃烧特性具有很多不确定因素,可能会给燃炉带来麻烦,这是不使用松针作为燃料的另一个重要原因。

最后,能源作物是一种额外的原材料潜力源,如草芦和短轮伐人工林。它们主要是用作区域供暖工厂的燃料，在欧洲的开发还不足。目前，芬兰有 20000 km^2 的草芦在种植。瑞典是欧洲生物能源商业种植的领跑者，大约有 16000 km^2 的短轮伐人工柳树林，约占全国耕地总面积的 0.5%。在瑞典，短轮伐小灌木林目前主要以木屑形式在大型锅炉中燃烧，尽管对其粒化可能性研究不足，但已经在中欧生物燃料贸易中展现了明显的潜力[608]。

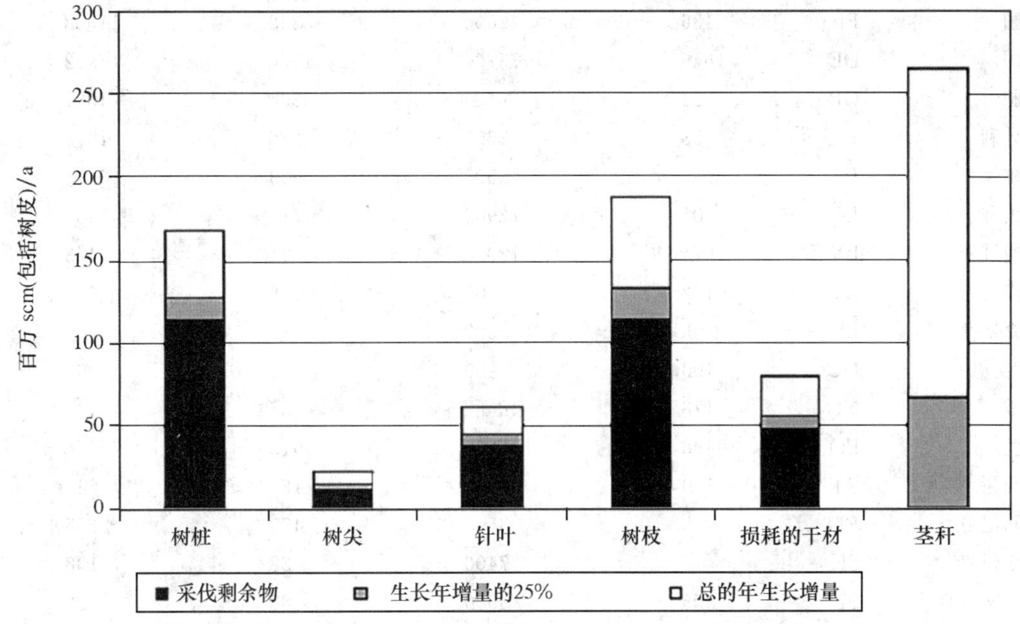

图 10-34 欧盟 27 国森林能源理论潜力和潜在的商业蓄积量(年变化率)

注：1 scm ≈0.4 t（干基）；数据来源[604]

考虑到当前的颗粒燃料生产能力，替代原材料的潜力很大。表 10-3 包括来自短轮伐矮林作业木材的供应潜力，占用 1%～5%的可耕土地，假设适当的维护保养和良好的管理操作，以瑞典经验提供的柳树模式为基础[609,610]。这种耕种有助于森林资源有限但农业区域较广的国家，如英国或西班牙，发展颗粒燃料生产。也能使许多其他国家有额外的资源来生产更多的颗粒燃料。然而，这些方案都取决于颗粒燃料部门的市场发展。研究适当的品种和管理办法以及适应这些原材料的技术对充分开发它们的潜力都很必要。

表 10-3 估计森林燃料和短期轮伐人工林的理论潜力

国家	缩写	目前颗粒燃料生产能力/(1000 t/a)	森林能源潜力/(1000 scm/a)	SRC1%/(1000 t/a)	SRC5%/(1000 t/a)
奥地利	AT	1011	22000	228	1142
比利时	BE	250	4500	146	729
保加利亚	BG	n. d.	4500	95	473
捷克	CZ	111	19700	220	1101
丹麦	DK	410	1100	270	1349
爱沙尼亚	EE	385	6300	58	289

续表 10-3

国家	缩写	目前颗粒燃料生产能力/(1000 t/a)	森林能源潜力/(1000 scm/a)	SRC1%/(1000 t/a)	SRC5%/(1000 t/a)
芬兰	FI	755	63000	173	865
法国	FR	1136	42000	2338	11688
德国	DE	1646	73700	1504	7522
希腊	GR	25	n. d.	204	1021
匈牙利	HU	53	2600	216	1079
爱尔兰	IE	n. d.	3500	633	3166
意大利	IT	405	12900	711	3553
拉脱维亚	LV	674	12000	91	453
立陶宛	LT	162	6500	128	638
卢森堡	LU	n. d.	300	11	56
荷兰	NL	100	900	172	861
挪威	NO	178	n. d.	86	431
波兰	PO	498	32200	913	4564
葡萄牙	PT	100	8700	129	643
罗马尼亚	RO	n. d.	8500	473	2365
斯洛伐克	SK	12	7400	28	138
斯洛文尼亚	SI	55	3900	88	439
西班牙	ES	88	16800	1444	7222
瑞典	SE	2344	75600	301	1506
英国	UK	123	11100	1958	9790
总计		10521	439700	12618	63083

注：n. d. 没有可用数据；1 scm ≈0.4 t(干基)；与目前(2007 年)颗粒燃料年生产能力相比，森林燃料潜力为采伐剩余物加上 25%年潜力增加量[604]和短期轮伐人工林到 2010 年的干重，假定种植面积等于 1%～5%的全国耕地面积

10.10.3 全球可用于颗粒燃料生产的锯末的潜力评估

10.10.3.1 森林生物质资源和木材在森林工业中的使用

从技术上说几乎所有类型的木质材料都可以制成木质颗粒燃料。直到最近，木质颗粒燃料的生产都以森林工业的副产品为基础，最主要的原材料是木材工业中干燥、颗粒细小的副产品和锯末。本节的目的是对森林生物质资源和它们在森林工业中的利用做一个全球性的概述，并考虑将原木转化为森林工业中的产品和副产品。

10.10.3.1.1 *森林生物质资源及木材机械加工的概述*

森林生物质是森林工业的主要原材料，并且也是重要的生物能源原材料。据估计，世界范围内的森林面积为 3870 hm²。森林覆盖了地球陆地面积的 30%，其中约 95%是天然森林，5%是种植园。热带和亚热带森林占世界森林的 61%，而温带和寒带森林占 38%。人均森林面积因地区而异。在大洋洲人均森林面积是 6.6 hm²，亚洲是 0.2 hm²，欧洲是 1.4 hm²。全世界总森林地

上总生物质量为 420000000 万 t。人均地上木质生物质为 109 t/hm^2。巴西(114000000 万 t)、俄罗斯(47000000 万 t)和美国(24000000 万 t)的森林拥有最大的生物质资源。

当前各国各地区的森林资源利用率不尽相同。在一些地区，砍伐森林、糟糕的森林管理和木材资源的过度利用问题严重，但是世界上大部分地方，森林资源处于可持续利用状态。据联合国粮食与农业组织(FAO)估计，全球工业原木产品和木材燃料在 2000 年达到了 3350000 万 scm[611](1 scm≈400 kg(干基)的木材)。其中的 53%是木材燃料，而目前这些燃料中的 90%是在发展中国家生产并消费[612]。据 FAO 统计，工业原木可以分为三类：锯材原木和单板原木、木质纸浆和其他工业原木。2004 年，工业原木的总消费情况如下(数据中不包括树皮)[613]。

- 锯材原木和单板原木：992000 万 scm。
- 木质纸浆：505000 万 scm。
- 其他工业原木：146000 万 scm。
- 总计：1643000 万 scm。

原木主要是锯材和胶合板制造业的原材料，而直径较小的造纸木材用于木质纸浆的生产。对于用锯末生产颗粒燃料，锯木厂是颗粒燃料生产原材料的主要来源。此外，胶合板锯木厂产生的锯末和类似成分的副产物都是颗粒燃料的潜在原材料。对原木，锯材和胶合板生产的综述为来自森林工业的全球锯末资源提供了一个初步的意向(表 10.4 和表 10.5)。北美和中美还有欧洲是原木的最大消费者，而美国、加拿大和俄罗斯是锯材的最大生产商。

表 10-4 工业原木木材、原木、锯材和胶合板的世界产量

洲	工业原木木材	纸浆木材	锯材产量	胶合板产量
非洲	70	27	9	0.7
亚洲	229	150	72	38.5
欧洲	504	284	138	6.9
北美洲和中美洲	628	425	159	17.5
大洋洲	48	24	9	0.7
南美洲	164	83	35	3.8
世界	1643	993	443	68.1

注：单位是百万 scm；1 scm≈0.4 t(干基)；2004 年洲产量；数据来源[613]

表 10-5 2004 年世界原木、锯材和胶合板产量前 15 的国家

排名	原木产量		锯材产量		胶合板产量	
1	美国	248.0	美国	93.1	中国大陆	21.0
2	加拿大	167.1	加拿大	61.0	美国	14.8
3	俄罗斯	67.9	俄罗斯	21.4	马来西亚	5.0
4	巴西	54.9	巴西	21.2	印度尼西亚	4.5
5	中国	52.2	德国	19.5	日本	3.1
6	瑞典	35.4	印度	17.5	巴西	2.9
7	德国	32.2	瑞典	16.9	加拿大	2.3

续表 10-5

排名	原木产量		锯材产量		胶合板产量	
8	印度尼西亚	26.0	日本	13.6	俄罗斯	2.2
9	芬兰	24.3	芬兰	13.5	印度	1.9
10	马来西亚	22.0	中国	11.3	芬兰	1.4
11	法国	19.9	澳大利亚	11.1	中国台湾	0.8
12	印度	18.4	德国	9.8	韩国	0.8
13	智利	15.9	智利	8.0	智利	0.5
14	波兰	13.0	土耳其	6.2	意大利	0.5
15	澳大利亚	12.2	马来西亚	5.6	法国	0.4

注：单位是百万 scm；1 scm ≈0.4 t（干基）；数据来源[613]

图 10-35 展现了 1985—2004 年间全球原木消耗量以及锯材和胶合板的产量动态。这期间锯材和胶合板的产量没有显著的变化。从国家层面上分析 1990—2004 年间的锯材产量，加拿大（1050 万 scm）、印度（960 万 scm）、中国（490 万 scm）和德国（320 万 scm）的年产量有显著的增加。一些锯材生产量最大的国家，1990—2004 年间年产量一直在下降，如日本（−350 万 scm）和巴西（−190 万 scm）。

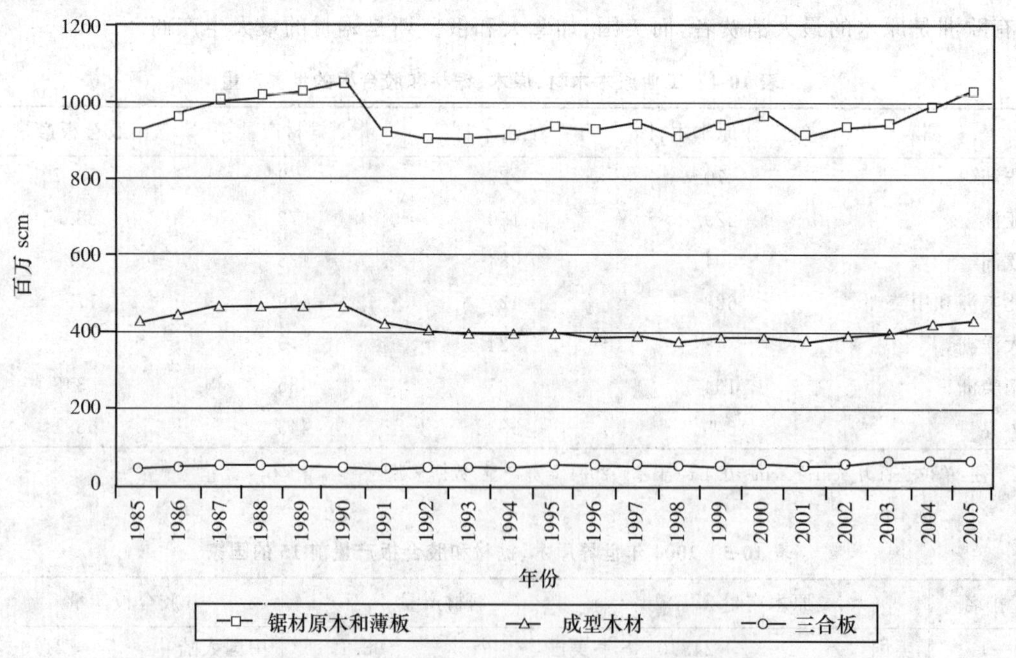

图 10-35 1985—2004 年原木、锯材和胶合板的消费量

注：1 scm ≈0.4 t（干基）；原木体积不包括树皮；数据来源[613]

碎料板和纤维板利用锯木厂和胶合板厂的副产品为原材料。全球最大的碎料板和纤维板生产商见表 10-6。

表 10-6 2004 年世界碎料板和纤维板产量最高的 15 个国家和地区

排名	碎料板的产量		纤维板的产量	
1	美国	21.8	中国	15.3
2	加拿大	11.3	美国	7.5
3	德国	10.6	德国	5.1
4	中国	6.4	加拿大	2.1
5	法国	4.4	波兰	1.9
6	波兰	4.1	韩国	1.6
7	意大利	3.7	法国	1.3
8	俄罗斯	3.6	西班牙	1.3
9	西班牙	3.2	马来西亚	1.2
10	土耳其	2.7	俄罗斯	1.2
11	英国	2.7	意大利	1.1
12	澳大利亚	2.4	土耳其	1.0
13	比利时	2.2	巴西	1.0
14	巴西	1.8	日本	0.9
15	日本	1.2	新西兰	0.9
	世界总量	97.5	世界总量	52.9

注：单位是百万 scm；1 scm ≈0.4 t（干基）；数据来源[613]

10.10.3.1.2 森林业以木材作为原材料和能源

除了原木以外，有些副产品如纸浆木屑和锯末是森林工业重要的原材料（回收纤维，即再生纸产品已经成为森林业重要的原材料，然而本文并不涉及此研究，2004 年世界再生纸的总生产量为 159000 万 t[613]）。将这些副产品当作原材料来使用提高了木材转化为产品的效率。平均来说，40%～60%的原木可被森林业转化为森林产品，剩余的副产品如纸浆黑液、树皮、锯末和木屑无法作为原材料在森林业中利用。不同产品的生产过程不同，其转换效率也各不相同。并且所采用的技术水平和生产流程的一体化也会影响转换效率。例如木材机械加工能比用化学制浆方法更有效地将木质原材料转化成产品。

10.10.3.1.2.1 森林工业的固体副产品

森林工业中的大部分副产品燃料都包含树皮。树皮占原木总体积的 10%～22%，取决于树的大小和品种[614]。森林工业中没有以树皮为原材料的既定市场。

锯材厂产生大量副产品，这些副产品是工业内其他流程合适的原材料。纸浆木屑在很多区域都是锯木厂最重要的副产品，同纸浆用木材一样可以作为造纸原材料。例如芬兰，将纸浆木屑销售给造纸业提高了锯木厂的经济状况，因为纸浆厂为纸浆木屑支付的价格高于能源商。另一个纸浆厂可以利用的副产物是锯末，但它的质量要低于造纸用木材。锯末反而是碎料板和纤维板的一种重要原材料。胶合板厂会产出树皮、原木芯、锯末、薄木皮屑、面板裁剪块和磨砂粉等副产品。这些副产品中锯末和磨砂粉能很容易被木质颗粒燃料制造商利用。森林工业副产品的市场随区域而异。锯木厂生产的木屑和锯末的量通常在被利用原木总量的 30%～40%。

锯木厂的副产品（树皮和锯末）通常用来为原木干燥提供热能，剩余的部分作为燃料卖给其他供暖厂或者电厂或颗粒燃料生产厂。在很多情况下，锯木厂同纸张和纸浆厂坐落在同一位置，这样可以有效利用原材料。在这种情况下，锯木厂的副产品燃料被内部利用来供暖和发电。

10.10.3.1.2.2　森林业的液体副产品(黑液)

黑液是在森林工业制造厂能源生产中最重要的副产品。用黑液产能是化学制浆过程的一部分。木质材料由两种主要物质组成,即纤维素和与其大致等量的木质素。木质素是一种胶,把纤维素连接在一起。在化学制浆过程中木质碎片材料在碱水溶液中煮沸,木质素被溶解,纤维素被留下。蒸煮液由蒸煮化学物质组成,木质素在回收锅炉中被燃烧以收集蒸煮化学物质以及利用被溶解木质材料的能量。

10.10.3.1.2.3　能源生产中的副产品

一般来说,森林生物质在工业应用中一直是一种边缘能源,但在一些有大的森林工业部门的国家,如瑞典、芬兰和澳大利亚,森林生物质有巨大的重要性。例如在芬兰,可再生能源占一次能源消费总量的25%。超过80%的可再生能源源自木材。接近80%的木材能量产生自森林工业的加工剩余物[615]。图10-36举例说明了芬兰森林工业中木材的应用流向。2007年,芬兰的森林工业能够将大约60%的原木总消费量转换为产品。

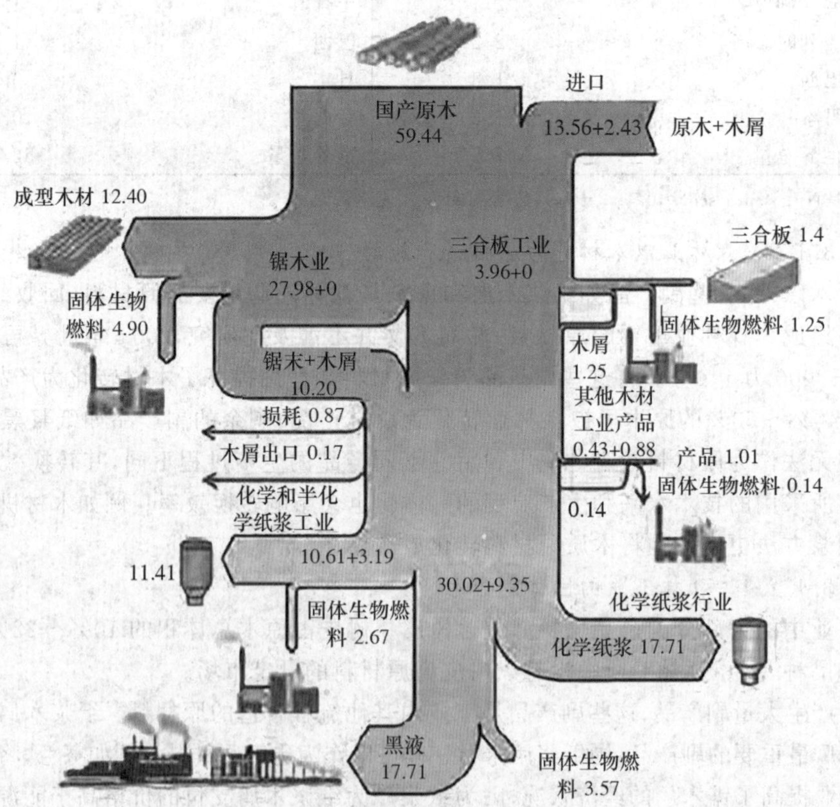

图 10-36　2007 年芬兰森林业中木材的应用流向

注:与原木等量,单位是百万 scm;1 scm≈0.4 t(干基);$X+Y\cdots X$ 表示原木,Y 表示副产品;原木包括树皮;碎料板和纤维板包括在其他木材生产行业;数据来源[616]

世界范围内,特别是在工业化国家,森林工业的副产品是生物能的主要来源之一。初步计算表明,森林工业副产品的总体积达到了70000万~110000万 scm/a[相当于4.4~6.9 EJ;计算的初始数据和假设为:原木变成副产品的转换因子是40%~60%,工业原木的总消耗量为160000万 scm/a(不包括树皮),平均树皮含量12%,木材的平均热值为6.3 GJ/scm,以木材平均含水量 55%（湿基）为基准）。相比之下，根据国际能源机构（IEA）2002 年的估计，工业化国家总生物能消耗为 12 EJ[612]。

10.10.3.2　用锯末制粒的全球原材料潜力评价

10.10.3.2.1　*在国家层面的森林工业的木材应用流向建模*

基于电子表格模型的 MS-Excel 被开发出来用以调查国家层面上森林工业的木材加工流向以及从能量利用的角度确定拥有最大锯末资源的国家。该模型的主要目的是参考森林工业副产物的原材料消耗来评估森林工业固体副产物是否过量。该模型利用国家关于工业原木生产和森林产品以及原木材贸易的具体数据为原始数据。在这种情况下，这些数据从粮农组织的林业数据库中获得。无树皮木材转变成森林产品和副产品的转换系数来自文献[614]。该模型采用的结构和转换系数见下图（图 10-37）。该模型采用的是世界各地区都通用的换算系数。

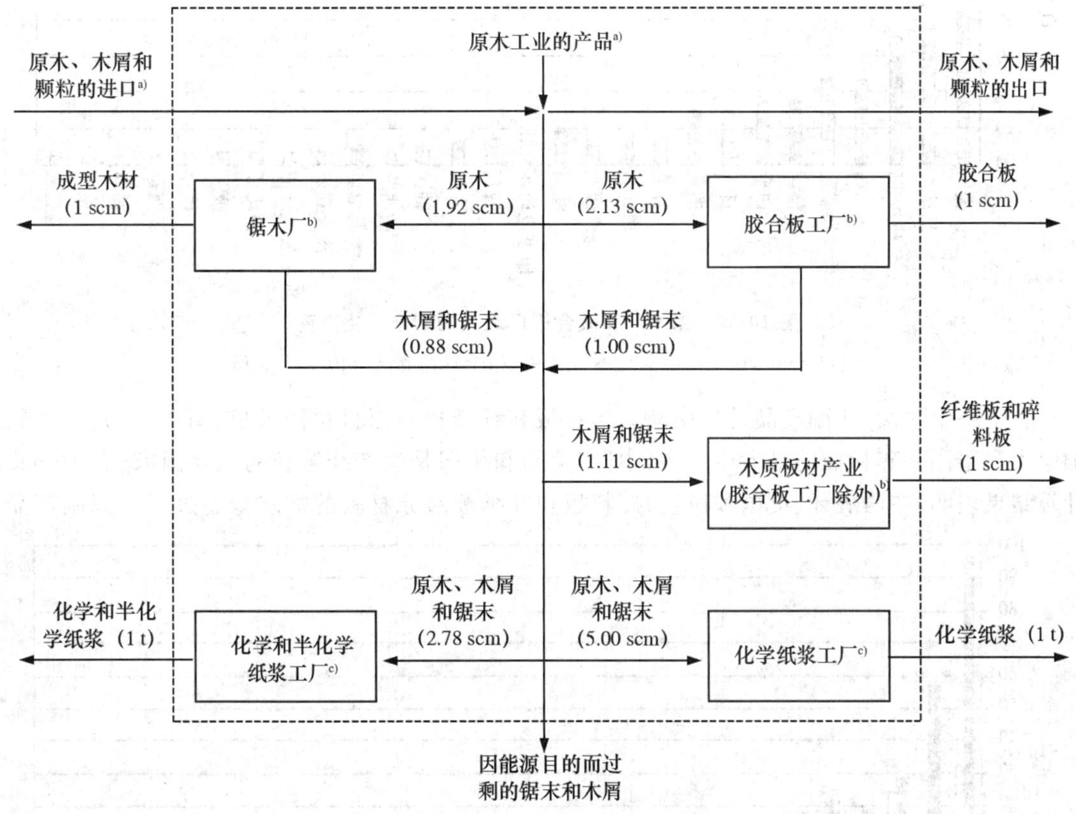

图 10-37　木材流向模型图及其主要参数

注：单位是 scm，与原木等值；1 scm≈0.4 t（干基）；木材加工流向都不包括树皮；没有给出材料损失；a) 原木净消耗的计算方法如下：工业原木产量减去其他工业原木产量，再减去工业原木出口量加上工业原木进口量，再减去木屑的出口加上木屑的进口；b) 转换系数来自[614]；c) 假定 1 t 纸浆与 2.5 scm 木材等量，假定化学法纸浆得率为 50%，机械和半机械法纸浆得率为 90%

借助于这个模型可以得知全球锯木厂和胶合板厂的副产物（树皮除外）总量为 440000 scm/a。大约 70%的副产品是木屑，质量好到可以用作纸浆生产的原材料。来自锯材生产的锯末总量据估计有 12000 万～13000 万 scm，相当于 5300 万～5800 万 t（湿基）木质颗粒燃料[假设木材的密度为 400 kg（干基）/scm]。然而，出于能源目的考虑副产品的可得性时还应该把副产品最流行的利用法考虑进来。不是锯材产量最大的国家就会自动拥有最佳可得性或最大过量锯末或副产品。

10.10.3.2.2 森林工业的过剩锯末

图 10-38 给出了副产品的最大生产商。美国是迄今为止最大的副产品生产商,来自木材机械加工业的副产品产量占了所调查总数的 1/5 以上。

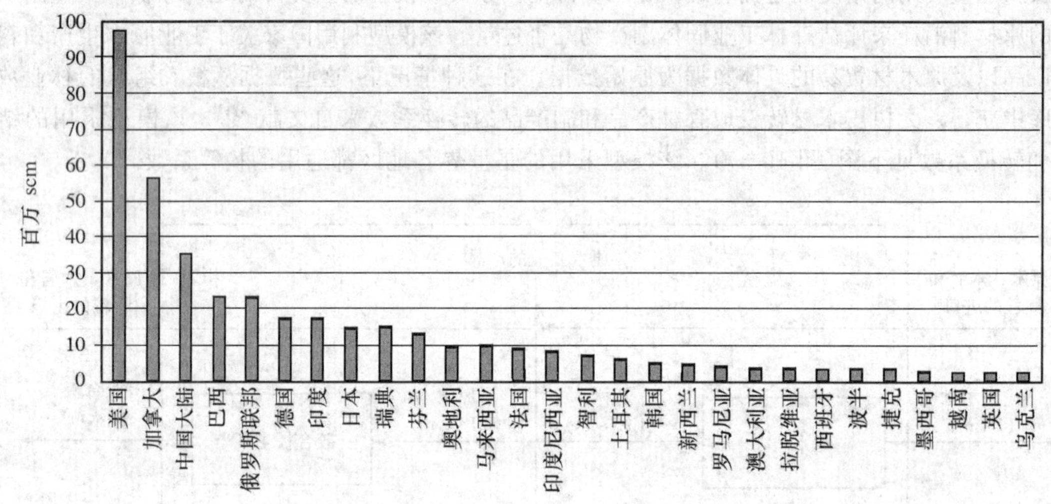

图 10-38 锯木厂和胶合板厂最大的副产品生产商

注:1 scm≈0.4 t(干基);不包含树皮;全球总量为 44000 万 scm

在下一个阶段,从副产品总量中减去碎料板和纤维板的原材料需求量(图 10-39)。美国、加拿大和德国是碎料板的最大生产商,中国、美国和德国是生产纤维板的主要国家(表 10-6)。计算结果表明,在西班牙、英国和波兰,碎料板和纤维板对原材料的需求量超过了本国副产品

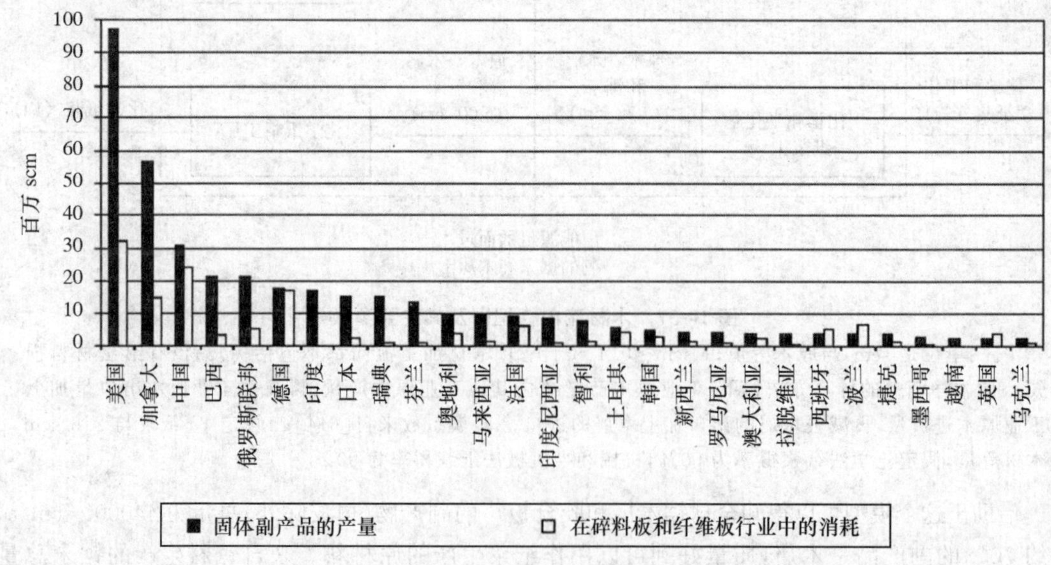

图 10-39 锯木和胶合板业固体副产品产量与碎料板和胶合板行业的原材料需求对比

注:1 scm≈0.4 t(干基)

的理论产值。这种情况的潜在原因可能是人造板行业进口了原材料或者在锯木厂和胶合板厂木材转化成产品的实际转换率低于模型的假定值。

如上所述，锯木厂和胶合板厂70%的无树皮副产品都适合作纸浆制造的原材料。图10-40显示了在不同国家根据计算出的需要量将副产品分配到森林工业以后理论上的副产品剩余值。该图根据固体副产品的理论盈余列出了一些国家。美国、加拿大、芬兰、瑞典、日本、巴西和俄罗斯是世界上最大的木浆生产国，在这些国家，纸浆业是木材机械加工副产品最重要的用户，但是巴西、俄罗斯和加拿大的副产品视乎还有盈余，可以用于其他用途。

总体而言，可用于颗粒燃料生产的剩余固体副产品的量可达8340万scm(也包括图10-40中未列举的国家)。这一数额相当于森林工业副产品提供了接近3700万t(湿基)的全球颗粒燃料生产潜力。

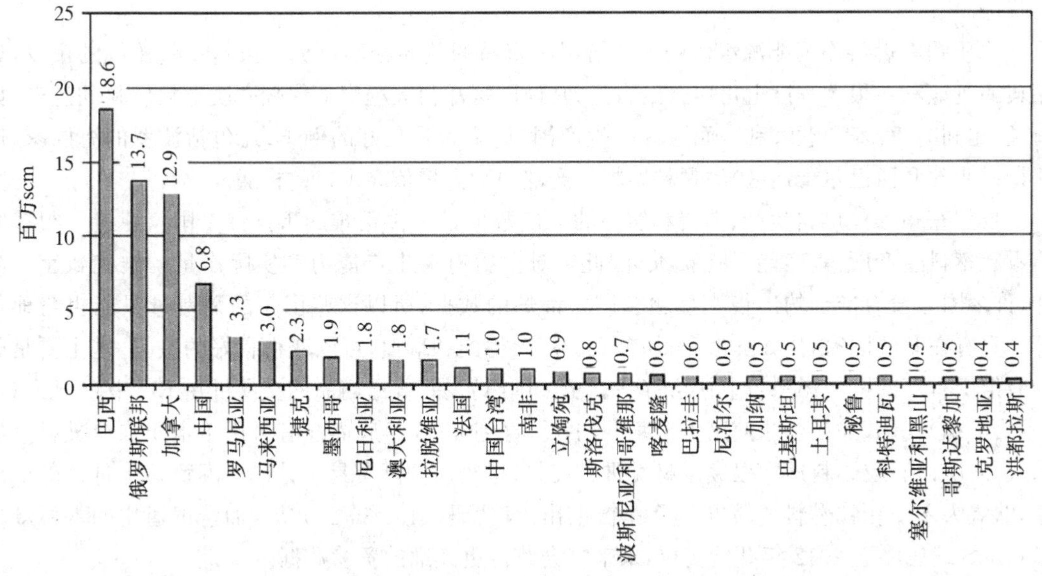

图10-40　木材机械加工行业固体副产物的理论超额量

注：1 scm ≈ 0.4 t(干基)

在解释这些结果的时候，脑子里必须记住，这些结果是借助模型计算出的，这个模型使用的木材转换成森林产品和副产品的系数是通用系数。此外，当前就地利用副产品的情况排除在本研究范围之外。有锯木厂但本地没有将副产品作为原材料或者燃料需求的地区是最有利于构建新木质颗粒燃料产能的，图10-40中没有提到的国家也能够找到木质颗粒燃料生产的可行方案。此外，一些其他因素，如生物燃料市场和物流对颗粒燃料生产中副产品利用的可行性也有影响。很显然需要对国家进行具体研究，以获得更全面的关于木质颗粒燃料生产商机的数据。

10.11 颗粒燃料国际贸易

10.11.1 全球主要贸易流向

如今，木质颗粒燃料是最适合交易的专门作为能源用途的固体生物质商品之一。根据交易量，每年一个海关的交易量就接近 300～400 百万 t，与生物柴油或生物乙醇的贸易量近似[617]。这可能是因为木质颗粒燃料具有相当有利于长途运输的特性，也就是含水量小和能量密度高(17 GJ/t)。不过木质颗粒燃料的操作还是需要小心谨慎(不暴露于湿气、装卸过程中潜在的粉尘)，木质颗粒燃料比其他类型固体生物质，如木屑或农业剩余物具有可以长期保存和相对容易处理的优势。

木质颗粒燃料作为能源载体的成功与国际贸易的关系密不可分。虽然一些传统的市场，如瑞典或奥地利在很大程度上可以自给自足，其他国家却很大程度上依赖木质颗粒燃料的进口(如荷兰、比利时、丹麦和意大利)，而且许多生产国(加拿大是最好的例子，还包括波罗的海国家、俄罗斯西北部和西巴尔干地区)的颗粒燃料生产部门则大量依靠出口的机遇。

要想获得颗粒燃料生产、消费和贸易的准确数据是一件很难的事。许多国家建造了很多木质颗粒燃料生产厂，其产能迅速扩大，因此很难获得有关生产能力和实际产量的准确数字。同样，许多国家没有准确的出售小型颗粒燃料锅炉的数据，所以这些国家的消费量只能粗略地估算。只有在某些国家，比如奥地利、加拿大、芬兰、德国和瑞典，可以获得良好的数据，这主要是因为有组织有序的颗粒燃料行业协会存在。至于国际贸易，普通商品的交易量在 EU 中登记为 CN (术语汇编)代码，并在全球使用 HS 编码，不过，直到 2008 年底尚没有可用于木质颗粒燃料交易的代码，所以颗粒燃料通常以废木材类进行交易，很难从国际贸易统计中追溯贸易流向。在 2009 年，欧盟为木质颗粒燃料贸易出台了一个专用 CN 代码(4401 30 20)[618]，而全球通用的木质颗粒燃料 HS 编码将于 2012 年开始实行，未来将会获得更详细的贸易数据。

本章中所有给出的数字都应被视为(最好的)估计值。不过，它们提供了准确合理的整体生产、贸易和消费模式的图片。

图 10-41 显示的是 2007 年里最重要的颗粒燃料市场中颗粒燃料生产、消费和贸易流向的数量总览(在多数情况下，多为估计值，应该谨慎考虑)。瑞典、加拿大、美国和德国的颗粒燃料总产量(好)都超过了 100 万 t，2007 年最大的颗粒燃料消费国是瑞典、美国、丹麦、意大利、比利时和荷兰，粗略估计消费了全球颗粒燃料总产量的 2/3。基于文献[619]数据和文献[620]中更新的数据，图 10-42 制定了 2006—2008 年间颗粒燃料在欧洲的主要贸易路线。从图中可以看出，颗粒燃料基本都是从欧盟国家或者其他国家进口或出口。一般情况下，大部分木质颗粒燃料国际贸易都是由远洋轮船、海航和内河驳船运输，但还有很大一部分是通过卡车运输。在某些情况下，有零星数据表明卡车运输可达数百千米。

在 2007—2008 年期间木质颗粒燃料的主要港口和目的地包括如下。

温哥华到安特卫普—鹿特丹—瑞典：2007 年加拿大 26 家加工厂生产木质颗粒燃料 1485000 t。495000 t 出口到美国，主要通过火车运输，740000 t 通过大型远洋船舶出口到欧洲；500000 t 到比利时，100000 t 到荷兰，130000 t 到瑞典，还有少量出口到丹麦。

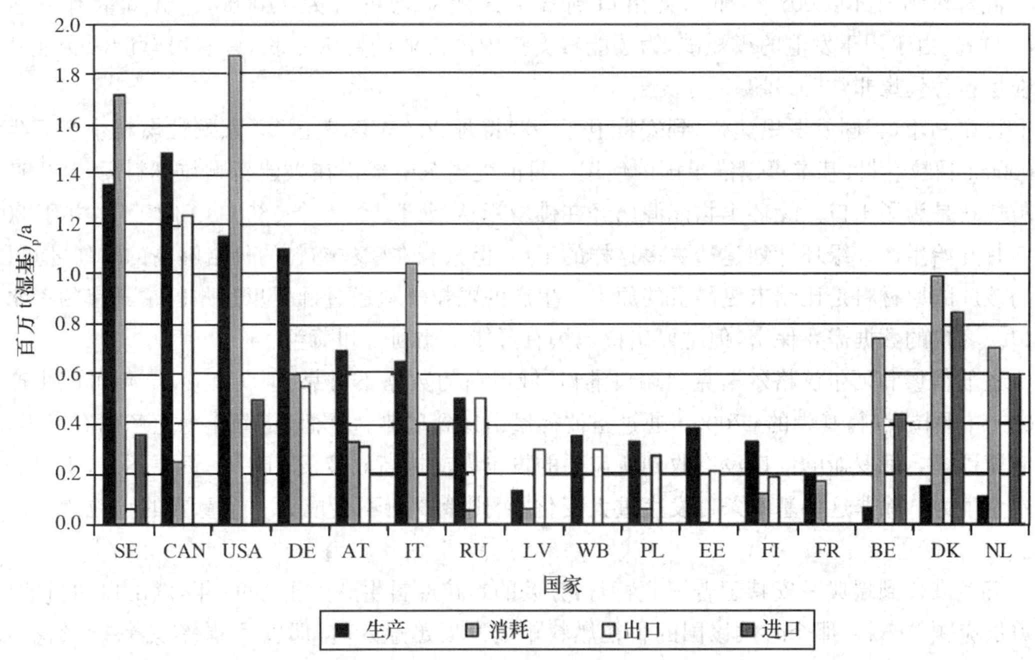

图 10-41 2007 年重要颗粒燃料市场的颗粒燃料生产、消费和贸易流向的总览图

注:数据来源[496]

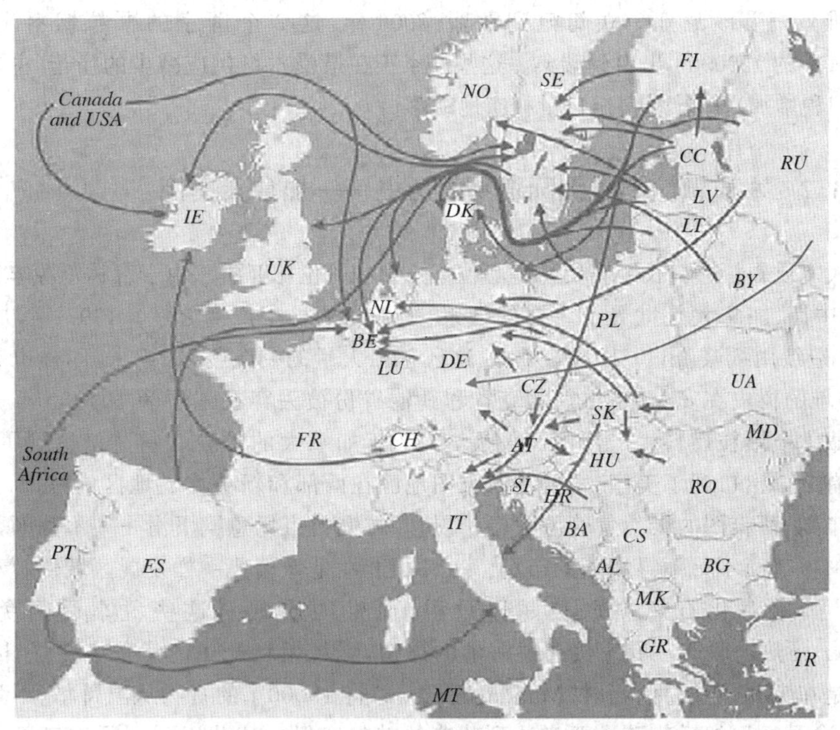

图 10-42 颗粒燃料贸易在欧洲的主要流向概览图

注:2006—2008 年相关的数据;改编自 EUBIONETII 项目,请参阅文献[619]

温哥华到日本：2008 年加拿大出口到日本的颗粒燃料量为 110000 t，出口量有望达到 400000 t。由于用于发电的煤短缺，为了能够支持中国工业的巨大增长，许多民营能源企业对用颗粒燃料替代煤非常感兴趣。

巴拿马市(美国佛罗里达州)到安特卫普—鹿特丹：2006 年，美国 60 家颗粒燃料生产厂生产 800000 t 颗粒燃料，基本可以满足国内使用。目前美国东南部正在兴建新颗粒燃料厂，其生产的颗粒燃料是为了出口。绿环生物能源已经在佛罗里达州建成了一个 560000 t 的工厂，并于 2008 年 5 月开始生产。绿环计划建造更多这样的工厂，但只有在颗粒燃料的价格够高的时候才可以，因为该厂的原材料是比锯末更昂贵的原木。生产的颗粒燃料通过佛罗里达州巴拿马市的深水港出口。客户的数据需要保密，但主要出口地极有可能是比利时和荷兰。

圣彼得堡和阿尔汉格尔斯克到瑞典港口：俄罗斯的数据不可靠，但其在 2007 年可能生产了 500000 t 颗粒燃料，其中的 47000 t 通过圣彼得堡出口到瑞典。然而，尽管作为生产国有潜力，但也有瓶颈了。俄罗斯的港口没有收到所需要的投资以支持高效装载，工厂的资源不足，难以保持成本竞争力。除非这些基本条件发生重大变化，否则俄罗斯不会成为一个重要的颗粒燃料出口国。

芬兰港口到瑞典—安特卫普—鹿特丹：芬兰的颗粒燃料生产始于 1998 年，以出口为目的(向瑞典供应颗粒燃料，那个时候该国的颗粒燃料市场发展迅速)。自那以后，颗粒燃料产量稳步增长，2008 年达到了 376000 t。其中的 227000 t 出口到瑞典(45%)、丹麦(31%)、英国(10%)和比利时(8%)。2008 年芬兰有记录的第一次进口木质颗粒燃料。进口的颗粒燃料最有可能是来自俄罗斯或波罗的海国家。

拉脱维亚—爱沙尼亚—立陶宛到欧盟：2006 年，这 3 个国家的颗粒燃料出口量约为 620000 t，其中的 150000 t 出口到瑞典。这些国家正在遭受木材供应减少的痛苦(主要是俄罗斯木材的出口税增加)，颗粒燃料出口量相应地跌落。

10.11.2 木质颗粒燃料洲际贸易的历史——加拿大案例

加拿大木质颗粒燃料长距离贸易中心位于不列颠哥伦比亚省。由于森林资源丰富，在 20 世纪 90 年代中期，加拿大是世界上主要的纸浆、纸张和木材生产商之一。1997 年，加拿大生产 25000 万 t 造纸用纸浆，出口 10200 万 t。这还包括大量的剩余物，如锯末，同样也有所谓的遗产堆，即成堆的树皮在安大略省、魁北克省和其他省份被丢弃在工厂旁 10～30 年。这种情况导致了少量木质颗粒燃料生产部门的发展，1997 年加拿大的颗粒燃料产量达到了 173000 t，其中大致有 2/3 出口到了美国，主要是西雅图地区在西部和新英格兰地区的东部。然而在 90 年代的后半期，西雅图的天然气管网大幅扩展，颗粒燃料市场急剧下滑——不列颠哥伦比亚省的颗粒燃料生产商不得不寻找新的市场。一种可能性是像瑞典一样发展区域供暖和热电联产行业，这个国家对化石燃料取暖赋以重税，而生物质则对这些税享受豁免。瑞典的 Öresundskraft 热电联产厂有直接通往海港的通道，颗粒燃料配送的竞争力更强，因此第一次洲际货运是在 1998 年 4 月，当时“Mandarin moon”将 15000 t 的货物从温哥华(不列颠哥伦比亚省)经巴拿马运河然后横跨大西洋达到瑞典的赫尔辛堡。从此以后洲际出口迅速增加。到 2007 年颗粒燃料的总出口量增长到超过 1200 万 t，占总产量的 85%，但更重要的是在过去的 10 年内，加拿大出口到欧洲市场的颗粒燃料从 0 增长到 63%，取代美国成为最主要的贸易伙伴。这些市场包括比利时、荷兰和瑞典的大型电力公司和瑞典的大型区域供暖公司。

过去的10年里,加拿大已经成功地成为世界颗粒燃料生产和贸易的领跑者之一。这个成功的案例归功于大量低成本的制造厂剩余物,20世纪90年代末由于美国需求下降而造成的过剩的颗粒燃料生产能力,欧洲推进生物质利用的政策以及企业家航运15000 km到欧洲的意志力。加拿大的例子可以看作是一个最好的成功且持久的洲际木质颗粒燃料(和一般生物能源)贸易案例。一方面它成功地汇集了丰富的原材料资源,另一方面迎合了大型供暖、热电联产企业和替代煤发电对清洁和易操作高密度固体生物质燃料不断增加的需求。尽管有严峻的物流挑战、石油价格波动以及在欧洲对木质颗粒燃料的使用补贴、运费增加以及更多的障碍,加拿大努力实现了其不断提高的出口量并建立起世界上最大的颗粒燃料工业之一。它无可辩驳地证明生物质能量载体可以被开发成一种商品,可以进行国际甚至洲际贸易。最新发展,如油价降低、加元增值、美国住房市场的崩溃,尤其是全球的经济危机都已经形成了必须克服的巨大障碍。不过,出口到亚洲市场增加出口的多样化,减少运费,有发展可能的烘焙颗粒燃料(烘焙过的木材制成的颗粒燃料能量密度接近23 GJ/t)和新的充足原材料,如林业剩余物和被山松甲虫破坏的木材的利用,都为加拿大未来的出口提供了新的机遇[621]。

加拿大的例子还说明了可长距离贸易的先决条件,就是在世界上某些区域具有丰富的廉价原材料,而其他(资源稀缺)地区有高需求量以及有成本效益的物流。

10.11.3 木质颗粒燃料的海运价格、海运要求和标准

即使木质颗粒燃料的国际贸易已经进行了好多年,港口价格的统计数据还是很少。图10-43描述的CIF ARA(运送往阿姆斯特丹/鹿特丹/安特卫普区域的保险成本和运费),是通过Pellets@las项目收集的。近来颗粒燃料的价格目录分别由不同的组织发布,如奥地利proPellets[437]、FOEX[622]、ENDEX/APX[623]或Argus[624]。基于这些目录的长期合同已经缔结。

颗粒燃料价格通常决定于一些因素,如原材料可得性和需求波动,尤其是国际生物质贸易,运费是决定木质颗粒燃料总价的主要因素。从运费的发展历史可以看出,租赁市场竞争非常激烈。运费短期内就能飞涨。运输能力的短缺导致运费上升(在无法获得更多海运能力时运价会飙升),而船舶供应过剩又会导致运价暴跌。

然而洲际贸易使用的是大型干燥散货集装箱通过巴拿马和好望角运输,欧洲内部的货运是用小型灵便型散货船。表10-7显示的是货运规格一览。

1999—2002年间干散货的运费相对比较稳定。因此很少有额外需求的船只——只够替换被报废的船只。从2002—2005年,中国繁荣的制造业对航运的需求带走了其他航线相当大的运输能力。到2006/2007年很多原先在发达国家的制造业都已经转移到了中国和印度。因为商品以前在消费国家生产而现在却在海外制造,这就需要有更多的船将这些商品运送到主要消费区。船舶订单增多,但由于船舶建造需要数年时间,船舶的生产量赶不上快速增长需求量。船舶短缺导致运输价格大幅上涨。例如,好望角大型船从2004年的每天4000美元增长到2008年的每天20000美元。

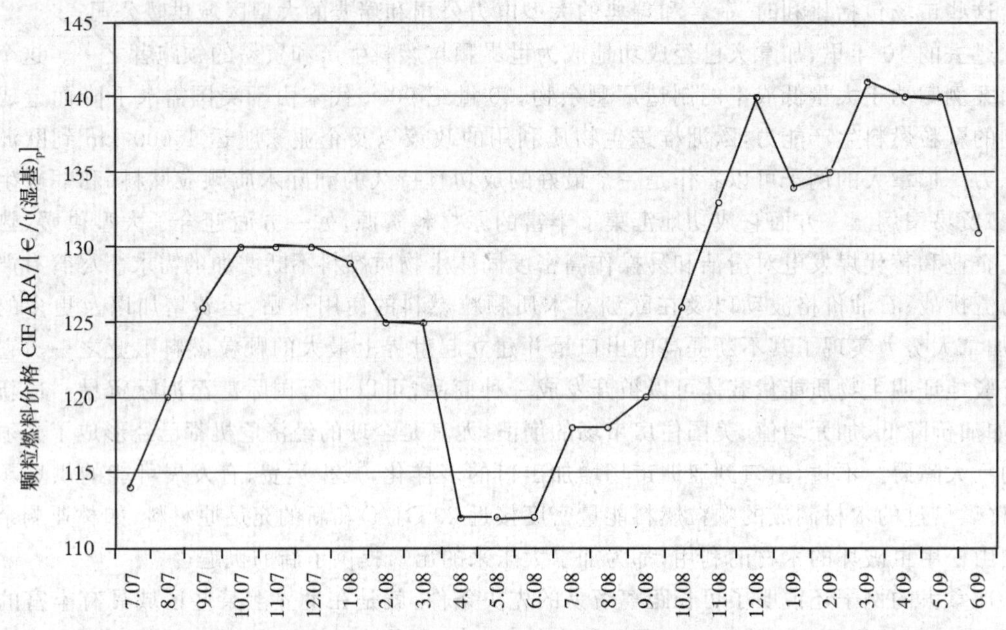

图 10-43 CIF ARA 木质颗粒燃料现货价格

注:不含增值税;远洋船只木质颗粒燃料散装运送量为 5000 t;数据来源[496]

表 10-7 船舶规格一览

船舶类型	最大载质量/t	尺寸主要限制因素
灵便型散货船	15000～35000	典型的散货码头限制 小型港口
大灵便型散货船	35000～58000	典型散货码头限制
巴拿马运河大型船		刚刚可以通过巴拿马运河 (最大长度 294 m)
好望角大型船	不限	太大过不了苏伊士运河,因此,它们不得不通过好望角

当前的金融危机已经造成了需求量的下降、过量存货以及崩溃的油价,这都导致了航运价格的下跌。目前,太平洋巴拿马运河大型船舶运费率下滑,而且短期内无法快速恢复,因为只有少数货物进入市场,而随着时间的发展船舶的吨位变大。以文献[625]中波罗的海交易所为参考,2009 年 3 月 23 日的平均定期租船费率接近 11900 美元。表 10-8 给出了以下类型船舶 5 年的最大和最小租船费率:好望角大型船、巴拿马运河大型船、轻便极限性和大灵便型散货船。

波罗的海干散货指数(BDI)用来估算海运干散货物料成本。该指数是不同运输线路和不同船舶容积的加权平均值,它是好望角大型船、巴拿马大型船和大灵便型散货船的综合。BDI 于 1999 年开始使用,是波罗的海运价指数(BFI)的后续。这个指数不考虑通货膨胀。BDI 是干散货最重要的价格指数。

表 10-8 最大和最小租船费率

船舶类型	5 年租船费率最高值 /(美元/d)	日期	5 年租船费率最低值 /(美元/d)	日期	价格变动 /%
好望角大型船	233988	2008 年 6 月 5 日	2316	2008 年 12 月 3 日	−99.0
巴拿马运河大型船	94997	2007 年 10 月 30 日	3537	2008 年 12 月 12 日	−96.3
大灵便型散货船	72729	2007 年 10 月 30 日	4065	2008 年 12 月 19 日	−94.4
灵便型散货船	49397	2008 年 5 月 22 日	3948	2008 年 11 月 12 日	−92.0

注：数据来源[626]

运输成本的高低还主要取决于一个港口是否有通用路线。例如，大量的颗粒燃料从温哥华通过巴拿马运河运输到安特卫普和鹿特丹的欧洲主要港口，运行路线为 14000 km。而少量的颗粒燃料通过哈利法克斯运输到欧洲，这两条路线的成本却几乎相同。这是因为哈利法克斯到欧洲并不是一个常用的路线，而且轮船的体积要小得多。为了保证生物质长途运输的低成本，必须是许多船航行在现有的航线上，或者必须有足够大量的生物质以保证其建立自己的主要航线。

下面是一个干散货从 A 运到 B 运价估算的标准计算方法，反映了 2009 年春季的市场状况（表 10-9）。这个例子是以颗粒燃料从印度尼西亚运送到意大利为基础，总成本是 40 美元/t。然而，必须指出的是，在计算中每一个位置都与其他地点和/或日期不同。

表 10-9 示例计算 22000 t 散装颗粒燃料由印尼通过苏伊士运河运输到意大利的运价估算

参数	单位	值
一般数据		
租船时间：每天船舶率（租船）	美元/d	10000
载货	t	22000
装货[2)]	t/d	3500
卸货[2)]	t/d	2500
航行时间		
压载航程[1)]（前往 A）	d	3.0
航行时间（从 A 到 B）	d	21.0
装货时间[2)]	d	6.3
卸货时间[2)]	d	8.8
总需要时间	d	39.1
船用燃料花费		
IFO380-燃料油	美元/t	200
MDO-船用柴油机	美元/t	350
船用燃料总需求		
IFO380	t	879
MDO	t	169

续表 10-9

参数	单位	值
花费		
港口税	美元	60000
在一号港口的卸货花费	美元	60000
在二号港口的装货花费	美元	0
IFO 船用燃料	美元	175800
MDO 船用燃料	美元	59150
苏伊士运河费用	美元	120000
保险	美元	3740
保洁费	美元	3080
杂费	美元	2200
佣金	美元	9771
租船总费用	美元	391000
总花费	美元	884741
运输费用比率	美元/t	40.2
汇率	美元/欧元	1.27
总花费	欧元	696646
运价	欧元/t	31.7

注：[1] 空载下到港口装货的价格(在理想的情况下，如果容器可以在最后卸货地点装货，这个价格是零，而通常不是这种情况)；[2] 装卸能力，因此持续时间取决于在港口能获得的设备和涉及的参与者，差异很大；[3] 选择项(万一部分装运在两个不同的部分港口卸货)；数据来源[627]

10.11.4 卡车运输的价格和物流需求

木质颗粒燃料洲际或国际长途运输主要是船舶运输，而当地配送则主要由卡车运输(参见 4.2.2 节)。一般来说木质颗粒燃料要么散装运输要么袋装运输。大部分散装颗粒燃料由生产商交付到批发贸易商或中、大型用户。批发贸易商和部分生产商他们自己雇佣一批专用的能装载 15～24 t 颗粒燃料的罐装卡车，通过设备将颗粒燃料直接吹送到单体建筑的内部储藏室里。

液压卸货或者板式卡车(walking floor truck)都可以装载大约 23 t 粒燃料。卡车的运输成本是 1～1.2 €/km，取决于在哪个国家。因此 200 km 的运输距离大概花费为 12 €/t。不过，运费可以因货运市场的路线和位置不同。从东到西的运价可以在一定周期内协商，因为卡车回程时有相当大的空置空间。

木质颗粒燃料交货前做包装的时候就雇佣标准卡车。标准是 15 kg 一袋，合装在托盘上(图 10-44)并用收缩箔包裹起来，这样可以使标准卡车完全装满，但也可以加入混合包裹。卡车将装载 23 t——取决于目的地和卡车类型——有可能达到 40 个托盘，这又由包装方式来决定。

通常情况下，15 kg 包装的大多数都是高品质(标准化)木质颗粒燃料。低等级的有时装入 700～1200 kg 的大袋子。这主要是为了利用从东方国家到西欧的廉价返回运费。虽然用大包装袋处理散装木质颗粒燃料确实会使成本增加 8～10 €/t,但对某些目的地来说这仍然比较经济,因为自卸卡车和拖车之间的成本差异会更高。

图 10-44 合装在托盘上的颗粒燃料

注:数据来源[628]

关于木质颗粒燃料国际贸易的技术准则,到目前为止尚没有广泛使用的标准。一般来说,用在共燃烧或大型区域供暖厂的颗粒燃料质量要比炉灶中使用的木质颗粒燃料低。比如说,灰分含量远远不够做评判指标,因为其他燃料(如煤)的灰分含量也很高,因此建造的锅炉要能够处理大量灰烬。对于大型用户的来说最重要的标准是净热值。

总之,可以说近年来发生的重大技术发展优化了木质颗粒燃料物流,散装运输和包装袋运输都是如此。在适当情况下即使长距离运输也是允许的。尽管如此,物流方面仍有很多挑战亟待解决,如 10.11.6.5 节中所讨论的那些。

10.11.5 未来的贸易路线

油价波动、补贴计划及全球经济环境一片混乱,很难判断在哪里能开拓新的木质颗粒燃料市场以及木质颗粒燃料国际贸易会怎样发展。但是,根据目前的政策措施和已经宣布的在产能上的投资,能够确定出若干未来木质颗粒燃料供应和需求的趋势。

下列国家将有可能提高木质颗粒燃料产量和供应量(在不久的将来用于出口;也参见图 10-45 中的专家意见综述)。

- 北美有望在未来几年持续保持木质颗粒燃料的大规模产量和出口。加拿大东部省份计划为满足国内消耗和出口进一步扩大产能。安大略省的投资者签署了一份协议,计划建立 6 个新的颗粒燃料厂,到 2011 年生产颗粒燃料 100 万 t。安大略省电力公司同时正在其煤电厂推行生物质燃料共燃烧计划,欧洲的颗粒燃料价格相对较高,所以最初的颗粒燃料市场很可能在那里。预计魁北克省的颗粒燃料产量同样也将于 2012 年达到 100 万 t。国内的颗粒燃料市场将会持续增长,但是会很慢。一定数量的颗粒燃料可能会出售到新英格兰州,但在欧盟生物质能源的激励措施下,150 万 t 的颗粒燃料很有可能去往欧洲。然而,从长远来看,美国也很有可能开发一个大的国内市场,可能会减少出口量以满足这个新的需求。
- 随着在东南部的阿拉巴马州和佛罗里达州几个极大规模的木质颗粒燃料生产厂的建设,美国也注定要成为颗粒燃料的主要出口国,而且很可能是出口给欧洲的电厂。
- 俄罗斯(西北)肯定有原材料资源去生产和出口额外的颗粒燃料。因为有几个颗粒燃料生产厂正在筹划或正在建设,所以颗粒燃料的生产能力和实际生产量将会进一步增加(其中的一个将会是世界上最大的颗粒燃料生产厂,年生产能力为 900000 t,这个工厂位于靠近芬兰边境圣彼得斯堡北部的维堡[629])。增长的幅度将在很大程度上取决于市场需求和物流策略的发展。
- 智利是主要的软木纸浆生产国,有成为颗粒燃料供应国的计划。智利有出口 200 万 t

颗粒燃料的潜力[630]。鉴于其地理位置，出口很可能流向中国和日本。然而，需要投资专业的颗粒燃料处理和储存设施。

• 在南非马普马拉加省的沙比有一个正在运行中的颗粒燃料工厂，年生产能力 80000 t，利用的是周边锯木厂的锯末和下脚料。锯木厂剩余物源自森林，一直由森林管理工作委员会认证托管。颗粒燃料随后被运送到莫桑比克的马普托，并从那里船运至欧洲和日本。

• 澳大利亚近来成为颗粒燃料生产国和出口国。2009 年 5 月，总部设在澳大利西部奥尔巴尼的制造商宣布他已经与比利时和瑞典的公用事业签订了供货协议，第一家颗粒燃料生产工厂已经在运转。

• 日本是东盟地区第一个大规模使用木质颗粒燃料的国家。自 2008 年以来，木质颗粒燃料从不列颠哥伦比亚运输到日本的一个大型煤电厂中与煤共燃烧。迄今为止，韩国仅仅从中国和加拿大进口了少量的颗粒燃料，但韩国在住宅供暖和电厂对颗粒燃料的利用方面野心勃勃，计划在 2012 年需求量达到 75 万 t。为了确保颗粒燃料的供应，韩国与印度尼西亚和柬埔寨分别签订了规模为 200000 hm^2 的木材生产合约，用来生产颗粒燃料。

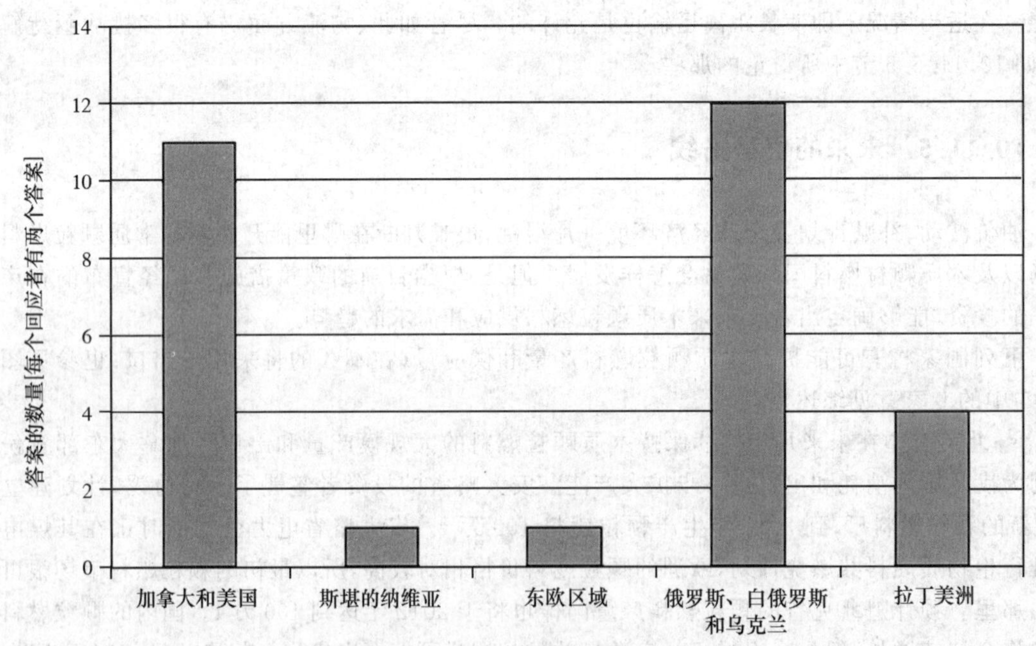

图 10-45　专家估计的未来五年木质颗粒燃料产量增长的情况

注：2008 年 6 月[631]

可以预见以下国家和地区的需求量会增加(图 10-46)。

• 英国不是主要的木质颗粒燃料进口国，但英国政府发展可再生能源的鼓励措施使得一些主要的电力公司既增加了共燃烧同时也制订了使用大量不同生物质原材料的 100％生物质电厂计划。对外宣布的大约 300 MW 电力输出，每年就需要超过一百万吨的木质颗粒燃料。

• 此外，传统市场上小型用户使用颗粒燃料的量在未来也会继续增长。在奥地利，对颗粒燃料锅炉和炉灶持续的补贴计划，对颗粒燃料锅炉安装程序做的专门培训，以及开展全国性的储藏观念以确保供应安全性都促使消费量不断增加。在德国，2008 年人均木质颗粒燃料消费量总计每人 11 kg，几乎是奥地利的人均消费量的 1/4。因此，这似乎也可以看作是市场进一步增长的相当大的潜力。

• 日本 2008 年第一次从加拿大西部进口木质颗粒燃料，这条路线在未来很可能会扩大。

• 中国至今都没有进口过颗粒燃料。然而，中国蓬勃发展的经济对电力有巨大的需求，中国的民营发电厂由于很难获得持续供应的煤炭，现在正在考虑进口颗粒燃料，与其说是把颗粒燃料当作一种可再生能源，倒不如说颗粒燃料是一种可得能源。

• 虽然美国有望成为一个重要的颗粒燃料出口国，国内的需求量同样也强势增长，但美国国内的生产能力很可能在很大程度上满足其需求。

• 希腊是颗粒燃料生产国，其国内的消费量微乎其微。预计希腊本国的消费量不会有大增长。意大利的颗粒燃料市场发展良好，主要集中在小型的颗粒燃料炉灶部分。可预见该市场部分以及颗粒燃料锅炉领域的进一步增长。法国的颗粒燃料市场发展还处于早期阶段，具有巨大的增长潜力。

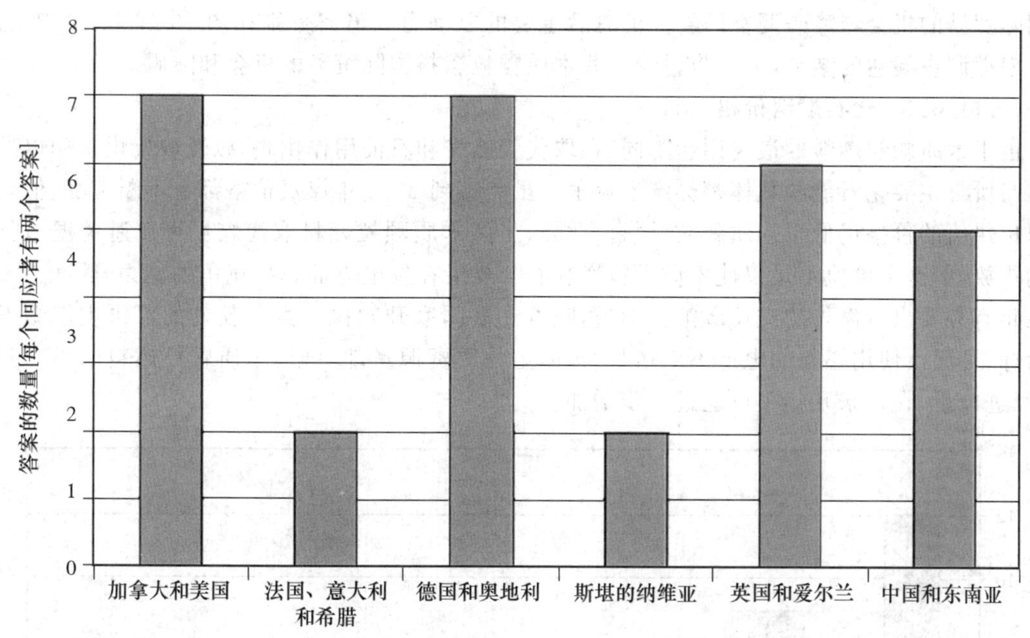

图 10-46　木质颗粒燃料专家预测未来五年木质颗粒燃料的主要需求

注：2008 年 6 月[631]

一般来说，欧洲有将现有的发电厂转变为使用固体生物质（主要是木质颗粒燃料）为原材料的趋势，而且修建的新电厂不断增加，这些电厂能应用多元化的固体生物燃料。二氧化碳价格的上升和可能上涨的煤炭价格促进了许多欧洲国家（在一定程度上也是全球性的）对木质颗粒燃料需求的上扬。下一章节讨论更多的关于颗粒燃料国际贸易的推动力和障碍。

就预测未来木质颗粒燃料市场和贸易流向而论，这主要是木质颗粒燃料可以代替什么燃料的问题。假设替换目前欧洲用于供暖的大约 7500 万 t 燃油，带来的将是 15000 万 t 木质颗粒燃料的需求量。如果木质颗粒燃料在当前的电厂中和煤炭共燃烧（或完全取代煤炭），这一数字将远远高于 15000 万 t。此外，随着第二代生物燃料的出现，对木质纤维素生物质的需求量甚至会更高。因此，理论上木质颗粒燃料市场在欧洲具有巨大的增长潜力。文献[623]表明，简单地推算目前的增长，每年的增长量为18%～25%。到2020年，木质颗粒燃料的需求量可能达到每年13000万～17000万t，相当于2.5 EJ或相当于目前全球一次能源消耗的0.5%。

10.11.6 颗粒燃料国际贸易的机遇和壁垒

正如前几节已经简要说明过的那样，木质颗粒燃料国际贸易在过去的几十年经历了指数增长，但在不久的将来也会面临很多挑战。本节重点列举一些颗粒燃料国际贸易推动力和障碍。有趣的是，在很多情况下，某些因素既是推动力也可以成为阻碍，如石油的价格(高或低)、财政政策支持(充足或相反)、可持续性标准和认证(保证可持续生产或管理困难和额外费用)。接下来的内容基于2008年6月在荷兰乌得勒支召开的研讨会的一部分，该研讨会在Pellets@las项目框架之内，有超过40个颗粒燃料商人、大规模用户和科学家出席，包括国际能源署生物能源任务40——关于可持续国际生物能源贸易的成员。会议要求与会者填写关于颗粒燃料国际贸易的机会与障碍调查问卷。汇总后主要的驱动力和障碍分别如图10-47和10-48所示。根据调查问卷的结果，下面将讨论一些木质颗粒燃料国际贸易的机会和障碍。

10.11.6.1 化石燃料价格

由于木质颗粒燃料的最终用途不同，在取代天然气和石油用作供暖，以及取代煤炭用以发电上与所有主要化石能源载体都会产生竞争。虽然直到2008年煤炭价格都在不断上涨，但煤炭单位热值的价格仍低于木质颗粒燃料。此外，虽然木质颗粒燃料取代煤炭可以避免温室气体的排放，但这个价值不足以使木质颗粒燃料有与煤炭在发电方面直接竞争的能力，因此在未来几年有必要出台额外的支持政策。不过，随着许多国家开始执行野心勃勃的可再生能源发电目标，可灵活使用燃料的电厂不断增长，国内生物质资源量却有限，木质颗粒燃料的需求量(所以进口量)在未来几年很可能进一步增加。

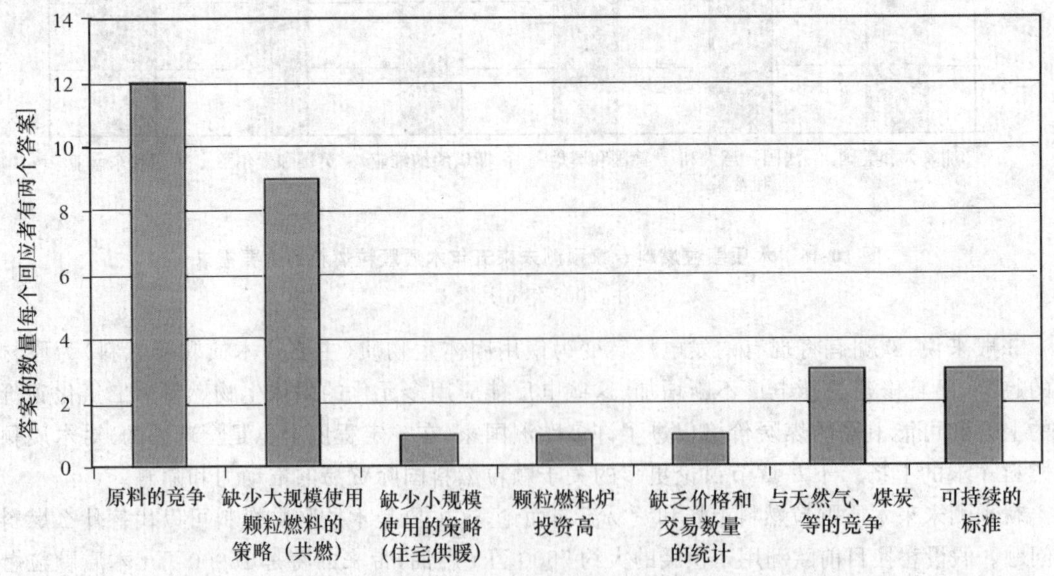

图10-47 木质颗粒燃料专家指出的未来五年木质颗粒燃料国际贸易主要的壁垒

注：2008年6月[631]

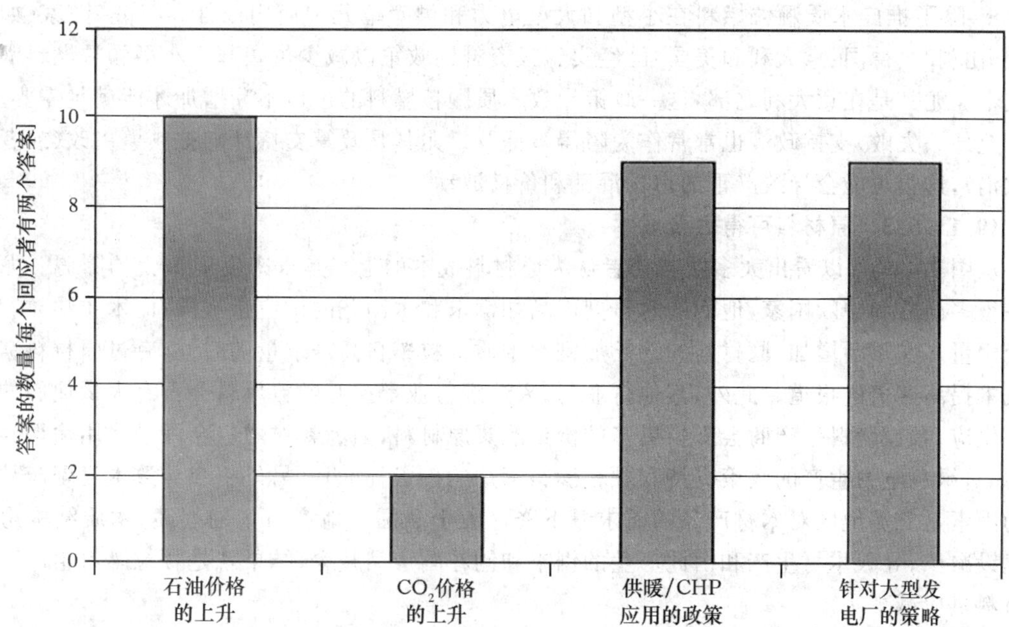

图 10-48　木质颗粒燃料专家指出的未来五年木质颗粒燃料国际贸易主要驱动因素

注:2008 年 6 月[631]

至于说到燃油的替代,2008 年石油最高价为每桶 140 美元,到 2009 年下降到了仅有 40 美元,人们只能猜测未来油价怎样发展。然而,根据两种燃料的净热值来算,即使是油价最低的时候,木质颗粒燃料也比取暖油更便宜。只是木质颗粒燃料锅炉的投资成本比燃油锅炉高很多,在某些情况下(尤其是需要更换旧锅炉的时候),即使没有补贴,颗粒燃料锅炉也更具经济上的优势。尤其是油价可能会不断增长(很可能会波动),用颗粒燃料取代供暖油很可能是不受政策措施支配的一个趋势。

最后,中欧和东欧国家进口天然气取暖的依赖度越来越高,也可能是政策制定者支持向多元化燃料组合过渡的一个额外的驱策力。

10.11.6.2　政策支持措施

政策扶持措施往往是增加木质颗粒燃料需求的主要驱动力,尽管政策工具的类型可能有很大区别。

• 荷兰在可再生能源发电中采用了进料保费系统,通过转换技术和原材料利用来区分。虽然该系统在过去五年里不断完善,在一般情况下,清洁木材生物质和煤的共燃烧在经济上更具吸引力,从而导致了 2002 年以来木质颗粒燃料的大规模进口。

• 比利时已经实行绿色证书配额制度,每个电力供应商都必须保证有一定份额的可再生能源生产的电力。这导致部分或全部煤发电厂转变成使用木质颗粒燃料。英国也在实施相似的系统,生产者利用生物质发电力可以获得可再生能源义务认证书。在未来几年内,这可能是木质颗粒燃料进口的一个强劲的驱动力。

• 瑞典对化石燃料供暖征税已经有很长一段时间,给生物质燃料提供了一个很大的优势,促进了区域供暖和热电联产中木质颗粒燃料的使用量不断增加。虽然大多数的木质颗粒燃料是本国生产和消费,但随着木质颗粒燃料的需求量不断增加,进口量越来越多。

• 除了推广木质颗粒燃料在小型和大型电力和供暖单元中使用以外，在许多国家（如奥地利、比利时、德国、意大利和美国）已经实施投资补助政策以减少供暖部门小型颗粒燃料锅炉的成本。尤其是在意大利北部，这一政策导致木质颗粒燃料的进口不断增加才能满足需要。

此外，（失败）支持政策也常常作为障碍被提及。尤其是政策支持计划被频繁更改（或者完全取消），这很可能会导致严重的市场混乱和价格波动。

10.11.6.3 原材料可得性及成本

从图10-47可以看出大多数与会者认为原材料成本的上涨是未来发展最大的障碍。尤其是在很多西欧和中欧国家，他们的木材副产品如锯末和木刨花的供应量有限，而木质颗粒燃料的使用量却在不断增加，原材料的缺乏加剧。木质颗粒燃料高需求量的时候，有过原材料锯末的成本提高3倍的报道。此外，其他行业，如人造板行业都担心颗粒燃料会占有大量他们的原材料供应，颗粒燃料生产商会支付更多的价钱购买原材料，因为颗粒燃料会因最终用途得到补贴（如对绿色电力生产的政策支持和颗粒燃料锅炉的投资补助）。另外一个导致木材副产品短缺的因素是北美地区对木材产品的需求量下降。由于美国房地产市场的崩溃，木质结构房屋的建设减少，导致木材生产和由此产生的锯末和刨花副产品减少，结果就是颗粒燃料生产商的原材料供应减少了。

这些发展可能会一方面导致其他副产品，如树皮和废弃木材，和其他低经济价值生物质如早期间苗木材和森林废弃物的利用。另一方面会加快原材料的利用，如木屑和原木。尤其在美国东南部，于2008年建成了几个非常大的颗粒燃料生产厂，这些颗粒燃料厂主要以南方松林的原木为原材料。

最后，木质颗粒燃料不断增长的需求量可能会促进国际贸易和迄今未开发资源的利用，正如加拿大案例所示（参见10.10节，原材料的潜力）。其他主要的原材料丰富地区应该是拉丁美洲的一部分（如巴西）、俄罗斯以及撒哈拉以南非洲的部分地区。高效的物流将是使用这些资源的前提。

10.11.6.4 可持续性标准、认证生产和可溯源链管理

近年来，媒体宣称在交通中使用液体生物燃料已导致粮食价格的升高，造成热带雨林地区森林的砍伐，实际上并没有达到温室气体（GHG）的减排。木质颗粒燃料到现在为止一直都被排除在温室气体减排讨论之外，因为它们主要是利用森林剩余物和副产品。然而，随着更高价值原材料利用率和长途贸易的不断增长，可持续森林管理和温室气体的总体性能等问题正变得越来越重要[633,634]。继液体生物燃料的案例之后，欧盟很可能会实施固体生物质燃料（包括颗粒燃料）可持续生产保证措施。比利时已经开始实施的生产合格证书和可溯源链管理个案GDF-SUEZ/Electrabel就是一个例子。

同许多其他国家一样，比利时有雄心勃勃的增加可再生能源利用的政策目标，其中包括利用生物质发电。为此，比利时设定可再生能源电力生产的配额。因为为能源生产木材不是比利时的森林政策目标，森林副产品日益稀缺，可以预料到比利时将大量进口生物质以满足可再生能源目标[635]。

自2002年比利时使用GDF-SUEZ/Electrabel以来，粉煤发电厂已经实施了不同生物质资源的共燃烧。在2005年，Electrabel公司改造了两个煤发电厂，用木质颗粒燃料代替煤或者与煤共燃烧。Rodenhuize发电厂用煤炭（70%）、颗粒燃料（25%）和橄榄油饼（5%）发电。LES Awirs电厂已被转换为100%使用木质颗粒燃料。两个电厂每年的颗粒燃料总消费量大约是 700000 t[636]。总体而言,预计大约15%的原料来自比利时本国,剩下的就是从国外进口运到安特卫普港,并从那里通过平底船运往电厂[637]。

为了获得电力生产绿色证书,每个向 GDF-SUEZ/Electrabel 供应颗粒燃料的供货商都必须接受审计。每一个供应链由当地独立的督察组进行分析,并由比利时 SGS 批准通过,后者被比利时当局认证为一个独立的发放绿色证书的机构。首先,整个供应链的能量平衡和温室气体排放会被调查。SGS 检查木材(硬木、软木、木屑、刨花、小灌木林)来源和原材料到颗粒燃料厂的运输过程。如果利用的是初级原材料,种植、施肥、收获等的全部能量消耗都必须予以考虑。此外,颗粒燃料生产(如致密化及辅助设备所需电力,以及用于干燥的化石燃料或生物质)过程中和最后运输到海港(火车、汽车、船舶)的能耗都要考虑在内。在这个过程中使用的所有能源最终从被授予的绿色电力证书数量中减去[638]。

比利时当局还要求证明林木资源的可持续性。可持续证据可以在供应链末端通过可溯源链的管理系统交付,并通过森林证书维护资源的可持续发展(FSC,PEFC 系统或相等物)。如果交货时发现不符合一般可持续发展原则,比利时监管机构有权取消所授予的绿色证书。

最后,应该指出的是,除了比利时的这个首创,最近几年还提出其他倡议用以证明并保证可持续的固体生物质贸易,如绿色黄金标签[639]。

10.11.6.5 工业木质颗粒燃料的技术要求

除了这些可持续性要求,认证过程也告知木质颗粒燃料的潜在供应商有关使用的所有要求,涉及在热电厂燃烧的产品的技术规格。例如,表 10-10 中所示的是清洁生物质颗粒燃料(木质)的规格。

所有这些都集中在一个被称为"颗粒燃料供应商申报表" 的单独文件内 。这份文件是由生产者代表签署,一个经过认证的检验机构(代表本地 SGS)核实并盖章然后交付给比利时当局。这个认证过程从 2006 年开始使用,已经有超过 30 家供应商在原材料交付上通过 SGS 的筛选,为化石能量输入和世界上每个地方与颗粒燃料工厂坐落位置有关的温室气体排放提供了一个独特的视角[638]。表 10-11 显示的是不同国家供应颗粒燃料给比利时一家发电厂的二氧化碳余额。所有颗粒燃料都是通过大型海洋和河流用船运输到安特卫普港。有颗粒燃料被转移到内河驳船,然后运到电厂。计算出的总排放量范围为 18～32 kg CO_2/MWh_{NCV},主要取决于原产国(较低的值对应于来自德国的颗粒燃料,较高值对应来自加拿大的颗粒燃料)。用来干燥的热能主要来自本地生物质资源,所以干燥过程不对温室气体排放做贡献。将木材剩余物送到颗粒燃料生产厂的本地运输一般估计总是不超过 2 kg CO_2/MWh_{NCV}。

该系统的实践经验已经表明这个过程很快。当局对一个新供应商的接受可在 2 个星期内完成。这个程序相对便宜,认证费用通常是小于生物质燃料成本的 0.1%。

综上所述,该程序为原材料源提供了可追溯性和可持续性的担保(最低级别),说明国际木质颗粒燃料供应链认证是可行的,并能提供明确的鼓励措施以减少供应链中的能源投入和温室气体排放量。比利时的例子说明,虽然在第一个实例中可持续性标准和认证要求可以被看作是一个额外的麻烦和贸易壁垒,从长远来看,它可能是一个确保和论证颗粒燃料生产、贸易和使用可持续性的必要的和积极的措施。

表 10-10　大型发电厂使用的颗粒燃料质量标准范例

参数	单位	数值
直径	mm	4～10
长度	mm	10～40
挥发性物质(质量分数)	%(干基)	>65
含水率(质量分数)	%(湿基)	<10
体积密度	kg/m^3	>600
净热值	GJ/t(湿基)	>16
灰分(质量分数)	%(干基)	<2
树皮成分(质量分数)	%(干基)	<5
初始熔化温度(红色气孔导度)	℃	>1200
Cl(质量分数)	%(干基)	<0.03
S(质量分数)	%(干基)	<0.2
N(质量分数)	%(干基)	<0.5
F	ppm	<70
P	ppm	<300
添加剂:浆糊(只包括植物来源的添加剂),植物油	性质	只包括植物性来源
可回收木材	性质	禁止
重金属 As+Co+Cr+Cu+Mn+Ni+Pb+Sb+V	ppm	<800
As	mg/kg(干基)	<2
Cd + Ti	mg/kg(干基)	<1
Cr	mg/kg(干基)	<15
Cu	mg/kg(干基)	<20
Hg	mg/kg(干基)	<0.1
Pb	mg/kg(干基)	<20
Zn	mg/kg(干基)	<20
卤化有机化合物		
苯并芘	mg/kg(干基)	<0.5
五氯苯酚	mg/kg(干基)	<3
耐久性(质量分数)	%	94～98
颗粒燃料研磨前的粒径分布		
<4.0 mm(质量分数)	%	100
<3.0 mm(质量分数)	%	>99
<2.0 mm(质量分数)	%	>95
<1.5 mm(质量分数)	%	>75
<1.0 mm(质量分数)	%	>50

注:数据来源[640]

表 10-11 来自不同国家和地区颗粒燃料供应的 CO_2 余额

阶段	德国	波罗的海诸国	瑞典	俄罗斯	加拿大
地方运输	1	1	2	2	2
制作颗粒燃料	11	13	15	20	13
海洋/河流运输[1)]	4	6	5	7	15
河流运输[2)]	2	2	2	2	2
总计	18	22	24	31	32

注：总重量 CO_2/MWh(涉及净热值)；[1)]通过大型海洋和河流轮船运到安特卫普港；[2)]通过内河驳船运输到比利时电厂；数据来源[638]

10.11.6.6 物流

生物质往往具有低的能量密度(特别是与化石燃料相比)和高水分含量[质量分数高达55%(湿基)]。木质颗粒燃料有增强的能量密度，与许多其他的木质生物质类型相比，有改良的物理性能，这无疑有助于它们的成功。然而，仍然存在着有让木质颗粒燃料面临重大物流挑战的事实，比如说它们在装卸和储存过程中必须保持干燥。其他问题包括防火措施，颗粒燃料大量储存时的氧气吸收以及装卸过程中的粉尘控制。为了解决这些问题中的某些问题，大型港口专用颗粒燃料终端的建设被视为一个重要的步骤，比如前处理方案项进一步改进的开发，如烘焙(图 10-49)。

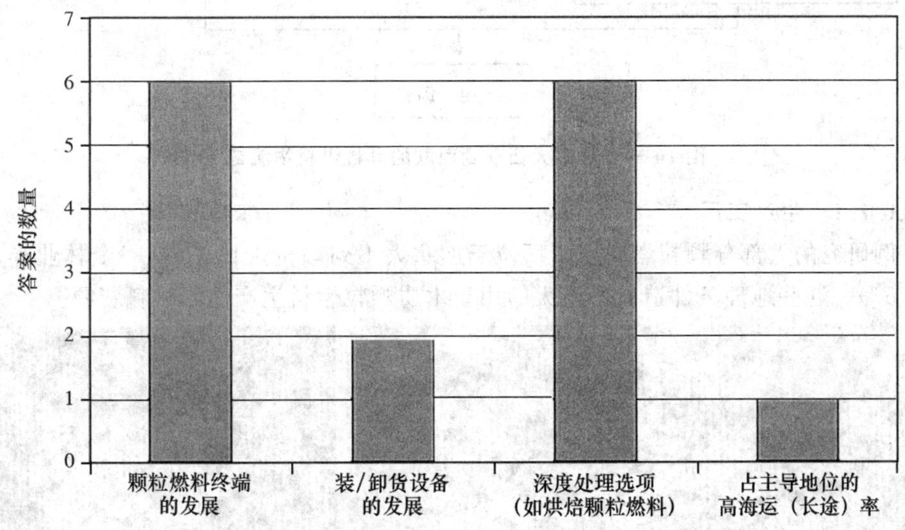

图 10-49 木质颗粒燃料专家估计预期的物流挑战才是更有效的颗粒燃料供应链

注：2008 年 6 月[631]

10.11.7 加拿大西部(不列颠哥伦比亚省)颗粒燃料到西欧电厂供应链的案例研究

本案例研究介绍木质颗粒燃料的物流链以及在加拿大西部生产、在西欧工业规模应用的木质颗粒燃料的产品规格。沿着供应链选择具体的阶段和步骤，这与今天木质颗粒燃料从加拿大西部出口到西欧最常用的实践和方法有关。加拿大西部到西欧的木质颗粒燃料物流链如图 10-50 所示。单个步骤在下面的章节中讨论。

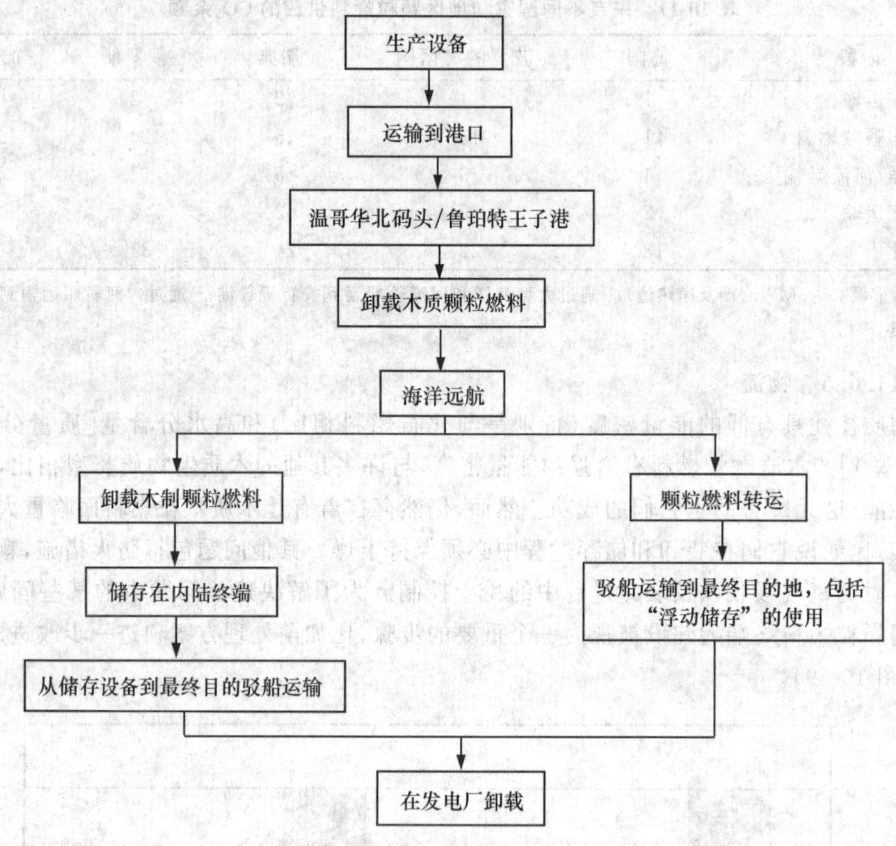

图 10-50 加拿大西部到西欧的颗粒燃料物流链

10.11.7.1 生产工厂

本案例研究的大部分颗粒燃料生产厂位于加拿大不列颠哥伦比亚省，一个林业丰富的地区(图 10-51)。这些地理条件造就了庞大的用于木质颗粒燃料生产的原材料资源。

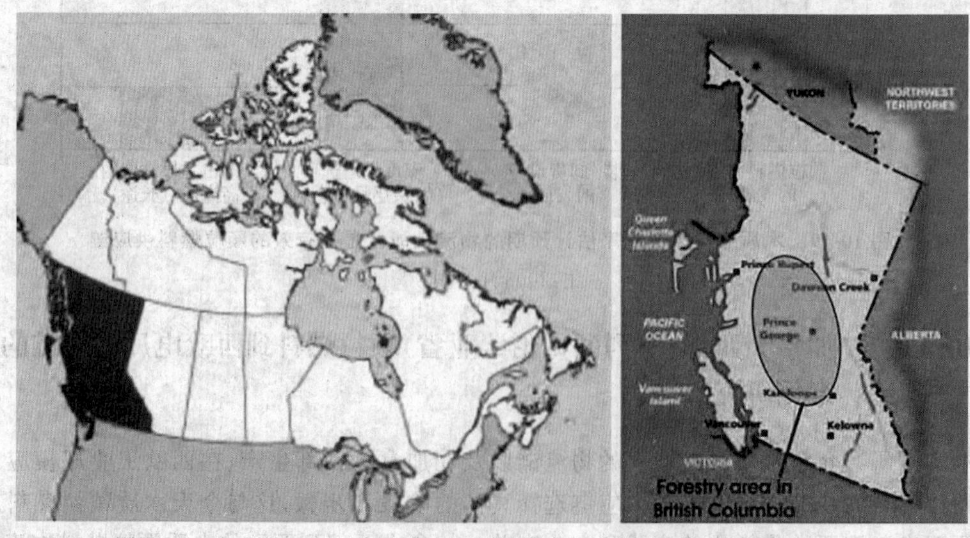

图 10-51 加拿大不列颠哥伦比亚省的林业面积

注：数据来源[641,642]

直接采用以锯木厂剩余物形式(锯末、木片、刨花)存在的原材料是现在颗粒燃料生产现场质量管理至关重要的一部分,用以确保持续稳定的质量和颗粒燃料特性,使资源的利用和生产能力之间达到最佳平衡,满足客户要求的特定质量参数。然而,对锯木厂纤维供应的依赖是显而易见的,应被视为一种潜在的威胁。

在不列颠哥伦比亚省内部,温度四季变化幅度从夏天的 40℃低至冬天的－40℃。一个典型的不列颠哥伦比亚省森林由混合的软木树种组成,这些树种都用于木材和木质颗粒燃料行业。由于在这一地区的气候条件下树木生长相对缓慢,木材的木质纤维组成致密。结果就是,颗粒燃料的能量密度相对高于世界其他地区生产的木质颗粒燃料。另外,全年环境温度的变化对颗粒燃料厂烘干原材料所需的能量输入影响显著,对颗粒燃料质量的一致性是个挑战。

典型的为木质颗粒燃料出口生产的不列颠哥伦比亚省颗粒燃料厂年产量 15 万～20 万 t(对应产量 20～30 t/h),考虑到原材料货源,这似乎是一个合适的产量。根据工厂的性能,实际生产的吨数范围为产能的 60%～95%。

根据在海港的储存可用性和出口装载业务的频率,颗粒燃料生产厂在现场有颗粒燃料储存筒仓。目前,在厂区的储存筒仓可以储存数天的生产量。直到有轨道车来装载货物,木质颗粒燃料都留在筒仓中。

10.11.7.2　运输到港口

由于不列颠哥伦比亚省非常广阔,从内陆到沿海运输木质颗粒燃料唯一可行的办法是使用铁路。通常情况下,从颗粒燃料生产厂到不列颠哥伦比亚省主要港口(鲁珀特王子港和温哥华)的距离范围乘火车 500～1000 km。锯木厂早已主要使用铁路运送木材产品到港口和其他远程市场,并热衷于将他们的工厂建在临近铁路系统的地方。同样地,不列颠哥伦比亚省的颗粒燃料生产厂都直接坐落在铁路系统的旁边,这使得他们能够直接从生产设施往轨道车装货。通常情况下,不列颠哥伦比亚省的每个轨道车 85～100 t(参考 4.2.2.5 节)的木质颗粒燃料容量,可以 100～120 辆连成一串。因此,每列车运送的木质颗粒燃料可达 8500～12000 t。

在不列颠哥伦比亚省,有两大铁路公司提供货物运输服务。木质颗粒燃料生产商往往和铁路以及火车车厢的供应商有长期租赁合同,以保证每月从工厂到港口运输一定量的颗粒燃料。由于铁路和有轨车的供应商很少,生产商对这些铁路相关的公司存在很大的依赖性。此外,有时候到了铁路容量的极限,等待轨道车辆时有发生,这有时会导致木质颗粒燃料延迟交付到港口。

10.11.7.3　终点站北温哥华/鲁珀特王子港

在北温哥华有两个码头有储存和装载散装木质颗粒燃料到远洋轮船上的能力。这两个终端目前的总库容约 42000 t 且仅使用筒仓。在鲁珀特王子港,另一个终端能处理和储存木质颗粒燃料(大约 1 万 t)。假如大型载货船来装货,不列颠哥伦比亚省的三个终端会排空所有的货物。如果储料仓没有足够的货物,就直接从火车上卸载。

列车在终端卸货交付,大部分货物在被装上远洋船舶前将会在筒仓中储存几个星期(图 10-52)。

木质颗粒燃料在高温高压下生产。将颗粒燃料冷却到周围空气的温度对产品的稳定很重要。由于不列颠哥伦比亚省的气候显示了温度有相当高的可变性,最终产品也表现出全年温度的巨大差别。木质颗粒燃料的温度监控对保持产品质量是很重要的,因此,像环境温度、颗粒燃料含水量和空气中的湿度等参数都是重要的因素,可能会对颗粒燃料的降解起作用。

特别是在夏季炎热期间(30℃以上),储存在筒仓中的颗粒燃料自发热风险增加(见5.2.3节)。产品温度高于50℃是不被买家欢迎或者接受的。超过这个阈值,木质颗粒燃料的温度动态就比较难以预测。两个终端都安装了温度监控设备,当达到临界温度时就会引发警报(通常40~50℃)。

各个终端采用不同的技术来减少产品的温度。应用通风系统来增加进入筒仓内的环境空气的流量。另一种方法是利用大量的皮带系统,通过一系列的传送带将温热的产品从一个筒仓到另一个筒仓。通过这些方法可以使产品的温度降低10~20℃。

图10-52　卸货轨道车

注:轨道车料斗打开采样;数据来源[643]

将木质颗粒燃料产品储存在专用的筒仓中,限制污染和水渍损坏。

木质颗粒燃料是由非常小的木屑压缩而成。摩擦、碰撞、跌落冲击等情况都有可能会导致木质颗粒燃料的破损,造就了产品内的自由粒子,也就是所谓的微粒。为了防止木质颗粒燃料的破损和粉尘形成,在终端处轻缓装卸对保持颗粒燃料良好的状态是至关重要的。在不列颠哥伦比亚的三个终端采用不同的措施来完成这项工作。在传送带的转载点安装有吸尘设备。此外,还用塑料防水布包裹转载点以防止风将粉尘吹跑。其中的一个终端在筒仓与船舶装载器的喷口处使用了级联系统,减缓颗粒燃料下落的速度以降低下落的影响以及因此导致的破损。

10.11.7.4　木质颗粒燃料装货

在做好往船上装载木质颗粒燃料的安排之前,供应商和买家商定好颗粒燃料的量、质量规格和装货或交货日期。这些规格通常在卖方和买方之间的合同里有说明。根据装运条款(如FOB或CIF),当事人之一安排远洋运输(承租人)与承运人(船东),这个人负责提供合适的船。规格写在承租人与船东的合同里,也被称为"租船契约"。连同承运人,被租用的那艘船要满足散装木质颗粒燃料的装货要求以及要确定受载期限(根据时间表预先决定的载货期限)。受载期限列出了时间窗口,在此期间船只被安排到达装载港口。

一旦海洋运输被安排好,木质颗粒燃料供应商就要确保按时交付足够的货物到装货码头(在船只到达装载港之前),这往往是对物流的挑战,需要根据铁路可用性和终端处储存能力合理化颗粒燃料生产厂的产品吨位。此外,其他的竞争船舶可能会被安排到差不多同时在同一终端装货,这会造成船只排队(通常是在多产品终端面临这样的问题)。有时候针对其他商品的其他船只有优先权,然而在一些终端是先到先得的政策。

在开始远洋船舶装货之前,有专门的检验员检查船只以保证其清洁。在某些情况下进行软管测试以确保航行之前舱口的密封圈不漏水。这是通过用外接软管向密封圈喷射高压水,而后评估是否有水泄漏到船舱内来完成的。此外,如果没有精确的终端皮带秤可用(用来确定传送带上的货物质量的秤),就采用一种初步的水尺计重法,在装载完成后根据船舶浮力(阿基米德定律)确定装货量。

此外,检验员还检查装货点上的整条供应线,以及查验从卸料轨道车或筒仓到船用装载机的喷嘴是否一切都适合木质颗粒燃料的装载。为了避免任何污染,传送带应清洁无水分,传送带运行时上面没有其他产品。

将木质颗粒燃料装载上船是一个精细的过程。一旦木质颗粒燃料在传送带上以全速传输,货物出了什么问题它很难快速停止。检验员持续监控大多数木质颗粒燃料的发货以及查找木质颗粒燃料质量的异常情况(主要是温度升高、粉尘形成、颗粒燃料变质、颗粒燃料变潮、颜色变化),并确保木质颗粒燃料在合适的状况下装载。按预先决定吨位间隔取样(如每 25~50 t 一个样品),以便现场分析表观质量(上述参数),并在官方实验室获得更详细的说明。目前,巴拿马型船部分装载了的木质颗粒燃料高达 35000 t,完全专用的船舶装载多达 47000 t("完全专用的船舶"是指每个船舱都装载木质颗粒燃料,而部分装载是指有些船舱装木质颗粒燃料而另一些装载其他货物)。

在温哥华码头,平均额定装载速度的范围为 600~1500 t/h,这取决于装载作业的连续性。在鲁珀特王子港,装货速度可达 2500 t/h。通常的装货延迟原因是天气(降水、风速),该终端处的技术问题如传送带的问题,终端称的问题(即从皮带秤上正确读数的问题,由终端来确定装载量),吸尘器的问题(在装载线的几个点上,含尘空气被排出,随后灰尘在过滤器或旋风分离器中与空气分离;分离出的灰尘处理到填埋场中)。一定要避免在下雨的时候装货,这是为了防止木质颗粒燃料在航程中分解。在温哥华和鲁珀特王子港区域,雨在秋冬季很常见,有时可能导致停工好几天。

当颗粒燃料从喷嘴中出来落入船舱的时候,能明显看到颗粒燃料的破损。在两个终端处都配备有一个潜望镜槽,一定程度上降低了木质颗粒燃料的自由下落。一个终端在喷口集成了一个串联系统,能减慢木质颗粒燃料下降到船舱的速度,以达到在装载过程中减少破损的最好效果(图 10-53)。

货物装运后,舱口密封并执行最后的水尺计重,记录数量协议证书,这会在提货单上反映。

图 10-53 船舱的级联喷口

注:数据来源[643]

10.11.7.5 远洋航行

从不列颠哥伦比亚省的装载港口到欧洲西北部的航行时间需要 4~6 周,这个路线通过巴拿马运河,全程约为 17000 km。航运时间取决于天气情况,以及是否该船将在多个港口装载或卸载一部分颗粒燃料或者部分货物,在它的路线上装载或卸载其他产品。

在远洋运输过程中,船舶可能会面临一些恶劣天气,有可能导致海水渗入货舱。咸海水含有氯,可能会导致动力装置供应链出现问题,因为它加快了金属腐蚀。此外,如果温暖的木质颗粒燃料有机会被加热 4~6 周甚至更多,自热(见 5.2.3 节)可能会引发危险状况。从温哥华到荷兰的远洋航行后,木质颗粒燃料的温度升高 10~20℃并非不常见。

木质颗粒燃料的运输成本取决于和船东的合同条款,因此不能一概而论。

10.11.7.6 木质颗粒燃料卸货

远洋航行后,船舶到达 VARAGT(弗利辛恩/阿姆斯特丹/鹿特丹/安特卫普/根特/特诺珍)地区的港口之一。木质颗粒燃料主要有两种去向(图 10-50)。第一个是从远洋轮船入库,而第二个选项是直接从海洋船只到驳船,再运输到电厂,包括利用驳船作为“靠岸浮仓”。

木质颗粒燃料卸货是由抓斗完成的(图 4-34),将颗粒燃料送到传送带系统上。传送带将木质颗粒燃料运输到室内储存设施中。

检验员持续检查卸货操作,确保所有事情按预期进行。通常进行船舶水尺计重来确定卸货吨位。

同样地,木质颗粒燃料卸货要确保满足合适的条件,尤其是在缺乏沉降和温和的处理以减少破损和粉尘形成的时候非常重要。木质颗粒燃料的粉尘可能会引起设备故障,可能会遭到邻近工商企业或环保团体的投诉。

10.11.7.7 木质颗粒燃料转运

从远洋船舶直接转运到驳船是装卸工人用放置在船舶和驳船之间的浮式起重机或者船停泊在码头上就用终端设备来完成的。如果使用浮式起重机,驳船在装载前后各测量(阅读仪表)一次,以确定每个驳船载货吨位。通常每艘驳船吨位范围为 1500～2000 t。图 10-54 所示的是用于颗粒燃料输送的标准驳船。

图 10-54 用于颗粒燃料运输的标准驳船

注:数据来源[643]

用抓斗从船舶上卸货的速度为 500～1000 t/h,可以同时用两个起重机加快这个进程。风大的时候用起重机搬运有风险,因此超过一定风速就要操作停止。

10.11.7.8 储存在内河码头(在 VARAGT 区/

目前在 VARAGT 地区的木质颗粒燃料存储容量已经远远超过 80000 t,不过正在拟订着增加容量的计划,这样的话,木质颗粒燃料就能变成更为灵活的商品来使用和贸易。

颗粒燃料储存时,温度监测是主要任务之一。过去储存设施里的几起火灾事故使人们清楚地意识到储存木质颗粒燃料明显的风险。储存设施分别通过无线系统进行温度监控,让客户通过互联网实时查看其货物的温度状态。

10.11.7.9 驳船运输至最终目的地

一旦木质颗粒燃料装载到驳船上,就起航到发电厂(通常距离 75～125 km)。在那里,驳船通常作为浮动存储紧挨着发电厂,等待上面的木质颗粒燃料被利用。

驳船运输在西欧是习惯做法,到发电厂的距离都比较小。然而,在非常干燥的时期,河流水位会大幅下降,吃水深度可能会有问题。为了解决这个问题,驳船就不满负荷装载。

10.11.7.10 在电厂卸货

驳船由带抓斗的起重机卸载,木质颗粒燃料被放到传送带上运输至燃烧器。将木质颗粒燃料送到传送带上然后进一步进入电厂流程过程中的气载粉尘能自动关闭系统。因此,整个供应链中要尽可能地避免粉尘和木质颗粒燃料的破损。

10.12 颗粒燃料生产和利用的社会经济影响

社会经济影响研究通常被用来评价当地、区域和/或国家在实施特定的开发政策上的影响。这些影响通常是根据经济变量如就业、收入和税收来衡量,但一个完整的分析还必须包括社会、文化和环境方面。这最后三个元素并不总是适合做定量分析,因此在过去的许多影响评估中被排除,即使它们有可能在当地层面非常显著。事实上,地方上的社会经济影响是多种多样的,而且会因一些因素如技术的本质、本地的经济结构、社会概况和生产过程而异。

从国内炉灶和锅炉到热电厂混烧,在过去20多年颗粒燃料作为燃料在所有能源发生领域的利用已经是一个惊人的成功故事了。由木材废料制成的颗粒燃料实际上是20世纪70年代后期首先在美国生产,欧洲的市场快速发展起来之前有20年都是小众市场。今天,它是最先进、使用最广泛的生物质燃料。这种发展是由许多社会经济因素造成的,还引发了一系列有趣的社会经济效应。

在许多方面,本地颗粒燃料生产或任何涉及生物能源的活动所带来的社会影响代表了最不清楚和最不具体输出的影响研究。不过它们可以被分为两大类,即那些与提高生活水平相关的和那些有助于增加社会凝聚力和稳定性的。在经济学术语中,“生活水平”是指一个家庭的消费水平,或其收入水平。然而,其他因素对个人福祉的贡献,可能没有直接的经济价值。这些因素包括如教育、周边环境和医疗保健等,应给予它们相应的考虑。此外,就业和创收来源的引进,比如生物能源生产能够有助于抵消社会和凝聚力的不利趋势(如高失业率、农村人口减少等)。一些国家的农村地区正在遭受显著水平地向外移民,这对人口的稳定产生负面影响。因此,鉴于生物能源倾向农村地区,颗粒燃料生产厂的建造可能对农村劳动力市场有积极影响,首先通过介绍直接就业,第二通过支持相关产业和就地雇佣(如林业)。

同样地,通过立足于本国资源确保供暖和供电系统,将国际燃料价格波动的影响降至最低,因此也降低了生产、运输等成本上升的风险。

在过去几年内,在欧洲国家能源供应安全问题变得非常重要,天然气危机和2008/2009年冬季的俄罗斯和乌克兰的争端使这个问题成为特别焦点。在这方面,颗粒燃料使用的增加表现出广泛的地域分布,可以确保以相对固定的费用长期获得能源供应。

此外,利用国内资源意味着很多能源供应的支出被局限在本地,在本地/区域经济内循环。但是,同样重要的是要考虑到发电所使用的颗粒燃料增加,在高需求期间,颗粒燃料需求的相应增加可能会造成供应暂时短缺。家庭用燃料特别容易出现这种情况。

任何特定颗粒燃料生产厂的社会经济影响的性质和程度都将取决于多项因素,包括资本投资水平和性质,本地商品和服务的可用性,钱能够保存在该地区而不是花在外面地区的程度,厂房建设的时间尺度和许多其他因素。另外,颗粒燃料是大型国际贸易的产品,这使整个情况更加复杂。这为整体社会经济分析增加了诸如国际公平贸易,宏观经济方面和贸易平衡等问题。

表10-12总结了与当地颗粒燃料生产和利用相关的社会经济要素[644]。

为了更精确地定义在列在表中的各因素的重要性,并尽可能量化其影响,必须进行各地区状况的案例研究和分析(地方、地区、国家、国际)。

有多种途径和方法可以用来将社会经济标准整合进生物能源利用的总体评估框架之内。

常用的一个方法是多标准分析(MCA),在过去的15年该方法已经广泛应用于生物能源相关领域。一般来说,多标准分析所关注的是通过考虑许多不同的因素为特定项目的评估建立适当的框架。这些因素包括技术、经济、社会和环境标准,MCA通常用于来比较几种不同的项目选择(如使用可再生或传统能源来满足能源需求)。然而,MCA方法采用的具体技术和工具是相当多样的,而且根据所选工具,可以得到不同的结果[645]。

表10-12　与当地颗粒燃料生产和使用相关的一般社会经济因素

维度	因素
社会方面	● 提高的生活标准 ❩ 环境 ❩ 健康 ❩ 教育 ● 社会和谐和稳定 ❩ 迁移影响(减轻农村人口减少) ❩ 地区发展 ❩ 农村多元化 ❩ 减少贫穷
宏观层面	● 供应/分散风险的安全性 ● 区域增长 ● 减少区域贸易收支逆差 ● 出口潜力
供应端	● 提高生产率 ● 增强竞争力 ● 劳动和人口流动(诱导效应) ● 基础设施
需求端	● 就业 ● 收入和财富 ● 诱导投资 ● 支持相关产业

文献[646]提出了一个说明项目社会维度的方法。他们建议采用半定量方法,以利益相关者参与评估八项社会标准,如社会产品效益和社会对话,连同表10-12中列出的那些为基础。

根据von Geibler's[646]的社会产品效益主题,评估也可以包括超越地方界限的收益,如对温室气体减排的贡献或帮助满足一个国家的国际承诺。超越边界的事件可能对其他地方的经济产生深远的影响。例如,欧洲力减少温室气体排放的工作力度刺激了加拿大颗粒燃料市场的快速增长。紧随与颗粒燃料生产相关的国家甚至国际利益有助于获得政府的帮助,这对在一个不发达或欠发达的市场开始一个新的项目是至关重要的。

其他影响评估方法包括个性工具的开发和侧重于社会经济的评估与生物能源的具体方面,如生物多样性[647],改变农村土地利用[648]和其他相互作用的方法。

宏观经济影响的评估和量化用的是GDP,大规模颗粒燃料生产的贸易平衡和就业可以通过多种经济模型得以实现。例如,以输入—输出或可计算一般均衡(CGE)方法为基础的模型，可以用于评价颗粒燃料生产的直接、间接和诱发的宏观经济影响[649]。

在目前颗粒燃料的成本结构表现稳定的时候，影响分析应该检查核心输入材料价格变化的潜在影响，如木材剩余物和有竞争力的燃料，如石油、天然气和电力。虽然目前剩余物价格便宜，随着颗粒燃料市场的扩大或随着剩余的其他用途被发现，价格可能会变化显著。这样的事情已经在食用油上发生过，它从废品变成了一种有价值的商品。长期供应也必须进行评估。举例来说，甲虫在加拿大不列颠哥伦比亚省杀死的木材，是欧洲市场颗粒燃料产品的原材料。需要多久能可供使用？当不再可用的时候对颗粒燃料市场会有什么影响？石油和天然气的价格已经跌落到远低于其纪录高位；这对颗粒燃料的竞争能力有什么影响呢？

在颗粒燃料生产和利用的总体框架之下考虑社会经济方面的所有方法的共同特点是，从当地利益相关者那里获得了大量反馈，通常是通过组织几个研讨会、圆桌会议、和在项目的每个阶段举行类似的会议，意义重大。这往往是至关重要的，因为基本的经济信息通常不能从国家统计机构获得。这些信息可以被构建成适当的评估标准以用于分析潜在影响，而且还能从社会经济学的视角评价生物能源潜力。

现有的测量这些影响的工具从简单的成本效益分析到 CGE 模型和 MCA。选择适当的工具对开展相关分析至关重要。

从几个国家的颗粒燃料市场的发展（见 10.1 节至 10.9 节）来看，可以确定下列颗粒燃料市场开发中的关键社会经济因素。

• 对颗粒燃料供暖投资的财政激励迅速提高了颗粒燃料的利用率，即使颗粒燃料在替代燃料中已经具备竞争力，也是如此。这是因为颗粒燃料的技术和市场不成熟（新的），所以需求增加前期投资以确保它们的进一步发展，和它们具有与其他已验证技术竞争的能力。

• 有实力的锯木厂的存在对低成本现成原材料源的提供很重要（至少在最初）。随着颗粒燃料行业的持续增长，对锯木厂剩余物的竞争性利用可能会对颗粒燃料行业的成本结构产生深远的影响。

• 要强制要求颗粒燃料锅炉在排放、效率和安全操作上具有严格的质量和可持续性，因为低质量的锅炉会永久地损害市场，导致环境关注度成为一个问题，造成重大操作性问题。

• 应该建立有效的木质颗粒燃料质量管理机制。应该引入给予颗粒燃料发源地认证的国家或国际追踪系统。这可以包括对来自可持续林业的木材制成的颗粒燃料的认证。

• 颗粒燃料供暖系统的安装工人要获得资格，如果可能的话，要颁发合格证书。安装工人对消费者的信心有决定性影响，必须合格以保证无故障运行。

• 锅炉的质量要求和安装工人的专业认证应该与补贴相关联——这对以正确方向推动发展是非常有效的。

• 建议公开支持促销活动。这在早期阶段产业不太可能有所需的资金时尤为重要。

• 木质颗粒燃料供暖系统应该在公共建筑内安装，以证明其适用性，并用作一个范例。

• 应该制定出对公用事业进入生物质供暖市场的激励措施。例如，有一个可行的措施是用绿色热能交付证书来替代绿色电力义务。通过这种方式，公共事业将对提供绿色热能服务以减少他们的绿色电力义务建立显著的兴趣。

一个完整的影响分析必须调查所有市场参与者在经济中的作用。消费者，无论是家庭还是企业，会欣然接受一个相对较新的技术，比如颗粒燃料吗？要做出明智的决定，他们需要有足够的信息。企业生产颗粒燃料可以长期盈利吗？社会效益足以让政府提供援助补贴或对消费者和生产者在短期或长期内提供其他形式的帮助吗？明了政府不同级别的承诺对颗粒燃料行业支持的层次水平，对做出准确的社会和经济影响评估至关重要。

这些问题表明，除了地理上定义的因素，如现有木材行业的位置，材料的可用性和替代燃料的价格以外，少数定量因素如政治动机和新扶持机制的开发也同样重要。

随着欧盟层面的政治支持对颗粒燃料产业的扩大发挥重要作用，可以预见到其强劲增长，尤其是在新成员国内。没有适当的政策，欧盟到2020年底实现20%的能源供应来自可再生能源的雄心勃勃的目标是不可能实现的。此外，持续的石油价格波动和二氧化碳减排目标同样在刺激着颗粒燃料市场的扩增。

10.13 总结/结论

在20世纪80年代初完成了颗粒燃料作为生物燃料被认识第一步。自从20世纪90年代后半期，颗粒燃料市场在一些欧洲国家以及北美乃至世界范围内都表现出快速增长且这种发展的迹象还在持续。有几个因素对这一发展至关重要。奠基石是燃炉的自动化，实现了以前用户只能在使用燃气或燃油供暖系统才能感受到的舒适感。此外，国家出资计划、石油和天然气价格上涨、国家和国际颗粒燃料公共信息宣传活动以及生物质协会都对颗粒燃料的成功有贡献。

产能的持续扩张已经同市场的发展相串联。为了利用协同效应，颗粒燃料生产厂最好位于木材行业现有的生产基地。颗粒燃料炉（尤其是小型炉）制造商也扩大了他们的能力，以满足不断增加的需求[650,651]。

有趣的是不同市场的不同发展。尽管在一些国家（如奥地利，德国和意大利），颗粒燃料的使用仅限于小规模应用，却在其他国家（如比利时和荷兰）大部分颗粒燃料应用于大型工厂。此外，在像瑞典或丹麦这样的国家，颗粒燃料的利用在小、中和大规模上的应用都有发生，而其他国家只生产大量颗粒燃料，但却没有国内市场或者是可以忽略不计（如加拿大和一些东欧国家）。全世界消耗掉的颗粒燃料有1100万～1200万t（根据2008/2009年），其中约65%被应用于小型系统，35%用在发电厂和其他中、大规模的应用。不同的国家对颗粒燃料的要求不同。对于大规模应用，颗粒燃料被生产出来的唯一目的就是降低运输和存储成本。在大多数情况下部分颗粒燃料甚至在燃烧前被再次磨碎。在这些应用过程中质量属于次要角色。大型工厂，比如能够处理较高燃料灰分，就有可能在造粒时利用其他原材料，如树皮或稻草。因此，原材料潜力被拓宽。在小型设施中使用的颗粒燃料必须是质量上乘（特别是关于持久性和纯度），以保障高用户舒适度和系统操作可靠性。

世界上最大的颗粒燃料生产商是美国、加拿大、瑞典、德国和俄罗斯。它们都有高于100万t的年产量，加在一起产量有大约920万t（2009年）。这代表了大约全球2/3的产量。

最大的颗粒燃料消费国是瑞典、美国、意大利、德国、丹麦和荷兰，所有国家每年的消费都超过100万t。它们的消耗加起来每年约840万t（2009年），大概是全球颗粒燃料消耗的75%。

在全世界许多其他国家中有很多与颗粒燃料生产和/或利用有关的活动。说到颗粒燃料的利用，中国[远大目标是在2020年消耗5000万t（湿基）$_p$/a]、日本、韩国和新西兰，所有拥有新生颗粒燃料市场的，都应该被提及。南非、巴西、阿根廷和智利生产颗粒燃料的主要目的是出口到欧洲。土耳其和蒙古国的动向也有报道。

如果总计不同国家的所有颗粒燃料产量(见 10.1 节至 10.9 节),欧洲颗粒燃料产量总计有 810 万 t(湿基)$_p$/a 左右,全世界生产的有 1420 万 t(湿基)$_p$/a(2007—2009 年)。欧洲总消耗量约为 890 万 t(湿基)$_p$/a(不包括俄罗斯),全世界大约是 1130 万 t(湿基)$_p$/a。产量与消耗量之间的 290 万 t(湿基)$_p$/a 的差值可能解释为一些产量和消耗量数据不准确,由于缺乏确切的数据,这些数据往往是粗略估计的。此外,由于生产和消费数据有时是基于不同年份可能会出现数据不一致。预测在 2020 年全世界颗粒燃料的产量为 13000 万~17000 万 t。

如图 10-55 所示的是不同国家每 1000 人的单位颗粒燃料消耗量,以 t 计。从这个图上看,瑞典和丹麦是最大的颗粒燃料消费国,与这些国家的颗粒燃料在小、中、大规模应用中都有利用这个事实一致。紧随其后的是比利时、奥地利和荷兰。在比利时和荷兰,颗粒燃料几乎完全用在大型发电厂中燃烧。奥地利为人均第四大颗粒燃料消耗国,颗粒燃料几乎完全用于住宅供暖。其余的国家人均颗粒燃料消费非常低,最高的芬兰是 28 t(湿基)$_p$/1000 居民。

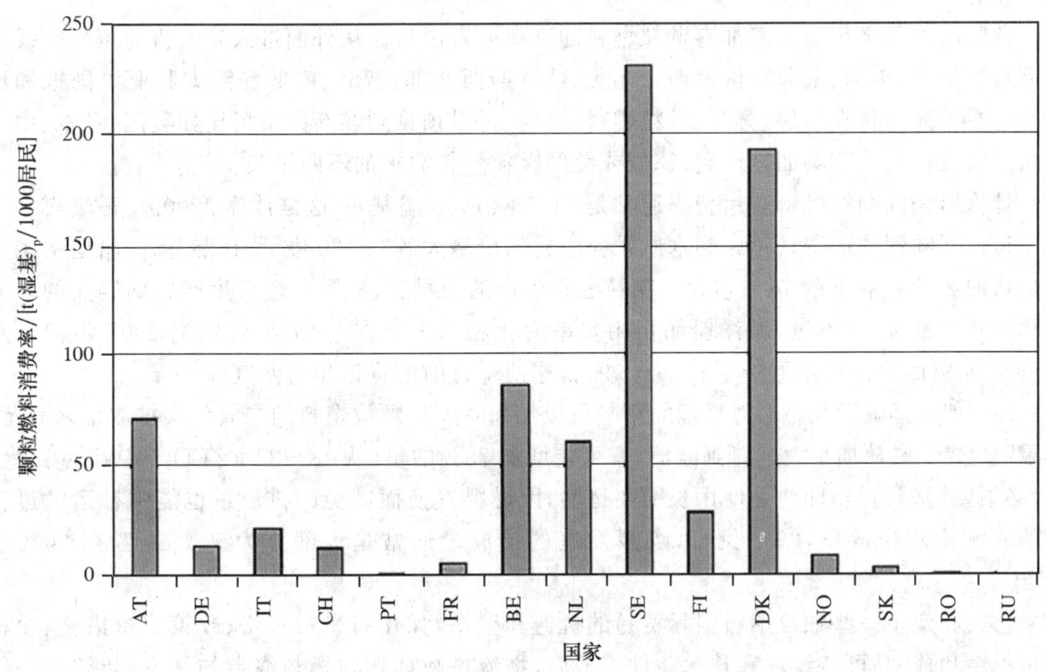

图 10-55 不同国家的单位颗粒燃料消费

注:基准年根据现有的数据无论是 2007 年,2008 年或 2009 年;根据 10.1 节至 10.9 节的数据

全世界颗粒燃料市场的强劲增长需要考虑到颗粒燃料生产的潜力。首先必须要有可用的合适原材料,第二,必须建立生产场地。在欧洲和全球范围的评估显示,在以锯末和木刨花为原材料的基础上,欧洲已经有一些地区颗粒燃料生产厂密度高到限制更多工厂的建立,如奥地利、巴伐利亚州和瑞典中部。其他地区颗粒燃料生产厂的密度还是很低,如英国、德国北部、西部的波兰、法国和西班牙,因此有很大的建立以木刨花和锯末为原材料的生产厂的潜力。就欧洲颗粒燃料生产的原材料潜力而言,在那些已经发生锯末短缺的地区,锯末仍然是最重要的颗粒燃料生产原材料,但也有地区,基于锯末的颗粒燃料生产还有进一步增加的可能,比如在德国、芬兰和波兰。除了锯末,替代原材料如森林剩余物、原木或甚至能源作物在全世界许多国

家都有巨大潜力，而且已经被使用了。

在过去的10年里，木质颗粒燃料供应和需求的增长已经和国际贸易紧密相连，粗略估计被消耗掉的木质颗粒燃料有1/3～1/2是越过国境线交易而来。这个交易可以从短程（如从奥地利到意大利）的卡车到超过10000 km（从大不列颠哥伦比亚到日本或欧洲西北部）的长途海运，各有不同。用火车运输在欧洲几乎不曾听闻，但在北美却是惯常做法（如在大不列颠哥伦比亚省、加拿大和美国）。国际木质颗粒燃料贸易的最大部分是通过海运完成的。第一次国际海运是在1998年，从加拿大通过巴拿马运河到达瑞典，2007年国际贸易量达到120万t。一个描述生产于加拿大西部，在欧洲西部工业规模化应用的木质颗粒燃料物流线路的个案研究被用作范例。在整个供应链中选出具体阶段和步骤，这参考了实际操作和当今木质颗粒燃料从加拿大西部出口到西欧最常用的方法。每一个步骤都包含了与产品质量有关的挑战以及对合作相关方的要求。有许多可预测和不可预测的因素在起作用，可能会给货物的主人带来潜在的风险。通过规划和持续的监督可以避免很多重要问题，这使得从加拿大西部到西欧的木质颗粒燃料贸易成为可能。

欧盟内外几乎每个国家都有颗粒燃料的进口或者出口。从外面进入到欧盟的贸易路线主要来自加拿大、美国、南非和俄罗斯。北美、俄罗斯西北部、智利、南非和澳大利亚等国家和地区有望在不久的将来增加它们的颗粒燃料出口。可以预见到在新兴市场比如英国、日本、中国或法国以及在传统市场如奥地利、德国或美国颗粒燃料需求的不断增长。

计算出来的颗粒燃料航运费率通常是31.7欧元/t(湿基)$_p$，这是计算22000 t散装燃料从远东运输到欧洲的运费。考虑到木质颗粒燃料的价格大约在130欧元/t(湿基)$_p$，船运费用占到价格的25%（剩下的75%包含了颗粒燃料生产的原材料、从颗粒燃料生产厂到码头的本地运输以及保证金）。不过，海洋船舶租用费率变化相当大。在2007年后期到2008年初以及2008年末租用价格急剧下降了92%～99%，这使得目前的货运相对便宜。

海洋船舶运输颗粒燃料对环境的影响可以用每MWh颗粒燃料的二氧化碳排放量来表示，如果颗粒燃料是从加拿大进口到欧洲，有可能增加78%的量（从18～32 kg CO_2/MWh_{NCV}）。然而，必须要强调的是，即使是使用长距离运输，因燃料置换而减免的排放量也能弥补运输过程中的二氧化碳排放量，举个例子，煤炭发电的排放量通常是大部分为90%或者在90%以上[652]。

已经确定了一些颗粒燃料国际贸易的机遇和壁垒，如化石燃料价格、政策支持措施、原材料可得性和成本、可持续性和技术条件。最后，物流挑战如颗粒燃料终端的开发、装卸设备以及深度处理方案如烘焙或运费也将发挥重要作用。

随着欧洲的剩余原料如树皮和锯末越来越稀缺，从特殊种植园大量采购原材料已成定势（如美国的东海岸）。这意味着为了确保颗粒燃料的可持续生产，有可能还要实行额外的措施。一个可能的解决方案是稳健的认证制度，比如说比利时的颗粒燃料供应商申请表。向新的原材料国际可溯源的转变发展能有多快还不十分确定。在乌得勒支的木材能源研讨会期间，2008年6月在荷兰Pellets@las项目的框架内，高油价被视为颗粒燃料贸易的主要推动力，然而洲际贸易却正忍受着高昂的干散货运费。不过在2008年底，不但石油价格已经跌至不到40美元/桶的水平，波罗的海干散货运价指数也跌落了90%以上。这个（和普通的经济危机）将会如何影响接下来几年的颗粒燃料市场还有待观察。然而，似乎可以确定随着颗粒燃料生产和需求的不断增长，国际贸易将继续蓬勃发展。

为了评估当地、地区和国家对颗粒燃料利用的影响,可以开展社会经济影响研究,要衡量的有经济变量(如就业、收入和税收)以及社会(如生活水平、社会凝聚力和稳定性提高),文化和环境影响。将社会经济标准整合进生物质应用(如 MCA)的整体评价框架中有各种各样的途径和方法。选择正确的工具对稳健性分析的开展至关重要。在颗粒燃料生产和利用的整体框架下考虑社会经济方面,所有方法的共同结论是从当地利益相关者那里获得广泛的反馈,具有十分重要的意义。这些信息能够被组织进适当的评价标准中,不仅能用于分析颗粒燃料生产和利用的潜在影响,还能从社会经济的角度估量生物能源的潜力。财政激励措施、现有的资本雄厚的锯木行业、严格的质量和可持续性需求对颗粒燃料和颗粒燃料供暖系统都同等重要,颗粒燃料供暖系统安装工人的资格认证、促销活动、在公共建筑中安装颗粒燃料供暖系统和鼓励公用事业进入生物质供暖市场都被确定为颗粒燃料市场发展的重要社会经济因素。

11 利用颗粒燃料生成能量的案例研究

本章提供了在现有工厂内颗粒燃料被用来生成用于各个应用领域的能源的案例。这些应用从用于室内供暖的简单颗粒燃料炉灶，热功率就几个千瓦，年颗粒燃料消耗量几百千克，到热能和电能输出范围在几兆瓦，每年消耗颗粒燃料超过 10 万 t 的大型电厂。本章的目的是通过令人关注的和有代表性的案例分析，为颗粒燃料的热利用提供一个各种可能性的概述。

所有的案例研究都提供了工厂概述、技术数据和经济信息。此外，所有的工厂概述都包括名称和厂址、详细的功能描述、重要组件如燃炉和锅炉、储存设施、燃料进料系统、除尘、烟气净化系统和控制系统的描述。只要能找到，关于污染物排放限值和颗粒物、一氧化碳、氮氧化物、碳氢化合物实际排放量的信息也要提供。工厂运行起始和已完成的运行时间也会做说明，还会提供工厂的照片。

不仅会提供颗粒燃料装置的技术数据，还会提供介质和/或最大负载装置和区域或程序供热管网（只要是应用了这些装置）的数据。

经济数据至少包括投资成本和年燃料成本的信息。如果有的话，额外的有关投资资金，覆盖高峰负荷所使用的其他燃料的成本以及消费、运行、维护和其他成本的经济数据也会提供。

11.1 案例 1——小规模应用：颗粒燃料炉（德国）

11.1.1 设备概述

坐落在德国施特劳宾市的私人房屋的颗粒燃料炉（图 11-1），于 2007 年 11 月建成投产，它是市区里没有中央供暖系统又小又旧的独户住房里唯一的加热系统。炉子放置在厨房和客厅之间的走廊，从而为这两个房间提供最大的热量。由于绝热水平非常低，其余的房间只能通过打开通向客厅的房门来保持无霜。

购买的袋装颗粒燃料都储存在花园棚屋。每个供暖期前会储存好整个供暖季的燃料，这意味着有 65 袋或 1000 kg。炉子里的颗粒燃料容器需要每天或每 2 d 人工填充一次。该容器可容纳 16 kg 燃料，消耗量最多是 1.8 kg/h。

颗粒燃料炉（不包括水套）是奥地利生产商 RIKA 的一款产品，类型备注有它的额定热功率为 8 kW，只在它所在的房间散热。由自动调温器以连续的方式控制功率输出。颗粒燃料取自颗粒燃料储存容器，由输送系统的螺旋进料器根据需要运送进火炉。燃烧是通过点火管壳自动启动，由此点燃阶段需要 5～8 min。关上炉子，燃料会有一个倦怠期，颗粒燃料还在曲颈甑内，尽可能快地增加空气供给，就会快速燃烧。

助燃空气来自被加热的房间内，燃烧器中助燃空气的供给是由空气流量传感器（一次空气）控制的。此外，可以通过进一步向燃烧室供给空气（二次空气）来优化燃烧。空气流直接沿着前窗导入，从而保障了玻璃表面的干净。烟气在风扇的作用下通过 3 m 长的烟气管道进入烟囱。

在供暖期，反应器（冷却下来的）必须每天用标准吸尘器清理以便将空气喷嘴上的灰尘和渣块清干净，防止回燃。烟气管道、烟气收集器和抽风机每年要清洗 2 次，颗粒储存容器要常常清理。

图 11-1　客厅中的颗粒燃料炉(8 kW)

11.1.2　技术数据

颗粒燃料炉能逐步控制的输出功率有 5%，所以热量只能释放到炉子周围的空间。颗粒每燃料年需求量大约是 900 kg，堆积密度为 650 kg/m^3 的时候体积为 1.4 m^3。表 11-1 总结了炉子最重要的技术数据。

表 11-1　施特劳宾颗粒燃料炉的技术数据

参数	单位	数值
燃料输入功率(额定条件)	kW_{NCV}	8.5
额定负载下的颗粒消耗	kg/h	1.8
年燃料需求	kg/a	900
额定热功率	kW_{th}	8.0
最小热输出	kW_{th}	2.0
额定负载下的热效率[1)]	%	94.5
储存容量	kg	16
额定负载下的储存容量	h	8.7

注：[1)] 根据定型试验，预计略低于实际测量

11.1.3　经济效益

根据联邦经济和出口管制办公室（BAFA）的可再生能源（MAP）市场激励计划，颗粒燃料炉的补贴 1500 €，这个补贴接近系统价格 2590 €的 58%。

由于所描述的颗粒燃料炉是房子里唯一的供暖系统但不足以完整地加热整个房子,系统的经济性不能用详细的方式确定只能进行估算。因此,假设供暖时间 200 d,50%的部分负荷下每天运行 5 h,这样算下来每年满负荷运行是 500 h。

使用期限 20 年的技术设备,利率为每年 6%,结果就是每年的资本成本为 106.8 € p.a.(考虑补贴)。经营成本包括维护成本和清扫烟囱的成本,总计约每年 61 € p.a.。木质颗粒燃料平均价格 214 €/t(含增值税)和燃料输入是 4140 kWh/a,消耗成本为 192.6 €/a。所以单位成本是 87.1 €/MWh_{NCV}。由于颗粒燃料炉每年的效率数据缺乏,不可能量化有效能相关的单位成本。表 11-2 对颗粒燃料炉的经济数据进行了概述。

表 11-2　施特劳宾颗粒燃料炉的经济数据

参数	单位	数值
利率	% p.a.	6
使用周期	a	20
年燃料功率输入	kWh/a	4140
净投资成本	€	1225
颗粒燃料炉	€	2590
烟囱链接	€	135
资助	€	1500
运行成本	€/a	61.0
消费成本	€/a	192.6
资本成本	€/a	106.8
每年总成本	€/a	360.4
单位成本[1]	€/MWh_{NCV}	87.1

注:所有价格包含增值税;[1] 由于缺乏颗粒燃料炉的年效率数据,单位成本都与年燃料功率输入相关

11.2　案例 2——小规模应用:颗粒燃料集中供暖(奥地利)

11.2.1　设备概述

位于奥地利施蒂里尔州 St. Lorenzen/Mürztal 的村子里的颗粒燃料集中供暖设备,它安装在一栋建于 1949 年的独立式住宅中,1970 年扩建,2005—2007 年翻新装修。以前,房子由两个炉子加热,每层一个,烧煤和木柴。1988 年,安装了石油加热系统,在 2005—2007 年翻新期间被颗粒燃料集中供暖系统代替。

翻新的独立式住宅主要配备了墙壁和一些地板采暖表面,未安装散热器。因此,进料温度很低。

设备正式运行是在 2006 年秋季,当时房子仍是施工现场。翻新工程于 2007 年完成,从那时起房子再次有人入住。

图 11-2 所示是颗粒燃料炉的图片。它被放置在房子地下室单独的锅炉房里。储藏室就

在照片中墙壁的后面。

图 11-2 奥地利 St. Lorenzen/Mürztal 的颗粒燃料集中供暖系统

传统的螺旋输送机将颗粒燃料从储存室投到火炉中。储藏室与火炉之间的高度差是通过螺旋进料器上的万向接头克服的，投料方向可以变成朝上。

反应器中颗粒燃料燃烧的烟灰可以直接进入燃烧器下面的烟灰收集容器，这些烟灰通过螺旋输送器输送到外部的烟灰盒，在图 11-2 中可以看到这个外部烟灰盒就在锅炉的前面。螺旋输送每天向外输送烟灰一次，每次都会在同一时间和换热器自动清洗系统的运行同步。换热器自动清洗系统基于锅炉管内除去沉积物的螺旋刮刀。灰烬落入下面的收集容器与来自反应器的烟灰一起被排到外部的烟灰盒中。外部烟灰盒尺寸是根据每年仅需要清空一次的标准而定的，容积有 33 L。它配备有轮子，可以很容易地移动。烟灰可以用作房主花园里的肥料和石灰剂。

因为根据实际情况这个炉子能够在低至 26% 的部分负荷下运转，就没有安装热缓冲存储。因为要供应热水，安装了一个 300 L 的热水锅炉。

表 11-3 列出了根据燃炉的典型试验测试得出的 CO、NO_x、OGC 和颗粒物排放量以及与奥地利排放限值的比较。由此可以看出，此燃炉实际的排放量远低于相应的排放限值。但是，必然可以预料的是，施工作业时的排放水平是相当高的(参见 9.5 节)。

表 11-3 颗粒燃料集中供暖系统的排放量和排放限值

参数	负荷	排放	极限值
CO	额定	16	500
	部分	257	750
NO_x	额定	60	150
OGC	额定	1	40
	部分	2	40
悬浮微粒	额定	8	60

注：数值单位 mg/MJ_{NCV}；典型试验排放值(预计室外操作的排放水平相当高，参见 9.5 节)；数据来源：用户手册

燃炉由微处理器控制系统所控制。进料温度由户外温度决定,室内温度则基于加热曲线,由燃料和空气供给控制。有三个可能的功率水平,即额定、中等和最小负载。对于每个功率等级,助燃风扇和引风机的转速都是预定好的。

到目前为止(2009 年 10 月)该系统已经满负荷运行 4000 h,无重大运行问题,尽管自动点火失败过 2 次。然而,这个问题已经通过燃炉和锅炉制造商的维修服务解决了。该系统的一个缺点与春秋或者暖冬的低热量需求阶段有关。在这些期间需要经常启动和关闭燃炉,因为低热量需求往往会导致停机,原因是即使燃炉只在部分负荷下运行,也能达到最大水温。这一事实也导致了该系统相对较低的年效率。将运行前三年的额定热功率、年平均满负荷运行小时和年平均颗粒消费考虑在内(表 11-4),平均年效率结果为 68.6%[根据颗粒燃料的净热值来算是 4.7 kWh/kg (湿基)$_p$]。必须指出的是实际年效率可能会有些不同,因为年度热功率的测定是根据控制系统的满负载运行时间计数而不是热量表,颗粒燃料的实际净热值可能也会略有不同。但是这个结果必须被当作是实际值,因为在实地测量中也发现了相似的年效率(参见 9.7 节)。这表明了适当的过程控制系统和优化适应颗粒锅炉的液体循环加热系统的重要性。

只要房子配备包括热缓冲储存器太阳能采暖系统,就可以提高这个系统的年效率,这是未来的计划方向。

11.2.2 技术数据

颗粒燃料集中供暖系统技术数据如表 11-4 所示。该设备的额定热功率为 10 kW。加热电路的进料温度取决于室外和室内温度,通常为 30～35℃。最高温度为 45℃。为了防止烟气在锅炉内冷凝,安装了增温回流装置,进入锅炉前回流温度至少提高到 50℃。储存室的存储容量是 6 t(湿基)$_p$ 或是 9.2 m^3,相当于年燃料需求(基于前三年运行的平均值)1.45 倍。

表 11-4 颗粒燃料集中供暖系统的技术数据

参数	单位	数值
燃料电力输入(额定条件)	kW_{NCV}	10.9
额定负载下的颗粒消耗	kg/h	2.3
额定热功率	kW_{th}	10.0
最小热输出	kW_{th}	2.6
额定热效率/最小负载[3)]	%	91.8/90.0
年满负荷运行小时	h p.a.	1330[1)]
加热电路的进料温度	℃	最大 45,平均 30～35
加热电路的回流温度	℃	25～30
储存容量	t	6
储存容量[2)]	a	1.45

注:[1)] 前三年运行时间的平均值,根据满负荷运行小时计数器;[2)] 根据前三年运行的平均消费;[3)] 根据典型试验,预计略低于实际测量

11.2.3 经济效益

颗粒燃料炉包括从储存室到炉子的进料系统、热水锅炉(300 L)、储存室的固定装置以及安装和启动的投资成本总计大约为 11000 €(包括增值税,这节中所有价格都包含增值税)。此外,烟囱必须翻新,成本约 1000 €。该设备的安装得到施蒂里尔联邦州和 St. Lorenzen/Mürztal 直辖市提供的共计 1800 €的资助。

到目前为止,年燃料成本一直为 616~960 €,这取决于颗粒价格和颗粒燃料的需求;前三年的平均运营成本为 787 €。

这个颗粒中央加热系统的经济计算如表 11-5 所示。有效能的单位热能生成成本为 149 €/MWh。然而,将 85%这一合理的年效率考虑在内有效能的单位热能生成成本可以降到 137.6 €/MWh。

表 11-5 颗粒燃料集中供暖系统的经济数据

参数	单位	数值
利率	% p.a.	6
使用年限	a	20
年燃料电力输入	kWh/a	19400
净投资成本	€	10200
颗粒燃锅炉[1)]	€	11000
烟囱改造	€	1000
资助	€	1800
运营成本	€/a	311
消费成本	€/a	787
资本成本	€/a	889
年总成本	€/a	1987
单位成本	€/MWh_{UE}	149.0

注:所有价格包括增值税;[1)]包括从储存室到炉子的进料系统,热水锅炉,存储空间的所有固定装置,安装和启动

11.3 案例 3——小规模应用:用颗粒燃料炉改造现有锅炉(瑞典)

11.3.1 设备概述

设备是这所房子主人在 2006 年买的,他们决定将石油加热系统改成颗粒燃料加热系统(图 11-3 和图 11-4)。这所房子建于 1969 年,隔热的标准对那个区域和建筑时间而言是典型的。房子坐落于乌尔里瑟港,离瑞典哥德堡东部大约 1 h 的车程。住宅面积为 130 m²,地下室空间为 80 m² 且温度在 5~10℃。

现有锅炉是 TMW Alfa 1 于 1993 年安装。它是一个复式锅炉,有一个原木燃炉隔间,另一个是石油燃炉隔间。它仍然可以使用原木。它还配备了 6 kW 的电线圈作为储备使用。锅炉仍处于良好状态因此用颗粒燃炉改造是最经济的选择,只需要对现有设备稍加更改。锅炉

配有一个 120 L 的水槽,作为小型的热缓冲储存器。热量是通过中央供暖系统的散热器供给房子的。供给温度是由室外温度决定的并由室外传感器控制。

图 11-3 旧的复式锅炉与新的颗粒燃料炉的结合

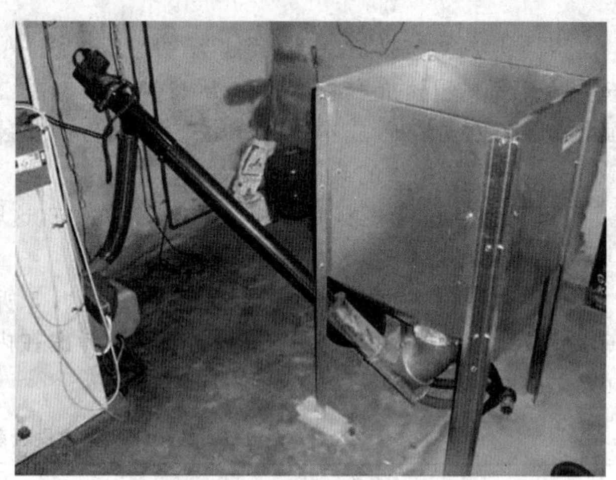

图 11-4 一周的储存量通过螺旋输送机与颗粒燃料炉相连

为了选择颗粒燃料炉,房主获得了来自锅炉及燃炉制造商的帮助。由于在现有锅炉的燃烧室相当小,只能使用前面燃烧的颗粒燃料炉。最后选择的是 Ekosystem i Gävle AB 生产的变形火焰燃烧器。燃烧器通过新的隔间门连接到锅炉上。燃烧器上标着 P,这是瑞典的自愿标示系统,保证高质量、安全和设备的效率。

购买的颗粒装在袋子里并用货盘运到房子里——每个盘子上都是 52 袋,每袋 16 kg。每个货盘都是用塑料遮盖,在塑料被移除前可以储藏在户外。在锅炉房安装了 MAFA 周储存间,180 kg(11 袋)。储存室冬季每周存满一次,夏季则是每月一次。螺旋进料器根据用料需求将颗粒从储存室运到锅炉燃炉里。

燃炉是由房主自己安装的。专业人士通过用来测量烟气中一氧化碳、二氧化碳和氧气的设备对燃炉的燃烧进行了调整。冬季,底灰必须每周清理一次,因为燃烧室太小。这些灰可以用作房主花园里的肥料。将储存室填充满并清理完底灰大约需要 30 min。业主每年对锅炉里的换热器人工清理 2 次。到目前为止,燃炉还没有出问题,不需要专业的维护。该地区的一些企业提供这种服务,但得确实需要才行。

瑞典的颗粒燃炉的气态有机碳(OGC)排放水平是在 10% O_2 浓度下每标准立方米内 100 mg。瑞典消费者组织对变形火焰燃炉和九种不同锅炉的组合进行了测试。排放量的变化取决于锅炉的结构。对于测试中的三种组合锅炉,满负载下的气态有机碳排放量分别为 17 mg、91 mg 和 93 mg。低负荷时的排放量分别为 44 mg、88 mg 和 155 mg。

11.3.2 技术数据

改装后燃炉的主要技术数据汇总于表 11-6。燃炉的功率输出为 20 kW。功率没有调整但运行是开关控制。该燃炉可以由业主调整到一个较低的 12 kW 的功率。燃料输入功率、颗粒燃料消耗和在额定负载下的热效率等数据都无效,因为这个特定的燃炉/锅炉组合的这些数据还没有测量。根据室内温度传感器的信号，热量被供给中央供热系统回路，进料温度由室外温度决定。热自来水被加热到 65℃。自从 2006 年燃炉安装，每年大约使用 5.8 个货盘颗粒燃料即 4.8 t(湿基)$_p$/a。颗粒燃料全年使用，包括夏天只需要热水的时候。颗粒燃料炉有三个防止回烧的安全系统，即下降槽、温度传感器和将颗粒送入燃炉的可燃软管。

表 11-6　瑞典改造燃炉的技术数据

参数	单位	数值
额定热功率[1]	kW_{th}	20.0
最小热输出[2]	kW_{th}	12.0
年燃料需求	t/a	4.8
储存容量	kg	180

注：[1] 运转由开关控制(没有调整)；[2] 根据业主需要调整

11.3.3　经济效益

颗粒燃料炉的成本为 1800 €(2006 年，包括增值税，本节中所有价格都含增值税)。2006 年，在瑞典业主将石油供暖换成颗粒燃料供暖可能得到的补贴高达 140 €。

每年大约需要 4.8 t 的颗粒燃料(平均值)，对应的燃料成本约 1400 €/a。假设(没有确切的数据可用)供暖系统的年效率颗粒加热的为 70%，石油的为 80%，石油系统的总成本为 3051 €/a。这意味着他们每年能节省 1659 €。价格是根据 2009 年 11 月的价格。

11.4　案例 4——中等规模应用：Jämsänkoski 学校 200 kW 供暖设备(芬兰)

11.4.1　设备概述

Koskenpää 学校坐落于 Koskenpää 村，是 Jämsänkoski 镇的一部分(图 11-5)。学校始建于 1954 年，最初是由坐落于该建筑地下锅炉房的两个铸铁的 Högfors A5 锅炉通过柴火加热。1967 年这两个锅炉安装了轻质燃油燃炉从而改成了石油锅炉。全年石油消费量为 45000～50000 L。

2002 年能源服务公司 Enespa Oy 与 Jämsänkoski 镇签订了一份合同，用木质颗粒燃料代替石油对学校建筑进行供暖。这归因于由芬兰中部的能源机构和芬兰中部的林业中心所做的研究，该研究重点在于增加芬兰中部生物燃料使用的可能性。

Enespa Oy 公司是芬兰的第一个能源服务公司。这是一个专业的公司，提供广泛全面的能源解决方案，包括设计和实施节能项目、节约能源、能源基础设施外包、发电和能源供应及风险管理。将 Koskenpää 学校的供暖改造成烧颗粒是该公司在生物燃料使用上的第一个投资。其他活动正在计划中。

从图 11-6 中可以看到改装后的供暖中心。图片的背景是新的颗粒锅炉，它用作基础负荷锅炉。在图像的前面是铸铁锅炉，配备了一个石油燃炉。它是作为辅助锅炉用的，如果需要的话可以作为最大负载锅炉。

图 11-5　Jämsänkoski 镇的 Koskenpää 小学

图 11-6　Koskenpää 小学改造后的供暖中心

当供暖中心翻新后，其中一个铸铁锅炉被分解并出口到爱沙尼亚。一个额定功率在 200 kW 的 Tulimax 锅炉代替了它。这个锅炉是专为生物质燃料燃烧而设计的，配备有一个大的燃烧室和垂直对流系统从而减少了清理需要。这种锅炉是由 HT Enerco Oy 公司制造。该燃烧设备是由 Säätötuli Oy 制造的自动加料燃炉。这个锅炉配有一个燃炉，由横向螺旋进料机填料。助燃空气由两个独立的风扇引导进入锅炉。一次空气被引导穿过燃烧器头部的炉排，二次空气进入燃料层上面的燃烧室。通过使用安装在风扇上的片状阀可人工控制助燃空气的量。进料是通过控制进料螺杆运转和停止(开-关控制)的时间比来调整的。在断开期间，偶尔加进去少量燃料和空气保持火力。所以没有点火系统。运行时，螺旋以恒定的速度旋转。燃料螺旋进料器的长度为 3.5 m，一端放置在颗粒燃炉筒仓中。进料系统中的温度测量与注水系统结合，防止了回烧到进料系统的危险。螺旋的操作电机还驱动燃料筒仓墙面上的移动板块。这些板块的用途是要确保的燃料下降到输送带上以防止桥连。锅炉配备了一个体积为 5000 L 的热缓冲存储器。除灰是人工进行。由于这个炉子是建造的，因此可以将螺旋输送机或除尘风扇改装成自动除尘系统(大吸尘器)。没有安装烟气净化设备。排放的颗粒物为40～50 mg/Nm^3。

图 11-7 所示的是新的颗粒燃炉锅炉。除灰时必须要打开锅炉的底部进行人工操作。

颗粒筒仓建在教学楼旁的地下(图 11-8)。筒仓由颗粒燃料卡车气动填充。仓壁的倾斜角度为 45°。Vapo Oy Energia 负责送货。

图 11-7　Koskenpää 小学的新颗粒燃炉锅炉

图 11-8　地下颗粒燃料筒仓

11.4.2 技术数据

颗粒燃料锅炉的额定热功率为 200 kW。年运行时间为 4000～5000 h。地下颗粒筒仓的存储容量为 25 m³。足够在 200 kW 的额定输出功率下运行 2 周时间。

11.4.3 经济效益

改造供暖中心的总成本为 44500 €(不含增值税,本节中的所有价格都不含)。Säätötuli Oy 公司交付并安装燃料进料系统、自动加料燃炉和锅炉。这些货物的成本为 24426 €。其余的花费是用在拆解旧锅炉,建造燃料筒仓,安装新的热水蓄水池、供暖中心新的防火门,筒仓和供暖中心的地下排水和同时建造的校园里的地面排水系统的成本。

Enespa Oy 公司包含的能源服务公司的投资份额为 28200 €。翻修的总成本和能源服务公司投资之间的差异,也就是 16300 €,由镇政府资助。Jämsänkoski 通过节省燃料成本收回投资。能源服务公司的合同中确定了投资回收期为 10 年(涉及的总投资成本为 44500 €)。颗粒燃料的标准价格约为石油的 70%(与 NCV 相关)。

Koskenpää 学校的颗粒燃料供暖系统自 2004 年初以来就一直运行着。

11.5 案例 5——中等规模的应用:施特劳宾 500 kW 加热装置(德国)

11.5.1 设备概述

本节中描述的颗粒燃炉供暖设备(图 11-9)位于德国施特劳宾听觉残疾人研究所(IFH)并由其运行。这个现代化的燃炉于 2008 年 10 月开始运行,为学校和相邻的研究所综合设施供热,综合设施由一个两倍大小的运动大厅、一个室内游泳池、一个寄宿学校和特殊会议设施组成。这两个建筑群通过区域供暖线路连接。由于相对较高的热水需求量,所以要全年供热。为了应对用热高峰还安装了一个石油锅炉。它只在冬季温度极低的时候或在维护期间或颗粒燃料锅炉故障时才运行。

整个区域供暖站,包括颗粒储存仓库在内,都位于寄宿学校的地下室。颗粒储存的填充状况可以通过加热站的检查窗查看。取暖油储存在地下的钢罐中。在主要的供暖系统循环回路(锅炉回路)安装了热缓冲存储器以优化燃炉的运行。学校和住房的这两个二次加热回路都通过换热器连接到主回路。所有三个供暖回路都独立配备压力维持系统和排气系统。

颗粒燃料锅炉的烟气经过旋风分离器脱去灰尘。燃烧控制用基于 λ 的系统来完成,该系统已经适应实际热功率。一次空气通过炉排供应,二次空气被引导至炉排之上进入耐火黏土燃烧室。

颗粒燃料通过螺旋输送机从储存室运输。沉井里面的阀门避免了回烧到进料系统的风险,然后燃料通过自动进料螺旋(开—关操作)运到燃烧室。进一步的安全保障是在进料螺旋配备了一个喷水器用以灭火。在炉子内部,燃料是通过液压移动炉排来移动的,内部被分成几个通风区域。通过热风机实现燃料点火。根据实际的热能需求量调节一次空气流量。移动的炉排确保了在燃烧区域均匀的水平燃料分配与均匀的空气供应。二次空气通过多个喷嘴注入,使其均匀分布在整个炉排上。

图 11-9 施特劳宾 IFH 的颗粒燃料锅炉

地下室加热站的所有部件可以通过大料斗移除或替换。灰烬被收集在灰箱并由一部升降机运上地面然后由垃圾处理车收集。

根据规划阶段的计算(还没有获得足一年的运行数据),颗粒燃料炉每年大约满负荷运行 3200 h。生物质燃料占年度燃料消耗量的83%。2009 年夏季满负荷下运转了 3500 h,满足德国排放指令的排放限制要求。额定热功率最大功率等级为 500 kW,这意味着 CO 浓度必须低于 1 g/Nm^3,最大颗粒物排放量是 150 mg/Nm^3,二者都是以烟气中 13%的氧气体积浓度为基础的。

燃烧设施是由巴伐利亚下游地方政府操作运行的。此外,还签署了维护合同,在出现严重故障时中央建筑控制系统自动把信息发送给服务承包商(如通过短信发送到手机)。

11.5.2 技术数据

主要技术数据列于表 11-7。颗粒锅炉的额定热功率为 500 kW,热缓冲储存罐的容积是 25000 L,这会需要一个 50 L/kW 的特定缓冲体积。额外的热能由一个 485 kW 的燃油锅炉提供,万一木材锅炉发生故障,它也用作后备系统。区域供暖管道长为 94 m。管道标准直径为 100 mm,这是 900 kW 的热传输能力的规格。颗粒存储(混凝土容器)的容量为 70 m^3,这样它可以储存堆积密度为 650 kg/m^3 的颗粒大约 47 t。每年的燃料需求大约是 400 t。对于取暖油,有地底的 20000 L 钢罐可供使用。

表 11-7 施特劳宾 IFH 颗粒供暖设备的技术数据

参数	单位	数值
颗粒单元		
燃料功率输入(额定条件)	kW_{NCV}	561
额定负载下的颗粒消耗	kg/h	115
年度燃料需求	t/a	407
额定热功率	kW_{th}	500
最低热功率	kW_{th}	150
额定负载下热效率[1)]	%	89.1
年度供热(锅炉输出)	GWh/a	1.6
年度满负荷下运行时间	h p.a.	3200

续表 11-7

参数	单位	数值
加热电路给水温度	℃	75
加热电路回水温度	℃	55
储存容量	m^3	70
额定负载下存储容量	d	16.5
高峰负荷和预备单元		
燃料		取暖油
额定热功率	kW_{th}	485
最小热输出	kW_{th}	320

注：1) 根据典型试验，预计略低于实际测量

11.5.3 经济效益

该项目的 79150 €的财政支持来自巴伐利亚州可再生原料规划。该项目总投资成本(不包括增值税)为 583000 €,包括燃油锅炉和区域供暖管网。只考虑颗粒燃炉部分(不包括燃油锅炉和区域供暖管网)和资金,净投资大约是 440000 €。

该设备的经济计算参照年金法(VDI 指导方针 2067),只考虑颗粒燃炉部分(不包括燃油锅炉和区域供暖管网)。建筑物和采暖设备的使用寿命分别为 50 年和 20 年,年利率 6%,年资本成本是 34145 €。运营成本(维修和保养、电力、劳动力、清理和烟囱清扫成本)大约 21500 €/a。假设颗粒价格是 187 €/t(不含增值税),每年的总燃料成本大约 76000 €。有了这些数据和 80.6%的年效率(由表 11-7 中的技术数据得到),热能生成成本(不包括颗粒燃料锅炉)约为 82.30 €/MWh(表 11-8)。

表 11-8 施特劳宾 IFH 颗粒供暖设备的经济数据

参数	单位	数值
利率	% p.a.	6
建筑物使用周期	a	50
使用周期(技术安装与规划)	a	20
年燃料功率输入	kWh/a	1985000
净投资成本	€	439712
生物质装置	€	153400
建筑物	€	176520
水力装置	€	115120
规划和其他成本	€	73822
资助	€	79150
运营成本	€/a	21500
消耗成本	€/a	76057
资本成本建筑物	€/a	11199

续表 11-8

参数	单位	数值
资本成本(技术安装和规划)	€/a	32946
资本成本总	€/a	34145
年总成本	€/a	131703
单位成本	€/MWh	82.3

注:所有价格都不包括增值税;计算仅与颗粒燃炉部分有关(没有考虑最大负载);颗粒锅炉的有效能的单位成本

11.6 案例 6——中等规模的应用:Vinninga 600 kW 的区域供暖厂(瑞典)

11.6.1 工厂概述

Vinninga 的区域供暖管网位于瑞典西南部 Lidköping 市的外围,于 2008 年建成并投入使用。Vinninga 是一个小城,大约有 1000 户居民。烧颗粒燃料的供暖炉为三所学校、一所养老院、10 户私人住宅和几个小公司供暖。对于 Vinninga 当地投资供暖工厂,市政当局的部分明确目标就是逐步不用石油能源。将市中心区域供暖管网扩展到主城区之外的更小社区的话,价格太昂贵,相反在当地建立了小型供暖工厂和针对独立单元供暖的设备则比较划算。Vinninga 烧颗粒燃料的工厂是 Lidköping 附近的六个工厂之一。这六个工厂的运行、维护和能源全部由一家公司管理。在 Vinninga,超过 150000 L 的燃油被颗粒燃料取代。颗粒燃料取代石油每年已经减排二氧化碳 370 t。

该工厂有一个来自 Osby Parca 的锅炉,配备有 Janfire AB 公司的获得专利技术的旋转陶瓷颗粒燃料炉和自动除灰系统。锅炉的烟气穿过旋风分离器分离灰尘。一次助燃空气供给到燃炉中,二次空气从靠近燃烧滚筒边缘的狭缝进入。燃烧由一个 λ 传感器控制。燃料通过螺旋进入到燃炉。燃烧滚筒是旋转的,所以燃料床也是旋转的,这样就确保了燃料床的搅动以及保证充分完全的燃烧。防止回烧的安全措施有使用洒水系统、温度传感器和在燃料进料系统使用出现明火前就被烧尽的软管以停止燃料的供应这三种。燃炉采用人工点火。该工厂还配备有燃油燃炉作为备用。

图 11-10 Vinninga 区域供暖设备在颗粒筒仓后面

这个工厂位于学校操场旁边,是一个红色建筑,看起来像农家谷仓,宽度大概几米,在一端有 10 m 高的筒仓(图 11-10)。这样的高度是必要的,以便有空间来储存颗粒并且为在锅炉中被加热的水提供适当压力。没有蓄热装置。水在锅炉中加热后通过管道输送。管道铺设了 1 km。每个建筑都安装了一个换热器,传入的热量在这里加热建筑物自身的循环水。自从工厂投产使用,已经用掉 510 t 的颗粒燃料。工厂全年运转,其显著优势是可用性高和少而简单的维修。

11.6.2 技术数据

颗粒燃料锅炉和备用石油锅炉的额定热功率都是 600 kW。筒仓的储存容量为 90 m^3,每年所需颗粒燃料是 350 t。区域供暖管网的进水温度为 80℃,回水温度为 60℃。Vinninga 区域供暖厂的技术数据汇总于表 11-9。

表 11-9 Vinninga 区域供暖厂的技术数据

参数	单位	数值
颗粒单元		
燃料输入功率(额定条件)	kW_{NCV}	630
额定负载下颗粒消耗	kg/h	132
年燃料需求	t/a	350
额定热功率	kW_{th}	600
最小热输出	kW_{th}	60
额定负载下热效率[1]	%	95.2
区域供暖管网进水温度	℃	80
区域供暖管网回水温度	℃	60
存储容量	m^3	90
额定负载下存储容量	d	18.5
最大负载和预备单元		
燃料		取暖油
额定热功率	kW_{th}	600
工厂总计		
年供热(工厂产量)	GWh/a	1.8

注:[1] 根据典型实验,预计略低于实际测量

11.6.3 经济效益

工厂的总投资成本包括区域供暖管网,为 90 万 €(不包括增值税)。没有获得资助。每年燃料的成本费大约为 42000 €。因为颗粒比石油便宜,供暖成本大幅下降。每年使用颗粒燃料 350 t,与石油相比相当于每年节省了 60000 €。

11.7 案例7——大规模应用:Kåge 2.1 MW的区域供暖厂(瑞典)

11.7.1 工厂概述

Kåge区域供暖管网为一所学校、几个大型建筑物和独立洋房提供供暖和热水。Kåge是一个位于瑞典北部波罗的海附近的小城市。Skellefteå Kraft是区域供暖管网和这个工厂的所有者,并且也是瑞典最大的能源公司和颗粒燃料生产商之一。工厂有两个锅炉,燃料是木质颗粒燃料。

较大的锅炉是由Hotab制成的集装箱式锅炉,往复式炉排。如果有更多用户连接到该管网的话,选择集装箱式锅炉更容易与大些的锅炉进行可能的交换。它始建于2000年,包含燃料进料系统、锅炉、空气和烟气风扇、多级旋风分离器、除灰系统、烟囱和区域供暖管网的泵。来自Linka的大负载备用颗粒燃料锅炉于2006年安装在已有的建筑内。该锅炉具有固定炉排。

进料螺旋将燃料从储存室运到锅炉中。为了防止回烧,在进料螺旋上有通过温度控制的单元加料器和洒水系统。一次助燃空气供给穿过炉排,二次空气从炉排上方供给。燃烧由烟气中的λ传感器控制。没有自动启动锅炉的系统。如果停止运行,只能人工再次点燃。

该厂的排放限度值为可吸入颗粒物是在13%氧气体积浓度下100 mg/Nm^3,二氧化碳和氮氧化物为110 mg/MJ。

该工厂靠近其提供暖气的建筑物(图11-11)。位置靠近建筑物的好处是区域供暖系统的花费更划算。

图11-11 Kåge的区域供暖工厂

图11-11展示了颗粒燃料筒仓(白色建筑)和筒仓后面的集装箱式锅炉,通向锅炉房的门在筒仓右侧。这个锅炉房里放置着Kåge较大的锅炉。筒仓左侧的建筑物内放置着较小的锅炉。集装箱后面的两个建筑物直到照片右边边缘的建筑都连接在区域供暖管网内(其他60～70个建筑物除外)。

11.7.2 技术数据

Kåge区域供暖工厂的技术数据如表11-10所示。较大颗粒燃料锅炉的额定热功率为1.5 MW,较小颗粒燃料锅炉的额定热功率为600 kW。工厂没有热缓冲储存器。较大锅炉的最低负荷为300 kW,较小锅炉的最低负荷为100 kW。该工厂全年运行。筒仓的储存容量为50 m^3,每年需要颗粒燃料1200 t。这两个锅炉每年为区域供暖管网提供5.0 GWh的热能。

表 11-10 Kåge 区域供暖工厂的技术数据

参数	单位	数值
颗粒单元		
燃料输入功率(额定条件)	kW_{NCV}	1650
额定负载下颗粒消耗	kg/h	345
额定热功率	kW_{th}	1500
最小热输出	kW_{th}	300
额定负载下热效率[1)]	%	90.9
区域供暖管网进水温度	℃	100
区域供暖管网回水温度	℃	50
最大负载和预备单元		
燃料		颗粒
额定热功率	kW_{th}	600
最小热输出	kW_{th}	100
工厂总计		
年燃料需求	t/a	1200
储存容量	m^3	50
年供热(工厂产量)	GWh/a	5.0

注:[1)] 根据典型实验,预计略低于实地测量

11.7.3 经济效益

工厂 2000 年建立时的总投资成本为 320 万克朗(约 32 万欧元,不含增值税,本节中所有价格都不含),其中包括大型颗粒燃料炉和锅炉、燃料进料系统、空气和烟气风扇、多级旋风分离器、除灰系统、烟囱和区域供暖管网的泵(不包括区域供暖管网)。大负载备用颗粒燃料锅炉于 2006 年安装在已有的建筑内,这项投资成本为 180 万克朗(约 18 万欧元)。

11.8 案例 8——大型应用:Hillerød 4.5 MW 区域供暖厂(丹麦)

11.8.1 工厂描述

2004 年,丹麦的 Hillerød 新建了一个烧木质颗粒燃料的供暖工厂。该工厂与覆盖全市的区域供暖管网相连接,坐落于 Ullerød-byen 的 Krakasvej 市中心以西约 3 km 处。由 Hillerød 市完全控股的 Hillerød Varme A/S 有限责任公司拥有并经营该工厂。

该厂于 2005 年开始运行,以向 Hillerød 区域供暖管网供暖为目的——主要媒介和最大负载。Hillerød Kraftvarmeværk(Vattenfall 公司所有)是天然气联合循环厂,为系统提供基本负荷的热能。然而,在基本负荷工厂故障的情况下,颗粒燃料锅炉也可以为区域供暖管网提供基本负荷。

工厂包括一个烧颗粒燃料的锅炉和一个独立的烧天然气的锅炉，它提供高峰负荷，这两个锅炉都在同一栋建筑物内。如今，颗粒燃料锅炉运行经济效益比该工厂设计时预期的结果更令人满意。因此，颗粒燃料锅炉在全年的大部分时间内一直运行，而天然气锅炉仍然作为高峰热能的供应者。

颗粒燃料通过卡车运输，之后倾倒入标准体积约为 50 m^3 的接收容器中(33 t)。颗粒燃料从接收容器落入传送带上。通过传送带，颗粒燃料由杯式升降机传送到两个主要的圆柱形储存筒仓的其中一个，每个容积为 100 m^3(65 t)。接收系统具有每半小时接收一卡车 35 m^3 颗粒燃料的能力。

5 个一系列的螺旋输送器把颗粒燃料从两个筒仓的底部输送到锅炉进料系统。通过旋转阀，颗粒燃料由自动填料螺旋装置送到燃炉中。燃烧发生在固定炉床上，也就是一个由钢铁制成的卧式圆柱形燃烧室。

一次助燃空气从炉床底部供应，二次助燃空气从炉子更高处进入。三个助燃空气扇提供的风量通过频率控制器控制，一个提供一次助燃空气，另外两个提供二次助燃空气。

应用 λ 传感器，根据烟气中的氧进行燃烧控制。人工点火启动。

烟气净化有两个步骤。第一个步骤是通过多级旋风分离器除去粗烟灰颗粒，另一个步骤是布袋除尘过滤器。

颗粒物的排放限值是 40 mg/Nm^3，一氧化碳的排放限值是 625 mg/Nm^3，氮氧化物的排放限值是 300 mg/Nm^3(与干烟气相关，所有的都以 10%的氧气体积浓度为参照)。

灰烬从锅炉底部通过螺旋传输，输送到门外的灰烬收集器，旋风分离器和布袋除尘器净化过程产生的灰尘也在其中。工厂的混合灰分存放在就近控制的垃圾填埋场。

工厂生产的热量供给 Hillerød 的区域供暖管网。没有安装热缓冲储存器，因为工厂生产的所有热能都能够被庞大的(相比于颗粒燃料供暖工厂的生产能力)区域供暖管网所利用。

颗粒燃料炉每年至少运转一半以上的时间，这超过了工厂设计的预期。基于基础负荷工厂生产的热能低于预计的事实，该工厂的实际年产热也高于预期。

锅炉房由轻钢建成。颗粒接收设施、颗粒燃料主筒仓和灰烬收集容器都坐落于主建筑外围。为了避免粗糙的工业建筑外观，建筑师参与了建筑的设计(早先附近的建筑已经引起私人家庭的投诉)。

图 11-12　Hillerød 的区域供暖工厂

注：照片由 Carsten Monrad，FORCE Technology 提供

燃炉和锅炉系统由丹麦制造商 Linka 交付，锅炉重要部件由 Danstoker(也是丹麦的)提供。FORCE 技术公司负责工程。

工厂调试过程中发现了如下问题。

• 在底部的灰烬螺旋运输系统发现结渣。通过购买具有高灰熔点的优质木质颗粒燃料解决了这个问题。替换了输送机的电机。

• 从筒仓到自动加料装置的螺旋输送系统需要加固；这套安装设备来自农场规模饲养系统，是传送谷物用的，并不适合工业规模化的锅炉系统。

图 11-12 为 Hillerød 的区域供暖工厂的图片。左边可看到接收装置，主储存筒仓在图中央，锅炉房在后面。

11.8.2　技术数据

Hillerød 区域供暖厂的技术数据见表 11-11。颗粒燃料锅炉的额定热功率为 4.5 MW，额定负载下的热效率为 90%。

表 11-11　Hillerød 区域供暖厂的技术数据

参数	单位	数值
颗粒单元		
燃料输入功率(额定条件)	kW_{NCV}	4950
额定负载下颗粒消耗	kg/h	1020
年燃料需求	t/a	10800
额定热功率	kW_{th}	4500
最小热输出	kW_{th}	1750
额定负载下热效率[1]	%	90.9
区域供暖管网进水温度	℃	75
区域供暖管网回水温度	℃	45
储存容量	m^3	200
储存容量	d	5.3
最大负载和储存单元		
燃料		天然气
额定热功率	kW_{th}	5000
最小热输出	kW_{th}	900

注：[1] 根据典型实验，预计略低于实地测量

锅炉房高 7.5 m，锅炉房面积 230 m^2。2008 年木质颗粒燃料的消费量为 10800 t。

11.8.3　经济效益

2005 年工厂的总投资(不含增值税，本节中所有价格均不含)为 1350 万丹麦克朗(181 万欧元)。包括仓库设施、建筑物、地面工程、烟囱、颗粒燃料和天然气锅炉、工程、物业等等。总投资可分为如下几部分。

- 建设成本：430 万丹麦克朗(58 万欧元)，包括接收装置、地面工程和建筑师劳务费。
- 机械设施合约：600 万丹麦克朗(89 万欧元)。
- 天然气锅炉：90 万丹麦克朗(12 万欧元)。
- 区域供暖连接管道：100 万丹麦克朗(13 万欧元)。
- 工程：70 万丹麦克朗(9 万欧元)。

2009 年 5 月丹麦的木质颗粒燃料通过卡车运输到工厂每吨需要 1300 丹麦克朗(175 欧元)，颗粒燃料每年的成本费约 1400 万丹麦克朗(190 万欧元)。假设在同样的产热峰值和储

备负载条件下用烧天然气的锅炉进行供暖，综合考虑天然气资源税和二氧化碳税，能源成本大约为 2200 万丹麦克朗(290 万欧元)。如果直接从 Vattenfall CHP 工厂购买暖气，费用大约为天然气费用和颗粒费用总和的 1/2，即 1600 万～2000 万丹麦克朗。

即使不考虑其他运营成本(人员、电力、维护、服务合同等)。也可以预期快速的投资回报，因为每年节约的燃料成本有 400 万～700 万丹麦克朗(50 万～100 万欧元)。

11.9 案例 9——热电联合应用：Hässelby 热电联合企业(瑞典)

11.9.1 工厂描述

在斯德哥尔摩梅拉伦湖附近的 Hässelby 热电联产企业[653]为斯德哥尔摩三个区域的供暖管网提供热能。它包含有三个相同的粉状燃料锅炉，每个都有 4 个燃炉。三个蒸汽涡轮发电机可以发电。热电联产企业的图片如图 11-13 所示。

图 11-13 Hässelby 的热电联合企业

注：数据来源：Hässelby 工厂

该厂从 1959 年投入运行直到 1982 年都是使用石油。1982 年以后改换为燃煤，使用到 1994 年。1990 年到 1993 年试着使用颗粒运行，1994 年由于对燃煤引入 CO_2 税导致经济压力上升，工厂从燃煤改为燃烧木质和树皮颗粒。但启动和关闭阶段还是要用石油。

颗粒燃料完全由船运输。从船上卸货并填到储存容器中都是全自动的，装卸能力为 250 t(湿基)$_p$/h。其中卸货有两种可能的途径，如果船上有合适的装备，可以直接从船上卸货，这种方法不产生粉尘。否则可以用起重机，但是这个方法产生的粉尘相当大，不是所有天气条件下都能进行的。货物主要来自瑞典，但是颗燃料同时还从波罗的海诸国进口，包括荷兰、芬兰、美国和加拿大。

颗粒燃料在燃烧之前，需要在六个磨煤机(颗粒可达 0.5～3 mm)和两个锤式粉碎机中粉碎，每个粉碎机的处理能力是 20 t/h。粉碎机产生的粉末被运送到筒仓中，然后吹送到碎煤机后的弯管。

起初，Hässelby 还有颗粒燃料生产商(BioNorr)的股份。不过后来股份被卖出，自那以后颗粒燃料都是在颗粒市场上买的。

产生的粉尘在垃圾填埋场处理。运行过程产生大量的未充分燃烧的底灰(目前被运到另一个工厂用来燃烧)和空气预热器中形成的沉淀。

11.9.2 技术数据

Hässelby 热电联合企业的技术数据见于表 11-12。三个锅炉的额定燃料功率输入都是 100 MW。每一个锅炉有 4 个燃炉。热电联合企业每年会产生 868 GWh 的热能(本地工厂)。用户和它的最大距离为 40 km(Sigtuna)。区域供热管网的平均损失为 6%。夏季给水温度为 80℃,冬季为 120℃,回流温度为 40℃。三个蒸汽涡轮机用来发电,总的额定电容有 75 MW_{el}。蒸汽的参数是 510℃ 和 80 bar。热电联合企业以热控制模式运行,对燃烧控制用的西门子 PSC7 系统。用 ESP 消除颗粒物,由 SNCR 系统减少 NO_x。典型的"白色颗粒"NO_x 排放数据为 55～70 mg/MJ,具体值取决于锅炉,颗粒物为 3.5 mg/MJ。相应的排放限值 NO_x 是 75 mg/MJ(年平均),CO 180 mg/MJ (平均每小时),颗粒物质 13 mg/MJ (月平均)。至今(2009 年),该工厂的每一个颗粒燃料锅炉都已经累计运行了 50000 h 了。

表 11-12 Hässelby 热电联合企业的技术数据

参数	单位	数值
燃料功率输入(额定情况)	kW_{NCV}	300000
额定负载下颗粒消耗	kg/h	61900
年燃料需求	t/a	300000
额定热功率	kW_{th}	189000
额定电容量	kW_{el}	75000
额定负载下热效率	%	63.0
额定负载下电效率	%	25.0
年度供热(锅炉输出)	GWh_{th}/a	868
年度发电(总量)	GWh_{el}/a	300
年满负载运行小时	h p.a.	4600
区域供暖管网进水温度	℃	80/120[1)]
区域供暖管网回水温度	℃	40
储藏容量	m^3	15000
额定负载下储存容量	d	6.6

注:[1)] 夏季/冬季

有两个 5000 t(湿基)$_p$ 容量的储藏空间可用。全负荷的状态下每小时要消耗大约 62 t 颗粒,因此这样的储藏量大概可以足够运行一个星期。年颗粒消耗量大概有 30000 t(湿基)$_p$。

船只的装载量一般为 1500～2000 t(湿基)$_p$。如果容量达到 3000 t(湿基)$_p$ 就不能卸载了。

11.9.3 经济效益

从燃煤到烧颗粒转变的成本在 1000 万欧元(不包括增值税),主要是储存空间调整导致的。该厂的所有其他部分对于颗粒燃料的利用都很充分,不需要改变多少。

热电联合企业利用颗粒的主要原因之一是通常利用煤和化石能源时产生的CO_2税相对较高。此外，购买如此大量的颗粒燃料所获得的经济效益要比小规模应用案例高。

11.10 案例10——大规模发电应用：Les Awirs发电厂（比利时）

11.10.1 工厂概述

比利时电力公司是比荷卢经济联盟（比利时、荷兰、卢森堡）最大的电力公司，承担了全面改装Liège附近粉煤发电厂[50,654]的工程 。Les Awirs发电厂的4号组件（图11-14）在1967年采用重质油和天然气发电。从1982年起，该工厂进行了第一次燃烧粉煤的改装。

图11-14 Liège附近的Les Awirs发电厂

2005年的第二次改装实现了100％燃烧生物能的目标。先前由于技术问题发电水平降至80 MW_{el}（低热值，高挥发组分，木质颗粒燃料需要更高的停留在锅炉内的时间）。在涡轮机中产生电流。

工厂只燃烧颗粒状的木质生物质。翻新后的工厂每年消耗的颗粒燃料有350000 t。原料来自世界各地。大约1/3是从海外运到安特卫普港口的。另有1/3的船只从波罗的海国家运到安特卫普港口的。颗粒燃料在这里装上驳船即时起运从马斯河到达工厂。除了一个容量为7000 t的缓冲筒仓以外，厂里没有储存多余的颗粒。最后1/3来自比利时南部附近区域，用卡车运到发电厂。

然后由粒化木质生物质组成的生物质被磨成木屑。因为燃料由煤炭变为了颗粒，所以磨碎装置全部重新调整。两个工作能力为30 t/h的锤式粉碎机代替了原来的滚筒辗粉机。木质颗粒不仅仅是粗略的粉碎切碎，还要进一步研磨确保投入锅炉的微粒小于3 mm，其中75％小于1.5 mm。

改进了所有的现场物流。从船上的颗粒燃料卸载到接收料斗是通过移动吊车来完成的，原来粉碎燃料前作为中间储存器的煤仓也派上了用场，还安装了更复杂的防爆系统。

除了新的为利用木粉而设计的燃炉以外，现有的燃煤锅炉没有作改变。一次空气与木屑混合，二次空气通过单独的同心管注入。冷空气和木屑的混合物被注入中心而热的二次空气从木屑燃炉的边缘注入。注入系统用的是压缩空气，一次空气的温度保持在60℃以下，防止着火和爆炸。蒸汽的温度从545℃降到510℃，蒸汽压力145 bar。

皮带和输送链全方位覆盖并装配了吸尘和过滤装置。有一些传送带是新的，但很多运煤的传送带仍然还在用。

木粉尘能够随着操作系统分散到周围环境中，颗粒粉碎后就以这种形式被注入锅炉中。众所周知空气与木屑混合物达到某个质量比例时，木屑具有爆炸性，它可能会自燃。由于遵守欧洲ATEX法律规定的工作场可接触粉尘浓度，此设备生产过程提供了必要的保护。ATEX引用了两个欧洲指令控制爆炸性空气。首先是94/9/EC，与这类空气的可接收设备有关。它的目标是统一成员国有关危险区域设备和保护系统的法律。然后是99/92/EC，它为保障工作人员可能接触危险时的安全定义了最低的健康保护措施。

新设计的工厂里包含许多预防装置。

- 金属和火花检测。
- 设备接地。
- 雾化水及传送带的所有关键位置有洒水装置。
- 防爆瓶将碳酸氢钠注入容器等。

2005年的8月，Les Awirs的4号部件实现了从烧煤到烧生物质的转变，这经过了几个月的努力，包括必要的研究——考虑到转换速度很快。自此，从卸载料斗到之前的燃煤锅炉的新的木粉燃烧器，发电厂进行了全面的测试，以优化新木屑处理系统的每一个部件。

如今，翻新的工厂在额定负载下运行，如期地发电并获得了绿色证书。

为了处理一些技术问题和燃烧颗粒燃料时的环境限制，比利时电力公司制定了自己的燃料规格(参考10.11.6.4节)。这些规格都是根据现有欧洲标准的严格要求制定的，如瑞典的SS 18 71 20，德国的DIN 51731和奥地利的ÖNORM M7135。

比利时官方要求对运到发电厂的来自世界各地的木质颗粒燃料的原产地进行更深入的调查，即加拿大、亚洲、南非、美国、拉丁美洲和东欧。在比利时授予绿色证书有非常严格的条件，它涉及供应链的能量平衡以及保证森林资源的管理可持续发展。每一个供应商都必须接受由一个独立机构进行的延伸审计。

该系统的烟气测量显示，比烧煤产生的酸性气体(NO_x和SO_x)以及颗粒物的排放大大减少，比LCP-指令2001/80/EC从2008年起开始施行的限值至少低5倍(表11-13)。

表11-13 Les Awirs发电厂木质颗粒燃烧的排放物

	粉尘	SO_x	NO_x
测量值	19	30	120
2008年1月1日前的限值	350	1700	1100
2008年1月1日后的限值	100	1200	600

注：O_2体积浓度6%条件下的相关数据 mg/Nm^3

从烧煤改造成烧颗粒燃料后，发电几乎不产生CO_2。然而，该厂也有一个缺点，它产生的热量没有得到充分利用，因此它的总效率很低。

产生的粉尘在垃圾场中处理。

11.10.2 技术数据

比利时 Les Awirs 发电厂的技术数据列于表 11-14。电厂的额定电容量是 80 MW，它的发电效率能达到 34%。该厂每年满负荷运行 7000 h，产生电量 560 GWh。

表 11-14 Les Awirs 发电厂的技术数据

参数	单位	数值
燃料电力输入(额定条件)	kW_{NCV}	235000
额定负载下颗粒消耗	kg/h	48500
年度燃料需求	t/a	350000
额定电容	kW_{el}	80000
额定负载下电效率	%	34.0
年度发电(总)	GWh_{el}/a	562
每年全负荷运行时间	h/a	7000
储存容量	t	7000
额定负载下存储容量	d	6.0

11.10.3 经济效益

从烧煤的发电厂改造成 100%烧颗粒燃料总投资成本总计约为 650 万欧元(不包括增值税)。

11.11 案例 11——共燃应用:Geertruidenberg 阿米尔电站机组第 8 号和第 9 号(荷兰)

11.11.1 工厂概述

Essent's Amer 发电厂坐落在荷兰 Geertruidenberg(图 11-15)。目前它包括两个机组(8 号机组在 1980 年投入使用，9 号机组在 1993 年投入使用)。两个机组都是烧煤发电，现在配置一个全面烟气净化系统，包括一个 $DeNO_x$(SCR)、一个 ESP 过滤器和一个(湿)脱硫装置。

Essent 从 2000 年开始每年混燃 75000 t 造纸污泥。自那以后，Essent 获得了一些不同燃料的共燃经验(如橄榄内核，木质颗粒燃料)。现在，阿米尔发电厂获得许可每年共燃的生物质可以达到 120 万 t。由于农业废弃物的补贴减少，自 2006 年以来只使用木质燃料。

第 8 号机组是一个 645 MW_{el}/250 MW_{th}的煤/生物质混烧的发电厂。锅炉是一个亚临界锅炉(蒸汽条件:178 bar/540℃，再热条件 40 bar/540℃)，有 6 个燃烧器烧煤(四个燃烧器一级)，2 个燃烧器烧生物质(四个燃烧器一级)。蒸汽被运到高压、中压和三个冷凝低压的涡轮机中。热量被运到一个区域供暖系统(住宅和温室)。

与之形成对比的是第 9 号机组，现有的两个磨煤机做了改进，两个独立的锤式粉碎机在 2003 年被安装在第 8 号机组上。每一个粉碎机的工作能力是 160000 t/a，生物质燃料可以提供 37 MW_{el}的输出(占了全部输出量的 5.7%)。

阿米尔第 9 号机组是 600 MW_{el}/350 MW_{th} 的煤/生物质混烧发电厂，该锅炉为四角切圆燃烧强迫超临界直流式(蒸汽条件：270 bar/540℃，再热条件：55 bar/568℃)。有 7 个燃烧器等级，每四个燃烧器一级。四个燃烧器等级烧煤燃煤，两个等级烧生物质，一个等级烧生物质汽化的合成气。蒸汽被运到高压、中压和三个冷凝低压的涡轮机中。热量被送进一个区域供暖系统(住宅和温室)。

第 9 号机组可以直接或间接使用生物质。一部分生物质投到锅炉中直接共燃。研磨颗粒的两个碎煤机，在 2003 年和 2005 年改进过。这使得生物质的全部电力输出达到了 136 MW_{el}(占总输出量的 23%)。每个粉碎机的工作能力都是 300000 t/a。此外，挨着第 9 号机组的是运行中的木材气化室。木材气化产生的合成气在主锅炉中燃烧，输出有 34 MW_{el}。

截止到 2009 年 6 月，阿米尔发电站已经共燃超过 300 万 t 的生物质。制作木质颗粒燃料的锯末是大批量购买的，主要从海外进口并通过鹿特丹港运输，并为船舶运输颗粒燃料建立了一个特殊的生物质卸货站(图 11-16)。

图 11-15　Geertruidenberg 阿米尔共燃发电站

注：来源© Aerocamera BV

图 11-16　Geertruidenberg 阿米尔发电站的生物质卸载站

注：来源© Aerocamera BV

生物质从船上气动卸载,并运到 4 个储存燃料库里。然后生物质再从燃料库机械搬运到第 8 号和第 9 号的日常储存仓中。

如前面所述,第 8 号和第 9 号中的共燃工艺是不一样的。每一个流程都有一些技术问题一直是研究的课题。下面总结了一些不同的流程步骤和问题(表 11-15)。

第 8 号和第 9 号都有一个湿底灰排除系统和去除粉煤灰的 ESPs。粉煤灰作为有用的副产品可以出售给水泥行业。

表 11-15　阿米尔电机组第 8 号机组和第 9 号机组不同工艺步骤下相关的技术问题

流程	第 8 号机组	第 9 号机组
燃料物流	由于灰分问题可用性降低	由于灰分问题可用性降低
储存在日用储藏库	储存情况良好没有自燃和点燃的情况	储存情况良好没有自燃和点燃的情况
燃料供应	螺旋送料器运行良好	给煤机运行良好
研磨/干燥	颗粒燃料经过粉碎机产生的粒度并没有小于原材料的原始粒径(颗粒只是被分解为原始材料)。锤式粉碎机的磨损导致可用性下降。烟气循环用于气体惰化(减少爆炸风险)	颗粒燃料经过粉碎机产生的粒度并没有小于原材料的原始粒径(颗粒只是被分解为原始材料)。改良后的研磨煤可用性非常高
气动输送	初次空气传送,低传输速度。大压降导致传输能力受限,因为较大的生物质颗粒需要较高的传输速度	初次空气传送,低传输速度。压力的降低将会影响粉碎机的生产力(传送系统最初是为运送煤粉而设计)
燃烧	相当好的燃烧和飞灰质量。仅负荷在 45%以上时混燃	良好的燃烧和飞灰质量。仅负荷在 45%以上时混燃
烟气净化	良好运行	良好运行

11.11.2　技术数据

在表 11-16 中,显示了阿米尔发电站第 8 号机组和第 9 号机组的关键共燃数据。

表 11-16　阿米尔第 8 号机组、9 号机组的技术数据

参数	单位	阿米尔第 8 号机组	阿米尔第 9 号机组
燃料输入功率(颗粒,额定条件下)	kW_{NCV}	185000	336000
燃料输入功率(总计,额定条件下)	kW_{NCV}	1613000	1412000
额定负载下的颗粒消耗	kg/h	42000	75000
额定热功率	kW_{th}	250000	350000
额定电容量	kW_{el}	645000	600000
额定负载下的电机效率	%	40.0	42.5
年发电量(总)	GWh_{el}/a	4900	4980
全年满负荷运行时间	h p. a.	7600	8300

续表 11-16

参数	单位	阿米尔第 8 号机组	阿米尔第 9 号机组
区域供暖管网进水温度	℃	120	120
区域供暖管网回水温度	℃	65	65
储存容量	m^3	400	970
额定负载下储存容量	d	0.26	0.35
混燃比例	$\%_{NCV}$	11.5	23.0

11.11.3 经济效益

将补贴和 CO_2 利益考虑在内(因为使用的煤更少),在荷兰,木质颗粒燃料的大规模共燃在经济上也是可行的。

11.12 总结/结论

本章中的案例研究说明了颗粒燃料可能应用的范围广泛。从每年需要几吨颗粒燃料给房间供暖的非常小规模的颗粒火炉,到大型建筑或区域供暖管网的中等规模应用,再到每年消耗 100000 t 颗粒燃料的大规模电厂和热电联合企业,颗粒燃料提供了有吸引力和划算的应用领域。

在所有功率范围内的所有电厂,应该做到高效的年利用率,可以通过工厂适度规模、足够的控制系统和适当整合进入供暖或区域供暖系统来达到。对于热电联合企业,其生产的热和电的利用率很重要。从积极的角度来看,热控制运作是最佳的。不建议仅仅只是发电,因为这样所能实现的总年利用率相当低。

在大规模应用领域,使用大量的生物质生成能源的一个有吸引力的可能性是将现有的烧煤或燃烧油热电联合企业改造成烧颗粒燃料。而且,颗粒燃料和煤共燃发电厂也收到了相似的效益,改装上也没有花费很多。颗粒燃料在这个领域的最大优势之一是其高能量密度,使它的运输和储藏都优于其他生物质燃料。

对于小规模的应用来说,木质颗粒燃料的重要性和相关性是它们相对较高的能量密度、同质性和标准化的化学成分。这些都是确保小规模系统的可用性高和自动操作的非常重要的参数。

12 研究与开发

世界上许多研发团队都在研究与颗粒燃料相关的问题，并且许多国家都开展了颗粒燃料生产和利用的研发项目。到 2005 年，仅欧洲的研究团队就有 110 多个[655]。本章的目的是对最重要的研发专题做一个主题式的概述。由于颗粒燃料生产和能量利用领域的研发不断变化，本章就不会对所有正在研发的项目一一列举，仅提供目前正在进行项目的相关研发趋势、目标和项目信息（基于 2010 年春）。

12.1 颗粒燃料生产

12.1.1 低品质原材料的利用

12.1.1.1 草本生物质

很多国家拥有数量庞大的草本生物质，如稻草、干草、草坪修剪剩余物和不同种类的农作物等等，因此拥有进入生物质燃料市场的巨大潜力。然而打开这个市场前需要克服许多问题，因为草本生物质的颗粒燃料生产和燃烧特性都是无法与木质颗粒燃料相比的。

各个研究项目遵循不同的方法来克服草本生物质的缺点。文献[656]研发工作中开展了提高稻草和干草颗粒燃料质量的调查。研究中使用了各种黏合剂和添加剂，如糖蜜、淀粉、白云石石灰和锯末，结果发现通过使用这些添加剂可以改进由稻草或干草制成的颗粒燃料的品质。糖蜜能够增加颗粒燃料的堆积密度和颗粒燃料的机械耐久性。石灰增加了灰分软化温度，但稻草颗粒燃料燃烧过程中灰烬的熔结却无法避免。此外，石灰对颗粒燃料的机械耐久性有负面影响。通过某种特殊技术脱去干草和稻草的纤维，从而制成的颗粒燃料可以达到最理想的结果。由脱纤维稻草制成的颗粒燃料有最高的耐久性，并且颗粒燃料燃烧过程中的颗粒物排放量显著减少。然而，根据制造商提供的信息，脱纤维稻草的成本为 40 €/t，因此在目前的框架条件下该方法没有经济效益。

另一个用草本生物质生产颗粒燃料的可行方案就是将木质生物质和草本生物质混合，这样可以减少单独使用草本生物质所引发的问题[115,120,657]。根据 prEN 14961-2，耐磨性是颗粒燃料最重要的质量标准之一，将沙柳和麦秸或碎小麦混合可以得到令人满意的效果。然而这并未得到工业规模的验证，实验室得出的结果没有进一步证实不能直接应用在工业中。用这种方式生产的颗粒燃料没有进行燃烧试验。其他粒化试验用锯末、稻草、葵花籽壳、谷物和坚果，以及这些材料的混合物制成了颗粒燃料。氢氧化铝、高岭土、氧化钙及石灰石的添加能防止结渣。这些试验也确实提高了颗粒燃料的品质。然而在燃烧试验中，以不同等级的木质颗粒燃料的燃烧习性、炉渣和沉积物的形成作为相关等级的基准参照，所有其他颗粒燃料在结渣和沉积物形成方面都存在一定程度上的问题。

这些试验都表明，用草本生物质制成的颗粒燃料可以通过某些措施加以改进，但是仍不能达到木质颗粒燃料的特性。为了能利用草本生物质燃料，必须对燃炉技术进行适当改良和优化。不含草本生物质的高质量颗粒燃料在目前市场上的颗粒燃料炉中燃烧不出任何问题或许是不可能的。

在南欧国家，在大型炉灶中使用草本生物质颗粒燃料是一个目标[658]。有两个原因，第一，这些国家没有充足的木质生物质；第二，草本生物质过剩引发了废物处理问题。然而，草本生物质带来的问题如沉积物的形成、排放量(特别是颗粒燃料物和氮氧化物)的增加、腐蚀和大量的灰分(多 10～15 倍)，还有因此而增加的清洗和服务，并且这些问题都有待解决。

比如说在丹麦就对用农业剩余物如秸秆生产颗粒燃料进行了很多研究和测试，但一直都没有实现商业化的突破（丹麦技术研究所与 FORCE 技术、DONG 能源公司和 Sprout Matador 合作，在 2002 年开展“生物质颗粒燃料质量特征”项目)。然而自 2004 年起，在哥本哈根附近的阿迈厄岛电站获得了秸秆颗粒燃料大规模利用的经验(参见 10.6 节)[659,660,661]。这些活动计划从 2010 年起在阿迈厄岛电站的 2 号新机组继续开展，预计秸秆颗粒燃料的消耗量将会增加。相关的研发活动正在进行。

必须指出的是，草本生物质燃料的上述缺点在小型炉中表现明显。在大型热电联厂或发电厂共燃一定量的草本生物质燃料是可行的，并且已经实施过了(参见 6.5.4.2 节)。

12.1.1.2 短期轮作作物(SRC)

由于颗粒燃料市场的发展，原材料的可获得性日益成为关注点(参见 10.1.3 节)。当可大量获得的刨花、锯末和其他低成本原材料变得越来越稀缺时，能源作物的利用就越来越重要了。草本和木本能源作物变得同样重要。

对于草本能源作物应用的影响因素在 12.1.1.1 节中已经提及。至于说木本能源作物，目前对快速成长的柳树或杨树比较感兴趣。德国在这个方向做了尝试，它的 SRC(柳树)已经是作为颗粒燃料的原料来种植的[662]。奥地利也在进行类似的 SRC(用杨树和柳树)研究，但种植园仍处于试验阶段[663,664]，尚未有用 SRC 生产的颗粒燃料(参见 3.4.3 节)出现。由于 SRC 制成的颗粒燃料灰分含量高，不可能生产出 prEN 14961-2 标准中的 A1 等级颗粒燃料。不过 SRC 制成的颗粒燃料作为工业颗粒燃料可以缓解标准化颗粒燃料市场的压力。

比起使用锯末或刨花生产颗粒燃料，利用能源作物生产颗粒燃料需要更全面的考虑，因为整个原材料供应链，包括种植、施肥、收货和前处理和物流都要考虑在内。显然用这种方式生产颗粒燃料会变得更复杂、成本更高，因为整个原材料供应链必须做相应的优化。此外，在石油和天然气涨价的框架条件下，用能源作物来生产颗粒燃料是最有可能满足经济性的，而且这样的发展是可以预见的。由于能源作物利用方式的多种多样，在这里就不深入讨论了(参见文献[59,451,665,666])。

12.1.1.3 增加的原料基础

市场的需求持续增加，为了保证颗粒燃料的供给，有必要扩大原材料基础。同时要根据终端用户的不同对颗粒燃料质量做不同的定义。在瑞典的研发项目“新型原料制成的不同质量颗粒燃料的燃烧特性评价”[667]中,来自森林和农业的新型原料制成的颗粒燃料分别在家用和商用规模下的进行燃烧评估。实验结果用数学模型概括,为原材料的选择提供投入,并且控制颗粒燃料生产过程中的质量。该项目的具体目标如下。

• 制定定义不同原料颗粒燃料质量和适用于全范围烧颗粒燃料的工厂明确的、适当的和牢固的确立标准。

• 为燃料生产商方法和选择的开拓,以及适当混合原料生产特定品质颗粒燃料提供反馈。

• 在考虑从原材料到燃炉整个生产链的情况下为有成本效率的和可靠的质量保证系统提供原则和数据。

• 开发理论模型来描述燃料转换过程中的关键参数,涉及灰分相关操作问题和排放,如为了控制颗粒燃料质量向理想特性靠近。

该项目运行时间是 2007—2010 年。

12.1.2 颗粒燃料质量和生产工艺优化

12.1.2.1 生产工艺参数的影响

一些研发活动的目的是进一步降低磨损和颗粒燃料的吸湿特性[90,668,669]。粒化的每一道工序对颗粒燃料品质的影响都被检测。尤其是储存、干燥、热活化(回潮调节)和冷却过程对颗粒燃料品质的影响正在研究中。此外,在原材料中加入活化物质和涂层技术的使用带来的影响目前也在考察中。添加合适的活化物质可以打破木质结构的结合位点,从而可以创造新的黏合可能性。涂层的主要目的是改善颗粒燃料的吸湿性[92]。研究活动还在进行中,但初步结果显示,干燥温度影响生产量、粒化能源消耗和磨损。加入过氧化氢作为活化剂可以增加制粒设备的产量。添加过氧化氢对磨损、粒子密度和含水量产生几乎没有影响,但总热值(GCV)有小幅下滑。冷却也会对颗粒燃料的质量产生影响。不同的干燥技术和干燥参数对颗粒燃料质量的影响正在研究调查中[670,671]。制粒进程中合适的优化措施有可能提高产品质量。

烘焙可以明显降低颗粒燃料的吸湿性,因为烘焙过程中生物质的吸水性变成了疏水性(参见 4.1.4.2 节)。

关于锯末(樟子松)的粒度分布对颗粒燃料(直径 8 mm)几个质量参数的影响在文献[673]进行了调查。结果发现,原料的粒度分布对制粒设备的能耗和颗粒燃料的抗压性确实有一定的影响,但对堆积密度、粒子密度、含水量、储藏过程中的吸湿性和耐久性都没有影响。由此可知粒度 8 mm 以下的原料可以不做研磨。粒度大一些的应该被筛选出来,然后再粉碎或者用于其他方面(如用于压块或者作为生物质燃炉的燃料)。然而必须指出的是,这些发现仅仅是适用于樟子松锯末生产的 8 mm 颗粒燃料。颗粒燃料由很多种不同的木材品种制成,至少在德语国家里,在小型炉中通常使用的是直径 6 mm 的颗粒燃料。此外,该结论与一些颗粒燃料生产商的主张相反,他们认为原材料的粒度不应该超过 4 mm(参见 4.1.1.1 节)。

建议对其他原材料进行复核试验,而且应该是逐个开展,因为关于能源消耗的优化潜力可能会使得粉碎步骤多余。查看颗粒燃料生产使用的原材料如原木或木屑需要大量的粉碎工作,结果似乎和粉碎步骤的优化相关。

关于原材料组成对颗粒燃料燃烧习性影响的调查目前正在进行[674]。结果发现,单个颗粒燃料完全燃烧的时间不是取决于粒子密度,而是由原料的组成决定。虽然较高的粒子密度可以延长木炭完全燃尽的时间,以木质生物质为原材料受到的影响更大。为了获得木炭组分,木炭完全燃烧和单个燃料组分以及它们之间的互作的详细信息,需要开展更多的研究。

在德国和奥地利,过去小型燃炉系统经常由于结渣而出故障。为了找出原因,也在这方面进行了研究。

在奥地利进行的研究结果表明[675],无论使用的是什么规格的燃炉(试验中使用了5个不同规格的燃炉),满足ÖNORM M 7135标准的颗粒燃料都没有结渣的趋势。不满足这一标准的颗粒燃料在所有炉中都结渣。这一结果说明了,炉内结渣主要取决于所用的燃料,而不是炉的类型。

然而在德国,使用标准化的颗粒燃料仍然会发生系统故障。据推测这是生物添加剂导致的,prEN 14961-2标准允许在原材料中添加生物添加剂。在一个研究项目中,添加一系列不同生物添加剂的颗粒燃料实际上通常做工业规模使用,而且是在两个不同的颗粒燃料锅炉中试验[676]。该试验表明,生物添加剂对结渣习性的影响微不足道。

文献[677]的研究表明不同颗粒燃料原材料生长地和不同的颗粒燃料长度对结渣有很大影响。原料的来源对灰烬熔化特性有影响,从而在某种程度上影响了结渣习性,因为从低pH土壤获得的原材料比从高pH土壤获得的原材料具有更低的灰烬软化温度。已经发现灰烬的CaO含量与土壤的pH非常相关,而灰烬中CaO含量偏高会导致灰分的软化温度升高。颗粒燃料长度可能在某种程度上影响了灰烬熔化特性,因为短颗粒燃料具有较高的堆积密度,导致余烬层更加致密从而使温度升高,进而促进了软化和灰烬的熔化。不过不同颗粒燃料长度和不同种类燃炉的燃烧试验不能建立起明确的相关性,因为前面提及的结果发生的范围多变,而且所有的燃炉都会发生。使用短颗粒燃料时5个燃炉中有4个能观察到余烬层的升温,这引发了短颗粒燃料会造成余烬层高温的猜想,从而带来结渣的危险。

12.1.2.2 缓解自燃和废物排放

为了确保颗粒燃料的安全操作和储存,还需要进一步的研究,以更好地了解废气排放和自发热现象,后者有时可能会导致自燃。真实的事件,有些有致命后果,已经显示出这些问题的重要性了[224,225]。基于当前的知识,影响一个特定品质的颗粒燃料废气排放[238,239,241,242,243,250,252,253]和自发热[227,228,229,230,231,235,236]特性的因素很多。原料的类型(如脂肪酸/树脂酸的含量)、原材料的处理和储存、颗粒燃料生产流程、颗粒燃料含水量和水分吸附过程等都是一些影响因素,但这些因素相互之间的联系和缓解这些问题的可能的途径还没有被充分认识。研究氧化反应机理和用动力学描述脂肪酸/树脂酸如何降解形成非冷凝气体如CH_4、CO和CO_2也同样重要。例如,目前尚无直接的证据(已发表结果)来证实脂肪酸/树脂酸可以分解为CH_4、CO和CO_2。还需要有一个可以被颗粒燃料生产商经常用来控制颗粒燃料生产的简单的测试方法,以确保颗粒燃料生产不会造成大风险。颗粒燃料用量的增加也增加了颗粒燃料货舱的大小,包括堆积和筒仓。储存体积越大,自发热的效果和自燃的可能就越大,因为储存体积大总热量损失就会少些。因此对各种储存容积情况下自燃危险预报的改良是非常重要的。合适的火警探测和灭火方法还有待进一步开发,尤其是对室内的大型储存堆

(A-形构架平地储存)。越来越多的以前不用于颗粒燃料生产的原料正逐渐被开发,用来代替供应量日益减少的传统原料,如锯末和刨花。因此,对生产颗粒燃料的新原材料(如生物炼油过程的副产品)做特性说明和处理以及工艺参数的优化是非常重要的研究领域,目的在于应对自发热、废气排放和新型原材料制成的颗粒燃料最终导致火灾的风险。

12.1.2.3 颗粒燃料生产工艺优化

丹麦的研发活动集中在供应链的优化,包括颗粒燃料的生产。焦点是制粒设备的摩擦、冲压能和产量,这是为了降低生产成本和能耗。相关研发项目是机械能源结构研究所(MEK-DTU)和 Energi E2、ReaTech、丹麦技术研究所(2005—2006 年)合作开展"粒化工艺的基础理解"项目以及正在进行中的项目"粒化工艺的深度理解",是由丹麦工程大学的可持续能源国家实验室同几个企业和科研合作伙伴共同开展的(至 2011 年)[104,678]。

12.1.3 烘焙

几个不同团体和组织从事的研发活动涉及粒化前采用烘焙预处理[180,181,186,187,188]。不同概念和不同反应堆形式正在调查研究中,有些团体宣称已经接近市场推广了。因此,在不久的将来,烘焙技术就会第一次做工业规模的范例。在 4.1.4.2 节可以找到烘焙基础知识的详细说明以及重要技术概念和反应的描述。

荷兰集中了大量关于生产烘焙生物质颗粒燃料的研发活动。至少有两个组织在做工艺开发,而且将会有第一个商业化生产工厂于 2010 年投入运营[188,191,193]。另一个奥地利的焙烤生物质粒化试验工厂已经规划好,将在 2010 年底投产[194,195,627]。除了优化生产工艺外,剩余的问题都与烘焙进程中氯和碱燃料成分的去向有关,因为氯和碱会导致腐蚀和灰烬沉积,对锅炉的运行造成不利影响。一个可行的选项是 ECN 正在开发中的 TORWASH 工艺。在这个过程中,生物质由受压热水加热,在烘焙的同时除掉了氯和碱,因为它们通常都是可溶的。

丹麦也进行了烘焙颗粒燃料的研究和试验。由丹麦技术研究所和丹麦技术大学可持续能源国家实验室以及 DONG 能源电力、哥本哈根大学、森林景观合作,正在进行题为"烘焙提升生物质燃料和废弃物的燃料特性"的研究。

在瑞典,新近成立的 BioEndevis 公司与于默奥大学合作计划建立一个烘焙产品产量为 21~24 MW(基于 NCV)的研究和示范工厂。该工厂将于 2010 年底投入运行。在第一阶段会使用林业剩余物,然后是更具挑战性的原材料。于默奥大学的 ETPC 自 2008 年以来一直在运行一个烘焙试验工厂(连续弹性回转炉,30 kg/h)。

12.1.4 分散的颗粒燃料生产

与当前兴建生产能力至少 100000 t(湿基)$_p$/a 的大型颗粒燃料厂相反(参见第 4 章),恰恰由于在这个领域知识和技术缺乏,再加上经济限制(参见 7.3 节),芬兰提出了分散式颗粒燃料生产计划[679]。在这个计划框架内,阻碍中小规模颗粒燃料生产的因素通过最佳实际案例解决,所有参与者适当交流,交换所需知识。

瑞典一家公司[680]专门研究小规模颗粒燃料生产工厂,给产量在 250~1000 kg(湿基)$_p$/h

的工厂提供全面的方案。

粒化潜在原材料的知识经常是少数中小型企业获得而后不得不传送到大型中心颗粒燃料生产工厂去的,分散方案确实是大型颗粒燃料生产的有效补助方式。

12.2 颗粒燃料利用

12.2.1 减排

关于颗粒燃料炉节能减排,技术的进步使得良性发展得以实现。正如在 9.5.2 节中示范的那样,许多活动内容都与颗粒燃料炉的进一步减排相关(参见文献如[681,682,683,684])。总颗粒物的进一步减排,尤其是细微颗粒和气溶胶的减排是关注的重点(参见 9.9 节)。此外,降低其他排放物如 CO、NO_x、C_xH_y 的措施正在检验中。

目前将草本生物质颗粒燃料推向市场的活动正在进行(参见 12.1.1.1 节)。然而草本生物质的燃烧会增加颗粒物的排放,尤其是细微颗粒的排放。一些有害元素,如氮、硫和氯的含量比木质颗粒燃料的要高,这就导致了氮氧化物、硫氧化物和 HCl 的排放量增加。氯含量的增加也增大了腐蚀风险。草本生物质的灰分较高,并且灰烬熔点较低,这将增加结渣和沉积物形成的概率。

在格拉茨 2005 年 3 月"生物质燃烧中的气溶胶"和 2008 年 1 月"小型生物质燃烧系统细微颗粒排放"这两个国际研讨会上,对细微颗粒和气溶胶的减排进行了非常深入的讨论。

12.2.1.1 细微颗粒物排放

12.2.1.1.1 细微颗粒的形成和表征

生物质燃烧时颗粒物直径小于 1 μm(PM1)排放量相对较高。完全燃烧时,这些颗粒燃料主要是灰烬构成元素的盐(KCl、K_2SO_4、K_2CO_3)[434]。如果使用的是软木颗粒燃料,在所有调查过的颗粒燃料燃烧产生的颗粒物中,硫酸钾都是无机灰分的主要成分[405]。现代的自动木材炉,有机组分的含量通常占总颗粒物质量的 5%以下,理想的燃烧状况下甚至低于质量分数 1%(在额定负载下工作)。

文献[435]中分别测量了老式和新式的木材锅炉以及颗粒燃料炉中细微颗粒(PM10)的排放量。且不论燃炉类型、燃料质量和操作条件,颗粒物排放量都是由最小的微米范围内的颗粒所占比例控制,质量和数量都是如此。文献[686]也得到了类似的结果,声称大约 90%的颗粒排放物直径都小于 1 μm。质量浓度是老式柴火炉的最高,现代颗粒燃料炉的最低。测量得到的颗粒物数量分布范围广泛,从而使颗粒燃料燃烧造成的颗粒物数量在某种程度上高于木材燃烧产生的颗粒物数量。此外,颗粒物的质量浓度与碳氢化合物总量之间有明确的相关性。先前的工作已经发现不完全燃烧会导致颗粒物排放量的增加[687,688]。这说明细微颗粒物(烟尘和冷凝的烃类化合物)是在不完全燃烧时形成的。这一结果支持了未燃烧比例的增加会增加颗粒物的毒性这一理论,因为未燃烧部分的增加导致了有机物质在总颗粒物中所占的比例。

在格拉茨技术大学加工和粒子工程研究所(IPPT)与奥地利生物能源中心 BIOENERGY 2020+合作的"小型生物质炉细微颗粒排放"项目框架内,先前难以获得的现代小型燃炉(颗粒燃料锅炉、木屑锅炉、柴火锅炉)细微颗粒排放的主要特征数据应该通过现场和试验台测量获取并进行评估。为了比较，对石油燃炉也进行了同样的测定。该项目证明了，现代小型生物质炉细微颗粒的排放量明显低于旧式系统，并且在所有被调查的系统中，细微颗粒物占总颗粒物排放量的90%(质量分数)以上。运行不稳定(启动、负载变化)时排放峰值上升，但颗粒燃料炉和木屑燃炉内加重的程度要低于柴火燃炉。排放量的变化是不完全燃烧的结果，是有机气溶胶的形成和烟尘颗粒的不完全氧化造成的。如果在额定负载工作条件下稳定运行，如果烟气能完全燃烧，则形成的气溶胶含有的有机碳和烟灰少于10%(质量分数)。细微颗粒燃料主要由钾、硫和氯组成，并且含有一定量的钠和锌。因此，在稳定的工作条件下，燃料的成分决定着细微颗粒的排放量。如果操作条件不稳定或者经常部分负载，细微颗粒物的排放会增加，因为不理想的燃烧条件会导致烟气不完全燃烧。使用超轻燃油的燃炉中，气溶胶主要由硫、有机化合物、烟灰和很少量的重金属组成。这些燃油炉细微颗粒物的排放量甚至不到1 mg/Nm^3(与13%的氧气体积浓度相关，干燃气)，因此可以认为燃油炉细微颗粒燃料的排放量远远低于生物质燃烧装置，但化学组成差异很大。

12.2.1.1.2 颗粒物减排的主要措施

在瑞士，木质颗粒燃料主要用在炉灶和小于70 kW的锅炉里为住宅供暖。住宅供暖木质颗粒燃料的研发重点在于减少污染物排放量，尤其是颗粒物减排。除了典型试验测试，目前的研究集中在实际操作条件下的排放量，包括冷启动和部分负载运行。为了在实践中减少颗粒燃料炉的排放并提高其年效率，正在评估炉颗粒燃料锅炉住宅供暖系统综合的影响，而且改良控制系统的建议正在开发中。除了木质颗粒燃料系统的单独应用，同太阳能加热和蓄热水箱结合的系统也在评估中。此外，冷启动和部分负载对实际颗粒排放量的影响也在评估中。

除了住宅供暖中的应用，木质颗粒燃料还用于热功率大于70 kW甚至大于1 MW的锅炉，比如说用在储藏室不足以存放木屑的地方。这样的应用中已经为木质颗粒燃料开发了特殊的锅炉。为了保证这些应用可以达到排放限值，采用分级燃烧(“低颗粒物燃烧”)这一主要措施来减少颗粒物的排放[690,691]。

奥地利格拉茨生物能源中心BIOENERGY 2020+与芬兰、德国、瑞典、波兰、爱尔兰和丹麦合作，目前正致力于ERA-NET生物能源研发项目——“未来的低排放生物质燃烧系统”(未来生物技术)[692]，该项目重点研究采用空气分级和优化空气分布、炉排设计和自动化过程控制系统来进一步发展木材炉，使其PM排放量明显减少。该项目还侧重于通过完全分级燃烧、使用添加剂和燃料与新型生物质燃炉混合来提高中小型功率范围燃炉的自动化，以实现低PM排放量。

12.2.1.1.3 细微颗粒的沉降

在文献[689]框架下对小型颗粒燃料炉的几个细微颗粒沉降系统就基本适合度进行了评估。可用的有4个不同的技术。

- 重力分离(气旋或多气旋)。
- 湿式洗尘器和烟气冷凝系统。
- 过滤器(袋式过滤器和金属纤维过滤器)。
- 静电除尘器。

对这些细微颗粒沉降系统的分析表明，静电除尘器有可能是最好的选择。专为小型生物质燃炉而设计的静电除尘器正在研制中。由于分离尺寸的局限性，气旋装置不适合用于气溶胶沉淀。根据已有的经验，湿式洗尘器和烟气冷凝系统可以获得较好的沉淀效率。袋式过滤器容易堵塞，容易引发火灾并且有高压损耗。

在国际能源署生物质能 32 号任务“生物质燃烧和混燃”，正在进行“小型燃炉颗粒物去除技术评论”的研究(2010 年)，评估了针对大于 50 kW_{th}燃炉的系统。它显示当前开发的都是基于静电除尘器(ESPs)，大多是干燥 ESPs，但也有部分湿 ESPs 与热回收相结合(烟气冷凝)。大约 15 家生产商都在积极参与此类研发项目。

前面提及的奥地利生物能源中心 BIOENERGY 2020＋的 ERA-NET 项目“未来生物技术”[692](参见 12.2.1.1.2 节)，不仅是正在调查的颗粒物减排的主要措施，而且还是正在评估和测试的住宅生物质燃烧系统的二级措施。

根据静电除尘器工作原理基础，开发了一种用于小型木材燃炉的细微颗粒沉降系统[693]。试验室内可以达到 80%以上的沉降率。总的来说，在这个领域，即使技术没有针对系统做过改良或者优化，仍然可以实现 60%以上的沉降率。作为迈向市场推广的第二步，第一个小型系列将被安装。广泛应用此系统成本太高，大量的系列化生产可以降低这些成本，使这项技术在小型燃炉领域的颗粒物减排有盈利的可能。

在文献[435]的研究框架内，一种新的静电除尘器正在开发，在旧式木材燃炉中可以达到(84±4)%的沉降效率。在所有调查过的燃炉中颗粒物排放量最低可达 4 mg/Nm^3。更多关于细微颗粒减排的信息可参考文献[334,694,695,696,697,698,699,700,701,702]。

正在进行中的研发活动的目标是将 Schräder Hydrocube 与湿式静电除尘器相结合，前者是已经开发好了的烟气冷凝系统(参见 6.1.2.9.1.3.2.4 节)。Schräder Hydrocube 具有一定的微粒沉降作用，但应加以完善将范围拓展到可以用于空气动力学直径低于 1 μm 的微粒。样机的第一次测量表明，微粒去除率能够得到提高[703]。

12.2.1.1.4 细微颗粒物的排放对健康的影响

文献[434,704]就细微颗粒排放对健康的影响进行了测试。分别对理想条件下(现代化，全自动颗粒燃料炉)木材完全燃烧排放的无机颗粒、木材不完全燃烧(老式，人工柴火炉)排放的颗粒物和柴油机油烟进行了测试。此外，挥发性有机组分如多环芳香烃(PAHs)可以被各种颗粒燃料吸收在表面。

几乎完全燃烧的木材和柴油燃烧(内燃机内)的烟气充满过滤器，采样后发现呈现完全不同的颜色。由于柴油机废气含烟尘颗粒，柴油燃烧的烟气过滤后是黑色。木材完全燃烧的烟气经过过滤后的颗粒是白色的。因此木材完全燃烧产生的颗粒物质与黑色烟尘颗粒无关，主要由无机盐组成。

测试显示在全自动木材燃炉中，天然木材几乎完全燃烧时释放的细微无机颗粒物比柴油燃烧排放的无机微粒细胞毒性小 5～10 倍。天然木材在操作条件很差的旧式木材炉中不完全燃烧后排放的细微颗粒毒性有柴油废气的 10 倍之高，PAH 含量则有 20 倍之高。因此，与几乎完全燃烧的天然木材相比，在非常差的操作条件下不完全燃烧的天然木材产生的细微颗粒的生物活性是前者的 100 倍。该结果来源于第一次试验，不能当成是确定的关于各种微粒毒性的结果，因为还需要更详细的研究和重复试验。

在理想条件和不良状况下柴油和木材燃烧后释放的颗粒物之间的差异主要是由微粒的化学组成差异造成的。柴油颗粒物和木材不完全燃烧排放的颗粒都是由未燃烧的碳和少部分无机成分组成。最高端自动木材燃炉排放的颗粒物大部分由无机化合物组成(主要是钾盐)。生物质的不完全燃烧很可能含有高浓度有机物生物质，就像在旧式、设计粗劣或者操作不良的燃炉中一样,导致比被优化的燃烧过程排出的颗粒物毒性更高。

2008 年在格拉茨召开的中欧生物质能大会上提交的结果也表明,颗粒物排放对健康的影响主要取决于细微颗粒中碳物质的浓度。在芬兰进行的体外实验,将肺细胞暴露在木材燃烧排放的细微颗粒样品中,发现不完全燃烧产生的颗粒会引起样本更强的反应,比起现代生物质炉中完全燃烧排放的颗粒物造成了更多的细胞死亡[425]。在德国进行的小白鼠活体试验(吸入测试)发现完全燃烧产生的颗粒物对小白鼠几乎没有不良影响[426]。总结来说,细微颗粒排放物的化学组成对毒理学评价非常重要。

从这些研究和调查中可以发现,现代小型生物质炉排放的颗粒物对健康造成的危害比旧式、控制不良的小型生物质炉小得多。格拉茨技术大学加工和粒子工程研究院和格拉茨生物能源中心 BIOENERGY 2020＋与芬兰研究机构合作,共同开展一个持续研究项目,该项目旨在研究小型生物质炉排放的细微颗粒物的化学组成与毒性之间的相关性。

正在进行中的 ERA-NET 项目“小型生物质燃烧排放的颗粒物对健康的影响”[705],目的是获得评价不同燃烧技术和生物质燃料潜在健康危害的新的科学数据,以指导清洁小型燃烧系统的开发,同时通过该项目建立数据库,支持官方对指导方针和法规进行改进发展。

12.2.1.2 气体排放

除了减少颗粒燃料炉中的细微颗粒排放,进一步减少气体,如 CO、NO_x 或 OGC 的排放措施,正在几个研发项目的框架内进行检验,单个措施之间显示了某些互作。例如,通过助燃空气与烟气的充分混合以及保证烟气在燃烧室内一定的高温下停留足够的时间这两个措施,能够减少 CO 和有机碳的排放,因为烟气能实现理想燃烧而且是全部烧完(参见 9.10.3 节)。气体的分级供应也能提高完全燃烧程度。这可以通过将燃烧室分成一级和二级两个燃烧区来完成。空间分离避免了一级与二级空气的再混合,一级燃烧区域可以作为有着亚化学剂量空气比例的气化区,这与氮氧化物的排放相关性很大,因为氮气主要在亚化学计量条件下形成。烟气的完全氧化发生在二级燃烧区,二级助燃空气与烟气的彻底混合十分重要。这可以通过改进燃烧室的几何形状和喷嘴设计来实现。此外,灼热烟气要长时间停留,因此尺寸够大的燃烧室对烟气完全烧尽很有必要。

奥地利格拉茨生物能源中心 BIOENERGY 2020＋的一个研究小组与格拉茨科技大学加工和粒子工程研究院合作,主要研究氮氧化物的形成以及其进一步的减排,主要集中在基本措施,如空气分级燃烧[706,707,708,709,710]。目前一级和二级气体排放减排措施已经被奥地利生物能源中心 BIOENERGY 2020＋的 ERA-NET 项目——未来生物技术纳入目标。

12.2.2 新颗粒燃炉的开发

12.2.2.1 低额定锅炉功率的颗粒燃炉

最近的发展正在探索低功率的颗粒燃炉,反映了向低能量房屋发展的趋势。德国推出了房屋建筑新标准,大大降低了所能允许的房屋热负荷。一种可行方案是,颗粒燃料炉灶配备的热水换热器与热缓冲储存系统相偶联。该系统可以通过太阳能与热水供应相结合,为低能量房屋创造了一个创新性取暖概念。目前市场上已经有这样的系统出售了。

另一个发展方向是用于颗粒燃料集中供暖系统的超小型的燃炉。奥地利一个正在进行中的开发,其目标是额定功率在 3 kW 颗粒燃料锅炉[711]。德国的一个开发目标是实现对基于小型回转炉排的燃炉的低额定锅炉功率操作[712]。

奥地利颗粒燃炉制造商最近推出了额定热功率仅 7 kW 的颗粒燃炉，这款燃炉是壁挂式的。其最小热输出只有 2 kW，因此非常适合现在的低能量房屋。颗粒燃料由气动进料系统从存储室运送到燃炉内，所以是自动操作[713,714]。

12.2.2.2 多燃料概念

多种燃料锅炉是一个相对较新的概念。多燃料系统允许使用颗粒燃料和木柴。如果以颗粒燃料来运行，多燃料炉具有常规全自动颗粒燃炉的所有优点。此外，用户保留了使用柴火的可能性，而且大多数情况下不需要对燃炉进行任何修改(如仅仅是添加一个炉篦)。创新锅炉系统可以自动识别所使用的燃料。所以，当使用木柴时，会减少颗粒燃料供应。当木柴燃尽后，如果需要系统会自动添加颗粒燃料。该系统非常适用于非常容易获取木材却不能甩掉增加的操作工作但同时又想要自动化运行的用户[282]。

12.2.3 年效率的增加

正如 9.7 节中所示，在某些情况下运转颗粒燃炉能实现的年效率非常低。测量值低到 69.9%，而且可以预计还有更差的装置存在(参见 11.2 节)。有几个正在进行中的研发活动是针对现有颗粒燃料锅炉的年效率来改进设施。负载控制策略必须让锅炉输出功率更好地适应建筑物的实际热能需求。通过这种方式可以避免反复开启和停机，减少损失。要致力于集成适当的系统，如尺寸适当的蓄热系统。在考虑不同住宅供暖系统的限制时，这些措施必须被考虑进去。低温供暖系统，如墙壁或地板供暖系统，跟基于辐射的供暖系统相比有不同的要求。安装太阳能供暖系统不论是为了供应热水还是室内供暖，同样也需要不同策略。因此，用声学解决方案最优适应液体循环加热回路和控制民用住宅颗粒燃料锅炉，反之很重要。总之，颗粒燃料锅炉年效率具有巨大的优化潜力。

进一步的现场试验正在开展，以确定现实中观察到的年效率低下的原因，并寻求可行方案解决这一问题。

另一个问题与测量年效率的实验室方法的发展有关。现在供暖系统的典型试验都是在实验室进行的，在实验室内额定效率以及部分负载效率都是确定的，两者都处于稳定状态。然而这些效率仅仅提供所有系统关于年利用率的有限的信息。因此，正在研究一种新的方法，不仅仅是稳定条件下，开机、停机、负荷变化、待机时间和负载控制系统的特点都要考虑在内[414]。实验室的年效率结果与现场实际测量值非常相似。

12.2.4 基于颗粒燃料的微型和小型热电联产系统

热电联产技术在 6.4 节有详述。在微型热电联产发电领域，热电发电机是一个不错的选择。热电发电机利用的是热电效应，只要电触点温度不同(其原理在 6.4.1 节所述)，电流就会流过两种不同金属或者半导体制成的电路。奥地利生物能源中心 BIOENERGY 2020＋的研发项目目前在维瑟尔堡通过技术原型的方式对颗粒燃炉中的应用进行测试[169,345,346,352,353,354,355]。开发的目的是为颗粒燃炉自身产生足够的能量，使该系统可以自动运行，即和传统的自然通风柴火燃炉相对比，不需要外部电网，这在自动化颗粒燃炉中现在还尚未实现。最主要的挑战是使这样的系统经济节约而且使用寿命长。

在这一领域内另一个选择是斯特林发动机。奥地利的一家公司致力于发展基于 1 kW_{el}斯特林发动机的微型热电联产系统[347,349,350,351]。然而,这一研发最近已停滞[716]。一家德国公司也研发了一个斯特林发动机作为微型热电联产技术,该发动机具有 3 kW 的电容量。不过目前被技术问题阻碍了发展[718]。斯特林发动机也是用于中等规模生物质热电联产企业的很好的选择。35 和 70 kW_{el}斯特林发动机的示范项目正在进行中[356,357,358,359](参见 6.4.2 节)。

12.2.5 低品质颗粒燃料的利用

关于用草本生物质制造颗粒燃料的研发活动现在主要集中在改进燃料本身质量的措施和通过使用某些添加剂来改善燃料的燃烧特性(参见 12.1.1 节)。

此外,一些奥地利生产商正在致力于开发可以使用草本生物质颗粒燃料的概念颗粒燃炉。这些系统中的一部分已经在市场上出售了[141]。奥地利生物质能源中心 BIOENERGY 2020＋ 也在维瑟尔堡进行着此类研发活动[719,720]。

由于颗粒燃料市场的强势增长,将低品质原料用于生产颗粒燃料和用于小型燃炉系统被反复思量。在这方面草本生物质和 SRC,如柳树和杨树经常被提及。这些原材料和这些原材料制成的颗粒燃料,比目前使用的木质颗粒燃料具有更高的灰分含量和更低的灰分软化点与熔化点。

瑞典正试图开发一种可以适应高灰分含量、低灰分软化点和熔化点的草本生物质颗粒燃料的新型燃炉[721]。与传统的燃炉相比,新型燃炉使用低品质燃料的首次试验结果良好。

草本生物质在住宅供暖中热利用的基本问题,到现在为止都没有在小型应用中达到满意的解决(灰分含量比木质生物质高 10～15 倍,低灰烬熔化温度导致结渣和沉积物形成的危险、腐蚀风险增加、细微颗粒排放量更高,氮含量的升高导致氮氧化物的排放增加)。所以还需要进一步的研发工作,而这些问题能否完全解决目前还不清楚。目前,尚不推荐在小型燃炉中使用草本生物质燃料。事实上,现在在市场上能见到在颗粒燃料锅炉中使用草本生物质,必须强烈劝诫,因为这些锅炉不是为利用这些燃料而制造的。在中型、大型系统中使用这些燃料大概比较可行,从这两个系统的流程复杂性来看,它们能更好地适应这些相对困难的燃料。

许多项目都专注于这个主题,例如检测草本生物质颗粒燃料的特性,在中小型系统领域内寻找合适的技术对策。尤其是在斯堪的纳维亚国家,还有在奥地利,关于草本生物颗粒燃料的项目已经实施或正在进行中[722,723,724,725,726,727,728,729]。

12.2.6 基于 CFD 模拟的燃炉优化和开发

尽管使用可再生能源可以获得生态效益,生物质燃炉技术和经济优化的必要性使得这些系统与基于化石燃料的供暖和电力系统相比更有竞争性。生物质炉开发,尤其是小型功率范围内的,常常是基于从经验获得的信息,经历长时间开发和大量测试工作。CFD 模拟可以缩短开发时间,减少测试工作,同时也增加了发展的可靠性。

即使是固体生物质在固定床上燃烧,复杂几何形状的燃烧室内可燃气流汹涌流动这样复杂的系统,BIOS BIOENERGIESYSTEME GmbH 也已经成功开发,还利用 CFD 模拟对好几个生物质燃炉的燃烧室进行了优化[710,730,731,732,733,734]。已经开发和优化了大型（10～30 MW_{th}）、中型（0.3～10 MW_{th}）和小型（<300 kW_{th}）燃炉，其中有一些是颗粒燃炉。

来自格拉茨技术大学过程和粒子工程研究所的研究者们通力合作，开发了并设计优化了生物质燃炉和锅炉的 CFD 模型。该模型是由为室内开发的经验性燃烧模型，以及经过验证的模拟湍流和反应性助燃空气流的 CFD 软件 Fluent 的子模型组成。整个 CFD 模型已经在试验点和工业规模上都做了生物质炉排燃炉的测试及核查。

CFD 可以从空间和时间上解决运行过程的运算（层流、湍流、化学反应和多相流）。通过湍流的三维可视化，可以看到燃烧室内的化学反应流。这样的可视化如图 6-20 所示，并在 6.1.2.4 节中有描述。图 12-1 显示了另一个生物质炉的成功优化，基于中型颗粒燃炉水平横截面上烟气温度的等值曲面，图中可以清楚地看到峰值温度的降低。图 12-2 展示了相同燃炉优化前后水平横截面上烟气中 CO 的浓度等值曲面。

颗粒燃炉 CFD 模拟的目的可概括如下。

- 以高效空气分级为基础实现分级燃烧，从而降低 NO_x 的排放。
- 确保二次助燃空气与未燃烧烟气的理想混合，以达到在额定负荷和部分负荷下烟气完全烧尽（低 CO 排放量）。
- 通过优化燃炉的几何形状提高燃炉和锅炉容量的利用率。
- 降低局部反应速度和温度峰值，从而减少材料的侵蚀和沉积物形成。
- 敏感性的评估，例如负载状态、水分含量或燃烧的空气分级变化，是控制系统优化的基础。

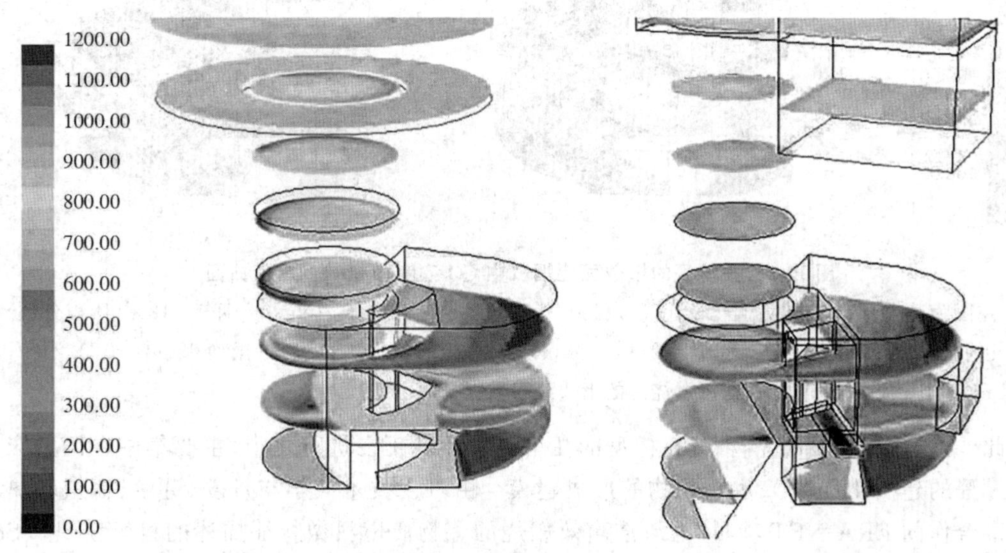

图 12-1　在燃炉水平截面下烟气温度（℃）的截面

注：左图为基础设计，右图为优化设计；截面水平：上述基准面 0.0，0.2，…，1.4 m（基准面＝上炉排边缘/初级燃烧区的下边缘）；数据来源[735]

通过颗粒燃炉 CFD 模拟，可以开展下列研发活动。

- 燃炉和锅炉的几何形状（包括对流部分）的设计和优化。
- 锅炉清洗系统的设计和优化。

• 二次空气喷嘴的设计和优化。

• 在额定负荷和部分负荷运行下有效降低 CO 和 NO_x 排放量。

• 对燃炉和锅炉在效率、设备利用率、部分负载下和多燃料利用情况下操作条件的评估和优化。

• 通过炉冷却或改善操作条件来减少局部温度峰值。

• 模拟和减少沉积物和飞灰造成的材料侵蚀倾向。

• 计算蒸汽和热油锅炉辐射截面的热传导和储热影响。

• 计算停留时间和烟气温度作为细微颗粒和氮氧化物排放的模型基础。

通过 CFD 模拟开发的燃炉具有更低的排放、更好的效率、更低的容量、材料磨损减小、设备利用率提高、开发时间缩短、测试工作减少以及研发可靠性增加，这些都已经被实践经验所证明。应用 CFD 模拟开发和优化的小型颗粒燃炉已经被成功确立，CFD 有助于更好地理解燃炉内的燃烧过程，作为一个新型燃炉开发的工具，变得越来越重要了。

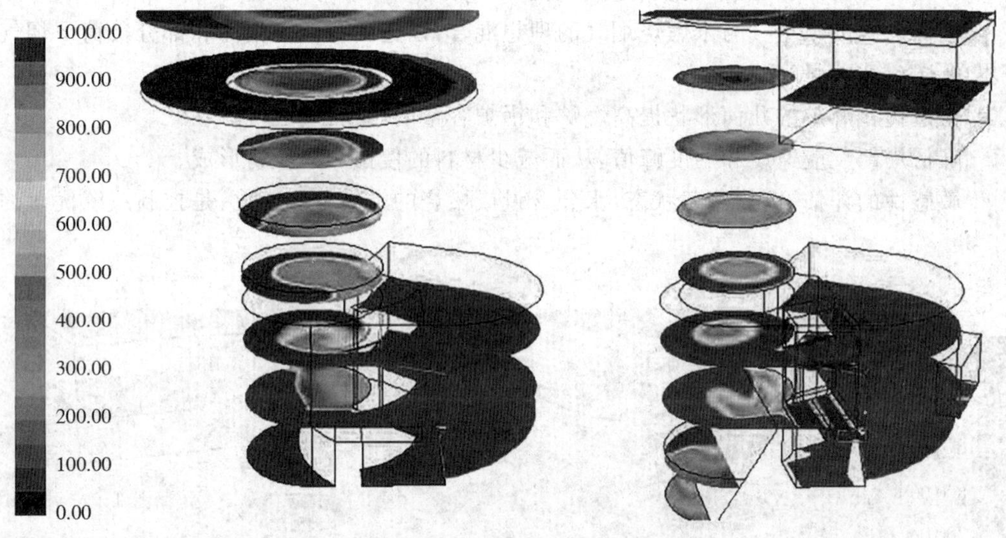

图 12-2　在炉子的横截面上烟气中 CO 浓度(ppmv)的等值曲面

注：左图为基础设计，右图为优化设计；CO 排放从入口热交换器：63 mg/Nm³ 干烟气，13%(体积分数)氧气的基础设计和 6 mg/Nm³ 的干烟气，13%(体积分数)氧气的优化设计；截面水平：0.0，0.2，…，1.4 m(基准面＝上炉排边缘/初级燃烧区的下边缘)；数据来源[735]

此外，进一步发展和完善 CFD 模型的几个研发活动正在进行之中，主要集中在固定床上燃烧过程的建模以及 NO_x 和沉积物的形成建模。由丹麦技术大学与丹麦、芬兰、挪威和奥地利同事合作的 ERA-NET 项目“为清洁高效燃烧的生物质燃料做特征描述的科学工具”(SciToBiCom)[736]，想要为在不同燃烧系统的生物质燃料开发更高标准的特性描述方法，以及基于常规模拟的更高级的 CFD，前者考虑单粒子转换和固体生物质燃烧以作不同用途。

12.2.7　颗粒燃料气化利用

在丹麦用小型气化炉(20～300 kW_{el})气化颗粒燃料从 2007—2008 年就已经开始测试，

所属项目是 BioSynergi Proces ApS 公司开展的“在分段式开放核心气化炉中利用木质颗粒燃料热电联产的开发与示范”。测试的气化炉用木质颗粒燃料成功运行 700 h,包括燃气发动机运行的 160 h。燃气产量稳定,但发动机测试时的稳定性就不那么令人满意了。木质颗粒燃料气化应用在某些情况下可能是正确的选择,但是因为木质颗粒燃料比木屑贵得多,估计木屑是更好的选择。

12.3 市场开发的支持

目前为止,颗粒燃料的使用仅限于少数几个国家。颗粒燃料利用的技术可以达到令人满意的程度,但是知识和技术的接受程度仍然有限。由欧洲委员会资助的 BIOHEAT 项目[737],通过将主要市场参与者,如国家能源机构以及有兴趣成为可再生能源系统的供应商,牵涉其中,尝试在欧洲范围内提升意识和提供信息。感谢这些国家多年来的努力获得的经验,知识的转移可以通过适当的信息交流来实现。因此一些国家早期所犯的错误可以在新市场的发展过程中避免,市场开发可以更迅速地进行。EU-ALTENER 的项目“欧洲颗粒燃料”试图通过收集和分配重要研发活动和成果来支持并促进市场的发展。

目前,颗粒燃料行业的市场参与者在 Pellets@las 项目框架下通过互联网平台相互关联,提供合适的项目信息给他们,如当前的市场数据或其他报告[496]。

像这样的项目和方案应该帮助颗粒燃料分布到所有应用领域内,包括未来新的或者缓慢发展的市场。

然而,在德国和奥地利已经发展完善的市场内也还存在减缓市场发展的阻碍因素。一项研究[739]表明,德国消费者决定购买颗粒燃料集中供暖系统的重要方面是环境,投资成本扮演次要角色。然而,投资成本确实在消费者转而选择另一种供暖系统时起了作用。这说明,尽管可能有补贴,颗粒燃料系统相对较高的成本仍是市场发展的阻碍,并且颗粒燃料供暖系统价格更便宜些,市场的发展会更快一些。关于奥地利消费者的研究得出与上述结论相似的结果[740],92%以上的受访者认为做决定时环保方面是“重要”或“非常重要”,而大多数颗粒燃炉的购买者都选择了“非常重要”。有趣的是,购买石油或天然气供暖系统的消费者常常也是回答“重要”或“非常重要”。可以假定细微颗粒排放问题,通常作为颗粒燃料的不利面,促成了石油或天然气购买者认为他们所购买的供暖系统是非常环保的。这种看法可能已经改变,因为颗粒燃料供暖系统排放的细微颗粒的公众形象已经通过适当的公众意识工作得到改善了。此外,投资成本成为选择供暖系统的关键影响因素,事实上,往往只是单纯的投资成本在影响选择,而不是后期的运营成本、消费成本和其他成本。50%以上的受访者认为低投资成本是“非常重要”或“重要”。只有 13%的受访者认为这些成本是“根本不重要”或“不重要”。购买天然气供暖系统的购买者认为投资成本“重要”,相对较多的购买者,大约 23%,承认投资成本是选择供暖系统的决定性因素。这项研究结果表明,有必要采取行动来改进对供暖系统总成本的认识,因为考虑到系统的使用寿命,选择一个看似便宜的供暖系统可能会导致更高的成本,就像第 8 章所示的在全成本核算的基础上来考虑。

一项正在进行的研究瑞典消费者的项目已经发现,选择一个(集中)供暖系统的最重要的因素按递减顺序排列依次是:经济性、可靠性、维修方便、价格稳定(燃料的)和清洁的室内环境[741]。在未来需要让公众认识到重要的和正确的选择基础是全成本核算而不是单纯的比较投资成本这一事实。

另一个关键的研究领域与确保进口量的持续稳定性有关。可持续性标准已经由荷兰政府颁布，并且未来所有的进口生物质都要遵守这些标准。目前正在获得这方面的实践经验来验证这一质量认证计划的可行性。

12.4 总结/结论

颗粒燃料生产和利用的很多领域都需要持续的研发工作，众多国家和国际层面的研发和项目正在满足这些需求。

颗粒燃料生产的一个焦点问题是可替代的原材料，因为全世界利用传统原材料，如木刨花和锯末的颗粒燃料市场发展势头很猛，已经面临这些原材料短缺的问题了。中期内市场的发展只能寄望于可替代原材料。除了已经在一定程度上应用于造粒的原木，未来的焦点应该是草本原材料和 SCR。这些原材料通常具有高灰分含量、较低的灰分软化和熔化温度、较高的氮含量，现在正在积极寻找方案来解决由这些特点引起的问题。此外，进一步改进木质颗粒燃料的质量也是一个研发方向。生产技术已经非常先进，未来的主要趋势是建立产量在 100000 t(湿基)$_p$/a 以上的大型生产厂。小型分散式颗粒燃料生产厂面临许多技术和经济问题。一些正在进行中的研发活动正是为了克服这些制约因素，它们的目标是为相关市场参与者提供正确的信息。潜在的颗粒燃料原材料通常可以在中小型企业里少量获得，但必须运送至中央大型工厂，颗粒燃料分散生产是大型颗粒燃料生产工厂的一个很好的补充手段。

颗粒燃料生产中额外的问题有原材料的废气排放、自热和自燃，以及颗粒燃料的储存。同样有正在进行中的研究项目，旨在研究这一现象的基本原理、开发适当的预防措施，而且如果事发，有可行的快速检测到废气排放、自热或自燃的方法。调查研究颗粒燃料储存中化学降解反应以了解更多原理和动力学，有可能完全减少或阻止运输和储存过程中颗粒燃料的废气排放、自热和自燃。醛或酮的排放会导致储藏室内存在强烈刺激气味，这对颗粒燃料的销售产生负面影响。因此，这一方面的研发活动必须继续进行，以确保未来颗粒燃料生产和消费的安全性。

烘焙是一个相当新的颗粒燃料原材料预处理步骤。几个已知的研发活动都聚焦于这项技术，目前已经接近第一次工业规模的示范了。烘焙生物质生产的颗粒燃料净热值和堆积密度更高，因此能量密度也就更高。此外，烘焙后的生物质颗粒燃料可以很容易被研碎，并且具有疏水性，这使得它们的储存和物流更容易。它们主要应用在煤电厂与煤混燃，因为烘焙颗粒燃料可以与煤同时处理，不需要任何额外的改变和追加储存或进料系统的投资。在住宅供暖领域使用烘焙颗粒燃料也是未来的一个目标。

有关颗粒燃料的使用、节能减排和新颗粒燃炉开发，以及新型生物质原材料（如草本生物质，SCR）制成的颗粒燃料的利用等都是主要关注点。关于减排的研究活动，尤其是关于细微颗粒的减排，需要指出的是现代颗粒燃炉细微颗粒物的排放比传统的木材炉少得多，因此通过更换旧式的，通常是操作条件差的木材炉为现代颗粒燃料炉可以减少细微颗粒物的排放量。一级和二级措施都被研究过。颗粒燃炉领域内最新的发展主要有装有热回收装置的（烟气冷凝）炉、可以使用木柴和颗粒燃料的锅炉、低能量屋使用的具有低额定热容量的颗粒燃炉、颗粒燃料和太阳能供暖系统的明智组合以及微型热电联产系统的开发。关于使用草本生物质颗粒燃料，目前相关的研究旨在通过混合或添加生物添加剂以改善草本生物质的燃烧特性，以及以开发能应对草本生物质特征的燃炉为目标的研究。这两个问题都还没有得到解决。

为了提高住宅供暖领域的颗粒燃料锅炉年效率，多个研发活动正在进行中。在这个领域内主要集中在是对负载控制策略的优化和将颗粒燃料锅炉适当地整合进民用住宅的循环系统。而且，实验室测定年效率的方法正在开发之中。总之，颗粒燃料锅炉的年效率优化潜力非常大。

除了燃烧，颗粒燃料的气化利用也正在进行研究之中。

小型颗粒燃料领域的另一个关键问题是 CFD 支持的发展和优化。这项创新可以明显减少开发时间和测试工作，并且提高开发的可靠性。多个正在开展的研发活动专注于 CFD 模型的改进和这些模型在燃炉优化中的应用。

除了所有这些研发动态，还有几个研发活动是关于发展策略和采取措施以推动颗粒燃料的使用和更广泛的分布。这在国际层面上是有特别需求的，并且可以通过将成熟市场的知识和信息传播给新的或发展缓慢的市场来促进市场的发展。最后，确保持续性标准的可行性，尤其是从欧洲以外的国家进口颗粒燃料的研究项目也正在进行中。

附录 A　MSDS 实例——散装颗粒

在本附录中，以加拿大散装颗粒的材料安全数据表（MSDS）作为实例。这个例子是来自加拿大的木质颗粒协会（WPAC），并且应该被视为一个独立的文件。单位、缩写和语法并不一定和本书的其他部分相符。

材料安全数据表

散装颗粒

袋装木质颗粒，请参阅 袋装木质颗粒的材料安全数据表 生产商发行

Ⅰ. 生产标识和使用

产品名称/商标名称：	木质颗粒
生产商的产品代码：	（由文件签署方填写）
近义词：	木质颗粒、燃料颗粒、白木树颗粒、软木颗粒、硬木颗粒、树皮颗粒
产品外观：	暗金色或巧克力棕色，光泽至半光泽，圆柱直径 1/4 英寸（6.35 mm 简称 6 mm 颗粒）以及长度 5～25 mm。（拟建文档由文件签署方做相应调整）
产品用途：	转换为能量的燃料，动物草垫，吸收剂
HS 产品代码：	44013090
联合国编号：	未分配
危险化学药物标签：	未分配
IMO 安全代码：	散装危险材料（MHB）B 组（IMO-260E）
制造商：	（由文件签署方填写） 公司名称（法定全名无缩写） 访问地址

	地址和邮政编码
	国家
	电话:数字,包括国家代码
	传真:数字,包括国家代码
	网址:待填
	邮箱:待填
紧急联络人:	电话(直拨):数字,包括国家代码
	电话(移动):数字,包括国家代码
	传真:数字,包括国家代码

Ⅱ.组成和物理性质

木质颗粒是由木质纤维素锯末、刨花或树皮通过下述操作的一种或几种任意组合制造而成的:干燥、粉碎、压实、冷却和除尘。木质颗粒的化学成分随原材料的种类、木材成分、土壤状况和树的年龄而变化。木质颗粒通常由含下述成分的原料混合制造而成。

	含氧化合物(指示性成分占质量分数,%)		
原料		纤维素	30~40
		半纤维素	25~30
		木质素	30~45
		浸出物(萜、脂肪酸、酚类)	3~5
添加剂	除了木质颗粒产品规格中所述,无		
黏合剂	除了木质颗粒产品规格中所述,无		

按照 CEN/TC 14961 标准分类;D06/M10/A0.7/S0.05/DU97.5/F1.0/N0.3

许多颗粒产品由白色木材和树皮原料混合而成,可能会影响颗粒的特性。有关产品特性的更多详细信息,请参阅制造商发行的木质颗粒产品规格的最新版本。MSDS 包括来自纯白木材和纯树皮颗粒粉尘特性的主要差异。

Ⅲ.健康危害数据

木质颗粒装卸和储存时会释放粉尘和看不见的气态物质,因为所有生物材料都会有一部分正常降解。周围的氧气在降解过程中通常会耗尽。颗粒物的大小从碎屑到极细的气载尘埃,随着时间的推移,这些粉尘通常都会落在表面上。排放的气体会立刻被容器中的空气稀释并随通风气流逸出。如果木质颗粒储存在不通风(自然或强制)的容器中,排放气体的浓度或者氧气耗竭,可能会对在容器中的人类构成健康威胁,容器应该通风,应按照 MSDS 的说明采取防范措施。Ⅸ部分包含了气体浓度的估算方法。在正常的室温释放出的气体包括一氧化碳(CO)、二氧化碳(CO_2)、甲烷(CH_4)和允许照射剂量(PEL)下的烃类,症状如下。

入口	物质	允许照射剂量和症状		补救措施
吞咽	粉尘	干燥感,参见Ⅸ部分		用水彻底冲洗口腔。不要催吐
吸入	粉尘	咳嗽,咽干。毒理学数据,参见Ⅹ部分		用水彻底冲洗口腔。不要催吐
	一氧化碳(CO)	有毒的无色无味气体。 居住空间 TLV-TWA 9 ppmv(ASHRAE) 工作空间 TLV-TWA 25 ppmv (OSHA)		如果超过保健水平,撤离并彻底通风,估计通风要求参见Ⅸ部分
		50 ppmv	最多 15 min	
		200	轻微头疼	疏散
		400	严重头疼	疏散,马上就医
		800	头晕,抽搐,2 h 内丧失意识,2～3 h 死亡	疏散,马上就医
		1600	头晕,抽搐,丧失意识,1～2 h 内死亡	疏散,马上就医
		3200	头晕,抽搐,丧失意识,1 h 内死亡	疏散,马上就医
		6400	头晕,抽搐,丧失意识,25 min 内死亡	疏散,马上就医
		12800	头晕,抽搐,丧失意识,1～3 min 内死亡	疏散,马上就医
	二氧化碳(CO_2)	窒息性无色无味气体。 职业 TLV-TWA 5000 ppmv (OSHA)		如果超过保健水平,彻底通风,估计通风要求参见Ⅸ部分
	甲烷(CH_4)	窒息性无色无味的气体		通风
	烃类	参见Ⅸ部分,臭味		通风
	氧气耗尽的空气	在海平面以上,通风良好的空间氧水平通常是 20.9%。在工作空间(NIOSH)最低保健水平为 19.5%		如果氧含量低于保健水平,需要疏散和彻底通风
皮肤接触	粉尘	一些人会感到痒。毒理学数据参见Ⅹ部分		脱去被污染的衣服。用清水彻底冲洗皮肤
眼睛接触	粉尘	流泪,烧灼。毒理学数据参见Ⅹ部分		用水冲洗,把鼻子内部的微粒清扫出来

Ⅳ.急救措施

木质颗粒对大多数人来说都是良性产品。然而,有过敏反应倾向的个人可能会发生过敏反应,如果有过敏反应发生,应该与医生联系以确定最佳的补救措施。

如果不按照Ⅶ部分的建议处理或储存木质颗粒,有害接触的风险将会增加,特别是 CO 的接触浓度要高于Ⅲ部分中规定的 PEL。万一发生接触,将受害人迅速从污染区域移出来是非常重要的。应该立即给昏迷者供氧和做人工呼吸。高压用氧已经证明是有益的，就像在高压氧舱治疗一样。医生应被告知患者吸入了大量有毒的一氧化碳。救援人员进入封闭空间时应配备自给式呼吸器。

一氧化碳是剧毒的，它通过与血液中的血红蛋白结合形成碳氧血红蛋白，使之不能参与正常的氧输送，大大降低了血液将氧气输送到重要器官(如大脑)的能力。

窒息性气体，如二氧化碳和甲烷(有时也被称为简单窒息剂)，主要是通过置换空气剥夺氧气空间造成毒害的。暴露在氧气耗竭情况下的人应与暴露在一氧化碳里的人做同样处理。

Ⅴ.火灾和爆炸措施

木质颗粒是一种燃料，其特点是接触热源或火源时容易着火。在处理木质颗粒时有三个有着不同稳定性、反应性(见Ⅸ部分)和分解产物级别的阶段。

——完整固体木质颗粒

——木屑和粉尘

——非凝性(主要是 CO、CO_2 和 CH_4)和可凝性气体(主要是醛、丙酮、甲醇、甲酸)

木质颗粒灭火需要用特殊的方法才能成功，如下所示。

木质颗粒的状态	灭火措施	其他信息
普通	限制氧气进入木质颗粒储存空间	
	将暴露的颗粒燃料用泡沫和沙子覆盖，限制其与空气接触	
	准备较长时间的灭火工作。一个工业规模筒仓可能需要一个星期才能完全控制住	
储存在封闭的空间	密封开口、缝隙或裂缝，其中木质颗粒都可能会暴露在空气中	
	在木质颗粒堆底部或中部以气体形式注入氮气(N_2)和二氧化碳(CO_2)或如果着火位置暴露的话尽可能靠近火源。优先选择 N_2。 气体的用量取决于火的严重程度(探查工作做得有多早)。推荐的喷射速度是每小时 5～10 kg/m^2(m^{2}是指存储容器的横截面积，如筒仓)，整个灭火行动的总注入量：不太严重的火灾 5～15 kg/m^3，更严重的火灾 30～40 kg/m^3	由瑞典 SP 技术研究所研究出来的建议值 N_2 的单位体积是 0.862 m^3/kg，CO_2 的单位体积是 0.547 m^3/kg (在 NTP 下)
储存在开阔平坦的仓库	如果方便的话用泡沫或者沙子覆盖木质颗粒堆或者喷水。挖出接近火灾中心的颗粒，移开受影响的材料	
装卸过程中	限制氧气进入木质颗粒所在地	
	如果方便的话用泡沫或者沙子覆盖木质颗粒或者喷水。挖出接近火灾中心的颗粒，移开受影响的材料	

Ⅵ.泄漏应急处理

如果木质颗粒泄漏在居民区，材料应该尽可能快地扫除或吸除。木质颗粒是一种燃料并且最好用燃烧的方式进行处置。木质颗粒或相关粉尘的堆积不应该让原料产生的气体积聚。在清理过程中戴防护口罩以防止吸入粉尘(见Ⅷ部分)。

Ⅶ.安全装卸与储存

木质颗粒装卸过程中建议使用预防措施，避免发生如Ⅸ部分中所描述的危险状况。

木质颗粒的状态	预防措施	其他信息
一般	总是将木质颗粒储存在容器中(1)在＋20℃下每24 h最少换气1次和(2)＋30℃以上每24 h换气2次	一次换气量相当于容量体积
	做长期储存的大型散装容器应当尽可能地密闭。大火往往会向供应空气(氧气)的地方移动。对于较短期露天存放，通风以消除气体和异味	热量和气体检测的预警传感器提高了木质颗粒储存的安全性
	防止木质颗粒与水和湿气接触以避免膨胀，气体释放增加，微生物活动增加和后来的自燃	对于大型密闭储存，标注储存容器的入境地点或者用标志如“低氧风险区域，入前彻底通风”来告知该空间储存有颗粒燃料
	始终防止木质颗粒和粉尘接触可能产生热量的热辐射、卤素灯和裸露电路，防止发生火灾和爆炸	见Ⅸ部分，爆炸性和适用ATEX指令
	总是将木质颗粒与氧化剂(如能将氧分子转移的过氧化物，如高锰酸钾、高氯酸钾)或还原剂(如化学物质，包括电负性低的原子，如亚铁离子(铁锈)，钠离子(溶解海盐))隔离	木质颗粒一览表，固体散装货物安全操作规则(2004)，IMO 260E
	不要让木质颗粒淋雨	
	不要吸烟或在木质颗粒或者木屑附近熄灭香烟	安装热量和气体检测仪与声光报警器
储存在封闭空间	对于大型密闭储存入口应该通过安全锁和建立完善的书面许可程序来禁止进入，只有通风之后，气体测量表已确认空间的环境安全才可以进入。或者，进入空间时使用自给式呼吸器。始终确保有后备人员在紧邻入口处监视	在木质颗粒密闭储存地的入口标注要点“一氧化碳风险区，入前彻底通风”
	按照适用的消防法规安装N_2或CO_2喷头	根据国际海事组织颁布的规定，在远洋轮船运送木质颗粒时要使用托运人货物信息表(SCIS)，请参阅生产商发行的SCIS
储存在开阔空间	对于大的存储空间安装水喷头。对于较小的存储空间，建议咨询当地消防部门	已证明沙子或泡沫能有效限制氧气

续表

木质颗粒的状态	预防措施	其他信息
装卸过程中	避免木质颗粒因掉落而破损。要意识到在高压气动输送颗粒的过程中有产生粉尘的可能	检测轴承、滑轮、螺旋钻或其他发热设备的温度
	尽可能避免粗糙表面的摩擦，如破旧的传送带	
	在转运站和接近机械活动件的区域抑制粉尘产生和积淀	
	装卸过程中产生粉尘，应该根据合适的安全标准对暴露其中的设备做评价，参见 ATEX 指令 警告标志应贴在粉尘倾向于悬浮在空气中或落在热表面上的区域，见Ⅸ部分爆炸性	标签和象形图的例子： 高粉尘浓度或积累在表面可能引起火灾和爆炸 通风和保持表面干净 EX

Ⅷ. 曝光控制和个人防护

个人防护应采取以下预防措施。

活动	预防措施	其他信息
进入颗粒储存空间	在进入之前全部相连空间彻底通风	估算通风要求，见Ⅸ部分
	在空间被封闭的情况下，始终测量一氧化碳和氧气的水平	海平面以上通风良好的空间氧气含量应为 20.9%。一氧化碳水平＞25 ppmv 的空间，进入必须要谨慎，见Ⅲ部分
	当进入空间的门上标有警告标志时，请务必遵照指示并获得书面进入许可	标签和象形图的例子： 低氧危险区。进入前通风。一直测量一氧化碳和氧气 一氧化碳危险区。进入前通风。一直测量一氧化碳和氧气
	如果要在适当通风完成前进入要使用自给式呼吸器	
暴露在木质颗粒粉尘中	戴好防护眼镜和防尘口罩。连续或重复多次进入要戴手套	

Ⅸ. 稳定性和反应性数据

木质颗粒的稳定性和反应特性如下。

<table>
<tr><th>参数</th><th>测量</th><th colspan="3">值</th></tr>
<tr><td>气味</td><td>℃</td><td colspan="3">+5℃以上，新鲜的散装木质颗粒在通风不良的空间闻起来像醛类，在通风的空间更像新鲜的软木</td></tr>
<tr><td rowspan="20">废气排放</td><td rowspan="20">排放系数/(g/t)</td><td colspan="3">一个空间内包含的木质颗粒的 CO、CO_2、CH_4 排放量是温度、环境大气压力、堆积密度、木质颗粒空隙率、氧气获得、空气相对湿度(如果通风的话)以及原材料的年龄和成分(按照木质颗粒产品规格中的说明，对产品具有唯一性)的函数。下面给出的每吨存储木质颗粒排放的废气克数(g)是在大致恒定的压力下充满颗粒燃料的密闭空间超过 20 d 不通风产生的气体的测量值。排放因子仅适用于密闭的没有足够氧气支持颗粒氧化的空间(见本节中的氧化)。这些数字在任何时候都不能替代实际测量值。
下面的例子说明了如何用排放因子粗略估计不通风时以及通风时木质颗粒容器内的气体浓度的数量级，假定周围的空气压力是恒定的</td></tr>
<tr><td colspan="3">密闭(密封)容器</td></tr>
<tr><td>气体种类</td><td>温度/℃</td><td>排放系数(±10%)
(g/t)>20 d</td></tr>
<tr><td rowspan="5">一氧化碳(CO)</td><td>+20</td><td>12</td></tr>
<tr><td>+30</td><td>15</td></tr>
<tr><td>+40</td><td>16</td></tr>
<tr><td>+50</td><td>17</td></tr>
<tr><td>+55</td><td>17</td></tr>
<tr><td rowspan="5">二氧化碳(CO_2)</td><td>+20</td><td>20</td></tr>
<tr><td>+30</td><td>54</td></tr>
<tr><td>+40</td><td>80</td></tr>
<tr><td>+50</td><td>84</td></tr>
<tr><td>+55</td><td>106</td></tr>
<tr><td rowspan="5">甲烷(CH_4)</td><td>+20</td><td>0.2</td></tr>
<tr><td>+30</td><td>1.0</td></tr>
<tr><td>+40</td><td>1.3</td></tr>
<tr><td>+50</td><td>1.5</td></tr>
<tr><td>+55</td><td>1.9</td></tr>
<tr><td colspan="3">例 A
——木质颗粒质量=1000 t
——木质颗粒堆积密度=700 kg/m³(0.7 t/m³)
——固体散装木质颗粒包括 0.5%细末=50%
——容器尺寸=2800 m³
——温度=+20℃(恒定)
——CO 排放因子(>20 d 储存时间)=12 g/t(见上表)
容器中 CO 浓度(g/m³)计算
12(g/t)×1000(t)/[2800(m³)−50%×1000(t)/0.7(t/m³)]
=5.8 g/m³</td></tr>
</table>

续表

<table>
<tr><th>参数</th><th>测量</th><th colspan="3">值</th></tr>
<tr><td rowspan="19"></td><td rowspan="19"></td><td colspan="3">容器中 CO 浓度(ppmv)的计算
——环境压力=101.325 kPa (1 atm)
——CO 的分子量(Mwt) = 28 (g/mol)
(g/m^3)×[20(℃)+273.1(C°)]/Mwt(g/mol)/0.012=5.8×293.1/28/0.012 =5060 ppmv 之后>密封容器中 20 d 的储存。
PEL (TLV−TWA=15 min,见Ⅲ部分)=50 ppmv 意味着在不通风的容器中,人不能暴露在空气中</td></tr>
<tr><td colspan="3">通风容器</td></tr>
<tr><td>气体种类</td><td>温度℃</td><td>排放率系数
(±10%)(g/t/d)</td></tr>
<tr><td rowspan="5">一氧化碳(CO)</td><td>+20</td><td>0.9</td></tr>
<tr><td>+30</td><td>2.2</td></tr>
<tr><td>+40</td><td>8.0</td></tr>
<tr><td>+50</td><td>18.0</td></tr>
<tr><td>+55</td><td>25.0</td></tr>
<tr><td rowspan="5">二氧化碳(CO_2)</td><td>+20</td><td>1.3</td></tr>
<tr><td>+30</td><td>4.8</td></tr>
<tr><td>+40</td><td>17.0</td></tr>
<tr><td>+50</td><td>29.0</td></tr>
<tr><td>+55</td><td>119.0</td></tr>
<tr><td rowspan="5">甲烷(CH_4)</td><td>+20</td><td>0.01</td></tr>
<tr><td>+30</td><td>0.04</td></tr>
<tr><td>+40</td><td>0.18</td></tr>
<tr><td>+50</td><td>0.38</td></tr>
<tr><td>+55</td><td>1.10</td></tr>
<tr><td colspan="3">例 B
——木质颗粒质量=1000 t
——容器体积=2800 m^3
——储存时间=5 d
——温度=+20℃(恒定)
——环境压力=101.325 kPa (1 atm)
——CO 排放量=0.9 g/t/d(见上表)
——换气量通风率=换气 1 次(2800 m^3)/d
——CO 分子量(Mwt)=28 (g/mol)
——换算系数(g/m^3 到 ppmv)=0.012
CO 浓度计算
0.9(g/t/d)×1000(t)/[2800(m^3/d)]×[1−exp(−2800)(m^3/d)/2800(m^3)×5(d)]=0.32 g/m^3
转换为 ppmv
(g/t)×[T+273.1(℃)]/Mwt(g/mol)/0.012 = 0.32×293.1/28/0.012=279 ppmv</td></tr>
</table>

续表

<table>
<tr><th>参数</th><th>测量</th><th colspan="2">值</th></tr>
<tr><td></td><td></td><td colspan="2">为了保持浓度低于 PEL 容器需要每天通风，换气一次以上。
温度和压力改变时，要更准确的估计容器的气体浓度，参考加拿大木质颗粒协会(www. pellet. org)发布的“木质颗粒废气排放报告”，能够看到正在进行中的研究的结果</td></tr>
<tr><td rowspan="8">氧化</td><td rowspan="8">速率</td><td colspan="2">人们认为木质材料中的脂肪酸氧化是氧气耗竭和上面列举的木质颗粒和相关木屑储藏时释放的气体种类的主因。损耗比率是温度、压力、堆积密度、木质颗粒空隙率、空气相对湿度(通风)以及原料的年龄和成分(按照木质颗粒产品规格中的说明，对产品具有唯一性)的函数。下面的数值是在大致恒定压力下木质颗粒储存空间生成的气体的测量值。这些数值在任何时候都不能替代实际测量值</td></tr>
<tr><td>温度℃</td><td>(±10%)消耗氧气%/24 h</td></tr>
<tr><td>+20</td><td>0.7～1.2</td></tr>
<tr><td>+30</td><td></td></tr>
<tr><td>+40</td><td>1.5～2.5</td></tr>
<tr><td>+50</td><td></td></tr>
<tr><td>+55</td><td></td></tr>
<tr><td colspan="2">要更精确估计在温度和压力变化时容器中氧气的浓度，参考加拿大木质颗粒协会(www. pellet. org)发布的“木质颗粒废气排放报告”，能够看到正在进行中的研究的结果</td></tr>
<tr><td>熔解温度</td><td>—</td><td colspan="2">不适用</td></tr>
<tr><td>蒸发</td><td>—</td><td colspan="2">+5℃以上烃类蒸发</td></tr>
<tr><td>沸腾温度</td><td>—</td><td colspan="2">不适用</td></tr>
<tr><td>闪点温度</td><td>—</td><td colspan="2">不适用</td></tr>
<tr><td>自燃温度</td><td>℃</td><td colspan="2">有氧气存在时，温度>260℃则木质颗粒自燃。对于粉尘，见下文粉尘爆炸部分</td></tr>
<tr><td>自燃</td><td>比率</td><td colspan="2">木质颗粒和粉尘没有被 UN MTC 第 3 版(2000)，4.2 类 N.4 测试分类定义为自燃固体</td></tr>
<tr><td>可燃性</td><td>比率</td><td colspan="2">木质颗粒和粉尘没有被 UN MTC 第 3 版(2000)，4.1 类 N.1 测试分类定义为可燃固体。(燃烧率 < 200 mm/2 min)
燃烧率：气载木质颗粒粉尘＝20 mm/2 min
气载树皮颗粒粉尘＝22 mm/2 min</td></tr>
<tr><td>自动加热</td><td>比率</td><td colspan="2">有氧时开始自动加热的倾向</td></tr>
<tr><td>生物降解能力</td><td>%</td><td colspan="2">100</td></tr>
<tr><td>腐蚀性</td><td></td><td colspan="2">不适用</td></tr>
<tr><td>pH</td><td></td><td colspan="2">pH 随木材种类的不同而变化</td></tr>
<tr><td>溶解度</td><td>%</td><td colspan="2">如果渗进水，木质颗粒会溶解成其原料组分</td></tr>
<tr><td>机械稳定性</td><td>—</td><td colspan="2">磨损和冲击会将木质颗粒分裂成更小的碎块和粉尘</td></tr>
</table>

续表

参数	测量	值
不相容性	—	一直将颗粒与氧化剂(如能传递氧分子的过氧化物,如高锰酸盐、高氯酸盐)或还原剂(如化学物质,包括电负性低的原子如亚铁离子(铁锈),钠离子(溶解海盐))隔离(见木质颗粒附表,固体散装货物安全操作规则(2004),IMO 260E),见Ⅶ部分
膨胀	比率	如果渗透进水颗粒的体积会膨胀 3～4 倍
冲击	比率	接触外力如从高处掉落会降低木质颗粒的机械完整性
机械器具	比率	木质颗粒对颗粒与运输堤道或者传送带间的摩擦很敏感,有可能产生粉尘
爆炸性	粉尘爆燃	出于测试目的的粉尘筛分:230 目<63 μm 白木颗粒粉尘的含水率＝质量的 5.6％ 树皮颗粒粉尘含水率＝质量的 7.9％ ASTM E11-04 标准 以下数据不一定是颗粒粉尘的固有材料常数
		粉尘云最低着火点(T_C) 白木粉尘＝＋450℃ 树皮粉尘＝＋450℃ ASTM E 1491 标准
		5 mm 粉尘层的最低着火点(T_{L5}) 白木粉尘＝＋300℃ 树皮粉尘＝＋310℃ ASTM E 2021 标准
		19 mm 粉尘层最低着火点(T_{L19}) 白木粉尘＝＋260℃ 树皮粉尘＝250℃ ASTM E 2021 标准
		粉尘层自动点火温度(T_{AUTO}) 白木粉尘＝＋225℃ 树皮粉尘＝＋215℃ 美国矿务局 RI 5624 标准
		尘埃云最小点火能量(MIE_C) 白木粉尘＝17 mJ 树皮粉尘＝17 mJ ASTM E 2019 标准
		粉尘云最大爆炸压力(P_{max}) 白木粉尘＝8.1 bar(标准) 树皮粉尘＝8.4 bar(标准) ASTM E 1226 标准
		粉尘云最大爆炸压力速率$(dP/dt)_{max}$ 白木粉尘＝537 bar/s 树皮粉尘＝595 bar/s ASTM E 1226 标准

续表

参数	测量	值
		单位粉尘常数(KSt) 白木粉尘=146 (bar•m)/s 树皮粉尘=162 (bar•m)/s ASTM E 1226 标准
		爆炸等级(St) 白木粉尘= St 1.[> 0～200 (bar•m)/s] 树皮粉尘= St 1.[> 0～200 (bar•m)/s] ASTM E 1226 标准
		粉尘云最低爆炸浓度(MEC_{dc}) 白木粉尘= 70 g/m^3 树皮粉尘=70 g/m^3 ASTM E 1515 标准
		粉尘云的极限氧浓度(LOC_c) 白木粉尘= 10.5% 树皮粉尘=10.5%
	气体	一氧化碳(CO)与空气混合,体积>12%(120000 ppmv)时有可能发生爆炸。还不知道木质颗粒能否产生这种浓度水平
		甲烷(CH_4)与空气混合,体积>20%(LFL 20)(200000 ppmv)时可燃。固体木质颗粒还不知道能否产生这个浓度水平

X.接触和毒理学数据

木质颗粒毒理学特性是以原料为基础。现有的数据并不能明显区分白木和树皮材料。毒理学数据主要适用于粉尘形式的材料。

原料	PEL (OSHA)	REL (NIOSH)	TLV (ACGIH)	健康效应
软木如杉木、松木、云杉和铁杉	总尘量 15 mg/m^3	TWA=1 mg/m^3 10 h@40 h 每周	TWA=5 mg/m^3 8 h@40 h 每周	急性或慢性皮炎,哮喘,红斑,起疱,刮鳞和瘙痒 (ACGIH)
	可吸入粉尘 5 mg/m^3		STEL=10 mg/m^3 15 min,最多 4 次/日,每次作业 最长 60 min	
硬木如桤木、白杨、三叶、胡桃木、枫木和杨树	总尘量 15 mg/m^3	TWA=1 mg/m^3 10 h@40 h 每周	TWA=5 mg/m^3 8 h@40 h 每周	急性或慢性皮炎,哮喘,红斑,起疱,刮鳞和瘙痒(ACGIH)。渗透部位疑似肿瘤(IARC)
	可吸入粉尘 5 mg/m^3		STEL=10 mg/m^3 15 min,最多 4 次/日,每次作业最长 60 min	

续表

原料	PEL (OSHA)	REL (NIOSH)	TLV (ACGIH)	健康效应
橡木、胡桃木和山毛榉	总尘量 15 mg/m³	TWA=1 mg/m³ 10 h@40 h 每周	TWA=1 mg/m³ 8 h@40 h 每周	渗透部位疑似肿瘤(ACGIH)
	可吸入粉尘 5 mg/m³			
西部红雪松	总尘量 15 mg/m³	TWA=1 mg/m³ 10 h@40 h 每周	TWA=5 mg/m³ 8 h@40 h 每周	急性或慢性鼻炎，皮炎，哮喘(ACGHI)
	可吸入粉尘 5 mg/m³	TWA=1 mg/m³ 10 h@40 h 每周	STEL=10 mg/m³ 15 min，最多 4 次/日，每次最长作业 60 min	

可吸入粉尘是指 AED<10 μm 的能够沉积在鼻、胸、呼吸区域的颗粒。

某些硬木粉尘已经被国际癌症研究机构确定为绝对的人类致癌物。已经有报道称过高的鼻腺癌风险主要集中在这个行业里接触粉尘工人上。一些研究表明，在锯木、纸浆和造纸以及二次木材行业的工人鼻腔癌和霍奇金病的发生率可能增加。但国际癌症研究机构的结论是流行病学数据不能做明确的评估。

西部红雪松粉尘被认为是“有害粉尘”[=包含小于 1%硅酸盐(OSHA)]，没有呼吸系统致癌健康影响(ACGIH)的记录。雪松油是一种皮肤和呼吸道刺激物。

Ⅺ.读者须知

MSDS 包含的信息是基于职业健康和安全专业人士、木质颗粒制造商和被认为是准确或技术上是正确的其他来源的共识。确定这些信息是否适用是读者的责任。这份 MSDS 时常更新，读者有责任确保使用的是最新版本。我们没有立即更新 MSDS 中信息的义务。

可以从木质颗粒厂商获得的产品数据包括如下。

——小于 25 kg 的袋装木质颗粒的 MSDS

——散装木质颗粒的 MSDS

——木质颗粒产品说明书

——托运人货物信息表(SCIS)

与制造商联系，订购这些文件的最新版本。

注意，一些 MSDS 中的信息仅适用于 MSDS 的第一页上指认的制造商生产的木质颗粒，可能不一定适用于其他制造商制造的产品。

虽然我们试图确保 MSDS 中的信息是准确的，但任何错误或遗漏，或因使用该信息而导致的结果我们是不负责的。

任何直接、间接、特殊、偶然或必然的损害，或无论什么和如何引起的任何其他损害，无论是否与使用 MSDS 里的信息有关，或依赖这些信息，行为是否在合同范围内，侵权(包括过失)或其他侵权诉讼我们都不负责。我们否认任何越权使用或者复制 MSDS 里信息任何部分的责任。

Ⅻ. 文档中使用的缩写

ACGIH 美国政府工业卫生学家会议
AED 空气动力学当量直径
ASHRAE 美国供暖制冷及空调工程师协会
ATEX 易爆空气
atm 大气压力
bar 10^5 帕斯卡(Pa)或 100 kPa 或 0.9869 atm
CCOHS 加拿大职业卫生与安全中心
CEN/TC 欧洲标准化委员会/垄断标准化技术委员会
g 克＝0.001 kg
mg 毫克＝0.000001 kg
HS 统一编码制度
IARC 国际癌症研究机构
IMO 国际海事组织(UN)
m^3 立方米
μm 微米＝0.000001 m
MSDS 材料安全数据表
NTP 国家毒理学计划
LEL 较低的爆炸性限制(MEC＝ LFL＝ LEL)
LFL 燃烧下限(MEC＝ LFL＝ LEL)
MEC 最低爆炸浓度(MEC＝ LFL＝ LEL)
NFPA 国家防火协会(美国)
NIOSH 美国国家职业安全健康研究所(美国)
NTP 常温常压(＋20℃,101.325 kPa 或 1 atm)
OSHA 职业安全与健康管理局(美国)
PEL 允许接触水平
ppmv 体积百万分一为基准。例如,5000 ppmv 是指每 100 万分子有 5000 的分子,也对应于 0.5%。10000 ppmv 的浓度相当于体积的 1%
REL 建议接触极限
SCIS 托运人货物信息表
sec 秒
STEL 短期接触极限
STP 标准温度和压力(0℃,101.325 kPa 或 1 atm)
TLV 阈限值
tone 1000 kg
TWA 时间加权平均值
WPAC 加拿大木质颗粒协会

附录B　MSDS实例——袋装颗粒

在本附录中，以加拿大袋装颗粒的材料安全数据表（MSDS）作为实例。这个例子是来自加拿大木质颗粒协会（WPAC），并且应该被视为一个独立的文件。单位、缩写和语法并不一定与本书的其他部分相符。

材料安全数据表

袋装颗粒

这个 MSDS 适用于最高 25 kg 袋装木质颗粒，存放于通风空间每 24 h 至少换气一次。如果是一个包或多个包存储在不通风的空间 袋子体积小于 10 倍的，请参阅 散装木质颗粒的材料安全数据表 生产商发行

Ⅰ.产品标识和使用

产品名称/商标名称：　木质颗粒

生产商产品代码：　（由文件签署方填写）

同义词：　木质颗粒、燃料颗粒、白木树颗粒、软木颗粒、硬木颗粒、树皮颗粒

产品外观：　暗金色或巧克力棕色，光泽至半光泽，圆柱直径 1/4 英寸（6.35 mm 简称 6 mm 颗粒）以及 5～25 mm 的长度。（拟建文档由文件签署方做相应调整）

产品用途：　燃料转换为能量，动物草垫，吸收剂

HS 产品代码：　44013090

联合国编号：　未分配

制造商：　（由当事人填写发行该文件）
公司名称（法定全名无缩写）
访问地址
地址和邮政编码

	国家
	电话:数字,包括国家代码
	传真:数字,包括国家代码
	网址:待填
	邮箱:待填
紧急联络人:	电话(直拨):数字,包括国家代码
	电话(移动):数字,包括国家代码
	传真:数字,包括国家代码

Ⅱ.组成和物理性质

木质颗粒是由木质纤维素木屑、刨花或树皮通过干燥、粉碎、压实、冷却和除尘制作而成的。在致密化过程中原材料被压缩了3～4倍,当压缩导致塑料表面外观时会升温。木质颗粒的化学成分随原材料的种类、木材成分、土壤条件和树的年龄而变化。木质颗粒通常由含下述成分的原材料混合制造而成。

原料	含氧化合物(指示成分占质量分数,%)		
		纤维素	30～40
		半纤维素	25～30
		木质素	30～45
		浸出物(萜、脂肪酸、酚类)	3～5
添加剂	除了木质颗粒产品规格中所述,无		
黏合剂	除了木质颗粒产品规格中所述,无		

分类按照CEN/TC 14961标准:D06/M10/A0.7/S0.05/DU97.5/F1.0/N0.3。

有关性能的更多详细信息,请参阅制造商出具的最新版本的木质颗粒产品说明书。

Ⅲ.对人体的危害性

木质颗粒装卸和储存时会释放粉尘和看不见的气态物质,因为所有生物材料都会有一部分正常降解。周围的氧气在降解过程中通常会耗尽。排放的气体会立刻被容器中的空气稀释和随通风气流逸出。如果木质颗粒储存在

a)散装,或者

b)不到木质颗粒包装10倍体积的不通风的空间,或者

c)每24 h换气次数小于1次的容器里,

排放气体的浓度或者氧气耗竭,可能会对在容器中的人类构成健康威胁,应该采取制造商发行的散装木质颗粒材料安全数据表中指定的预防措施。在正常的室温释放出的气体包括一氧化碳(CO)、二氧化碳(CO_2)、甲烷(CH_4)和允许照射剂量(PEL)下的烃类,症状如下。

条目	物质	允许暴露的水平和症状	补救措施
吞咽	粉尘	干燥感	用水彻底冲洗口腔。不要催吐
吸入	粉尘	咳嗽，咽干。见Ⅹ部分	用水彻底冲洗口腔。不要催吐
	一氧化碳(CO)	有毒的无色无味气体。 室内生活空间 TLV-TWA9 ppmv (ASHRAE) 工作空间 TLV-TWA 25 ppmv (OSHA)	如果超过保健水平，撤离并彻底通风
	二氧化碳(CO_2)	窒息性无色无味气体 工作 TLV-TWA 5000 ppmv (OSHA)	如果超过保健水平，撤离并彻底通风
	甲烷(CH_4)	窒息性无色无味气体	通风
	烃类	参见Ⅸ部分，臭味	通风
	氧气耗尽的空气	在海平面以上，通风良好的空间氧水平通常是 20.9%。在工作空间(NIOSH)最低保健水平为 19.5%	如果氧含量低于保健水平，需要疏散和彻底通风
皮肤接触	粉尘	一些人会感到痒	脱去被污染的衣服。用清水彻底冲洗皮肤
眼睛接触	粉尘	流泪，烧灼	用水冲洗，把鼻子内部的微粒清扫出来

Ⅳ. 急救步骤

木质颗粒对大多数人来说都是良性产品。然而，有过敏反应倾向的个人可能会发生过敏反应，如果有过敏反应发生，应该与医生联系以确定最佳的补救措施。

如果不按照Ⅶ部分的建议处理或储存木质颗粒，有害接触的风险将会增加，特别是 CO 的接触浓度要高于Ⅲ部分中规定的 PEL。万一发生接触，将受害人迅速从污染区域移出来是非常重要的。应该立即给昏迷者供氧和做人工呼吸。高压用氧已经证明是有益的，就像在高压氧舱治疗一样。医生应被告知患者吸入了大量有毒的一氧化碳。救援人员进入封闭空间时应配备自给式呼吸器。

一氧化碳是剧毒的，它通过与血液中的血红蛋白结合形成碳氧血红蛋白，使之不能参与正常的氧输送，大大降低了血液将氧气输送到重要器官如大脑的能力。

Ⅴ. 火灾和爆炸措施

木质颗粒是一种燃料，其特点是接触热源或火源时容易着火。在处理木质颗粒时有三个有着不同稳定性、反应性(见Ⅸ部分)和分解产物级别的阶段。

——完整固体木质颗粒

——木屑和粉尘

——非凝性(主要是 CO、CO_2 和 CH_4)和可凝性气体(主要是醛、丙酮、甲醇、甲酸)

木质颗粒灭火需要特殊的方法才能成功，如下所示。

木质颗粒状态	灭火措施
普通	储存木质颗粒时限制氧气的进入
	准备长时间的灭火工作
储存在封闭的空间	密封开口，缝隙或裂缝，其中木质颗粒都可能会暴露在空气中
	注入二氧化碳（CO_2），氮或泡沫
储存在开放空间	如果方便的话用泡沫或者沙子覆盖木质颗粒堆或者喷水。挖出接近火灾中心的颗粒，移开受影响的材料
处理过程中	限制氧气进入木质颗粒所在地
	如果方便的话用泡沫或者沙子覆盖木质颗粒或者喷水。挖出接近火灾中心的颗粒，移开受影响的材料

Ⅵ. 泄漏应急处理

如果木质颗粒泄漏在居民区，材料应该尽可能快地扫除或吸除。木质颗粒是一种燃料并且最好用燃烧的方式进行处置。木质颗粒或相关粉尘的堆积不应该让原料产生的气体积聚。在清理过程中戴防护口罩以防止吸入粉尘（见Ⅷ部分）。

Ⅶ. 安全处理与储存

在处理木质颗粒中建议使用预防措施，避免发生如Ⅸ部分中所述的危险状况。

木质颗粒的状态	预防措施
普通	总是将木质颗粒储存＋20℃下每 24 h 最少换气 1 次和＋30℃以上每 24 h 换气 2 次的容器中
	防止木质颗粒与水和湿气接触，以避免膨胀，气体释放增加，微生物活动增加和后来的自燃
	始终防止木质颗粒和粉尘接触可能产生热量的热辐射、卤素灯和裸露电路，防止发生火灾和爆炸
	一直将木质颗粒与氧化剂或非兼容性材料隔离
	不要让木质颗粒淋雨
	不要在木质颗粒或者木屑附近吸烟
	安装带警报的热量和气体探测器
处理过程中	避免卸载木质颗粒时产生破损

Ⅷ. 曝光控制和个人防护

个人防护应采取以下预防措施。

活动	预防措施
进入颗粒储存空间	在进入之前全部相连空间彻底通风
接触木质颗粒粉尘	戴好防护眼镜和防尘口罩并在必要时戴手套

Ⅸ.稳定性和反应性数据

木质颗粒的稳定性和反应特性如下。

参数	测量	值
气味	—	+5℃以上,新鲜的散装木质颗粒在通风不良的空间闻起来像醛类,在通风的空间更像新鲜的软木
废气排放	—	气体的排放量取决于生产颗粒使用的原材料、储存温度和获得的氧气(空气)。容器中的气体浓度取决于通风。如果颗粒按照Ⅲ部分所列的条件进行储存,可以用散装颗粒的MSDS,它指定了排放因子,说明了气体浓度估算方法以及预防措施
氧化	—	木质颗粒分解需要消耗周围空气里的氧气,对进入容器的人可能造成健康威胁。如果是在Ⅲ部分所列条件下储存,散装颗粒的MSDS适用,它指定了排放因子,说明了气体浓度估算方法以及预防措施
蒸发	—	+5℃以上烃类蒸发
自燃温度	℃	有氧气存在,>260℃的温度下自燃
可燃性	比率	不易燃(UN MTC第3版(2000),等级4.1)
爆炸性	—	<0.63 μm的粒子浓度在70 g/m³时,粉尘有可能爆炸,取决于水分含量、大气条件和点火能量
自动加热	比率	有氧气时,开始自动加热的倾向
生物降解能力	%	100
溶解度	%	如果渗进水木质颗粒会溶解为其原料组分
机械稳定性	—	磨损和冲击会将木质颗粒分裂成更小的碎块和粉尘
膨胀	比率	如果渗透进水颗粒的体积会膨胀3~4倍

Ⅹ.暴露和毒理学数据

木质颗粒毒理学特性的基础是原材料。

原材料(木屑)	允许接触水平(PEL)	毒理学资料
桤木、山杨木、杨木、胡桃木、枫木、白杨木	TLV-TWA 5 mg/m³	非过敏(OSHA)
橡木、榉木	TLV-TWA (8 h) 10 mg/m³	致瘤,涂抹的地方有肿瘤(ACGIH)
杉木、松木、铁杉、云杉	TLV-TWA (8 h) 5 mg/m³ STEL (15 min) 1 mg/m³	非过敏(ACGIH)
西部红雪松	TLV-TWA (8 h) 2.5 mg/m³	过敏性的

Ⅺ.读者须知

MSDS包含的信息是基于职业健康和安全专业人士、木质颗粒制造商和被认为是准确或技术上是正确的其他来源的共识。确定这些信息是否适用是读者的责任的。这份MSDS时常更新,读者有责任确保使用的是最新版本。我们没有立即更新MSDS中信息的义务。

可以从木质颗粒厂商获得的产品数据包括。

——小于25 kg的袋装木质颗粒的MSDS

——散装木质颗粒的MSDS

——木质颗粒产品说明书

——托运人货物信息表(SCIS)

与制造商联系,订购这些文件的最新版本。

注意,一些MSDS中的信息仅适用于MSDS的第一页上指认的制造商生产的木质颗粒,可能不一定适用于其他制造商制造的产品。

虽然我们试图确保MSDS中的信息是准确的,但任何错误或遗漏,或因使用该信息而导致的结果我们是不负责的。

任何直接、间接、特殊、偶然或必然的损害,或无论什么和如何引起的任何其他损害,无论是否与使用MSDS里的信息有关,或依赖这些信息,行为是否在合同范围内,侵权(包括过失)或其他侵权诉讼我们都不负责。我们否认任何越权使用或者复制MSDS里信息任何部分的责任。

Ⅻ.文档中使用的缩写

ACGIH	美国政府工业卫生学家会议
ASHRAE	美国供暖制冷及空调工程师协会
CCOHS	加拿大职业卫生与安全中心
CEN/TC	欧洲标准化委员会/垄断标准化技术委员会
HS	统一编码制度
IARC	国际癌症研究机构
IMO	国际海事组织(UN)
NTP	国家毒理学计划
LEL	较低的爆炸性限制
LFL	燃烧下限
NFPA	国家防火协会(美国)
NIOSH	美国国家职业安全健康研究所(美国)
OSHA	职业全与健康管理局(美国)
PEL	允许暴露水平
ppmv	百万分之一(体积/体积测量)
SCIS	托运人货物信息表
STEL	短期暴露极限
TLV	阈限值
TWA	时间加权平均值
WPAC	加拿大木质颗粒协会

参考文献

[1] Oxford Mini Dictionary, Thesaurus and Word Guide, Sara Hawker (ed.), Oxford University Press, Oxford, 2002

[2] ÖNORM M 7135, 2000: *Compressed wood or compressed bark in natural state – pellets and briquettes – requirements and test specifications*, Austrian Standards Institute, Vienna, Austria.

[3] ÖNORM M 7136, 2000: *Compressed wood or compressed bark in natural state – pellets – quality assurance in the field of logistics of transport and storage*, Austrian Standards Institute, Vienna, Austria.

[4] ÖNORM M 7137, 2003: *Compressed wood in natural state – woodpellets – requirements for storage of pellets at the ultimate consumer*, Austrian Standards Institute, Vienna, Austria.

[5] BioTech's life science dictionary, available at http://biotech.icmb.utexas.edu/search/dict-search.html

[6] FAO, 2004: Unified Bioenergy Energy Terminology – UBET, Food and Agriculture Organization of the United Nations, Forestry Department, available at ftp://ftp.fao.org/docrep/fao/007/j4504e/j4504e00.pdf, retrieved [25.3.2010]

[7] ALAKANGAS Eija, 2010: Written notice, VTT, Technical Research Centre of Finland, Jyväskylä, Finland.

[8] IMSBC Code, International Maritime Solid Bulk Cargoes and Supplements, 2009 Edition, IMO Publications # IE260E.

[9] SS 18 71 20, 1998: *Biofuels and peat – Fuel pellets – Classification*, Swedish Standards Institute, Stockholm, Sweden.

[10] DIN CERTCO, 2009: Homepage, http://www.dincertco.de, retrieved [22.9.2009], DIN CERTCO Gesellschaft für Konformitätsbewertung mbH, Berlin, Germany

[11] SS 18 71 80, 1999: *Solid biofuels and peat – Determination of mechanical strength for pellets and briquettes*, Swedish Standards Institution, Stockholm, Sweden.

[12] CILES Jeremy Hugues Dit, 2002: French Pellet Club – Die französische Pelletbranche organisiert sich. In *Holzenergie*, no. 5 (2002), pp22-23, ITEBE, Lons Le Saunier Cedex, France.

[13] GERARD Marie-Maud, 2003: Die Qualitätsnormen des ITEBE. In *Holzenergie*, no. 1 (2003), pp42-43, Mazzanti Editori srl, Venezia Mestre, Italy.

[14] KOJIMA Ken'ichiro, 2006: Wood pellet fuel standardisation in Japan, in *Proceedings of the 2nd World Conference on Pellets* in Jönköping, Sweden, ISBN 91-631-8961-5, pp113-116, Swedish Bioenergy Association, Stockholm, Sweden.

[15] SN 166000, 2001: *Testing of solid fuels – Compressed untreated wood – Requirements and testing*, Swiss Association for Standardisation, Winterthur, Switzerland.

[16] NBN EN 303-5, 1999: *Heating boilers – Part 5 : Heating boilers for solid fuels, hand and automatically stocked, nominal heat output of up to 300 kW – Terminology, requirements testing and marking*, Belgian Institute for Standardisation, Brussels, Belgium.

[17] PICHLER Wilfried, 2007: Neue europäische Normen für Holzpellets und deren Auswirkungen auf die Qualitätsstandards DINplus und ÖNORM M 7135. In *Proceedings of the 7th Pellets Industry Forum* in Stuttgart, Germany, pp118-122, Solar Promotion GmbH Pforzheim, Germany.

[18] MÜLLER Norbert, 2008: Interview in *Fachmagazin der Pelletsbranche*, no. 1 (2008), Solar Promotion GmbH, Pforzheim, Germany.

[19] TEMMERMAN M., RABIER F., DAUGBJERG JENSEN P., HARTMANN H., BÖHM T., 2006: Comparative study of durability test methods for pellets and briquettes. In *Biomass and Bioenergy*, ISSN 0961-9534, vol. 30 (2006), pp964-972, Elsevier Ltd., Oxford, UK.

[20] HARTMANN Hans, 2010: Written notice, Technologie- und Förderzentrum (TFZ), Straubing, Germany.

[21] RATHBAUER Josef, 2010: Written notice, BLT - Biomass · Logistics · Technology, Francisco Josephinum, Wieselburg, Austria.

[22] GOLSER Michael, 2001: *Standardisierung von Holzpellets – Aktuelle nationale und internationale Entwicklungen*, conference contribution at the 2nd European Round Table "wood pellets", UMBERA Umweltorientierte Betriebsberatungs-, Forschungs- und Entsorgungs GmbH, Salzburg, Austria.

[23] ÖKL-Merkblatt Nr. 66, 2008: *Planung von Pelletsheizanlagen im Wohngebäude*. Österreichisches Kuratorium für Landtechnik und Landentwicklung, Vienna, Austria.

[24] BEHR Hans Martin, WITT Janet, BOSCH Jakob, 2009: Implementing the Europen biomass standards in Germany. In *Proceedings of the 9th Pellets Industry Forum* in Stuttgart, Germany, pp32-37, Solar Promotion GmbH, Pforzheim, Germany.

[25] DEPI, 2010: Homepage, http://www.depi.de/, retrieved [8.3.2010], Deutsches Pelletinstitut GmbH, Berlin, Germany.

[26] ISO, 2010: Homepage, http://www.iso.org, retrieved [8.3.2010], International Organization for Standardization, Geneva, Switzerland.

[27] SJÖBERG Lars, 2010: Personal notice, SIS – Swedish Standards Institute, Stockholm, Sweden.

[28] EN 303-5, 1999: Heating boilers – Part 5: Heating boilers for solid fuels, hand and automatically stocked, nominal heat output of up to 300 kw - Terminology, requirements, testing and marking, European Committee for Standardization (CEN), Brussels, Belgium.

[29] ÖNORM EN 303-5, 1999: *Heating boilers – Part 5: Heating boilers for solid fuels, hand and automatically stocked, nominal heat ouput of up to 300 kW – terminology, requirements, testing and marking*, Austrian Standards Institute, Vienna, Austria.

[30] BMU, 2001: *Erste Verordnung zur Durchführung des Bundes-Immissionsschutzgesetzes, Verordnung über kleine und mittlere Feuerungsanlagen – 1. BImSchV*, Bundesministerium für Umwelt, Naturschutz und Reaktorsicherheit, Berlin, Germany.

[31] DEUTSCHER BUNDESTAG, 2009: *Erste Verordnung zur Durchführung des Bundes-Immissionsschutzgesetzes, Verordnung über kleine und mittlere Feuerungsanlagen – 1. BImSchV*. Drucksache 16/13100 vom 22.05.2009, Berlin, Germany.

[32] EVALD Anders, 2009: written notice, emission limits for wood pellet fired energy systems in Denmark compiled from Ministerial orders by FORCE Technology in February 2009, FORCE Technology, Brøndby, Denmark.

[33] SWAN LABELLING, 2007: Swan labelling of solid biofuel boilers, Version 2.0, 14 March 2007 – 30 June 2011, issued by Nordic Ecolabelling.

[34] SCHWEIZERISCHER BUNDESRAT, 1985: Luftreinhalte-Verordnung (LRV), Fassung vom 1. September 2007, Bern, Switzerland.

[35] DIRECTIVE 2005/32/EC OF THE EUROPEAN PARLIAMENT AND OF THE COUNCIL of 6 July 2005 establishing a framework for the setting of ecodesign requirements for energy-using products and amending Council Directive 92/42/EEC and Directives 96/57/EC and 2000/55/EC of the European Parliament and of the Council, Official Journal of the European Union, available at http://ec.europa.eu/enterprise/policies/sustainable-business/documents/eco-design/, retrieved [8.3.2010].

[36] BEHNKE Anja, 2009: *The Eco-design Directive: Implementation for solid fuel small combustion installations.* In *Proceedings of the 9th Pellets Industry Forum* in Stuttgart, Germany, pp48-54, Solar Promotion GmbH, Pforzheim, Germany.

[37] BRUSCHKE-REIMER Almut, 2010: Eine unendliche Geschichte geht weiter. In *Fachmagazin der Pelletsbranche*, no. 1 (2010), Solar Promotion GmbH, Pforzheim, Germany.

[38] OBERNBERGER Ingwald, THEK Gerold, 2001: *An Integrated European Market for Densified Biomass Fuels – Country Report Austria*; Report within the framework of the EU ALTENER PROJECT AL/98/520, Institute of Chemical Engineering Fundamentals and Plant Engineering, Graz University of Technology, Austria.

[39] OBERNBERGER Ingwald, THEK Gerold, 2002: Physical characterisation and chemical composition of densified biomass fuels with regard to their combustion behaviour. In *Proceedings of the 1st World Conference on Pellets* in Stockholm, Sweden, ISBN 91-631-2833-0, pp115-122, Swedish Bioenergy Association, Stockholm, Sweden.

[40] OBERNBERGER Ingwald, THEK Gerold, 2004: Physical characterisation and chemical composition of densified biomass fuels with regard to their combustion behaviour. In *Biomass and Bioenergy*, ISSN 0961-9534, vol. 27(2004), pp653-669, Elsevier Ltd., Oxford, UK.

[41] WOPIENKA E., GRIESMAYR S., FRIEDL G., HASLINGER W., 2009: Quality check for European wood pellets. In *Proceedings of the 17th European Biomass Conference & Exhibition* in Hamburg, Germany, ISBN 978-88-89407-57-3, pp1821-1823, ETA-Renewable Energies, Florence, Italy.

[42] BE2020, 2010: Internal database, BIOENERGY 2020+ GmbH, Wieselburg location, Austria.

[43] HAAS Johannes, HACKSTOCK Roger, 1998: Brennstoffversorgung mit Biomassepellets. In *Berichte aus Energie- und Umweltforschung*, no.6 (98), Bundesministerium für Wissenschaft und Verkehr, Vienna, Austria.

[44] OTTLINGER Bernd, 1998: Herstellung von Biomassepellets - Erfahrungen mit der Flachmatrizenpresse, Anforderungen an den Rohstoff. In *Proceedings of the Workshop "Holzpellets - Brennstoff mit Zukunft"* in Wieselburg, Austria, Bundesanstalt für Landtechnik, Wieselburg, Austria.

[45] HUBER Rudolf, 2001: Der Ausgleich zwischen kontinuierlicher Produktion und diskontinuierlicher Abnahme – Verfahren und Kosten. In *Proceedings of the 2nd European Round Table Woodpellets*, UMBERA Umweltorientierte Betriebsberatungs-, Forschungs- und Entsorgungs Gesellschaft mbH, Salzburg, Austria.

[46] ZIEHER Franz, 1998: *Brandschutzaspekte bei Pelletsfeuerungen.* In *Proceedings of the workshop "Holzpellets - Brennstoff mit Zukunft"* in Wieselburg; Bundesanstalt für Landtechnik, Wieselburg, Austria.

[47] HARTMANN H., BÖHM T., DAUGBJERG JENSEN P., TEMMERMAN M., RABIER F., JIRJIS R. HERSENER J.-L., RATHBAUER J., 2004: *Methods for Bulk Density Determination of Solid Biofuels.* In Van Swaaij, W. P. M.; Fjällström, T.; Helm, P.; Grassi, A. (Eds.): 2nd World Conference and Technology Exhibition on Biomass for Energy, Industry and Climate Protection, pp662-665.

[48] HARTMANN H., BÖHM T., 2004: Physikalisch-mechanische Brennstoffeigenschaften. In: Härtlein, M.; Eltrop, L.; Thrän, D (Hrsg.): *Voraussetzungen zur Standardisierung biogener Festbrennstoffe, Teil 2: Mess- und Analyseverfahren.* Schriftenreihe Nachwachsende Rohstoffe (23), Fachagentur Nachwachsende Rohstoffe (Hrsg.), Landwirtschaftsverlag, Münster, Germany pp558-632.

[49] RABIER F., TEMMERMAN M., BÖHM T., HARTMANN H., DAUGBJERG JENSEN P., RATHBAUEUR J., CARRASCO J., FERNANDEZ M., 2006: Particle density determination of pellets and briquettes. In *Biomass and Bioenergy*, vol. 30 (2006), pp954-963, Elsevier Ltd., Oxford, UK.

[50] RYCKMANS Yves, ALLARD Patrick, LIEGEOIS Benoit, MEWISSEN Dieudonné, 2006: Conversion of a pulverised coal power plant to 100% wood pellets in Belgium. In *Proceedings of the 2nd World Conference on Pellets* in Jönköping, Sweden, ISBN 91-631-8961-5, pp51-53, Swedish Bioenergy Association, Stockholm, Sweden.

[51] DAUGBJERG Jensen P., TEMMERMAN M., WESTBORG S., 2009: *Particle size distribution of raw material in biofuels pellets*, Fuel JFUE-D-09-00838, under review.

[52] TEMMERMAN M., DDAUGBJERG Jensen P., 2009: *Wood particle size distribution from pellets raw material at production to particles used in power plants*, Fuel JFUE-S-09-00486, under review.

[53] VAN LOO Sjaak, KOPPEJAN Jaap (Ed.), 2008: *The Handbook of Biomass Combustion and Co-firing*, ISBN 978-1-84407-249-1, Earthscan, London, UK.

[54] OBERNBERGER Ingwald, 2004: *Thermische Biomassenutzung*, lecture at the Institute of Ressource Efficient and Sustainable Technology, Graz University of Technology, Graz, Austria.

[55] FRIEDL A., PADOUVAS E., ROTTER H., VARMUZA K., 2005: Prediction of heating values of biomass fuel from elemental composition. In *Analytica Chimica Acta*, no. 544 (2005), pp191-198, Elsevier Ltd., Oxford, UK.

[56] CORDERO T., MARQUEZ F., RODRIGUEZ-MIRASOL J., RODRIGUEZ J.J., 2001: Predicting heating values of lignocellulosics and carbonaceous materials from proximate analysis. In *Fuel*, no. 80 (2001), pp1567-1571, Elsevier Ltd., Oxford, UK.

[57] THIPKHUNTHOD Puchong, MEEYOO Vissanu, RANGSUNVIGIT Pramoch, KITIYANAN Boonyarach, SIEMANOND Kitipat, RIRKSOMBOON Thirasak, 2005: Predicting the heating value of sewage sludges in Thailand from proximate and ultimate analyses. In *Fuel*, no. 84 (2005), pp849-857, Elsevier Ltd., Oxford, UK.

[58] SHENG Changdong, AZEVEDO J.L.T., 2005: Estimating the higher heating value of biomass fuels from basic analysis data. In *Biomass and Bioenergy*, no. 28 (2005), pp499-507, Elsevier Ltd., Oxford, UK.

[59] STOCKINGER Hermann, OBERNBERGER Ingwald, 1998: *Systemanalyse der Nahwärmeversorgung mit Biomasse*. Book series Thermische Biomassenutzung, vol.2, ISBN 3-7041-0253-9, dbv – publisher of Graz University of Technology, Graz, Austria.

[60] OBERNBERGER Ingwald, THEK Gerold, 2009: Herstellung und energetische Nutzung von Pellets – Produktionsprozess, Eigenschaften, Feuerungstechnik, Ökologie und Wirtschaftlichkeit; book series Thermal Biomass Utilization, Volume 5, ISBN 978-3-9501980-5-8, published from BIOS BIOENERGIESYSTEME GmbH, Graz, Austria

[61] OBERNBERGER Ingwald, DAHL Jonas, ARICH Anton, 1998: *Biomass fuel and ash analysis, report of the European Commission*, ISBN 92-828-3257-0, European Commission DG XII, Brussels, Belgium.

[62] OBERNBERGER Ingwald, 2007: *Technical utilisation of sustainable resources*, lecture at the Institute of Ressource Efficient and Sustainable Technology, Graz University of Technology, Graz, Austria.

[63] OBERNBERGER Ingwald, 1997: *Nutzung fester Biomasse in Verbrennungsanlagen unter besonderer Berücksichtigung des Verhaltens aschebildender Elemente*. Book series Thermische Biomassenutzung, vol. 1, ISBN 3-7041-0241-5, dbv – publisher of Graz University of Technology, Graz, Austria.

[64] BIOBIB - A Database for Biofuels: http://www.vt.tuwien.ac.at, Institute of Chemical Engineering, Fuel and Environmental Technology, Vienna University of Technology, retrieved [24.7.2003], Vienna, Austria.

[65] OBERNBERGER Ingwald, BRUNNER Thomas, BÄRNTHALER GEORG, 2005: Aktuelle Erkenntnisse im Bereich der Feinstaubemissionen bei Pelletsfeuerungen. In *Proceedings of the 5th Wood Industy Forum* in Stuttgart, Germany, pp54-64, Deutscher Energie-Pellet-Verband e.v. and Solar Promotion GmbH, Germany.

[66] OBERNBERGER Ingwald, BIEDERMANN Friedrich, DAHL Jonas, 2000: database *BIOBANK, information about ashes from biomass combustion (physical and chemical characteristics)*, BIOS Consulting, Graz and the Institute of Chemical Engineering Fundamentals and Plant Engineering, Graz University of Technology, Graz, Austria.

[67] WELTE Michael, 1980: *Untersuchungen über den Einfluß der Holzbeschaffenheit auf die Eigenschaften von thermomechanischen Holzstoffen (TMP)*, PHD Thesis, Institute of Biology, Hamburg University, Hamburg, Germany.

[68] LEHTIKANGAS Päivi, 1999: Quality properties of pelletised sawdust, logging residues and bark. In *Biomass and Bioenergy*, no. 20 (2001), pp351-360, Elsevier Ltd., Oxford, UK.

[69] HOLZNER H., OBERNBERGER I., 1998: *Der sachgerechte Einsatz von Pflanzenaschen im Acker- und Grünland*, Fachbeirat für Bodenfruchtbarkeit und Bodenschutz beim Bundesministerium für Land- und Forstwirtschaft, Vienna, Austria.

[70] OBERNBERGER I., SCHIMA J., HOLZNER H., UNTEREGGER E., 1997: Der sachgerechte Einsatz von Pflanzenaschen im Wald, Fachbeirat für Bodenfruchtbarkeit und Bodenschutz beim Bundesministerium für Land- und Forstwirtschaft, Vienna, Austria.

[71] BGBl. I S. 2524, 2008: Verordnung über das Inverkehrbringen von Düngemitteln, Bodenhilfsstoffen, Kultursubstraten und Pflanzenhilfsmitteln (Düngemittelverordnung – DüMV), Bundesministerium für Ernährung, Landwirtschaft und Verbraucherschutz, Bonn and Berlin, Germany.

[72] PAJUKALLIO Anna-Maija, 2004: *The reuse of residues and recycled materials in Finland – general and legislative aspects*, Ministry of the Environment, Finland, presented at a workshop in Stockholm on 15th October 2004.

[73] ISU, 2009: Radioactivity in Nature, Radiation Information Network, Homepage, www.phyics.isu.edu/radinf/natural.htm, Idaho State University, USA

[74] SSM, 2009: Ionizing Radiation, Homepage, www.ssm.se, Swedish Radiation Safety Authority, Stockholm, Sweden

[75] PICHL Elke, RABITSCH Herbert, 2006: Aktivitätskonzentrationen von Radiocäsium und Kalium 40 in ausgewählten Lebensmitteln der Steiermark, http://alumni.tugraz.at/tug2/alumnitalks006_pichl_rabitsch.pdf, retrieved [8.10.2009]

[76] STEINHÄUSLER Friedrich, LETTNER Herbert, HUBMER Alexander Karl, ERLINGER Christian, ACHLEITNER Alois, MACK Ulrich, 2006: *Mess- und Tätigkeitsbereicht des radiologischen Messlabors des Landes Salzburg*, Berichtszeitraum 01. Oktober 2005 – 31. März 2006, Salzburg, Österreich

[77] KIENZL Karl, KAITNA Manuela, SCHUH Robert, STREBL Friederike, GERZABEK Martin H., 1998: *Wechselwirkung zwischen Radiocäsium-Bodenkontamination und Hydrosphäre*, Report to the Bundesministerium für Umwelt, Jugend und Familie, Umweltbundesamt GmbH, ISBN 3-85457-423-1, Vienna, Austria.

[78] RAKOS Christian, 2009: Written notice of proPellets Austria - network to reinforce the distribution of pellet heating systems, Wolfsgraben, Austria.

[79] HEDVALL Robert, ERLANDSSON Bengt, MATTSSON Sören, 1995: Cs-137 in Fuels and Ash Products from Biofuel Power Plants in Sweden. In *J. Environ. Radioactivity*, Vol. 31 No. 1, pp103-117, Elsevier Science Limited, Ireland.

[80] MELIN S., 2005: *Radioactivity in Wood Pellets from British Columbia*. Wood Pellet Association of Canada, Prince George, British Columbia, Canada.

[81] PAUL, AYCIK M., SMITH G., SEFERINOGLU M., SANDSTRÖM M., PAUL J., 2009: Leaching of Radio Cesium and Radium in Turkish and Swedish Bioash. In *Proceedings of the World of Coal Ash Conference 2009*, Lexington, Kentucky, USA.

[82] GABBARD Alex, 2008: *Coal Combustion: Nuclear Resource or Danger*. Oakridge National Lab. www.ornl.gov/info/ornlreview/rev26034/text/colmain.html, retrieved [15.10.2009]

[83] TORRENUEVA A., 1995: *Radioactivity in Coal Ash and Ash Products, A review of the published literature*. Ontario Hydro.

[84] LETTNER Herbert, 2009: *Measurement report of the Division of Physics and Biophysics*, Department for Materials Research and Physics of the University of Salzburg, Austria.

[85] SJÖBLOM R., 2009: *Cesium 137 in ash from combustion of biofuels.* Application of regulations from the Swedish Radiation Safety Authority. Värmeforsk Report 1080, Projektnummer Q6-614, ISSN 1653-1248.

[86] SRPI, 1999: Policy för biobränsle, PM Dnr 822/504/99, Swedish Radiation Protection Institute, Stockholm, Sweden

[87] BUNDESMINISTERIUM FÜR LAND- UND FORSTWIRTSCHAFT, UMWELT UND WASSERWIRTSCHAFT; BUNDESMINISTERIUM FÜR WIRTSCHAFT UND ARBEIT; BUNDESMINISTERIUM FÜR VERKEHR, INNOVATION UND TECHNOLOGIE; BUNDESMINISTERIUM FÜR BILDUNG, WISSENSCHAFT UND KULTUR; BUNDESMINISTERIUM FÜR GESUNDHEIT UND FRAUEN, 2006: Verordnung über allgemeine Maßnahmen zum Schutz von Personen vor Schäden durch ionisierende Strahlung (Allgemeine Strahlenschutzverordnung – AllgStrSchV), Bundesgesetzblatt 191/2006, Vienna, Austria.

[88] ESTEBAN Luis, MEDIAVILLA Irene, FERNANDEZ Miguel, CARRASCO Juan, 2006: Influence of the size reduction of pine logging residues on the pelleting process and on the physical properties of pellets obtained. In *Proceedings of the 2nd World Conference on Pellets* in Jönköping, Sweden, ISBN 91-631-8961-5, pp19-23, Swedish Bioenergy Association, Stockholm, Sweden.

[89] EU Project NNE5-2001-00158, Pre-normative work on sampling and testing of solid biofuels for the development of quality assurance systems - BIONORM

[90] PICHLER Wilfried, GREINÖCKER Christa, GOLSER Michael, 2006: Pellet quality optimisation. In *Proceedings of the 2nd World Conference on Pellets* in Jönköping, Sweden, ISBN 91-631-8961-5, pp161-165, Swedish Bioenergy Association, Stockholm, Sweden.

[91] HARTMANN H., 2004: Physical-Mechanical Fuel Properties – Significance and impacts. In Hein, M; Kaltschmitt, M (eds) *Standardisation of Solid Biofuels*, Int. Conf., Oct. 6-7, 2004, Institute for Energy and Environment (IE), pp106-115, Leipzig, Germany.

[92] GREINÖCKER Christa, PICHLER Wilfried, GOLSER Michael, 2006: Hygroscopicity of wood pellets. In *Proceedings of the 2nd World Conference on Pellets* in Jönköping, Sweden, ISBN 91-631-8961-5, pp157-160, Swedish Bioenergy Association, Stockholm, Sweden.

[93] SAMUELSSON Robert et al, 2006: *Effect of sawdust characteristics on pelletizing properties and pellet quality.* In *Proceedings of the 2nd World Conference on Pellets* in Jönköping, Sweden, ISBN 91-631-8961-5, pp25, Swedish Bioenergy Association, Stockholm, Sweden.

[94] SAMUELSSON Robert, 2007: Written notice, Swedish University of Agricultural Sciences (SLU), Umeå, Sweden.

[95] ARSHADI Mehrdad, GREF Rolf, GELADI Paul, DAHLQVIST Sten-Axel, LESTANDER Torbjörn, 2008: The influence of raw material characteristics on the industrial pelletizing process and pellet quality. In *Fuel Processing Technology*, no. 89 (2008), pp1442-1447, Elsevier Ltd., Oxford, UK.

[96] MANN Markus, 2008: Pelletsproduktion: Effizienzsteigerung & Erfahrungsbericht. In *Proceedings of the World Sustainable Energy Days 2008*, O.Ö. Energiesparverband, Linz, Austria.

[97] OBERNBERGER Ingwald et al, 2007: *Ash and aerosol related problems in biomass combustion and co-firing – BIOASH*, Final report of the EU FP6 Project SES6-CT-2003-502679, The Institute of Ressource Efficient and Sustainable Technology, Graz University of Technology, Graz, Austria.

[98] BIEDERMANN Friedrich, 2000: *Fraktionierte Schwermetallabscheidung in Biomasseheizwerken*, PHD Thesis, Faculty of Mechanical Engineering, Graz University of Technology, Austria.

[99] MICHELSEN Hanne Philbert, FRANDSEN Flemming, DAM-JOHANSEN Kim, LARSEN Ole Hede, 1998: Deposition and high temperature corrosion in a 10 MW straw fired boiler. In *Fuel Processing Technology* 54, pp95-108, Elsevier Ltd., Oxford, UK.

[100] NIELSEN Per Halkjær, FRANDSEN Flemming, DAM-JOHANSEN Kim, 1999: Lab-Scale Investigations of High-Temperature Corrosion Phenomena in Straw-Fired Boilers. In *Energy & Fuels,* no. 13 (1999), pp1114-1121, American Chemical Society, Washington, DC, USA.

[101] KRINGELUM Jon V. et al, 2005: *Large scale production and use of pellets – One year of operation experience.* In *Proceedings of the World Sustainable Energy Days 2005* in Wels, Austria, O.Ö. Energiesparverband, Linz, Austria.

[102] FOSTER N. A., DRÄGER R., DAUBLEBSKY VON EICHHAIN C., WARNEKE R., 2007: *Wärmetechnische Auslegung von Kesseln für Verbrennung von Reststoffen – Grundlagen und Korrosionsdiagramm.* In *Unterlagen zum Seminar des VDI-Wissensforums "Beläge und Korrosion, Verfahrenstechnik und Konstruktion in Großfeuerungsanlagen (mit belasteten Brennstoffen)"*, Frankfurt am Main, Germany.

[103] GAUR Siddharta, REED Thomas B., 1995: *An Atlas of Thermal Data for Biomass and Other Fuels,* NREL/TB-433-7965, UC Category:1310, DE95009212, National Renewable Energy Laboratory, Golden, Colorado, USA.

[104] HOLM Jens K., HENRIKSEN Ulrik B., HUSTAD Johan E., SØRENSEN Lasse H., 2006: Toward an understanding of controlling parameters in softwood and hardwood pellets production. In *Energy & Fuels 2006,* no.20, pp2686-2694, American Chemical Society, Washington, DC, USA.

[105] ÖNORM M 7133, 1998: *Chipped wood for energetic purposes – requirements and test specifications,* Austrian Standards Institute, Vienna, Austria.

[106] PHYLLIS - A Database for Biomass and Waste: http://www.ecn.nl/phyllis, Netherlands Energy Research Foundation ECN, retrieved [21.9.2000], Petten, Netherlands.

[107] ANONYMOUS, 2006: *Vom Brandenburger Wald in den Pelletkessel.* In *Holz-Zentralblatt,* no. 38(2006), pp1094-1095, DRW Weinbrenner GmbH & Co. KG, Leinfelden-Echterdingern, Germany.

[108] MANN Markus, *2006: Einsatz von Hackgut für die Produktion von Pellets – Potenziale, Techniken, Kosten, Probleme.* In *Proceedings of the 6th Pellets Industry Forum* in Stuttgart, Germany, pp60-65, Solar Promotion GmbH, Pforzheim, Germany.

[109] KISKER Jobst, 2006: Einsatz von Rundholz zur Herstellung von Pellets – das Beispiel Schwedt. In *Proceedings of the 6th Pellets Industry Forum* in Stuttgart, Germany, pp66-68, Solar Promotion GmbH, Pforzheim, Germany.

[110] KISKER Jobst, 2006: First log pelletizing plant. In *The Bioenergy international,* no. 4(2006), Bioenergi Förlag AB, Stockholm, Sweden.

[111] RINKE Gregor, 2005: Pelletsfertigung aus Waldfrischholz – eine technische Herausforderung. In *Proceedings of the World Sustainable Energy Days 2005* in Wels, Austria, O.Ö. Energiesparverband, Linz, Austria.

[112] RINKE G., 2005: Waldholz als Alternative bei der Pelletsproduktion. Angepasste Maschinenausstattung ermöglicht Pelletsproduktion aus Sägewerksnebenprodukten und Rundholz. In *Holz-Zentralblatt,* no. 131(83), p1106, DRW Weinbrenner GmbH & Co. KG, Leinfelden-Echterdingern, Germany.

[113] STOLARSKI Mariusz, 2005: Pellets production from short rotation forestry. In *Proceedings of the World Sustainable Energy Days 2005* in Wels, Austria, O.Ö. Energiesparverband, Linz, Austria.

[114] KOOP Dittmar, 2006: Entwicklungsland Kurzumtrieb. In *Fachmagazin der Pelletsbranche,* no. 4 (2006), Solar Promotion GmbH, Pforzheim, Germany.

[115] EDER Gottfried, 2003: *Wirtschaftliche und technische Möglichkeiten für die Herstellung und Nutzung einer neuen Generation von Biomassepellets,* Thesis, University of Applied Sciences Wiener Neustadt, Wieselburg, Austria.

[116] SCHELLINGER Helmut, 2006: Neue Rohstoffpotenziale – langfristige Chancen für den Heizkesselmarkt. In *Proceedings of the 6th Pellets Industry Forum* in Stuttgart, Germany, pp53-59, Solar Promotion GmbH, Pforzheim, Germany.

[117] HERING Thomas, 2006: Emissionsvergleich verschiedener Biomassebrennstoffe. In *Proceedings of the World Sustainable Energy Days 2006* in Wels, Austria, O.Ö. Energiesparverband, Linz, Austria.

[118] SCHELLINGER Helmut, 2007: Pelletsrohstoff der Zukunft – Flächennutzungskonkurrenz der aktuellen Biomassenutzungspfade. Kosequenzen für den Pelletsmarkt. In *Proceedings of the 7th Pellets Industry Forum* in Stuttgart, Germany, pp52-59, Solar Promotion GmbH, Pforzheim, Germany.

[119] NEUMEISTER Carsten, 2007: Pellets aus schnellwachsenden Bäumen – erste Erfahrungen aus Schweden. In *Proceedings of the 7th Pellets Industry Forum* in Stuttgart, Germany, Solar Promotion GmbH, Pforzheim, Germany.

[120] NIKOLAISEN Lars et al, 2002: *Quality Characteristics of Biofuel Pellets*, ISBN 87-7756-676-9, Danish Technological Institute, Aarhus, Denmark.

[121] HJULER K., 2002: Use of additives to prevent ash sintering and slag formation. In *Proceedings of the 12th European Biomass Conference* in Amsterdam, Netherlands, vol. 1, ISBN 88-900442-5-X, pp730-732, Amsterdam, Netherlands.

[122] WITT Janet, LENZ Volker, 2007: Holzmischpellets: Eine Chance für den Kleinverbrauchermarkt?. In *Proceedings of the 7th Pellets Industry Forum* in Stuttgart, Germany, pp60-67, Solar Promotion GmbH, Pforzheim, Germany.

[123] HILGERS Claudia, 2007: „Mischen" impossible?. In *Fachmagazin der Pelletsbranche*, no. 4 (2007), Solar Promotion GmbH, Pforzheim, Germany.

[124] NIELSEN Niels Peter K., GARDNER Douglas, HOLM Jens Kai, TOMANI Per, FELBY Claus, 2008: The effect of LignoBoost kraft lignin addition on the pelleting properaties of pine sawdust. In *Proceedings Oral Sessions of the World Bioenergy 2008 Conference & Exhibition on Biomass for Energy* in Jönköping, Sweden, pp98-102, Swedish Bioenergy Association, Stockholm, Sweden.

[125] ÖHMAN M., BOMAN C., HEDMAN H., NORDIN A., BOSTRÖM D., 2004: Slagging tendencies of wood pellet ash during combustion in residential pellet burners. In *Biomass & Bioenergy*, 27, pp585-596.

[126] IVARSSON E., NILSSON C., 1998: *Smälttemperaturer hos halmaskor med respektive utan tillsatsmedel*, Special Report 153, Swedish University of Agricultural Sciences, Department of Farm buildings, Uppsala, Sweden.

[127] STEENARI B. M., LINDQVIST O., 1998: High-temperature reactions of straw ash and the anti-sintering additives kaolin and dolomite. In *Biomass and Bioenergy*, 14, pp67-76.

[128] WILEN C., STAAHLBERG P., SIPILÄ K., AHOKAS J., 1987: Pelletization and combustion of straw. In *Energy from Biomass and Wastes* 10 (1987), pp469-484.

[129] TURN S. Q., 1998: A review of sorbent materials for fixed bed alkali getter systems in biomass gasifier combined cycle power generation applications. In *Journal of the Institute of Energy*, 71, pp163-177.

[130] NORDIN A., LEVEN P., 1997: *Askrelaterade driftsproblem i biobränsleeldade anläggningar – Sammanställning av svenska driftserfarenheter och internationellt forskningsarbete*, Värmeforskrapportnr 607, Stockholm, Sweden

[131] ÖHMAN M., GILBE R., LINDSTRÖM E., BOSTRÖM D., 2006: Slagging characteristics during residential combustion of biomass pellets. In *Proceedings of the 2nd World Conference on Pellets* in Jönköping, Sweden, ISBN 91-631-8961-5, pp93-100, Swedish Bioenergy Association, Stockholm, Sweden.

[132] LINDSTRÖM E., LARSSON S., BOSTRÖM D., ÖHMAN M., 2009: *Slagging tendencies of woody biomass pellets made from a range of different Swedish forestry assortments.* Submitted to *Energy & Fuels.*

[133] LINDSTRÖM E., ÖHMAN M., BOMAN C., BOSTRÖM D., DANIELSSON B., PALM L., DEGERMAN B., 2006: *Inverkan av additivinblandning i skogsbränslepelletskvaliteer för motverkande av slaggning i*

eldnings-utrustning, Slutrapport P 21464-1 inom STEM-programmet "Småskalig Bioenergianvändning". ISSN 15653-0551.

[134] BÄFVER Linda, 2009: Slutrapport för delprojekt Partiklar från askrika bränslen i Energimyndighetsprojekt nr 30824-1, SP Arbetsrapport 2009, Borås, Sweden, ongoing work.

[135] HEDMAN H., NYSTRÖM I-L, ÖHMAN M., BISTRÖM D., BOMAN C., SAMUELSSON R., 2008: *Småskalig eldning av torv-effekter av torvinblandning i träpellets på förbränningsresultatet i pelletsbrännare*. Rapport nr 9 i Torvforsks rapportserie, ISSN 1653-7955, Stockholm, Sweden.

[136] BJÖRNBOM E., ZANZI R., GUSTAVSSON S-E, RUUSKA R., GUSTAVSSON P., BOSTRÖM D., BOMAN C., GRIMM A., LINDSTRÖM E., ÖÄHMAN M., BJÖRKMAN B., 2008: *Åtgärder mot korrosion och beläggningsbildning vid spannmålseldning*. SLF Projekt V064000, Rapport, Stockholm, Sweden.

[137] BOSTRÖM D., LINDSTRÖM E., GRIMM A., ÖÄHMAN M., BOMAN C., BJÖRNBOM E., 2008: *Abatement of corrosion and deposits formation in combustion of oats*. In *Proceedings of the 16th European Biomass Conference & Exhibition* in Valencia, Spain, ISBN 978-88-89407-58-1, pp1528-1534, ETA-Renewable Energies, Florence, Italy.

[138] LINDSTRÖM Erica, ÖHMAN Marcus, BOSTRÖM Dan, SANDSTRÖM Malin, 2007: Slagging characteristics during combustion of cereal grains rich in phosphorous. In *Energy & Fuels*, 21, pp710-717.

[139] KOTRBA Ron, 2007: Closing the Energy Circle. In *Biomass Magazine*, no. 11(2007), pp24-29, BBI International, Grand Forks, North Dacota, USA.

[140] MEIER Daniel, 2008: Grüne Energie für Europa. In *Fachmagazin der Pelletsbranche*, no. 4 (2008), Solar Promotion GmbH, Pforzheim, Germany.

[141] PELLETS, 2006: *Pellets - Markt und Technik*. In *Fachmagazin der Pelletsbranche*, no. 3 (2006), Solar Promotion GmbH, Pforzheim, Germany.

[142] FRUWIRTH Robert, 2007: Nassvermahlung von Hackschnitzeln. In *Proceedings of the 7th Pellets Industry Forum* in Stuttgart, Germany, pp126-128, Solar Promotion GmbH, Pforzheim, Germany.

[143] RINKE Gregor, 2007: *Vom Holz zum Pellet*. In *Proceedings of the World Sustainable Energy Days 2007* in Wels, Austria, O.Ö. Energiesparverband, Linz, Austria.

[144] RINKE Gregor, 2008: 240.000 t Pelletsproduktion/Jahr - eine Herausforderung für jeden Standort. In *Proceedings of the World Sustainable Energy Days 2008*, O.Ö. Energiesparverband, Linz, Austria.

[145] NYSTRÖM I., DEDMAN H., BOSTRÖM D., BOMAN C., SAMUELSSON R., ÖHMAN M., 2008: Effect of peat addition on combustion characteristics in residential appliances. In *Proceedings Poster Session of the World Bioenergy 2008 Conference & Exhibition on Biomass for Energy* in Jönköping, Sweden, pp274-279, Swedish Bioenergy Association, Stockholm, Sweden.

[146] SPROUT MATADOR, 2006: http://www.andritz.com, retrieved [11.9.2006], Sprout-Matador A/S, Esbjerg, Denmark.

[147] REPKE Volker, 2006: Written notice, Dipl.-Ing. (FH) V. Repke Holzindustrieberatung, Olang/BZ, Italy.

[148] HIRSMARK Jakob, 2002: *Densified Biomass Fuels in Sweden, Examensarbeten Nr 38*, Department of Forest Management and Products, Swedish University of Agricultural Sciences, Uppsala, Sweden.

[149] SWISS COMBI, 2006: Oral notice and http://www.swisscombi.ch, retrieved [7.9.2006], SWISS COMBI W. Kunz dryTec AG, Dintikon, Switzerland.

[150] LOHMANN Ulf, 1998: *Holzhandbuch*, DRW-Verlag Weinbrenner GmbH & Co. KG, Rosenheim, Germany.

[151] PONNDORF, 2007: Written notice, Ponndorf Maschinenfabrik GmbH, Kassel, Germany.

[152] ANHYDRO, 2007: http://www.anhydro.com, Anhydro GmbH, retrieved [28.9.2007], Kassel, Germany.

[153] GRANSTRÖM K. M., 2006: Emissions of sesquiterpenes from spruce sawdust during drying. In *Proceedings of the 2nd World Conference on Pellets* in Jönköping, Sweden, ISBN 91-631-8961-5, pp121-125, Swedish Bioenergy Association, Stockholm, Sweden.

[154] ÖHMANN Marcus, NORDIN Anders, HEDMAN Henry, JIRJIS Raida, 2002: Reasons for slagging during stemwood pellet combustion and some measures for prevention. In *Proceedings of the 1st World Conference on Pellets* in Stockholm, Sweden, ISBN 91-631-2833-0, pp93-97, Swedish Bioenergy Association, Stockholm, Sweden.

[155] BÜTTNER, 2001: Company brochure, Büttner Gesellschaft für Trocknungs- und Umwelttechnik mbH, Krefeld, Germany.

[156] ANDRITZ, 2007: Written notice, Andritz AG, Graz, Austria.

[157] STELA, 2007: http://stela.de, retrieved [9.10.2007], STELA Laxhuber GmbH, Massing, Germany.

[158] GRANSTRAND Lennart, 2006: Increased production capacity with new drying system. In *Proceedings of the 2nd World Conference on Pellets* in Jönköping, Sweden, ISBN 91-631-8961-5, pp13-15, Swedish Bioenergy Association, Stockholm, Sweden.

[159] GRANSTRAND Lennart, 2009: Energy efficient drying of sawdust – examples of realised plants. In *Proceedings of the World Sustainable Energy Days 2009* in Wels, Austria, O.Ö. Energiesparverband, Linz, Austria.

[160] LJUNGBLOM Lennart, 2009: New low temp drying system from SRE. In *The Bioenergy International*, no. 37 (2007), Bioenergi Förlag AB, Stockholm, Sweden.

[161] STAHEL Roger, 2009: Low-temperature drying of raw materials for pellets production. In *Proceedings of the 9th Pellets Industry Forum* in Stuttgart, Germany, pp70-75, Solar Promotion GmbH, Pforzheim, Germany.

[162] STORK, 1995: Company brochure, Stork Engineering, Göteborg, Sweden.

[163] GRUBER Timon, KUNZ Werner, 2001: Spänetrocknung mit Dampf. In *Holz-Zentralblatt*, no. 147 (2001), p1886, DRW-Verlag Weinbrenner GmbH & Co. KG, Leinfelden-Echterdingern, Germany.

[164] MÜNTER Claes, 2003: Exergy steam drying and its energy integration. In *Proceedings of the International Nordic Bioenergy Conference* in Jyväskylä, Finland, ISBN 952-5135-26-8, ISSN 1239-4874, pp271-273, Finnish Bioenergy Association, Jyväskylä, Finland.

[165] MÜNTER Claes, 2004: Exergy steam drying for biofuel production. In *Proceedings of the World Sustainable Energy Days 2005* in Wels, Austria, O.Ö. Energiesparverband, Linz, Austria.

[166] VERMA Prem, MÜNTER Claes, 2008: Exergy steam drying and energy integration. In *Proceedings Poster Session of the World Bioenergy 2008 Conference & Exhibition on Biomass for Energy* in Jönköping, Sweden, pp286-289, Swedish Bioenergy Association, Stockholm, Sweden.

[167] NIRO, 2006: http://www.niro.de, retrieved [6.9.2006], Niro A/S, Soeborg, Denmark.

[168] MBZ, 2000: Company brochure, MBZ Mühlen- und Pelletiertechnik, Hilden, Germany.

[169] HASLINGER Walter, 2005: Pellets-Technologien – ein Überblick. In *Proceedings of the World Sustainable Energy Days 2005* in Wels, Austria, O.Ö. Energiesparverband, Linz, Austria.

[170] GEISSLHOFER Alois et al., 2000: *Holzpellets in Europa, Berichte aus Energie- und Umweltforschung"*, no. 9 (2000), Bundesministerium für Verkehr, Innovation und Technologie Vienna, Austria.

[171] CPM, 2001: Weit entwickelte Technologie zur Herstellung von Holzpellets steht bereit. In *Holz-Zentralblatt*, no. 147 (2001), p1885, DRW-Verlag Weinbrenner GmbH & Co. KG, Leinfelden-Echterdingern, Germany.

[172] CPM, 2001: http://www.cpmroskamp.com, retrieved [10.1.2001], CPM/Europe B.V., Amsterdam, Netherlands.

[173] BLISS, 2008: http://www.bliss-industries.com, retrieved [19.12.2008], Company brochure, Bliss Industries Inc., Ponca City, Oklahoma, USA.

[174] BRUSLETTO Rune, 2006: Written notice, Arbaflame AS, Matrand, Norway.

[175] BERGMANN Patrik C.A., BOERSMA Arjen R., KIEL Jacob H.A., 2007: Torrefaction for biomass conversion into solid fuel. In *Proceedings of the 15th European Biomass Conference & Exhibition* in Berlin, Germany, ISBN 978-88-89407-59-X, ISBN 3-936338-21-3, pp78-82, ETA-Renewable Energies, Florence, Italy

[176] LENSSELINK Jasper, GERHAUSER Heiko, KIEL Jacob H.A., 2008: BO_2-technology for combined torrefaction and densification. In *Proceedings of the World Sustainable Energy Days 2008*, O.Ö. Energiesparverband, Linz, Austria.

[177] ROLLAND Matthieu, REPELLIN Vincent, GOVIN Alexandre, GUYONNET René, 2008: Effect of torrefaction on grinding energy requirement: first results on Spruce. In *Proceedings Oral Sessions of the World Bioenergy 2008 Conference & Exhibition on Biomass for Energy* in Jönköping, Sweden, pp108-111, Swedish Bioenergy Association, Stockholm, Sweden.

[178] LIPINSKY Edward S., ARCATE James R., REED Thomas B., 2002: Enhanced wood fuels via torrefaction. In *Fuel Chemistry Division Preprints 2002*, no. 47 (1), http://www.techtp.com/recent%20papers/acs_paper.pdf, retrieved [14.4.2008].

[179] ZANZI R., TITO FERRO D., TORRES A., BEATON SOLER P., BJÖRNBOM E., 2004: Biomass torrefaction. In *Proceedings of the 2nd World Conference and Exhibition on Biomass for Energy, Industry and Climate Protection* in Rome, Italy, vol. 1, ISBN 88-89407-04-2, pp859-862, ETA-Florence, Italy.

[180] PRINS Mark J., PTASINSKI Krzysztof J., LANSSEN Frans J.J.G., 2006: More efficient biomass gasification via torrefaction. In *Energy*, no. 31(2006), pp3458-3470, Elsevier Ltd, Oxford, UK.

[181] SRIDHAR G., SUBBUKRISHNA D.N., SRIDHAR H.V., DASAPPA S., PAUL P.J., MUKUNDA H.S., 2007: Torrefaction of Bamboo. In *Proceedings of the 15th European Biomass Conference & Exhibition* in Berlin, Germany, ISBN 978-88-89407-59-X, ISBN 3-936338-21-3, pp532-535, ETA-Renewable Energies, Florence, Italy.

[182] BRIDGEMAN T.G., ROSS A.B., JONES J.M., WILLIAMS P.T., 2007: Torrefaction: changes in solid fuel properties of biomass and the implications for thermochemical processing. In *Proceedings of the 15th European Biomass Conference & Exhibition* in Berlin, Germany, ISBN 978-88-89407-59-X, ISBN 3-936338-21-3, pp1320-1325, ETA-Renewable Energies, Florence, Italy.

[183] ARIAS B., PEVIDA C., FERMOSO J., PLAZA M.G., RUBIERA F., PIS J.J., 2008: Influence of torrefaction on the grindability and reactivity of woody biomass. In *Fuel Processing Technology*, no. 89(2008), pp169-175, Elsevier Ltd, Oxford, UK.

[184] HÅKANSSON K., OLOFSSON I., PERSSON K., NORDIN A., 2008: Torrefaction and gasification of hydrolysis residue. In *Proceedings of the 16th European Biomass Conference & Exhibition* in Valencia, Spain, ISBN 978-88-89407-58-1, pp923-927, ETA-Renewable Energies, Florence, Italy.

[185] ROMEO Javier Celaya, BARNO Javier Gil, 2008: Evaluation of torrefaction + pelletization process to transform biomass in a biofuel suitable for co-combustion. In *Proceedings of the 16th European Biomass Conference & Exhibition* in Valencia, Spain, ISBN 978-88-89407-58-1, pp1937-1941, ETA-Renewable Energies, Florence, Italy.

[186] ZANZI Rolando, MAJARI Mehdi, BJÖRNBOM Emilia, 2008: Biomass pre-treatment by torrefaction. In *Proceedings of the 16th European Biomass Conference & Exhibition* in Valencia, Spain, ISBN 978-88-89407-58-1, pp37-41, ETA-Renewable Energies, Florence, Italy.

[187] KIEL J.H.A., VERHOEFF F., GERHAUSER H., MEULEMANN B., 2008: BO_2-technology for biomass upgrading into solid fuel – pilot-scale testing and market implementation. In *Proceedings of the 16th European Biomass Conference & Exhibition* in Valencia, Spain, ISBN 978-88-89407-58-1, pp48-53, ETA-Renewable Energies, Florence, Italy.

[188] VAN DAALEN Wim, 2008: Torrifikationsbasierte BO_2-Technologie zur Veredelung von Biomasse in leicht handelbare feste Biomasse. In *Proceedings of the 8th Pellets Industry Forum* in Stuttgart, Germany, pp123-132, Solar Promotion GmbH, Pforzheim, Germany.

[189] *Upgrading fuel properties of biomass fuel and waste by torrefaction*, R&D project of Teknologisk Institut, Vedvarende Energi og Transport, in cooperation with Danmarks Tekniske Universitet. Risø Nationallaboratoriet for Bæredygtig Energi (Risø DTU), Afdelingen for Biosystemer; DONG Energy Power, Kemi og Optimering and Københavns Universitet, Skov og Landskab

[190] BERGMAN Patrick C.A., KIEL Jacob H.A., 2005: Torrefaction for biomass upgrading. In *Proceedings of the 14th European Biomass Conference & Exhibition* in Paris, France, ISBN 88-89407-07-7, pp206-209, ETA-Renewable Energies, Italy.

[191] POST VAN DER BURG Robin, 2010: *Torrefied pellets: advantages and challenges.* Presentation at the World Sustainable Energy Days 2010 in Wels, Austria.

[192] POST VAN DER BURG Robin, 2009: written notice, Topell Energy BV, The Hague, The Netherlands.

[193] MAASKANT Ewout, 2009: Torrefaction. Presentation at the *Workshop on High cofiring percentages in new coal fired power plants*, June 30, 2009, Hamburg, Germany, available at http://www.ieabcc.nl/meetings/task32_Hamburg2009/cofiring/03%20Topell%20revised.pdf, retrieved [10.2.2010]

[194] DEML Max, 2008: Invest in Pellets – Anlagemöglichkeiten in Pelletsproduktionen. In *Fachmagazin der Pelletsbranche*, no. 3 (2008), Solar Promotion GmbH, Pforzheim, Germany.

[195] WILD Michael, 2008: Entwicklung der europäischen Märkte für Heiz- und Verstromungspellets – Rohstoffe und Verbraucherperspektiven. In *Proceedings of the 8th Pellets Industry Forum* in Stuttgart, Germany, pp34-39, Solar Promotion GmbH, Pforzheim, Germany.

[196] BERNER Joachim, 2005: Leichte Fracht – der Transport von Holzpellets auf deutschen Flüssen nimmt zu. In *Fachmagazin der Pelletsbranche*, no. 4(2005), Solar Promotion GmbH, Pforzheim, Germany.

[197] LJUNGBLOM Lennart, 2004: Pellets: booming business in Rotterdam. In *The Bioenergy International*, no. 9 (2004), Bioenergi Förlag AB, Stockholm, Sweden.

[198] SWAAN John, 2003: Pellets from Canada to Europe. In *The Bioenergy International*, No 7, December 2003, Bioenergi Förlag AB (Ed.), Stockholm, Sweden

[199] LJUNGBLOM Lennart, 2003: Pellets from Halifax. In *The Bioenergy international*, no. 7 (2003), Bioenergi Förlag AB, Stockholm, Sweden.

[200] KOOP Dittmar, 2006: R-Bescheid in der Kombüse. In *Fachmagazin der Pelletsbranche*, no. 4 (2006), Solar Promotion GmbH, Pforzheim, Germany

[201] KOOP Dittmar, 2007: Keimzelle Rotterdam. In *Fachmagazin der Pelletsbranche*, no. 4(2007), Solar Promotion GmbH, Pforzheim, Germany.

[202] TCHARNETSKY Marina, 2008: Die Strukturen reifer Energiemärkte – Vorbild für die Pelletsbranche? In *Proceedings of the 8th Pellets Industry Forum* in Stuttgart, Germany, pp138-140, Solar Promotion GmbH, Pforzheim, Germany.

[203] LJUNGBLOM Lennart, 2005: A fast grower BBG – Baltic Bioenergy Group. In *The Bioenergy international*, no. 17 (2005), Bioenergi Förlag AB, Stockholm, Sweden.

[204] PFEIFER, 2009: Homepage, http://www.holz-pfeifer.com, retrieved [8.10.2009], Holzindustrie Pfeifer GesmbH, Kundl, Austria.

[205] RAKOS Christian, SCHLAGITWEIT Christian, 2008: Written notice of proPellets Austria - network to reinforce the distribution of pellet heating systems, Wolfsgraben, Austria.

[206] WILD Michael, 2009: written notice, European Bioenergy Services - EBES AG, Vienna, Austria

[207] NAU, 2003: Company brochure, Stefan Nau GmbH & Co. KG, Moosburg, Germany.

[208] MALL, 2003: http://www.mall.info, retrieved [31.7.2003], Mall GmbH, Donaueschingen, Germany.

[209] KWB, 2005: Company brochure, Kraft & Wärme aus Biomasse GmbH, St. Margarethen/Raab, Austria.

[210] BERNER Joachim, 2006: Flexible Pelletstanks. In *Fachmagazin der Pelletsbranche*, no. 1 (2006), Solar Promotion GmbH, Pforzheim, Germany.

[211] JÄCKEL Günther, 2006: Holzpellets - eine Chance für den Brennstoffhandel in Deutschland. In *Proceedings of the European Pellets Forum 2006*, O.Ö. Energiesparverband, Linz, Austria.

[212] RAKOS Christian, 2008: Versorgungssicherheit im Pelletsmarkt. In *Proceedings of the 8th Pellets Industry Forum* in Stuttgart, Germany, pp47-52, Solar Promotion GmbH, Pforzheim, Germany.

[213] SCHONEWILLE Wijnand, 2008: Rotterdam: Entwicklung zum Drehkreuz der Holzpelletsverschiffung. In *Proceedings of the 8th Pellets Industry Forum* in Stuttgart, Germany, pp141-143, Solar Promotion GmbH, Pforzheim, Germany.

[214] WINDHAGER, 2008: http://www.windhager.com, retrieved [9.12.2008], Windhager Zentralheizung AG, Seekirchen am Wallersee, Austria.

[215] DAUGHERTY Jack, 1998: Assessment of Chemical Exposures, Calculation Methods for Environmental Professionals, ISBN 1-56670-216-X, CRC Press, Danvers, MA, USA

[216] MELIN Staffan, 2008: *Testing of Explosibility and Flammability of Airborne Dust from Wood Pellets.* Wood Pellet Association of Canada, Prince George, Canada.

[217] BARON Paul: Generation and behaviour of airborne particles (aerosols), National Institute of Occupational Health and Safety, Atlanta, GA, USA, available at http://www.cdc.gov/niosh/topics/aerosols/pdfs/aerosol_101.pdf, retrieved [26.1.2010]

[218] BS 5958, 1991: *Code of practice for control of undesirable static electricity*, British Standards Institution, London, United Kingdom.

[219] BARTON John, 2002: *Dust explosion prevention and protection: a practical guide*, ISBN 0-7506-7519-5, Gulf Publishing Company, Houston, Texas, USA.

[220] ATEX-137, 1999: DIRECTIVE 1999/92/EC OF THE EUROPEAN PARLIAMENT AND OF THE COUNCIL of 16 December 1999 on minimum requirements for improving the safety and health protection of workers potentially at risk from explosive atmospheres (15th individual Directive within the meaning of Article 16(1) of Directive 89/391/EEC).

[221] UNITED NATIONS, 1990: *Recommendation on the Transport of Dangerous Goods, Manuak of Tests and Criteria*, third revision, ISBN 92-1-139-068-0.

[222] CFR 49, 2009: US Code of Federal Regulations, http://www.gpoaccess.gov/CFR.

[223] MANI S., SOKHANSANJ S., HOQUE M., PETERSON J., 2007: *Moisture Sorption Isotherm for Wood Pellets*, ASABE 2007 Annual International Meeting, Minnesota, USA.

[224] LÖNNERMARK A., PERSSON H., BLOMQVIST P., HOGLAND W., 2008: *Biobränslen och avfall - Brandsäkerhet i samband med lagring*, SP Sveriges Tekniska Forskningsinstitut, 2008:51, Borås, Sweden.

[225] PERSSON H., BLOMQVIST P., 2004: *Släckning av silobränder*, SP Swedish National Testing and Research Institute, 2004:16, Borås, Sweden.

[226] RUPAR-GADD K., 2006: *Biomass Pre-treatment for the Production of Sustainable Energy – Emissions and Self-heating*, Acta Wexionensia, No 88/2006, Bioenergy Technology, ISBN 91-7636-501-8, Växjö, Sweden.

[227] BLOMQVIST P., PERSSON B., 2003: *Spontaneous Ignition of Biofuels - A Literature Survey of Theoretical and Experimental Methods*, SP Swedish National Testing and Research Institute, SP-AR 2003:18, Borås, Sweden.

[228] BLOMQVIST P., PERSSON H., 2008: Self-heating in storages of wood pellets. In *Proceedings Oral Sessions of the World Bioenergy 2008 Conference & Exhibition on Biomass for Energy* in Jönköping, Sweden, pp138-142, Swedish Bioenergy Association, Stockholm, Sweden.

[229] BLOMQVIST P., PERSSON H., HEES P. V., HOLMSTEDT G., GÖRANSSON U., WADSÖ L., SANATI M., RUPAR-GADD K., 2007: *An experimental study of sponaneousignition in storages of wood pellets*, Fire and Materials Conference, San Francisco, USA.

[230] PERSSON H., BLOMQVIST P., 2007: *Fire and fire extinguishment in silos*, Interflam '07, pp365-376, London, England.

[231] PERSSON H., BLOMQVIST P., 2009: Silo Fires and Silo Fire Fighting. In: *Proceedings of Bioenergy 2009*, pp693-702, Jyväskylä, Finland

[232] NT ENVIR 010, 2008: *Guidelines for storing and handling of solid biofuels*, Nordic Innovation Centre, Oslo, Norway.

[233] SAMUELSSON Robert, THYREL Michael, SJÖSTRÖM Michael, LESTANDER Torbjörn, 2009: Effect of biomaterial characteristics on pelletizing properties and biofuel pellet quality. In: *Fuel processing Technology*, pp1129-1134, Elsevier Ltd., Oxford, UK.

[234] KUBLER H., 1987: Heat Generating Processes as Cause of Spontaneous Ignition in Forest Products. In *Forest Products Abstracts*, 10, 11, pp298-327, Oxford, UK.

[235] ARSHADI Mehrdad, GELADI Paul, GREF Rolf, FJÄLLSTRÖM Pär, 2009: Emission of volatile aldehydes and ketones from wood pellets under controlled conditions. In *Ann. Occup. Hyg*, Vol. 53, No. 8, pp797-805, Elsevier Ltd., Oxford, UK.

[236] LESTANDER T. A., 2008: *Water absorption thermodynamics in single wood pellets modelled by multivariate near-infrared spectroscopy*, Holzforschung, 62, pp429-434, Berlin, Germany.

[237] BACK Ernst L., 1982: Auto-ignition in hygroscopic, organic materials - especially forest products - as initiated by moisture absorption from the ambient atmosphere. In *Fire Safety Journal*, 4, 3, pp185-196, Elsevier Ltd., Oxford, UK.

[238] MELIN S., 2008: *Emissions from Woodpellets During Ocean Transportation (EWDOT)*, Research Report, Wood Pellet Association of Canada, January 16, Prince George, British Columbia, Canada.

[239] SVEDBERG U., SAMUELSSON S., MELIN S., 2008: Hazardous Off-gassing of Carbon Monoxide and Oxygen Depletion during Ocean Transportation of Wood Pellets. In *Annual Occupational Hygiene*, Vol. 52, No. 4, pp259-266.

[240] ARSHADI M., GREF R., 2005: Emissions of volatile organic compounds from softwood pellets during storage. In *Forest Products Journal*, 55, 12, pp132-135, Madison, WI, USA.

[241] KUANG X., SHANKAR T. J., BI X. T., SOKHANSANJ S., LIM C. J., MELIN S., 2008: Characterization and Kinetics Study of Off-Gas Emissions from Stored Wood Pellets. In *Annals of Occupational Hygiene*, 52, 8, pp675-683, Oxford, UK.

[242] KUANG X., SHANKAR T., BI T., SOKHANSANJ S., LIM CJ., MELIN S., 2008: *Rate and Peak Concentrations of Emissions in Stored Wood Pellets – Sensitivities to temperature, Relative Humidity and headspace volume.* Annals of Occupational Hygiene, Oxford, UK.

[243] KUANG X., SHANKAR T., BI SOKHANSANJ S., T. LIM CJ., MELIN S., 2009: *Effects of Headspace Volume Ratio and Oxygen level on Off-gas Emissions from Wood Pellets in Storage*, Annals of Occupational Hygiene, Oxford, UK.

[244] BC Code, 2004: *Code of Safe Practice for Solid Bulk Cargoes,* 2005 Edition, IMO document # ID260E. ISBN 13-978-92-801-4201-3, International Maritime Organization (IMO), London, UK.

[245] PRATT Thomas H., 2000: *Electrostatic Ignitions of Fires and Explosions,* Center for Chemical Process Safety, ISBN 0-8169-9948-1, American Institute of Chemical Engineers, New York, USA.

[246] NFPA 70, 2008: National Fire Protection Association 70, National Electrical Code, Quincy, Massachusetts, USA

[247] SVEDBERG U., HÖGBERG H., CALLE B., 2004: Emissions of hexanal and Carbon Monoxide from Storage of Wood Pellets, a Potential Occupational and Domestic Health Hazard. In *The Annals of Occupational Hygiene,* Vol 48, Oxford, UK.

[248] SVEDBERG U., CALLE B.: *Användning av FTIR teknik för bestämning av gasformiga emissioner vid träpelletstillverkning, Evaluation of the Time Correlated Tracer (TCT) Method for Assessment of Diffuse Terpene Emissions from Wood Pellets Production.* Värmeforsk, April 2001, ISSN 0282-3772, Stockholm, Sweden.

[249] HAGSTRÖM K., 2008: *Occupational Exposure During Production of Wood Pellets in Sweden.* Örebro University, Doctoral Dissertation, Örebro, Sweden.

[250] ARSHADI M., NILSSON D., GELADI P., 2007: Monitoring chemical changes for stored sawdust from pine and spruce using gas chromatography-mass spectrometry and visible-near infrared spectroscopy. In *Near Infrared Spectroscopy,* 15, pp379-386, West Sussex, UK.

[251] FINELL Michael, ARSHADI Mehrdad, GREF Rolf, SCHERZER Tom, KNOLLE Wolfgang, LESTANDER Torbjörn, 2009: Laboratory-scale production of biofuel pellets from electron beam treated scots pine (Pinus silvestris L.) sawdust. In *Radiation Physics and Chemistry,* pp281-287, Elsevier Ltd., Oxford, UK.

[252] EMHOFER Waltraud, POINTNER Christian, 2009: *Report Lagertechnik und Sicherheit bei der Pelletslagerung,* Bioenergy2020+ GmbH, Wieselburg, Austria, unpublished

[253] EMHOFER, Waltraud, 2009: *CO und VOC Freisetzung in Pelletslagern,* Lecture given at Highlights der Bioenergieforschung, 12. November 2009, Vienna, Austria

[254] Investigation Report, 2006: *Combustible Dust Hazard Study,* US Chemical Safety and Hazards Investigation Board, Investigation Report, Report No 2006-H-1, November 2006, Washington, D.C., USA.

[255] DEPV, 2009: *Empfehlung zur Lagerung von Holzpellets,* Informationsblatt 01-2005-A, Stand 2008/2009, Deutscher Energie-Pellet Verband (DEPV), Berlin, Germany

[256] GUO W., LIM CJ., SOKHANSANJ S., MELIN S., 2009: *Thermal Conductivity of Wood Pellets.* UBC February 2009, Vancouver, British Columbia, Canada.

[257] YAZDANPANAH F., SOKHANSANJ S., LAU A., LIM C.J., BI X., MELIN S., 2009: Air flow versus pressure drop for bulk wood pellets. Submitted to *Biomass and Bioenergy,* Elsevier Ltd., Oxford, UK.

[258] YAZDANPANAH F., SOKHANSANJ S., LAU A., BI T., LIM CJ., MELIN S., 2009: *Permeability of Bulk Wood Pellets in Storage,* Paper No CSBE08-105, March 2009, The Canadian Society for Bioengineering, Winnipeg, Manitoba, Canada.

[259] PERSSON H., BLOMQVIST P., TUOVINEN H., 2009: *Inertering av siloanläggningar med kvävgas - gasfyllnadsförsök och simuleringar.* Bransdforsk projekt 602-071, SP Rapport 2009:10, SP Technical Research Institute of Sweden, Borås, Sweden.

[260] PERSSON H., BLOM J., MODIN P., 2008: *Research experience decisive in extinguishing silo fires,* BrandPosten, Number 37/2008, SP Technical Research Institute of Sweden, Fire Technology, Borås, Sweden, available at http://www.sp.se/sv/units/fire/Documents/BrandPosten/BrandPosten_37_eng.pdf, retrieved [20.01.2010].

[261] NORDSTRÖM T., SAMUELSSON A., 2009: *Sammanställning av händelseförloppet vid brand i cistern med stenkol på Stora Enso*, Hylte 2009-02-13, Räddningstjänsten i Halmstad, Sweden (in Swedish).

[262] PERSSON Henry, BLOM Joel, 2008: *Research helps the fighting of a silo fire again*, BrandPosten #38/2008, SP Technical Research Institute of Sweden, Borås, Sweden.

[263] ANONYMUS, 2004: *Rapport Silobrand Härnösand 8-13 september 2004. En beskrivning av olycksförloppet, olycksorsaken och våra erfarenheter från insatsen.* Räddningstjänsten Höga Kusten-Ådalen, Sweden (in Swedish).

[264] IARC, 1995: Summaries and Evaluations, International Agency for Research on Cancer, *Wood Dust*, 62, 1995, www.iarc.fr, Lyon, France.

[265] ACGIH, 2008: *Guide to Occupational Exposure Values.* American Conference of Governmental Industrial Hygienists (ACGIH), ISBN: 978-1-882417-80-3, Cincinnati, Ohio, USA.

[266] NIOSH, 2005: NIOSH Pocket Guide to Chemical Hazards, National Institute for Occupational Safety and Health (NIOSH), Atlanta, Georgia, USA.

[267] CCOHS, 2009: On-line publications for Occupational Cancer and Cancer Sites associated with Occupational Exposures, www.ccohs.com, Canadian Centre for Occupational Health and Safety, Hamilton, Ontario, Canada.

[268] GUDMUNDSSON A., 2007: *Partiklar – Hälsa*, University of Lund, Lund. Sweden.

[269] JOHANNSSON G., 2007: *Informationsmöte om uppkomst av farliga gaser i lastrum på fartyg*, Karolinska Institutet, Institute for Environmental Medicine, Stockholm, Sweden.

[270] BREYSSE P. LEES S., 2006: *Particulate Matter*, John Hopkins University, School of Public health, Baltimore, Maryland, USA.

[271] KUANG Xingya, SHANKAR Tumuluru Jaya, MELIN Staffan, BI Xiaotao, SOKHANSANJ Shahab, LIM Jim, 2008: *Characterization and Kinetics of Off-gas Emissions from Stored Wood Pellets.* Annals of Occupational Hygiene, Oxford, UK.

[272] KUANG Xingya, SHANKAR Tumuluru Jaya, MELIN Staffan, BI Xiaotao, SOKHANSANJ Shahab, LIM Jim, 2008: Rate and Peak Concentrations of Emissions in Stored Wood Pellets – Sensitivity to temperature, relative humidity and Headspace Volume. In *Annual Occupational Hygiene*, 53, 8, pp789-796.

[273] ARCHADI M., 2005: *Emission of Volatile Organic Compounds from Softwood Pellets During Storage*, Swedish University of Agricultural Sciences, Uppsala, Sweden.

[274] American Society of Heating, Refrigerating and Air-conditioning Engineers, Inc. ANSI/ASHRAE Standard 62.1-2007, Table B-2. ISSN 1041-2336.

[275] JOHANSSON G.: *Effects of Simultaneous Exposure to Carbon-monoxide and Oxygen Deficiency.* Karolinska Institutet, Faculty of Environmental Medicine, Stockholm, Sweden.

[276] KEMI, 2009: FACTS – Safety Data Sheets, Swedish Chemicals Agency, Sundbyberg, Sweden, available at http://www.incopa.org/relatedDocs/FbSDSMarch09.pdf, retrieved [26.3.2010]

[277] ASTM E1628 – 94, 2008: Standard Practice for Preparing Material Safety Data Sheets to Include Transportation and Disposal Data for the General Services Administration, ASTM International, West Conshohocken, Pennsylvania, USA.

[278] WHMIS, 2006: Supplier's Guide to WHMIS, Preparing Compliant material Safety Data Sheets and Labels, Workplace Hazardous Materials Information System (WHMIS), Health Canada, Vancouver, British Columbia, Canada.

[279] Regulation (EC) No 1907/2006 of the European Parliament and of the Council, dated December 18, 2006, concerning the Registration, Evaluation, Authorisation and Restriction of Chemicals (REACH), establishing a European Chemicals Agency, amending Directive 1999/45/EC and repealing Council

Regulation (EEC) No 793/93 and Commission Regulation (EC) No 1488/94 as well as Council Directive 76/769/EEC and Commission Directives 91/155/EEC, 93/67/EEC, 93/105/EC and 2000/21/EC.

[280] OBERNBERGER Ingwald, THEK Gerold, 2002: The Current State of Austrian Pellet Boiler Technology. In *Proceedings of the 1st World Conference on Pellets* in Stockholm, Sweden, ISBN 91-631-2833-0, pp45-48, Swedish Bioenergy Association, Stockholm, Sweden.

[281] OBERNBERGER Ingwald, 2004: Pellets-Technologien – ein Überblick. In *Proceedings of the World Sustainable Energy Days 2004* in Wels, Austria, O.Ö. Energiesparverband, Linz, Austria.

[282] OBERNBERGER Ingwald, THEK Gerold, 2006: Recent developments concerning pellet combustion technologies – a review of Austrian developments. In *Proceedings of the 2nd World Conference on Pellets* in Jönköping, Sweden, ISBN 91-631-8961-5, pp31-40, Swedish Bioenergy Association, Stockholm, Sweden.

[283] RIKA, 2005: http://www.rika.at, retrieved [1.4.2005], RIKA Metallwarenges.m.b.H. & Co KG, Micheldorf, Austria.

[284] HERZ, 2003: http://www.herz-feuerung.com, retrieved [12.2.2003], HERZ Feuerungstechnik Ges.m.b.H., Sebersdorf, Austria.

[285] HAGER, 2002: Company brochure, HAGER ENERGIETECHNIK GmbH, Poysdorf, Austria.

[286] GUNTAMATIC, 2004: http://www.guntamatic.com/docs/main.htm, retrieved [7.4.2004], GUNTAMTIC Heiztechnik GmbH, Peuerbach, Austria.

[287] STRAUSS Rolf-Peter, 2006: Neues von der Karussellfeuerung: Pelletstransport – Zündung – Betriebserfahrung. In *Proceedings of the 6th Pellets Industry Forum* in Stuttgart, Germany, pp151-155, Solar Promotion GmbH, Pforzheim, Germany.

[288] KWB, 2008: http://www.kwb.at, retrieved [14.4.2008], Kraft & Wärme aus Biomasse GmbH, St. Margarethen/Raab, Austria.

[289] SOMMERAUER & LINDNER, 2000: Company brochure, Sommerauer & Lindner Heizanlagenbau SL-Technik GmbH, St. Pantaleon, Austria.

[290] AGRARNET AUSTRIA, 2008: http://www.agrarnet.info, retrieved [4.12.2008], Agrarnet Austria - Verein zur Förderung neuer Kommunikationstechnologien für den ländlichen Raum, Vienna, Austria.

[291] WINDHAGER, 2002: Company brochure, Windhager Zentralheizung AG, Seekirchen am Wallersee, Austria.

[292] KUNDE Robert, 2008: Emissions- und Leistungsmessungen an Pelletskesseln im Bestand. In *Proceedings of the 8th Pellets Industry Forum* in Stuttgart, Germany, pp59-65, Solar Promotion GmbH, Pforzheim, Germany.

[293] SHT, 2006: Written notice and technical documentation: http://www.sht.at, retrieved [13.9.2006], Thermocomfort PN, sht – Heiztechnik aus Salzburg GmbH, Salzburg-Bergheim, Austria.

[294] COMPACT, 2002: Company brochure, COMPACT Heiz- und Energiesysteme GesmbH, Gmunden, Austria.

[295] EDER, 2001: Company brochure, Anton Eder GmbH, Bramberg, Austria.

[296] BIOS, 2008: Company brochure, BIOS BIOENERGIESYSTEME GmbH, Graz, Östereich.

[297] BIOS, 2001: Picture was taken at a visit of the Austrian biomass furnace manufacturer KWB Kraft und Wärme aus Biomasse GmbH, BIOS BIOENERGIESYSTEME GmbH, Graz, Österreich.

[298] BRUNNER Thomas, BÄRNTHALER Georg, OBERNBERGER Ingwald, 2006: Fine particulate emissions from state-of-the-art small-scale Austrian pellet furnaces – characterisation, formation and possibilities of reduction. In *Proceedings of the 2nd World Conference on Pellets* in Jönköping, Sweden, ISBN 91-631-8961-5, pp87-91, Swedish Bioenergy Association, Stockholm, Sweden.

[299] ORTNER Herbert, 2005: Brennwerttechnik – Die Anwendung der Brennwerttechnik bei der Pelletsheizung. In *Proceedings of the World Sustainable Energy Days 2005* in Wels, Austria, O.Ö. Energiesparverband, Linz, Austria.

[300] BUNDESMINISTERIUM FÜR LAND- UND FORSTWIRTSCHAFT, UMWELT UND WASSERWIRTSCHAFT, 2000: Verordnung über die Begrenzung von Abwasseremissionen aus der Reinigung von Abluft und wässrigen Kondensaten (AEV Abluftreinigung), Bundesgesetzblatt 218/2000, Vienna, Austria.

[301] BUNDESMINISTERIUM FÜR LAND- UND FORSTWIRTSCHAFT, UMWELT UND WASSERWIRTSCHAFT, 2005: Änderung der AEV Abluftreinigung, Bundesgesetzblatt 62/2005, Vienna, Austria.

[302] NATIONALRAT, 1995: Vereinbarung zwischen dem Bund und den Ländern gemäß Art. 15a B-VG über die Einsparung von Energie, Bundesgesetzblatt 388/1995, Vienna, Austria.

[303] DWA, 2003: *Kondensate aus Brennwertkesseln.* Deutsche Vereinigung für Wasserwirtschaft, Abwasser und Abfall e. V., Arbeitsblatt ATV-DVWK-A 251. Hennef: DWA, 20 Seiten, ISBN 978-3-924063-74-0.

[304] BAYERISCHES LANDESAMT FÜR WASSERWIRTSCHAFT, 2000: *Einleiten von Kondensaten von Feuerungsanlagen in Entwässerungsanlagen,* Merkblatt Nr. 4.5/3, Stand: 30.08.2000, 6 Seiten, Munich, Germany.

[305] OBERNBERGER Ingwald, 2004: Pelletfeuerungstechnologien in Österreich – Stand der Technik und zukünftige Entwicklungen. In *Proceedings of the World Sustainable Energy Days 2004* in Wels, Austria, O.Ö. Energiesparverband, Linz, Austria.

[306] FRÖLING, 2010: Company brochure, Fröling Heizkessel- und Behälterbau GesmbH, Grieskirchen, Austria.

[307] POWERcondens, 2006: http://www.powercondens.com, retrieved [20.9.2006], POWERcondens AG, Maienfeld, Switzerland.

[308] ENERCONT, 2009: Oral notice and http://www.enercont.at, retrieved [12.2.2009], ENERCONT GmbH Energie- und Umwelttechnik Entsorgungstechnik, Golling, Austria.

[309] BSCHOR, 2006: http://www.carbonizer.de, retrieved [27.4.2006], Bschor GmbH, Höchstädt/Donau, Germany.

[310] BOMAT, 2006: Product information BOMAT Profitherm, BOMAT HEIZTECHNIK GMBH, Überlingen, Germany.

[311] HARTMANN Hans, ROSSMANN Paul, LINK Heiner, MARKS Alexander, 2004: *Erprobung der Brennwerttechnik bei häuslichen Holzhackschnitzelfeuerungen mit Sekundärwärmetauscher,* ISSN 1614-1008, Technologie- und Förderzentrum (TFZ) in the Kompetenzzentrum für Nachwachsende Rohstoffe, Straubing, Germany.

[312] SCHRÄDER, 2006: http://www.schraeder.com, retrieved [27.4.2006], Karl Schräder Nachf. Inh. Karl Heinz Schräder, Kamen, Germany.

[313] RAWE Rudolf, 2006: Secondary heat exchanger and mass exchanger for condensing operation of biomass boilers – dust separation and energy recovery. In *Proceedings of the 2nd World Conference on Pellets* in Jönköping, Sweden, ISBN 91-631-8961-5, pp219-223, Swedish Bioenergy Association, Stockholm, Sweden.

[314] RAWE Rudolf, KUHRMANN Hermann, NIEHAVES Jens, 2006: Die Schräder – HydroBox, Report, Fachhochschule Gelsenkirchen, Gelsenkirchen, Germany.

[315] RAWE Rudolf, 2006: Schräder-HydroCube – Abgaswäscher/-wärmetauscher für Brennwertnutzung und Entstaubung bei Biomassekesseln. In *Proceedings of the 6th Pellets Industry Forum* in Stuttgart, Germany, pp113-121, Solar Promotion GmbH, Pforzheim, Germany.

[316] RAWE Rudolf, KUHRMANN H., NIEHAVES J., STEINKE J., 2006: Brennwertnutzung und Staubabscheidung in Biomasse-Feuerungen. In *IKZ-FACHPLANER*, no. 10 (2006), STROBEL VERLAG GmbH & Co. KG, Arnsberg, Germany.

[317] RAWE Rudolf, KUHRMANN Hermann, NIEHAVES Jens, 2006: Heat and mass exchanger for condensing biomass boilers energy recovery and flue gas cleaning. In *Proceedings of the Second International Green Energy Conference* in Oshawa, Canada, pp1216-1224, University of Ontario Institute of Technology, Ontario, Canada.

[318] HARTMANN H., TUROWSKI P., ROSSMANN P., ELLNER-SCHUBERTH F., HOPF N., 2007: Grain and straw combustion in domestic furnaces – influences of fuel types and fuel pre-treatments. In *Proceedings of the 15th European Biomass Conference & Exhibition* in Berlin, Germany, ISBN 978-88-89407-59-X, ISBN 3-936338-21-3, pp1564-1569, ETA-Renewable Energies, Florence, Italy

[319] BRUNNER Thomas, JÖLLER Markus, OBERNBERGER Ingwald, 2006: Aerosol formation in fixed-bed biomass furnaces - results from measurements and modelling. In *Proceedings of the Internat. Conf. Science in Thermal and Chemical Biomass Conversion* in Victoria, Canada, ISBN 1-872691-97-8, pp1-20, CPL Press, Berks, UK.

[320] ÖKOENERGIE, 2007: *Zeitung für erneuerbare Energien*, no. 67 (2007), Österreichischer Biomasse-Verband & Ökosoziales Forum Österreich, Vienna, Austria.

[321] MUSIL Birgit, HOFBAUER Hermann, SCHIFFERT Thomas, 2005: Development and analyses of pellets fired tiled stoves. In *Proceedings of the 14th European Biomass Conference & Exhibition* in Paris, France, ISBN 88-89407-07-7, pp1117-1118, ETA-Renewable Energies, Florence, Italy.

[322] BEMMANN Ulrich, BYLUND Göran, 2006: Demonstration and optimisation of solar-pellet-combinations - SOLLET. In *Proceedings of the 2nd World Conference on Pellets* in Jönköping, Sweden, ISBN 91-631-8961-5, pp65-69, Swedish Bioenergy Association, Stockholm, Sweden.

[323] PERSSON Tomas, FIEDLER Frank, RÖNNELID Mats, BALES Chris, 2006: Increasing efficiency and decreasing CO-emissions for a combined solar and wood pellet heating system for single family houses. In *Proceedings of the 2nd World Conference on Pellets* in Jönköping, Sweden, ISBN 91-631-8961-5, pp79-83, Swedish Bioenergy Association, Stockholm, Sweden.

[324] NORDLANDER Svante, PERSSON Tomas, FIEDLER Frank, RÖNNELID Mats, BALES Chris, 2006: Computer modelling of wood pellet stoves and boilers connected to solar heating systems. In *Proceedings of the 2nd World Conference on Pellets* in Jönköping, Sweden, ISBN 91-631-8961-5, pp195-199, Swedish Bioenergy Association, Stockholm, Sweden.

[325] BEMMANN Ulrich, GROSS B., BENDIECK A., 2006: EU-Projekt "SOLLET" - "Pellets + Solar" Demonstration und Optimierung. In *Proceedings of the European Pellets Forum 2006*, O.Ö. Energie-sparverband, Linz, Austria.

[326] KONERSMAN Lars, HALLER Michel, VOGELSANGER Peter, 2007: *Pelletsolar – Leistungsanalyse und Optimierung eines pellet-solarkombinierten Systems für Heizung und Warmwasser*, Final report, http://www.energieforschung.ch, retrieved [13.11.2008], SPF Institut für Solartechnik, Rapperswil, Switzerland.

[327] FRANK Elimar, KONERSMANN Lars, 2008: PelletSolar – Optimierung des Jahresnutzungsgrades von Systemen mit Pelletkessel und Solaranlage. In *Proceedings of the 8th Pellets Industry Forum* in Stuttgart, Germany, pp66-72, Solar Promotion GmbH, Pforzheim, Germany.

[328] BERNER Joachim, 2008: Solarenergie zuerst – wie Regelungen den gemeinsamen Betrieb von Pellets- und Solaranlagen steuern. In *Fachmagazin der Pelletsbranche*, no. 3 (2008), Solar Promotion GmbH, Pforzheim, Germany.

[329] FIEDLER F., 2006: *Combined Solar and Pellet Heating Systems -Studies of Energy Use and CO-emissions.* Dissertation No 36, Mälardalen University, (PhD thesis) ISBN: 91-85485-30-6, Västerås, Sweden.

[330] PERSSON T., 2006: *Combined solar and pellet heating systems for single-family houses – how to achieve decreased electricity usage, increased system efficiency and increased solar gains.* Doctoral thesis in Energy Thchnology, Trita REFR Report No. 06/56, ISBN: 91-7178-538-8, KTH – Royal Institute of Technology, Stockholm, Sweden.

[331] PERSSON T., 2008: *Solar and Pellet heating Systems, Reduced Electricity Usage in Single-family Houses.* VDM Verlag Dr. Müller. ISBN: 978-3-639-12206-0, Saarbrücken, Germany.

[332] DAHM Jochen, 1995, Chalmers University of Technology, Gothenburg, Sweden.

[333] ENGLISCH Martin, 2005: *Konzepte und Erfahrungen mit Pelletsfeuerungen im mittleren Leistungsbereich*, VDI seminar, Salzburg, Austria.

[334] KÖB Siegfried, 2006: Reduktion der Partikelkonzentration im Abgas von Pelletsfeuerungen > 150 kW. In *Proceedings of the 6th Pellets Industry Forum* in Stuttgart, Germany, pp122-127, Solar Promotion GmbH, Pforzheim, Germany.

[335] KÖB, 2008: http://www.koeb-holzfeuerungen.com, retrieved [15.4.2008], KÖB Holzfeuerungen GmbH, Wolfurt, Austria.

[336] SCHÖNMAIER Heinrich, 2005: Neue Anwendungsformen für Großanlagen: mobile Biomasse-Energiecontainer und Einsatz im Unterglasbau. In *Proceedings of the zum 5. Industrieforum Holzenergie* in Stuttgart, Germany, pp156-159, Deutscher Energie-Pellet-Verband e.v. und Deutsche Gesellschaft für Sonnenenergie e.V., Germany.

[337] LUNDBERG Henrik, 2002: Combustion of Crushed Pellets in a Burner. In *Proceedings of the 1st World Conference on Pellets* in Stockholm, Sweden, ISBN 91-631-2833-0, pp43-44, Swedish Bioenergy Association, Stockholm, Sweden.

[338] LJUNGDAHL Boo, 2003: Bioswirl® a wood pellets burner for oil retrofit. In *Proceedings of the International Nordic Bioenergy Conference* in Jyväskylä, Finland, ISBN 952-5135-26-8, ISSN 1239-4874, pp481-488, Finnish Bioenergy Association, Jyväskylä, Finland.

[339] TPS, 2008: http://www.tps.se, retrieved [16.4.2008], TPS Termiska Processer AB, Nyköping, Sweden.

[340] OBERNBERGER Ingwald, THEK Gerold, 2004: *Basic information regarding decentralised CHP plants based on biomass combustion in selected IEA partner countries*, Final report of the related IEA Task32 project, BIOS BIOENERGIESYSTEME GmbH, Graz, Austria.

[341] RES LEGAL, 2009: *Rechtsquellen für die Stromerzeugung aus Erneuerbaren Energien*, http://res-legal.eu, retrieved [11.2.2009], Bundesministerium für Umwelt, Naturschutz und Reaktorsicherheit, Berlin, Germany.

[342] OBERNBERGER Ingwald, THEK Gerold, 2004: *Techno-economic evaluation of selected decentralised CHP applications based on biomass combustion in IEA partner countries*, Final report of the related IEA Task 32 project, BIOS BIOENERGIESYSTEME GmbH, Graz, Austria.

[343] BERNER Joachim, 2006: Mit dem Wärmekessel eigenen Strom produzieren. In *Fachmagazin der Pelletsbranche*, no. 3 (2006), Solar Promotion GmbH, Pforzheim, Germany.

[344] BERNER Joachim, 2008: Heißer Kopf – Stirlingmotor nutzt die Wärme eines Pelletskessels zur Stromproduktion. In *Fachmagazin der Pelletsbranche*, no. 5 (2008), Solar Promotion GmbH, Pforzheim, Germany.

[345] FRIEDL Günther, HECKMANN Matthias, MOSER Wilhelm, 2006: Small-scale pellet boiler with thermoelectric generator. In *Proceedings of the European Pellets Forum 2006*, O.Ö. Energiesparverband, Linz, Austria.

[346] MOSER Wilhelm, FRIEDL Günther, HASLINGER Walter, 2006: Small-scale pellet boiler with thermoelectric generator. In *Proceedings of the 2nd World Conference on Pellets* in Jönköping, Sweden, ISBN 91-631-8961-5, pp85-86, Swedish Bioenergy Association, Stockholm, Sweden.

[347] STANZEL K. Wolfgang et al., 2003: Business plan for a Stirling engine (1 kW_{el}) integrated into a pellet stove. In *Proceedings of the 11th International Stirling Engine Conference (ISEC)* in Rome, pp388-389, Department of Mechanical and Aeronautical Engineering, University of Rome "La Sapienza" , Rome, Italy.

[348] OBERNBERGER Ingwald, HAMMERSCHMID Alfred, 1999: Dezentrale Biomasse-Kraft-Wärme-Kopplungstechnologien – Potential, technische und wirtschaftliche Bewertung, Einsatzgebiete. In *Thermische Biomassenutzung*, vol.4, ISBN 3-7041-0261-X, dbv – publisher of Graz University of Technology, Graz, Austria.

[349] STANZEL Karl Wolfgang, 2006: Strom und Wärme aus Pellets für Haushalte. In *Proceedings of the European Pellets Forum 2006*, O.Ö. Energiesparverband, Linz, Austria.

[350] STANZEL Karl Wolfgang, 2006: Jedem sein Kraftwerk – Strom und Wärme aus Holzpellets. In *Proceedings of the 6th Pellets Industry Forum* in Stuttgart, Germany, pp136-138, Solar Promotion GmbH, Pforzheim, Germany.

[351] SPM, 2008: http://www.stirlingpowermodule.com, retrieved [23.12.2008], Stirling Power Module Energie-umwandlungs GmbH, Graz, Austria.

[352] FRIEDL Günther, MOSER Wilhelm, HOFBAUER Hermann, 2006: Micro-Scale Biomass-CHP – Intelligent Heat Transfer with Thermoelectric Generator. In *Proceedings of the 6th Pellets Industry Forum*, Oktober 2006, Stuttgart, Germany, pp139-144, Solar Promotion GmbH, Pforzheim, Germany.

[353] MOSER Wilhelm, FRIEDL Günther, AIGENBAUER Stefan, HECKMANN Matthias, HOFBAUER Hermann, 2008: A biomass-fuel based micro-scale CHP system with thermoelectric generators. In *Proceedings of the Central European Biomass Conference 2008* in Graz, Austrian Biomass Association, Vienna, Austria.

[354] HASLINGER Walter, GRIESMAYR Susanne, POINTNER Christian, FRIEDL Günther, 2008: Biomassekleinfeuerungen – Überblick und Darstellung innovativer Entwicklungen. In *Proceedings of the 8th Pellets Industry Forum* in Stuttgart, Germany, pp53-58, Solar Promotion GmbH, Pforzheim, Germany.

[355] FRIEDL Günther, MOSER Willhelm, GRIESMAYR Susanne, 2008: *Pelletfeuerung mit thermo-elektrischer Stromerzeugung*, Presentation at the 10th Holzenergie-Symposium in Zurich, Switzerland, http://www.holzenergie-symposium.ch, retrieved [22.12.2008]

[356] OBERNBERGER Ingwald, CARLSEN Henrik, BIEDERMANN Friedrich, 2003: State-of-the-Art and Future Developments Regarding Small-scale Biomass CHP Systems with a Special Focus on ORC and Stirling Engine Technologies. In *Proceedings of the International Nordic Bioenergy Conference* in Jyväskylä, Finland, ISBN 952-5135-26-8, ISSN 1239-4874, pp331-339, Finnish Bioenergy Association, Jyväskylä, Finland.

[357] BIEDERMANN Friedrich, CARLSEN Henrik, SCHÖCH Martin, OBERNBERGER Ingwald, 2003: Operating Experiences with a Small-scale CHP Pilot Plant based on a 35 kW_{el} Hermetic Four Cylinder Stirling Engine for Biomass Fuels. In *Proceedings of the 11th International Stirling Engine Conference (ISEC)* in Rome, Italy, pp248-254, Department of Mechanical and Aeronautical Engineering, University of Rome "La Sapienza" , Rome, Italy.

[358] BIEDERMANN Friedrich, CARLSEN Henrik, OBERNBERGER Ingwald, SCHÖCH Martin, 2004: Small-scale CHP Plant based on a 75 kW_{el} Hermetic Eight Cylinder Stirling Engine for Biomass Fuels – Development, Technology and Operating Experiences. In *Proceedings of the 2nd World Conference and Exhibition on Biomass for Energy, Industry and Climate Protection* in Rome, Italy, vol. 2, ISBN 88-89407-04-2, pp1722-1725, ETA-Florence, Florence, Italy.

[359] OBERNBERGER Ingwald, THEK Gerold, 2008: Combustion and gasification of solid biomass for heat and power production in Europe – state-of-the-art and relevant future developments (keynote lecture). In *Proceedings of the 8th European Conference on Industrial Furnaces and Boilers* in Vilamoura, Portugal, INFUB, Rio Tinto, Portugal.

[360] TILT Yumi Koyama, 2001: *Micro-Cogeneration for Single-Family Dwellings*, Case study, Department of Intercultural Communication & Management, Copenhagen Business School, Copenhagen, Denmark.

[361] OBERNBERGER Ingwald, BINI Roberto, NEUNER Helmut, PREVEDEN Zvonimir, 2001: *Biomass fired CHP plant based on an ORC cycle - Project ORC-STIA-Admont*, Final report of the EU-THERMIE project no. BM/120/98, European Commission, DG TREN, Brussels, Belgium.

[362] THONHOFER Peter, REISENHOFER Erwin, OBERNBERGER Ingwald, GAIA Mario, 2004: Demonstration of an innovative biomass CHP plant based on a 1,000 kWel Organic Rankine Cycle - EU demonstration project Lienz (A). In *Proceedings of the 2nd World Conference and Exhibition on Biomass for Energy, Industry and Climate Protection* in Rome, Italy, vol. 2, ISBN 88-89407-04-2, pp1839-1842, ETA-Florence, Florence, Italy.

[363] OBERNBERGER Ingwald, BINI Roberto, REISINGER Heinz, BORN Manfred, 2003: *Fuzzy Logic controlled CHP plant for biomass fuels based on a highly efficient ORC process*, Final publishable report of the EU-project no. NNE5/2000/475, European Commission, Brussels, Belgium.

[364] KNOEF Harie A. M., 2003: *Gasification of biomass for electricity and heat production – a review*, BTG biomass technology group, Enschede, Netherlands.

[365] BRIDGWATER Anthony V.: *Fast pyrolysis of biomass for liquid fuels and chemicals – a review*, Bio-Energy Research Group, Aston University, Birmingham, UK.

[366] OBERNBERGER Ingwald, THEK Gerold, REITER Daniel, 2008: Economic evaluation of decentralised CHP applications based on biomass combustion and biomass gasification. In *Proceedings of the Central European Biomass Conference 2008* in Graz, Austria, Austrian Biomass Association, Vienna, Austria.

[367] OVERGAARD Peter, SANDER Bo, JUNKER Helle, FRIBORG Klaus, LARSEN Ole Hede, 2004: Two years' operational experience and further development of full-scale co-firing of straw. In *Proceedings of the 2nd World Conference and Exhibition on Biomass for Energy, Industry and Climate Protection* in Rome, Italy, vol. 3, ISBN 88-89407-04-2, pp1261-1264, ETA-Florence, Florence, Italy.

[368] LIVINGSTON W. R., MORRIS K. W., 2009: Experience with Co-firing Biomass in PC Boilers to Reduce CO_2 Emissions. In *Proc. Power-Gen International 2009*, Las Vegas, NV, USA

[369] OTTLINGER Bernd, 2000: Oral notice, Amandus Kahl GmbH, Reinbek, Germany.

[370] KREUTZER, 2000: Oral notice, Holzindustrie Preding GmbH, Preding, Austria.

[371] PROHOLZ, 2009: *Holzpreise in der Steiermark*, http://www.proholz-stmk.at, retrieved [1.10.2009], proHolz Steiermark, Graz, Austria.

[372] IWOOD, 2008: *Aus Sägemehl wird eine iwood Platte*, http://www.iwood.ch, retrieved [5.12.2008], Zug, Switzerland.

[373] WIENER BÖRSE, 2008: Kursblatt der Wiener Warenbörse Holz, 3. Dezember 2008, http://www.wienerboerse.at, retrieved [4.12.2008], Wiener Börse AG, Vienna, Austria.

[374] PABST, 2008: http://www.hackgut.at, retrieved [4.12.2008], Franz PAPST HACKK EXPRESS, Obdach, Austria.

[375] HACKGUTBÖRSE, 2008: http://www.hackgutboerse.at, retrieved [4.12.2008], Agrarmanagement NÖ-Süd, Warth, Austria.

[376] KETTNER Claudia, KUFLEITNER Angelika, LOIBNEGGER Thomas, PACK Alexandra, STEININGER Karl W., TÖGLHOFER Christian, TRINK Thomas, 2008: *Regionalwirtschaftliche Auswirkungen verstärkter Biomasse-Energie-Nutzung*, http://www.regionalmanagement.at, retrieved [5.12.2008], Wegener Center for Climate and Global Change at Graz University, Graz, Austria.

[377] BERTAINA Fabiano, VIDALE Sergio, 2008: *Die Anpflanzung ausgewählter Pappelsorten für die Herstellung von Biomasse im Energiebereich im Norden Italiens*, Presentation within the framework of the

event Tag der Bioenergie, http://www.hafendorf.at, retrieved [7.12.2008], Land- und forstwirtschaftliche Fachschule Hafendorf, Kapfenberg, Austria.

[378] DORNER Egon, 2008: *Energieholznutzung in hocheffizienten KWK-Anlagen*, Presentation within the framework of the event Tag der Bioenergie, http://www.hafendorf.at, retrieved [7.12.2008], Land- und forstwirtschaftliche Fachschule Hafendorf, Kapfenberg, Austria.

[379] TOPPER, 2002: http://www.tropper.at, retrieved [30.1.2002], Tropper Maschinen und Anlagen GmbH, Schwanenstadt, Austria.

[380] THEK Gerold, OBERNBERGER Ingwald, 2001: Produktionskosten von Holzpellets gegliedert nach Prozessschritten und unter Berücksichtigung österreichischer Randbedingungen. In *Proceedings of the 2nd European Round Table Woodpellets* in Salzburg, Austria, pp33-40, Umbera GmbH, St. Pölten, Austria.

[381] THEK Gerold, OBERNBERGER Ingwald, 2002: Wood pellet production costs under Austrian and in comparison to Swedish framework conditions. In *Proceedings of the 1st World Conference on Pellets* in Stockholm, Sweden, ISBN 91-631-2833-0, pp123-128, Swedish Bioenergy Association, Stockholm, Sweden.

[382] THEK Gerold, OBERNBERGER Ingwald, 2004: Wood pellet production costs under Austrian and in comparison to Swedish framework conditions. In *Biomass and Bioenergy*, ISSN 0961-9534, vol. 27 (2004), pp671-693, Elsevier Ltd., Oxford, UK.

[383] WALLIN Mikael, 2002: Mikro Scale Pellet Production Technology. In *Proceedings of the 1st World Conference on Pellets* in Stockholm, Sweden, ISBN 91-631-2833-0, p73, Swedish Bioenergy Association, Stockholm, Sweden.

[384] FENZ Bernhard, STAMPFER Karl, 2005: *Optimierung des Holztransports durch Einsatz von faltbaren Containern (LogRac)*, Final report of a study by the Bundesministeriums für Land- und Forstwirtschaft, Umwelt- und Wasserwirtschaft, the Styrian government and the Institute of Forest Engineering, Department of Forest and Soil Sciences, University of Natural Resources and Applied Life Sciences, Vienna, Austria.

[385] DEPV, 2006: http://www.depv.de, retrieved [12.12.2006], Deutscher Energie-Pellet-Verband e.V. (DEPV), Mannheim, Germany.

[386] PROPELLETS, 2006: *Gas-Konflikt Ukraine: Österreichs Pelletsproduktion steht Gewehr bei Fuß*, received [19.10.2006], Austrian Press Agency Originaltext Service GmbH, Vienna, Austria.

[387] GILBERT Jeremy, 2006: World oil reserves – can supply meet demand? In *Proceedings of the 6th Pellets Industry Forum* in Stuttgart, Germany, pp8-9, Solar Promotion GmbH, Pforzheim, Germany.

[388] SELTMANN Thomas, 2008: Vom Überfluss zur Knappheit: Die fossile Energiewirtschaft vor dem Scheitelpunkt. In *Proceedings of the 8th Pellets Industry Forum* in Stuttgart, Germany, pp9-14, Solar Promotion GmbH, Pforzheim, Germany.

[389] E-CONTROL, 2008: http://www.e-control.at, retrieved [8.12.2008], Energie-Control GmbH, Vienna, Austria.

[390] IWO, 2008: http://www.iwo-austria.at, retrieved [11.12.2008], IWO-Österreich, Institut für wirtschaftliche Ölheizung, Vienna, Austria.

[391] BLT WIESELBURG, 2008: http://www.blt.bmlf.gv.at, retrieved [12.1.2009], BLT - Biomass · Logistics · Technology Francisco Josephinum, Wieselburg, Austria.

[392] KPC, 2008: http://public-consulting.at, retrieved [9.12.2008], Kommunalkredit Public Consulting GmbH, Vienna, Austria.

[393] STANZEL Wolfgang, JUNGMEIER Gerfried, SPITZER Josef, 1995: *Emissionsfaktoren und energietechnische Parameter für die Erstellung von Energie- und Emissionsbilanzen im Bereich der Raumwärmeversorgung*, Final report, Institute of Energy Research, Joanneum Research, Graz, Austria.

[394] EBS, 2008: http://energieberatungsstelle.stmk.gv.at, retrieved [7.12.2008], Energieberatungsstelle Land Steiermark, Graz, Austria.

[395] JILEK Wolfgang, KARNER Karin, RASS Andrea, 1999: *Externe Kosten im Energiebereich*, LandesEnergieVerein Steiermark, Graz, Austria.

[396] POINT CARBON, 2009: http://www.pointcarbon.com, retrieved [11.2.2009], Point Carbon, Oslo, Norway.

[397] HAAS Reinhard, KRANZL Lukas, 2002: *Bioenergie und Gesamtwirtschaft*, Bundesministerium für Verkehr, Innovation und Technologie, Vienna, Austria.

[398] NUSSBAUMER Thomas, OSER Michael, 2004: *Evaluation of Biomass Combustion based Energy Systems by Cumulative Energy Demand and Energy Yield Coefficient*, Version 1.0, ISBN 3-908705-07-X, International Energy Agency IEA Bioenergy Task 32 and Swiss Federal Office of Energy, Verenum press, Zurich, Switzerland.

[399] RAKOS Christian, TRETTER Herbert, 2002: *Vergleich der Umweltauswirkungen einer Pelletheizung mit denen konventioneller Energiebereitstellungssysteme am Beispiel einer 400 kW Heizanlage*, Energieverwertungsagentur – the Austrian Energy Agency (E.V.A.), Vienna, Austria.

[400] SPITZER Josef et al., 1998: *Emissionsfaktoren für feste Brennstoffe*, Final report, Institute of Energy Research, Joanneum Research, Graz, Austria.

[401] SPITZER Josef et al., 1998: *Emissionsfaktoren für feste Brennstoffe*, Data, Institute of Energy Research, Joanneum Research, Graz, Austria.

[402] FNR, 2001: *Leitfaden Bioenergie, Datensammlung*, http://www.fnr.de, retrieved [20.12.2001], Fachagentur Nachwachsende Rohstoffe e.V., Gülzow, Germany.

[403] BÖHMER Siegmund, FRÖHLICH Marina, KÖTHER Traute, KRUTZLER Thomas, NAGL Christian, PÖLZ Werner, POUPA Stefan, RIGLER Elisabeth, STORCH Alexander, THANNER Gerhard, 2007: *Aktualisierung von Emissionsfaktoren als Grundlage für den Anhang des Energieberichtes*, Report to the Bundesministerium für Wirtschaft und Arbeit and the Bundesministerium für Land- und Forstwirtschaft, Umwelt und Wasserwirtschaft, Umweltbundesamt GmbH, ISBN 3-85457-872-5, Vienna, Austria.

[404] OBERNBERGER Ingwald, THOMAS Brunner, BÄRNTHALER Thomas, 2006: *Feinstaubemissionen aus Biomasse-Kleinfeuerungsanlagen*, Interim report of the research project with the same name of the Zukunftsfonds of the Styrian government (Projekt Nr. 2088), BIOS BIOENERGIESYSTEME GmbH, Graz, Austria.

[405] OBERNBERGER Ingwald, 2008: State-of-the-art small-scale biomass combustion with respect to fine particulate emissions – Country report from Austria. In *Proceedings of the Central European Biomass Conference 2008* in Graz, Austrian Biomass Association, Vienna, Austria.

[406] AUSTRIAN GOVERNMENT, 2003: *Energiebericht der Österreichischen Bundesregierung*, http://www.bmwa.gv.at, retrieved [12.1.2009], Bundesministerium für Wirtschaft und Arbeit, Vienna, Austria.

[407] ANONYMUS, 2001: *10 Jahre Emissionsmessungen an automatisch beschickten Holzheizungen*, http://www.vorarlberg.at, retrieved [12.1.2009]

[408] NAGL Christian, STERRER Roland, SZEDNYJ Ilona, WIESER Manuela, 2004: *Emissionen aus Verbrennungsvorgängen zur Raumwärmeerzeugung – Literaturarbeit der Umweltbundesamt GmbH*, http://www.iwo-austria.at/fileadmin/user_upload/MitgliedernImgs/EmissionenRaumw_rmeEndfassung060904.pdf, retrieved [12.1.2009], IWO Österreich (Institut für wirtschaftliche Ölheizung), Vienna, Austria.

[409] PRIEWASSER Reinhold, 2005: Feinstaubproblematik und Holzheizungen. In *Ländlicher Raum*, no. 10 (2005), www.energycabin.de/uploads/media/Priewasser_Publ_Feinstaub_ Holzheiz.pdf retrieved [12.1.2009], Bundesministeriums für Land- und Forstwirtschaft, Umwelt- und Wasserwirtschaft, Vienna, Austria.

[410] NUSSBAUMER Thomas, CZASCH Claudia, KLIPPEL Norbert, JOHANSSON Linda, TULLIN Claes, 2008: *Particulate Emissions from Biomass Combustion in IEA Countries - Survey on Measurements and Emission Factors.* Report on behalf of International Energy Agency (IEA) Bioenergy Task 32 and Swiss Federal Office of Energy (SFOE), ISBN 3-908705-18-5, Zurich, Switzerland.

[411] RATHBAUER Josef, LASSELSBERGER Leopold, WÖRGETTER Manfred, 1998: *Holzpellets - Brennstoff mit Zukunft,* Bundesanstalt für Landtechnik Wieselburg, Wieselburg, Austria.

[412] JUNGMEIER Gerfried, GOLJA Ferdinand, SPITZER Josef, 1999: *Der technologische Fortschritt bei Holzfeuerungen – Ergebnisse einer statistischen Analyse der Prüfstandsmessungen der BLT Wieselburg von 1980 bis 1998,* vol.11 (1999), ISBN 3-901 271-98-8, BMUJF, Graz, Austria.

[413] LASSELSBERGER Leopold, 2005: Holz- und Pelletsfeuerungen – Qualität mit Zukunft. In *Proceedings of the World Sustainable Energy Days 2005* in Wels, Austria, O.Ö. Energiesparverband, Linz, Austria.

[414] FRIEDL Günther, HECKMANN Matthias, ROSSMANN Paul, 2009: Advancements in energy efficiency of small-scale pellets boilers. In *Proceedings of the 9th Pellets Industry Forum* in Stuttgart, Germany, pp84-92, Solar Promotion GmbH, Pforzheim, Germany.

[415] KUNDE Robert, VOLZ Florian, GADERER Matthias, SPLIETHOFF Hartmut, 2009: Felduntersuchungen an Holzpellet-Zentralheizkesseln. In: *Brennstoff Kraft Wärme* (BWK) Bd. 61 (2009) Nr. 1/2, pp58-66, Springer-VDI-Verlag GmbH & Co. KG, Düsseldorf, Germany

[416] SAROFIN A.F., HELBLE J.J., 1993: *The impact of ash deposition on coal fired plants,* Williamson J. and Wigley F. (ed.), Taylor & Francis, Washington, USA, pp567-582

[417] UMWELTBUNDESAMT, 2009: http://www.umweltbundesamt.at, retrieved [13.1.2009], Umweltbundesamt GmbH, Vienna, Austria.

[418] SPANGL Wolfgang, NAGL Christian, MOOSMANN Lorenz, 2008: Annual report of ambient air quality measurements in Austria 2007, Umweltbundesamt GmbH, ISBN 3-85457-950-0, Vienna, Austria.

[419] UMWELTBUNDESAMT, 2006: *Schwebestaub in Österreich – Fachgrundlagen für eine kohärente österreichische Strategie zur Verminderung der Schwebestaubbelastung,* Report BE-277, ISBN 3-85457-787-7, Umweltbundesamt GmbH, Vienna, Austria.

[420] RAPP Regula, 2008: *Eigenschaften und Gesundheitswirkungen von Feinstaub.* In *Proceedings of the 10th Holzenergie-Symposium* in Zurich, Switzerland, ISBN 3-908705-19-9, pp115-127, ETH Zurich, Thomas Nussbaumer (Ed.), Zurich, Switzerland.

[421] SCHNEIDER J., 2004: *Gesundheitseffekte durch Schwebestaub,* Workshop *PMx- Quellenidentifizierung - Ergebnisse als Grundlage für Maßnahmenpläne,* Duisburg, Germany.

[422] WHO, 2003: *Health Aspects of Air Pollution with Particulate Matter, Ozone and Nitrogen Dioxide,* WHO Regional Office for Europe, Copenhagen, Denmark.

[423] WHO, 2004: *Meta-analysis of time-series studies and panel studies of Particulate Matter (PM) and Ozone (O_3),* WHO Regional Office for Europe, Copenhagen, Denmark.

[424] WHO, 2004: *Health Aspects of Air Pollution – answers to follow-up questions from CAFE,* Report on a WHO working group meeting in Bonn, Germany, WHO Regional Office for Europe, Copenhagen, Denmark.

[425] HIRVONEN Maija-Riitta, JALAVA Pasi, HAPPO Mikko, PENNANEN Arto, TISSARI Jarkko, JOKINIEMI Jorma, SALONEN Raimo O., 2008: In-vitro Inflammatory and Cytotoxic Effects of Size-Segregated Particulate Samples Collected from Flue Gas of Normal and Poor Wood Combustion in Masonry Heater. In *Proceedings of the Central European Biomass Conference 2008* in Graz, Austria, Austrian Biomass Association, Vienna, Austria.

[426] BELLMANN Bernd, CREUTZENBERG Otto, KNEBEL Jan, RITTER Detlef, POHLMANN Gerhard, 2008: Health effects of aerosols from biomass combustion plants. In *Proceedings of the Central European Biomass Conference 2008* in Graz, Austria, Austrian Biomass Association, Vienna, Austria.

[427] OBERNBERGER Ingwald, BRUNNER Thomas, BÄRNTHALER Georg, 2007: Fine particulate emissions from modern Austrian small-scale biomass combustion plants. In *Proceedings of the 15th European Biomass Conference & Exhibitio* in Berlin, Germany, ISBN 978-88-89407-59-X, ISBN 3-936338-21-3, pp1546-1557, ETA-Renewable Energies, Florence, Italy.

[428] OBERNBERGER Ingwald, BRUNNER Thomas (Eds.), 2005: Aerosols in Biomass Combustion. In *Proceedings of the international workshop* in Graz, Austria, ISBN 3-9501980-2-4, Institute of Resource Efficient and Sustainable Systems, Graz University of Technology, Graz, Austria.

[429] OBERNBERGER Ingwald, BRUNNER Thomas, FRANDSEN Flemming, SKIFVARS Bengt-Johan, BACKMAN Rainar, BROUWERS J.J.H., VAN KEMENADE Erik, MÜLLER Martin, STEURER Claus, BECHER Udo, 2003: *Aerosols in fixed-bed biomass combustion – formation, growth, chemical composition, deposition, precipitation and separation from flue gas*, Final report, EU project No. NNE5-1999-00114, European Commission DG Research, Brussels, Belgium.

[430] CHRISTENSEN K. A., 1995: *The Formation of Submicron Particles from the Combustion of Straw*, PHD Thesis, ISBN 87-90142-04-7, Department of Chemical Engineering, Technical University of Denmark, Lyngby, Denmark.

[431] ANDERL Michael, GANGL Marion, KAMPEL Elisabeth, KÖTHER Traute, MUIK Barbara, PAZDEMIK Katja, POUPA Stephan, RIGLER Elisabeth, SCHODL Barbara, SPORER Melanie, STORCH Alexander, WAPPEL Daniela, WIESER Manuela, 2008: *Emissionstrends 1990–2006 – Ein Überblick über die österreichischen Verursacher von Luftschadstoffen (Datenstand 2008)*, ISBN 3-85457-959-4, Umweltbundesamt GmbH, Vienna, Austria.

[432] BUNDESMINISTERIUM FÜR LAND- UND FORSTWIRTSCHAFT, UMWELT UND WASSER-WIRTSCHAFT, 2008: Änderung der Abfallverzeichnisverordnung, Bundesgesetzblatt 498/2008, Vienna, Austria.

[433] Neurauter Rudolf, Mölgg Martin, Reinalter Matthias, 2004: *Aschen aus Biomassefeuerungsanlagen, Leitfaden der Tiroler Landesregierung*, www.tirol.gv.at, retrieved [14.1.2009], Abteilung Umweltschutz/Referat Abfallwirtschaft, Innsbruck, Austria.

[434] NUSSBAUMER Thomas, KLIPPEL Norbert, OSER Michael, 2005: Health relevance of aerosols from biomass combustion by cytotoxicity tests. In *Proceedings of the work-shop "Aerosols in Biomass Combustion"* in Graz, Austria, Obernberger Ingwald, Brunner Thomas (eds), ISBN 3-9501980-2-4, pp45-54, Institute of Resource Efficient and Sustainable Systems, Graz University of Technology, Graz, Austria.

[435] JOHANSSON Linda et al., 2005: Particle emissions from residential biofuel boilers and stoves – old and modern techniques. In *Proceedings of the work-shop "Aerosols in Biomass Combustion"* in Graz, Austria, ISBN 3-9501980-2-4, pp145-150, Obernberger Ingwald, Brunner Thomas (eds), Institute of Resource Efficient and Sustainable Systems, Graz University of Technology, Graz, Austria.

[436] PVA, 2009: http://pva.studiothek.com, retrieved [19.1.2009], Pelletsverband Austria, Vienna, Austria.

[437] PROPELLETS, 2009: http://propellets.at, retrieved [2.10.2009], Verein proPellets Austria - Netzwerk zur Förderung der Verbreitung von Pelletsheizungen, Wolfsgraben, Austria.

[438] ANONYMOUS, 2005: In Europa produzieren bereits über 200 Pelletierwerke. In *Holz-Zentralblatt*, no. 70 (2005), p923, DRW-Verlag Weinbrenner GmbH & Co. KG, Leinfelden-Echterdingern, Germany.

[439] RAKOS Christian, 2006: Die Entwicklung internationaler Pelletsmärkte im Vergleich. In *Proceedings of the 6th Pellets Industry Forum* in Stuttgart, Germany, pp29-35, Solar Promotion GmbH, Pforzheim, Germany.

[440] RAKOS Christian, 2008: *Development of the Austrian pellet market 2007*, Presentation at the World Sustainable Energy Days 2008 in Wels, Austria.

[441] EUROPEAN PELLET CENTRE, 2006: http://www.pelletcentre.info, retrieved [14.12.2006], Force Technology, Lyngby, Denmark.

[442] HOLZKURIER, 2004: Biomasse woher und wohin. In *Holzkurier*, no. 48 (2004), pp18-19, Österreichischer Agrarverlag, Leopoldsdorf, Austria.

[443] RAKOS Christian, 2010: Current developments in the Austrian pellet market. In *Proceedings of the World Sustainable Energy Days 2010* in Wels, Austria, O.Ö. Energiesparverband, Linz, Austria.

[444] ANONYMUS, 2005: In Europa produzieren bereits über 200 Pelletierwerke. In *Holz-Zentralblatt*, no. 70(2005), p923, DRW-Verlag Weinbrenner GmbH & Co. KG, Leinfelden-Echterdingern, Germany.

[445] SCHLAGITWEIT Christian, 2010: Written information, proPellets Austria - network to reinforce the distribution of pellet heating systems, Wolfsgraben, Austria.

[446] HOLZKURIER, 2008: Pelletsproduktion. In *Holzkurier*, special edition 09.08, *Wärme und Kraft aus Biomasse*, 28.2.2008, pp4-5, Österreichischer Agrarverlag, Vienna, Austria.

[447] MARGL Hermann D., 2000: Chancen und Grenzen des Pelletmarktes. In *Holz-Zentralblatt*, no. 144 (2000), pp1998-1999, DRW-Verlag Weinbrenner GmbH & Co. KG, Leinfelden-Echterdingern, Germany.

[448] HAHN Brigitte, 2002: *Empirische Untersuchung zum Rohstoffpotenzial für die Herstellung von (Holz)Pellets unter besonderer Berücksichtigung der strategischen Bedeutung innerhalb der FTE-Aktivitäten auf nationaler und EU-Ebene*, Study for the Bundesministerium für Wirtschaft und Arbeit, UMBERA Umweltorientierte Betriebsberatungs-, Forschungs- und Entsorgungs-Gesellschaft m.b.H., St. Pölten, Austria.

[449] HUBER Rudolf, 2004: Erfolgreiches Marketing für Holz-Pellets. In *Proceedings of the World Sustainable Energy Days 2004* in Wels, Austria, O.Ö. Energiesparverband, Linz, Austria.

[450] PVA, 2003: http://www.pelletsverband.at, retrieved [19.3.2003], Pelletverband Austria Vertriebs- und Beratungsgesellschaft mbH, Weißkirchen, Austria.

[451] HEIN Michaela, KALTSCHMITT Martin (Ed.), 2004: Standardisation of Solid Biofuels – Status of the ongoing standardisation process and results of the supporting research activities (BioNorm). In *Proceedings of the International Conference Standardisation of Solid Biofuels*, Leipzig, Germany.

[452] JANSEN Hans, 2004: Timber from Russia – a sustainable resource? In *Proceedings of the World Sustainable Energy Days 2004* in Wels, Austria, O.Ö. Energiesparverband, Linz, Austria.

[453] AKIM Eduard L., 2004: Wood pellets production in Russia. In *Proceedings of the World Sustainable Energy Days 2004* in Wels, Austria, O.Ö. Energiesparverband, Linz, Austria.

[454] JONAS Anton, HANEDER Herbert, 2004: *Zahlenmäßige Entwicklung der modernen Holz- und Rindenfeuerungen in Österreich, Gesamtbilanz 1989 bis 2003*, Forstabteilung der Niederösterreichischen Landes-Landwirtschaftskammer, St. Pölten, Austria.

[455] FURTNER Karl, HANEDER Herbert, 2008: *Biomasse – Heizungserhebung 2007*, NÖ Landes-Landwirtschaftskammer, Abteilung Betriebswirtschaft und Technik, St. Pölten, Austria.

[456] FURTNER Karl, HANEDER Herbert, 2009: *Biomasse – Heizungserhebung 2008*, NÖ Landes-Landwirtschaftskammer, Abteilung Betriebswirtschaft und Technik, St. Pölten, Austria.

[457] REGIONALENERGIE STEIERMARK, 2009: http://www.regionalenergie.at, retrieved [21.1.2009] and personal information, Regionalenergie Steiermark Beratungsgesellschaft für Holzenergiesysteme, Weiz, Austria.

[458] KOOP Dittmar, 2008: Erstaunliche Ausmaße. In *Fachmagazin der Pelletsbranche*, no. 6 (2008), Solar Promotion GmbH, Pforzheim, Germany.

[459] NEMESTOTHY Kasimir, 2006: *Abschätzung des Holzpelletsbedarfes in Österreich*, Austrian Energy Agency, Bundesministerium für Verkehr, Innovation und Technologie, Vienna, Austria.

[460] HANEDER Herbert, FURTNER Karl, 2006: *Biomasse – Heizungserhebung 2005*, NÖ Landes-Landwirtschaftskammer, Abteilung Betriebswirtschaft und Technik, St. Pölten, Austria.

[461] JAUSCHNEGG Horst, 2002: *Die Entwicklung der Holzpellets in Europa*. In *Holzenergie*, no. 5 (2002), pp24-26, ITEBE, Lons Le Saunier Cedex, France.

[462] UMDASCH, 2001: Data per E-Mail from Umdasch AG, Vertrieb Bio-Brennstoffe, Amstetten, Austria.

[463] RAKOS Christian, 2006: Pellets in Österreich – wohin geht die Reise. In *Holz-Zentralblatt*, no. 33 (2006), p939, DRW-Verlag Weinbrenner GmbH & Co. KG, Leinfelden-Echterdingern, Germany.

[464] BASISDATEN BIOENERGIE ÖSTERREICH, 2009: Brochure, Österreichischer Biomasse-Verband, Vienna, Austria.

[465] MAHAPATRA Krushna, GUSTAVSSON Leif, 2006: Small-scale pellet heating systems from consumer perspective. In *Proceedings of the 2nd World Conference on Pellets* in Jönköping, Sweden, ISBN 91-631-8961-5, p239, Swedish Bioenergy Association, Stockholm, Sweden.

[466] SEDMIDUBSKY Alice, 2004: *Daten zu erneuerbarer Energie in Österreich 2004*. Energieverwertungs-agentur – the Austrian Energy Agency (E.V.A.), Vienna, Austria.

[467] STATISTIK AUSTRIA, 2009: Ergebnisse des Mikrozensus 2004 und 2006 nach Bundesländern, verwendetem Energieträger und Art der Heizung, retrieved [13.1.2009], Statistik Austria, Vienna, Austria.

[468] BASISDATEN BIOENERGIE ÖSTERREICH, 2006: Brochure, Österreichischer Biomasse-Verband, Ökosoziales Forum, Vienna, Austria.

[469] HANEDER Herbert, 2010: personal information, NÖ Landes-Landwirtschaftskammer, Technik und Energie, St. Pölten, Austria.

[470] FISCHER Joachim, 2006: *The Geman Pellet Market*, Presentation at the World Sustainable Energy Days 2006 in Wels, Austria.

[471] PILZ Barbara, 2006: Überblick über die Pelletsproduktion in Germany. In *Proceedings of the 6th Pellets Industry Forum* in Stuttgart, Germany, pp39-43, Solar Promotion GmbH, Pforzheim, Germany.

[472] FISCHER Joachim, 2002: Holzpelletmarkt Deutschland wächst kontinuierlich. In *Holz-Zentralblatt*, no. 146(2002), pp1754-1755, DRW-Verlag Weinbrenner GmbH & Co. KG, Leinfelden-Echterdingern, Germany.

[473] SCHMIDT Beate, 2006: Aktuelle Entwicklung und Perspektiven des Pelletsmarktes in Germany. In *Proceedings of the 6th Pellets Industry Forum* in Stuttgart, Germany, pp10-28, Solar Promotion GmbH, Pforzheim, Germany.

[474] PELLETS, 2008: *Fachmagazin der Pelletsbranche*, no. 6 (2008), p6, Solar Promotion GmbH, Pforzheim, Germany.

[475] SCHMIDT Beate, 2009: Development of the German pellets market. In *Proceedings of the 9th Pellets Industry Forum* in Stuttgart, Germany, pp9-27, Solar Promotion GmbH, Pforzheim, Germany.

[476] FISCHER Joachim, PILZ Barbara, 2004: Deutschland – Aktuelle Entwicklung des deutschen Pellets-marktes. In *Proceedings of the World Sustainable Energy Days 2004* in Wels, Austria, O.Ö. Energiesparverband, Linz, Austria.

[477] SCHMIDT Beate, 2008: Entwicklung des deutschen Pelletsmarktes. In *Proceedings of the 8th Pellets Industry Forum* in Stuttgart, Germany, pp15-33, Solar Promotion GmbH, Pforzheim, Germany.

[478] SCHMIDT Beate, 2010: Current developments in the German wood pellets market. In *Proceedings of the World Sustainable Energy Days 2010* in Wels, Austria, O.Ö. Energiesparverband, Linz, Austria.

[479] BURGER Frank, 2006: Kurzumtriebswälder: Potenziale, Techniken, Kosten. In *Proceedings of the 6th Pellets Industry Forum* in Stuttgart, Germany, pp76-82, Solar Promotion GmbH, Pforzheim, Germany.

[480] HIEGL Wolfgang, JANSSEN Rainer, 2009: *Development and promotion of a transparent European pellets market – creation of a European real-time pellets atlas – pellet market country report Germany*. WIP Renewable Energies, Munich, Germany, available at www.pelletsatlas.info, retrieved [17.11.2009].

[481] BIZ, 2003: *Holzpellets in Deutschland – Marktstrukturen, Marktentwicklung*, Newsletter Biomasse Info-Zentrum, Stuttgart, Germany.

[482] STEPHANI Gregor, GÖNNER Tanja, 2009: *Vorfahrt für erneuerbare Wärme – was politische Rahmenbedingungen bewirken können.* Presentation at the *9th Pellets Industry Forum* in Stuttgart, Germany.

[483] BAFA, 2009: http://www.bafa.de, retrieved [18.11.2009], Bundesamt für Wirtschaft und Ausfuhrkontrolle, Eschborn, Germany

[484] DEPV, 2009: http://www.depv.de, retrieved [17.11.2009], Deutscher Energieholz- und Pellet-Verband e.V. (DEPV), Berlin, Germany.

[485] SPILOK Kathleen, 2009: *Wir werden wachsen – Pelletsbranche und Pelletsmarkt in Deutschland.* In *Fachmagazin der Pelletsbranche*, spezial issue 2009/2010, Solar Promotion GmbH, Pforzheim, Germany.

[486] AMT FÜR ENERGIEEINSPARUNG, 2009: http://www.provinz.bz.it, retrieved [22.1.2009], Bolzano, Italy.

[487] VIVARELLI Filippo, GHEZZI Lorenzo, 2009: *Development and promotion of a transparent European pellets market – creation of a European real-time pellets atlas – pellet market country report Italy.* ETA Renewable Energies, Florence, Italy, available at www.pelletsatlas.info, retrieved [17.11.2009]

[488] KOOP Dittmar, 2008: Geschätztes Land – der Pelletsmarkt in Italien. In *Fachmagazin der Pelletsbranche*, no. 3 (2008), Solar Promotion GmbH, Pforzheim, Germany.

[489] BRASSOUD Julie, 2004: The ITEBE quality charter for wood pellets. In *Proceedings of the World Sustainable Energy Days 2004* in Wels, Austria, O.Ö. Energiesparverband, Linz, Austria.

[490] ZAETTA Corrado, PASSALACQUA Fulvio, TONDI Gianluca, 2004: The pellet market in Italy: Main barriers and perspectives. In *Proceedings of the 2nd World Conference and Exhibition on Biomass for Energy, Industry and Climate Protection* in Rome, Italy, vol. 3, ISBN 88-89407-04-2, pp1843-1847, ETA-Florence, Florence, Italy.

[491] PANIZ Annalisa, 2006: Vortrag am Internationalen Workshop der Pelletsverbände, 11. Oktober 2006, Stuttgart, Deutschland

[492] WITT Janet, DAHL Jonas, HAHN Brigitte, 2005: Holzpellets – Ein Wachstumsmarkt in Europa, Ergebnisse und Untersuchungen des EU-Altener Projektes (2003-2005): Pellets for Europe 4.1030/C/02-160. In *Proceedings of the 5th Industrieforum Holzenergie* in Stuttgart, Germany, pp167-175, Deutscher Energie-Pellet-Verband e.v. and Solar Promotion GmbH e.V., Germany.

[493] BERTON Marino, 2008: *Current developments on the Italian pellet market*, Presentation at the World Sustainable Energy Days 2008 in Wels, Austria.

[494] RAKOS Christian, 2007: Entwicklungen der internationalen Pelletmärkte. In *Proceedings of the 7th. Pellets Industry Forum* in Stuttgart, Germany, pp36-43, Solar Promotion GmbH, Pforzheim, Germany.

[495] PANIZ Annalisa, 2009: *Current trends in the Italian pellet market.* Presentation at the *9th Pellets Industry Forum* in Stuttgart, Germany, www.pelletsforum.de, retrieved [18.11.2009].

[496] PELLETS@TLAS, 2009: http://www.pelletsatlas.info, retrieved [24.11.2009], The PELLETS@LAS project, coordinated by WIP - Renewable Energies, Munich, Germany.

[497] BERNER Joachim, 2007: Unterschiedliche Pelletswelten – Europäische Pelletskonferenz diskutiert über globalen Handel von Holzpellets und deren Einsatz zur Stromproduktion. In *Fachmagazin der Pelletsbranche*, no. 2 (2007), Solar Promotion GmbH, Pforzheim, Germany.

[498] RAKOS Christian, 2007: Pellet market development in Austria & Italy. In *Proceedings of the World Sustainable Energy Days 2007* in Wels, Austria, O.Ö. Energiesparverband, Linz, Austria.

[499] EGGER Christiane, 2007: Challenges & opportunities in a rapidly growing market. In *Proceedings of the World Sustainable Energy Days 2007* in Wels, Austria, O.Ö. Energiesparverband, Linz, Austria.

[500] ORTNER Herbert, 2007: Market development for small scale pellet boilers in Europe. In *Proceedings of the World Sustainable Energy Days 2007* in Wels, Austria, O.Ö. Energiesparverband, Linz, Austria.

[501] FRANCESCATO Valter, PANIZ Annalisa, ANTONINI Eliseo, 2006: *Italian wood pellet market: an overview*, Presentation at the World Sustainable Energy Days in Wels, Austria.

[502] BFE, 2005: http://www.energie-schweiz.ch, retrieved [23.3.2005], Bundesamt für Energie, Bern, Switzerland.

[503] KEEL Andreas, 2004: Entwicklung des Pelletmarktes in der Schweiz: Bisherige Erfahrungen, zukünftige Strategien. In *Proceedings of the World Sustainable Energy Days 2004* in Wels, Austria, O.Ö. Energiesparverband, Linz, Austria.

[504] BFE, 2004: *Subventionsprogramm Lothar*, Bundesamt für Energie, Bern, Switzerland.

[505] KEEL Andreas, 2008: *Pelletmarkt Schweiz – Erfahrungen und Preisgestaltung*, Presentation at the World Sustainable Energy Days 2008 in Wels, Austria.

[506] NIEDERHÄUSERN Anita, 2009: The Swiss pellets market – facing strong competitors. In *Proceedings of the 9th Pellets Industry Forum* in Stuttgart, Germany, pp160-164, Solar Promotion GmbH, Pforzheim, Germany.

[507] JANZING Bernward, 2005: Boom trotz billigen Heizöls. In *Fachmagazin der Pelletsbranche*, no. 3 (2005), Solar Promotion GmbH, Pforzheim, Germany.

[508] ELBER U., 2006: *Konzept zur Nutzung des Waldes als Energiequelle*. Presentation at the *6. Schweizer Pelletforum* in Zurich, Switzerland

[509] KEEL Andreas, 2008: *Nationale und Internationale Märkte*. Presentation at the *8. Schweizer Pelletforum* in Bern, Switzerland

[510] HIEGL Wolfgang, JANSSEN Rainer, 2009: *Development and promotion of a transparent European pellets market – creation of a European real-time pellets atlas – pellet market country report Switzerland*. WIP Renewable Energies, Munich, Germany, available at www.pelletsatlas.info, retrieved [17.11.2009]

[511] BIOENERGI, 2009: Tidningen Bioenergi no 1 2009, Stockholm, Sweden.

[512] STATISTICS SWEDEN, 2008: *Yearbook of Housing and Building Statistics 2008*, Statistics Sweden, Stockholm, Sweden.

[513] SRSA, 2006: *Yearly Report 2006 on the Civil Protection Act*, The Swedish Rescue Services Agency, Karlstad, Sweden.

[514] SBBA, 2009: personal information; Swedish Heating Boilers and Burners Association, Stockholm, Sweden.

[515] ANONYMOUS, 2004: Pellets burner 2004. In *The Bioenergy international*, no. 9 (2004), Bioenergi Förlag AB, Stockholm, Sweden.

[516] BERNER Joachim, 2008: Einmal um den Pelletsglobus. In *Fachmagazin der Pelletsbranche*, no. 2 (2008), Solar Promotion GmbH, Pforzheim, Germany.

[517] VINTERBÄCK Johan, 2007: Pellet market development in Sweden. In *Proceedings of the World Sustainable Energy Days 2007* in Wels, Austria, O.Ö. Energiesparverband, Linz, Austria.

[518] ARKELÖV Olof, 2004: Sweden. In *Proceedings of the World Sustainable Energy Days 2004* in Wels, Austria, O.Ö. Energiesparverband, Linz, Austria.

[519] HÖGLUND J., 2008: *The Swedish fuel pellets industry production; market and standardization*. SLU, Department for forest products. Master thesis nr. 14, 2008, Uppsala, Sweden.

[520] STATISTICS SWEDEN, 2007: *Energy Statistics for one- and two dwelling buildings in 2006.* EN16 SM0701, Statistics Sweden, Stockholm, Sweden.

[521] PIR, 2010: http://www.pelletsindustrin.org, retrieved [7.4.2010], Swedish Association of Pellet Producers-PiR, Stockholm, Sweden.

[522] VINTERBÄCK Johan, 2000: *Wood Pellet Use in Sweden - A systems approach to the residential sector,* PHD Thesis, Department of Forest Management and Products, Swedish University of Agricultural Sciences, ISBN 91-576-5886-2, Uppsala, Sweden.

[523] BJERG Jeppe, EVALD Anders, 2004: Denmark: Market and technology trends in the Danish pellet market. In *Proceedings of the World Sustainable Energy Days 2004* in Wels, Austria, O.Ö. Energiesparverband, Linz, Austria.

[524] EVALD Anders, 2009: *Det danske træpillemarked 2008* (The Danish Wood Pellet Market 2008), FORCE Technology and Danish Energy Agency, Kgs. Lyngby, Denmark.

[525] EVALD Anders, 2009: written notice, surveys for the Danish Energy Agency performed by FORCE Technology, FORCE Technology, Brøndby, Denmark

[526] AMAGERVÆRKET, 2009: Amagerværket – grønt regnskab 2008, brochure of Vattenfall A/S, Copenhagen, Denmark, available at http://www.vattenfall.dk/da/file/amagervarket-gront-regnskab-2_7841612.pdf, retrieved [12.4.2010].

[527] BJERG Jeppe, 2002: *Træpillehåndbogen,* dk-TEKNIK ENERGI & MILØ, Søborg, Denmark.

[528] BERGGREN Anders, 2003: *Production and Use of Pellets & Briquettes for Energy in Denmark,* Country report for the INDEBIF- project, Swedish University of Agricultural Sciences, Uppsala, Sweden.

[529] MARCHAL D., CREHAY R., VAN STAPPEN F., WARNANT G., SCHENKEL Y., 2006: Wood pellet use in Wallonia (Belgium): Evaluation and environmental impact. In· *Proceedings of the 2nd World Conference on Pellets* in Jönköping, Sweden, ISBN 91-631-8961-5, pp225-227, Swedish Bioenergy Association, Stockholm, Sweden.

[530] MARCHAL Didier, 2008: *Current developments on Belgian pellet market,* Presenation at the World Sustainable Energy Days 2008 in Wels, Austria.

[531] GUISSON R., MARCHAL M., 2008: Belgium country report, IEA Bioenergy – Task 40, Sustainable International Bioenergy Trade Securing Supply and demand.

[532] BAREL Christophe, 2009: *Development and promotion of a transparent European pellets market – creation of a European real-time pellets atlas – pellet market country report Belgium.* ADEME Agence de I'Environnement, Metz, France, available at www.pelletsatlas.info, retrieved [17.11.2009].

[533] PIERET Nora, 2009: *Rapport d'activité facilitateur bois énergie – secteur particulier,* Valbiom asbl, Gembloux, Belgium.

[534] CORNELIS Erwin, 2007: *Solid biofuels in the Flemish Region, Production, Consumption & Standardisation interest,* VITO, Oral Presentation at the Conference *Biofuel Standardisation in Belgium,* 6 September 2007 at Centre Wallon de Recherches Agronomiques, CRA-W, Gembloux, Belgium

[535] JUNGINGER Martin, SIKKEMA Richard, 2009: *Development and promotion of a transparent European pellets market – creation of a European real-time pellets atlas – pellet market country report Netherlands.* Utrecht University, Utrecht, the Netherlands, available at www.pelletsatlas.info, retrieved [17.11.2009].

[536] KOPPEJAN J., ELBERSEN W., MEEUSEN M., 2009: *Inventarisatie beschikbare biomassa voor energietoepassingen in 2020,* SenterNovem, The Hague, The Netherlands.

[537] MUISTE Marek, HABICHT Maria, 2009: *Development and promotion of a transparent European pellets market – creation of a European real-time pellets atlas – pellet market country report Finland.* LETEK – South Estonian Centre of Renewable Energy, Märja, Tartu County, Estonia, available at www.pelletsatlas.info, retrieved [17.11.2009].

[538] TEISKONEN Johanna, NALKKI Janne, 2006: *The Finnish Pellet Market*, Presentation at the World Sustainable Energy Days 2006 inWels, Austria.

[539] RAUTANEN Juha, 2004: Present & future pellet markets in Finland. In *Proceedings of the World Sustainable Energy Days 2004* in Wels, Austria, O.Ö. Energiesparverband, Linz, Austria.

[540] KOOP Dittmar, 2007: Staat auf dem sicheren Holzweg. In *Fachmagazin der Pelletsbranche*, no. 1 (2007), Solar Promotion GmbH, Pforzheim, Germany.

[541] MARKKU Kallio, HEIKKI Oravainen, 2003: Pellet research and development at VTT. In *Proceedings of the International Nordic Bioenergy Conference* in , Finland, ISBN 952-5135-26-8, pp489-493, FINBIO – The Bioenergy Association of Finland, Jyväskylä, Finland.

[542] LEHTINEN Toni, 2003: *Use of Wood Briquettes & Pellets in Finland*, http://www.pellets2002.st/index.htm, retrieved [18.12.2006], Seminar paper, Swedish University of Agricultural Sciences, Uppsala, Sweden.

[543] HANSEN Morten Tony, 2009: *Development and promotion of a transparent European pellets market – creation of a European real-time pellets atlas – pellet market country report Norway.* FORCE Technology, Kongens Lyngby, Denmark, available at www.pelletsatlas.info, retrieved [17.11.2009]

[544] PEDERSEN Fredrik Dahl-Paulsen, 2006: *The Norwegian Pellets Market.* Presenation at the World Sustainable Energy Days 2006 in Wels, Austria.

[545] PEKSA-BLANCHARD Malgorzata, DOLZAN Paulo, GRASSI Angela, HEINIMÖ Jussi, JUNGINGER Martin, RANTA Tapio, WALTER Arnaldo, 2007: *Global Wood Pellets Markets and Industry: Policy Drivers, Market Status and Raw Material Potential, IEA Bioenergy Task 40 – Report*, http://bioenergytrade.org/downloads/ieatask40pelletandrawmaterialstudynov2007final.pdf, retrieved [14.11.2008].

[546] NOBIO, 2007: Bioenergi i Norge - Markedsrapport 2007 (Bioenergy in Norway - Market report 2007; in Norwegian), www.nobio.no, NoBio, Norway.

[547] NOBIO, 2005: Bioenergi i Norge - Markedsrapport 2005 (Bioenergy in Norway - Market report 2005; in Norwegian), www.nobio.no, NoBio, Norway.

[548] JANZING Bernward, 2006: *Boom dank Förderprogramm und steigender Ölpreise.* In *Fachmagazin der Pelletsbranche*, no. 1(2006), Solar Promotion GmbH, Pforzheim, Germany.

[549] DOUARD Frédéric, 2008: *Update on the French pellet market.* Presentation at the 8th Pellets Industry Forum in Stuttgart, Germany, www.pelletsforum.de, retrieved [1.12.2008].

[550] DOUARD Frédéric, 2007: Challenges in the expanding French market. In *Proceedings of the World Sustainable Energy Days 2007* in Wels, Austria, O.Ö. Energiesparverband, Linz, Austria.

[551] KOOP Dittmar, 2008: Der Zwei-Phasen-Markt. In *Fachmagazin der Pelletsbranche*, no. 1 (2008), Solar Promotion GmbH, Pforzheim, Germany.

[552] DE CHERISEY Hugues, 2010: Last evolutions of the French pellets market. In *Proceedings of the World Sustainable Energy Days 2010* in Wels, Austria, O.Ö. Energiesparverband, Linz, Austria.

[553] KOOP Dittmar, 2008: Markt mit Potenzialen – Pellets für eine überfällige Energiewende in Grossbritannien. In *Fachmagazin der Pelletsbranche*, no. 6 (2008), Solar Promotion GmbH, Pforzheim, Germany.

[554] HAYES Sandra, 2009: *Development and promotion of a transparent European pellets market – creation of a European real-time pellets atlas – pellet market country report UK.* The National Energy Foundation, Milton Keynes, UK, available at www.pelletsatlas.info, retrieved [17.11.2009]

[555] HAYES Sandra, 2009: *Development and promotion of a transparent European pellets market – creation of a European real-time pellets atlas – pellet market country report Ireland.* The National Energy Foundation, Milton Keynes, UK, available at www.pelletsatlas.info, retrieved [17.11.2009]

[556] PUENTE-SALVE Francisco, 2008: *Pellets market in Spain,* Presentation at the World Sustainable Energy Days 2008 in Wels, Austria.

[557] KOOP Dittmar, 2008: Noch ist Siesta – Pelletsmärkte auf der Iberischen Halbinsel: Spanien und Portugal. In *Fachmagazin der Pelletsbranche,* no. 2(2008), Solar Promotion GmbH, Pforzheim, Germany.

[558] VIVARELLI Filippo, GHEZZI Lorenzo, 2009: *Development and promotion of a transparent European pellets market – creation of a European real-time pellets atlas – pellet market country report Spain.* ETA Renewable Energies, Florence, Italy, available at www.pelletsatlas.info, retrieved [17.11.2009]

[559] PUENTE Francisco, 2010: Propellets association. In *Proceedings of the World Sustainable Energy Days 2010* in Wels, Austria, O.Ö. Energiesparverband, Linz, Austria.

[560] PASSALACQUA Fulvio, 2004: Agri-Pellets – a new fuel for Southern Europe? In *Proceedings of the World Sustainable Energy Days 2004* in Wels, Austria, O.Ö. Energiesparverband, Linz, Austria.

[561] ANTOLIN Gregorio et al., 2004: Spanish biomass pellets market. In *Proceedings of the World Sustainable Energy Days 2004* in Wels, Austria, O.Ö. Energiesparverband, Linz, Austria.

[562] VIVARELLI Filippo, 2009: *Development and promotion of a transparent European pellets market – creation of a European real-time pellets atlas – pellet market country report Portugal.* ETA Renewable Energies, Florence, Italy, available at www.pelletsatlas.info, retrieved [17.11.2009]

[563] VOULGARAKI Stamatia, BALAFOUTIS Athanasios, PAPADAKIS George, 2009: *Development and promotion of a transparent European pellets market – creation of a European real-time pellets atlas – pellet market country report Greece.* Agricultural University of Athens, Department of Natural Resources, Athens, Greece, available at www.pelletsatlas.info, retrieved [17.11.2009]

[564] LIIB Aili, 2005: The Estonian pellet market in development. In *Proceedings of the World Sustainable Energy Days 2005* in Wels, Austria, O.Ö. Energiesparverband, Linz, Austria.

[565] KOOP Dittmar, 2007: Pellets made in Baltikum – Lettland und Litauen setzen auf Export. In *Fachmagazin der Pelletsbranche,* no. 3 (2007), Solar Promotion GmbH, Pforzheim, Germany.

[566] STEINER Monika, PICHLER Wilfried, GOLSER Michael, 2009: *Development and promotion of a transparent European pellets market – creation of a European real-time pellets atlas – pellet market country report Bulgaria.* Holzforschungs Austria, Vienna, Austria, available at www.pelletsatlas.info, retrieved [17.11.2009]

[567] BASTIAN Malgorzata, WACH Edmund, 2009: *Development and promotion of a transparent European pellets market – creation of a European real-time pellets atlas – pellet market country report Czech Republic.* Baltic Energy Conservation Agency, Gdańsk, Poland, available at www.pelletsatlas.info, retrieved [17.11.2009].

[568] GYURIS Peter, CSEKÖ Adrienn, 2009: *Development and promotion of a transparent European pellets market – creation of a European real-time pellets atlas – pellet market country report Hungary.* Geonardo Ltd, Budapest, Hungary, available at www.pelletsatlas.info, retrieved [17.11.2009]

[569] MUISTE Marek, HABICHT Maria, 2009: *Development and promotion of a transparent European pellets market – creation of a European real-time pellets atlas – pellet market country report Baltic countries – Estonia/Latvia/Lithuania.* LETEK – South Estonian Centre of Renewable Energy, Märja, Tartu County, Estonia, available at www.pelletsatlas.info, retrieved [17.11.2009].

[570] BASTIAN Malgorzata, WACH Edmund, 2009: *Development and promotion of a transparent European pellets market – creation of a European real-time pellets atlas – pellet market country report Poland.* Baltic Energy Conservation Agency, Gdańsk, Poland, available at www.pelletsatlas.info, retrieved [17.11.2009].

[571] STEINER Monika, PICHLER Wilfried, GOLSER Michael, 2009: *Development and promotion of a transparent European pellets market – creation of a European real-time pellets atlas – pellet market*

country report Romania. Holzforschungs Austria, Vienna, Austria, available at www.pelletsatlas.info, retrieved [17.11.2009].

[572] BASTIAN Malgorzata, WACH Edmund, 2009: *Development and promotion of a transparent European pellets market – creation of a European real-time pellets atlas – pellet market country report Slovakia.* Baltic Energy Conservation Agency, Gdańsk, Poland, available at www.pelletsatlas.info, retrieved [17.11.2009].

[573] GYURIS Peter, CSEKÖ Adrienn, 2009: *Development and promotion of a transparent European pellets market – creation of a European real-time pellets atlas – pellet market country report Slovenia.* Geonardo Ltd, Budapest, Hungary, available at www.pelletsatlas.info, retrieved [17.11.2009].

[574] ELLIOT Stan, 2009: The growing pellets industry in the U.S. and its impact on the international pellets market. In *Proceedings of the 9th Pellets Industry Forum* in Stuttgart, Germany, pp134-137, Solar Promotion GmbH, Pforzheim, Germany.

[575] STRIMLING Jon, 2008: *Der US-amerikanische Pelletsmarkt,* www.pelletsforum.de, retrieved [1.12.2008], Presentation at the 8th Pellets Industry Forum in Stuttgart, Germany.

[576] ELLIOT Stan, 2007: Pellet "pains", a US perspective on international cooperation. In *Proceedings of the World Sustainable Energy Days 2007* in Wels, Austria, O.Ö. Energiesparverband, Linz, Austria.

[577] SWAAN John, 2008: Intercontinental trade with pellets. In *Proceedings of the World Sustainable Energy Days 2008,* O.Ö. Energiesparverband, Linz, Austria.

[578] TUCKER Kenneth R., 2002: Bagged Pellets to One Million Users. In *Proceedings of the 1st World Conference on Pellets* in Stockholm, Sweden, ISBN 91-631-2833-0, p57, Swedish Bioenergy Association, Stockholm, Sweden.

[579] SWAAN John, 2004: North America. In *Proceedings of the World Sustainable Energy Days 2004* in Wels, Austria, O.Ö. Energiesparverband, Linz, Austria.

[580] SWAAN John, 2007: The future of pellet markets & technologies. In *Proceedings of the World Sustainable Energy Days 2007* in Wels, Austria, O.Ö. Energiesparverband, Linz, Austria.

[581] NATUCKA Dorota, 2006: Wood pellet industry update from North America. In *The Bioenergy International,* no.17 (2005), Bioenergi Förlag AB, Stockholm, Sweden.

[582] KOOP Dittmar, 2009: Lernen von Europa. In *Fachmagazin der Pelletsbranche,* no. 6 (2009), Solar Promotion GmbH, Pforzheim, Germany.

[583] LI Dingkai, CHE Zhanbin, HU Peihua, NI Weidou, 2006: Development and characteristics of a cold biomass pelletising technology in China. In *Proceedings of the 2nd World Conference on Pellets* in Jönköping, Sweden, ISBN 91-631-8961-5, p17, Swedish Bioenergy Association, Stockholm, Sweden.

[584] HONG Hao, 2009: Current development and prospects of the biomass briquette fuels in China. In *Proceedings of the 9th Pellets Industry Forum* in Stuttgart, Germany, pp138-148, Solar Promotion GmbH, Pforzheim, Germany.

[585] PELLETS, 2006: Die Exportmärkte *im Blick.* In *Fachmagazin der Pelletsbranche,* no. 3 (2006), Solar Promotion GmbH, Pforzheim, Germany.

[586] CELIKTAS M.S., KOCAR G., 2006: A perspective on pellet manufacturing in Turkey with a SWOT analysis. In *Proceedings of the 2nd World Conference on Pellets* in Jönköping, Sweden, ISBN 91-631-8961-5, pp133-136, Swedish Bioenergy Association, Stockholm, Sweden.

[587] GANZORIG Nadmidtseden, 2006: Developing pellets in Mongolia. In *Proceedings of the 2nd World Conference on Pellets* in Jönköping, Sweden, ISBN 91-631-8961-5, pp137-140, Swedish Bioenergy Association, Stockholm, Sweden.

[588] DEL PINO VIVANCO Ramón, 2008: The pellet market of Chile. In *Proceedings of the World Sustainable Energy Days 2008,* O.Ö. Energiesparverband, Linz, Austria.

[589] JANZING Bernward, 2009: Südamerikas Anfänge. In *Fachmagazin der Pelletsbranche*, no. 1 (2009), Solar Promotion GmbH, Pforzheim, Germany.

[590] RAKITOVA Olga, 2010: The development of the pellet production in Russia. In *Proceedings of the World Sustainable Energy Days 2010* in Wels, Austria, O.Ö. Energiesparverband, Linz, Austria.

[591] KOOP Dittmar, 2008: Inlandsmarkt lässt auf sich warten. In *Fachmagazin der Pelletsbranche*, no. 5 (2008), Solar Promotion GmbH, Pforzheim, Germany.

[592] LORENZ Emilia, 2009: Fact-based SWOT analysis of production and sourcing of wood pellets in Ukraine. In *Proceedings of the 9th Pellets Industry Forum* in Stuttgart, Germany, pp154-159, Solar Promotion GmbH, Pforzheim, Germany.

[593] DAE-KYUNG Kim, 2009: Das Thema Holzpellets ist neu in Südkorea. In *Fachmagazin der Pelletsbranche*, no. 2 (2009), Solar Promotion GmbH, Pforzheim, Germany.

[594] KOOP Dittmar, 2009: Pellets vom Ende der Welt. In *Fachmagazin der Pelletsbranche*, no. 5 (2009), Solar Promotion GmbH, Pforzheim, Germany.

[595] PEKSA-BLANCHARD M., DOLZAN P., GRASSI A., HEINIMÖ J., JUNGINGER M., RANTA T., WALTER A., 2007: *Global Wood Pellets Markets and Industry: Policy Drivers, Market Status and Raw Material Potential.* IEA Bionergy Task 40, Copernicus Institute, Utrecht, Netherlands.

[596] SIKANEN L., MUTANEN A., RÖSER D., SELKIMÄKI M., 2008: *Pellet markets in Finland and Europe-An overview.* Study report, Pelletime Project, Joensuu, Finland.

[597] ALAKANGAS E., HEIKKINEN A., LENSU T., VESTERINEN P., 2007: *Biomass fuel trade in Europe.* Summary Report VTT-R-03508-07. EUBIONET II-EIE/04/065/S07.38628. Technical Research Centre of Finland, Jyväskylä Finland.

[598] WORTON B. J., 1989: Kernel methods for estimating the utilization distribution in home-range studies. In: *Ecology* 70, pp164-168, Ithaca NY, USA.

[599] GRILICHES Z., 1957: Hybrid corn: an exploration in the economics of technological change. In: *Econometrica* 25 (4), pp501-522, Princeton NJ, USA.

[600] HÖGLUND J., 2008: *The Swedish fuel pellets industry: Production, market and standardization.* Swedish University of Agricultural Sciences, Examarbeten Nr 14, 2008. ISSN 1654-1367.

[601] EGGER Christiane, ÖHLINGER Christine, 2002: Strategy and Methods to Create a New Market. In *Proceedings of the 1st World Conference on Pellets* in Stockholm, Sweden, ISBN 91-631-2833-0, pp35-36, Swedish Bioenergy Association, Stockholm, Sweden.

[602] YLITALO E., 2008: *Puun energiakäyttö 2007.* Metsätilastotiedote 15/2008. Metsäntutkimuslaitos, Metsätilastollinen tietopalvelu, Vantaa, Finland.

[603] LAPPALAINEN I., ALAKANGAS E., ERKKILÄ A., FLYKTMAN M., HELYNEN S., HILLERBRAND K., KALLIO M., MARJANIEMI M., NYSTEDT Å., ORAVAINEN H., PUHAKKA A., VIRKKUNEN M., 2007: *Puupolttoaineiden pienkäyttö.* TEKES, Helsinki, Finland.

[604] ASIKAINEN A., LIIRI H., PELTOLA S., KARHALAINEN T., LAITILA J., 2008: *Forest energy potential in Europe (EU27).* Working papers of the Finnish forest research institute, Nr 69. ISSN 1795-150 X, Joensuu, Finland.

[605] KALLIO M., KALLIO E., 2004: *Pelletization of woody raw material.* Project report. PRO2/P6012/04. VTT Prosessit, Jyväskylä, Finland.

[606] HETEMÄKI L., HARSTELA P., HYNYNEN J., ILVESNIEMI H. & UUSIVUORI J., 2006: *Suomen metsiin perustuva hyvinvointi 2015 – Katsaus Suomen metsäalan kehitykseen ja tulevaisuuden vaihtoehtoihin.* Metlan työraportteja 26. Retrieved at: http://www.metla.fi/julkaisut/workingpapers/2006/mwp026.htm [11.10.2008]

[607] NÄSLUND M., 2007: *Pellet production and market in Sweden.* Conference presentation: Enertic Valorisation of Forest Biomass in the South Europe, Pamplona, Spain.

[608] DAM J., FAAIJ A.P.C., LEWANDOWSKIA I., VAN ZEEBROECK B, 2009: Options of biofuel trade from Central and Eastern to Western European countries. In *Biomass and Bioenergy*, no. 33 (2009), pp728-744, Elsevier Ltd., Oxford, UK.

[609] MOLA-YUDEGO B., 2007: Trends of the yields from commercial willow plantations in Sweden (1986-2000). In *Proceedings from the IEA Task 31 International Workshop: Sustainable Production Systems for Bioenergy:* Forest Energy in Practice, Joensuu, Finland.

[610] MOLA-YUDEGO B., ARONSSON P., 2008: Yield models from commercial willow plantations in Sweden. In *Biomass and Bioenergy*, no. 32 (9), pp829-837, Elsevier Ltd., Oxford, UK.

[611] FAO, 2003: *State of the World's Forests - 2003.* Food and Agriculture Organization of the United Nations, Rome, Italy.

[612] IEA, 2004: *World Energy Outlook 2004*, International Energy Agency, Paris, France.

[613] FAOSTAT, 2006: *Forestry data,* Food and agriculture organization of the United Nations, from http://faostat.fao.org, retrieved November 2006.

[614] FAO, 1990: *Energy conservation in the mechanical forest industries,* Forestry paper 93, Food and Agriculture Organization of the United Nations, Rome, Italy.

[615] STATISTICS FINLAND, 2005: *Energy Statistics 2004.* Official statistics of Finland. Energy 2005:2. Helsinki, Finland.

[616] HEINIMÖ Jussi, ALAKANGAS Eija, 2009: *Market of biomass fuels in Finland,* Lappeenranta University of Technology, Research Report 3, p38, available at www.eubionet.net or www.bioenergytrade.org, retrieved [15.1.2010].

[617] HEINIMÖ J., JINGINGER M., 2009: Production and trading of biomass for energy – an overview of the global status. In *Biomass and Bioenergy*, no. 33 (9), pp1310-1320, Elsevier Ltd., Oxford, UK.

[618] ALA KIHNIÄ J., 2009: *Foreign Trade Statistics on Bioenergy, Methodology and Classification* (Combined Nomenclature). Presentation at the EUBIONETIII workshop, 12.3.2009 in Brussels, available at www.eubionet.net, retrieved [16.10.2009].

[619] LENSU T., ALAKANGAS E., 2004: *Small-scale electricity generation from renewable energy sources - A glance at selected technologies, their market potential and future prospects.* OPET Report 13, VTT, May 2004, p144, Jyväskylä, Finland.

[620] SIKKEMA Richard, STEINER Monika, JUNGINGER Martin, HIEGL Wolfgang, 2009: *Final report on producers, traders and consumers of wood pellets.* Deliverables 4.1/4.2/4.3 for the Pellets@las project, December 2009, available at www.pelletsatlas.info, retrieved [12.1.2010].

[621] VERKERK B., 2008: *Current and future trade opportunities for woody biomass end-products from British Columbia, Canada.* Master thesis, Copernicus Institute, Utrecht University, March 2008, p137, Utrecht, The Netherlands.

[622] SIHVONEN Matti, GURNER Darren, 2009: Pellet price discovery and the various commercial uses of price benchmarks. In *Proceedings of the 9th Pellets Industry Forum* in Stuttgart, Germany, pp170-172, Solar Promotion GmbH, Pforzheim, Germany.

[623] VEER Sipke, 2009: Increased transparency in the industrial wood pellet market. In *Proceedings of the 9th Pellets Industry Forum* in Stuttgart, Germany, pp173-177, Solar Promotion GmbH, Pforzheim, Germany.

[624] ARGUS, 2010: Homepage, http://www.argusmedia.com, retrieved [15.1.2010], Argus Media Ltd, London, UK.

[625] WALLIS Keith, 2009: *Pacific panamax rates slump as cargoes dry up.* Loyds List, March 23 2009; available at: http://www.lloydslist.com/ll/news/pacific-panamax-rates-slump-as-cargoes-dry-up/20017631415.htm, retrieved [4.11.2009].

[626] SEASURE, 2008: Seasure Weekly Report, 19th December 2008, available at http://www.seasure.co.uk/docs/Seasure-Shipping-19th-December-2008.pdf, retrieved [4.11.2009], SEASURE SHIPPING LIMITED, London, UK.

[627] WILD Michael, 2010: Personal notice, European Bioenergy Services - EBES AG, Vienna, Austria.

[628] PROINNOVA, 2010: Homepage, http://www.sofortsparen.info, retrieved [12.1.2010], Proinnova - Energie und Geld sparen, Winden, Germany

[629] FEm, 2010: Forest Energy monitor, Volume 1, Issue 5, January 2010, Hawkins Wright Limited, Richmond, UK.

[630] BRADLEY D., DIESENREITER F., WILD M., TRØMBORG E., 2009: *World Biofuel Maritime Shipping Study*, Climate Change Solutions, Vienna University of Technology, EBES AG & Norwegian University of Life Sciences, July 2009, p38. Report for IEA Bioenergy Task 40, available at http://www.bioenergytrade.org/downloads/worldbiofuelmaritimeshippingstudyjuly120092df.pdf, retrieved [16.10.2009]

[631] JUNGINGER M. SIKKEMA R., SENECHAL S., 2008: *The global wood pellet trade – markets, barriers and opportunities*, workshop report, the Netherlands, Pellets@las project, available at: http://www.pelletsatlas.info/pelletsatlas_docs/showdoc.asp?id=090420111608&type=doc&pdf=true, retrieved [16.10.2009]

[632] WILD M., 2008: *Entwicklung der europäischen Märkte für Heiz- und Verstromungspellets Rohstoffe und VerbrauchsperspektiveVerbrauchsperspektiven.* Presentation at the 8th Pellets Industry Forum, Stuttgart, Germany, October 28-29. Stuttgart, Germany.

[633] VAN DAM J., JUNDINGER M., FAAIJ A., JÜRGENS I., BEST G., FRITSCHE U., 2008: Overview of recent developments in sustainable biomass certification. In *Biomass and Bioenergy*, no. 32 (8), pp749-780, Elsevier Ltd., Oxford, UK.

[634] MARCHAL D., VAN STAPPEN F., SCHENKEL Y., 2009: Critères et indicateurs de production "durable" des biocombustibles solides: état des lieux et recommandations. In : *Biotechnol.* Agron. Soc. Environ. 13 (1), pp165-176, Gembloux, Belgium.

[635] MARCHAL D., RYCKMANS, Y., JOSSART J.-M., 2004: Fossil CO_2 emissions and strategies to develop pellet's chain in Belgium. In *Proceedings of the World Sustainable Energy Days 2004* in Wels, Austria, O.Ö. Energiesparverband, Linz, Austria.

[636] MARCHAL D., 2008: Current developments on Belgian pellet market. In *Proceedings of the World Sustainable Energy Days 2008* in Wels, Austria, O.Ö. Energiesparverband, Linz, Austria.

[637] RYCKMANS Y., MARCHAL D., ANDRÈ N, 2006: Energy balance and greenhouse gas emissions of the whole supply chain for the import of wood pellets to power plants in Belgium. In *Proceedings of the 2nd World Conference on pellets*, pp127-130, Jönköping, Sweden.

[638] RYCKMANS Y., ANDRÈ N., 2007: Novel certification procedure for the sustainable import of wood pellets to power plants in Belgium. In *Proceedings of 15th European Biomass Conference and Exhibition*, pp2243-2246, Berlin, Germany.

[639] GGL, 2009: *Description and documentation of the Green Gold Label, a track-and trace system for sustainable solid biomass.* Available at: http://certification.controlunion.com/certification/program/Program.aspx?Program_ID=19 , retrieved [16.10.2009].

[640] ELECTRABEL, 2009: Documents for the biomass verification procedure, http://www.laborelec.com/content/EN/Renewables-and-biomass_p83, retrieved [10.8.2009].

[641] WIKIPEDIA, 2010: http://upload.wikimedia.org/wikipedia/commons/b/b8/British_Columbia-map.png, retrieved [26.2.2010].

[642] EDUCATIONWORLD, 2010: http://library.educationworld.net/canadafacts/maps/bc_map_eng.gif, retrieved [26.2.2010].

[643] VERKERK Bas, 2010: Personal information, Control Union Canada Inc., Vancouver, Canada.

[644] DOMAC J., RICHARDS K., et al., 2005: Socio-economic drivers in implementing bioenergy projects. In *Biomass and Bioenergy*, no. 28 (2), pp97-106, Elsevier Ltd., Oxford, UK.

[645] BUCHHOLZ Thomas, RAMETSTEINER Ewald, VOLK Timothy A., LUZADIS Valerie A., 2009: Multi Criteria Analysis for bioenergy systems assessment. In: *Energy Policy*, 37, pp484-495, Elsevier Ltd., Oxford, UK.

[646] VON GEIBLER Justus, LIEDTKE Christa, WALLBAUM Holger, SCHALLER Stephan, 2006: Accounting for the Social Dimension of Sustainability: Experiences from the Biotechnology Industry. In: *Business Strategy and the Environment*, 15, pp334-346, John Wiley & Sons, Ltd., West Sussex, UK.

[647] HABERL Helmut, GAUBE Veronika, DIAZ-DELGADO Ricardo, KRAUZE Kinga, NEUNER Angelika, PETERSEIL Johannes, PLUTZAR Christoph, SINGH Simron J., VADINEANU Angheluta, 2009: Towards an integrated model of socioeconomic biodiversity drivers, pressures and impacts. A feasibility study based on three European long-term socio-ecological research platforms. In: *Ecological Economics*, 68, pp1797-1812, Elsevier Ltd., Oxford, UK.

[648] HAUGHTON Alison J., BOND Alan J., LOVETT Andrew A., DOCKERTY Trudie, SÜNNENBERG Gilla, CLARK Suzanne J., BOHAN David A., SAGE Rufus B., MALLOTT Mark D., MALLOTT Victoria E., CUNNINGHAM Mark D., RICHE Andrew B., SHIELD Ian F., FINCH Jon W., TURNER Martin M., KARP Angela, 2009: A novel, integrated approach to assessing social, economic and environmental implications of changing rural land-use: a case study of perennial biomass crops. In: *Journal of Applied Ecology*, 46, pp315-322, British Ecological Society, London, UK.

[649] WICKE B., et al., 2009: *Macroeconomic impacts of bioenergy production on surplus agricultural land - A case study of Argentina*. Renewable and Sustainable Energy Reviews, July 2009, Elsevier Ltd., Oxford, UK.

[650] HUEMER Günther, 2005: High-Tech bei Holzpelletsanlagen. In *Proceedings of the World Sustainable Energy Days 2005* in Wels, Austria, O.Ö. Energiesparverband, Linz, Austria.

[651] KOLLBAUER Stefan, 2005: Vom Rohblech zum Pelletskessel – innovative Kesselfertigung in Österreich. In *Proceedings of the World Sustainable Energy Days 2005* in Wels, Austria, O.Ö. Energiesparverband, Linz, Austria.

[652] SIKKEMA R., JUNGINGER H.M., PICHLER W., HAYES S., FAAIJ A.P.C., 2009: *The international logistics of wood pellets for heating and power production in Europe; Costs, energy-input and greenhouse gas (GHG) balances of pellet consumption in Italy, Sweden and the Netherlands*. Submitted to BioFPR, May 2009.

[653] EDSTEDT Mathias, 2002: *The Hässelby Operation: Large Scale Conversion From Coal to Pellets by Vertical Integration*; 1st World Conference on Pellets in Stockholm, Sweden.

[654] WBCSD, 2006: From coal to biomass, available at http://www.wbcsd.org/DocRoot/ADXtsPNj4E1CAHMhp5KZ/suez_awirs_biomass_full_case_web.pdf, retrieved [11.11.2009], leaflet of the World Business Council for Sustainable Development, Conches-Geneva, Switzerland

[655] PELLETS FOR EUROPE, 2005: Publishable extended summary of the EU ALTENER Project No. 4.1030/C/02-160 Pellets.

[656] KIESEWALTER Sophia, RÖHRICHT Christian, 2004: Pelletierung von Stroh und Heu. In *Proceedings of the World Sustainable Energy Days 2004* in Wels, Austria, O.Ö. Energiesparverband, Linz, Austria.

[657] NIKOLAISEN Lars, JENSEN Torben Nørgaard, 2004: Pellet recipes for high quality and competitive prices. In *Proceedings of the World Sustainable Energy Days 2004* in Wels, Austria, O.Ö. Energiesparverband, Linz, Austria.

[658] VASEN Norbert N., 2005: Agri-pellets. In *Proceedings of the World Sustainable Energy Days 2005* in Wels, Austria, O.Ö. Energiesparverband, Linz, Austria.

[659] OTTOSEN Per, 2007: The future of pellets markets & technologies. In *Proceedings of the World Sustainable Energy Days 2007* in Wels, Austria, O.Ö. Energiesparverband, Linz, Austria.

[660] OTTOSEN Per, GULLEV Lars, 2005: Avedøre unit 2 – the world´s largest biomass-fuelled CHP plant. Danish Board of District Heating (DBDH), Frederiksberg, Denmark, available at http://www.cader.org/documents/avedore-unit-2.pdf, retrieved [12.4.2010]

[661] PEDERSEN Niels Ravn, 2010: *Production and use of Bio Pellets*, available at http://www.northernwoodheat.net/htm/news/Scotland/Elginbiomass/biomassprespdf/ProductionandUseofBioPellets.pdf, retrieved [12.4.2010]

[662] SCHELLINGER Helmut, 2008: Interview in the *Fachmagazin der Pelletsbranche*, special edition 2008/2009, Solar Promotion GmbH, Pforzheim, Germany.

[663] MAYER Karl, 2007: *Energiehölzer – Kurzumtriebswälder Anbaumethode, Pflege, Ernte und Wirtschaftlichkeit*, http://bfw.ac.at/rz/bfwcms.web?dok=6133, retrieved [28.1.2009], Presentation within the framework of the event „Energieholz in Kurzumtrieb" at the Forstliche Ausbildungsstätte Ort (FAST Ort), Gmunden, Austria.

[664] SCHUSTER Karl, 2007: *Energieholzproduktion auf landwirtschaftlichen Flächen (Kurzumtrieb, Short-Rotation-Farming) – Erfahrungen in Niederösterreich*, http://bfw.ac.at/rz/bfwcms.web?dok=6133, retrieved [28.1.2009], Presentation within the framework of the event „Energieholz in Kurzumtrieb" at the Forstliche Ausbildungsstätte Ort (FAST Ort), Gmunden, Austria.

[665] NUSSBAUMER Thomas, 1993: *Verbrennung und Vergasung von Energiegras und Feldholz*, Annual report 1992, Bundesamt für Energiewirtschaft, Bern, Switzerland.

[666] HUTLA Petr, KÁRA Jaroslav, JEVIĆ Petr, 2004: Pellets from energy crops. In *Proceedings of the World Sustainable Energy Days 2004* in Wels, Austria, O.Ö. Energiesparverband, Linz, Austria.

[667] GUSTAVSSON M. and RÖNNBÄCK M., 2009: Pellets from a wide base of raw materials elaborating a well to wheel quality assurance system. In *Proceedings of the 9th Pellets Industry Forum* in Stuttgart, Germany, pp124-127, Solar Promotion GmbH, Pforzheim, Germany.

[668] HERZOG Paul, GOLSER Michael, 2004: Forschung zur Verbesserung der Pelletsqualität. In *Proceedings of the World Sustainable Energy Days 2004* in Wels, Austria, O.Ö. Energiesparverband, Linz, Austria.

[669] HARTLEY Ian D., WOOD Lisa J., 2008: Hygroscopic properties of densified softwood pellets. In *Biomass and Bioenergy*, no. 32 (2008), pp90-93, Elsevier Ltd., Oxford, UK.

[670] STAHL M., GRANSTRÖM K., BERGHEL J., RENSTRÖM R., 2004: Industrial processes for biomass drying and their effects on the quality properties of wood pellets. In *Biomass and Bioenergy*, no. 27 (2004), pp557-561, Elsevier Ltd., Oxford, UK.

[671] STAHL M., 2006: Drying parameter variations and wood fuel pellets quality – pilot study with a new pelleting equipment set up. In *Proceedings of the 2nd World Conference on Pellets* in Jönköping, Sweden, ISBN 91-631-8961-5, pp113-116, Swedish Bioenergy Association, Stockholm, Sweden.

[672] HOLM Jens Kai, 2006: Pelletising different materials – an overview. In *Proceedings of the European Pellets Forum 2006*, O.Ö. Energiesparverband, Linz, Austria.

[673] BERGSTRÖM Dan, ISRAELSSON Samuel, ÖHMAN Marcus, DAHLQVIST Sten-Axel, GREF Rolf, BOMAN Christoffer, WÄSTERLUND Iwan, 2008: Effects of raw material particle size distribution on the characteristics of Scots pine sawdust fuel pellets. In *Fuel Processing Technology*, no. 89 (2008), pp1324-1329, Elsevier Ltd., Oxford, UK.

[674] RHÉN Christopher, ÖHMAN Marcus, GREF Rolf, WÄSTERLUND Iwan, 2007: Effect of raw material composition in woody biomass pellets on combustion characteristics. In *Biomass and Bioenergy*, no. 31 (2007), pp66-72, Elsevier Ltd., Oxford, UK.

[675] FRIEDL Günther, WOPIENKA Elisabeth, HASLINGER Walter, 2007: Schlackebildung in Pelletsfeuerungen. In *Proceedings of the 7th Pellets Industry Forum* in Stuttgart, Germany, pp147-152, Solar Promotion GmbH, Pforzheim, Germany.

[676] WITT Janet, SCHLAUG Wolfgang, AECKERSBERG Roland, 2008: Optimierung der Holzpelletproduktion für Kleinfeuerungsanlagen. In *Proceedings of the 8th Pellets Industry Forum* in Stuttgart, Germany, pp114-119, Solar Promotion GmbH, Pforzheim, Germany.

[677] BEHR Hans Martin, 2007: Einflussfaktoren auf das Ascheschmelzverhalten bei der Verbrennung von Holzpellets. In *Proceedings of the 7th Pellets Industry Forum* in Stuttgart, Germany, pp153-160, Solar Promotion GmbH, Pforzheim, Germany.

[678] HOLM Jens K., HENRIKSEN Ulrik B., WAND Kim, HUSTAD Johan E., POSSELT Dorthe, 2007: Experimental verification of novel pellet model using a single pelleter unit. In *Energy & Fuels*, vol. 21, pp2446-2449.

[679] OKKONEN Lasse, KOKKONEN Anssi, PAUKKUNEN Simo, 2008: PELLETime – solutions for competitive pellet production in medium-size enterprises. In *Proceedings Poster Session of the World Bioenergy 2008 Conference & Exhibition on Biomass for Energy* in Jönköping, Sweden, pp184-187, Swedish Bioenergy Association, Stockholm, Sweden.

[680] SPC, 2010: Homepage, http://www.pelletpress.com/, retrieved [22.1.2010], Sweden Power Chippers AB, Borås, Sweden.

[681] OLSSON Maria, KJÄLLSTRAND Jennica, 2004: Emissions from burning softwood pellets. In *Biomass and Bioenergy*, no.27 (2004), pp607-611, Elsevier Ltd., Oxford, UK.

[682] ESKILSSON David et al, 2004: Optimisation of efficiency and emissions in pellet burners. In *Biomass and Bioenergy*, no.27 (2004), pp541-546, Elsevier Ltd., Oxford, UK.

[683] KJÄLLSTRAND Jennica, OLSSON Maria, 2004: Chimney emissions from small-scale burning of pellets and fuelwood – examples referring to different combustion appliances. In *Biomass and Bioenergy*, no. 27 (2004), pp557-561, Elsevier Ltd., Oxford, UK.

[684] WIINIKKA Henrik, GEBART Rikard, 2004: Experimental investigations of the influence from different operating conditions on the particle emissions from a small-scale pellets combustor. In *Biomass and Bioenergy*, no. 27 (2004), pp645-652, Elsevier Ltd., Oxford, UK.

[685] CEBC, 2008: *Proceedings of the Central European Biomass Conference 2008*, Austrian Biomass Association, Vienna, Austria.

[686] BOMAN Christoffer, NORDIN Anders, BOSTRÖM Dan, ÖHMAN Marcus, 2003: Characterization of Inorganic Particulate Matter from Residential Combustion of Pelletized Biomass Fuels. In *Energy & Fuels*, no. 18 (2004), pp338-348, American Chemical Society, Washington, DC, USA.

[687] MUHLBALER DASCH J., 1982: Particulate and Gaseous Emissions from Wood-Burning Fireplaces. In *Environmental Science and Technology*, no.16, pp639-645, University of Iowa, Iowa City, USA.

[688] RAU J.A., 1989: Composition and Size Distribution of Residential Wood Smoke Particles. In *Aerosol Science and Technology*, 10, pp181-192, Taylor & Francis, Philadelphia, USA.

[689] OBERNBERGER Ingwald, BRUNNER Thomas, BÄRNTHALER Georg, JÖLLER Markus, KANZIAN Werner, BRENNER Markus, 2008: *Feinstaubemissionen aus Biomasse-Kleinfeuerungsanlagen*, Final

report of the Zukunftsfonds Projekt Nr. 2088, Institute for Process Enigneering, Graz University of Technology, Graz, Austria.

[690] Nussbaumer, Th.: Low-Particle-Konzept für Holzfeuerungen, Holz-Zentralblatt, 131. Jg., Nr. 1 (2005), 13–14

[691] OSER, M., NUSSBAUMER Th., 2006: *Low particle furnace for wood pellets based on advanced staged combustion*, Science in Thermal and Chemical Biomass Conversion, Volume 1, CPL Press, 2006, ISBN 1-872691-97-8, pp215–227, Newbury Berks, United Kingdom

[692] ERA-NET Bioenergy R&D project "Future low emission biomass combustion systems" (FutureBioTec), coordinated by the Austrian bioenergy competence centre BIOENERGY 2020+, Graz, in cooperation with partners from Finland, Germany, Sweden, Poland, Ireland and Denmark, duration October 2009 until September 2012.

[693] SCHMATLOCH Volker, 2005: Exhaust gas aftertreatment for small wood fired appliances – recent progress and field test results. In *Proceedings of the work-shop "Aerosols in Biomass Combustion"* in Graz, Austria, ISBN 3-9501980-2-4, pp159-166, Obernberger Ingwald, Brunner Thomas (Eds.), Institute of Resource Efficient and Sustainable Systems, Graz University of Technology, Graz, Austria.

[694] HEIDENREICH Ralf, 2006: Filteranlagen für Pelletsfeuerungen – Anforderungen, Techniken, Emissions-minderungspotenziale. In *Proceedings of the 6th Pellets Industry Forum* in Stuttgart, Germany, pp97-107, Solar Promotion GmbH, Pforzheim, Germany.

[695] RÜEGG Peter, 2006: Partikelabscheider für Feinstaub bei Holz- und Pelletsfeuerungen. In *Proceedings of the 6th Pellets Industry Forum* in Stuttgart, Germany, pp108-112, Solar Promotion GmbH, Pforzheim, Germany.

[696] RÜEGG Peter, 2006: Klein-Elektroabscheider für Holzfeuerungen: Stand der Entwicklung und Praxis-erfahrung. In *Proceedings of the 9th Holzenergie-Symposium* in Zurich, Schweiz, Thomas Nussbaumer (Ed.), ISBN 3-908705-14-2, pp79-94, ETH Zürich, Verenum Zürich and Bundesamt für Energie, Bern, Switzerland.

[697] BERNTSEN Morten, 2006: Elektroabscheider für häusliche Holzfeuerungen. In *Proceedings of the 9th Holzenergie-Symposium* in Zurich, Switzerland, Thomas Nussbaumer (Ed.), ISBN 3-908705-14-2, pp95-103, ETH Zürich, Verenum Zürich und Bundesamt für Energie, Bern, Switzerland.

[698] SCHMATLOCH Volker, 2008: Integrierte und nachgeschaltete Elektroabscheider für Holzöfen. In *Proceedings of the 11th Holzenergie-Symposium* in Zurich, Switzerland, Thomas Nussbaumer (Ed.), ISBN 3-908705-19-9, pp157-170, ETH Zürich, Verenum, Zurich, Switzerland.

[699] BRZOVIC Trpimir, 2008: *OekoTube: Elektroabscheider als Kaminaufsatz für kleine Holzheizungen.* In *Proceedings of the 10th Holzenergie-Symposium* in Zurich, Switzerland, Thomas Nussbaumer (Ed.), ISBN 3-908705-19-9, pp171-180, ETH Zürich, Verenum, Zurich, Switzerland.

[700] BLEUEL Thomas, 2008: Elektroabscheider für Biomasse-Heizanlagen von 0 bis 150 kW. In *Proceedings of the 10th Holzenergie-Symposium* in Zurich, Switzerland, Thomas Nussbaumer (Ed.), ISBN 3-908705-19-9, pp181-184, ETH Zürich, Verenum, Zurich, Switzerland.

[701] BOLLINGER Ruedi, 2008: *Elektroabscheider „Spider" für Holzfeuerungen bis 70 kW.* In *Proceedings of the 10th Holzenergie-Symposium* in Zurich, Switzerland, Thomas Nussbaumer (Ed.), ISBN 3-908705-19-9, pp185-189, ETH Zürich, Verenum, Zürich Switzerland.

[702] SCHEIBLER Mátyás, OBERFORCHER Philipp, 2008: Metallgewebefilter für automatische Anlagen von 100 kW bis 540 kW. In *Proceedings of the 10th Holzenergie-Symposium* in Zurich, Switzerland, Thomas Nussbaumer (Ed.), ISBN 3-908705-19-9, pp185-189, ETH Zürich, Verenum, Zürich Switzerland.

[703] RAWE Rudolf, 2009: Dust separation with conventional and different electrically charged spray scrubbers. In *Proceedings of the 9th Pellets Industry Forum* in Stuttgart, Germany, pp103-110, Solar Promotion GmbH, Pforzheim, Germany.

[704] KLIPPEL Norbert, NUSSBAUMER Thomas, 2006: Feinstaubbildung in Holzfeuerungen und Gesundheitsrelevanz von Holzstaub im Vergleich zu Dieselruß. In *Proceedings of the 9th Holzenergie-Symposium* in Zurich, Switzerland, Thomas Nussbaumer (Ed.), ISBN 3-908705-14-2, pp21-40, ETH Zürich, Verenum, Zürich and Bundesamt für Energie, Bern, Switzerland.

[705] ERA-NET Bioenergy R&D project "Health effects of particulate emissions from small-scale biomass combustion" (BIOHEALTH), coordinated by the University of Eastern Finland, Kuopio, in co-operation with partners from Finland, Austria, Sweden and France, duration November 2009 until October 2012.

[706] WIDMANN Emil, SCHARLER Robert, STUBENBERGER Gerhard, OBERNBERGER Ingwald, 2004: Release of NO_x precursors from biomass fuel beds and application for CFD-based NOx postprocessing with detailed chemistry. In *Proceedings of the 2nd World Conference and Exhibition on Biomass for Energy, Industry and Climate Protection* in Rome, Italy, vol. 2, ISBN 88-89407-04-2, pp1384-1387, ETA-Florence, Florence, Italy.

[707] OBERNBERGER Ingwald, WIDMANN Emil, SCHARLER Robert, 2003: Entwicklung eines Abbrandmodells und eines NO_x-Postprozessors zur Verbesserung der CFD-Simulation von Biomasse-Festbettfeuerungen. In *Berichte aus Energie- und Umweltforschung*, no. 31 (2003), Bundesministerium für Verkehr, Innovation und Technologie, Vienna, Austria.

[708] WEISSINGER Alexander, 2002: *Experimentelle Untersuchungen und theoretische Simulationen zur NO_x-Reduktion durch Primärmaßnahmen bei Rostfeuerungen*, Thesis, Graz University of Technology, Graz, Austria.

[709] SCHARLER Robert, WIDMANN Emil, OBERNBERGER Ingwald, 2006: CFD modelling of NO_x formation in biomass grate furnaces with detailed chemistry. In *Proceedings of the Internat. Conf. Science in Thermal and Chemical Biomass Conversion* in Victoria, Canada, ISBN 1-872691-97-8, pp284-300, CPL Press, Berks, UK.

[710] SCHARLER Robert, OBERNBERGER, Ingwald 2002: Deriving guidelines for the design of biomass grate furnaces with CFD analysis – a new Multifuel-Low-NOx furnace as example. In *Proceedings of the 6th European Conference on Industrial Furnaces and Boilers* in Estoril, Portugal, ISBN 972-8034-05-9, INFUB, Rio Tinto, Portugal.

[711] PADINGER Reinhard, 2005: Written notice, AUSTRIAN BIOENERGY CENTRE GmbH, Graz, Austria.

[712] STRAUSS Rolf-Peter, 2005: Die Karussellfeuerung – Vergleich mit den bekannten Feuerungsarten und aktuelle Forschungsergebnisse. In *Proceedings of the zum 5. Industrieforum Holzenergie* in Stuttgart, Germany, pp10-19, Deutscher Energie-Pellet-Verband e.v. and Deutsche Gesellschaft für Sonnenenergie e.V., Germany.

[713] ÖKOENERGIE, 2010: *Guntamatic bringt Weltsensation auf den Heizkessel-Markt.* In: *Ökoenergie, Zeitung für erneuerbare Energien*, no. 78 (2010), Österreichischer Biomasse-Verband, Vienna, Austria.

[714] GUNTAMATIC, 2010: http://www.guntamatic.com, retrieved [9.4.2010], GUNTAMTIC Heiztechnik GmbH, Peuerbach, Austria.

[715] KUNDE Robert, GADERER Matthias, 2010: *Concept improvement of system technology at small scale biomass heating systems*, R&D project at ZAE BAYERN, Würzburg, Germany

[716] SPM, 2010: http://www.stirlingpowermodule.com, retrieved [12.11.2009], Stirling Power Module Energieumwandlungs GmbH, Graz, Austria.

[717] SUNMACHINE, 2010: Homepage, http://www.sunmachine.com, retrieved [9.4.2010], Sunmachine GmbH, Kempten, Germany.

[718] SONNE WIND & WÄRME, 2010: Branchenmagazin für alle erneuerbaren Energien, Issue 4/2010, Bielefelder Verlag GmbH & Co. KG Richard Kaselowsky, Bielefeld, Germany.

[719] HASLINGER Walter, EDER Gottfried, WÖRGETTER Manfred, 2005: Straw pellets for small-scale boilers. In *Proceedings of the World Sustainable Energy Days 2005* in Wels, Austria, O.Ö. Energiesparverband, Linz, Austria.

[720] WOPIENKA Elisabeth, 2006: Stand der Technik und Entwicklungen hin zu höherer Brennstoffflexibilität bei Pelletskesseln. In *Proceedings of the 6th Pellets Industry Forum* in Stuttgart, Germany, pp128-135, Solar Promotion GmbH, Pforzheim, Germany.

[721] ÖRBERG Håkan, KALÉN Gunnar, 2008: Burner cup technology for ash rich and sintering pellets fuels. In *Proceedings Oral Sessions of the World Bioenergy 2008 Conference & Exhibition on Biomass for Energy* in Jönköping, Sweden, pp222-223, Swedish Bioenergy Association, Stockholm, Sweden.

[722] EDER Gottfried, 2007: Energiepflanzen-Monitoring: Feldtest Verbrennung "neuer" Biomasse. In *Proceedings of the World Sustainable Energy Days 2007* in Wels, Austria, O.Ö. Energiesparverband, Linz, Austria.

[723] ÖHMAN Marcus, GILBE Ram, BOSTRÖM Dan, BACKMAN Rainer, LINDSTRÖM Erica, SAMUELSSON Robert, BURVALL Jan, 2006: Slagging characteristics during residential combustion of biomass pellets. In *Proceedings of the 2nd World Conference on Pellets*, Mai/Juni 2006, Jönköping, Sweden, ISBN 91-631-8961-5, pp93-100, Swedish Bioenergy Association (Ed.), Stockholm, Sweden

[724] OLSSON Maria, 2006: Residential biomass combustion – emissions from wood pellets and other new alternatives. In *Proceedings of the 2nd World Conference on Pellets* in Jönköping, Sweden, ISBN 91-631-8961-5, pp181-185, Swedish Bioenergy Association, Stockholm, Sweden.

[725] ÖHMAN Marcus, LINDSTRÖM Erica, GILBE Ram, BACKMAN Rainer, SAMUELSSON Robert, BURVALL Jan, 2006: Predicting slagging tendencies for biomass pellets fired in residential appliances: a comparison of different prediction methods. In *Proceedings of the 2nd World Conference on Pellets* in Jönköping, Sweden, ISBN 91-631-8961-5, pp213-218, Swedish Bioenergy Association, Stockholm, Sweden.

[726] WOPIENKA E., SCHWABL M., EMHOFER W., FRIEDL G., HASLINGER W., WÖRGETTER M., MERKL R., WEISSINGER A., 2006: Straw pellets combustion in small-scale boilers - part 1: emissions and emission reduction with a novel heat exchanger technology. In *Proceedings of the 16th European Biomass Conference & Exhibition* in Valencia, Spain, ISBN 978-88-89407-58-1, pp1386-1392, ETA-Renewable Energies Florence, Italy.

[727] EMHOFER W., WOPIENKA E., SCHWABL M., FRIEDL G., HASLINGER W., WÖRGETTER M., KÖLSCH T., WEISSINGER A., 2006: Straw pellets combustion in small-scale boilers - part 2: corrosion and material optimization. In *Proceedings of the 16th European Biomass Conference & Exhibition* in Valencia, Spain, ISBN 978-88-89407-58-1, pp1500-1503, ETA-Renewable Energies, Florence, Italy.

[728] REZEAU A., DIAZ M., SEBASTIAN F., ROYO J., 2006: Operation and efficiencies of a new biomass burner when using pellets from herbaceous energy crops. In *Proceedings of the 16th European Biomass Conference & Exhibition* in Valencia, Spain, ISBN 978-88-89407-58-1, pp1458-1463, ETA-Renewable Energies, Florence, Italy.

[729] HARTMANN Hans, ROSSMANN Paul, TUROWSKI Peter, ELLNER-SCHUBERTH Frank, HOPF Norbert, BIMÜLLER Armin, 2007: *Getreidekörner als Brennstoff für Kleinfeuerungen*, ISSN 1614-1008, Technologie- und Förderzentrum (TFZ), Straubing, Germany.

[730] SCHARLER Robert, OBERNBERGER Ingwald, 2000: Numerical optimisation of biomass grate furnaces. In *Proceedings of the 5th European Conference on Industrial Furnaces and Boilers* in Porto, Portugal, ISBN 972-8034-04-0, INFUB, Rio Tinto, Portugal.

[731] SCHARLER Robert, OBERNBERGER Ingwald, 2000: CFD analysis of air staging and flue gas recirculation in biomass grate furnaces. In *Proceedings of the 1st World Conference on Biomass for Energy and Industry* in Sevilla, Spain, ISBN 1-902916-15-8, vol. 2, pp1935-1939, James&James Ltd., London, UK.

[732] SCHARLER Robert, 2001: *Entwicklung und Optimierung von Biomasse-Rostfeuerungen mittels CFD-Analyse*, Thesis. Graz University of Technology, Graz, Austria.

[733] SCHARLER Robert, FORSTNER Martin, BRAUN Markus, BRUNNER Thomas, OBERNBERGER Ingwald, 2004: Advanced CFD analysis of large fixed bed biomass boilers with special focus on the convective section. In *Proceedings of the 2nd World Conference and Exhibition on Biomass for Energy, Industry and Climate Protection* in Rome, Italy, vol. 2, ISBN 88-89407-04-2, pp1357-1360, ETA-Florence, Florence, Italy.

[734] SCHARLER Robert, 2005: CFD-gestützte Entwicklung und Optimierung von Pellet- und Hackgutfeuerungen für den kleinen und mittleren Leistungsbereich. In *Proceedings of the World Sustainable Energy Days 2005* in Wels, Austria, O.Ö. Energiesparverband, Linz, Austria.

[735] SCHARLER Robert, WEISSINGER Alexander, SCHMIDT Wilhelm, OBERNBERGER Ingwald, 2005: CFD-gestützte Entwicklung und Optimierung einer neuen Feuerungstechnologie für feste Biomasse für den kleinen und mittleren Leistungsbereich. In *Proceedings of the World Sustainable Energy Days 2005* in Wels, Austria, O.Ö. Energiesparverband, Linz, Austria.

[736] R&D project "Scientific tools for fuel characterization for clean and efficient biomass combustion" (SciToBiCom), coordinated by Technical University of Denmark, Lyngby, in co-operation with partners from Denmark, Finland, Norway and Austria, duration December 2009 until November 2012.

[737] RAKOS Christian, 2004: The BIOHEAT project: developing the market for heating large buildings with biomass. In *Proceedings of the World Sustainable Energy Days 2004* in Wels, Austria, O.Ö. Energiesparverband, Linz, Austria.

[738] OLSSON Maria, VINTERBÄCK Johan, 2005: Pellets R&D in Europe – *An Overview.* In *Proceedings of the World Sustainable Energy Days 2005* in Wels, Austria, O.Ö. Energiesparverband, Linz, Austria.

[739] DECKER Thomas, 2007: Motive für den kauf einer Heizung – Ergebnisse einer Verbraucherbefragung mit dem Schwerpunkt „Holzpelletheizungen". In *Proceedings of the 7th Pellets Industry Forum* in Stuttgart, Germany, pp30-35, Solar Promotion GmbH, Pforzheim, Germany.

[740] KLUG Siegrun, PERNKOPF Teresa, DÖRFELMAYER Daniela, HOFBAUER Verena, 2008: *Motivstudie „Heizsysteme"*, Study, http://www.energyagency.at, retrieved [30.1.2009], University of Applied Sciences Wiener Neustadt/Campus Wieselburg for the Austrian Energy Agency, Vienna, Austria.

[741] PAULRUD Susanne, 2010: Personal communication, SP Swedish National Testing and Research Institute, Borås, Sweden.

索　引

磨损度　59-61
添加剂　7
气溶胶　269
A　形架平地储藏　106
浮尘　114
　粉尘的易燃性　119
灰分含量　52
灰分变形温度(DT)　8
灰流温度(FT)　8
灰分形成　57,269-270
灰烬成分　57-58,75,192
灰分半球温度(HT)　8
灰分收缩起始温度(SST)　8
粉尘云的自燃温度(TC)　112
粉尘层自燃温度(TL)　112
辅助能源　258
波罗的海干散货指数(BDI)　330
波罗的海运价指数(BFI)　330
驳船运输　341,346
树皮颗粒　5,67,114,117,120,372
BC 代码　参见"固体散装货物安全操作代码"
带式干燥机　82
生物质燃料　8
BIOHEAT　393
生物添加剂　5,7,43,55,60,62,70-71,73-74,88,200-201,203,220,383,395,
生物质　1-3,5,8,341,374
　生物质燃烧系统　269,276
　生物质区域供热　240
　生物质(原料)　281
　生物质炉　265
蓝色天使标签("Blauer Engel")　40
锅炉效率　32,33,40,164-165,233,236,246,266
锅炉性能
　生物质燃烧对锅炉性能的影响　192
　生物质共燃对锅炉性能的影响　192
BOMAT　Profitherm　170
回烧防护　158
卡路里质　8
案例　354
　供应链的案例研究　341
　(木质)颗粒燃料的案例研究　341
欧洲标准化委员会燃料规格和分类　11
欧洲标准化委员会固体生物质燃料术语　6
欧洲标准化委员会 TC335　6-7
中央供暖系统　242,283
谷物秸秆共燃系统　189
ENplus 认证系统　31
CFD 模拟　390
链管理　338
化学处理　8
热电联合
　热电联合企业　372,379
　　CHP 系统　182
　　CHP 技术　181
煤炭预混合合、共同粉碎　188

改进磨煤机 186
固体散装货物安全操作代码(BC代码) 19
共燃
　　共燃应用 376
　　生物质颗粒燃料的共燃 184
联合系统 173
燃烧室材料 161
燃烧技术 175,354,370
比较研究,加热系统 241
压缩木材 5
冷凝性气体 126
回湿 87
消费量潜力 294
调控策略 161
转换效率 266
输送系统/运输机系统 156,193
冷却 90,201
腐蚀可能性 62
成本核算方法 195
除尘 163
生物质专用锅炉 189
爆燃 112
建筑拆除木料 8
致密生物质燃料 5,8
爆炸 112
转盘式 79
木质颗粒燃料卸货 346
鼓式切削机 79
滚筒烘干机 82
干燥的固体生物质燃料 122
干燥/烘干 80,197
粉尘的吸收 140
生态设计指令 40
经济评估 195
生态评估 255,266
电能消耗 198
排放系数/因子 255,268
　　最终能源供应的总排放因子 262
　　实验测定的排放因子 260
　　实地测量的排放因子 258
排放限值 34-38,357,370
减排 385
EN 14961-1 23
EN 15210-1 23
能源作物 68
能源
　　能量密度 8,50
　　生成能量 354
　　能源生产中的副产品 322
　　能源利用 258
环境评价 255
ERAGNET 项目 387
EUGALTENER 的计划/项目 43,393
欧洲标准化委员会(CEN) 6
欧洲测量标准 23
爆炸严重性(ES) 113
外部火源 129
灭火 132
进料系统 152
螺旋进料器 157
原材料可得性及成本 338
细微颗粒排放 270,272,273,385
细微颗粒的沉降 386
细微颗粒 271
火灾隐患 128
固定床气化 184
平地储藏仓 106
烟气冷凝 164,167,232,249,
　　具烟气冷凝颗粒燃料炉的类型 168
森林木和人工林木 8
森林生物质资源 318
森林业
　　森林业的液体副产品(黑液) 322
　　森林业的固体副产品 321
森林采伐剩余物 316
化石燃料价格 336
果实生物质 8
燃料分级 9

燃料输送系统　176
燃料说明书　9,13
燃料/供暖　256
燃炉的几何形状　159
炉型　149
　　集成燃烧器的燃料炉　152
　　嵌入燃烧器的燃料炉　152
　　有外部燃烧器的粒燃料炉　150,169
　　燃料炉和太阳能采暖的组合　172
未来的贸易路线　333
燃气炉　294
气体检测　129
气体排放　388
总投资　196
德国颗粒燃料研究所(DEPI)　31
全球原材料　323
温室气体(GHG)　22
　　温室气体排放　262
　　温室气体减排　338
研磨　199
总热值(qgr)　9,48-51,63
协调制度(HS)　18
健康问题　138
健康的影响　271
　　对人体的影响　141
热、能联合运用　178
热能缓存　173
热能成本　229
换热器清洁系统　163,176
供暖系统　264
重金属　55
草本生物质　9,17,69,205,380,390
禾本原料　69
水平进料燃烧器　153
粉尘云热面点火温度(TS)　113
HS 代码　18
碳氢化合物的排放　259,265,276
吸湿性　382
点火　158
杂质　9
工业颗粒燃料　4
工业木屑　223,282
创新理念　176
无机添加剂　71
集成冷凝器　168
木质颗粒燃料洲际贸易　328
统一商品说明和编码系统的国际公约(HS 公约)　18
颗粒燃料的国际海事组织(IMO)法　19
颗粒燃料国际贸易　326
ISO 固体生物质燃料标准化　32
KWB TDS Powerfire(产品名)　176
λ控制　161
大规模发电应用　274
2.1 MW 的区域供暖厂　368
4.5 MW　区域供暖厂　369
原材料的木质纤维素　65
Ligno-Tester(产品名)　23
粉尘云氧气浓度限值(LOC)　113
木质颗粒燃料装货　344
物流　341
低温干燥机　84
低位热值(LHV)　9
维护成本　212
市场开发　393
材料安全数据表(MSDS)　19
最大爆炸压力　113
机械持久度　9
大、中规模的颗粒燃料储存　105
中型系统　175,181
　　500 kW 加热装置　363
　　600 kW 的区域供暖厂　366
学校供暖设备　361
微型和小型热电联产系统　389
矿物质污染　55
粉尘云最小爆炸浓度　(MEC)　113
粉尘云最小点火能量(MIE)　112
缓解措施　118

含水量 52,60
吸湿膨胀 120
MSDS 143
多燃料概念 171,389
天然黏合剂含量 55
天然气供暖系统 237,250
烟气冷凝天然气供暖系统 237
净热值(q_{net}) 9,49
非冷凝性气体 124
海洋运输 344
远洋航行 345
排放废气 142
气体挥发/废弃排放 124,127,383
石油集中供暖系统 234-236
Öko-Carbonizer 170
ORC 工艺 182
有机添加剂 70
上方进料燃烧器 154
缺氧/耗氧 126,143
巴拿马大型船和大灵便型散货船 330
颗粒密度 59
粒度分布 9
颗粒物减排 386
泥炭 72
颗粒化/粒化 5,52,88,200
颗粒
欧洲颗粒燃料分析标准 23
颗粒燃料的堆角 46
颗粒燃料的倾泻角 46
奥地利颗粒燃料协会 278
德国颗粒燃料协会 290
固体颗粒炉 266
颗粒燃料的堆积密度 44
颗粒燃料燃烧器的设计 155
颗粒燃料集中供暖系统 230,356,358
颗粒燃料中……的含量 48-50
颗粒燃料消费 301
颗粒燃料消费潜力 287
颗粒燃料消耗 264,286,300
颗粒燃料的尺寸 44
颗粒燃料分销成本 208
贴面颗粒燃料炉灶 172
颗粒燃炉
颗粒燃炉的开发 388
颗粒燃料炉的安装 288
具烟气冷凝的颗粒燃料炉 164
颗粒燃料供暖系统 22,292
颗粒燃料内部的粒度分布 47
颗粒燃料市场 308,314,351
颗粒燃料持久度 47
颗粒燃料颗粒密度 46
颗粒燃料的理化特性 43
颗粒燃料生产 28,76,279,291,297,308,347,380
欧洲颗粒燃料产品标准 19
颗粒燃料生产成本 206,195,216
欧洲颗粒燃料生产厂 311
颗粒燃料生产潜力 311
颗粒燃料生产工艺优化 384
颗粒燃料质量 382
欧洲颗粒燃料质量保证标准 26
颗粒燃料容器 354
颗粒燃料说明书 28
颗粒燃料的储存 102,151
颗粒燃料炉 150,354,355
颗粒燃料供应商申报表 339
颗粒燃料运输和储藏的标准 28
利用颗粒燃料 354
颗粒燃料利用 283,292,299,347,385
奥地利颗粒燃料协会(PVA) 278
允许接触极限值(PEL) 113
气动运送 194
气动进料系统 157
政策支持措施 337
污染 255
压缩助剂 9
高压蒸汽 91
价格和物流需求 332

生产工厂 342
经济对比 220
生产潜力 291
生产工艺 382
煤粉管道系统 190
粉状燃料燃烧器 178
PYROT(商品名) 176
质量保证 9,26
Racoon(商品名) 169
放射性物质 56
放射性元素 56-59,75
原料基础 381
原料 76,204,218,224,315,382
原材料的污染物 55
原材料的装卸和储存 95
原材料的理化特性 43
原材料的前处理 78
原材料的尺寸大小分布 43
建议接触极限值(REL) 113
可再生能源 287
研究与开发 380
民用供暖领域 32,226
用于民用供暖领域的颗粒燃料炉的标准 32
住宅供热部门不同燃料的零售价格 226
曲颈甑炉 152
改装后燃炉 360
改造 151,193,359,374,379
安全和健康方面 112
安全等级 113
安全防护措施 127
样品制备 10
锯末 281
过量锯末 324
潜力 318
Schräder Hydrocube(产品名) 171
筛选 90
螺旋式切削机 79
自热 121,123,383
灵敏度分析 211
短轮伐期作物 197,381
短期接触极限(STEL) 113
筒仓火灾剖析 136
皮肤接触 140
小规模的颗粒燃料储存 102
小型系统 149,179,193,350
改造小规模应用 359
颗粒燃料集中供暖 356
软木和硬木 65
固体生物质燃料 9,13
固体剩余物(灰分) 275
淀粉含量 61
蒸汽爆炸反应器 91
干材 10
斯特林发动机工艺 181
斯特林发动机 179,390
储藏和外围设备 202
储存在内河码头 346
积载系数 45,73
秸秆颗粒燃料 34,62,75
超热蒸汽烘干机 83,199
供应链 10,341
供应安全 108
天鹅标签 21
瑞典的标准 26
瑞士的颗粒燃料市场 297
温度、湿度控制 129
消耗的热能 198
有害物允许最高浓度(TLV) 113
时间加权平均值(TWA) 113
Torbed 反应堆 94
烘焙 91,384
总灰尘 271
总悬浮颗粒物(TSP) 271
木质颗粒燃料转运 346
运输 343
运输和配给 96

管束烘干机 81,199
底部进料燃烧器 152
底部进料加煤机 152
卸货 346
垂直筒仓
　　平底的垂直筒仓 105
　　垂直锥形底筒仓 110
废热 220
湿基 10
潮湿的固体生物质燃料 121
轮式切削机 79
木屑集中供暖系统 239
木质燃料 10
木质颗粒 5,14,121,341-342,346
　　木质颗粒燃料的燃烧技术 149
　　木质颗粒燃料的海运价格 329
木刨花 10,281
世界海关组织(WCO) 18